에듀윌과 함께 시작하면, 당신도 합격할 수 있습니다!

새로운 시작을 위해
열심히 자격증을 준비하는 비전공자

공부할 시간이 없어
단기간 합격을 원하는 직장인

퇴직 후 제2의 인생을 위해
책이 다 닳도록 공부하는 엄마

누구나 합격할 수 있습니다.
시작하겠다는 '다짐' 하나면 충분합니다.

마지막 페이지를 덮으면,

**에듀윌과 함께
뷰티 자격증 합격이 시작됩니다.**

합격스토리로 증명한 에듀윌 뷰티 교재

한○영 합격생

역시 에듀윌! 1주 만에 메이크업 필기 합격!

메이크업 필기책으로 에듀윌을 선택한 건 어찌 보면 당연한 일이었어요. 작년에도 네일미용사를 에듀윌 책으로 한 번에 합격했기 때문이에요. 사실 메이크업 필기 공부는 일주일도 못했는데 기출문제와 예상문제 위주로 풀었더니 수월하게 합격했어요. 주변 지인들에게도 꼭 에듀윌 책으로 공부하라고 적극 추천하고 있답니다. 에듀윌 항상 고마워요!

가○ 합격생

네일미용사 필기가 걱정된다면 에듀윌을 적극 추천할게요.

일을 그만두고 나서 네일아트를 배워보려고 학원을 등록했는데 학원에는 이론 수업이 없더라고요. 필기는 독학으로 시험을 봐야 한다고 해서 너무 당황스러웠죠. 그래서 제일 믿음이 가는 에듀윌 책을 선택했고 제 선택은 틀리지 않았습니다. 딱 일주일 공부하고 합격했어요. 요점 정리가 너무 잘 되어 있고, 챕터별로 문제가 마련되어 있어서 훨씬 이해하기 쉽더라고요. 처음에는 혼자 필기를 공부해야 하니 걱정이 가득이었지만, 에듀윌 덕에 높은 점수로 합격했습니다. 다 에듀윌 덕분입니다!

유○영 합격생

첫 도전이었던 맞춤형화장품 조제관리사, 한 번에 합격!

퇴직 후 새로운 도전을 해보고 싶었습니다. 우연히 맞춤형화장품 조제관리사 자격증을 알게 되었고, 에듀윌의 맞춤형화장품 조제관리사 도서명이 마음에 들어 구입을 했습니다. 책 이름처럼 한 권으로 이 자격증을 마스터할 수 있기를 바라면서요. 제가 비전공자라 초반에는 낯선 용어가 너무 많이 나와 겁을 먹었지만, 타 교재에 비해 책이 두껍지 않아서 쉽게 입문할 수 있었습니다. 무료특강 덕에 헷갈렸던 부분도 해결하고 암기팁도 얻을 수 있어 좋았습니다. 가장 좋았던 건 모의고사 자동채점 시스템입니다. 문제를 풀고 QR 코드를 찍어 답안을 기록하면 다른 사람들과의 점수 비교도 할 수 있고 제가 어느 위치인지도 알 수 있어서 많은 도움이 되었습니다. 첫 도전이라면 이 교재를 꼭 추천드리고 싶습니다.

다음 합격의 주인공은 당신입니다!

**에듀윌이
너를
지지할게**

ENERGY

시작하라.  그 자체가 천재성이고,
힘이며, 마력이다.

– 요한 볼프강 폰 괴테(Johann Wolfgang von Goethe)

에듀윌
피부미용사

필기 1주끝장 + 무료특강

시험 소개 | 필기 시험

필기 TALK

- 시험은 어떻게 **출제**되나요? ^^
  - CBT 방식으로 출제되며, 60문제 모두 4지선다 객관식입니다.
- **CBT**가 뭐예요?
  - Computer Based Testing의 약자로, 컴퓨터로 보는 시험 방식을 뜻해요.
- 시험은 몇 시간 동안 봐요?
  - 1시간 동안 볼 수 있어요.
- **커트라인**이 어떻게 돼요?
  - 60문항 중 36문항 이상, 즉 60점만 넘으면 합격이에요.
- **접수비**는 얼마인가요?
  - 14,500원이에요.
- 시험일정 좀 알려주세요^^
  - 큐넷 홈페이지에서 지역별/일자별로 확인할 수 있어요!
- 근데, 시험은 **어디서** 봐요?
  - 지역별로 장소가 달라요! 고사장마다 인원이 정해져 있기 때문에 집과 가까운 고사장에서 시험을 보려면 접수 첫날 이른 시간에 접수해야 해요!

2026년 필기 시험일정

2026년 일정은 2025년 11월 말~12월 중 공지됩니다.
큐넷 홈페이지(www.q-net.or.kr)를 통해 확인 바랍니다.
* 실제 시험일은 각 지역마다 다를 수 있습니다. 큐넷 홈페이지에서 지역별 시험일정을 반드시 확인하시기 바랍니다.

시험 접수 TIP

| 접수는 남들보다 빠르게!

원서접수 시간은 접수 첫날 오전 10시부터 마지막 날 오후 6시까지입니다. 하지만 선착순 마감이기 때문에 수험자가 원하는 시험장과 시간을 선택하려면 첫날 10시~11시 사이에 접수하는 것이 좋습니다. 특히 교통편이 좋은 시험장은 인기가 좋은 편이니 빠르게 접수하는 것을 권장합니다.

| 신용카드보다는 무통장입금으로 결제!

결제까지 완료되어야 접수된 것으로 처리하기 때문에 1분이라도 빠르게 시험장을 선점하는 것이 좋습니다. 신용카드 결제는 카드번호를 입력해야 하므로 시간이 오래 걸리는 반면, 무통장입금은 접수 후 결제할 수 있기 때문에 더 빠른 접수가 가능합니다.

시험 화면 미리보기

검색창에 '자격검정 CBT 웹체험 서비스 안내' 또는 주소창에 www.q-net.or.kr/cbt/index.html을 입력하면 CBT 웹체험을 할 수 있습니다.

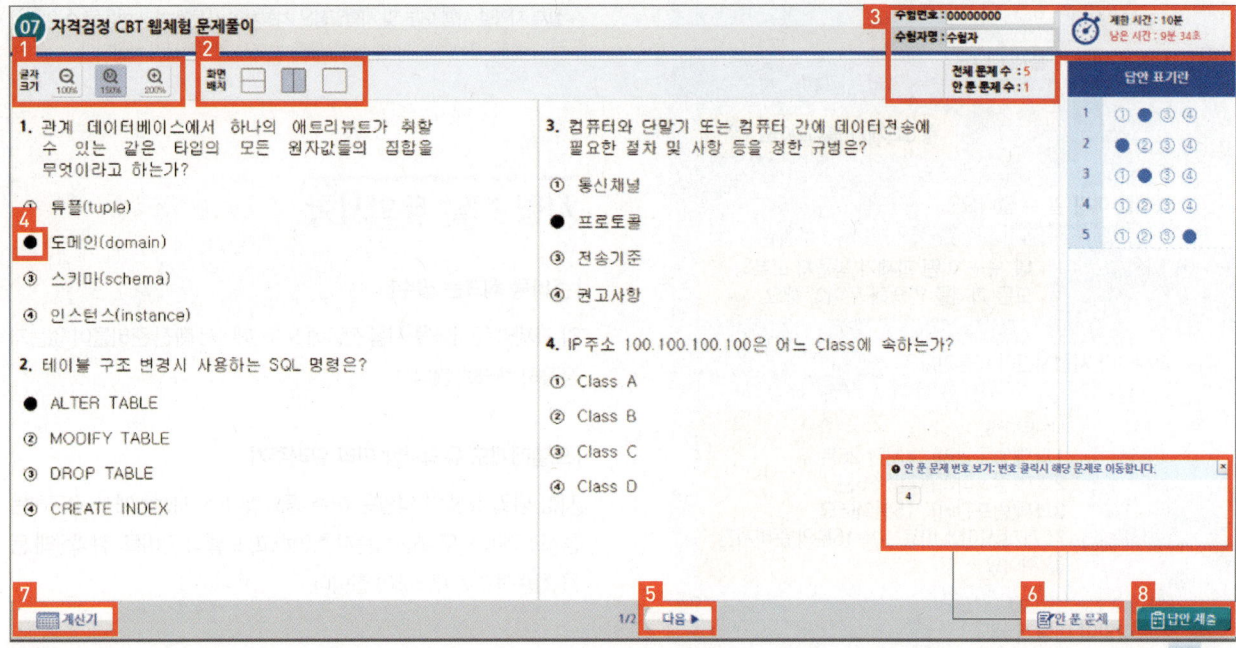

1. **글자크기 조정**: 본인에게 편한 글자 크기로 변경할 수 있습니다.
2. **화면배치 변경**: 화면에 문제가 2개, 2단으로 여러 개, 1개씩 보이도록 변경할 수 있습니다.
3. **정보 확인**: 문제를 풀기 전, [수험번호]와 [수험자명]이 본인의 정보인지 확인합니다.
   문제풀이 시에는 [남은 시간]과 [안 푼 문제 수]를 수시로 체크하며 시간을 분배합니다.
4. **정답체크**: 선택지 번호를 클릭하면 ●으로 변경되며, 우측 [답안 표기란]에 체크됩니다.
   [답안 표기란]에서 직접 번호를 클릭하셔도 됩니다.
5. **다음▶**: 다음 화면에 있는 문제를 풀고자 할 때 사용합니다.
6. **안 푼 문제**: 3 에 있는 [안 푼 문제 수]를 확인하고 해당 버튼을 눌러 안 푼 문제 번호를 클릭하면 해당 문제로 바로 이동할 수 있습니다.
7. **계산기**: 계산이 필요한 문제가 나올 경우 사용할 수 있습니다.
8. **답안제출**: 문제를 모두 푼 후 해당 버튼을 눌러 합격 여부를 확인합니다.

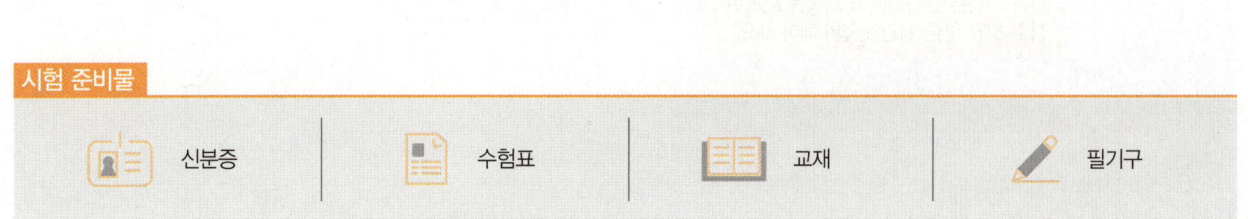

시험 소개 | 실기 시험

실기 TALK

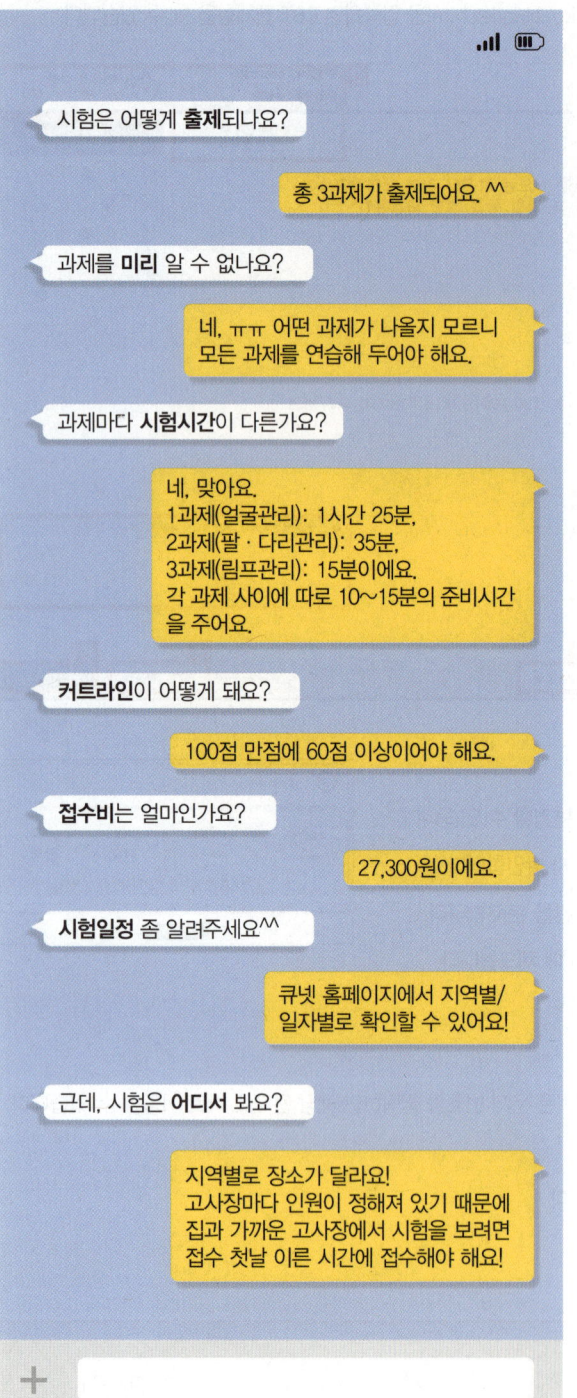

2026년 실기 시험일정

2026년 일정은 2025년 11월 말~12월 중 공지됩니다.
큐넷 홈페이지(www.q-net.or.kr)를 통해 확인 바랍니다.

*실제 지역별 시행 여부 및 시험일정은 시행처의 사정에 따라 변동될 수 있으니 큐넷 홈페이지에서 지역별 시험일정을 반드시 확인하시기 바랍니다.

시험 전날 유의사항

| 준비물 체크는 필수!

각 과제별 준비물을 시험 전날에 모두 꺼내서 빠진 준비물이 없는지 꼼꼼히 체크해 봅니다.

| 모델에게도 유의사항 미리 알려주기

시험 당일 모델의 역할은 아주 중요합니다. 시행처에서 요구하는 응시조건에 모두 해당하는지 확인하고, 모델의 준비물, 위생상태 등을 최종적으로 체크해야 합니다.

실기 과제유형

1과제	2과제	3과제
얼굴관리	팔·다리관리	림프관리
• 관리계획표 작성 • 클렌징 • 눈썹 정리 • 딥클렌징 • 매뉴얼 테크닉 • 팩 • 마스크 및 마무리	• 매뉴얼 테크닉 • 제모	• 림프를 이용한 피부관리

※ 1과제의 딥클렌징/팩/마스크의 종류는 당일에 랜덤으로 정해짐
- 딥클렌징: 스크럽, 고마쥐, AHA, 효소 중 1가지 지정
- 팩: 얼굴의 T존·U존, 목 부위의 세 부위별 피부유형 제시
- 마스크: 고무(모델링) 마스크, 석고 마스크 중 1가지 지정

시험 준비물

| 수험자

 신분증 + 수험표
 흰 반팔 가운 + 흰색 긴바지
 흰 마스크 + 흰 실내화
 피부미용 재료 및 도구
 필기구

| 공통

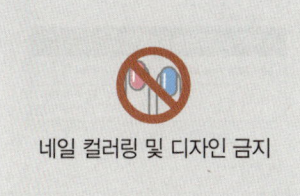 네일 컬러링 및 디자인 금지

 액세서리 착용 금지

| 모델

 신분증
 가운 2종 (여성)
 흰 반팔 + 반바지 (남성)
 실내화(공통)

교재 구성 & 맞춤형 학습법

한 번에 붙고 싶다면?
한방 합격 플랜

STEP 1 | 핵심이론 + 무료특강
어려운 부분은 무료특강의 힘을 빌려요.
특강자료는 복습용 워크북으로 활용하세요.

STEP 2 | 출제 예상문제
이론을 학습한 뒤에는 예상문제를 통해
복습하고, 출제 동향을 파악하세요.

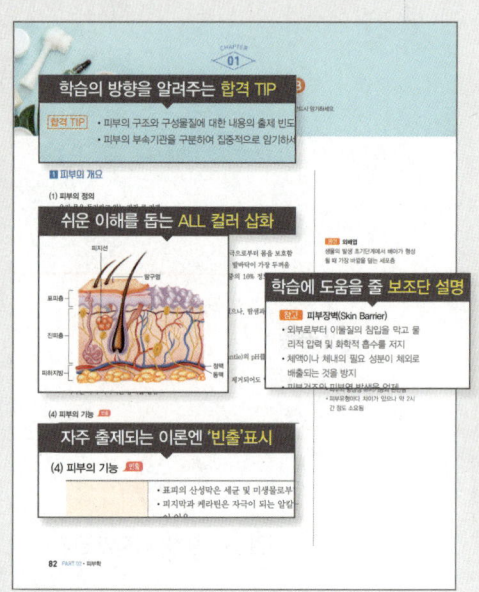

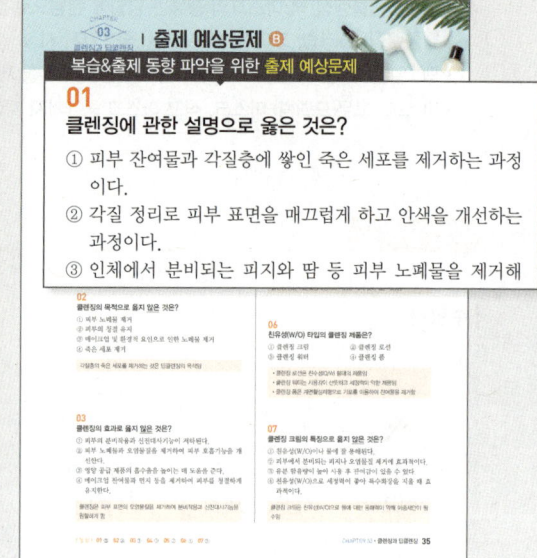

시험이 코앞이라면?
초스피드 합격 플랜

STEP 1 | 특강자료 + 무료특강
무료특강으로 이론 학습을 끝내요.
교재를 보지 않는 대신 '4시간 만에 자동암기' 특강자료는
정독하세요.

⚠️ 공개 기출문제 중 최근 출제범위에 포함되지 않는 유형도 있으니 주의하세요!

STEP 3 | 공개 기출문제

공개된 기출문제를 풀고, 틀린 문제는 외우세요.
카테고리 장치로 해당 이론을 찾아 다시 학습할 수 있어요.

STEP 4 | 비공개 기출 복원문제

시간을 재며 실전처럼 문제를 풀어 보세요.
틀린 문제는 해설을 보고 다시 익히세요.

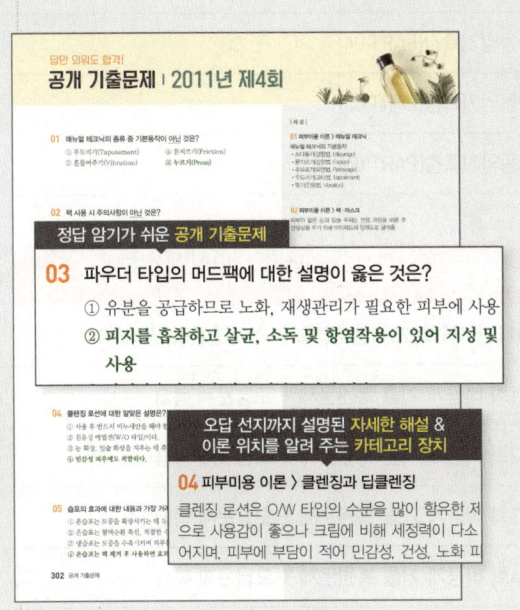

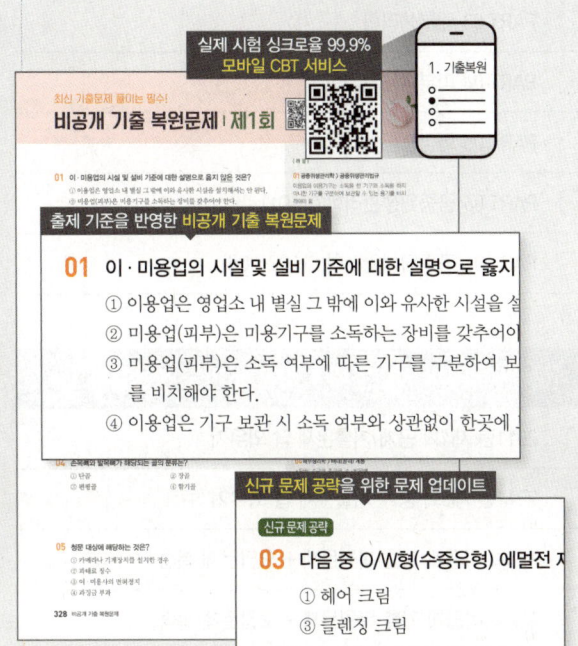

⚠️ 공개 기출문제 중 최근 출제범위에 포함되지 않는 유형도 있으니 주의하세요!

STEP 2 | 공개 기출문제

문제풀이는 NO! 문제와 답만 외우세요.
외우기 어려운 문제는 체크해 두었다가 반복해서 다시 보세요.

STEP 3 | 비공개 기출 복원문제

시간을 재며 실전처럼 문제를 풀어보세요.
60점이 넘지 않는다면 모바일로도 다시 풀어봅니다.

합격 플랜 & 차례

한방 합격 플랜
학습이 끝나면 네모 칸에 체크하세요.

[이론편] 이론 + 자동암기특강 + 예상문제

- [ ] PART 01 피부미용 이론
- [ ] PART 02 피부학
- [ ] PART 03 해부생리학
- [ ] PART 04 피부미용기기학
- [ ] PART 05 화장품학
- [ ] PART 06 공중위생관리학(CH.01)
- [ ] PART 06 공중위생관리학(CH.02~03)

[문제편] 공개 기출문제 + 비공개 기출 복원문제

- [ ] 2011년 제4회 공개 기출문제 답 외우기
- [ ] 2011년 제5회 공개 기출문제 답 외우기
- [ ] 제1회 비공개 기출 복원문제 + 오답문제 복습
- [ ] 제2회 비공개 기출 복원문제 + 오답문제 복습
- [ ] 제3회 비공개 기출 복원문제 + 오답문제 복습
- [ ] 제4회 비공개 기출 복원문제 + 오답문제 복습
- [ ] 제5회 비공개 기출 복원문제 + 오답문제 복습
- [ ] 제6회 비공개 기출 복원문제 + 오답문제 복습
- [ ] 제7회 비공개 기출 복원문제 + 오답문제 복습

초스피드 합격 플랜
학습이 끝나면 네모 칸에 체크하세요.

[이론편] 자동암기특강 + 특강자료

- [ ] 자동암기특강(PART 01)
- [ ] 자동암기특강(PART 02)
- [ ] 자동암기특강(PART 03)
- [ ] 자동암기특강(PART 04)
- [ ] 자동암기특강(PART 05)
- [ ] 자동암기특강(PART 06)

[문제편] 공개 기출문제 + 비공개 기출 복원문제

- [ ] 2011년 제4회, 2011년 제5회 공개 기출문제 답 외우기
- [ ] 제1회 비공개 기출 복원문제 + 오답문제 복습
- [ ] 제2회 비공개 기출 복원문제 + 오답문제 복습
- [ ] 제3회 비공개 기출 복원문제 + 오답문제 복습
- [ ] 제4회 비공개 기출 복원문제 + 오답문제 복습
- [ ] 제5회 비공개 기출 복원문제 + 오답문제 복습
- [ ] 제6회 비공개 기출 복원문제 + 오답문제 복습
- [ ] 제7회 비공개 기출 복원문제 + 오답문제 복습

| 출제(예상)문제 수 | Ⓐ 5문제 이상 Ⓑ 4문제~2문제 Ⓒ 1문제 이하
*실제 시험의 출제 문제 수는 위와 다를 수 있습니다.

PART 01 | 피부미용 이론 — 출제비중 22%

- Ⓒ CHAPTER 01 피부미용 개론 — 016
- Ⓒ CHAPTER 02 피부분석 및 상담 — 021
- Ⓑ CHAPTER 03 클렌징과 딥클렌징 — 030
- Ⓑ CHAPTER 04 피부유형별 화장품 도포 — 039
- Ⓑ CHAPTER 05 매뉴얼 테크닉 — 046
- Ⓑ CHAPTER 06 팩·마스크 — 051
- Ⓒ CHAPTER 07 제모 — 057
- Ⓒ CHAPTER 08 신체 각 부위 관리 — 061
- Ⓒ CHAPTER 09 마무리 관리 — 075

PART 02 | 피부학 — 출제비중 12%

- Ⓑ CHAPTER 01 피부와 부속기관 — 082
- Ⓒ CHAPTER 02 피부와 영양 — 092
- Ⓑ CHAPTER 03 피부장애와 질환 — 098
- Ⓒ CHAPTER 04 피부와 광선, 면역, 노화 — 107

PART 03 | 해부생리학 — 출제비중 11%

- Ⓒ CHAPTER 01 세포와 조직 — 116
- Ⓒ CHAPTER 02 뼈대(골격) 계통 — 122
- Ⓑ CHAPTER 03 근육 계통 — 128
- Ⓒ CHAPTER 04 신경 계통 — 135
- Ⓑ CHAPTER 05 순환 계통과 소화기 계통 — 141

PART 04 | 피부미용기기학 — 출제비중 9%

- Ⓒ CHAPTER 01 기초과학 및 전기 용어 — 154
- Ⓐ CHAPTER 02 피부미용기기의 종류 및 사용법 — 157

PART 05 | 화장품학 — 출제비중 13%

- Ⓒ CHAPTER 01 화장품학 개론 — 176
- Ⓑ CHAPTER 02 화장품 제조 — 179
- Ⓐ CHAPTER 03 화장품의 종류와 기능 — 188

PART 06 | 공중위생관리학 — 출제비중 33%

- Ⓐ CHAPTER 01 공중보건학 — 210
- Ⓐ CHAPTER 02 소독학 — 250
- Ⓐ CHAPTER 03 공중위생관리법규 — 267

공개 기출문제

- 2011년 제4회 공개 기출문제 — 302
- 2011년 제5회 공개 기출문제 — 313

비공개 기출 복원문제

- 제1회 비공개 기출 복원문제 — 328
- 제2회 비공개 기출 복원문제 — 338
- 제3회 비공개 기출 복원문제 — 347
- 제4회 비공개 기출 복원문제 — 357
- 제5회 비공개 기출 복원문제 — 367
- 제6회 비공개 기출 복원문제 — 376
- 제7회 비공개 기출 복원문제 — 385

특강자료

4시간 만에 자동암기

PART 01

ESTHETICIAN

피부미용 이론

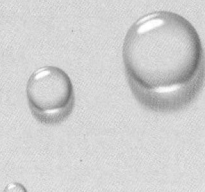

출제비중 **22%**

| 출제(예상)문제 수 | **A** 5문제 이상　**B** 4문제~2문제　**C** 1문제 이하

- **C** CHAPTER 01　피부미용 개론
- **C** CHAPTER 02　피부분석 및 상담
- **B** CHAPTER 03　클렌징과 딥클렌징
- **B** CHAPTER 04　피부유형별 화장품 도포
- **B** CHAPTER 05　매뉴얼 테크닉
- **B** CHAPTER 06　팩·마스크
- **C** CHAPTER 07　제모
- **C** CHAPTER 08　신체 각 부위 관리
- **C** CHAPTER 09　마무리 관리

피부미용 개론

합격 TIP
- 피부미용의 개념과 목적을 이해하고 집중적으로 암기하세요.
- 피부미용 역사의 시대별 특징에 대해 학습하세요.

1 피부미용의 개념

(1) 피부미용의 개념
두발을 제외한 안면 및 전신 피부의 생리기능을 정상적으로 유지하기 위해 화장품, 매뉴얼 테크닉을 적용하여 피부를 건강하고 아름답게 개선시키는 것을 말함[단, 의약품이나 의료기기 사용, 피부질환 치료(의료행위)는 제외함]

(2) 피부미용의 목적
① 심리적 · 정신적 안정을 통한 피부 균형 유지
② 신진대사 및 노폐물 배설 촉진으로 건강하고 아름다운 피부 유지
③ 피부 생리기능을 조절하여 인체의 균형과 조화 유지
④ 내 · 외적 요인으로 인한 피부 문제를 관리를 통해 개선
⑤ 과학적 이론을 근거로 피부를 관리하여 노화를 예방하고 건강한 피부 유지

(3) 피부미용의 영역

안면관리	• 피부유형을 분석하고 유형별 특징에 맞게 관리 • 미백, 보습, 재생, 여드름 등 관리 목적에 따른 다양한 관리 방법을 안면 부위에 적용
전신관리	• 안면 부위를 제외한 전신을 관리 영역으로 구분 • 관리 목적에 따라 수기요법, 림프드레나쥐, 아로마테라피 등을 신체 각 부위에 적용
특수관리	피부에 유효성이 있는 화장품, 미용기기를 이용하여 관리
메디컬 관리	의학적 치료와 피부관리가 결합된 것으로 의사가 관리 대상자를 고려하여 피부를 진단하고 의료기기를 이용하여 치료, 관리

(4) 피부미용의 용어

Kosmetik	독일	• '관리하다, 장식하다'라는 의미의 그리스어인 'Kosmein'에서 유래
Cosmetic	영국	• 피부미용 영역인 미용제제, 화장품 등 전체를 포함
Esthetic, Skin Care	미국	• '심미적인, 미의, 미학의'라는 의미의 프랑스어인 'Esthétique'에서 유래
Esthétique	프랑스	• 'Esthetic'은 'Skin Care'의 의미를 포함
에스테틱, 코스메틱, 스킨케어, 피부관리	한국	국제적인 변화에 따라 다양한 명칭을 사용

용어 · 매뉴얼 테크닉
손을 이용한 테크닉을 말하며, 쓰다듬기, 문지르기, 주무르기, 두드리기, 떨기의 다섯 가지 동작을 사용함

참고 · 미용의 기능
보호기능, 심리적 기능, 미적 기능(장식적 기능)

용어 · 림프드레나쥐(Lymph Drainage)
- 림프관과 림프절 부위에 일정한 속도의 압을 적용하는 테크닉
- 매뉴얼 테크닉은 피지선을 자극하여 피지분비를 촉진시킬 수 있으므로, 자극을 최소화하여 배출과 면역의 기능을 높일 수 있는 림프드레나쥐를 적용

용어 · 유효성
화장품의 기능이 주름 개선, 보습, 미백, 자외선 차단 등에 효과가 있는 특성

참고 · 피부미용 용어의 시작
'피부미용'이라는 명칭은 독일의 미학자 바움가르텐(Baumgarten)에 의해 사용되기 시작함

2 피부미용의 역사 [빈출]

(1) 서양 피부미용의 역사

고대 이집트	• 종교의식과 장례의식을 중심으로 한 미용 발달 • 청결을 미용관리의 기준으로 삼았으며, 체계적인 목욕법을 만들어 신체의 건강과 아름다움을 유지 • 관리 시 호호바유, 아몬드유, 꿀, 과일즙, 우유, 진흙(Mud), 비즈왁스 등 천연재료 활용 • 피부를 보호하기 위해 진흙으로 몸을 문지르거나 향료를 사용한 목욕이 일상화됨 • 기후적 영향으로 피부 손상을 예방하기 위한 몰약과 연고를 제조하여 사용
그리스	• '건강한 정신은 건강한 신체에서 비롯된다.'라는 시대상을 중심으로 발달 • 히포크라테스는 목욕, 마사지, 운동요법을 권장함
로마	• 청결과 장식을 중요시하고, 특권계층을 중심으로 피부관리가 유행 • 냉·온수욕, 증기욕 등의 목욕 문화가 다양하게 발달 • 수로시설의 개량으로 공중목욕탕이 성행 • 레몬, 오렌지, 효모, 염소젖 등을 원료로 한 천연팩을 사용 • 곡물가루, 오일, 벌꿀로 제조한 마스크를 사용하여 관리 • 의사 갈렌(Galen)은 학문적 원리에 기초하여 장미수, 밀랍, 올리브유 등을 원료로 최초의 콜드 크림을 개발
중세	• 기독교 금욕주의의 영향으로 미용행위를 경시하고 목욕도 제한적으로 이루어짐 • 체취를 없애기 위해 향수 사용 • 훈증법과 같이 약초를 끓여 피부에 수증기를 쐬는 방법을 활용 • 페스트균의 급격한 확산으로 피부미용 발달에 어려움을 겪음
르네상스	• 개인주의와 향락주의로 과장된 화려함을 표현함 • 청결과 위생 개념이 부족한 시대로 향수를 사용하여 체취 제거 • 문화의 전성기로 향장학이 독립된 분야로 발전 • 동방의 문물이 전해지면서 향수, 염색 등의 미용법이 유행 • 몽테뉴(프랑스)는 하얗고 맑은 피부를 위한 크림과 팩에 대해 저술
바로크·로코코	• 흑사병(페스트) 이후 물 사용에 대한 공포감으로 목욕 문화가 쇠퇴하여 악취를 감추기 위해 향수 사용 • 화장을 지우는 작업의 중요성을 인식하여 피부 세정제인 클렌징 크림이 개발됨 • 피부 미백에 효과적인 레몬, 달걀 흰자를 사용하여 관리 • 주근깨와 여드름 등 피부 상태를 보완하기 위해 패치 사용
근대	• 위생과 청결을 중시하여 목욕실을 갖추고 세정용 비누의 사용을 권장함 • 특권계층만 사용하던 향장품이 대량 생산되어 상용화됨
현대	• 피부에 영양 성분을 침투시키고 신진대사 활성화에 전기적 수단이 활용되어 그 효과가 증명됨 • 피부관리를 위한 다양한 제품이 개발되어 노화를 예방 • 건강한 생활을 위한 마사지가 보급됨

[용어] 비즈왁스(밀랍)
벌집에서 추출한 동물성 고체 왁스

[용어] 몰약
감람과에 속하는 몰약나무의 유액을 건조시킨 것으로, 항염·항균·피부 진정에 효과적

[참고] 공중목욕탕
위생기능 외에도 커뮤니티로서의 기능을 함

[참고] 로마시대의 천연팩
오늘날의 딥클렌징의 기능을 함

[용어] 콜드 크림
유성 성분이 많이 포함된 크림으로, 피부 표면에 도포 시 수분 증발에 의해 차가운 느낌을 줌

[용어] 향장학
화장품 개발 시 피부학, 분자생물학, 유전공학, 면역학 등의 생물공학 이론을 접목시키고, 피부조직에 효능이 있는 성분을 연구함

(2) 우리나라 피부미용의 역사

시대		내용
상고시대		• 단군신화를 통해 백색피부를 선호하여 미백에 효과적인 천연재료(쑥과 마늘)를 사용했음을 알 수 있음 • 다양한 기후 변화로부터 피부를 보호하기 위해 돼지기름 활용 • 말갈인은 백색피부를 위해 오줌세안을 함
삼국시대	고구려	연지화장으로 볼과 입술을 붉게 함
	백제	• 시분무주 화장법으로 분은 바르되 연지화장은 하지 않음 • 화장품 제조 기술력이 높아 일본에 전수되기도 함
	신라	• 불교의 영향으로 죄악을 씻는 의식수단으로서 목욕이 대중화되고, 향 문화가 발달함 • '아름다운 육체에 아름다운 영혼이 머문다.'라는 영육일치사상이 형성됨
통일신라시대		• 중국의 영향으로 삼국시대보다 화려함이 강조됨 • 화장품 제조기술이 발달한 시대로 백분의 부착성과 퍼짐성 등의 단점을 보완한 연분이 개발됨
고려시대		• 신라의 영육일치사상을 계승하여 청결을 강조하고 전신욕이 발달함 • 정책적으로 화장을 장려한 시대로 분대화장❓과 비분대화장❓으로 분류 • 피부를 부드럽고 희게 만들기 위한 로션 타입의 안면용 화장품인 면약을 사용 • 꽃잎을 말려 분말 형태로 만들어서 향낭❓에 넣어 지니고 다님
조선시대		• 유교 중심의 사회 분위기로 내면의 아름다움을 중시하여 짙은 화장보다 자연스러운 백색피부를 강조 • 전신욕을 즐기던 고려시대와 달리 부분 목욕법이 유행 • 수세미의 즙과 증류수를 혼합하여 만든 미안수가 성행 • 규합총서: 화장품 제조법, 화장법, 미용술 등에 대한 내용이 수록됨
근대		재래 화장품에 비해 품질이 우수한 크림, 백분, 비누의 수입이 큰 인기를 끌게 되면서 본격적인 화장품 산업화가 시작됨
현대	1920년대	• 최초의 화장품인 박가분❓이 등장함 • 최초의 미용광고 등장 • 서양 화장품의 수입 • 미백로션을 제조하여 발매함
	1930년대	• 신여성을 중심으로 전통화장과 신식화장이 병행됨 • 머릿기름, 유액, 밀기름 등이 시판되고 서양 화장품이 유행함
	광복 이후	콜드 크림, 바니싱 크림❓등의 기초 화장품의 종류가 다양해짐
	1960년대	• 국내 화장품 산업이 성장하면서 화장품의 연구, 품질관리 기술이 발달하고 방문판매 제도가 도입됨 • 비타민과 같은 활성 성분을 이용한 제품의 다양화
	1970년대	우리나라 최초의 피부관리실이 명동에 설립되어 본격적인 피부미용이 도입됨
	1980년대	• 피부 유효성분의 연구를 통해 기능성 화장품이 개발됨 • 피부미용을 전문으로 하는 교육을 실시하였고, 피부미용 국가자격증 제도가 시행됨 • 화장품 산업의 발전으로 피부관리의 개념이 도입되고, 국제피부관리사협회(CIDESCO) 정식 회원국으로 가입

용어 **분대화장**
화려함을 강조한 기생화장

용어 **비분대화장**
보통 서민 여성의 옅은 화장

용어 **향낭**
향을 넣는 주머니

참고 **박가분**

용어 **바니싱 크림**
기름 성분이 적은 O/W형 크림으로 번들거림이 없고 흡수력이 우수함

CHAPTER 01 피부미용 개론 | 출제 예상문제 ⓒ

1 피부미용의 개념

01 피부미용의 개념에 대한 설명으로 옳지 않은 것은?
① 피부질환을 치료하기 위한 관리
② 의약품 및 의료기기의 사용을 제외한 관리
③ 안면 및 전신 피부의 생리기능을 유지하기 위한 관리
④ 화장품, 매뉴얼 테크닉을 적용하여 피부를 아름답게 개선시키는 관리

> 피부질환의 치료는 의료행위로, 피부관리에 해당하지 않음

02 피부미용의 목적에 대한 설명으로 옳지 않은 것은?
① 두발을 포함한 안면 및 전신 피부의 생리기능을 유지
② 체내 신진대사를 촉진
③ 심리적 안정의 효과
④ 내·외적 요인으로 인해 손상된 피부 상태 개선

> 피부미용은 두발을 제외한 안면 및 전신 피부의 생리기능을 유지하기 위한 관리를 말함

03 피부미용의 관리 영역에 관한 설명으로 옳지 않은 것은?
① 특수관리는 피부에 유효성이 있는 화장품을 사용하여 관리한다.
② 전신관리는 관리 목적에 따라 림프드레나쥐, 의료기기를 사용하여 관리한다.
③ 안면관리는 피부유형을 파악하고 특징에 맞게 관리 프로그램을 적용한다.
④ 매뉴얼 테크닉은 피부 생리기능을 유지하기 위해 적용한다.

> 의료기기 사용은 메디컬관리에 해당하며, 피부과 전문의의 관리 영역에 속함

04 세계 각국의 피부미용 명칭으로 틀린 것은?
① 독일 – Kosmetik
② 미국 – Skin Care
③ 영국 – Esthetic
④ 한국 – 에스테틱, 스킨케어

> 영국: Cosmetic

05 피부미용 용어에 대한 설명으로 옳은 것은?
① Esthetic은 프랑스어인 Esthétique에서 유래
② Esthetic은 미용제제, 화장품 등 전체를 포함
③ Kosmetik은 '심미적인, 미의, 미학의'의 개념
④ Esthetic은 '장식하다, 관리하다'의 개념

> • Esthetic은 '심미적인, 미의, 미학의'의 개념으로, Skin Care의 의미를 포함
> • Kosmetik은 '관리하다, 장식하다'의 개념으로, 미용제제, 화장품 등 피부미용 영역의 전체를 포함

06 피부미용 테크닉에 관한 설명으로 옳지 않은 것은?
① 매뉴얼 테크닉은 손을 이용한 테크닉을 말한다.
② 림프드레나쥐를 통해 배출기능을 높일 수 있다.
③ 떨기는 매뉴얼 테크닉의 동작에 해당한다.
④ 림프드레나쥐는 매뉴얼 테크닉보다 자극이 강하다.

> 매뉴얼 테크닉은 피지선을 자극하여 피지분비를 촉진시킬 수 있으므로, 자극을 최소화하는 림프드레나쥐를 적용할 수 있음

| 정답 | 01 ① | 02 ① | 03 ② | 04 ③ | 05 ① | 06 ④ |

2 피부미용의 역사

07
서양 피부미용의 역사에 관한 설명으로 옳은 것은?
① 이집트시대에는 피부 손상을 막기 위한 몰약과 연고를 제조하여 사용했다.
② 그리스시대에는 금욕주의 사상으로 피부미용이 제한적이었다.
③ 중세시대에는 목욕, 향유 등의 사용이 활발하게 이루어졌다.
④ 바로크시대에는 청결을 기준으로 하여 목욕법을 체계화했다.

- 그리스시대: 목욕, 마사지, 운동요법을 통해 신체를 관리함
- 중세시대: 기독교 금욕주의의 영향으로 미용행위가 제한적으로 이루어짐
- 바로크시대: 목욕 문화가 쇠퇴하여 악취를 감추기 위해 향수 사용

08
르네상스시대의 미용에 대한 설명으로 옳은 것은?
① 의사 갈렌이 최초의 콜드 크림을 개발했다.
② 피부미용 세정제인 클렌징 크림이 개발되었다.
③ 향장학이 독립된 분야로 발전했다.
④ 청결을 중시한 시대로, 세정용 비누의 사용을 권장했다.

- 로마시대: 의사 갈렌이 콜드 크림을 개발
- 바로크·로코코시대: 피부 세정제인 클렌징 크림을 개발
- 근대: 청결을 중시하여 목욕실을 갖추고 비누 사용이 보편화됨

09
바로크시대의 미용으로 옳은 것은?
① 레몬, 오렌지, 염소젖 등을 원료로 한 천연팩을 사용하여 관리했다.
② 페스트균의 확산으로 미용의 발달이 쇠퇴한 시대를 말한다.
③ 약초를 끓여 수증기를 쐬는 훈증법이 유행했다.
④ 피부 세정제인 클렌징 크림이 개발되고 향수 제조업이 발달했다.

- 로마시대: 레몬, 오렌지, 염소젖, 효모 등을 이용하여 관리
- 중세시대: 페스트균의 확산으로 미용의 발달이 쇠퇴한 시대로, 약초를 끓여 수증기를 쐬는 훈증법이 유행

10
우리나라 미용의 역사에 대한 설명으로 옳지 않은 것은?
① 상고시대에는 기후의 영향으로 돼지기름을 발라 피부를 보호했다.
② 신라시대에는 종교의식에 의해 목욕을 장려했다.
③ 고려시대에는 전신 목욕법이 유행했다.
④ 조선시대에는 안면용 화장품인 면약을 사용했다.

고려시대에 안면용 화장품인 면약을 사용함

11
조선시대 미용에 대한 설명으로 옳은 것은?
① 유교사상을 중심으로 내면의 아름다움을 중요시했다.
② 불교의 영향으로 향 문화가 발달했다.
③ 영육일치사상을 계승하여 청결을 강조하고 전신욕이 발달했다.
④ 안면용 화장품인 면약을 사용했다.

- 신라시대: 불교의 영향으로 향 문화가 발달
- 고려시대: 신라의 영육일치사상을 계승하여 청결을 강조하고 전신욕이 발달하였으며, 피부를 부드럽게 하기 위한 면약을 사용하여 관리

12
우리나라 최초의 피부관리실이 설립되어 본격적인 피부미용이 도입된 시기로 알맞은 것은?

① 1920년대 ② 1930년대
③ 1960년대 ④ 1970년대

1970년대 명동에 최초의 피부관리실이 설립되면서 본격적으로 피부미용이 도입됨

정답 | 07 ① 08 ③ 09 ④ 10 ④ 11 ① 12 ④

CHAPTER 02 피부분석 및 상담

합격 TIP
- 피부유형 분석법과 피부 상태 분석법을 구분하여 집중적으로 암기하세요.
- 피부분석기기는 출제 빈도가 높으므로 내용을 꼭 암기하세요.

1 피부분석

(1) 피부분석의 정의
피부미용사가 관리를 시행하기 전 고객의 피부 상태를 정확히 파악하여 적절한 관리를 진행하기 위한 것을 의미함. 유·수분의 함유량, 모공의 크기, 민감도, 탄력도, 긴장도, 색소침착 상태 등을 과학적인 방법으로 분석함

(2) 피부분석의 목적 [빈출]
① 고객의 피부유형과 문제를 정확히 파악하여 피부를 정상적 기능으로 개선하고 유지하기 위함
② 내·외적 요인에 의해 변화할 수 있는 피부 생리기능에 따라 올바른 관리법을 제시하기 위함
③ 피부유형별 화장품 선택과 프로그램 설정으로 관리효과를 높임
④ 피부유형에 맞는 홈케어 방법을 제안할 수 있음

(3) 피부분석의 항목

피부유형	중성(정상), 건성, 지성, 복합성 등
피부유형의 내적 요인	피부결, 유·수분 균형, 모공 상태, 색소침착, 민감도, 탄력도 등

> **참고** 피부유형의 외적 요인
> 자외선, 계절, 스트레스, 흡연, 영양 상태, 건강 상태 등

(4) 피부분석 시 고려사항
① 피부미용사는 피부분석 전 반드시 손 소독을 하고, 클렌징이 끝난 후 진행함
② 피부미용사는 제품과 미용기기 등 피부관리 전반의 전문적 지식과 기술을 지니고 있어야 함
③ 고객의 컨디션과 건강 상태 및 온도, 습도 등의 변수를 고려함

2 피부상담

(1) 피부상담의 정의
① 문진을 통한 고객의 방문 동기와 목적 파악
② 효율적인 관리법을 위한 필수적인 절차
③ 전문적 지식을 바탕으로 한 상담을 통해 신뢰감을 제공

(2) 피부상담의 목적
① 고객의 방문 목적 확인
② 피부 문제에 관한 원인 파악
③ 적절한 관리법 제시, 향후 계획 수립
④ 진행할 관리법, 사용할 제품 및 기기에 관한 설명

(3) 피부상담의 방법
① 고객 상담을 통해 희망사항을 정확히 파악
② 고객의 입장에서 경청하고 진행할 관리 방법을 설명
③ 전문적인 지식을 바탕으로 문제 해결을 위한 방안을 제시

(4) 피부상담의 효과
① 전문적인 계획 수립으로 효율적인 관리가 가능함
② 고객에게 관리의 필요성을 설명함으로써 신뢰를 높일 수 있음
③ 홈케어의 필요성과 제품 설명을 통해 더욱 체계적인 관리가 가능함

(5) 피부상담 시 유의사항
① 관리 시 발생할 수 있는 여러 경우를 대비하여 고객의 병력이나 약물 복용 여부를 파악하고 기록함
② 문제성 피부 개선을 위해 과거 병원 및 약물치료 경험을 파악하고 기록하여 관리 계획 수립 시 참고함
③ 기존에 경험했던 관리 내용에 관해 상담하고 기록함
④ 현재 사용하고 있는 홈케어 제품을 파악함
⑤ 고객의 개인정보를 보호하도록 함
⑥ 상담 시 다른 고객의 정보를 제공하지 않도록 함
⑦ 전문적인 지식과 경험을 바탕으로 관리법과 진행 절차를 설명함
⑧ 고객과의 사적인 친목은 금하도록 함

3 피부유형 분석

(1) 피부유형 분석 방법
① 문진
- 고객에게 피부에 대한 개인적인 생각을 알아볼 수 있는 고객질문지를 제공하여 자료를 수집하는 방법
- 가족사항, 나이, 인종, 피부관리 유무, 과거 병력, 현재 복용 중인 약, 알레르기, 식습관, 운동습관, 생활습관, 사용하는 화장품 등을 질문하여 피부 상태를 분석함
② 촉진
- 피부 접촉을 통해 피부유형을 분석하는 방법
- 피부를 쓰다듬기, 누르기, 가볍게 집어보기 등의 방법으로 피부 두께, 피부 탄력, 유·수분 함유량 등을 분석함

③ 견진
- 육안이나 피부분석기기를 통해 피부유형을 분석하는 방법
- 안색, 각질, 피부결, 모공의 크기, 유분감, 주름, 색소침착, 모세혈관 등을 눈으로 보거나 확대경, 우드램프, 스킨스코프 등을 사용하여 피부 상태를 자세하게 분석함

④ 피부분석기기 빈출
- 피부 표면을 더 자세히 관찰하고 분석하기 위해 기기를 활용
- 종류

우드램프	• 인공자외선 파장을 이용하는 광학분석기로, 피부 표면의 상태를 컬러로 분석하는 기기 • 피지, 여드름, 각질의 상태, 색소침착, 모세혈관 확장 등을 판별
확대경	• 육안으로 판별이 어려운 부위를 3.5~10배 확대하여 분석하는 기기 • 여드름 압출 시에도 사용하며, 피부 표면의 모공, 색소침착, 결점, 주름 등을 판별
유·수분 측정기	• 유분 측정기: 유분 테이프를 측정 부위에 밀착시켜 묻어난 피지를 기기 렌즈에 접촉하면 측정값이 반영되는 기기 • 수분 측정기: 수분 정도에 따라 기기에 정전 용량의 변화가 일어나 측정값이 반영되는 기기
광학현미경 (스킨스코프)	• 피부와 모발을 800배 정도 확대하여 분석하는 기기 • 피부의 주름, 모공, 피지, 색소침착 등 피부 상태를 촬영하여 연결된 모니터를 통해 고객이 직접 확인 가능함
pH 측정기	피부 표면의 산과 알칼리 정도를 나타내는 기기

참고 피부 상태에 따른 우드램프의 색상

정상 피부	청백색
두꺼운 각질	흰색
색소침착	짙은 암갈색
지성, 여드름 피부	오렌지색
건성 피부	밝은 보라색
민감성 피부	진한 보라색
비립종	노란색
먼지, 이물질	흰색이나 형광색

참고 유·수분 측정기 사용 시 주의사항
유·수분 측정 시 같은 부위를 반복하여 측정하면 결과값에 영향을 미치므로 부위를 변경하여 측정

(2) 피부 상태 분석 방법

수분 함유량	손으로 만져보거나 유리판으로 피부를 눌러 봄
유분 함유량	세안 후 티슈나 기름종이 등을 사용하여 묻어나오는 정도를 파악함
탄력도	• 진피의 탄력도를 파악함 • 손으로 볼 부위를 끌어올려 봄
긴장도	• 피부조직의 긴장도를 파악함 • 피부를 잡았다가 놓았을 때 원래 상태로 돌아가는 복원력을 파악함
모공의 크기	• T존 부위의 모공은 약간 보이는 상태가 정상 • 지성 피부는 T존 부위의 모공이 크며 코 주변의 모공도 전체적으로 큼 • 건성 피부는 전체적으로 모공이 눈에 잘 띄지 않음
혈액순환 상태	• 눈꺼풀 안의 점막이 약간 붉은 경우 혈액순환이 좋은 상태 • 광대뼈, 코, 턱 등을 손으로 만졌을 때 차가운 느낌이 들면 혈액순환이 좋지 않은 상태
각질화 정도	• 손으로 피부 전체를 만졌을 때 매끄럽거나 거친 느낌으로 분석함 • T존 부위와 턱 주변을 세심하게 체크하도록 함
민감도	스파튤라와 같은 도구로 가볍게 자극을 주면서 민감도를 파악함

참고 T존과 U존

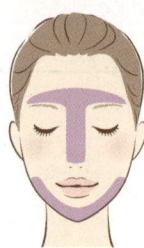

4 고객관리카드

(1) 개인정보 수집 · 이용 및 제공 동의서

고객관리카드에는 개인 식별 정보 및 질병에 관한 민감정보 등이 포함되어 있으므로 사전에 동의서를 작성한 후 서비스를 제공함

개인정보 수집 · 이용 및 제공 동의서

개인정보 보호법에 따라 본인은 서비스를 받기 위해 아래와 같이 개인정보를 수집·이용하는 것에 동의합니다.

[개인정보 수집 안내]
☐ 개인정보 수집 항목
- 개인 식별 정보: 성명, 생년월일, 이메일 주소, 전화번호, 주소, 직업 등
- 건강 정보: 건강 상태(과거 병력/현재 병력), 화장품 부작용, 피부 알레르기 유무 등

[개인정보 수집 목적]
- 피부관리 서비스 제공에 이용
- 피부관리 예약 서비스 및 마케팅 홍보에 이용

[개인정보 보유기간]
- 피부미용 서비스 이외에 다른 어떠한 목적으로 사용되지 않으며 내부 규정에 의해 일정 기간 저장 후 파기

위의 개인정보 수집·이용에 대한 동의를 거부할 권리가 있으나 동의를 거부할 경우 해당 서비스 이용에 제한이 있을 수 있습니다.

본인은 개인정보 보호법 제15조에 따라 위와 같이 개인정보 수집 및 이용에 동의합니다.

○○○○년 ○○월 ○○일

동의자   (서명 또는 날인)

(2) 피부분석카드

① 피부분석카드는 피부 상태를 파악한 후 작성하며, 상담 자료와 함께 보관하는 것이 일반적임
② 피부분석카드에는 개인정보 및 과거 병력사항, 직업 등을 기입하여 피부 상태의 원인을 파악할 수 있음
③ 피부 상태는 내·외적 요인으로 잦은 변화가 일어날 수 있으므로, 관리 전 매회 피부분석을 통해 분석 내용을 기록함
④ 피부유형을 체크하고, 기타 증상의 발생 부위를 그림에 표시하여 정확하게 기록함

피부분석카드					
고객명		연락처		성별	
생년월일		주소			
직업		E-mail			
병력과 부적응증					
■ 심장병		■ 갑상선		■ 화장품 부작용	
■ 고혈압		■ 간질		■ 금속핀/핀	
■ 당뇨		■ 알레르기		■ 현재 복용약	
■ 임신		■ 수술 여부		■ 기타	
피부결	☐ 곱다	☐ 보통	☐ 거칠다	피부유형	
피부 유분량	☐ 많다	☐ 보통	☐ 적다	☐ 중성 ☐ 건성 ☐ 지성 ☐ 복합성	
피부 수분량	☐ 많다	☐ 보통	☐ 적다		
피부 탄력도	☐ 좋다	☐ 보통	☐ 나쁘다		
피부 민감도	☐ 정상	☐ 민감	☐ 과민감		
주름 형태	☐ 표면	☐ 표정	☐ 노화		

	면포(블랙헤드)		면포(화이트헤드)	
	구진		흉터	
	농포		켈로이드	
	기미·주근깨(색소침착)		섬유종(쥐젖)	
	모세혈관 확장		기타( )	

기타:

(3) 관리계획차트

① 피부분석 등의 상담을 진행한 후 작성하며, 고객에게 적절한 관리계획을 기록함
② 관리 시 사용할 제품명, 기기명을 기록하고 관리를 통해 기대효과, 관리계획, 홈케어 조언 등을 기록함

관리계획차트(Care Plan Chart)				
관리 목적 및 기대효과	관리 목적:			
	기대효과:			
클렌징	☐ 오일	☐ 크림	☐ 밀크/로션	☐ 젤
딥클렌징	☐ 스크럽	☐ 고마쥐	☐ AHA	☐ 효소
매뉴얼 테크닉 제품 타입	☐ 오일	☐ 크림		
손을 이용한 관리 형태	☐ 일반	☐ 림프		
팩	T존:	☐ 건성 타입	☐ 정상 타입	☐ 지성 타입
	U존:	☐ 건성 타입	☐ 정상 타입	☐ 지성 타입
	목 부위:	☐ 건성 타입	☐ 정상 타입	☐ 지성 타입
마스크	☐ 석고 마스크	☐ 고무(모델링) 마스크		
고객관리 계획	1주:			
	2주:			
자가관리 조언 (홈케어)	제품을 사용한 관리:			
	기타:			

CHAPTER 02 피부분석 및 상담 | 출제 예상문제

1 피부분석

01
피부분석의 목적으로 옳지 <u>않은</u> 것은?

① 피부기능의 개선
② 피부에 따른 올바른 관리법 제시
③ 고객에게 관리사의 전문성 증명
④ 관리효과를 기대할 수 있는 프로그램 설정

> 피부미용사(관리사)는 전문성을 지녀야 하지만, 이를 피부분석의 목적으로 볼 수는 없음

02
피부유형 결정요인에 해당하지 <u>않는</u> 것은?

① 피부결   ② 골격
③ 민감도   ④ 색소침착

> 피부유형은 피부결, 민감도, 색소침착, 모공 상태, 유·수분 균형 등에 따라 결정됨

2 피부상담

03
피부상담의 목적으로 옳지 <u>않은</u> 것은?

① 고객의 방문 목적 확인
② 고객의 사생활 파악
③ 적절한 관리 방법 제시
④ 피부 문제의 원인 파악

> 피부상담은 피부 문제의 원인을 파악하여 효율적인 관리 계획을 세우기 위한 과정으로, 고객의 사생활을 깊이 파악할 이유는 없음

04
피부상담 시 유의사항으로 옳은 것은?

① 고객의 병력과 약물 복용 여부는 기록하지 않음
② 고객과의 사적인 친목을 도모하여 심리적 안정감을 유도함
③ 제품 판매를 위해 고객이 사용하고 있는 홈케어 제품을 파악함
④ 관리 경험이 있는 경우 상담 시 기록하여 계획 수립에 참고함

> - 관리 시 발생할 수 있는 여러 경우를 대비하여 고객의 병력 및 약물 복용 여부를 기록해야 함
> - 전문적인 지식과 경험을 바탕으로 관리법과 진행 절차를 설명하여 심리적 안정감을 줄 수 있어야 함
> - 피부분석을 위해 현재 사용하고 있는 고객의 홈케어 제품을 파악해야 함

3 피부유형 분석

05
문진법에 관한 설명으로 옳은 것은?

① 과거 병력, 운동습관, 생활습관 등을 질문하여 피부 상태를 분석
② 고객의 피부를 관리사의 개인적인 생각으로 분석
③ 육안이나 피부분석기기를 통해 분석
④ 가벼운 피부 접촉으로 피부 상태를 분석

> - 견진: 육안 또는 피부분석기기를 통해 분석함
> - 촉진: 피부 접촉을 통해 피부 두께, 탄력도 등을 분석함

06
피부유형 분석 내용 중 문진법으로 알 수 있는 것은?

① 모공의 크기   ② 색소침착 부위
③ 피지분비 상태   ④ 병력사항

> 문진법은 고객에게 질문지를 제공하여 자료를 수집하는 방법으로 가족사항, 나이, 인종, 피부관리 유무, 과거 병력, 알레르기, 식습관 등을 질문하여 피부 상태를 분석하는 방법임

| 정답 | 01 ③ 02 ② 03 ② 04 ④ 05 ① 06 ④

07
견진법으로 파악할 수 없는 피부 상태는?

① 모공의 크기
② 모세혈관
③ 주름의 위치
④ 수분의 함유량

- 견진법은 육안 또는 피부분석기기를 통해 분석하는 방법임
- 유·수분 함유량은 촉진법, 유·수분 측정기를 활용하여 분석함

08
피부분석 방법 중 촉진법을 통해 분석할 수 있는 내용은?

① 과거 병력
② 피부 탄력도
③ 모공의 크기
④ 색소침착

촉진법은 손으로 피부를 만져보는 방법으로, 피부 두께, 피부 탄력, 유·수분 함유량 등을 분석함

09
인공자외선 파장을 이용하는 광학분석기로 피지, 여드름, 색소침착, 모세혈관 확장 등을 판별하는 피부분석기기는?

① 확대경
② 우드램프
③ 광학현미경
④ pH 측정기

- 확대경: 육안으로 판별이 어려운 부위를 확대하여 분석하는 기기
- 광학현미경: 피부의 주름, 모공, 피지 등 피부 상태를 확대하여 모니터를 통해 분석하는 기기
- pH 측정기: 피부 표면의 산과 알칼리 정도를 나타내는 기기

10
피부 상태에 따른 우드램프의 색상으로 옳은 것은?

① 정상 피부: 노란색
② 여드름 피부: 밝은 보라색
③ 민감성 피부: 진보라색
④ 색소침착: 오렌지색

- 정상 피부: 청백색
- 여드름 피부: 오렌지색
- 색소침착: 짙은 암갈색

11
확대경에 관한 설명으로 옳지 않은 것은?

① 피부 표면의 산과 알칼리 정도를 알 수 있다.
② 육안으로 판별이 어려운 부위를 3.5~10배 확대하여 분석한다.
③ 여드름 압출 시 사용한다.
④ 피부 표면의 모공, 색소침착, 결점 등을 판별한다.

피부 표면의 산과 알칼리 정도를 나타내는 기기는 pH 측정기임

12
피부 상태 분석법으로 옳지 않은 것은?

① 유·수분 함유량: 손이나 기름종이를 사용하여 판단한다.
② 모공 상태: 스파튤라로 피부 표면을 가볍게 그어 판단한다.
③ 피부결: 각질화 상태에 따라 피부의 매끄럽거나 거친 느낌으로 판단한다.
④ 탄력도: 피부를 잡았다 놓아 회복되는 능력으로 판단한다.

모공 상태는 견진법 또는 확대경, 스킨스코프 등을 통해 안면 부위별 모공의 크기에 따라 분석함

13
피부분석 시 사용되는 기기로 적절하지 않은 것은?
① 확대경
② 유·수분 측정기
③ 갈바닉기
④ 우드램프

> 갈바닉기는 전류를 이용하여 체내 노폐물 배출 및 영양물질 흡수 등의 기능을 함

14
피부분석기기로 옳은 것으로만 나열한 것은?
① 우드램프, 확대경
② 스티머, 적외선램프
③ 갈바닉기, 고주파기
④ pH 측정기, 진공흡입기

> - 피부분석기기: 우드램프, 확대경, pH 측정기 등
> - 피부미용기기: 스티머, 적외선램프, 갈바닉기, 고주파기, 진공흡입기 등

4 고객관리카드

15
피부관리 계획 전 개인정보 수집·이용 및 제공 동의서 작성에 관한 설명으로 옳지 않은 것은?
① 동의를 거부할 경우 서비스 이용이 제한적일 수 있다.
② 고객관리카드에는 개인 식별 정보 및 질병에 관한 민감 정보가 포함되어 있어 동의서를 작성하는 것이다.
③ 내부 규정에 의해 일정 기간 저장한 후 파기한다.
④ 고객의 상황이 달라질 수 있으므로 마지막 관리가 이루어지는 날 동의서를 작성한다.

> 고객정보는 관리 전에 작성해야 올바른 관리법 설정, 제품의 선택이 가능함

16
피부분석카드에 관한 설명으로 옳은 것은?
① 고객의 질환과 병력은 프라이버시로 작성하지 않아도 된다.
② 피부 문제는 환경의 영향을 받을 수 있으므로 직업을 정확하게 적는다.
③ 피부분석카드는 처음 관리 시에만 작성한다.
④ 고객이 불쾌할 수 있으므로 피부 상태를 그림으로 체크하지 않는다.

> - 고객의 질환과 병력은 피부 상태의 원인을 파악하는 데 중요한 항목임
> - 피부는 내·외적 요인으로 잦은 변화가 일어날 수 있으므로, 관리 전 매회 피부분석을 통해 분석 내용을 기록함
> - 증상의 발생 부위를 그림에 표시하여 정확히 기록함

17
피부분석카드에 반드시 작성되어야 할 사항이 아닌 것은?
① 가족 구성원
② 피부 알레르기 유무
③ 생년월일
④ 연락처

> 피부분석카드에는 관리를 받는 개인의 정보만 작성함

18
관리계획차트에 관한 설명으로 옳지 않은 것은?
① 고객에게 적절한 관리 프로그램을 결정하는 것이다.
② 사용 제품과 기기명을 기록한다.
③ 고객을 맞이할 때 가장 먼저 행해야 하는 것이다.
④ 기대효과, 관리계획, 홈케어 조언 등을 기록한다.

> 상담을 먼저 진행한 후 관리계획차트를 작성함

| 정답 | 13 ③ | 14 ① | 15 ④ | 16 ② | 17 ① | 18 ③ |

CHAPTER 03 클렌징과 딥클렌징

합격 TIP
- 클렌징 제품의 특징과 단계별 시술 방법을 집중적으로 학습하세요.
- 딥클렌징의 정의 및 목적에 대한 출제 빈도가 높으므로 딥클렌징 종류를 구분하여 암기하세요.

1 클렌징

(1) 클렌징의 정의
인체에서 분비되는 피지와 땀 등 피부 노폐물과 메이크업 잔여물, 미세먼지, 이물질을 제거하는 과정을 말함

(2) 클렌징의 목적 및 효과 [빈출]
① 피부 노폐물 및 메이크업 잔여물은 피부의 분비작용과 신진대사기능에 영향을 미치고, 모공을 막아 트러블의 원인으로 작용할 수 있으므로 관리가 필요함
② 피부 노폐물과 오염물질 등을 제거하여 피부의 호흡과 신진대사기능을 원활하게 함
③ 피부 노폐물을 제거하여 피부에 영양분을 공급하는 제품의 흡수율을 높임
④ 클렌징 테크닉을 적용하여 피부 내부의 혈액순환을 촉진함

(3) 노폐물의 종류

수용성 노폐물	물에 잘 녹는 물질로 피부에서 분비되는 땀과 먼지 등을 말함
지용성 노폐물	물에 녹지 않는 물질로 피부에서 분비되는 피지와 메이크업 제품, 크림류 등을 말함

(4) 클렌징 제품
① 클렌징 제품의 개요
- 클렌징 제품은 피부유형에 맞는 제품의 선택이 매우 중요함
- 클렌징은 제품을 사용하여 제거하는 방법 외에도 물❓을 사용하여 세정효과를 높일 수 있음
- 피부 상태는 내·외적 요인에 의해 항상 변화할 수 있으므로 사용 목적에 따라 클렌징 제품을 다양하게 적용함

② 클렌징 제품의 조건
- 클렌징 제품은 체온에 의해 액화되고 피부에 흡수되지 않아야 함
- 클렌징 제품을 제거한 후 피부가 유연해야 함
- 피부 산성막을 손상시키지 않고 클렌징 기능을 할 수 있어야 함

> **참고** 물을 이용한 클렌징
> - 수용성 노폐물은 물을 사용하여 제거가 가능하나, 지용성 노폐물은 제거가 어려움
> - 물의 온도에 따라 세정효과가 달라짐

③ 물의 온도에 따른 세정효과

냉수 (10~15℃)	• 물의 온도가 낮아 수축효과를 높일 수 있음 • 세안 후 피부 진정, 모공 수축에 효과적임
미온수 (16~21℃)	• 물의 온도가 미지근하여 가벼운 세정효과가 있음 • 가벼운 각질 제거에 효과적임
온수 (22~35℃)	• 물의 온도가 높아 모공 확장효과가 있고 세정력이 높음 • 혈관을 확장시켜 혈액순환 촉진에 효과적임

④ 클렌징 제품의 종류 빈출

씻어내는 세안제 (계면활성 제형)	비누	• 전신용 세정제의 주류, 사용이 간편하나 피부 당김 증상이 동반됨 • 알칼리성으로 pH를 높이는 단점이 있음 • 탈지효과로 피부를 건조하게 할 수 있음
	클렌징 폼	• 수성 세안제로 거품을 내어 세안하는 제품 • 약산성 타입으로 피부에 자극이 적어 민감한 피부에도 효과적임 • 1차 클렌징 후 남은 유성 잔여물을 제거하기 위한 이중세안제로 사용 • 보습제와 유연제가 함유되어 당김 증상이 없고 피부를 건조하지 않게 함
닦아내는 세안제 (용제형)	클렌징 크림	• 친유성(W/O)의 크림 타입으로 세정력이 좋아 메이크업, 특수화장을 지울 때 효과적임 • 피부에서 분비되는 피지나 오염물질 제거에 효과적임 • 유분 함량이 높아 사용 후 잔여물이 남을 수 있으므로 이중세안이 필수
	클렌징 로션	• 친수성(O/W)의 에멀전 타입으로 산뜻함 • 크림보다 세정력은 약하나 수분이 많아 촉촉하며 이중세안이 필요하지 않음
	클렌징 오일	• 친수성(O/W) 제품의 형태를 갖고 있으며 물에 잘 용해됨 • 클렌징 폼의 효과도 있어 이중세안이 필요하지 않음 • 진한 색조화장을 지울 때 포인트 리무버를 대체하여 사용 가능
	클렌징 젤	• 오일 성분이 전혀 함유되지 않아 이중세안 없이 물로만 제거 가능 • 유분감과 잔여물로 인해 피부 자극이 될 수 있는 크림류보다 피부에 부담이 적으며 세정력이 우수함
	클렌징 워터	• 사용감이 산뜻하고 끈적임이 없음 • 짙은 메이크업보다 가벼운 메이크업을 지울 때 사용 • 세정력은 약하지만 예민한 피부에도 사용 가능

용어 씻어내는 세안제
계면활성제의 기포를 이용하여 노폐물을 제거하고 씻어내는 제품 유형

용어 닦아내는 세안제
물에 녹지 않는 오염물질을 제거할 때나 유성원료 함량이 높은 제품을 사용했을 때 적용하는 제품 유형

(5) 클렌징 순서 및 방법

포인트 메이크업 클렌징 (1단계) 빈출	• 유성 타입의 포인트 메이크업 리무버를 화장솜에 적셔 올린 후 방치 • 눈화장은 안쪽에서 눈꼬리 방향으로, 마스카라 제거 시 위에서 아래 방향으로 자극 없이 닦아내야 함 • 입술은 바깥쪽에서 안쪽으로 모아 전체적으로 닦아내고, 윗입술은 위에서 아래로, 아랫입술은 아래에서 위로 닦음
안면 클렌징 (2단계)	• 클렌징 작업 범위는 목, 데콜테를 포함한 안면 전체 • 제품을 '데콜테 → 목 → 턱 → 볼 → 이마 → 턱' 순으로 도포 • 클렌징 테크닉은 근육결 방향 안쪽에서 바깥쪽으로 적용하며, 속도와 리듬감을 유지해야 함 • 안면 클렌징 순서: 데콜테 → 목 → 턱 → 인중 → 코 → 눈 → 이마 → 볼 → 관자놀이 • 전체 테크닉 적용 시간은 3분을 넘지 않게 진행함
클렌징 제품 및 잔여물 제거 (3단계)	• 제품의 경우 티슈를 적용하여 유분감을 제거 • 해면을 적용하여 '눈 → 이마 → 코 → 볼 → 목 → 데콜테' 순으로 제거 • 온습포를 해면 작업 순서와 동일하게 적용하여 잔여물을 제거
화장수 사용 (4단계)	피부유형에 맞는 화장수를 선택하여 피부 표면의 잔여물을 정돈

참고 포인트 메이크업 클렌징 시 주의사항
피부조직이 얇고 민감한 부위로 자극이 되지 않도록 부드럽게 적용해야 함

참고 유성 타입
물과 기름이 분리되어 있는 경우는 흔들어서 혼합하여 사용해야 함

참고 안면 클렌징 시 주의사항
클렌징에 사용하는 세정용 화장품은 장시간 적용 시 피부에 흡수되어 자극의 요인으로 작용하므로 주의함

용어 데콜테(Décolleté)
목, 어깨, 가슴을 드러낸 네크라인으로, 오프숄더 의상을 착용하였을 때 노출되는 상체 위쪽의 부위

용어 화장수
관리 마무리 단계에 사용하는 제품으로, 피부 정돈, pH 조절, 수분 공급 등의 기능을 하며 종류에 따라 효과가 다양함

(6) 습포의 종류 빈출

온습포	• 모공을 확장시켜 노폐물 제거에 용이함 • 메이크업, 이물질 제거에는 온습포를 사용하는 것이 좋으며, 트러블이 있거나 염증성 피부의 경우 냉습포를 적용할 수 있음 • 혈액순환에 효과적이나, 민감성·모세혈관 확장·여드름 피부는 피해야 함
냉습포	• 관리 마무리 단계에 사용하여 진정효과를 높임 • 모공 수축, 수렴효과가 있음

(7) 화장수의 종류 빈출

유연 화장수	• 피부를 유연하게 하고 보습효과가 있음 • 피부에 수분을 공급하고 pH를 조절함 • 건성·노화 피부에 적용함
수렴 화장수	• 화장수 내에 알코올 함량이 높아 모공을 수축시키고 청량효과가 있음 • 피부 표면을 정리하고 pH를 조절함 • 지성·복합성 피부에 적합하며, 계절에 따라 선택적으로 적용하기도 함
소염 화장수	• 수렴 화장수의 일종으로 피부에 항염, 항균효과가 있음 • 지성·여드름 피부에 적용함

참고 수렴 화장수
흔히 '아스트린젠트(Astringent)'라고도 부름

2 딥클렌징

(1) 딥클렌징의 정의 빈출
① 클렌징으로 제거되지 않은 피부 잔여물과 각질층에 쌓인 죽은 세포, 노폐물을 제거하는 과정
② 모공까지 깨끗하게 정돈하여 피부의 영양물질에 대한 흡수율을 높이는 과정

③ 묵은 각질이 탈락하지 못하고 피부에 쌓이면 세포 재생에 영향을 줌. 따라서 피부유형에 맞는 딥클렌징 제품을 사용하여 정상적인 각화 과정이 이루어질 수 있도록 함

(2) 딥클렌징의 목적 및 효과 빈출
① 피부 표면을 정돈하고 모공 내에 쌓여 있는 노폐물을 손쉽게 제거
② 피부 표면을 매끈하게 하고 혈액순환을 촉진시켜 안색을 개선
③ 모낭과 모공을 막고 있는 노폐물을 제거하여 체내 분비기능 정상화
④ 묵은 각질을 제거함으로써 화장품의 유효성분 흡수율 향상

(3) 딥클렌징의 종류 빈출

① **물리적 딥클렌징**
제품 도포 후 손이나 기기로 피부 표면에 물리적 자극을 주어 각질을 제거하는 방법

스크럽	• 특징 – 물리적 자극을 통한 피부 표면의 마찰로 각질을 제거 – 아몬드, 살구씨, 조개껍질가루 등의 미세한 알갱이가 함유됨 • 사용 시 주의사항 – 도포 시 눈의 점막에 제품이 들어가지 않도록 함 – 제품 제거 시 알갱이가 남지 않도록 주의 – 물을 묻혀 문지르기 테크닉을 적용하여 자극을 최소화 • 피부유형: 마찰에 의한 자극이 있어 민감성 피부는 적용을 피해야 함
고마쥐	• 특징: 전분 성분인 셀룰로오스가 기본 원료로, 제품을 건조시킨 후 지우개로 지우듯 밀어내어 각질을 제거 • 사용 시 주의사항 – 도포 시 눈의 점막에 제품이 들어가지 않도록 함 – 근육결 방향으로 강도를 조절하여 제품을 밀어냄 – 제품 제거 시 잔여물이 남지 않도록 주의 • 피부유형: 민감성 피부, 염증성 피부는 적용을 피해야 함

② **화학적 딥클렌징**
제품에 포함된 동·식물성 단백질 분해효소를 통해 피부 표면의 각질과 피지 등을 화학적으로 제거하는 방법

AHA	• 특징 – 과일 등에서 추출한 천연산을 통해 각질을 부드럽게 제거 예 글리콜릭산(사탕수수), 젖산(우유), 말릭산(사과), 주석산(포도), 구연산(오렌지, 감귤류) – 각질층의 세포 간 응집력을 약화시켜 각질 탈락을 유도하며, 친수성기의 화학구조로 수용성 각질 제거제의 역할을 함 – 10% 이하의 농도로 피부관리실에서 적용 • 피부유형: 모든 피부에 적용 가능(단, 민감성·모세혈관 확장 피부는 적용을 피해야 함)
BHA	• 특징: 살리실산으로 과각화된 각질을 제거하고, 모공 내 지용성 물질을 녹이는 성분 • 피부유형: 유분이 많은 지성·여드름 피부에 적용 시 효과적임
효소	• 특징: 동·식물성 단백질 분해효소를 적용하여 각질을 부드럽게 제거 예 파파인(파파야), 브로멜라인(파인애플), 펩신, 트립신 등 • 사용 시 주의사항 – 도포 시 눈의 점막에 제품이 들어가지 않도록 함

> **참고** AHA, BHA 사용 시 주의사항
> • 팩붓이나 면봉을 이용하여 도포하며, 도포 시 눈의 점막에 제품이 들어가지 않도록 함
> • 피부염, 상처 부위에는 적용하지 않음
> • 피부유형에 따라 적용 시간을 다르게 하고 제거 시 냉습포로 마무리함

효소	– 제품 도포 후 온도를 35~45℃, 습도를 70%로 맞춘 뒤, 피부 표면에 온습포(스티머로 대체 가능)를 덮어 효소가 활성화될 수 있도록 함 • 피부유형: 자극이 적으므로 모든 피부에 적용 가능

③ 기기를 이용한 딥클렌징

프리마톨	• 특징: 기기의 회전력을 이용하여 피부에 자극이 없는 부드러운 천연모 브러시를 통해 각질과 피지를 제거 • 사용 시 주의사항: 적용 시 손목에 힘을 주지 않고 기계의 힘에 의해서만 회전시킴 • 피부유형: 브러시 회전으로 인해 피부 표면이 자극될 수 있으므로 민감성 피부는 적용을 피해야 함
디스인크러스테이션 (Desincru-station)	• 특징 – 갈바닉기를 이용한 전기세정법으로, 직류전류의 음극(-)에서 생성되는 알칼리성 반응을 이용 – 모공 세정용 앰플 또는 증류수와 희석한 중탄산나트륨을 침투시켜 모공의 각질과 노폐물을 제거 • 사용 시 주의사항 – 전류의 세기는 단계적으로 올려야 함 – 관리 중 피부 표면이 건조해지지 않도록 주의 • 피부유형: 음극(-)의 알칼리 세정작용은 민감성 피부에 자극이 될 수 있으므로 적용을 피해야 함

> **참고** 디스인크러스테이션
> 주 1회 정도 진행이 적당함

(4) 딥클렌징 순서

스크럽	• 문지르기 작업 시 알갱이가 떨어지므로 목 뒷부분 양옆에 티슈 준비 • 브러시를 이용하여 T존 → U존 순서로 제품 도포 • 손가락 끝에 물을 묻혀 문지르기 테크닉 적용 • 해면으로 '눈 → 이마 → 코 → 볼 → 목 → 데콜테' 순으로 닦아냄 • 온습포를 해면 작업 순서와 동일하게 적용하여 잔여물 제거
고마쥐	• 밀어내기 작업 시 가루가 떨어지므로 터번으로 귀를 가리고, 목 뒷부분 양옆에 티슈 준비 • 브러시를 이용하여 T존 → U존 순서로 제품 도포 • 한 손에 텐션을 주고 다른 한 손으로 바깥 방향으로 밀어내기 테크닉 적용 • 손에 물을 묻혀 고마쥐 잔여물과 피부 표면 정돈 • 해면으로 '눈 → 이마 → 코 → 볼 → 목 → 데콜테' 순으로 닦아냄 • 온습포를 해면 작업 순서와 동일하게 적용하여 잔여물 제거
AHA	• 피지분비가 많은 T존 → U존 순서로 제품 도포 • 도포 후 방치 시간을 두고, 해면으로 '눈 → 이마 → 코 → 볼 → 목 → 데콜테' 순으로 닦아냄 • 냉습포를 해면 작업 순서와 동일하게 적용하여 잔여물 제거
효소	• 효소를 적당량의 물과 혼합한 후 거품을 풍성하게 내어 준비 • 브러시를 이용하여 T존 → U존 순서로 제품 도포 • 아이패드 작업 후 온습포를 올려 놓고 1~2분 방치 • 해면으로 '눈 → 이마 → 코 → 볼 → 목 → 데콜테' 순으로 닦아냄 • 온습포를 해면 작업 순서와 동일하게 적용하여 잔여물 제거

> **참고** 딥클렌징 순서
> • 딥클렌징 순서는 실기시험 내용을 기준으로 작성함
> • 스크럽, 고마쥐, AHA의 테크닉은 안쪽에서 바깥쪽으로 진행함
>
> **화장수 사용**
> 딥클렌징의 마지막 단계에서 피부유형에 맞는 화장수를 선택하여 피부 표면의 잔여물을 정돈함

> **참고** 효소 사용 시 스티머 활용
> • 효소 도포 후 온습포 대신 스티머 활용 가능
> • 30cm 정도의 거리를 두고 분사하며, 피부유형에 따라 적용 시간을 조절

1 클렌징

01
클렌징에 관한 설명으로 옳은 것은?
① 피부 잔여물과 각질층에 쌓인 죽은 세포를 제거하는 과정이다.
② 각질 정리로 피부 표면을 매끄럽게 하고 안색을 개선하는 과정이다.
③ 인체에서 분비되는 피지와 땀 등 피부 노폐물을 제거해 주는 과정이다.
④ 모낭과 모공을 막고 있는 노폐물을 제거하여 체내 분비 기능을 정상화시키는 과정이다.

- 클렌징: 인체에서 분비되는 피지와 땀 등 피부 노폐물과 메이크업 잔여물, 미세먼지 등을 제거해 주는 과정
- ①②④ 딥클렌징에 관한 설명임

02
클렌징의 목적으로 옳지 않은 것은?
① 피부 노폐물 제거
② 피부의 청결 유지
③ 메이크업 및 환경적 요인으로 인한 노폐물 제거
④ 죽은 세포 제거

- 각질층의 죽은 세포를 제거하는 것은 딥클렌징의 목적임

03
클렌징의 효과로 옳지 않은 것은?
① 피부의 분비작용과 신진대사기능이 저하된다.
② 피부 노폐물과 오염물질을 제거하여 피부호흡기능을 개선한다.
③ 영양 공급 제품의 흡수율을 높이는 데 도움을 준다.
④ 메이크업 잔여물과 먼지 등을 제거하여 피부를 청결하게 유지한다.

- 클렌징은 피부 표면의 오염물질을 제거하여 분비작용과 신진대사기능을 원활하게 함

04
클렌징 폼에 관한 설명으로 옳지 않은 것은?
① 수성 세안제로 거품을 내어 세안하는 제품이다.
② 약산성 타입으로 피부에 자극이 적어 민감한 피부에도 효과적이다.
③ 진한 색조화장을 지울 때 포인트 리무버 대신 사용할 수 있다.
④ 보습제와 유연제가 함유되어 있어 당김 증상이 없다.

- 클렌징 오일: 진한 색조화장을 지울 때 포인트 리무버를 대체하여 사용이 가능함

05
닦아내는 세안제의 종류에 해당하지 않는 것은?
① 클렌징 워터   ② 클렌징 폼
③ 클렌징 오일   ④ 클렌징 젤

- 클렌징 폼은 계면활성제형으로 거품을 내어 씻어내는 제품임

06
친유성(W/O) 타입의 클렌징 제품은?
① 클렌징 크림   ② 클렌징 로션
③ 클렌징 워터   ④ 클렌징 폼

- 클렌징 로션은 친수성(O/W) 형태의 제품임
- 클렌징 워터는 사용감이 산뜻하고 세정력이 약한 제품임
- 클렌징 폼은 계면활성제형으로 기포를 이용하여 잔여물을 제거함

07
클렌징 크림의 특징으로 옳지 않은 것은?
① 친유성(W/O)이나 물에 잘 용해된다.
② 피부에서 분비되는 피지나 오염물질 제거에 효과적이다.
③ 유분 함유량이 높아 사용 후 잔여감이 있을 수 있다.
④ 친유성(W/O)으로 세정력이 좋아 특수화장을 지울 때 효과적이다.

- 클렌징 크림은 친유성(W/O)으로 물에 대한 용해력이 약해 이중세안이 필수임

08
클렌징 로션의 특징으로 옳지 않은 것은?

① 수분이 많아 촉촉하다.
② 클렌징 크림보다 세정력이 좋다.
③ 친수성(O/W) 타입으로 산뜻함이 특징이다.
④ 이중세안을 하지 않아도 된다.

> 클렌징 로션은 클렌징 크림보다 세정력이 약함

09
클렌징 워터의 특징으로 옳지 않은 것은?

① 사용감이 산뜻하고 끈적임이 없다.
② 짙은 메이크업보다 가벼운 메이크업을 지울 때 사용한다.
③ 세정력은 약하지만 예민한 피부에도 사용이 가능하다.
④ 알칼리성으로 pH를 높이는 단점이 있다.

> 알칼리성으로 pH를 높이는 단점이 있는 제품은 비누임

10
클렌징의 순서로 옳은 것은?

① 포인트 메이크업 클렌징 → 안면 클렌징 → 온습포 → 클렌징 제품 및 잔여물 제거 → 화장수
② 온습포 → 화장수 → 안면 클렌징 → 포인트 메이크업 클렌징 → 클렌징 제품 및 잔여물 제거
③ 포인트 메이크업 클렌징 → 안면 클렌징 → 클렌징 제품 및 잔여물 제거 → 온습포 → 화장수
④ 포인트 메이크업 클렌징 → 화장수 → 안면 클렌징 → 클렌징 제품 및 잔여물 제거 → 온습포

> 클렌징 순서: 포인트 메이크업 클렌징 → 안면 클렌징 → 클렌징 제품 및 잔여물 제거 → 온습포 → 화장수

11
포인트 메이크업 클렌징에 관한 설명으로 옳지 않은 것은?

① 눈썹, 아이라인, 아이섀도, 마스카라, 립스틱 등 메이크업 클렌징 시 사용한다.
② 메이크업을 지우기 위해 유성 타입의 포인트 리무버를 사용한다.
③ 피부조직이 얇고 민감한 부위에 자극이 되지 않도록 부드럽게 테크닉을 적용한다.
④ 목과 데콜테를 포함한 안면 전체를 클렌징한다.

> 안면 클렌징: 목과 데콜테를 포함한 안면 전체의 메이크업 및 노폐물을 제거함

12
포인트 메이크업 클렌징 방법으로 옳지 않은 것은?

① 포인트 메이크업 리무버를 화장솜에 적셔 사용한다.
② 립스틱은 입술의 방향과 상관없이 클렌징한다.
③ 눈은 안쪽에서 눈꼬리 방향으로 닦아낸다.
④ 적용 부위가 얇고 예민하므로 자극이 되지 않게 한다.

> 입술은 바깥쪽에서 안쪽으로 모아 전체적으로 닦아내고, 윗입술은 위에서 아래로, 아랫입술은 아래에서 위로 닦아내야 함

13
안면 클렌징의 특징으로 옳지 않은 것은?

① 알갱이가 떨어질 수 있으므로 양옆에 티슈를 준비한다.
② 목과 데콜테 부위를 포함한 안면 전체에 클렌징을 한다.
③ 피부유형에 맞는 제품을 선택하여 2~3분간 클렌징을 한다.
④ 메이크업 잔여물 제거가 목적이므로 제품을 장시간 적용하지 않는다.

> 안면 딥클렌징의 종류인 스크럽을 적용하는 경우, 제품 속 알갱이가 떨어질 수 있으므로 티슈 준비가 필요함

14
클렌징 제품의 제거에 관한 설명으로 옳지 않은 것은?

① 제품을 제거하는 시간은 3분을 넘지 않도록 한다.
② 제품은 티슈를 사용하여 유분감을 제거한다.
③ 해면으로 '눈 → 이마 → 코 → 볼 → 목 → 데콜테' 순으로 제거한다.
④ 온습포를 해면 작업 순서와 동일하게 적용한다.

> 안면 클렌징 테크닉의 전체 적용 시간은 3분을 넘지 않도록 함

정답 | 08 ② 09 ④ 10 ③ 11 ④ 12 ② 13 ① 14 ①

2 딥클렌징

15
딥클렌징의 정의에 관한 설명으로 옳지 않은 것은?
① 죽은 세포와 노폐물을 제거해 주는 것
② 피부유형에 맞게 인위적, 정기적으로 제거하는 것
③ 메이크업 잔여물과 환경적 요인을 제거하는 것
④ 피부의 묵은 각질을 제거하여 정상적인 각화 과정이 이루어질 수 있도록 하는 것

> 딥클렌징의 정의
> • 클렌징으로 제거되지 않은 피부 잔여물과 각질층에 쌓인 죽은 세포, 노폐물을 제거하는 과정
> • 모공까지 깨끗하게 정돈하여 피부의 영양물질에 대한 흡수율을 높이는 과정
> • 묵은 각질이 탈락하지 못하고 피부에 쌓이면 세포 재생에 영향을 줌. 따라서 피부유형에 맞는 딥클렌징 제품을 사용하여 정상적인 각화 과정이 이루어질 수 있도록 함

16
딥클렌징의 목적으로 옳지 않은 것은?
① 각질층의 살아 있는 세포를 제거하여 피부 표면을 정돈한다.
② 피부 표면을 매끈하게 하고 혈액순환을 촉진한다.
③ 모낭과 모공을 막고 있는 노폐물을 제거한다.
④ 묵은 각질을 제거한다.

> 딥클렌징은 각질층의 죽은 세포를 제거하여 피부 표면을 정돈함

17
딥클렌징의 효과로 옳지 않은 것은?
① 노폐물 제거
② 노폐물 생성 억제
③ 안색 개선
④ 유효성분의 흡수율 제고

> 딥클렌징의 효과
> • 피부 표면 정돈
> • 노폐물 제거, 안색 개선
> • 체내 분비기능 정상화
> • 화장품의 유효성분 흡수율을 높임

18
물리적 딥클렌징의 특징으로 옳지 않은 것은?
① 피부 표면의 각질과 피지 등을 자극 없이 제거한다.
② 예민하고 민감한 피부는 제품 적용을 피한다.
③ 손이나 기기를 사용하여 제거한다.
④ 제품 특징에 따라 적용이 가능한 피부유형을 분류한다.

> 물리적 딥클렌징: 제품 도포 후 손이나 기기로 피부 표면에 물리적 자극을 주어 각질을 제거하는 방법

19
AHA의 특징으로 옳은 것은?
① 상처 부위에 적용할 수 있다.
② 전분 성분인 셀룰로오스를 사용하여 각질을 제거한다.
③ 모세혈관 확장 피부의 각질을 효과적으로 제거한다.
④ 천연산을 사용하여 각질을 제거한다.

> • AHA는 상처 부위에는 적용하지 않으며, 모세혈관 확장 피부는 적용을 피해야 함
> • 전분 성분인 셀룰로오스를 사용하여 각질을 제거하는 것은 고마쥐에 해당함

20
스크럽의 특징으로 옳지 않은 것은?
① 제품에는 아몬드, 살구씨, 조개껍질가루 등의 미세 알갱이가 함유되어 있다.
② 마찰을 사용한 딥클렌징으로 민감한 피부에는 사용을 자제한다.
③ 제거 시 알갱이가 남지 않도록 주의한다.
④ 한 손에 텐션을 주고 근육결 방향으로 밀어내며 각질을 제거한다.

> 고마쥐 사용 시 한 손에 텐션을 주고, 다른 한 손으로 근육결 방향으로 밀어내어 각질을 제거함

21
고마쥐의 특징으로 옳지 않은 것은?
① 물을 묻혀 문지르기 테크닉을 적용하여 자극을 최소화한다.
② 전분 성분인 셀룰로오스가 기본 원료이다.
③ 도포 시 눈의 점막에 제품이 들어가지 않도록 주의한다.
④ 지우개로 밀어내듯 각질을 제거한다.

> 각질의 연화 과정으로서 물을 묻혀 문지르기 테크닉을 적용하여 자극을 최소화하는 것은 스크럽의 특징임

22
AHA의 특징으로 옳지 않은 것은?
① 과일 등에서 추출된 천연산을 이용한다.
② 친수성기의 화학구조로 수용성 각질 제거제의 역할을 한다.
③ 피부관리실에서는 10% 이상의 농도로 적용한다.
④ 모든 피부에 적용이 가능하지만 민감성 피부, 모세혈관 확장 피부는 피해야 한다.

> AHA는 피부관리실에서 10% 이하의 농도로 적용함

|정답| 15 ③ 16 ① 17 ② 18 ① 19 ④ 20 ④ 21 ① 22 ③

23
AHA 추출 성분으로 옳은 것은?
① 사탕수수: 글리콜릭산
② 우유: 주석산
③ 포도: 젖산
④ 사과: 구연산

> **AHA의 종류**
> 글리콜릭산(사탕수수), 젖산(우유), 말릭산(사과), 주석산(포도), 구연산(오렌지, 감귤류)

24
효소에 대한 특징으로 적절하지 않은 것은?
① 파파야, 파인애플 등에서 추출한 단백질 분해효소를 적용한다.
② 제품 도포 후 적외선기기를 활용하여 효소를 활성화한다.
③ 자극이 적으므로 모든 피부에 적용이 가능하다.
④ 효소 도포 시 눈의 점막에 들어가지 않도록 한다.

> 효소 사용 시 제품 도포 후 온도 35~45℃, 습도 70%로 맞춘 뒤, 피부 표면에 온습포(스티머로 대체 가능)를 덮어 효소가 활성화될 수 있도록 함

25
기기를 이용한 딥클렌징에 관한 설명으로 옳지 않은 것은?
① 프리마톨은 천연모 브러시를 통해 기기의 회전력을 이용하여 각질을 제거하는 기기이다.
② 프리마톨은 브러시 회전으로 인해 피부 표면이 자극될 수 있다.
③ 갈바닉기를 이용한 전기세정법을 디스인크러스테이션이라고 한다.
④ 디스인크러스테이션은 양극(+)을 연결하여 세정용 앰플을 침투시킨다.

> 디스인크러스테이션은 음극(-)을 연결하여 모공 세정용 앰플을 침투시킴

26
스크럽 적용방식으로 옳지 않은 것은?
① 스크럽은 적용 시 알갱이가 떨어지므로 터번을 펼쳐 놓는다.
② 손가락 끝에 물을 묻혀 문지르기 테크닉을 적용한다.
③ 브러시를 이용하여 T존 → U존 순으로 도포한다.
④ 해면으로 '눈 → 이마 → 코 → 볼 → 목 → 데콜테' 순으로 닦아낸다.

> 스크럽 적용 시 알갱이가 떨어지므로 양옆에 티슈를 펼쳐 놓음

27
고마쥐 적용방식으로 옳지 않은 것은?
① 고마쥐를 밀어낼 때 가루가 떨어지므로 양옆에 티슈를 준비한다.
② 브러시를 이용하여 T존 → U존 순으로 도포한다.
③ 한 손에 텐션을 주고 다른 한 손은 바깥에서 안쪽 방향으로 밀어낸다.
④ 온습포 적용 시 '눈 → 이마 → 코 → 볼 → 목 → 데콜테' 순으로 닦아낸다.

> 고마쥐 적용 시 한 손에 텐션을 주고 다른 한 손은 피부결 방향(안쪽에서 바깥 방향)으로 밀어냄

28
AHA 적용방식으로 옳지 않은 것은?
① 피지분비가 많은 T존 → U존 순으로 도포한다.
② 마찰을 줄이기 위해 손을 이용하여 도포한다.
③ 도포 후 방치 시간을 두어야 한다.
④ 냉습포를 사용하여 잔여물을 제거한다.

> AHA는 팩붓이나 면봉을 이용하여 도포함

29
효소 적용방식으로 적절하지 않은 것은?
① 적당량의 물과 혼합하여 거품을 풍성하게 내어 적용한다.
② 아이패드 작업 후 온습포를 올려 놓고 일정 시간 방치한다.
③ 피부 자극이 있을 수 있으므로 민감성 피부는 적용을 피한다.
④ 온습포 대신 스티머를 사용해도 무방하다.

> 효소는 자극이 적으므로 모든 피부에 적용이 가능함

| 정답 | 23 ① 24 ② 25 ④ 26 ① 27 ③ 28 ② 29 ③

CHAPTER 04 피부유형별 화장품 도포

합격 TIP
- 피부유형별 특징에 대해서 집중적으로 학습하세요.
- 피부유형별 화장품의 도포 목적 및 종류에 대해 집중적으로 암기하세요.

1 피부유형별 특징

(1) 정상(중성) 피부
① 가장 이상적인 피부유형으로, 각질층의 수분이 10~20%로 정상 상태
② 피부의 저항력이 있어 쉽게 자극받지 않음
③ 모공의 크기는 작으나 약간 보이는 상태이고 T존은 약간 번들거림
④ 각질층의 상태가 적절하며 민감하지 않음
⑤ 연령이 높아지면 민감한 경향을 나타내는 피부로 전환되기 쉬움
⑥ 탄력과 형색이 좋으며 약간 홍조를 띤 안정된 피부색을 지님

(2) 건성 피부
① 피지선과 땀샘의 기능 저하로 표면이 항상 건조하고 윤기가 없음
② 전체적으로 모공이 눈에 잘 띄지 않음
③ 세안 후 피부 당김이 심하며 잔주름과 표정주름이 많음
④ 외부자극에 대해 저항력이 약하며 염증이나 홍반이 자주 나타남
⑤ 피부조직이 얇으므로 색소침착이 쉽게 생기며 노화나 민감성 피부로 전환되기 쉬움

일반 건성 피부	• 유전적 또는 후천적 원인에 의해 표피의 수분함유량이 10% 이하로 부족함 • 땀샘과 피지선의 분비가 원활하지 못하므로 피부보호막이 불안정함 • 부분적으로 각질이나 비듬이 자주 일어남
표피수분 부족 피부	• 자외선, 지나친 냉·난방 등과 같은 외부 환경이 원인 • 잘못된 화장품의 사용으로 나타나기도 함 • 피부보호막이 불안정하므로 알레르기 증상이나 소양증이 동반되기도 함
진피수분 부족 피부	• 노화 피부에서 많이 나타나는 피부유형 • 눈꺼풀이 늘어져 있거나 거칠고 굵은 주름이 나타남 • 갱년기 때 에스트로겐 분비가 부족한 경우에도 나타남 • 콜라겐과 엘라스틴이 변성된 피부이므로 탄력이 저하되어 있음

(3) 지성 피부
① 모공이 크고 불규칙하며 열려 있는 상태
② 피지막이 두꺼워져 있으므로 표면이 번들거림
③ 두꺼워진 각질로 모공이 막혀 블랙헤드와 화이트헤드가 쉽게 발생함
④ 피부조직이 두꺼우므로 잔주름이나 표정주름이 눈에 잘 띄지 않음

참고 지성 피부의 원인
- 사춘기 등 남성호르몬인 안드로겐의 증가로 인한 피지분비
- 스트레스 호르몬 분비로 인한 피지선 자극
- 여름철 기온 상승으로 인한 피지분비
- 부신피질 호르몬제의 잘못된 사용 등

유성지루성 피부	• 각질층이 유난히 두껍고 유분이 많은 피부 • 세균에 대한 저항력이나 방어능력이 약함 • 젊은층과 남성에게 많이 나타나는 피부유형
건성지루성 피부	• 땀샘의 기능이 저하되어 있어 당김이 심하고 쉽게 자극을 받음 • 유성지루성 피부보다 저항력이 약하고 예민하여 쉽게 붉어짐 • 여성에게 많이 나타나는 피부유형

(4) 복합성 피부
① 두 가지 이상의 피부유형이 한 얼굴에 나타나는 유형
② T존 부위는 유분이 많고 여드름이 나타나기 쉬움
③ 화장품 성분이 원인인 여드름이 잘 나타남
④ T존을 제외한 눈가, 입가, 볼 부위는 점차 건성화되므로 세안 후 당김이 심해지고, 색소 침착이 쉽게 나타날 수 있음
⑤ 피부결이 거칠며 전체적인 피부조직이 일정하지 않음

(5) 민감성 피부 빈출
① 건성 피부에서 파생되기 쉬운 피부유형으로, 선천적일 수도 있으나 후천적으로 모든 피부에서 나타날 수 있음
② 알코올, 스트레스, 흡연도 원인이 되며, 혈압강하제, 신경안정제, 항생제 등과 같은 약물 복용 후 햇빛을 받아도 과민증상이 나타날 수 있음
③ 여드름 관리를 위해 살균·항염제품을 장기간 사용했을 경우에도 민감해지기 쉬움
④ 유·수분이 부족하여 산성보호막이 불안정하며, 물리적·화학적 자극에 예민함
⑤ 홍반, 가려움, 여드름, 모세혈관 확장, 색소침착 등 다양한 증상이 나타날 수 있음
⑥ 피부조직이 얇고 섬세하며 모공이 작음

(6) 모세혈관 확장 피부
① 선천적으로 모세혈관이 약하고 탄력이 저하된 피부로, 온도 변화에 쉽게 붉어짐
② 후천적 원인으로는 심한 온도 변화, 여드름 연고나 피부질환 연고의 남용, 갱년기, 스트레스, 갑상선이나 성호르몬 장애 등이 해당함
③ 지성이나 여드름 피부의 경우 여드름이나 피지 압출을 위해 물리적 자극을 가하면 콧방울이나 볼 부위의 모세혈관이 확장될 수 있음
④ 주로 여성에게 나타나며, 연령이 증가할수록 혈관의 노화로 인해 심해지는 경향이 있음
⑤ 잦은 사우나는 급격한 온도 변화를 일으켜 피부를 붉게 만들 수 있음
⑥ 알코올, 카페인 함유 음식은 혈관에 영향을 미쳐 자극이 될 수 있으므로 주의해야 함
⑦ 매뉴얼 테크닉은 피부에 자극을 줄 수 있으므로 면역기능을 강화할 수 있는 림프드레나쥐로 관리해야 함

(7) 노화 피부

내인성 노화 (생물학적인 자연노화)	• 피지선의 기능 저하로 피부에 윤기가 없고 건조함이 심해짐 • 땀샘의 기능 저하로 체온 조절기능이 저하됨 • 피부 신진대사 저하로 세포 교체주기가 길어지므로 각질층의 두께가 두꺼워짐 • 콜라겐의 양과 질이 감소하여 진피층이 얇아지고 탄력이 저하되므로 주름이 생김 • 피부 표면이 얇아지므로 보호기능이 저하되고 자극에 쉽게 반응함 • 멜라닌세포 수가 감소하므로 자외선에 대한 방어능력이 떨어져 색소침착이 증가함 • 랑게르한스세포 수가 감소하여 면역기능이 저하되므로 세균 감염 확률이 높아짐
외인성 노화 (광노화)	• 자외선과 공해 등 환경적 요인에 의해 피부가 노화되는 현상 • 콜라겐과 엘라스틴의 분해가 촉진되어 진피층의 두께를 점차 얇게 함 • 자외선으로부터 피부를 보호하기 위해 표피의 각질층이 두꺼워짐 • 피부건조와 탄력 저하 및 모세혈관 확장이 동반되기도 함 • 멜라닌세포의 수가 증가하며 자외선으로 인한 색소침착이 나타남 • 자외선의 장파장에 의해 콜라겐과 엘라스틴이 변성됨. 이에 따른 수축작용으로 다양한 형태의 주름이 나타날 수 있음

(8) 여드름 피부
① 모피지선의 만성 염증성 질환
② 죽은 세포, 세균, 피지, 노폐물 등이 모공을 막아 생김
③ 얼굴, 등, 가슴과 같이 피지분비가 많은 부위에 나타남

내적 요인	유전, 내분비 요인, 피지선의 기능 이상, 세균 감염, 호르몬 분비의 이상, 스트레스, 과각질화, 잘못된 식습관 등
외적 요인	잘못된 화장품·의약품의 사용, 피부 pH의 알칼리화, 기후와 계절 등

> **참고** 시기별 여드름의 요인
> • 사춘기 여드름: 남성호르몬인 안드로겐의 과잉분비
> • 성인성 여드름: 스트레스, 잘못된 화장품의 사용
>
> **참고** 심상성 여드름
> 선천적인 체질상 체내 호르몬의 이상 현상으로 지루성 피부에서 발생되는 여드름 형태

(9) 색소침착 피부
자외선에 자극받은 세포가 멜라닌색소를 과잉형성하여 나타나게 됨

기미	• 눈 밑이나 광대뼈 부위에 나타남 • 여성호르몬인 에스트로겐이 증가하는 임신, 피임약 복용, 자외선이 원인
주근깨	유전적 요인에 의해 발생하며, 5세 전후 소아기부터 나타남
검버섯	'노인성반점'이라고도 하며, 자외선과 노화가 원인

2 화장품 도포

(1) 목적 및 효과

세정	클렌저 등을 부드럽게 도포하여 자극 없이 노폐물을 제거할 수 있음
피부 정돈	남은 노폐물을 닦아내고 피부결을 정돈하여 화장수 등으로 영양물질의 흡수를 도움
영양 공급	에센셜 오일, 영양물질이 들어간 에센스, 크림, 팩 등을 도포하여 피부에 영양을 공급함

피부 보호	자외선 차단제 등을 통해 외부로부터 피부를 보호함

(2) 영양 공급 물질의 종류 빈출

보습 · 탄력	콜라겐, 히알루론산, 세라마이드 등
미백	비타민C, 알부틴, 감초 추출물, 닥나무 추출물, 나이아신아마이드, 비사보롤 등
진정	알란토인, 위치하젤, 아줄렌, 알로에, 감초 추출물 등
재생	병풀 추출물, EGF 등
정화	캄퍼, 살리실산(BHA), 티트리, 클레이 등

(3) 피부유형별 화장품의 도포 목적 빈출

정상 피부 (중성 피부)	• 정상 피부의 유·수분 밸런스 기능을 유지 • 건강한 피부를 유지하기 위한 예방 차원의 영양 공급 관리
건성 피부	• 피지분비기능이 저하된 피부로 유·수분 공급을 통해 정상 피부로 회복 • 피부 탄력 회복과 잔주름을 예방하기 위한 수분 관리
지성 피부	• 피지선의 기능이 항진된 피부로 피지분비를 조절하여 정상적 기능으로 회복 • 피부 트러블을 예방하기 위한 피부정화 관리
복합성 피부	T존은 피지분비를 조절하고, U존은 수분을 공급하여 피부를 정상기능으로 회복시키기 위한 관리
민감성 피부	피부의 보호기능을 회복시키기 위함
모세혈관 확장 피부	저자극 관리를 통해 선천적으로 모세혈관이 약해 보호기능이 저하된 피부의 면역력을 강화함
노화 피부	• 피부 보습을 위해 히알루론산, 세라마이드 성분의 제품을 적용하여 관리 • 환경적 요인에 의한 노화 피부는 활성산소를 차단하기 위해 항산화제 및 자외선 차단제를 적용하여 관리
여드름 피부	• 피지를 조절하고 트러블을 예방하여 정상기능으로 회복시키기 위함 • 과잉분비된 피지를 조절하여 염증 반응을 예방하기 위함
색소침착 피부	티로시나아제를 억제시키는 성분(감초 추출물, 비타민C)의 제품을 적용하여 미백관리

(4) 피부유형별 화장품의 종류 빈출

정상 피부 (중성 피부)	• 클렌징: 클렌징 로션 • 딥클렌징: 스크럽, 고마쥐, AHA, 효소 등을 사용하여 주 1회 딥클렌징 • 팩·마스크: 콜라겐, 세라마이드, 히알루론산 등 보습용 팩·마스크 • 화장수: 유연 화장수(수분 공급, 유연작용) • 영양물질: 비타민A, 콜라겐, 히알루론산 등 보습효과가 높은 화장품 사용
건성 피부	• 클렌징: 클렌징 크림, 클렌징 로션 • 딥클렌징: 스크럽, 고마쥐, AHA, 효소 등을 사용하여 주 1회 딥클렌징 • 팩·마스크: 세라마이드, 해조류, 콜라겐 벨벳 등 보습용 팩·마스크 • 화장수: 유연 화장수(수분 공급, 유연작용) • 영양물질: 비타민A, 비타민E, 히알루론산, 콜라겐 등 재생능력과 보습효과가 높은 화장품 사용

피부 유형	관리 방법
지성 피부	• 클렌징: 클렌징 로션, 클렌징 젤, 클렌징 폼(이중세안) • 딥클렌징: 스크럽, 고마쥐, 효소, AHA, BHA 등을 사용하여 주 1~2회 딥클렌징 • 팩·마스크: 퓨리파잉, 클레이, 캄퍼, 해조류 팩·마스크 • 화장수: 수렴 화장수(모공 수축, 청정효과) • 영양물질: 아줄렌, 히알루론산, 오일프리로션, 논코메도제닉 등 피지 조절, 진정, 트러블 예방에 효과적인 화장품 사용

복합성 피부	• 클렌징: 클렌징 로션, 클렌징 젤
	• 딥클렌징
	  – T존: 지성 피부 제품
	  – U존: 건성 피부 제품
	  – 부위별 피부유형에 맞게 제품을 적용
	• 팩·마스크
	  – T존: 클레이, 카올린, 티트리 등 지성용 팩·마스크
	  – U존: 세라마이드, 비타민C, 콜라겐 등 건성용 팩·마스크
	• 화장수: 수렴 화장수(T존), 유연 화장수(U존)
	• 영양물질
	  – T존: 오일프리로션, 논코메도제닉
	  – U존: 히알루론산

민감성 피부	• 클렌징: 저자극 클렌징 제품 • 딥클렌징: 효소 • 팩·마스크: 아줄렌, 캐모마일, 알로에 등 진정용 팩·마스크 • 화장수: 무알코올 화장수 • 영양물질: 판테놀, 알란토인, 아줄렌, 알로에베라 성분의 진정과 보습효과가 높은 화장품 사용
모세혈관 확장 피부	• 클렌징: 저자극 클렌징 제품 • 딥클렌징: 가급적 딥클렌징은 생략함 • 팩·마스크: 아줄렌, 캐모마일, 알로에 등 진정용 팩·마스크 • 화장수: 무알코올 화장수 • 영양물질: 비타민C·P·K(혈관강화 성분), 알란토인, 루틴, 아줄렌 성분이 함유된 화장품 사용
노화 피부	• 클렌징: 클렌징 크림, 클렌징 로션 • 딥클렌징: 스크럽, 고마쥐, 효소 • 팩·마스크: 콜라겐, 세라마이드, 비타민C 등 보습용 팩·마스크 • 화장수: 유연 화장수(수분 공급, 유연작용) • 영양물질: 히알루론산, 세라마이드, 레티노이드, 비타민E가 함유된 고보습 기능의 화장품 사용
여드름 피부	• 클렌징: 클렌징 젤, 클렌징 워터 • 딥클렌징: 효소, AHA, BHA • 팩·마스크: 티트리, 카올린, 클레이, 캄퍼 등 지성용 팩·마스크 • 화장수: 수렴 화장수(모공 수축, 청정효과), 소염화장수(항균·항염효과) • 영양물질: 논코메도제닉, 히알루론산 등 피지 조절, 진정에 효과적인 화장품 사용
색소침착 피부	• 색소침착을 완화하거나 예방할 수 있는 제품의 적용이 필요함 • 제품의 특징: 티로시나아제를 억제하는 비타민C, 알부틴, 감초 추출물 성분의 화장품을 사용

참고 여드름 피부의 딥클렌징
주 2~3회 진행이 적절함

출제 예상문제 B

1 피부유형별 특징

01
다음 설명에 해당하는 피부유형은?

> 건강한 피부유형에 속하지만, 건강 상태나 계절과 같은 내적·외적 요인과 연령에 의해 약지성이나 약건성으로 쉽게 변화되기 쉬운 피부유형이다.

① 정상 피부　② 민감성 피부
③ 복합성 피부　④ 여드름 피부

> 정상 피부는 건강한 피부유형일지라도 연령 증가와 내적·외적 요인에 따라 다양한 피부유형으로 바뀔 수 있음

02
일반적인 건성 피부의 특징으로 옳지 않은 것은?
① 색소침착이 쉽게 나타나며 자주 예민하다.
② 모공이 작아 눈에 잘 띄지 않는다.
③ 잔주름이 많고 눈가나 입 주변의 당김이 심하다.
④ 피지선과 땀샘의 기능이 저하되어 피부의 유분 증발이 쉽게 일어나므로 건조함을 느낀다.

> 피지선과 땀샘의 기능 저하로 유·수분의 양이 적어 표피의 수분 증발이 쉽게 일어나므로 건조함을 느낌

03
진피수분부족 피부에 관한 설명으로 옳지 않은 것은?
① 눈꺼풀이 늘어져 있거나 잔주름이 많이 나타난다.
② 갱년기 때 에스트로겐 분비가 부족한 경우에도 나타난다.
③ 콜라겐과 엘라스틴이 변성된 피부이므로 탄력이 저하되어 있다.
④ 노화 피부에서 많이 나타나는 피부유형이다.

> 진피의 수분이 부족한 피부이므로 잔주름보다 깊고 굵은 주름이 형성됨

04
지성 피부와 건성 피부를 구분하는 피부유형의 분석 기준은?
① 수분의 함유량　② 주름 형태
③ 피지분비 상태　④ 각질화 정도

> 건성 피부와 지성 피부는 기본적으로 피지분비 상태를 기준으로 구분함

05
지성 피부의 원인으로 옳지 않은 것은?
① 여성호르몬의 불균형
② 스트레스 호르몬의 분비
③ 여름철의 피지분비 촉진
④ 부신피질 호르몬제의 잘못된 사용

> 남성호르몬인 안드로겐의 증가로 피지분비가 많아짐

06
복합성 피부의 특징으로 옳지 않은 것은?
① 피부조직이 두꺼우므로 잔주름이나 표정주름이 눈에 잘 띄지 않는다.
② T존 부위는 유분이 많으며 여드름이 나타나기 쉽다.
③ 볼 부위에 색소침착이나 기미가 나타날 수 있다.
④ T존을 제외한 부위는 건성화되므로 당김이 느껴지기도 한다.

> 피부조직이 두꺼운 피부는 지성 피부를 말함

07
민감성 피부의 특징으로 옳은 것은?
① 외부자극에 쉽게 붉어지고 보호기능이 저하된 상태를 말한다.
② 피지분비량의 불균형으로 두 가지 이상의 피부 특징이 나타나는 유형이다.
③ 피부 저항력이 강해 노화의 진행이 느리고 표정주름이 나타나지 않는다.
④ 피부에 탄력이 없고 잔주름이 많다.

> • 복합성 피부: 두 가지 이상의 피부 특징이 나타나는 유형
> • 지성 피부: 피부 저항력이 있고 표정주름이 눈에 띄지 않는 유형
> • 건성 피부: 유·수분이 저하되어 탄력이 없고 잔주름이 많은 유형

| 정답 | 01 ① 02 ④ 03 ① 04 ③ 05 ① 06 ① 07 ①

08
여드름 피부의 특징으로 옳지 <u>않은</u> 것은?
① 모피지선의 만성 염증성 질환을 말한다.
② 죽은 세포, 세균, 피지 등이 모공을 막는 것이 원인이다.
③ 성인성 여드름은 대부분 유전적 요인으로 나타난다.
④ 얼굴, 등, 가슴과 같이 피지분비가 많은 부위에 나타난다.

> 성인성 여드름: 스트레스나 잘못된 화장품의 사용 등이 원인으로 작용함

2 화장품 도포

09
피부 보습에 효과적인 영양물질은?
① 히알루론산 ② 비타민C
③ 아줄렌 ④ 알로에

> • 비타민C: 미백
> • 아줄렌: 진정
> • 알로에: 진정

10
미백에 효과적인 영양물질은?
① 닥나무 추출물 ② 콜라겐
③ 알란토인 ④ 티트리

> • 콜라겐: 보습 · 탄력
> • 알란토인: 진정
> • 티트리: 정화

11
정상 피부의 관리 방법으로 적절한 것은?
① 건강한 피부 상태를 유지하기 위해 피부 보호를 중점으로 관리한다.
② 각질 제거를 위한 딥클렌징을 주 2회 적용한다.
③ 연령, 계절과 상관없이 화장품을 선택한다.
④ 민감하지 않으므로 보습관리는 하지 않는다.

> • 딥클렌징은 주 1회 정도가 적당함
> • 연령, 계절에 맞는 화장품으로 규칙적인 관리를 해야 함
> • 수분 밸런스를 유지하기 위하여 보습관리를 함

12
민감성 피부 관리 시 사용하는 영양물질로 옳지 <u>않은</u> 것은?
① 판테놀
② 캄퍼
③ 알란토인
④ 알로에베라

> 캄퍼는 피부 정화, 항균에 관여하여 지성 피부 관리 시 사용함

13
모세혈관 확장 피부의 관리 방법으로 적절하지 <u>않은</u> 것은?
① 잦은 사우나 급격한 온도 변화에 주의해야 한다.
② 주기적인 마사지를 통해 혈관을 강화한다.
③ 알코올이나 카페인이 함유된 음료의 섭취에 주의해야 한다.
④ 기초 화장품은 저자극성 제품을 선택한다.

> 마사지는 자극이 되므로 피하는 것이 좋으며, 가벼운 림프드레나쥐를 권장함

14
노화 피부의 관리 방법으로 옳지 <u>않은</u> 것은?
① 클레이팩을 적용하여 관리효과를 높인다.
② 세라마이드 성분의 영양물질을 선택하여 장벽기능을 강화한다.
③ 유연 화장수를 사용하여 수분 공급, 유연작용을 높인다.
④ 레티노이드, 비타민E 등의 고보습 기능 화장품을 사용한다.

> 클레이팩은 피지분비가 많은 지성 피부 등에 적용하여 피부 청정효과를 높일 수 있음

CHAPTER 05 매뉴얼 테크닉 B

합격 TIP
- 매뉴얼 테크닉의 목적 및 효과를 학습하세요.
- 매뉴얼 테크닉의 다섯 가지 기본 동작은 출제 빈도가 높으므로 집중적으로 암기하세요.

1 매뉴얼 테크닉

(1) 매뉴얼 테크닉의 정의
① 손을 이용한 테크닉으로 다섯 가지 기본 동작이 있으며, 리듬·강약·속도·시간·밀착감을 조절하여 적용함
② 일정한 자극을 통해 혈액순환을 촉진시키고 피부의 생리기능을 활성화시키기 위한 과정

(2) 매뉴얼 테크닉의 목적 및 효과 빈출
① 피부조직을 유연하게 하고 혈액순환을 촉진시킴
② 심리적 안정감을 주어 긴장을 완화시킴
③ 신진대사기능을 촉진하여 세포 재생을 원활하게 함
④ 피부의 노폐물 배출을 촉진하여 청정효과를 높임
⑤ 피부에 일정한 테크닉을 적용하여 화장품의 흡수율을 높임

(3) 매뉴얼 테크닉 관리 방법
① 피부유형에 맞는 제품을 선택하여 매뉴얼 테크닉을 적용함
② 테크닉 속도는 너무 빠르지 않게 일정한 속도로 적용함
③ 테크닉 방향은 근육결을 따라 안에서 바깥, 아래에서 위 방향으로 관리함
④ 테크닉 압력이 강하면 피부조직에 손상을 줄 수 있으므로 강약을 조절하고 연결감 있게 관리해야 함
⑤ 손의 밀착감은 매뉴얼 테크닉 효과를 높일 수 있음

(4) 매뉴얼 테크닉 시 주의사항
① 피부미용사는 손톱을 짧게 다듬고 에나멜을 바르지 않고 청결하게 준비해야 함
② 피부미용사의 손은 관리 전에 따뜻하게 온도를 높여 부드럽게 적용해야 함
③ 관리 시에는 대화를 피해야 함
④ 매뉴얼 테크닉 시 제품이 눈, 코, 입 등에 들어가지 않도록 주의함
⑤ 고객의 피부유형에 따라 테크닉 압력을 조절하고 관리 시간을 다르게 적용함

> 참고 매뉴얼 테크닉의 다섯 가지 기본 동작
> 쓰다듬기, 문지르기, 주무르기, 두드리기, 떨기

(5) 매뉴얼 테크닉 부적용 대상자
① 심장질환자 및 정맥류
② 근·골격계 질병
③ 골절상 및 통증이 있는 경우
④ 전염성 피부질환이 있는 경우
⑤ 염증성 피부질환이 있는 경우
⑥ 피부가 예민한 민감성 피부의 경우는 림프드레나쥐를 적용함
⑦ 홍반, 염증성 여드름, 상처가 있는 경우
⑧ 말기 임산부
⑨ 수술 직후

2 매뉴얼 테크닉의 종류 빈출

(1) 쓰다듬기(Effleurage, 경찰법, 무찰법)
① 테크닉의 시작과 끝, 연결 동작에서 많이 사용
② 손바닥 전체 면적을 이용하여 쓰다듬는 동작
③ 피부 진정, 긴장 완화효과로 심리적 안정감을 줄 수 있음
④ 피부 혈액, 림프순환 촉진으로 내부의 노폐물을 배출시키는 효과가 있음

(2) 문지르기(Friction, 강찰법, 마찰법)
① 손가락 끝으로 나선형을 그리며 자극을 주는 동작
② 눈, 입, 이마 주변처럼 주름이 생기기 쉬운 부위에 효과적
③ 쓰다듬기보다 자극을 깊게 주는 동작으로 탄력 증가, 결체조직 강화에 효과적

(3) 주무르기(Petrissage, 유찰법, 유연법)
① 반죽하듯 피부를 잡았다가 풀어주는 동작을 반복적으로 함
② 손가락 전체를 이용하여 강하게 자극을 주어 근육 이완효과를 높일 수 있음
③ 매뉴얼 테크닉 중 자극의 세기가 높은 동작으로 신진대사 활성화에 효과적
④ 종류

풀링(Pulling)	손가락으로 집게 집듯이 주름을 잡아주어 피부 깊숙하게 적용
린징(Wringing)	양손을 이용해 근육을 서로 반대 방향으로 비틀어주듯이 적용
롤링(Rolling)	손바닥, 손가락을 이용하여 근육조직을 누르며 나선형으로 문지르는 동작
처킹(Chucking)	양손 또는 한 손으로 피부 근육을 상하로 자극을 주며 움직이는 동작

(4) 두드리기(Tapotement, 고타법, 타진법, 경타법)
① 손의 부위에 따라 테크닉을 다양하게 적용하며 규칙적·반복적으로 두드리는 동작
② 테크닉을 적용하는 부위에 따라 강도를 다르게 적용
③ 얼굴에 가볍게 두드리는 동작은 화장품의 흡수율을 높이는 데 효과적
④ 혈액순환 촉진으로 근육의 피로를 풀어주고 탄력성을 높이는 데 효과적

⑤ 종류

태핑(Tapping)	손가락으로 피아노를 치듯이 두드리는 동작
슬랩핑(Slapping)	손바닥의 측면으로 두드리는 동작
해킹(Hacking)	손등으로 두드리는 동작
커핑(Cupping)	손바닥을 오목하게 컵 모양처럼 모아 두드리는 동작
비팅(Beating)	주먹을 살짝 쥐어 두드리는 동작

(5) 떨기(Vibration, 진동법)
① 손 전체나 손가락을 이용하여 빠르고 리듬감 있게 진동을 주는 동작
② 혈액순환과 림프순환 촉진, 긴장 완화효과
③ 진동의 세기에 따라 효과가 다르고, 자극을 많이 줄 수 있으므로 한 곳에 오래 적용하지 않음

(6) 기본동작 외 테크닉 – 닥터자켓법
① 자켓 박사(Dr. Jacquet)가 개발한 지성·여드름 피부에 효과적인 테크닉
② 엄지와 검지 사이에 적용 부위를 모아 비틀고 가볍게 튕겨주는 동작
③ 모낭 내에 있는 피지, 노폐물을 배출시키는 동작

> **참고** 오렌지 껍질을 짜는 동작과 유사함

CHAPTER 05 매뉴얼 테크닉 | 출제 예상문제 Ⓑ

1 매뉴얼 테크닉

01
매뉴얼 테크닉의 정의에 대한 설명으로 옳은 것은?
① 피부관리를 효과적으로 하기 위해 상태를 파악하는 것이다.
② 손을 이용하여 피부와 근육에 자극을 주어 혈액순환을 촉진하는 관리이다.
③ 피부의 묵은 각질을 제거하기 위한 관리이다.
④ 피부 생리기능에 따라 올바른 관리법을 제시한다.

- 피부분석: 피부관리를 효과적으로 하기 위해 피부 상태를 정확하게 파악하고 내·외적 요인에 의해 변화할 수 있는 피부 생리기능에 따라 올바른 관리법을 제시하는 것
- 딥클렌징: 클렌징으로 제거되지 않은 피부 잔여물과 각질층에 쌓인 죽은 세포 및 묵은 각질을 제거하는 과정

02
매뉴얼 테크닉의 목적으로 옳지 않은 것은?
① 피부조직 유연작용
② 혈액순환 촉진
③ 심리적 긴장감 증대
④ 세포 재생 촉진

매뉴얼 테크닉은 심리적 안정감을 주어 긴장을 완화시킴

03
매뉴얼 테크닉 관리 방법으로 옳지 않은 것은?
① 테크닉은 너무 빠르지 않게 리듬감 있게 관리한다.
② 테크닉은 반드시 강하게 압력을 주어 혈액순환을 촉진한다.
③ 테크닉의 방향은 근육결을 따라 적용한다.
④ 피부유형에 맞는 제품을 선택하여 테크닉을 적용한다.

매뉴얼 테크닉의 압력이 강하면 피부조직에 손상을 줄 수 있으므로 강약을 조절하고 연결감 있게 관리해야 함

04
매뉴얼 테크닉 관리 시 고려해야 할 요소로 옳지 않은 것은?
① 속도
② 밀착감
③ 테크닉 방향
④ 현란한 기술

매뉴얼 테크닉은 피부유형에 맞는 제품을 선택하여 일정한 속도로 너무 빠르지 않게 적용함. 손의 밀착감은 매뉴얼 테크닉 효과를 높일 수 있으며, 테크닉 방향은 근육결을 따라 적용함

05
매뉴얼 테크닉을 피해야 하는 경우는?
① 전염성 피부질환자인 경우
② 순환이 저하된 경우
③ 안색 개선이 필요한 경우
④ 피부탄력이 저하된 경우

매뉴얼 테크닉은 피부질환, 염증성 여드름 등의 상처가 있는 경우 적용을 피해야 함

2 매뉴얼 테크닉의 종류

06
매뉴얼 테크닉 시 주의사항으로 옳지 않은 것은?
① 손을 따뜻하게 하여 관리한다.
② 처음과 마지막 동작을 마찰법으로 적용한다.
③ 일정한 리듬으로 테크닉을 적용한다.
④ 피부유형에 따라 동작을 조절한다.

매뉴얼 테크닉 시 일반적으로 쓰다듬기(경찰법)를 시작과 끝, 연결 동작에서 많이 사용함

| 정답 | 01 ② 02 ③ 03 ② 04 ④ 05 ① 06 ②

07
손가락 끝으로 나선형을 그리며 자극을 주는 매뉴얼 테크닉 동작은?
① 경찰법
② 유연법
③ 강찰법
④ 고타법

- 경찰법: 손바닥 전체 면적을 사용하여 쓰다듬는 동작
- 유연법: 손가락 전체를 이용하여 피부를 잡았다가 풀어주며 반죽하듯 하는 동작
- 고타법: 손의 부위에 따라 테크닉을 다양하게 적용하여 규칙적·반복적으로 두드리는 동작

08
유연법의 종류에 대한 설명으로 옳은 것은?
① 롤링: 손가락을 이용하여 근육조직을 누르며 나선형으로 문지르는 동작
② 린징: 집게 집듯이 근육을 잡아주는 동작
③ 풀링: 양손을 이용해 근육을 서로 반대 방향으로 비틀어주는 동작
④ 처킹: 손바닥의 측면으로 두드리는 동작

- 린징: 양손을 이용해 근육을 서로 반대 방향으로 비틀어주듯이 적용
- 풀링: 손가락으로 집게 집듯이 주름을 잡아주어 피부 깊숙하게 적용
- 처킹: 양손 또는 한 손으로 피부 근육을 상하로 자극을 주며 움직이는 동작

09
피부를 반죽하듯 잡았다 풀어주는 동작은?
① 경찰법
② 유연법
③ 마찰법
④ 고타법

- 경찰법: 손바닥 전체 면적을 사용하여 쓰다듬는 동작
- 마찰법: 손가락 끝으로 나선형을 그리며 자극을 주는 동작
- 고타법: 손의 부위에 따라 테크닉을 다양하게 적용하여 규칙적·반복적으로 두드리는 동작

10
손가락으로 피아노를 치듯이 두드리는 고타법의 종류는?
① 슬랩핑
② 해킹
③ 비팅
④ 태핑

- 슬랩핑: 손바닥의 측면으로 두드리는 동작
- 해킹: 손등으로 두드리는 동작
- 비팅: 주먹을 살짝 쥐어 두드리는 동작

11
여드름, 지성 피부에 효과적인 매뉴얼 테크닉 기법은?
① 닥터자켓법
② 경타법
③ 마찰법
④ 진동법

경타법, 마찰법, 진동법은 매뉴얼 테크닉의 기본 동작으로, 염증성 여드름이 있는 경우 적용을 피해야 함

12
매뉴얼 테크닉 기법에 대한 효과로 옳지 않은 것은?
① 쓰다듬기 – 결체조직 강화
② 문지르기 – 탄력 증가
③ 주무르기 – 근육 이완, 신진대사 활성화
④ 떨기 – 림프순환 촉진

쓰다듬기는 피부 진정, 긴장 완화효과로 심리적 안정감을 줄 수 있는 기법임

|정답| 07 ③ 08 ① 09 ② 10 ④ 11 ① 12 ①

CHAPTER 06

팩·마스크 Ⓑ

합격 TIP
- 팩·마스크의 차이점을 구분하여 개념을 학습하세요.
- 팩·마스크의 분류에 따른 특징은 출제 빈도가 높으므로 집중적으로 암기하세요.

1 얼굴 팩·마스크

(1) 팩
① 팩이란 'Package'에서 유래되어 '포장하다, 둘러싸다'라는 의미로, 피부를 감싼다는 의미
② 피부 도포 후 차단막이 생기지 않고 표면에 공기가 통해 굳지 않는 것이 특징

(2) 마스크
① 마스크는 '덮어 가리다'의 의미로, 피부에 도포 후 일시적으로 공기를 차단하고 수분의 증발을 막아주는 차단막이 생기는 것이 특징
② 차단막의 기능으로 영양물질의 침투를 용이하게 함

(3) 팩·마스크의 효과 [빈출]
① 팩·마스크 도포 시 피부의 온도 상승으로 혈액순환과 림프순환을 촉진시킬 수 있음
② 팩의 흡착작용은 피부의 죽은 각질이나 노폐물을 제거하여 청정효과를 높임
③ 팩제에 함유된 성분에 따라 피부에 보습력과 탄력을 높여 잔주름을 예방할 수 있음
④ 팩·마스크의 성분, 형태, 온도 등에 따라 효과를 다양하게 적용할 수 있음

> **참고** 팩의 사용 방법
> - '턱-볼-코-이마' 순으로, 피부 안에서 바깥 방향으로 도포함
> - 아래에서 위쪽으로 바름
> - 스파튤라나 팩붓으로 일정한 두께로 도포함
> - 마사지 후에 피부유형에 맞게 적용함

2 팩·마스크의 종류

(1) 제품의 형태에 따른 분류

파우더	• 약초 추출물, 한방재료, 해조 추출물, 미네랄 성분 등 다양한 원료를 분말화함 • 팩 도포 시 증류수, 앰플, 젤 등과 혼합하여 사용 • 팩이 쉽게 건조되지 않도록 젖은 거즈나 스티머를 사용할 수 있음
크림	• 유화형 팩으로 사용감이 부드러운 것이 특징 • 도포 후 일정 시간이 지나면 유효성분만 흡수되는 타입 • 친수성(O/W) 타입은 수분이 부족한 건성 피부와 노화 피부에 적용하여 보습, 영양 공급의 효과를 높임 • 친유성(W/O) 타입은 유분이 부족한 건성 피부에 적용하여 피부 유연효과를 높임
젤	• 건조되어 얇은 피막을 만드는 형태와 건조되지 않는 형태로 분류 • 수성의 젤 형태로 촉촉한 느낌과 청량감을 부여함

> **참고** 크림 타입
>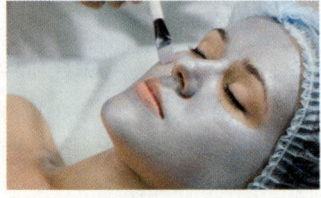

머드 (클레이)	• 진흙, 점토 등이 주성분으로 카올린 등의 분말 성분과 글리세린 등의 보습 성분을 혼합한 형태 • 피지 흡착능력이 우수하고 노폐물 제거에 효과적임
시트	• 고농축 영양물질이 함유되어 있는 시트를 얼굴에 밀착시켜 흡수시키는 타입 • 사용이 간편하고 진정, 보습, 영양 공급에 효과적임 • 부분적으로 사용하는 패치 타입도 있음

참고 시트 타입

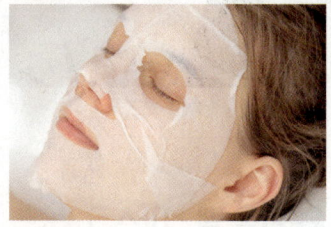

(2) 제거 방법에 따른 분류 빈출

필 오프 (Peel off)	• 젤 또는 액체 형태의 팩을 도포한 후 건조되어 굳으면 얇은 필름막을 형성하는 타입 • 얇은 피막을 떼어내면 피지, 불순물, 죽은 각질세포를 함께 제거할 수 있으나, 민감성 피부에는 자극이 될 수 있음 • 팩 도포 시 얇게 발라야 쉽게 건조되어 효과를 높일 수 있음 • 죽은 각질과 노폐물을 제거하여 청정효과를 높임
워시 오프 (Wash off)	• 도포 후 물로 씻어내거나 젖은 해면, 습포로 제거하는 타입으로 자극을 주지 않음 • 크림, 젤, 클레이, 천연팩 등 다양한 형태의 제품
티슈 오프 (Tissue off)	• 제품의 흡수가 잘 되는 크림이나 젤 형태의 제품을 도포한 후 티슈로 닦아내는 타입 • 지성·복합성 피부는 과도한 영양 공급으로 여드름을 유발할 수 있음

참고 필 오프 타입

(3) 온도에 따른 분류

웜 마스크 (Warm Mask)	• 도포 후 열을 발생시키는 타입으로 열에 의해 유효성분의 흡수율을 높이고 순환을 촉진하는 기능 • 피지와 노폐물의 배출을 촉진하는 효과
콜드 마스크 (Cold Mask)	도포 후 피부를 차갑고 상쾌하게 하는 타입으로 피부에 수렴작용을 하고 탄력을 높이는 데 효과적임

(4) 특수 마스크 빈출

석고 마스크	• 석고 성분인 황산칼슘에 의한 수화열의 열감을 부여하여 혈액순환을 촉진시킴 • 마스크 전에 도포한 앰플, 에센스 등의 흡수율을 높임 • 도포 후 온도가 높게 올라 눈과 입에 자극이 될 수 있으므로 아이패드와 립패드를 적용 • 머리카락이 제품이 닿는 곳에 빠져나오지 않도록 헤어밴드로 잘 정리해 줌 • 모공을 열어 주어 노폐물의 배출 효과를 높임 • 도포 후 마스크가 굳으면 피부에 긴장감을 부여하고 리프팅 효과를 높일 수 있음 • 열이 식으면 마스크를 가볍게 흔들어 얼굴에서 떼어냄
고무 마스크 (모델링 마스크)	• 해조류에서 추출한 활성 성분이 주성분으로, 증류수와 혼합하여 도포한 후 고무막과 같이 응고되는 마스크 • 마스크가 굳어 공기를 차단하면서 활성 성분이 피부에 흡수되는 효과 • 민감성 피부, 홍반 피부, 메디컬 케어 후에 진정효과를 높이기 위해 적용함 • 모든 피부유형에 적용 가능
콜라겐 벨벳 마스크	• 콜라겐 활성 성분을 동결건조시켜 만든 종이 형태의 마스크 • 액체에 적셔 활성 성분을 흡수시키는 형태로 피부 수분량을 늘려 보습효과를 높임 • 얼굴에 밀착시킬 때 기포가 생기면 흡수력이 떨어지므로 기포 제거가 중요

참고 석고 마스크
• 발열감이 있어 화농성 여드름·모세혈관 확장·민감성 피부에는 적용하지 않음
• 몸에 탄력 부여, 튼살과 셀룰라이트 관리에 효과적임

왁스 마스크	• 밀랍, 파라핀왁스, 미네랄오일과 왁스를 혼합한 마스크를 온열기에 녹여 사용하는 마스크 • 마스크에는 유효성분이 없으므로 도포 전에 유효성분이 있는 제품을 바른 후 마스크의 발열효과로 흡수율을 높임 • 혈액순환을 촉진시키고 노폐물 배출에 효과적임

> **참고 왁스 마스크**
> 도포 직전에 녹여 사용해야 함

(5) 천연팩과 한방팩
① 특징

천연팩	• 과일, 곡물, 채소 등 일상생활에서 쉽게 구할 수 있는 재료를 이용한 팩 • 천연재료의 팩으로 사용 직전에 만들어 사용하고, 남은 재료는 재사용하지 않음 • 요구르트, 꿀, 우유 등을 함께 넣어 사용할 수 있음 • 천연재료에는 독성이 있으므로 민감한 피부에는 트러블을 유발할 수 있음
한방팩	• 천연 한방재료로 만들어진 제품으로 분말화한 제품은 보관이 길고 사용법이 간편함 • 한방재료의 효능과 사용법을 정확하게 익히고 혼합하여 사용해야 함

> **참고 천연팩**
>

② 천연팩의 효과에 따른 분류

효과	천연재료	적용 피부
청결	계란 흰자, 율피(밤껍질), 진흙, 레몬, 사과	지성, 여드름
영양 공급	계란 노른자, 우유, 알긴산, 요구르트	건성, 노화
진정	알로에, 해초, 오이, 감자	민감성

> **용어 알긴산**
> 갈색 해조류에서 추출한 성분으로, 유·수분 밸런스와 피부장벽기능을 강화함

③ 한방팩의 효과에 따른 분류

효과	한방재료	적용 피부
살균	고삼, 녹두, 맥반석, 진피(귤의 껍질)	지성, 여드름
재생	구기자, 당귀, 도인(복숭아씨), 행인(살구씨)	노화
미백	백강잠(누에), 의이인(율무), 감초	노화, 색소침착

3 몸매 팩·마스크

(1) 몸매 팩·마스크의 분류
① 얼굴 팩·마스크와 동일하게 각각의 특징에 따라 분류할 수 있음

팩	• '둘러싸다'의 의미를 지니며, 피부에 도포 시 공기가 통과함 • 일정 시간 방치 후 물로 헹궈내거나 해면으로 닦아내는 과정이 필요함
마스크	• '덮어 가리다'의 의미를 지니며, 피부에 도포 후 공기가 차단되어 굳으면 떼어낼 수 있음 • 영양물질의 침투율을 높이는 데 효과적임

② 바디 랩핑(Body Wrapping)
- 관리 부위에 제품을 도포한 후 랩, 메탈포일 등으로 감싸는 방법을 말함
- 해조류(Algae), 진흙(Mud) 등 미네랄과 요오드가 함유된 성분의 제품을 사용하여 지방 분해, 독소 배출, 순환 증진의 효과를 높임

시술 방법	• 전신관리 시 딥클렌징과 매뉴얼 테크닉 단계를 마무리한 후 제품을 도포하여 랩을 씌우고 20~30분간 적용함 • 바디랩 적용 시 피부호흡에 방해되지 않도록 꽉 조이지 않아야 함 • 바디랩 적용 시 적외선기 또는 스티머를 조사하여 체내 온도를 높일 수 있음
부적용 대상자	• 고혈압, 심장질환자 • 상처가 있는 경우 • 임산부 • 당뇨

(2) 몸매 팩·마스크 시 유의사항
① 관리 부위 외의 신체 부위를 타월로 덮어 고객이 불편함을 느끼지 않도록 해야 함
② 작업에 필요한 도구는 위생적으로 소독해서 준비함
③ 작업 시 주변의 타월과 베드가 오염되지 않도록 비닐을 준비함
④ 관리 전에는 손 소독을 하여 감염이 일어나지 않도록 함
⑤ 터번은 귀가 접히지 않도록 덮어 감싸줘야 함
⑥ 피부유형에 맞는 팩·마스크를 선택하여 효과를 높여야 함
⑦ 팩·마스크 제거 시 피부에 잔여물이 남지 않도록 마무리를 해야 함
⑧ 예민한 피부는 관리 전 제품에 대한 패치테스트를 실시하여 관리 가능 여부를 확인해야 함

(3) 몸매 팩·마스크 순서
① 팩·마스크를 적당한 비율로 물과 혼합함
② 관리 부위에 혼합한 팩·마스크를 쓸어 펴바르기를 활용하여 도포함
③ 팩·마스크는 15~30분 정도 방치 후 제거함
④ 팩·마스크 제거 시 스파튤라를 활용하여 걷어내고 일회용 해면과 화장솜으로 닦아냄
⑤ 냉습포를 사용하여 남은 잔여물을 제거함
⑥ 피부유형에 맞는 화장수를 선택하여 화장솜에 묻혀 닦아내고 핸드드라이로 정돈함

CHAPTER 06 팩·마스크

출제 예상문제 B

1 얼굴 팩·마스크

01
얼굴 팩·마스크에 관한 설명으로 옳은 것은?
① 마스크는 표면에 공기가 통해 굳지 않는 것이 특징이다.
② 팩은 Package에서 유래되어 '포장하다'의 의미로, 피부를 둘러싼다는 의미이다.
③ 팩은 차단막의 기능으로 영양물질 침투를 용이하게 한다.
④ 팩은 수분의 증발을 막아주는 기능을 한다.

- 팩은 피부 도포 후 차단막이 생기지 않고 표면에 공기가 통해 굳지 않는 것이 특징임
- 마스크는 차단막의 기능으로 영양물질의 침투를 용이하게 함
- 마스크는 도포 후 일시적으로 공기를 차단하고 수분의 증발을 막아주는 차단막이 생기는 것이 특징임

2 팩·마스크의 종류

02
팩·마스크의 분류로 옳지 않은 것은?
① 형태에 따른 분류: 파우더
② 제거 방법에 따른 분류: 워시 오프
③ 온도에 따른 분류: 웜 마스크
④ 특수 마스크 분류: 필 오프

- 특수 마스크: 석고, 고무, 콜라겐 벨벳, 왁스
- 제거 방법에 따른 분류: 필 오프, 워시 오프, 티슈 오프

03
크림 형태의 팩에 대한 설명으로 옳지 않은 것은?
① 사용감이 부드럽지 못하여 에센스와 혼합하여 사용한다.
② 도포 후 일정 시간이 지나면 유효성분만 흡수한다.
③ W/O 타입은 유분이 부족한 건성 피부에 적용한다.
④ O/W 타입은 보습, 영양 공급의 효과를 높인다.

- 크림 형태의 팩은 유화형으로 사용감이 부드러운 것이 특징임

04
필 오프 타입 마스크의 특징으로 옳지 않은 것은?
① 팩 제거 시 묵은 각질의 탈락이 함께 이루어진다.
② 젤 타입의 수용성 제품을 바른 후 굳으면 필름막이 형성된다.
③ 두껍게 발라야 피막의 형성에 도움을 준다.
④ 피지 및 불순물을 제거하여 청정효과를 높인다.

- 팩 도포 시 얇게 발라야 쉽게 건조되어 효과를 높일 수 있음

05
다음 설명에 해당하는 팩·마스크의 종류는?

> 피부를 완전히 밀폐시켜 서서히 열을 올리고 도포 전에 바른 앰플 등의 흡수를 높이는 마스크

① 석고 마스크 ② 고무 마스크
③ 콜라겐 벨벳 마스크 ④ 천연팩

- 고무 마스크: 해조류에서 추출한 활성 성분이 주성분으로, 증류수와 혼합하여 도포한 후 고무막과 같이 응고되는 마스크
- 콜라겐 벨벳 마스크: 액체에 적셔 활성 성분을 흡수시키는 형태로 피부 수분량을 늘려 보습효과를 높임
- 천연팩: 과일, 곡물, 채소 등 일상생활에서 쉽게 구할 수 있는 재료를 이용한 팩

06
석고 마스크의 효과로 옳지 않은 것은?
① 피부 온도를 높여 유효성분을 흡수한다.
② 혈액순환 촉진으로 탄력에 효과적이다.
③ 모공을 열어 노폐물 배출효과를 높인다.
④ 자극받은 피부에 진정효과를 높인다.

- 민감성 피부, 홍반 피부, 메디컬 케어 후에 진정효과를 높이는 것은 고무 마스크임

| 정답 | 01 ② 02 ④ 03 ① 04 ③ 05 ① 06 ④

07
민감성 피부에 적용이 가능한 팩·마스크의 종류는?

① 석고 마스크 ② 고무 마스크
③ 천연팩 ④ 필 오프 타입 마스크

- 석고 마스크: 발열감이 있어 화농성 여드름·모세혈관 확장·민감성 피부에는 적용하지 않음
- 천연팩: 천연재료에는 독성이 있을 수 있으므로 민감한 피부에는 트러블을 유발할 수 있음
- 필 오프 타입 마스크: 얇은 피막을 떼어내면 피지, 불순물, 죽은 각질세포를 함께 제거할 수 있으나, 민감성 피부에는 자극이 될 수 있음

08
콜라겐 활성 성분을 동결건조시켜 만든 종이 형태의 마스크는?

① 콜라겐 벨벳 마스크 ② 고무 마스크
③ 석고 마스크 ④ 왁스 마스크

- 고무 마스크(모델링 마스크): 해조류에서 추출한 활성 성분이 주성분으로, 증류수와 혼합하여 도포한 후 고무막과 같이 응고되는 마스크
- 석고 마스크: 석고 성분인 황산칼슘에 의한 수화열의 열감을 부여하는 마스크
- 왁스 마스크: 밀랍, 파라핀왁스, 미네랄오일과 왁스를 혼합한 마스크를 온열기에 녹여 사용하는 마스크

09
천연팩에 대한 설명으로 옳지 않은 것은?

① 과일, 곡물, 채소에서 추출한 팩을 말한다.
② 요구르트, 꿀과 함께 사용한다.
③ 천연재료는 피부에 트러블을 일으키지 않는다.
④ 사용 직전에 만들어 사용하고 재사용은 금지한다.

천연팩의 천연재료에는 독성이 있을 수 있으므로 민감한 피부에는 트러블을 유발할 수 있음

10
천연팩의 종류와 효과의 연결이 옳지 않은 것은?

① 청결효과: 계란 흰자
② 영양 공급: 알긴산
③ 진정효과: 알로에
④ 청결효과: 해조류

청결효과: 계란 흰자, 율피(밤껍질), 진흙, 레몬, 사과

3 몸매 팩·마스크

11
몸매 팩·마스크 관리에 대한 설명으로 옳지 않은 것은?

① 팩·마스크는 피부유형과 상관없이 모든 제품을 사용할 수 있다.
② 팩·마스크를 도포하여 영양물질의 흡수율을 높인다.
③ 보습, 청정, 탄력 증진 등의 효과를 기대할 수 있다.
④ 팩·마스크의 영양물질이 피부기능을 활성화한다.

몸매 팩·마스크는 관리 부위별 피부유형에 맞는 팩과 마스크를 도포하여 영양물질의 흡수율과 지친 피부의 회복력을 높임

12
팩·마스크의 특징으로 옳지 않은 것은?

① 팩은 '둘러싸다'의 의미를 가진다.
② 팩은 일정 시간 방치 후 물로 헹궈내거나 해면으로 닦는 과정이 필요하다.
③ 마스크는 '덮어 가리다'의 의미를 가진다.
④ 마스크는 피부에 도포 후 공기가 차단되어 굳으면 물로 닦아낸다.

마스크는 '덮어 가리다'의 의미로, 피부에 도포 후 공기가 차단되어 굳으면 떼어낼 수 있음

13
몸매 팩·마스크 시 유의사항으로 옳은 것은?

① 작업 시 주변에 타월을 펼쳐놓아 베드의 오염을 방지한다.
② 팩·마스크는 피부유형에 상관없이 좋은 제품을 골라 적용한다.
③ 터번은 귀가 접히지 않도록 덮어 감싸줘야 한다.
④ 모든 피부에 적용이 가능하므로 테스트 없이 바로 적용한다.

- 몸매 팩·마스크 작업 시 주변 타월과 베드가 오염되지 않도록 비닐을 준비함
- 피부유형에 맞는 팩·마스크를 선택하여 효과를 높여야 함
- 예민한 피부는 관리 전 패치테스트를 실시하여 관리 가능 여부를 확인해야 함

정답 | 07 ② 08 ① 09 ③ 10 ④ 11 ① 12 ④ 13 ③

제모

합격 TIP
- 일시적 제모와 영구적 제모의 특징을 비교하여 학습하세요.
- 왁스 종류에 따른 제모 방법은 출제 빈도가 높으므로 집중 암기하세요.

1 제모의 개요

(1) 제모의 정의
① 위생상의 목적으로 신체의 털을 제거하는 것을 말함
② 지속성에 따라 일시적 제모와 영구적 제모로 나눌 수 있음
③ 불필요한 신체의 털이 심미적 기능을 저하시킬 때 부위별로 제거하여 아름답게 관리함

> **참고** 신체의 털
> 털은 신체 부위에 따라 굵기, 밀도 등이 다르며, 개인마다 차이가 있음

(2) 제모 부적용 대상자
① 상처 및 염증성 피부질환
② 민감성 피부
③ 정맥류
④ 당뇨병
⑤ 간질
⑥ 일광화상
⑦ 켈로이드, 아토피 피부

(3) 제모 후 주의사항
① 제모 부위를 만지거나 긁는 행위는 세균 감염을 유발할 수 있음
② 제모 후 비누, 알칼리 세정제의 사용은 자제하고 냉수로 세정함
③ 제모 후 24시간 이내에는 사우나 및 뜨거운 물 사용을 금해야 함
④ 제모 부위를 조이는 옷보다 통풍이 잘 되는 옷을 착용하는 것이 관리에 효과적임
⑤ 인그로운 헤어를 방지하기 위해 보습제를 도포하여 관리해야 함

> **용어** 인그로운 헤어(Ingrown Hair)
> 피부 바깥으로 나오지 못하고 속으로 파고들어 자라는 털

2 제모의 종류

(1) 일시적 제모
일시적으로 제모하여 주기적으로 관리가 필요한 것

면도	비누 또는 쉐이빙 크림을 발라 면도기로 털을 제거하는 방법
족집게	털이 자란 방향으로 하나씩 당겨 뽑아 제거하는 방법
제모제	털을 용해시키는 성분이 함유된 로션, 크림형 제품을 사용하여 제거하는 방법

(2) 영구적 제모
모낭을 파괴하여 제모의 지속성을 높이는 것

전기분해법	직류전류를 이용하여 털의 성장에 영양분을 공급하는 모유두를 분해시켜 제모하는 방법
전기응고법	고주파의 열을 이용하여 모유두를 응고시켜 제모하는 방법
레이저요법	특수한 파장의 빛에너지로 모근을 파괴하여 제모하는 방법

(3) 왁스를 이용한 제모❓
털의 모간부만 제거되는 화학적 제모와 달리 털의 모근부를 제거하는 방법을 말함

① 왁스의 종류에 따른 제모 방법 [빈출]

웜 왁스	소프트 왁스 (스트립 왁스)	• 왁스를 털이 자란 방향으로 도포하고 스트립을 밀착시켜 털이 자란 반대 방향으로 제거하는 방법 • 제모 부위를 광범위하게 적용할 수 있어 단시간에 제모 가능
	하드 왁스 (논스트립 왁스)	• 제모 부위에 하드 왁스를 두껍게 바른 후 굳으면 스트립 없이 왁스 자체를 뜯어내어 제거하는 방법 • 소프트 왁스보다 온도가 낮아 화상의 위험이 적고 섬세한 제모 가능 • 밀랍 성분이 함유되어 예민한 피부에도 적용 가능
콜드 왁스		• 열을 가하지 않고 체온으로 녹여 패치 형태로 적용할 수 있고, 홈케어 제품으로 많이 사용됨 • 소프트 왁스와 하드 왁스에 비해 제모효과가 떨어짐

② 왁스 제모의 장점과 단점

장점	• 털과 함께 각질도 제거되어 피부 표면을 부드럽게 함 • 넓은 부위의 털을 단시간에 제거 가능 • 전기요법으로 제거가 어려운 솜털 부위도 제모 가능
단점	• 소프트 왁스는 제모 시 자극이 있어 같은 부위에 다시 적용하면 피부손상의 원인이 될 수 있음 • 하드 왁스는 시간이 오래 걸려 넓은 부위에는 권장하지 않음

> **참고** 왁스 제모
> 제모 전에 제모할 부분을 소독한 후, 파우더를 발라 유·수분을 제거할 수 있음

CHAPTER 07 제모

출제 예상문제

1 제모의 개요

01
제모 부적용 대상자의 증상으로 옳지 않은 것은?

① 당뇨병
② 정맥류
③ 민감성 피부
④ 셀룰라이트

> 제모 부적용 대상자: 상처 및 염증성 피부질환, 민감성 피부, 정맥류, 당뇨병, 간질, 일광화상, 켈로이드, 아토피 피부

02
제모 후 주의사항으로 옳지 않은 것은?

① 제모 부위를 만지거나 긁는 행위는 세균 감염을 유발할 수 있다.
② 통풍이 잘 되는 옷을 착용하는 것이 효과적이다.
③ 인그로운 헤어를 방지하기 위해 보습제를 발라주어야 한다.
④ 제모 후 비누를 이용하여 깨끗하게 닦아주어야 세균 감염을 방지할 수 있다.

> 제모 후 비누, 알칼리 세정제의 사용은 자제하고 냉수로 세정함

2 제모의 종류

03
일시적 제모의 종류로 알맞은 것은?

① 전기분해법   ② 레이저요법
③ 제모제   ④ 전기응고법

> 제모제는 털을 용해시키는 성분이 함유된 로션, 크림형 제품을 사용하여 제거하는 방법으로 주기적으로 관리가 필요함

04
제모의 종류와 방법이 바르게 연결된 것은?

① 일시적 제모 - 털이 자란 방향으로 하나씩 당겨 뽑아내는 방법
② 일시적 제모 - 직류전류를 이용하여 털의 성장에 영양분을 공급하는 모유두를 분해시켜 제거하는 방법
③ 영구적 제모 - 비누 또는 쉐이빙 크림을 발라 면도기로 털을 제거하는 방법
④ 영구적 제모 - 털을 용해시키는 성분이 함유된 로션, 크림형 제품을 사용하여 제거하는 방법

> • 일시적 제모
>   - 면도: 비누 또는 쉐이빙 크림을 발라 면도기로 털을 제거하는 방법
>   - 제모제: 털을 용해시키는 성분이 함유된 로션, 크림형 제품을 사용하여 제거하는 방법
> • 영구적 제모
>   - 전기분해법: 직류전류를 이용하여 털의 성장에 영양분을 공급하는 모유두를 분해시켜 제모하는 방법

05
다음 설명에 해당하는 제모 방법은?

> 고주파의 열을 이용하여 모유두를 응고시켜 제모하는 방법

① 레이저요법
② 전기응고법
③ 전기분해법
④ 제모제

> • 레이저요법: 특수한 파장의 빛에너지로 모근을 파괴하여 제모하는 방법
> • 전기분해법: 직류전류를 이용하여 털의 성장에 영양분을 공급하는 모유두를 분해시켜 제모하는 방법
> • 제모제: 털을 용해시키는 성분이 함유된 로션, 크림형 제품을 사용하여 제거하는 방법

| 정답 | 01 ④ 02 ④ 03 ③ 04 ④ 05 ②

06
제모에 대한 내용으로 옳지 않은 것은?
① 전기응고법은 직류전류를 이용해 모유두를 분해시켜 제모함
② 레이저요법은 특수한 파장의 빛에너지로 모근을 파괴하여 제모함
③ 제모제는 털을 용해시키는 성분의 로션, 크림 등을 사용하여 제거함
④ 왁스를 이용한 제모는 털의 모근부를 제거함

- 전기응고법: 고주파의 열을 이용하여 모유두를 응고시켜 제모함
- 전기분해법: 직류전류를 이용해 모유두를 분해시켜 제모함

07
왁스 제모의 장점으로 옳지 않은 것은?
① 털과 함께 각질도 제거되어 피부 표면이 부드러워지는 효과가 있다.
② 넓은 부위의 털을 단시간에 제거할 수 있다.
③ 하드 왁스는 시간이 적게 걸려 넓은 부위의 사용에 적합하다.
④ 전기요법으로 제거하기 어려운 솜털 부위의 제모가 가능하다.

- 하드 왁스는 시간이 오래 걸려 넓은 부위의 사용에 적합하지 않음

08
털이 자란 방향으로 도포하고 스트립을 밀착시켜 털이 자란 반대 방향으로 제거하는 방법에 사용되는 왁스는?
① 논스트립 왁스
② 소프트 왁스
③ 하드 왁스
④ 콜드 왁스

- 하드 왁스(논스트립 왁스): 제모 부위에 두껍게 바른 후 굳으면 스트립 없이 왁스 자체를 뜯어내어 제거하는 방법
- 콜드 왁스: 열을 가하지 않고 체온으로 녹여 패치 형태로 적용함

09
다음 설명에 해당하는 왁스는?

> 밀랍 성분이 함유되어 예민한 피부에도 적용이 가능하며, 제모 부위에 두껍게 바른 후 왁스 자체를 뜯어내는 방법

① 스트립 왁스
② 콜드 왁스
③ 논스트립 왁스
④ 소프트 왁스

- 소프트 왁스(스트립 왁스): 왁스를 털이 자란 방향으로 도포하고 스트립을 밀착시켜 털이 자란 반대 방향으로 제거하는 방법
- 콜드 왁스: 열을 가하지 않고 체온으로 녹여 패치 형태로 적용함

10
콜드 왁스에 대한 설명으로 알맞은 것은?
① 소프트 왁스는 콜드 왁스 종류 중 하나이다.
② 열을 가하지 않고 체온으로 녹여 패치 형태로 적용한다.
③ 웜 왁스에 비해 제모의 효과가 높다.
④ 왁스를 두껍게 발라 굳힌 후 스트립 없이 뜯어낸다.

- 소프트 왁스는 웜 왁스의 종류임
- 웜 왁스에 비해 제모효과가 떨어짐
- 왁스를 두껍게 발라 굳힌 후 스트립 없이 뜯어내는 것은 하드 왁스임

11
왁스 제모에 관한 설명으로 옳지 않은 것은?
① 털과 함께 각질도 제거되어 피부 표면을 부드럽게 한다.
② 전기요법으로 제거가 어려운 솜털 부위도 제모가 가능하다.
③ 하드 왁스는 소프트 왁스보다 온도가 낮아 화상의 위험이 적다.
④ 자극을 줄이기 위해 제모 전 유·수분 제거는 가급적 피해야 한다.

- 제모 전에 제모할 부분을 소독한 후, 파우더를 발라 유·수분을 제거할 수 있음

신체 각 부위 관리

합격 TIP
- 신체 각 부위 관리의 목적 및 효과에 대해 학습하세요.
- 신체 각 부위 관리 시 유의사항을 매뉴얼 테크닉을 바탕으로 이해하세요.

1 신체 후면관리

(1) 개념
① 신체의 후면에 해당하는 등 부위를 관리영역으로 하며, 척주를 중심으로 중추신경계와 자율신경계 등이 분포되어 있어 관리를 통해 체내 밸런스를 유지함
② 신체 내·외적으로 영향을 받는 부위로 매뉴얼 테크닉, 기기, 도구를 활용한 관리를 통해 정상적 기능을 유지함

(2) 목적 및 효과 [빈출]
① 신체 후면은 우리 몸의 균형을 유지하는 부위로, 통증이 있는 경우 관리를 통해 개선함
② 생활습관, 직업환경, 과도한 스트레스, 불안감 등의 원인으로 경직된 부위에 이완효과를 줌
③ 신체 후면의 피부유형에 맞는 제품 사용으로 유·수분을 공급하여 보습감을 유지함
④ 신체 후면의 상태에 따라 혈액순환 촉진, 노폐물 배출, 셀룰라이트 개선에 효과적인 제품을 적용하여 관리효과를 높임
⑤ 신체 후면관리를 통해 기능을 정상적으로 유지하고 몸매 균형을 교정할 수 있음

(3) 관리 시 유의사항
① 관리 부위 외의 신체 부위를 타월로 덮어 고객이 불편함을 느끼지 않도록 해야 함
② 관리 전에 금속성 액세서리 착용 여부를 확인해야 함
③ 관리 시 머리카락에 제품이 묻지 않도록 터번으로 감싸줘야 함
④ 관리 전에는 손 소독을 하여 감염이 일어나지 않도록 함
⑤ 피부유형에 맞는 제품을 선택하여 클렌징과 딥클렌징 작업을 실시함
⑥ 뼈, 관절 부위는 자극이 심하지 않도록 테크닉을 적용해야 함
⑦ 장시간의 자세 유지는 근육의 수축과 통증을 유발할 수 있으므로 관리 시간을 준수해야 함

> **참고** 신체 매뉴얼 테크닉의 순서
> - 관리 부위에 제품을 적당량 도포 후 매뉴얼 테크닉의 다섯 가지 기본 동작을 활용하여 테크닉을 적용함
> - 매뉴얼 테크닉은 속도, 리듬, 밀착, 시간을 고려하여 구사해야 함
> - 고객이 테크닉을 받을 수 있는 적절한 압으로 조절하며 작업을 실시함
> - 온습포를 사용하여 노폐물과 잔여물을 제거하고, 예민한 피부의 경우는 냉습포를 적용함
> - 피부유형에 맞는 화장수를 선택하여 화장솜에 묻혀 닦아내고 핸드드라이로 정돈함

> **참고** 셀룰라이트의 원인
> - 유전적 요인
> - 내분비계의 불균형
> - 림프 정체
> - 정맥울혈 등

(4) 등 관리 매뉴얼 테크닉

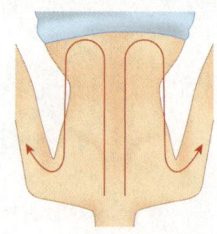
① 적당량의 오일을 덜어 양손으로 등 전체에 도포하고, 기립근을 쓰다듬어 옆구리를 감싸 올라오기

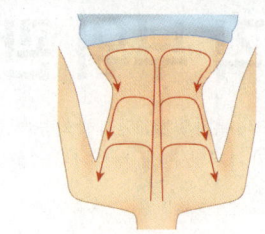
② 모지구를 이용하여 기립근을 풀어주고 등 전체를 3등분하여 쓸어주기

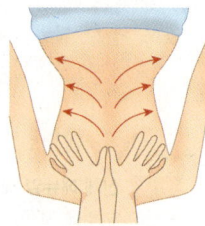
③ 손끝을 이용하여 견갑골, 광배근 부위를 바깥으로 쓸어주기

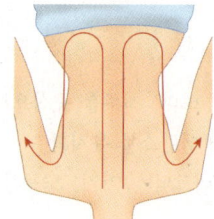
④ 등 전체에 양손을 밀착하여 쓰다듬기를 반복함

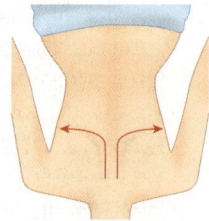
⑤ 모지구를 이용하여 견갑골 사이를 둥글리며 쓸어주기

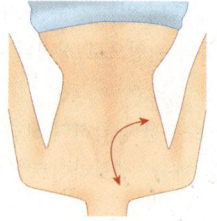
⑥ 견갑골을 엄지로 깊게 파듯이 쓸어주기 (한쪽씩 진행함)

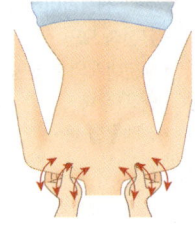
⑦ 견갑상부를 맞잡아가며 집어주기

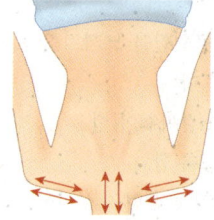
⑧ 반주먹으로 경추와 승모근을 밀어주기

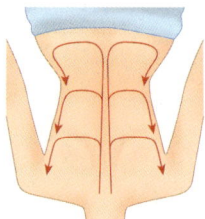
⑨ 모지구를 이용하여 기립근을 풀어주고, 등 전체를 3등분하여 쓸어주기

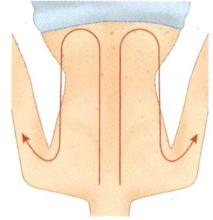
⑩ 등 전체에 양손을 밀착하여 쓰다듬기를 반복함

> **참고** 몸매관리 이론의 이해를 돕기 위해 실기 테크닉을 간소화하여 수록함

> **참고** 모지구
> 손바닥의 엄지손가락 아래에서 부푼 부분으로, 엄지손가락의 움직임과 관련됨

2 신체 전면관리 - 복부

(1) 복부관리의 개념
① 내장의 운동을 촉진하여 독소 배출효과를 높이고 체내의 온도를 높여 혈액순환을 돕는 관리를 말함
② 복부의 피부 상태를 파악한 후 피부유형에 맞는 제품을 사용하여 결합조직을 강화하고 탄력을 회복함

(2) 목적 및 효과 빈출
① 복부는 장기를 보호하는 기능을 수행하기 위해 체내 지방이 쉽게 만들어지는 부위로, 관리를 통해 복부 내부의 균형을 유지함
② 여성의 호르몬 불균형은 복부비만의 원인이 되어 튼살, 셀룰라이트 등을 축적시킴. 매뉴얼 테크닉, 화장품, 미용기기를 활용하여 복부 상태의 개선효과를 얻을 수 있음
③ 복부 상태에 따라 튼살, 셀룰라이트, 독소 배출 등에 효과적인 제품을 적용하여 관리효과를 높임

(3) 관리 시 유의사항
① 관리 부위 외의 신체 부위를 타월로 덮어 고객이 불편함을 느끼지 않도록 해야 함
② 관리 전에는 손 소독을 하여 감염이 일어나지 않도록 함
③ 식후 30분 내에는 관리를 금해야 함
④ 내부 장기에 압력을 강하게 주지 않도록 해야 함
⑤ 복부 매뉴얼 테크닉은 내부 장기인 대장의 연동운동 방향에 맞춰 적용해야 함

참고 몸매관리 이론의 이해를 돕기 위해 실기 테크닉을 간소화하여 수록함

(4) 매뉴얼 테크닉

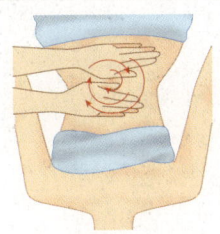
① 양손을 시계 방향으로 원을 그리듯 쓰다듬기

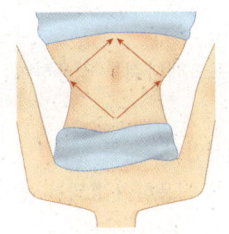
② 양손 엄지를 늑골 안쪽에 밀착하여 옆구리 방향으로 쓸어내리고 허리에서 감싸올려 서혜부 방향으로 배출하듯 쓸어주기

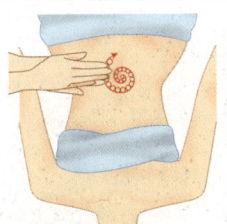
③ 양손을 포개어 손끝을 이용하여 나선형으로 깊숙하게 문지르기(시계 방향)

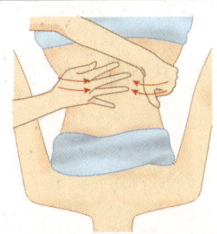
④ 등에서 허리 방향으로 당기듯 쓸어주기(양손을 교차하여 연결감 있게 적용함)

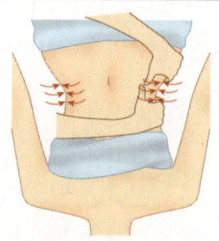
⑤ 옆구리를 양손 교차하며 집어주기

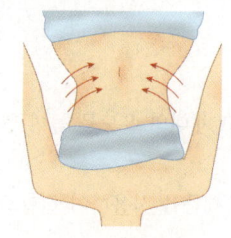
⑥ 외복사근을 사선으로 쓸어주기

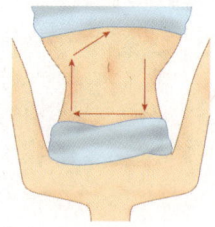
⑦ '상행결장 > 횡행결장 > 하행결장 > S결장' 순으로 손바닥을 밀착하여 쓸어주기

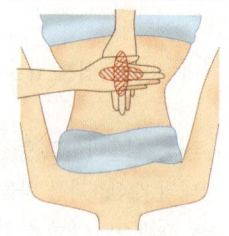
⑧ 두 손을 포개어 배꼽 주변을 지그시 눌러 떨어주며 마무리하기

3 신체 전면관리 - 가슴

(1) 가슴관리의 개념
가슴은 호르몬, 체중 등의 영향으로 변화가 생길 수 있음. 따라서 피부 상태를 파악한 후 유형에 맞는 제품을 선택하여 테크닉을 적용함

(2) 목적 및 효과 빈출
① 가슴을 덮고 있는 근육을 자극하여 탄력을 강화함
② 가슴 주변에는 림프절이 위치하고 있으므로 림프드레나쥐를 적용하여 체내의 노폐물, 독소 배출로 면역력을 높임
③ 옥시토신 호르몬 분비를 촉진시켜 긴장 완화, 심신안정효과를 높임
④ 히알루론산, 엘라스틴, 태반 추출물 등의 화장품을 적용하여 효과를 높일 수 있음

(3) 관리 시 유의사항
① 가슴은 노출에 민감한 부위이므로 고객이 불편함을 느끼지 않도록 수시로 확인해야 함
② 관리 전에는 손 소독을 하여 감염이 일어나지 않도록 함
③ 유두 부위는 테크닉을 금해야 함
④ 생리 전후 관리 시 강한 압이 들어가는 매뉴얼 테크닉은 피해야 함

(4) 매뉴얼 테크닉

> 참고 몸매관리 이론의 이해를 돕기 위해 실기 테크닉을 간소화하여 수록함

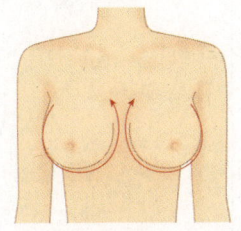
① 유선 주변을 원을 그리듯 쓰다듬은 후 액와 부위에서 가볍게 압주기

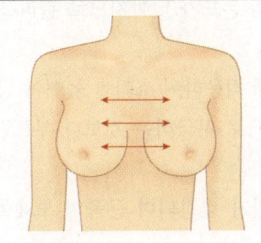
② 임맥 부위에서 양손 날을 이용하여 유선 주변을 자극하듯 쓸어주기

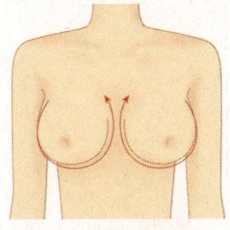
③ 유선 주변을 원을 그리듯 쓰다듬기

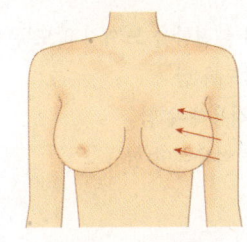
④ 양손을 이용하여 가슴 외측에서 끌어올리듯 쓸어주기(유두 부위를 자극하지 않도록 함)

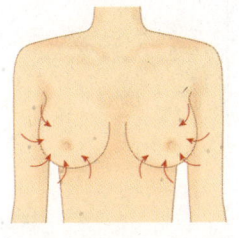
⑤ 한 손은 엄지로, 다른 한 손은 사지로 받쳐 주며 가슴 모아주기

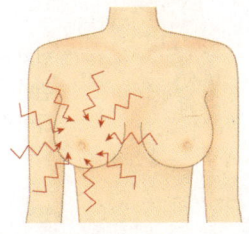
⑥ 양손을 가슴에 밀착하여 바이브레이션으로 쓸어주기

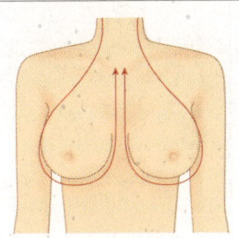
⑦ 유선 주변 전체를 쓰다듬으며 마무리하기

4 손, 팔 관리

(1) 손·팔 관리의 개념
① 손과 팔은 일상생활에서 가장 피로가 많이 쌓이는 부위로, 근골격계 질환의 발생률이 높으므로 관리를 통해 긴장감을 풀고 회복력을 높임
② 인체의 각 부위는 연결되어 있어 장시간의 반복적 움직임, 힘이 많이 들어가는 작업, 자세의 불균형 등은 팔의 통증으로 이어질 수 있으므로 평상시 손, 팔 관리가 중요함

(2) 목적 및 효과 [빈출]

① 신체의 혈액순환기능이 저하되면 손, 팔 부위의 온도가 낮아지므로 관리를 통해 개선해야 함
② 팔 관리 시 부위별로 매뉴얼 테크닉을 세심하게 적용하여 효과를 높여야 함
③ 겨드랑이는 림프절이 모이는 부위로, 강한 압으로 자극하는 것보다 부드럽게 테크닉을 적용하면 순환기능을 높일 수 있음
④ 손, 팔 부위 근육에 대한 이해도에서 관리효과가 결정되며 근육의 노폐물을 제거하여 피로도를 낮출 수 있음

(3) 관리 시 유의사항

① 관리 부위 외의 신체 부위를 타월로 덮어 고객이 불편함을 느끼지 않도록 해야 함
② 관리 전에는 손 소독을 하여 감염이 일어나지 않도록 함
③ 근육과 관절의 가동 범위를 확인하고 테크닉을 적용해야 함
④ 뼈, 관절 부위는 자극이 심하지 않도록 테크닉을 적용해야 함

(4) 매뉴얼 테크닉

> **참고** 몸매관리 이론의 이해를 돕기 위해 실기 테크닉을 간소화하여 수록함

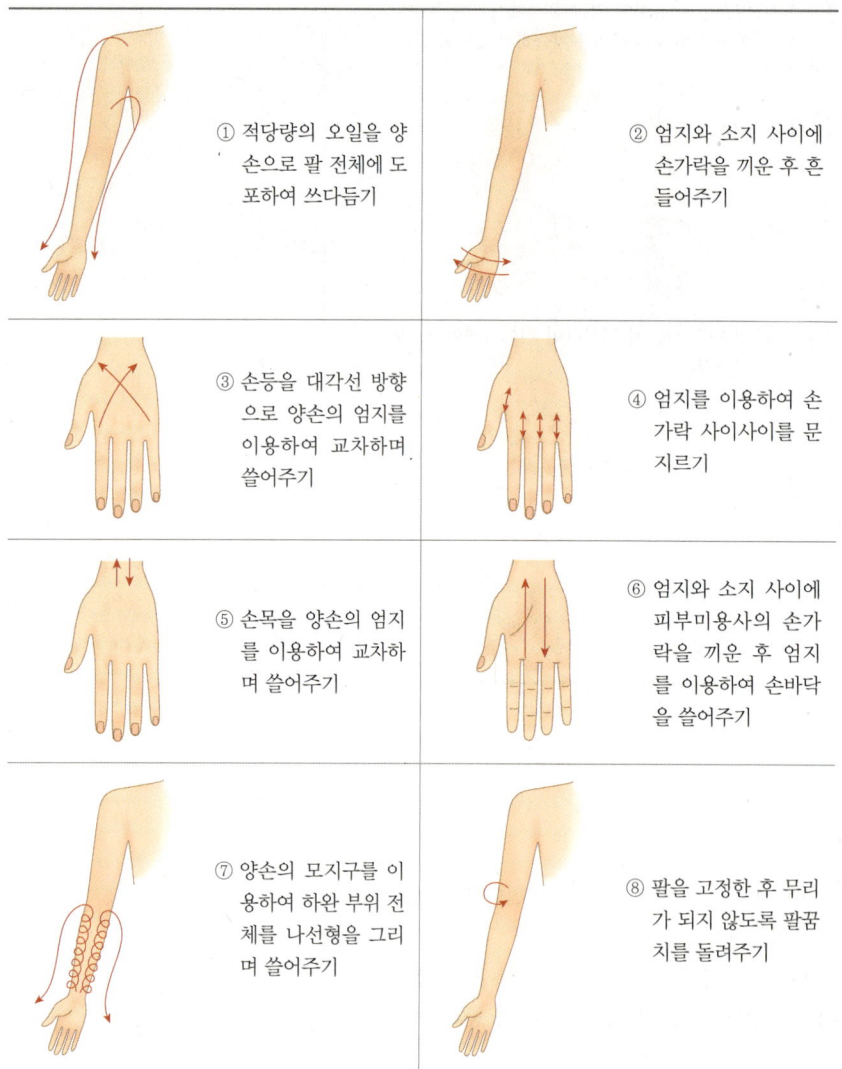

① 적당량의 오일을 양손으로 팔 전체에 도포하여 쓰다듬기
② 엄지와 소지 사이에 손가락을 끼운 후 흔들어주기
③ 손등을 대각선 방향으로 양손의 엄지를 이용하여 교차하며 쓸어주기
④ 엄지를 이용하여 손가락 사이사이를 문지르기
⑤ 손목을 양손의 엄지를 이용하여 교차하며 쓸어주기
⑥ 엄지와 소지 사이에 피부미용사의 손가락을 끼운 후 엄지를 이용하여 손바닥을 쓸어주기
⑦ 양손의 모지구를 이용하여 하완 부위 전체를 나선형을 그리며 쓸어주기
⑧ 팔을 고정한 후 무리가 되지 않도록 팔꿈치를 돌려주기

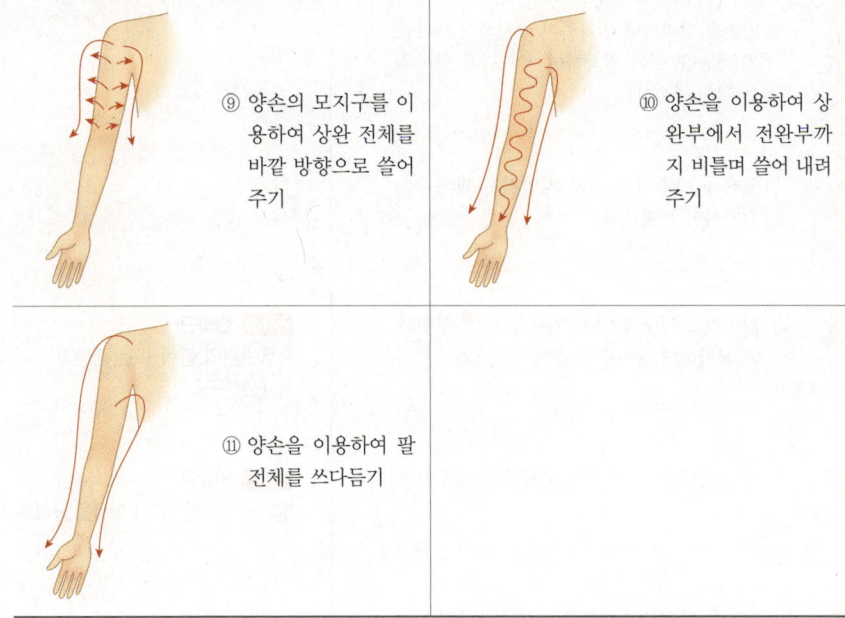

⑨ 양손의 모지구를 이용하여 상완 전체를 바깥 방향으로 쓸어주기

⑩ 양손을 이용하여 상완부에서 전완부까지 비틀며 쓸어 내려주기

⑪ 양손을 이용하여 팔 전체를 쓰다듬기

5 발, 다리 후면관리

(1) 발·다리 관리의 개념
① 발은 인체의 축소판으로 모든 장기와 연결되어 있고, 인체 공학적으로 신체의 중심과 자세를 유지해주는 기관임
② 발은 대부분의 체중을 받고 움직임에 따른 충격을 흡수하여 노폐물이 잘 쌓임. 피로해진 발을 회복시켜 정상적 기능을 유지하기 위해 관리가 필요함

(2) 목적 및 효과 [빈출]
① 발의 혈액순환이 저하되면 노폐물이 쌓여 인체의 에너지 공급이 원활하게 이루어지지 못하고 질병이 생길 수 있음. 따라서 발 관리를 통해 스트레스 경감, 혈액순환 촉진효과를 높여 신체기능을 정상화시킴
② 발, 다리의 상태에 따라 순환 촉진, 부종 완화, 셀룰라이트 개선에 효과적인 제품을 적용하여 관리효과를 높일 수 있음
③ 발은 인체와 연결되어 있는 반사구가 있으므로 이를 자극하여 모든 기관의 생체에너지를 활성화함
④ 발, 다리 관리를 통해 기능을 정상적으로 유지하고 하체 라인을 아름답게 개선함

(3) 매뉴얼 테크닉

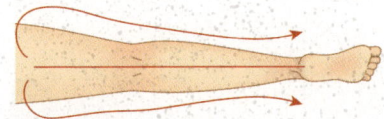

① 적당량의 오일을 덜어 양손으로 다리 전체에 도포하고, 양손을 밀착하여 다리 전체를 쓰다듬기

참고 몸매관리 이론의 이해를 돕기 위해 실기 테크닉을 간소화하여 수록함

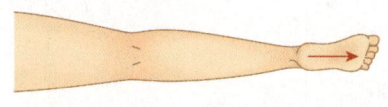
② 양손을 발바닥에 밀착하여 교차하여 쓰다듬기(체중을 실어 밀착하여 부드럽게 쓸어주는 것이 중요함)

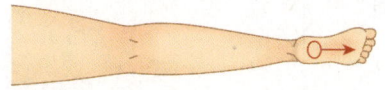
③ 양손을 반주먹을 쥐고 지압하듯 발바닥을 교차하여 문지르기

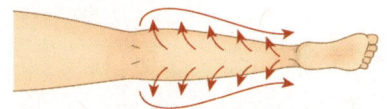
④ 양손의 모지구를 이용하여 슬와근❓ 부위까지 교차하여 쓸어주고 감싸 내려오기

| 용어 | **슬와근** |
무릎관절의 굽힘 또는 종아리의 내회전을 돕는 근육

⑤ 양 손바닥을 비복근❓에 밀착하여 주무르기

| 용어 | **비복근** |
발뒤꿈치를 올리거나 무릎을 굽히는 근육

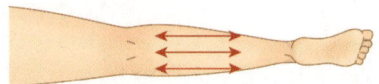
⑥ 양손을 이용하여 좌우로 집어 올려주기

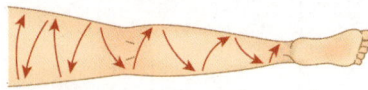
⑦ 양손의 모지구로 반원을 그리며 다리 전체를 쓸어주기(교차하여 연결감 있게 적용함)

⑧ 대퇴부 부위에 양손을 밀착하여 떨어주기

⑨ 양 손바닥을 교차하여 대퇴부를 서혜부 방향으로 쓸어올리기

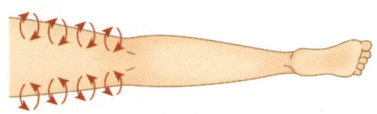
⑩ 대퇴부 바깥쪽과 안쪽을 모지구를 사용하여 집어주듯 주무르기

⑪ 대퇴부를 양 손바닥을 교차하여 좌우로 집어 올려주기

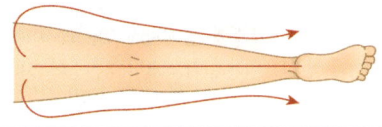
⑫ 다리 전체에 양손을 밀착하여 쓰다듬기

6 발, 다리 전면관리

(1) 관리 시 유의사항
① 관리 부위 외의 신체 부위를 타월로 덮어 고객이 불편함을 느끼지 않도록 해야 함
② 관리 전에는 손 소독을 하여 감염이 일어나지 않도록 함
③ 피부유형에 맞는 제품을 선택하여 클렌징과 딥클렌징 작업을 함
④ 근육과 관절의 가동 범위를 확인하고 테크닉을 적용해야 함
⑤ 뼈, 관절 부위는 자극이 심하지 않도록 테크닉을 적용해야 함

(2) 매뉴얼 테크닉

참고 몸매관리 이론의 이해를 돕기 위해 실기 테크닉을 간소화하여 수록함

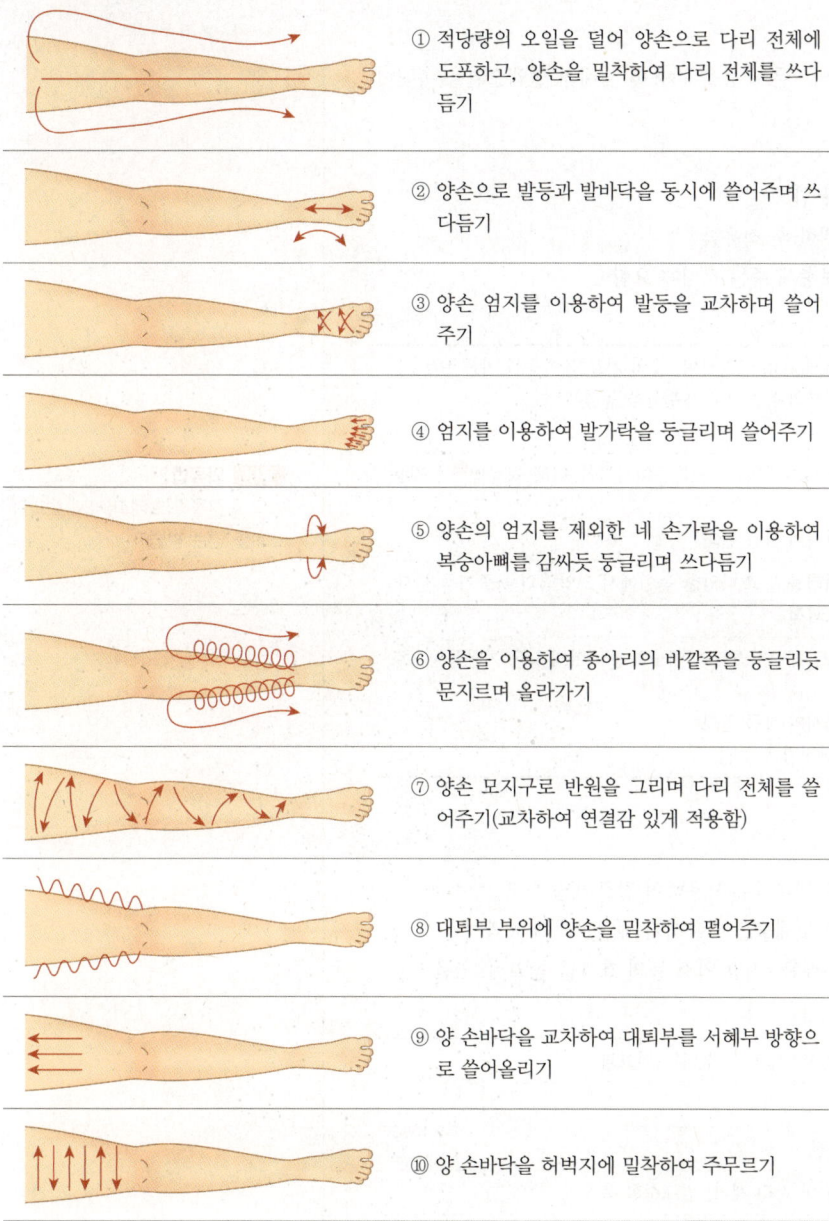

① 적당량의 오일을 덜어 양손으로 다리 전체에 도포하고, 양손을 밀착하여 다리 전체를 쓰다듬기
② 양손으로 발등과 발바닥을 동시에 쓸어주며 쓰다듬기
③ 양손 엄지를 이용하여 발등을 교차하며 쓸어주기
④ 엄지를 이용하여 발가락을 둥글리며 쓸어주기
⑤ 양손의 엄지를 제외한 네 손가락을 이용하여 복숭아뼈를 감싸듯 둥글리며 쓰다듬기
⑥ 양손을 이용하여 종아리의 바깥쪽을 둥글리듯 문지르며 올라가기
⑦ 양손 모지구로 반원을 그리며 다리 전체를 쓸어주기(교차하여 연결감 있게 적용함)
⑧ 대퇴부 부위에 양손을 밀착하여 떨어주기
⑨ 양 손바닥을 교차하여 대퇴부를 서혜부 방향으로 쓸어올리기
⑩ 양 손바닥을 허벅지에 밀착하여 주무르기

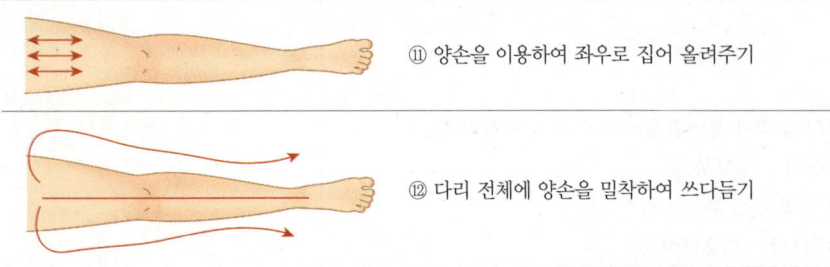

⑪ 양손을 이용하여 좌우로 집어 올려주기

⑫ 다리 전체에 양손을 밀착하여 쓰다듬기

7 전신관리

(1) 수요법

① 물을 이용한 스파테라피를 말하며, 수압·온도 등을 이용해 체내의 혈액순환을 촉진시켜 신체기능을 증진하는 방법

② 적용 시 유의사항
- 관리 시간은 5~30분을 기준으로 적용함
- 관리 전과 식후에는 충분한 휴식을 취한 후 적용함
- 관리 후에는 물을 섭취하여 수분을 보충해 주는 것이 중요함

③ 종류

스파풀 (Spa Pool)	• 흔히 알려진 월풀(Whirlpool)을 말하며, 물의 기포를 이용한 거품욕 • 입욕제를 사용하여 피부의 유효성분 흡수율을 높일 수 있음 • 긴장 완화, 피로 회복
하이드로 배스 (Hydro Bath)	• 스파풀과 유사하지만 테라피의 효과를 증대시키기 위해 와류법❷이 적용된 기기 • 근육의 유연성을 증가시켜 통증 완화
스카치샤워 (Scotch Shower)	• 고객으로부터 일정 거리를 두고 다양한 높이에서 고압력의 물줄기를 분사 • 셀룰라이트 관리에 효과적
와추 (Watsu)	• 수중 마사지 요법으로, 테라피스트의 인도하에 스트레칭을 기본동작으로 하여 관리 • 근육의 유연성을 증가시켜 통증 완화 • 부력에 의해 심신의 안정감을 높임

> **용어 와류법**
> 물의 회전을 일으켜 마사지 효과와 온열 효과를 얻는 방법

(2) 기기를 이용한 관리

① 근육의 수축과 이완작용을 통해 지방을 에너지로 사용하여 칼로리를 소모

② 체액의 흐름을 원활하게 하고 불필요한 노폐물을 배출시켜 체형관리에 효과적

③ 기기 원리에 따라 혈액순환 촉진, 독소 배출, 지방 연소 등의 효과를 높일 수 있음

④ 종류

고주파	노폐물 배출, 지방 연소, 혈액순환 개선(심부열효과)
중·저주파	체형관리, 탄력 증진
엔더몰로지	혈액순환, 지방 분해 촉진
진공흡입기	모공의 피지 또는 불필요한 각질 제거, 림프순환 촉진

초음파	세포 재생, 혈액순환 촉진
적외선	독소 및 노폐물 배출 촉진

(3) 바디 랩핑(Body Wrapping) 빈출
① 관리 부위에 제품을 도포한 후 랩, 메탈포일 등으로 감싸는 방법을 말함
② 해조류(Algae), 진흙(Mud) 등 미네랄과 요오드가 함유된 성분의 제품을 사용해서 지방 분해, 독소 배출, 순환 증진의 효과를 높임
③ 적용 시 유의사항
- 전신관리 시 딥클렌징과 매뉴얼 테크닉 단계를 마무리한 후 제품을 도포하여 랩을 씌우고 20~30분간 적용함
- 바디랩 적용 시 피부호흡에 방해되지 않도록 꽉 조이지 않도록 함
- 바디랩 적용 시 적외선기 또는 스티머를 조사하여 체내 온도를 높일 수 있음
- 고혈압, 심장질환자, 상처가 있는 자, 임산부, 당뇨환자는 시술을 적용하지 않음

(4) 수기요법
① 손을 이용하여 전신순환을 촉진시키고 통증 완화, 근육 이완, 부종 완화 등의 효과를 높임
② 종류

스웨디시 마사지	• 피부에 부드럽게 적용하는 테크닉으로 미용 분야에서 보편적으로 활용 • 기본동작인 쓰다듬기, 문지르기, 주무르기, 두드리기, 떨기를 조합하여 적용 • 근육 이완, 순환 촉진, 심리적 안정감
림프드레나쥐 빈출	• 림프관과 림프절 부위에 일정한 압과 속도를 적용 • 림프순환 활성화, 체액 배출 촉진, 림프계 면역작용 강화
경락 마사지	• 한의학 이론 체계로 기혈의 순환로인 경락을 통해 체내 흐름을 원활하게 함 • 경락을 통한 장부의 기능 향상을 위해 반응점인 경혈점을 자극하여 효과를 높임 • 기혈순환 활성화, 노폐물 배출 촉진, 근육 이완, 호흡기능 개선
아율베딕 마사지	• 인도의 전통의학에 근원한 방법으로 약초와 향료를 사용 • 선천적 체질에 따라 아로마를 적용하여 효과를 높임 • 심신 안정, 체내 독소 배출, 근육 이완
타이 마사지	• 태국의 승려들이 행한 방법으로 스트레칭이 접목된 관리 • 명상, 요가, 호흡법을 통해 관리효과를 높임 • 근육 이완, 신체 유연성 증가, 순환 촉진, 심신 안정

CHAPTER 08 신체 각 부위 관리 | 출제 예상문제 ⓒ

1 신체 후면관리

01
신체 후면관리에 대한 설명으로 옳지 않은 것은?
① 등 부위는 척주를 중심으로 중추신경계와 자율신경계가 분포되어 있다.
② 관리 시 피부유형과 상관없이 모든 제품의 사용이 가능하다.
③ 등은 신체 내·외적으로 영향을 받는 부위이다.
④ 기기와 도구를 활용한 관리를 통해 정상적 기능을 유지할 수 있다.

> 신체 후면관리는 피부유형에 맞는 제품을 선택하여 관리효과를 높일 수 있음

02
신체 후면관리의 효과로 적절하지 않은 것은?
① 과도한 스트레스, 직업환경 등의 원인으로 경직된 부위에 수축효과를 줄 수 있다.
② 신체 후면관리를 통해 몸매 균형을 교정할 수 있다.
③ 신체의 기능을 정상적으로 유지할 수 있다.
④ 혈액순환 촉진, 노폐물 배출, 셀룰라이트 개선에 효과적인 제품을 적용하여 관리효과를 높일 수 있다.

> 신체 후면관리를 통해 경직된 부위에 이완효과를 줄 수 있음

03
신체 후면관리 시 유의사항으로 옳은 것은?
① 관리 전 고객이 착용한 금속성 액세서리는 제거한다.
② 관절 부위는 강하게 자극하여 노폐물 배출효과를 높인다.
③ 고객의 만족도를 높이기 위해 관리 시간을 최대한 길게 적용한다.
④ 피로회복효과를 높이기 위해 압을 최대한으로 높여 관리한다.

> • 뼈, 관절 부위는 자극이 되지 않도록 부드럽게 관리함
> • 장시간의 자세 유지는 근육의 수축과 통증을 유발할 수 있어 관리 시간을 준수해야 함
> • 강한 압은 근육을 긴장시켜 수축작용을 유발하므로 순환을 방해할 수 있음

2 신체 전면관리 - 복부

04
복부관리에 대한 설명으로 옳지 않은 것은?
① 복부는 지방이 쉽게 축적되기 때문에 관리를 통해 내부의 균형을 유지해야 한다.
② 여성호르몬의 불균형은 복부비만에 영향을 미치지 않는다.
③ 복부관리는 셀룰라이트 개선에 효과가 있다.
④ 피부유형에 맞는 제품을 사용하여 결합조직을 강화한다.

> 여성호르몬 불균형은 복부비만의 원인이 될 수 있음

05
복부관리 시 유의사항으로 옳지 않은 것은?
① 고객이 불쾌하지 않도록 관리 부위를 제외한 신체 부위는 타월로 덮는다.
② 관리 전 손 소독을 하여 감염을 예방한다.
③ 식사 직후에도 관리가 가능하다.
④ 내부 장기인 대장의 연동운동 방향으로 적용해야 한다.

> 복부는 식후 30분 내에는 관리를 금함

3 신체 전면관리 - 가슴

06
가슴관리의 목적 및 효과로 적절하지 않은 것은?
① 옥시토신 호르몬의 분비를 촉진시킨다.
② 가슴 주위에는 림프절이 존재하므로 림프드레나쥐를 통해 면역기능을 높일 수 있다.
③ 히알루론산 성분의 화장품만을 사용하여 효과를 높일 수 있다.
④ 가슴을 덮고 있는 근육을 자극하여 탄력을 강화한다.

> 가슴관리 시 히알루론산, 엘라스틴, 태반 추출물 등의 화장품을 적용하여 효과를 높일 수 있음

| 정답 | 01 ② 02 ① 03 ① 04 ② 05 ③ 06 ③

07
가슴관리 시 유의사항으로 옳지 <u>않은</u> 것은?
① 노출에 민감한 부위이므로 수시로 고객의 불편함을 체크한다.
② 유두 부위는 테크닉 적용을 금한다.
③ 생리 전후에는 순환을 활성화시키기 위해 압을 높여 매뉴얼 테크닉을 실시한다.
④ 관리 시 손 소독을 통해 감염을 예방한다.

> 생리 전후에는 강한 압의 테크닉을 피해야 함

6 발, 다리 전면관리

10
발, 다리 전면관리 시 매뉴얼 테크닉의 방법으로 옳지 않은 것은?
① 매뉴얼 테크닉은 속도, 리듬, 밀착, 시간을 고려하여 구사한다.
② 피부유형에 맞는 화장수를 선택하여 닦아내며 마무리한다.
③ 고객에게 맞는 적절한 압으로 조절하며 실시한다.
④ 피부의 탄력을 위해 냉습포를 사용하여 마무리한다.

> 일반적으로 온습포를 사용하여 노폐물과 잔여물을 제거하고, 예민한 피부의 경우에 냉습포를 사용하여 마무리함

4 손, 팔 관리

08
손, 팔 관리의 목적 및 효과로 적절하지 <u>않은</u> 것은?
① 신체의 혈액순환기능이 저하되면 손, 팔 부위의 온도가 낮아질 수 있으므로 관리를 통해 개선한다.
② 손, 팔의 뼈와 관절 부위는 강한 압으로 테크닉을 적용하여 노폐물 배출효과를 높일 수 있다.
③ 근육의 노폐물을 제거하여 피로도를 낮출 수 있다.
④ 겨드랑이 부위는 림프절이 모이는 부위로 부드러운 테크닉을 적용하여 순환기능을 활성화한다.

> 뼈와 관절 부위는 자극이 심하지 않도록 테크닉을 적용해야 효과적임

11
발, 다리 전면관리 시 유의사항으로 옳지 <u>않은</u> 것은?
① 관리 전 손 소독을 철저하게 하여 감염을 예방한다.
② 뼈 주변의 노폐물 배출을 활성화시키기 위해 압을 높여 테크닉을 실시한다.
③ 근육과 관절의 가동 범위 내에서 테크닉을 적용한다.
④ 피부유형에 맞는 제품으로 클렌징과 딥클렌징을 적용할 수 있다.

> 발, 다리 전면관리 시 뼈 주변은 테크닉을 부드럽게 적용하여 자극을 낮추는 것이 좋음

5 발, 다리 후면관리

09
발, 다리 관리에 대한 설명으로 옳지 <u>않은</u> 것은?
① 발은 인체의 축소판으로 모든 장기와 연결되어 있다.
② 발은 혈액순환이 저하되면 노폐물이 쌓이기 쉽다.
③ 발에는 인체 장기에 대한 반사구가 있어 자극을 주지 않아야 한다.
④ 발 관리를 통해 스트레스 경감, 혈액순환 촉진효과를 높인다.

> 반사구를 자극하여 생체에너지를 활성화시킬 수 있음

7 전신관리

12
수요법에 해당하는 관리법이 <u>아닌</u> 것은?
① 타이 마사지
② 스파풀
③ 스카치샤워
④ 와추

> 타이 마사지는 손을 이용한 수기요법임

13

기기를 이용한 전신관리의 특징으로 옳지 않은 것은?

① 경혈점을 자극하여 효과를 높이는 관리 방법이다.
② 근육의 수축과 이완작용을 통해 지방을 에너지로 사용하여 칼로리를 소모한다.
③ 체액의 흐름을 원활하게 하고 불필요한 노폐물을 배출시키는 데 효과적이다.
④ 기기 원리에 따라 혈액순환 촉진, 독소 배출, 지방 연소 등의 효과가 있다.

> 경혈점을 자극하여 장부의 기능을 높이는 테크닉은 경락 마사지임

14

전신관리에 사용하는 기기별 효과로 옳지 않은 것은?

① 고주파 – 혈액순환 개선
② 중·저주파 – 노폐물 배출 및 통증 완화
③ 엔더몰로지 – 지방 분해 촉진
④ 초음파 – 세포 재생, 혈액순환 촉진

> 중·저주파: 체형관리, 탄력 증진

15

바디 랩핑 적용 시 유의사항으로 맞는 것은?

① 효과를 높이기 위해 랩을 최대한 조여 감싼다.
② 질병에 상관없이 모든 대상에 적용이 가능하다.
③ 적용 시 적외선기 조사는 피해야 한다.
④ 미네랄과 요오드 성분이 함유된 성분의 제품을 사용한다.

> • 피부호흡에 방해되지 않도록 꽉 조이지 않도록 함
> • 고혈압, 심장질환자, 상처가 있는 자, 임산부, 당뇨환자는 시술을 적용하지 않음
> • 적외선기 또는 스티머를 조사하여 체내 온도를 높일 수 있음

16

스웨디시 마사지의 특징으로 옳은 것은?

① 림프절 부위에 일정한 압과 속도를 적용한다.
② 기혈의 순환을 이용하여 체내 흐름을 원활하게 한다.
③ 피부에 부드럽게 적용하는 테크닉으로 미용 분야에서 보편적으로 사용한다.
④ 장부의 기능을 높이기 위해 반응점인 경혈점을 자극한다.

> • 림프드레나쥐: 림프절 부위에 일정한 압과 속도를 적용하여 체액 배출을 촉진함
> • 경락 마사지: 기혈의 순환을 이용하며, 장부의 기능을 높이기 위해 경혈점을 자극함

17

림프드레나쥐의 효과로 옳지 않은 것은?

① 림프순환 활성화
② 체액 배출 촉진
③ 면역력 강화
④ 근육 이완

> 림프드레나쥐: 림프관과 림프절 부위에 일정한 압과 속도를 적용하는 테크닉으로, 체액의 이동을 활성화함

18

아율베딕 마사지에 대한 설명으로 옳지 않은 것은?

① 선천적 체질에 따라 아로마를 적용한다.
② 인도 전통의학에 근원한 마사지법을 말한다.
③ 경혈점을 자극하여 기혈순환을 활성화한다.
④ 심신 안정, 체내 독소 배출의 효과가 있다.

> 경혈점을 자극하여 기혈순환을 활성화하는 수기요법은 경락 마사지임

| 정답 | 13 ① 14 ② 15 ④ 16 ③ 17 ④ 18 ③

마무리 관리 ⓒ

> **합격 TIP**
> - 얼굴관리 마무리와 몸매관리 마무리를 구분하여 이해하세요.
> - 관리 후 상담의 중요성에 대해 주의 깊게 학습하세요.

1 얼굴관리 마무리

(1) 개념

① 피부관리의 가장 마지막 단계로, 피부 정돈, 피부의 pH 조절 등에 필요한 기초 화장품을 선택하여 영양물질을 흡수시키는 과정을 말함

② 사용하는 습포의 종류

온습포	• 모공을 확장시켜 노폐물 제거에 용이함 • 혈액순환에 효과적이나 민감성·모세혈관 확장·여드름 피부는 적용을 피해야 함
냉습포	• 관리 마무리 단계에 사용하여 진정효과를 높임 • 모공 수축, 수렴효과가 있음

③ 관리 마무리 단계에는 스트레칭을 접목한 수기동작❓으로 긴장된 근육을 이완시킬 수 있음

(2) 기초 화장품의 종류

화장수	• 피부의 수분 공급, pH 조절, 피부 정돈, 피부 유연·수렴효과를 지님
	• '스킨로션, 토너'라고도 부르며, 유연 화장수와 수렴 화장수로 분류함
	  – 유연 화장수: 화장수에 피부유연제, 보습제가 함유되어 피부 각질층을 부드럽게 하는 특징이 있음
	  – 수렴 화장수: 각질층에 수분을 공급하고 모공을 수축시키는 효과가 있어 과다하게 분비되는 피지를 억제하고, 피부 살균효과의 특징이 있음

에센스	• 피부 유효성분을 고농축으로 함유하여 보습, 영양물질 공급에 효과적인 제품 • '컨센트레이터, 세럼' 등으로도 부름
로션	• 유·수분 균형 조절에 효과적인 제품 • '에멀전'이라고도 부르며, 화장수와 비슷한 유동성을 가짐
크림	• 피부 표면의 수분 증발을 막아주는 인공보호막으로 유·수분을 공급하여 피부의 보습기능에 효과적인 제품 • 크림을 사용하는 시간에 따라 낮에 사용하는 데이 크림과 밤에 사용하는 나이트 크림으로 나눌 수 있음
아이크림	피부 두께가 얇고 피지샘이 없어 건조해지기 쉬운 눈 주변에 사용하는 제품
자외선 차단제	자외선으로부터 피부를 보호하기 위해 사용하는 제품

> **참고** 얼굴관리 마무리 테크닉
> 후경을 반죽하듯 주무르기 → 아문, 천주, 풍지, 완골에 압력 주기 → 고개를 돌려 흉쇄유돌근 스트레칭 → 귓불, 귀 바퀴 문지르기 → 안면 측두부에 압력을 주며 쓸어주기 → 신정, 두유, 백회 압력 주기 → 모발 쓸어내리기 → 어깨, 팔 스트레칭

(3) 얼굴 관리 마무리 시 유의사항
① 피부유형에 맞는 기초 화장품을 선택해야 함
② 낮에는 자외선 차단제를 필수로 사용해야 함
③ 화장품의 주변은 항상 청결하게 관리하여 오염원을 제거해야 함
④ 제품의 변질을 막기 위해 스파튤라로 덜어 사용해야 함

2 몸매관리 마무리

(1) 개념
① 몸매관리의 가장 마지막 단계로 피부 정돈, 피부의 pH 조절 등에 필요한 기초 화장품을 선택하여 영양물질을 흡수시키는 과정을 말함
② 관리 부위에 가볍게 이완동작을 적용하여 마무리할 수 있음

(2) 몸매관리 마무리 화장품의 사용 목적
① 화장품 종류에 따라 유·수분을 공급하여 피부의 균형을 맞출 수 있음
② 셀룰라이트 완화, 혈액순환 촉진 등에 효과적인 성분을 선택적으로 적용하여 효과를 높일 수 있음

(3) 몸매관리 마무리 시 유의사항
① 관리 후 고객의 불편함을 확인하고 마무리 작업을 해야 함
② 사용하는 슬리밍 제품에 따라 발열감을 느낄 수 있으므로 사전에 고객에게 설명해야 함

(4) 몸매관리 마무리 순서
① 관리 부위를 화장수로 정돈하고 수분을 공급함
② 피부유형에 맞는 기초 화장품(로션, 크림, 오일 등)을 선택하여 펴바르고 흡수시킴
③ 낮일 경우 자외선 차단제를 덧발라 관리를 마무리함

3 관리 후 상담

목적	• 피부관리 후 프로그램을 재설명함으로써 고객의 신뢰도를 높이고 향후 관리에 대한 개선점을 파악함 • 홈케어 방법을 제안하여 관리효과를 높임 • 매회 피부 상태 변화를 파악할 수 있음
내용 빈출	• 관리 시 고객 불편사항 • 관리 후 피부 상태 변화 • 관리 프로그램 만족도 • 홈케어 조언❓ • 향후 관리 계획과 일정 예약 • 식생활, 수면습관 등 라이프스타일에 대한 조언
순서	관리 프로그램 종료 후 상담실로 안내함 → 고객과의 상담을 통해 불편사항과 피부 상태 변화를 확인함 → 향후 관리 계획을 설명함 → 관리효과를 높일 수 있는 홈케어 방법을 제안함

> **참고** 홈케어 조언의 목적
> • 피부는 환경적 요인에 의해 다양하게 변화할 수 있는 기관으로, 일상생활 속에서도 적절한 관리를 통해 건강한 상태를 유지할 수 있도록 함
> • 피부유형별 관리 목적에 맞는 제품과 사용 방법을 설명하고, 정기적으로 홈케어 유지 여부를 확인하여 관리효과를 높일 수 있음
> • 세안법, 제품 사용법, 생활습관, 피부 건강에 도움이 되는 영양소 등을 조언함

출제 예상문제

1 얼굴관리 마무리

01
화장수의 기능으로 옳지 않은 것은?
① 피부 정돈
② pH 조절
③ 유연효과
④ 영양 공급

> 화장수의 기능: 피부의 수분 공급, pH 조절, 피부 정돈, 피부 유연·수렴 효과

02
기초 화장품의 종류에 대한 설명으로 옳지 않은 것은?
① 크림: 인공보호막과 같은 제품으로 보습기능을 한다.
② 로션: 크림처럼 유동성이 없고 유·수분 밸런스 조절에 효과적이다.
③ 에센스: 컨센트레이트라고 하며, 고농축 성분을 함유한다.
④ 아이크림: 피부 두께가 얇은 눈가 전용 제품이다.

> 로션: 화장수와 비슷한 유동성을 가지는 제품으로, 유·수분 밸런스를 맞추는 데 효과적인 제품

2 몸매관리 마무리

03
몸매관리 마무리에 대한 설명으로 옳지 않은 것은?
① 피부 정돈, 피부의 pH 조절 등에 필요한 기초 화장품을 선택하여 영양물질을 흡수시키는 과정이다.
② 마무리 단계에서는 자외선 차단제를 바르지 않는다.
③ 관리 후 고객의 불편함을 확인하고 마무리 작업을 실시한다.
④ 관리 부위에 가볍게 이완동작을 적용하여 마무리할 수 있다.

> 몸매관리 마무리 순서
> • 관리 부위를 화장수로 정돈하고 수분을 공급함
> • 피부유형에 맞는 기초 화장품(로션, 크림, 오일 등)을 선택하여 펴바르고 흡수시킴
> • 낮일 경우 자외선 차단제를 덧발라 관리를 마무리함

04
몸매관리 마무리에 사용하는 화장품의 기능으로 옳지 않은 것은?
① 피부의 pH 조절
② 이물질 및 각질 제거
③ 혈액순환 촉진
④ 셀룰라이트 완화

> • 몸매 각질관리 시 이물질 및 각질 제거 화장품을 사용함
> • 몸매관리 마무리 시 pH 조절, 유·수분 공급을 위한 기초 화장품과 셀룰라이트 완화, 혈액순환 촉진 등에 효과적인 성분을 선택하여 사용함

3 관리 후 상담

05
관리 후 상담에 대한 내용으로 옳지 않은 것은?
① 피부관리 후 프로그램 재설명을 통해 고객의 신뢰도를 높이고 향후 관리에 대한 개선점을 파악한다.
② 홈케어 방법을 제안하여 관리효과를 높인다.
③ 매회 피부 상태 변화를 파악할 수 있다.
④ 고객의 생활환경, 신체 질병 상태 등을 파악한다.

> 고객의 생활환경, 신체 질병 상태는 관리 전 피부상담 시 관리 계획 수립의 내용임

06
홈케어 조언의 목적으로 적절하지 않은 것은?
① 피부는 환경적 요인에 의해 다양한 변화가 나타날 수 있으므로 일상생활에서도 관리가 필요하다.
② 올바른 세안법, 제품 사용법, 생활습관 등을 이루었을 때 건강한 피부를 유지할 수 있다.
③ 관리 프로그램의 개선사항을 파악하기 위함이다.
④ 피부유형별 관리 목적에 맞춰 개선효과를 높이기 위함이다.

> 관리 프로그램의 개선사항은 고객 유지 및 관리 서비스를 통해 파악할 수 있음

| 정답 | 01 ④ 02 ② 03 ② 04 ② 05 ④ 06 ③

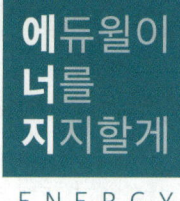

낙관주의는 성공으로 인도하는 믿음이다.
희망과 자신감이 없으면 아무것도 이루어질 수 없다.

– 헬렌 켈러(Helen Keller)

PART 02

ESTHETICIAN

피부학

출제비중 **12%**

| 출제(예상)문제 수 | Ⓐ 5문제 이상 　Ⓑ 4문제~2문제 　Ⓒ 1문제 이하

- Ⓑ **CHAPTER 01**　피부와 부속기관
- Ⓒ **CHAPTER 02**　피부와 영양
- Ⓑ **CHAPTER 03**　피부장애와 질환
- Ⓒ **CHAPTER 04**　피부와 광선, 면역, 노화

CHAPTER 01 피부와 부속기관 B

합격 TIP
- 피부의 구조와 구성물질에 대한 내용의 출제 빈도가 높으므로 반드시 암기하세요.
- 피부의 부속기관을 구분하여 집중적으로 암기하세요.

1 피부의 개요

(1) 피부의 정의
우리 몸을 둘러싸고 있는 가장 큰 기관

(2) 피부의 특징 〔빈출〕
① 피부와 모발의 발생은 외배엽❓에서 이루어짐
② 피부는 표피, 진피, 피하지방층으로 구성되어 있으며, 외부자극으로부터 몸을 보호함
③ 피부의 두께는 약 1.5~4mm로 눈 주변이 가장 얇고, 손바닥, 발바닥이 가장 두꺼움
④ 성인 피부 표면을 펼쳤을 때의 면적은 약 $1.6m^2$, 중량은 체중의 16% 정도이며, 성별, 연령, 영양 상태에 따라 차이가 있음
⑤ 피부의 변성물로 모발, 손톱, 발톱이 있음
⑥ 피부 표면의 pH는 외부 환경이나 신체 부위에 따라 차이가 있으나, 땀샘과 피지선의 분비물로 인한 영향이 가장 큼

용어 외배엽
생물의 발생 초기단계에서 배아가 형성될 때 가장 바깥을 덮는 세포층

(3) 피부 pH
① 땀과 피지가 혼합되어 표피를 덮고 있는 산성보호막(Acid Mantle)의 pH를 말함
② 피부 표면의 이상적인 pH는 4.5~6.5임
③ 알칼리 중화기능: 세안으로 피부의 산성보호막이 일시적으로 제거되어도 일정 시간❓이 지나면 다시 회복되는 능력을 말함

참고 세안 후 피부 산성보호막의 회복
- 피부의 항상성 유지기능과 관련됨
- 피부유형마다 차이가 있으나 약 2시간 정도 소요됨

(4) 피부의 기능 〔빈출〕

보호기능	• 표피의 산성막은 세균 및 미생물로부터 피부를 보호함 • 피지막과 케라틴은 자극이 되는 알칼리 또는 독성물질에 대한 중화능력이 있음 • 멜라닌색소는 자외선으로부터 피부를 보호함 • 각질층의 케라틴, 진피층의 교원섬유와 탄력섬유, 피하지방층은 외부의 충격과 압력, 자극으로부터 피부를 보호함
체온 조절기능	땀 분비 조절, 혈관 확장·수축 등으로 외부열을 차단하거나 내부열의 발산을 막음

감각기능	• 피부는 외부자극에 대한 통각, 촉각, 온각, 냉각, 압각을 느낄 수 있음 • 통각점이 가장 많이 분포하며, 촉각, 냉각, 온각의 순서로 존재함 • 촉각은 손끝과 입술에, 냉각과 온각은 혀끝에 많이 분포되어 있으며 발바닥이 가장 둔감함
분비 및 배설기능	• 피지선: 지방산이 함유된 피지를 분비하여 수분 증발을 방지하고 유해 물질의 침투를 막아줌 • 땀샘(한선): 노폐물 배출과 수분 유지에 관여하며 피부 표면에서 증발하여 체온을 조절함
흡수기능	대체로 모낭과 피지선을 통해 이루어지나, 투명층 아래에는 각질층(피부 장벽)❓을 통해서도 외부 물질의 흡수가 나타날 수 있음
호흡기능	• 대부분의 호흡은 폐에서 이루어지나, 약 0.6%는 피부에서 이루어짐 • 산소를 흡수하고 이산화탄소를 방출함
비타민D 합성기능	• 표피의 각화 과정과 함께 프로비타민D가 생성되고 여기에 자외선이 조사되면 비타민D를 합성함 • 비타민D는 칼슘과 인의 흡수로 뼈의 발육과 성장을 돕고 골다공증과 구루병을 예방함
저장기능	• 표피와 진피층에 수분과 영양물질을 저장함 • 피하지방조직은 신체의 가장 큰 저장기관으로 여분의 영양물질을 저장함
재생기능	표피의 기저세포가 분열·분화하면서 새로운 세포를 각질층으로 올려 보내는 세포 재생작용을 함
면역기능	표피의 랑게르한스세포와 진피의 대식세포는 피부의 면역에 관여함

> [참고] **피부장벽(Skin Barrier)**
> • 외부로부터 이물질의 침입을 막고 물리적 압력 및 화학적 흡수를 저지
> • 체액이나 체내의 필요 성분이 체외로 배출되는 것을 방지
> • 피부건조와 피부염 발생을 억제

2 피부의 구조

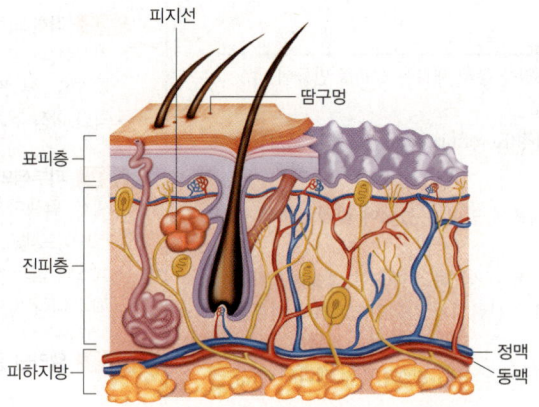

(1) 표피층❓
중층편평상피로 구성되어 있으며, 피부의 가장 바깥쪽에 있는 층으로 세균이나 유해물질로부터 피부를 보호함

> [참고] **표피의 구조**
>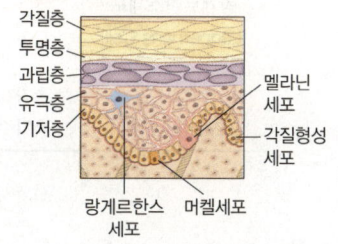

① 표피의 구조 〔빈출〕

각질층	• 표피의 가장 바깥층으로 20개의 각질세포가 겹겹이 쌓인 무핵층이며 외부자극으로부터 피부를 보호하는 장벽 역할을 함 • 세포간지질 사이에 죽은 각질세포가 묻혀 있는 벽돌과 시멘트 구조임 • 각질층의 천연보습인자가 10% 이하일 경우 건조하거나 예민해짐 • 케라틴, 세포간지질, 천연보습인자가 존재
투명층	• 2~3개 층의 얇고 투명한 무핵의 편평세포로, 손바닥이나 발바닥처럼 두꺼운 부위에 분포함 • 투명해 보이는 반유동성 단백질 성분의 물질인 엘라이딘을 함유하고 있음 • 수분 침투를 방지하고, UV 침투를 방어하며, 특히 손바닥이나 발바닥과 같은 부위의 마찰을 낮추는 효과를 가짐
과립층	• 2~5개의 무핵층으로 본격적인 각질화가 일어남 • 케라토히알린(Keratohyalin)이라는 각질유리과립이 존재함
유극층 (가시층)	• 표피 중 가장 두꺼운 층이며 5~10층의 유핵세포로 구성됨 • 가시 모양의 돌기가 있어 세포 사이를 연결하는 세포 간교를 형성함 • 피부의 면역기능을 담당하는 랑게르한스세포가 존재함
기저층	• 표피의 가장 아래층에 존재하며, 단층의 원뿔 모양의 유핵세포임 • 진피와 접하고 있으므로 모세혈관으로부터 영양을 공급 받고 세포분열이 이루어져 피부 재생에 중요한 역할을 함 • 각질형성세포와 멜라닌형성세포가 존재하며, 세포분열에 의해 위쪽으로 이동함
표피-진피 경계부	• 기저막(Epidermal Basement Membrane)으로 형성됨 • 표피와 진피를 연결함 • 표피세포의 부착을 도와 지지대로서의 역할을 하고, 표피 형성 조절과 상처 치유의 기능을 함 • 물질 이동을 선택적으로 통제

② 표피의 구성세포 〔빈출〕

각질형성세포 (Keratinocyte)	• 표피의 기저층에 존재하며 세포분열을 통해 새로운 세포를 만들어 냄 • 표피의 80~90%를 차지하는 세포 • 표피의 주요 구성성분으로 각화 과정(Keratinization)을 통해 교체됨
멜라닌형성세포 (Melanocyte)	• 표피의 5%를 차지하는 세포 • 멜라닌세포의 돌기는 각질형성세포에 뻗어져 있으며 각질층으로 함께 이동하면서 탈락됨 • 표피의 기저층에 존재하며 피부색을 결정하는 중요한 역할을 함 • 멜라닌색소는 자외선을 흡수하거나 산란시켜 자외선으로부터 피부를 보호함 • 인종과 피부색에 관계없이 멜라닌세포 수는 일정함(단, 멜라닌 형성세포의 활성에 차이가 있음) • 멜라닌색소는 아미노산인 티로신(Tyrosin)의 산화작용에 의해 형성됨
랑게르한스세포 (Langerhans Cell)	• 표피의 2~4%를 차지하는 세포 • 표피의 유극층에 존재하며 피부면역에 관여함 • 외부에서 들어온 이물질인 항원을 면역 담당 세포인 림프구로 전달함
머켈세포 (Merkel Cell)	• 촉각세포로 주로 기저층 부근에 위치하며 손바닥과 발바닥에 존재함 • 촉각수용체로서 신경세포와 연결되어 있음

[참고] **벽돌과 시멘트 구조(Bricks and Mortar)**
• 죽은 각질세포: 케라틴+천연보습인자+지질+물
• 세포간지질: 세라마이드(~50%)+콜레스테롤(~30%)+자유지방산(~20%)

[용어] **천연보습인자(NMF, Natural Moisturizing Factor)**
• 각질층에 존재하는 수분 물질
• 각질층에 수분을 공급하고 건조를 막아주는 물질로, 10~20%가 정상임
• 구성: 아미노산(40%), 피롤리돈 카르본산(12%), 젖산(12%), 요소(7%) 등

[참고] **세라마이드(Ceramide)**
• 각질세포의 주성분인 세포간지질의 약 50%에 해당함
• 수분 증발을 억제하고 각질층을 견고하게 유지함

[용어] **각화 과정**
• 각질형성세포가 기저층에서 각질층까지 분열·분화되어 떨어져 나가는 과정
• 각화 과정 주기는 약 4주임

[참고] **피부색의 결정 요소**
• 색소: 흑색의 멜라닌색소, 황색의 카로티노이드색소, 붉은색의 헤모글로빈
• 색소의 양과 분포 위치, 각질층의 두께에 따라 피부색이 다르게 결정됨

[참고] **멜라닌 형성 과정**

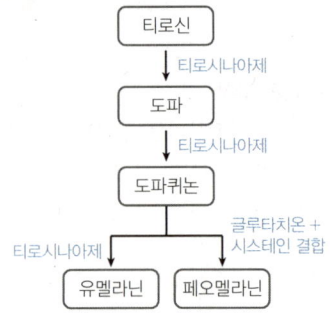

(2) 진피층

① 강하고 유연한 결합조직으로 표피층과 피하지방층 사이에 위치함
② 피부의 대부분으로 약 90%를 차지함
③ 진피의 구조: 경계가 명확하지 않으나, 유두층(Papillary Layer)과 망상층(Reticular Layer)으로 나뉨

유두층	• 진피의 상층으로 콜라겐과 엘라스틴이 성글고 불규칙하게 배열되어 있음 • 섬유 사이에는 기질이 존재하며 모세혈관, 림프관, 신경종말이 풍부하게 분포 • 표피에 영양 공급, 산소 운반, 노폐물과 이산화탄소 배출, 신경 전달을 함 • 피부의 팽창과 탄력에 관여함 • 유두의 물결 모양은 노화가 진행될수록 편평해짐
망상층	• 유두층 아래에 존재하며 콜라겐과 엘라스틴이 촘촘한 그물 모양으로 배열되어 있음 • 진피의 80%를 차지하며 모세혈관은 거의 없음 • 혈관, 림프관, 피지선, 한선, 신경, 감각기관 등 피부의 부속기관이 분포되어 있음 • 교원섬유(콜라겐)와 탄력섬유(엘라스틴)의 섬유성 단백질과 기질로 구성됨

④ 진피의 구성물질 [빈출]

교원섬유 (콜라겐)	• 진피의 주성분으로 70~90%를 차지하며 섬유아세포에서 만들어짐 • 탄력섬유(엘라스틴)와 함께 그물 모양으로 짜여 있어 피부에 탄력성과 신축성을 줌 • 자외선으로부터 어느 정도 피부를 보호하며 수분 보유 및 결합원으로 주름을 예방해 줌 • 3중 나선형 구조로 화장품 성분에 많이 사용되며 보습제 역할을 함
탄력섬유 (엘라스틴)	• 교원섬유(콜라겐)에 비해 가늘고 짧은 단백질임 • 탄력성이 뛰어나 원래 길이의 1.5배까지 늘어남 • 수분 보유능력이 저하될 경우 피부가 이완되고 주름이 생기게 됨
기질	• 콜라겐과 엘라스틴 및 기타 물질과 함께 세포 사이를 채우고 있는 부분임 • 끈적끈적한 점액 상태의 친수성 다당체인 점다당질을 포함함 • 화장품의 보습제로 사용되는 히알루론산 성분을 포함하고 있음

⑤ 진피의 구성세포

섬유아세포	교원섬유, 탄력섬유, 기질을 생성함
비만세포	• 진피 내 점막조직이나 모세혈관 가까이에 위치함 • 조직에 감염이 생기면 조직 내로 면역세포를 부르는 역할을 함
대식세포	면역세포작용을 조절하는 사이토카인을 분비하여 면역작용을 조절하고 자연면역 및 손상된 조직을 치유함

(3) 피하지방층

① 피부의 가장 아래층에 위치하며 진피조직보다 매우 두꺼움
② 피하조직의 지방세포는 영양분을 저장하며 체온과 탄력을 유지하고 외부 충격으로부터 피부를 보호함
③ 피하지방층의 두께와 분포는 여성호르몬과 관계가 있으며 연령, 영양 상태, 부위에 따라 분포가 다름

참고 진피의 구성물질

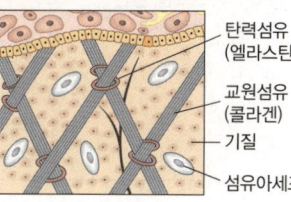

- 탄력섬유(엘라스틴)
- 교원섬유(콜라겐)
- 기질
- 섬유아세포

용어 히알루론산(Hyaluronic Acid, 또는 하이알루로닉애씨드)
• 진피의 콜라겐과 엘라스틴 사이에 존재하는 무코다당류의 성분에 해당하는 보습 물질
• 자기 무게의 1,000배까지 수분을 흡수함

3 피부의 부속기관

(1) 한선(땀샘) [빈출]

① 한선은 진피의 망상층 아래에 존재하며 피부 전체에 분포되어 있음
② 한선은 땀을 만들어 피부 표면에 분비하며 각질층에 보습을 줌
③ 기능: 체온 조절, 노폐물 배출, 피부 보습, 산성보호막 형성
④ 종류

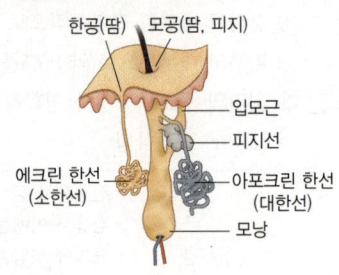
[참고] 피부 부속기관의 구조

종류	내용
에크린 한선 (소한선)	• 약산성의 무색·무취의 맑은 액체로, 혈액에서 만들어져 배출됨 • 표피로 직접 분비 • 입술과 생식기를 제외한 전신에 분포되어 있으며 손바닥, 발바닥, 겨드랑이, 이마, 서혜부, 코 부위에 특히 많음 • 99%의 수분과 그 외 약간의 염분, 미네랄, 요소, 단백질, 아미노산 성분을 함유
아포크린 한선 (대한선)	• 피지선과 함께 개인의 체취를 만들어 내며, 단백질 함유량이 많아 박테리아균에 의해 부패되면 독특한 체취가 발생함 • 유색·유취의 끈적한 형태로, 남성보다 여성에게 더 많이 분포되어 있음 • 사춘기 이후에 주로 발달하며, 갱년기 이후는 퇴화되어 분비가 감소 • 모낭, 피지선과 함께 만들어지고 해부학적 위치와 기능이 서로 연결되어 있음 • 모공을 통해 분비 • 겨드랑이, 유두 주위, 배꼽 주위, 생식기, 항문 주위 등 특정 부위에만 존재 • 중성지방, 지방산, 콜레스테롤 등의 지질과 수분, 단백질, 암모니아 등의 성분을 함유

(2) 피지선(기름샘) [빈출]

① 진피층에 위치하고 있으며, 모낭샘이라고도 함
② 손바닥, 발바닥을 제외한 전신에 분포하며, 얼굴의 T존과 목, 가슴 등에는 큰 피지선이 존재함
③ 피부 표면에 분비된 피지는 땀과 함께 피부, 모발에 윤기를 줌
④ 남성호르몬인 안드로겐은 피지분비를 증가시키고, 여성호르몬인 에스트로겐은 피지분비를 억제함
⑤ 1일 피지분비량은 1~2g이며, 외부로 분출이 원활하지 않을 경우 여드름의 원인으로 작용하기도 함
⑥ 피지의 기능: 피부 pH를 약산성으로 유지시켜 피부 보호, 살균작용, 노폐물 배출, 피부의 항상성 유지, 미생물이나 이물질 등의 침투로부터 보호
⑦ 피지의 성분: 트리글리세라이드, 왁스, 콜레스테롤, 스쿠알렌 등
⑧ 독립 피지선: 모낭이 없어 피지선이 직접 피부 표면으로 연결되어 피지가 분비되는 부위인 입술, 대음순, 성기, 유두, 귀두, 구강과 눈점막, 눈꺼풀 등에 존재함

(3) 모발(털)

① 모발의 특징
  • 유해한 외부 환경으로부터 피부를 보호함
  • 하루 평균 0.2~0.3mm 정도 자라며, 수명은 3~6년

- 주성분은 80~90%가 케라틴이라는 경단백질이며, 10~14%의 수분과 1~8%의 지질, 3% 미만의 멜라닌색소로 이루어짐
- 건강한 모발의 pH는 4.5~5.5

② 모발의 형태
- 주쇄결합(폴리펩티드 결합)
  - 쇠사슬 구조이며 가장 강한 세로 방향의 결합
  - 두발의 장축 방향으로 배열되어 있음
- 측쇄결합(가로 방향 결합)
  - 시스틴 결합: 공유결합으로 두 개의 황(S) 원자 사이에서 형성되며 알칼리에 약함
  - 수소 결합: 수분에 의해 일시적으로 변형되며, 열을 가할 경우 다시 형태가 만들어지는 결합
  - 염 결합: 산성과 알칼리성 아미노산이 붙어 구성되는 결합

③ 멜라닌
- 페오멜라닌: 모발색이 적색에서 밝은 노란색까지임
- 유멜라닌: 모발색이 흑색에서 적갈색까지임

④ 모발의 성장과 주기

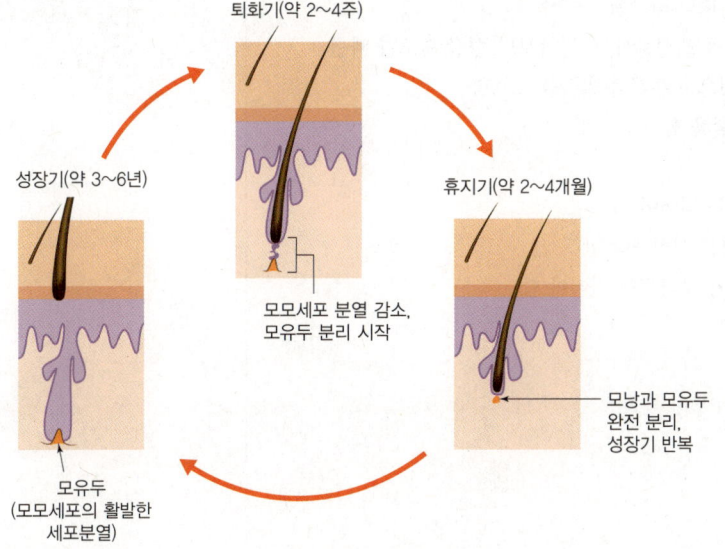

성장기	• 모유두의 활동이 왕성하고 세포분열이 활발한 단계 • 전체 모발의 85~90%가 이 시기에 해당함 • 기간: 약 3~6년
퇴화기	• 성장이 느려지다가 정지되는 단계 • 전체 모발의 1~2%가 이 시기에 해당함 • 기간: 약 2~4주
휴지기	• 모낭과 모유두가 완전히 분리되어 쉽게 빠지게 되는 단계 • 전체 모발의 14~15%가 이 시기에 해당함 • 기간: 약 2~4개월
발생기	휴지기의 모발이 새로 생장하는 모발에 의해 자연스럽게 빠지는 단계

⑤ 모발의 구조

모간	피부 바깥으로 나와 있는 모발 • 모표피: 모발의 가장 바깥 부분 • 모피질: 멜라닌색소, 섬유질 및 간층 물질로 구성되어 있으며 모발의 70% 이상을 차지 • 모수질: 모발의 중심부임
모근	표피 아래쪽의 모낭 안에 들어 있는 모발 • 모낭: 모근을 감싸고 있는 부분 • 모구: 모낭의 아랫부분 • 모유두: 모발 끝의 작은 돌기 모양의 조직이며 혈관과 림프관이 있어 영양을 공급함 • 모모세포: 모유두에 접하고 있으며 세포분열과 증식작용을 통해 새로운 모발을 만듦
입모근	• 모근에 붙어 있는 근육 • 체온이 내려가면 근육을 수축시켜 털을 세워 체온 조절을 함

참고 모간의 구조

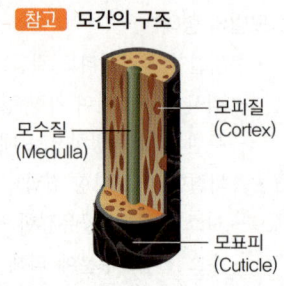

(4) 조갑(손발톱)
① 경단백질인 케라틴과 이를 조성하는 아미노산으로 구성됨
② 경도는 함유된 수분량이나 각질의 조성에 따라 좌우됨
③ 손톱은 1일 평균 0.1mm, 1개월에 3mm 정도 성장하며, 발톱보다 성장 속도가 빠름
④ 손톱과 발톱은 표피의 각질층이 굳어진 것으로 손끝과 발끝을 보호함
⑤ 물건을 집거나 걸음을 걸을 때 중요한 역할을 함
⑥ 건강한 손발톱의 조건
   • 매끄럽고 광택이 나며 반투명한 핑크빛을 띠어야 함
   • 단단하고 탄력이 있으며 둥근 아치 모양을 형성해야 함
   • 손톱과 발톱의 뿌리와 끝부분이 단단하게 부착되어 있어야 함

(5) 유선
① 땀샘이 변형된 피부선
② 포유류의 유즙을 분비하는 기관

출제 예상문제 B

1 피부의 개요

01
건강한 성인 피부 표면의 pH 범위는?
① pH 2.0~3.5 ② pH 4.5~6.5
③ pH 6.5~7.0 ④ pH 7.5~8.0

> 건강한 성인의 피부 표면의 pH는 약산성이며, 그 범위는 4.5~6.5임

02
피부의 기능으로 옳지 않은 것은?
① 혈당 조절 ② 분비작용
③ 비타민D 합성작용 ④ 호흡작용

> 혈당은 내분비계 호르몬이 조절함

2 피부의 구조

03
표피층을 위에서부터 순서대로 옳게 나열한 것은?
① 각질층 – 유극층 – 과립층 – 투명층 – 기저층
② 각질층 – 과립층 – 투명층 – 유극층 – 기저층
③ 각질층 – 투명층 – 과립층 – 유극층 – 기저층
④ 각질층 – 투명층 – 유극층 – 과립층 – 기저층

> 표피는 가장 바깥부터 '각질층 – 투명층 – 과립층 – 유극층 – 기저층' 순으로 이루어짐

04
표피의 각질층에 관한 설명으로 옳지 않은 것은?
① 가장 바깥에 있는 층으로 핵이 없는 죽은 세포이다.
② 세포간지질에 묻혀 있으며 몸을 보호하는 장벽 역할을 한다.
③ 주성분은 케라틴, 세포간지질, 천연보습인자 등이다.
④ 모세혈관으로부터 영양을 공급 받아 새로운 세포를 형성한다.

> 모세혈관으로부터 영양을 공급 받고 세포분열을 하는 세포는 기저층임

05
각질층의 천연보습인자(NMF) 중 가장 많은 비중을 차지하는 성분은?
① 젖산 ② 아미노산
③ 요소 ④ 세라마이드

> 천연보습인자의 주성분 중 아미노산은 40%로 가장 함유량이 높음

06
각질세포의 성분 중 하나인 세포간지질의 주성분 물질은?
① 세라마이드 ② 히알루론산
③ 친수성 다당체 ④ 산성보호막

> 세라마이드(Ceramide): 각질세포의 주성분인 세포간지질의 약 50%에 해당함

07
표피를 구성하는 세포 중 피부면역을 담당하는 세포는?
① 각질형성세포 ② 멜라닌형성세포
③ 랑게르한스세포 ④ 머켈세포

> • 각질형성세포: 세포분열을 통해 새로운 세포를 만들어 냄
> • 멜라닌형성세포: 피부색을 결정하는 역할을 함
> • 머켈세포: 촉각세포 역할을 함

08
세포분열을 하여 새로운 세포를 형성함으로써 피부 재생에 중요한 역할을 하는 층은?
① 투명층 ② 과립층
③ 유극층 ④ 기저층

> 기저층: 유핵세포로 세포분열이 이뤄지므로 피부 재생에 중요한 역할을 하는 층

09
케라토히알린이라는 각질유리과립이 존재하는 표피의 층은?

① 기저층　　　　② 유극층
③ 과립층　　　　④ 투명층

> 과립층: 케라토히알린(Keratohyalin)이라는 각질유리과립이 존재하여 수분 증발을 막으며 각질화 과정이 시작되는 층

10
표피 각질형성세포의 각화 과정 주기는?

① 2주　　　　② 4주
③ 6주　　　　④ 8주

> 기저층에 존재하는 각질형성세포는 세포분열을 통해 새로운 세포를 만들고 각질층에 도달하면 떨어져 나감. 이러한 각화 과정의 세포교체 주기는 약 4주 정도임

11
진피의 구성물질로 옳지 <u>않은</u> 것은?

① 콜라겐　　　　② 엘라스틴
③ 기질　　　　　④ 케라토히알린

> 케라토히알린은 표피의 구성물질임

12
피부조직 중 모세혈관, 림프관, 신경종말이 분포되어 있는 층은?

① 표피층　　　　② 진피층
③ 기저층　　　　④ 투명층

> 진피 상층인 유두층에는 모세혈관, 림프관, 신경종말이 풍부하게 분포되어 있음

13
진피의 구성성분 중 가늘고 짧은 단백질 성분이며 스프링처럼 탄력성이 있는 물질은?

① 무코다당류　　② 히알루론산
③ 콜라겐　　　　④ 엘라스틴

> 엘라스틴은 교원섬유인 콜라겐에 비해 가늘고 짧으며 탄력성이 있어 원래 길이의 1.5배까지 늘어날 수 있음

14
진피의 기질 성분 중 보습 물질로 자기 무게의 1,000배까지 수분을 흡수하는 물질은?

① 아미노산　　　② 천연보습인자
③ 세라마이드　　④ 히알루론산

> 히알루론산: 진피 기질의 무코다당류 구성성분 중 하나로, 고보습 물질에 해당함

15
모세혈관이 분포하고 있어 표피에 영양 공급과 산소 운반을 해 주는 층은?

① 기저층　　　　② 유극층
③ 망상층　　　　④ 유두층

> 진피의 유두층에는 많은 모세혈관이 있어 표피에 영양 공급과 산소 운반을 해 줌

3 피부의 부속기관

16
한선에 관한 설명으로 옳지 <u>않은</u> 것은?

① 한선은 진피의 망상층 아래에 위치한다.
② 에크린 한선은 입술을 포함하여 피부 전체에 분포되어 있다.
③ 한선은 에크린 한선과 아포크린 한선이 있다.
④ 한선은 땀을 만들어 분비하며 각질층에 보습을 준다.

> 에크린 한선: 입술과 생식기에는 존재하지 않음

17
아포크린 한선이 분포되어 있지 <u>않은</u> 부위는?

① 유두 주위　　　② 겨드랑이
③ 입술　　　　　④ 배꼽 주위

> 입술은 한선이 없는 부위임

| 정답 | 09 ③ | 10 ② | 11 ④ | 12 ② | 13 ④ | 14 ④ | 15 ④ | 16 ② | 17 ③ |

18
피지선에 관한 설명으로 옳지 않은 것은?
① 모낭샘이라고도 부르며 진피층에 위치한다.
② 손바닥과 발바닥에는 피지선이 없다.
③ 에스트로겐 호르몬이 피지분비를 증가시킨다.
④ 하루 피지분비량은 1~2g이다.

> 에스트로겐은 피지분비를 억제함

19
사춘기 때 2차성징을 나타내고 피지선의 활성을 높여 피지분비를 증가시키는 호르몬은?
① 에스트로겐 ② 프로게스테론
③ 황체호르몬 ④ 안드로겐

> 남성호르몬인 안드로겐은 피지분비를 증가시키고, 여성호르몬인 에스트로겐은 피지분비를 억제함

20
피지의 기능으로 옳지 않은 것은?
① 체온 조절 ② 피부 보호
③ 피부의 항상성 유지 ④ 살균작용

> 체온 조절은 한선의 기능임

21
건강한 모발의 pH 범위로 옳은 것은?
① pH 3.5~4.5 ② pH 4.5~5.5
③ pH 5.5~6.5 ④ pH 6.5~7.5

> 모발의 주성분은 단백질이며, 건강한 모발은 단백질이 강하고 단단해지는 약산성 상태인 pH 4.5~5.5 정도임

22
모유두에 접하고 있으며 세포분열과 증식작용을 통해 새로운 모발이 만들어지는 곳은?
① 모근 ② 모낭
③ 모모세포 ④ 모구

> • 모근: 표피 아래쪽의 모낭 안에 들어 있는 모발
> • 모낭: 모근을 감싸고 있는 부분
> • 모구: 모낭의 아랫부분

23
모근에 붙어 있으며 체온이 내려가면 근육을 수축시켜 털을 세우고 체온을 조절하는 근육은?
① 모낭 ② 모유두
③ 모구 ④ 입모근

> 입모근: 체온이 내려가면 근육을 수축시켜 털을 세워 체온을 조절하는 근육

24
모발 구조의 대부분을 차지하며 멜라닌 색소를 함유하고 있는 곳은?
① 모표피 ② 모유두
③ 모피질 ④ 모근

> • 모표피: 모발의 가장 바깥 부분
> • 모유두: 모발 끝의 작은 돌기 모양의 조직이며 혈관과 림프관이 있어 영양을 공급하는 부분
> • 모근: 표피 아래쪽의 모낭 안에 들어 있는 모발

25
손톱과 발톱에 관한 설명으로 옳은 것은?
① 딱딱한 단백질인 콜라겐과 아미노산으로 구성되어 있다.
② 손톱과 발톱은 손끝과 발끝을 보호하는 역할을 하며 표피의 과립층이 굳어진 것이다.
③ 손톱은 개인마다 차이는 있으나 하루에 평균 0.3mm 정도 성장한다.
④ 물건을 집거나 걸음을 걸을 때 중요한 역할을 한다.

> • 손톱은 경단백질인 케라틴과 이를 조성하는 아미노산으로 구성됨
> • 손톱과 발톱은 표피의 각질층이 굳어진 것임
> • 손톱은 매일 평균 0.1mm 정도 성장함

| 정답 | 18 ③ 19 ④ 20 ① 21 ② 22 ③ 23 ④ 24 ③ 25 ④

CHAPTER 02 피부와 영양 Ⓒ

합격 TIP
- 3대 영양소의 기능과 특징에 대해서 학습하세요.
- 비타민의 종류와 기능에 대해서 집중적으로 암기하세요.

1 피부와 영양

(1) 영양과 영양소
① 영양: 생물이 외부로부터 필요한 에너지원 및 몸을 구성하는 성분을 음식물을 통해 섭취하여 생활기능을 유지하고 몸을 성장, 발육하는 과정
② 영양소: 생물의 성장과 생명 유지를 위해 필요한 물질로, 생활에 필요한 에너지를 제공하거나 생리기능을 조절하는 작용을 함

열량❓ 영양소	열량 공급작용 ㉠ 탄수화물, 지방, 단백질
조절 영양소	인체의 생리기능 조절 ㉠ 단백질, 무기질, 비타민, 물
구성 영양소	신체조직을 구성하는 성분을 공급 ㉠ 단백질, 지방, 무기질, 물, 탄수화물

> **참고** 기초대사량
> - 생명 유지에 필요한 최소한의 열량
> - 성인 기준 1,600~1,800kcal/1일

(2) 피부와 영양소
① 피부 재생을 위한 영양은 혈액에 의해 공급됨
② 영양소의 흡수는 음식 섭취를 통해 이루어지므로 소화와 흡수가 중요함
③ 단백질은 피부를 구성하는 주성분이므로 1일 60~100g 정도의 섭취가 필요하며, 1/3은 동물성, 1/3은 식물성으로 섭취하는 것이 중요함
④ 무기질과 비타민은 인체의 생리작용을 조절함

3대 영양소	탄수화물, 단백질, 지방
5대 영양소	3대 영양소 + 비타민, 무기질
6대 영양소	5대 영양소 + 물

2 3대 영양소, 비타민, 무기질, 물

(1) 탄수화물(당질)
① 기능
- 에너지 공급원이며 1g당 4kcal를 공급함
- 혈당 유지, 체온 조절, 중추신경계 활성을 위한 에너지원

- 에너지로 사용되고 남은 탄수화물은 지방으로 전환되어 간과 근육에 글리코겐의 형태로 저장됨
- 소화흡수율은 약 99%이며, 장에서 포도당, 과당, 갈락토오스로 흡수됨

② 인체에 미치는 영향

과다 섭취	• 비만과 혈당 상승의 원인이 되며 산성체질로 변하게 함 • 피부저항력을 약화시키므로 세균 감염으로 인한 피부염 및 부종의 원인으로 작용
섭취 부족	체중 감소, 성장 저하, 신진대사기능 저하

(2) 단백질

① 기능
- 에너지 공급원이며 1g당 4kcal를 공급함
- 피부, 모발, 근육 등 인체의 구성성분
- 면역세포와 항체를 형성하고 효소와 호르몬 합성, 체내 pH 기능을 유지함
- 필수 아미노산❷인 트립토판으로부터 비타민B_3인 나이아신을 생성함

② 특징
- 진피의 구성물질인 콜라겐과 엘라스틴은 단백질 성분임
- 표피 각질세포, 손톱, 발톱도 단백질인 케라틴이 주성분임
- 구조 단백질인 콜라겐은 뼈, 치아, 인대, 힘줄의 지지대 역할을 함
- 피부조직의 재생에 관여함

③ 인체에 미치는 영향

과다 섭취	• 고지혈증, 혈액순환 장애, 심장질환과 같은 성인병 및 부종, 요독증, 피로 등의 원인이 됨 • 피부의 산성화로 색소침착, 지성 피부 등의 원인이 될 수 있음
섭취 부족	진피세포의 탄력 저하 및 모발 손상, 근력 감소

(3) 지방

① 기능
- 에너지 공급원이며 1g당 9kcal를 공급함
- 지용성 비타민의 흡수를 촉진
- 내부 장기를 보호하며 체온을 조절

② 특징
- 피부에 윤기와 탄력을 부여하며 건조를 방지
- 리놀산, 리놀렌산, 아라키돈산 등은 필수지방산❷으로 화장품 원료로도 사용됨
- 상온에서 고체 상태인 육류와 버터는 포화지방산으로 혈관에 축적되면 탄력 저하와 노화를 촉진함

③ 인체에 미치는 영향

과다 섭취	비만과 셀룰라이트❷로 인한 순환장애
섭취 부족	체중 감소, 피부건조, 면역기능 저하, 염증 또는 습진

용어 아미노산
단백질의 최종 가수분해 물질, 즉 단백질의 최소 단위

필수 아미노산	체내에서 합성되지 않으므로 식품으로 섭취해야 하는 아미노산
비필수 아미노산	체내 합성이 가능한 아미노산

용어 필수지방산
- 우리 몸을 구성하고 기능 유지를 위한 주요 성분으로, 체내에서 만들어지지 않기 때문에 필수로 섭취해야 하는 영양소
- 불포화지방산의 일종이며, 주로 식물성 지방에 많이 함유되어 있음

참고 셀룰라이트
- 혈액 및 림프순환이 원활하지 않아 체액이 정체되면서 결합조직, 지방조직의 변성이 일어남
- 주로 허벅지, 엉덩이 등에 주로 발생하는 오렌지 껍질 모양의 피부 변화를 볼 수 있음

(4) 비타민

① 기능과 특징
- 인체 신진대사의 보조역할
- 세포 성장과 면역기능을 강화
- 인체에서 합성되지 않으므로 음식이나 영양제로 섭취해야 하는 유기화합물(단, 비타민D는 피부에서 합성됨)
- 에너지를 생산하는 영양소의 대사과정을 위한 효소의 보조효소
- 수용성·지용성 비타민으로 나뉨

② 종류 〔빈출〕

- 수용성 비타민: 섭취 시 필요한 만큼만 사용되고 나머지는 소변을 통해 배출되므로 과잉복용을 해도 큰 문제가 없음

비타민B_1 (티아민)	• 탄수화물 대사의 보조효소로 작용함 • 결핍 시 각기병, 식욕부진, 피부 부종과 윤기 감소 등이 나타남
비타민B_2 (리보플라빈)	• 3대 영양소의 에너지 대사과정에 도움을 줌 • 건강한 피부 유지에 도움을 주며, 결핍 시 피부건조 및 질환, 구강염 등이 나타남
비타민B_3 (나이아신)	• 필수 아미노산인 트립토판에서 합성됨 • 결핍 시 펠라그라(Pellagra)라는 병이 나타남
비타민B_6 (피리독신)	• 신경, 피부, 소화기계 건강에 도움을 줌 • 여드름, 피부염 등에 도움을 줌
비타민B_7 (바이오틴)	• Hair를 의미하는 비타민H로도 불림 • 모발, 피부, 손톱의 건강에 도움을 줌
비타민B_9 (엽산)	• DNA·RNA 합성, 아미노산 대사, 적혈구 형성에 관여함 • 부족 시 신경성 합병증, 습관성 유산 등의 원인이 될 수 있음
비타민B_{12} (사이아노코발라민)	• DNA 합성과 적혈구 형성에 관여함 • 신경조직의 정상적 기능에 관여함 • 부족 시 악성빈혈이 나타남
비타민C (아스코빅산)	• 뼈, 인대, 연골 등 신체의 결합조직 형성과 기능 유지에 도움을 줌 • 항산화와 미백효과가 있음 • 면역기능과 모세혈관 강화에 도움을 줌 • 결핍 시 괴혈병, 잇몸출혈, 빈혈 등이 나타날 수 있음
비타민P	'바이오플라보노이드'라고도 하며, 자반병, 모세혈관 확장증에 도움이 됨

> **용어 펠라그라**
> - 비타민B_3 또는 이를 합성하는 트립토판이 부족할 경우 발생하는 병
> - 식욕부진, 피부병 등의 증상이 나타남
> - 트립토판이 함유되어 있지 않은 옥수수가 주식인 국가에서 자주 발생함

- 지용성 비타민: 체내에 축적되므로 영양제로 과잉섭취 시 부작용이 있음

비타민A (레티놀)	• 상피세포의 형성에 관여하므로 노화예방 비타민이라고도 불림 • 피부각화의 정상화, 피지분비를 촉진시키는 기능이 있음 • 결핍 시 야맹증, 피부건조, 과각화증, 탈모 등의 증상이 나타남
비타민D (칼시페롤)	• 칼슘과 인의 대사를 조절하여 뼈의 형성과 유지에 도움을 줌 • 자외선 조사에 의해 합성됨 • 결핍 시 구루병, 골다공증, 피부염, 면역력 저하 등의 증상이 나타남
비타민E (토코페롤)	• 항산화 기능이 있어 활성산소로부터 세포를 보호함 • 노화를 예방하고 호르몬 생성과 생식기능에 도움을 줌 • 결핍 시 피부건조와 노화, 불임과 같은 증상이 나타날 수 있음
비타민K	• 혈액응고에 관여하여 지혈작용을 도움 • 결핍 시 출혈 및 혈액응고 지연 등의 증상이 나타날 수 있음

(5) 무기질 [빈출]

에너지원은 아니며 소량이 필요하지만 생명과 건강 유지에 필수적인 영양소

① 기능
- 생체기능 조절 및 효소작용 촉진
- 뼈, 근육, 혈액의 주요 성분
- 산소 운반과 에너지 대사에 관여
- 피부와 인체의 수분량을 유지

② 종류
- 다량 무기질

칼륨(K)	삼투압 조절, 노폐물 배출, 알레르기 완화에 관여함
칼슘(Ca)	골격 및 치아의 구성성분으로 근육의 수축과 이완, 신경전달 등에 관여함
나트륨(Na)	체내의 수분 조절과 삼투압 유지, 근육의 탄력 유지 등에 관여함
마그네슘(Mg)	삼투압과 근육활성을 조절함
인(P)	칼슘과 함께 치아와 골격을 구성하며, 신체를 구성하는 무기질의 25%를 차지함

- 미량 무기질

아연(Zn)	성장, 면역, 생식, 단백질 합성, 상처 치유 등에 관여함
구리(Cu)	철 흡수와 이용, 뼈와 적혈구의 생성에 관여함
철분(Fe)	혈액의 헤모글로빈을 구성하는 성분으로 산소와 이산화탄소를 운반하며, 결핍 시 빈혈, 면역력 저하, 피로감, 체온 조절의 어려움이 나타남
요오드(I)	갑상선 호르몬 성분으로 모세혈관기능의 정상화, 탈모 예방 등에 관여함

(6) 물

① 기능
- 신체의 산과 알칼리의 평형을 유지함
- 체액을 통해 신진대사가 이루어짐

② 특징
- 인체의 70% 정도가 수분으로 이루어짐
- 생체의 모든 반응은 물을 용매로 삼투압 작용을 함
- 표피 각질층의 수분함유량은 10~20%가 정상

출제 예상문제

1 피부와 영양

01
인체의 생리기능을 조절하는 영양소는?
① 무기질과 비타민
② 물과 탄수화물
③ 무기질과 지방
④ 단백질과 지방

> 무기질과 비타민은 에너지원은 아니나 인체의 생리기능을 조절하는 영양소임

02
3대 영양소에 포함되지 않는 것은?
① 탄수화물 ② 지방
③ 비타민 ④ 단백질

> 비타민과 무기질은 5대 영양소에 포함됨

2 3대 영양소, 비타민, 무기질, 물

03
탄수화물에 관한 설명으로 옳지 않은 것은?
① 에너지원이며 혈당과 체온을 조절한다.
② 에너지로 사용되고 남은 탄수화물은 단백질로 저장된다.
③ 소화흡수율은 거의 99%에 가깝다.
④ 과잉섭취할 경우 산성체질로 변하게 된다.

> 에너지로 사용되고 남은 탄수화물은 지방으로 전환되어 간과 근육에 글리코겐의 형태로 저장됨

04
단백질에 관한 설명으로 옳은 것은?
① 비필수 아미노산은 체내 합성이 되지 않으므로 반드시 식품으로 섭취해야 한다.
② 단백질은 1g당 9kcal의 에너지를 공급한다.
③ 리놀산, 리놀렌산, 아라키돈산은 필수 아미노산이며 화장품 원료로도 사용한다.
④ 단백질의 섭취가 부족할 경우 근력 감소, 모발 손상, 피부 탄력 저하가 올 수 있다.

> • 비필수 아미노산은 체내 합성이 가능한 아미노산임
> • 단백질은 1g당 4kcal의 에너지를 공급함
> • 리놀산, 리놀렌산, 아라키돈산은 필수지방산임

05
지방에 관한 설명으로 옳지 않은 것은?
① 내부 장기를 보호하며 체온을 조절한다.
② 리놀산, 리놀렌산과 같은 필수지방산은 화장품 원료로도 사용한다.
③ 에너지 공급원이며 1g당 4kcal의 에너지를 공급한다.
④ 피부건조를 방지하며 윤기와 탄력을 높인다.

> 지방은 1g당 9kcal의 에너지를 공급함

06
비타민에 관한 설명으로 옳지 않은 것은?
① 세포 성장과 면역기능을 강화한다.
② 에너지를 생산하는 영양소의 대사과정을 위한 효소의 보조효소를 말한다.
③ 비타민은 인체에서 합성되나 음식이나 영양제로 섭취함으로써 신진대사기능에 도움을 줄 수 있다.
④ 비타민은 크게 수용성과 지용성으로 나뉜다.

> 비타민은 인체에서 합성되지 않으므로 음식이나 영양제로 섭취해야 하는 유기화합물임

| 정답 | 01 ① | 02 ③ | 03 ② | 04 ④ | 05 ③ | 06 ③ |

07
상피세포 형성에 관여하며, 피부 과각화증을 개선하여 노화를 예방하는 비타민은?
① 비타민A ② 비타민B
③ 비타민C ④ 비타민D

> 비타민A는 상피세포 형성, 피부각화주기를 정상화하여 노화를 예방함

08
비타민 결핍 시 나타날 수 있는 질병으로 옳지 않은 것은?
① 비타민A – 야맹증
② 비타민C – 괴혈병
③ 비타민D – 각기병
④ 비타민E – 불임

> 비타민D가 부족하면 구루병, 골다공증, 피부염 등이 나타남

09
칼슘과 인의 대사를 조절하여 뼈의 형성과 유지에 도움을 주며, 자외선 조사에 의해 합성되는 비타민은?
① 비타민K ② 비타민P
③ 비타민D ④ 비타민B

> 비타민D는 자외선에 의해 합성되며, 결핍 시 구루병, 골다공증, 피부염, 면역력 저하 등의 증상이 나타남

10
'아스코빅산(Ascorbic Acid)'으로 불리며 항산화와 피부 미백효과를 주는 것은?
① 비타민A ② 비타민E
③ 비타민C ④ 비타민D

> 비타민C는 대표적인 미백효과를 주는 항산화 비타민으로 면역기능 강화에도 효과적이며, 결핍 시 괴혈병, 잇몸출혈, 빈혈 등이 나타날 수 있음

11
수용성 비타민에 해당하는 것은?
① 비타민A ② 비타민D
③ 비타민K ④ 비타민P

> 비타민A, D, K는 지용성 비타민에 해당함

12
무기질의 기능에 관한 설명으로 옳지 않은 것은?
① 에너지원이며 생명과 건강 유지에 필수적인 영양소이다.
② 뼈, 근육, 혈액의 주요 성분이다.
③ 생체기능을 조절하고 효소작용을 촉진한다.
④ 산소 운반과 에너지 대사에 관여한다.

> 무기질은 에너지원은 아니나 생명과 건강 유지에 필수적인 영양소임

13
무기질 중 나트륨(Na)의 기능이 아닌 것은?
① 삼투압 유지
② 근육의 탄력 유지
③ 골격 및 치아의 구성성분
④ 체내의 수분 조절

> • 나트륨은 체내의 수분 조절과 삼투압 유지, 근육의 탄력 유지 등에 관여함
> • 골격 및 치아의 구성성분은 칼슘(Ca)임

14
미량 무기질에 해당하지 않는 것은?
① 아연(Zn) ② 구리(Cu)
③ 인(P) ④ 요오드(I)

> • 미량 무기질: 아연, 구리, 철분, 요오드
> • 다량 무기질: 칼륨, 칼슘, 나트륨, 마그네슘, 인

| 정답 | 07 ① 08 ③ 09 ③ 10 ③ 11 ④ 12 ① 13 ③ 14 ③

CHAPTER 03
피부장애와 질환 B

합격 TIP
- 원발진과 속발진에 대한 내용을 이해하고 집중 암기하세요.
- 다양한 피부 질환을 학습 후 감염성 피부질환, 기계적 자극에 의한 피부질환의 내용을 집중 암기하세요.

1 원발진과 속발진

(1) 원발진(Primary Lesions) 빈출

피부에 나타나는 인체의 내적·외적 요인에 의한 육안적 변화를 '발진'이라고 함. 이때 건강한 피부에 나타나는 1차적 발진을 '원발진'이라고 함

반점	• 피부 표면에 융기나 함몰이 만져지지 않음 • 크기와 형태가 다양하고 경계가 명확한 피부색의 변화가 있음 ⑩ 몽고반, 화염상모반, 홍반, 기미, 주근깨, 자반 등
홍반	• 여러 가지 자극에 의해 모세혈관이 충혈된 상태 • 편평하거나 솟아오른 붉은색의 얼룩으로, 시간이 경과함에 따라 크기가 변함
구진	• 1cm 미만의 크기로 속이 단단하며 피부 표면에 솟아 있음 • 표피나 진피 상층부, 피지선 주위, 땀샘, 모공 주위에 발생하며 통증이 동반됨 ⑩ 여드름, 사마귀, 한진, 습진 등
결절	• 4단계 여드름으로 형태는 구진과 같으나 크기는 직경 1~2cm 이상으로 더 크고 단단하게 만져짐 • 구진과 작은 종양 사이의 중간 형태로, 진피나 피하지방층에 존재함 ⑩ 결절성 홍반, 지방종, 섬유종 등
농포❓	• 표피 부위에 고름(농)을 포함하고 있으며 경계가 뚜렷한 피부의 작은 융기 형태 • 주로 염증성 여드름을 말하며, 세균 등 미생물의 감염에 의해서 발생됨 ⑩ 여드름, 모낭염 등
낭종❓	• 4단계 여드름으로, 자루 모양의 염증 물질이 피하지방층까지 침범하여 표면이 융기된 형태 • 치료 후에도 흉터가 남으며, 심한 통증을 동반함 ⑩ 중증의 여드름 등
종양	• 모양과 크기는 다양하며, 직경 2cm 이상의 덩어리 형태 • 융기되거나 깊게 존재하며, 악성종양과 양성종양으로 구분됨
면포	• 모공이 막혀 굳어진 피지 덩어리를 말하며, 이마, 콧등과 같은 얼굴 전반에 나타남 • 각질이 덮고 있으면 흰색이며, 공기와 접촉하여 산화된 면포는 검은색임 ⑩ 화이트헤드(White Head), 블랙헤드(Black Head)
팽진❓	• 피부 표면에 부분적·일시적으로 생긴 속이 단단하고 표면이 돌출된 비교적 큰 발진이며 소양증이 동반됨 • 크기는 다양하며 국소적으로 부풀어 오르는 두드러기나 알레르기, 모기 물린 후, 주사 맞은 후 등의 증상이 이에 해당함

참고 농포
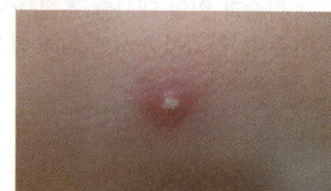

참고 낭종
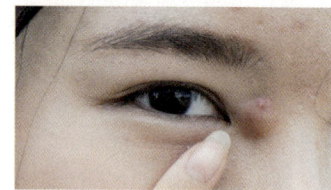

참고 팽진
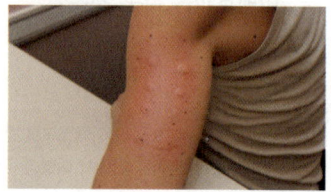

소수포	• 직경 1cm 미만의 물집으로, 맑은 액체인 림프액이나 혈청이 고여 표피 내부에 자리잡고 있는 형태 • 혈액을 포함한 경우에는 황색이나 적색으로 나타나기도 함 • 화상이나 포진 등이 이에 해당하며, 대수포 또는 농포를 형성하기도 함
대수포	• 소수포보다 큰 직경 1cm 이상의 수포 • 표피 내에 얕게 존재하므로 가벼운 손상에도 쉽게 터지고 건조되어 얇은 가피를 형성하기도 하지만, 깊게 존재할 경우 궤양과 반흔이 남기도 함 • 화상, 발에 잡히는 물집, 천포창, 전염성 농가진 등이 이에 해당함

참고 농가진

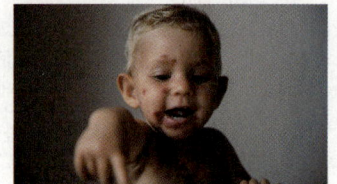

(2) 속발진(Secondary Lesions) 빈출

원발진이 지속적으로 진행되거나 회복되는 과정에서 변화된 병변을 '속발진 또는 2차 발진'이라고 함

인설(비듬)	• 표피에 국한되어 비듬이나 가루 형태로 떨어져 나오는 각질 조각이며, 불완전한 각화 과정이 원인 • 보통 얇고 건조하며 광택이 있는 조각이지만, 피지와 땀이 섞여 있을 경우 번들거리고 불투명한 형태
미란	• 단순포진이나 농가진 등의 수포가 터져 표피가 벗겨지고 결손된 상태 • 가피가 형성될 수도 있으나 대부분 반흔 없이 치유됨
찰상	• 손톱으로 긁는 지속적 마찰과 같은 기계적 외상에 의한 표피박리 현상으로, 소양성 질환에서 비롯되는 경우가 많음 • 진피의 유두층 손상과 세균 감염으로 농포가 발생되기도 함 • 대부분 상피에만 생기는 찰과상으로 흉터 없이 치료됨
가피	• 혈청과 농 또는 혈액이 말라 굳은 형태이며, 상처나 염증으로 손상된 표피에 나타남 • 상처 분비물의 구성과 양에 따라 크기, 형태, 두께, 색깔이 다르게 나타남
균열	• 진피 상부층까지 좁고 깊게 갈라진 틈을 말하며, 피부의 탄력성과 신축성 감소가 나타남 • 피부건조와 장기간의 염증이 원인이며, 건조한 발뒤꿈치, 손, 입술, 습한 손가락과 발가락 사이에서 주로 발생함 • 갈라진 피부 틈이 찢어져 출혈이나 통증이 발생할 수 있음
궤양	세포 결손이 진피 또는 피하지방층까지 나타난 것으로, 치유 후에도 해당 부분의 색이 변하거나 반흔이 남음
반흔	• 진피 아래까지 손상된 피부를 새로운 결합조직으로 채우는 과정에서 생기는 흉터 • 다양한 형태의 반흔이 있으며, 반흔 섬유들이 과다하게 자라면 켈로이드 형태로 나타남
위축	• 만성적 자극으로 표피세포 수가 감소하거나 진피층이 변성되어 피부가 얇아진 상태 • 탄력 저하로 주름이 나타나거나 혈관이 보이기도 함
태선화	• 표피 전체와 진피의 일부가 가죽처럼 두꺼워지는 현상 • 아토피 피부염이나 만성 소양성 질환처럼 장기간 반복적으로 긁는 피부질환이 원인이 됨
켈로이드	피부 손상으로 발생한 상처가 치유되면서 결합조직이 비정상적으로 과다 증식되어 원래 상처보다 크게 표면 위로 융기된 흉터

2 피부질환

(1) 여드름(Acne Vulgaris)

① 특징
- 모피지선의 만성 염증성 질환
- 죽은 세포, 세균, 피지, 노폐물 등이 모공을 막아 생김
- 얼굴, 등, 가슴과 같이 피지분비가 많은 부위에 나타남

② 원인 〈빈출〉

내적 요인	유전, 내분비 요인❓, 피지선의 기능 이상, 세균 감염, 호르몬 분비의 이상, 스트레스, 과각질화, 잘못된 식습관 등
외적 요인	잘못된 화장품·의약품의 사용, 피부 pH의 알칼리화, 기후와 계절 등

> **참고** 여드름의 내분비 요인
> 남성호르몬인 안드로겐 중 대표적으로 테스토스테론이 피지선을 자극하여 피지 생성을 증가시킴

③ 여드름 발생 과정

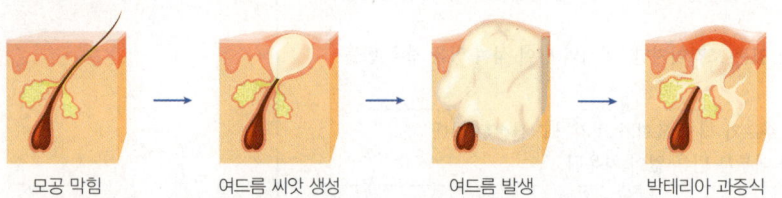

| 모공 막힘 | 여드름 씨앗 생성 | 여드름 발생 | 박테리아 과증식 |

면포(Comedo) 발생	남성호르몬인 안드로겐에 의해 피지선이 활성화되어 피지가 과잉분비 → 모낭 표피의 이상각화(모낭벽이 두꺼워짐) → 모낭 입구가 막혀 피지가 모낭에 쌓이게 됨 → 모낭에 상주하는 프로피오니박테리움 아크네(Propionibacterium Acne)의 분비효소가 피지를 유리 지방산으로 변성시킴 → 세균이 모낭벽 상피세포를 자극하여 각질세포 생성 증가로 과각화 초래 → 피지, 각질, 각화세포, 세균을 포함한 면포 형성
염증 발생	프로피오니박테리움 아크네에 의한 유리 지방산은 강산으로 모낭벽을 더 자극 → 모낭벽이 얇아지고 파열 → 진피 내로 유입 → 염증 발생

④ 관리 방법
- 적절한 클렌징으로 청결을 유지하고 피지분비를 억제❓시키는 성분이 함유된 제품을 사용
- 염증이 있는 부위는 국소적으로 살균 및 항염효과가 있는 제품을 사용
- 유분이 많은 화장품은 피하고 보습 제품을 사용
- 여드름을 손으로 짜거나 만지지 않도록 함

> **참고** 피지분비 억제
> 여드름, 트러블 피부엔 모공을 막지 않고 여드름을 유발하지 않는(Non-comedogenic) 화장품 성분을 사용해야 함

(2) 색소 이상증
① 과색소 침착

기미	• 좌우대칭으로 분포하며, 눈 밑이나 광대뼈 부위에 나타나는 갈색의 반점 • 여성호르몬인 에스트로겐이 증가하는 임신, 피임약·혈압강하제와 같이 자외선에 민감하게 반응하는 특정 약물 장기 복용이 원인 • 지나친 스트레스와 선탠에 의해서도 발생함
주근깨	유전적 요인에 의해 발생
검버섯	• 노인성 반점이라고도 부르며, 자외선과 노화가 원인 • 지루성 각화증의 일종이며, 경계가 뚜렷한 원형의 갈색 모양
색소성 화장품 피부염	알레르겐의 노출이 반복적으로 이루어져 발생한 접촉피부염을 말하며, 망상형 색소침착이 나타남
릴 안면 흑피증	화장품이나 연고 등이 원인인 색소침착
베를로크 피부염	• 시트러스 계열의 향수 성분을 바르고 자외선을 받을 경우 나타나는 반점 • 2~3개월 후 자연적으로 소멸됨
오타씨모반	• 진피의 멜라닌색소인 청백색, 청회색의 얼룩진 색소반이 얼굴에 나타남 • 사춘기 또는 그 이후에 증상이 더 심해지거나 진해지는 경향이 있음

② 저색소 침착

백색증	• 멜라닌색소 결핍으로 나타나는 선천적 피부질환 • 멜라닌세포 수는 정상이나 티로시나아제의 기능 이상으로 멜라닌색소를 만들지 못함
백반증	• 후천적 탈색소 질환으로 다양한 원형 및 불규칙한 형태의 백색 반점들이 피부에 나타남 • 눈썹이나 머리카락에 백모증이 나타나기도 함

참고 백색증

참고 백반증

(3) 감염성 피부질환 빈출
① 세균성 피부질환(박테리아)

농가진	• 포도상구균과 연쇄상구균이 원인이며, 전염성이 매우 강함 • 영아나 소아에게 수포의 형태로 많이 발생함 • 빨리 터지고 진물이 나며 딱지가 생김
절종(종기)	• 황색포도상구균에 의한 국소감염으로 모낭과 주변 조직에 괴사를 일으킴 • 옹종은 두 개 이상의 절종이 합해져서 더 크고 깊게 발생한 심한 농양
모창 (모낭염)	• 포도상구균에 의한 화농성 염증으로, 면도를 하는 남성에게 주로 나타남 • 수염이 난 부위 외에 눈썹, 속눈썹, 겨드랑이, 치골 부위에도 나타남
봉소염	• 포도상구균과 연쇄상구균이 원인 • 작은 소수포나 홍반으로 시작하나, 커지면서 통증과 전신 발열이 나타남
간찰진	• 두 피부 면이 겹치는 부위에 발생하는 표층 염증성 피부염 • 주로 비만인 사람들에게 나타나며, 초기에는 가려움 또는 가벼운 홍반으로 시작되나 점차 짓무르며 2차 감염이 나타날 수 있음

② 바이러스성 피부질환

단순포진	• 급성 수포성 질환으로, 주로 입술 주위에 나타남 • 면역력이 저하되어 있거나 열, 감기, 피로 증세가 있을 경우 주로 발생
대상포진	• 수두의 초기 감염 후 신경절에 잠복되어 있던 바이러스가 다시 활성화되어 나타남 • 수포성 발진과 심한 통증이 동반되며 연령이 높을수록 발생빈도가 높음
수두	• 주로 소아의 피부 및 점막에 발생하는 수포성 질환 • 가려움을 동반한 발진성 수포가 나타나며, 전염력이 매우 강함 • 2차 감염으로 인한 흉터가 남을 수 있음
사마귀	• 인체유두종 바이러스(HPV, Human Papilloma Virus)에 의해 발생하며, 피부의 직접 접촉에 의해 전파됨 • 종류에는 가장 흔한 심상성 사마귀, 젊은층에 많이 나타나며 과각화증이 없는 편평사마귀, 손과 발에 나타나며 티눈과 구별이 쉽지 않은 족저사마귀, 성기나 항문 주변에 발생하는 첨규사마귀가 있음
홍역	• 주로 소아에게 발생하며 발열과 기침, 피부발진 등의 증상이 나타남 • 전염력이 매우 강하며, 2차 세균 감염 시 항생제 투여 필요
풍진	• 어린이에게 흔히 발생하는 감염성 질환이며, 임신 중 감염되면 기형아의 원인이 되므로 항체가 없을 경우 백신을 접종해야 함 • 피부발진과 림프선 비대 증상이 나타남
수족구병❓	• 주로 10세 이하 어린이의 입, 손과 발에 나타나는 수포성 병변 • 4~5일의 잠복기 후 발열과 수포, 구진이 나타났다가 자연 치유됨

참고 수족구병

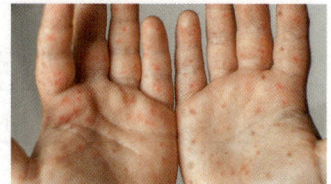

③ 진균성(곰팡이성) 피부질환

백선	사상균성 진균이 원인이며, 피부 각질이 벗겨지고 가려움증이 동반됨 ⑩ 두부백선, 족부백선(무좀), 조갑백선, 체부백선, 수부백선 등
완선	• 주로 성인 남성의 서혜부에 나타나며, 회음부와 둔부까지 번지기도 함 • 수족부백선이나 조갑백선에서 전파되는 경우가 많음
칸디다증	칸디다균은 건강한 사람의 구강, 피부, 손톱, 발톱, 질, 장 등에 서식하는 정상 상재균으로, 면역력이 저하되었을 때 감염성 질환을 유발함

(4) 열, 한랭에 의한 피부질환

① 열에 의한 피부질환

화상	1도 화상	피부가 붉게 변하며 홍반, 부종, 통증, 물집은 없음
	2도 화상	진피까지 손상되어 홍반, 부종, 통증, 물집이 나타나며 흉터가 남음
	3도 화상	피부 전층과 피하조직 일부까지 화상이 발생하여 신경이 손상된 상태
	4도 화상	피부 전층과 근육, 신경, 뼈의 조직까지 손상된 상태로 피부 이식이 필요
열성홍반		열에 장기간 지속적으로 노출된 후 나타나는 그물 모양의 붉은 반점
한진(땀띠)		• 땀관 또는 땀관 구멍의 일부가 폐쇄되어 땀이 원활하게 배출되지 못하고 축적되어 나타남 • 피부가 접히는 부위에 많이 발생하며, 발진과 물집이 생김

② 한랭에 의한 피부질환

동창	• 한랭에 의한 국소적 염증 반응 • 피부의 혈관이 마비되어 열감이나 가려움증, 통증이 나타나기도 함
동상	영하의 심한 한랭에 노출된 후 피부조직이 얼어 혈액 공급이 되지 않는 질환
한랭 두드러기	추위에 노출되어 발생하는 두드러기

(5) 기계적 자극에 의한 피부질환 빈출

굳은살	외부 압력에 의해 나타나는 과다 각화증이며, 압력이 제거되면 자연 소실됨
티눈	• 지속적인 압력과 물리적 자극에 의해 나타나는 각질 비후증으로 통증을 동반 • 주로 발가락의 등 쪽이나 발바닥에 나타나며, 압력이 제거되면 자연 소실되기도 함
욕창	일정한 압력을 받는 부위에 나타나는 압력 궤양으로, 혈액순환 저하로 독성대사물질이 제거되지 않아 발생함
외반모지	• 엄지발가락의 관절이 두 번째 발가락 방향으로 구부러지는 증상 • 앞볼이 좁은 신발 착용으로 인한 족부 변형 증상
마찰성 수포	마찰을 받거나 압력이 가해지는 자극에 의해 발생하는 수포

참고 외반모지

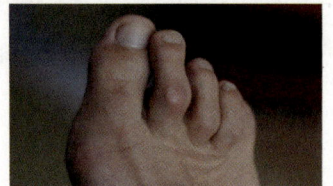

(6) 습진성 피부질환

접촉성 피부염	외부물질의 접촉에 의해 발생 예) 기저귀 발진, 주부 습진 등
알레르기성 접촉피부염	알레르기를 유발하는 물질에 접촉하여 생기며, 특정인에 한함
아토피성 피부염	• 천식과 알레르기 비염 등의 증상을 동반하며, '소아습진'이라고도 함 • 피부가 건조하고 예민하며, 건조한 환경과 계절에 발생빈도가 높음 • 피부가 거칠어지고 심한 소양증을 동반하며 태선화로 발전하기도 함 • 발생 원인은 유전적 · 면역학적 · 환경적 요인 등이 있음
지루성 피부염	• 피지분비의 과다로 두피, 목, 가슴, 안면, 배꼽, 생식기 주변 등에 가려움증과 홍반을 동반한 기름진 인설이 생기는 만성 염증성 피부질환 • 두피에 발생 시 탈모의 원인이 됨 • 발생 원인은 스트레스, 유전, 호르몬 변화 등이 있음
건성습진	• 노화 피부와 건조한 피부에 가려움증과 각질, 홍반을 동반하는 피부염 • 피부가 지나친 난방에 장기간 노출 시 증상이 더욱 심해질 수 있음

(7) 모발 질환

원형 탈모증	• 국소적 부분에 1~5cm 지름의 원형이나 타원형으로 탈모가 발생함 • 발생 원인은 스트레스, 면역 상실 등이 있음
남성형 탈모증	• 양측 전두(M자형)와 두정 부위에서 하루에 100가닥 이상의 탈모가 발생함 • 발생 원인은 남성호르몬, 지루성 피부염, 노화, 유전 등이 있음
휴지기 탈모증	출산 후나 수술 및 질환에 의해 탈모가 발생하는 것으로, 일정 시간이 경과되면 회복됨

(8) 기타 피부질환

두드러기	• 급성과 만성이 있으며, 국부적 또는 전신에 나타나기도 함 • 다양한 원인에 의해 발생하며 피부발적 및 소양감❓을 동반함
주사	• 코 주변의 모세혈관이 확장되어 코를 중심으로 양 볼 쪽이 나비 형태처럼 붉어지는 증상 • 주로 40~50대에 발생하며, 습관적 음주 또는 피지선의 염증이 원인
비립종❓	• 1~2mm 크기의 백색 구진 형태의 각질세포 덩어리로, 눈 아래 모공과 땀구멍에 주로 발생함 • 뺨, 이마 등에 발생함
한관종❓	• 1~3mm 크기의 양성 피부종양이며, 피부색의 구진 형태 • 땀샘의 입구 이상으로 피지분비가 막혀 생성됨 • 성인 여성에게 흔히 발생하며, 물사마귀라고도 함 • 눈 주위, 흉부, 이마, 복부 등에 발생함
하지정맥류	• 다리의 혈액순환 이상으로 나타나는 하지정맥 판막의 기능장애 • 정맥이 비정상적으로 부풀어 있으며 검푸른색으로 보임

> **용어 소양감**
> 피부를 긁거나 문지르고 싶은 충동을 유발하는 가려움증

> **참고 비립종**
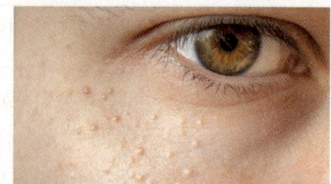

> **참고 한관종**
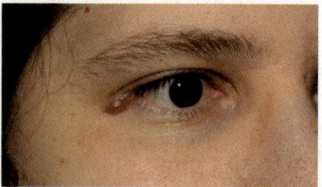

출제 예상문제 B

1 원발진과 속발진

01
원발진에 해당하는 것은?
① 찰상　　　　　② 인설
③ 결절　　　　　④ 가피

> 원발진: 반점, 홍반, 구진, 결절, 농포, 낭종, 종양, 면포, 팽진, 소수포, 대수포 등

02
몽고반, 홍반, 기미, 주근깨와 같이 크기와 형태가 다양하고, 경계가 명확한 피부색의 변화가 있으며 피부 표면에 융기나 함몰이 만져지지 않는 것은?
① 미란　　　　　② 반점
③ 가피　　　　　④ 홍반

> - 미란: 단순포진이나 농가진 등의 수포가 터져 표피가 벗겨지고 결손된 상태
> - 가피: 혈청과 농 또는 혈액이 말라 굳은 형태이며, 상처나 염증으로 손상된 표피에 나타남
> - 홍반: 여러 가지 자극에 의해 모세혈관이 충혈된 상태

03
4단계 여드름으로 염증 물질이 피하지방층까지 침범하여 심한 통증을 동반하며 치료 후에도 흉터가 남는 피부질환은?
① 구진　　　　　② 농포
③ 수포　　　　　④ 낭종

> 4단계 여드름에는 결절과 낭종이 있으며, 낭종은 자루 모양의 염증이 피하지방층까지 침투하여 치료 후에도 흉터가 남음

04
속이 단단하고 표면이 돌출된 비교적 큰 발진으로 소양증이 동반되며 불규칙한 모양의 두드러기 같은 피부 현상은?
① 태선화　　　　② 팽진
③ 구진　　　　　④ 결절

> - 태선화: 긁거나 자극을 주어 표피가 건조하고 가죽처럼 두꺼워진 상태
> - 구진: 피지선 주위나 땀샘, 모공 주위에 나타나는 염증성 여드름으로 통증이 동반됨
> - 결절: 구진과 작은 종양 사이의 중간 형태로, 단단하며 진피나 피하지방층에 존재함

05
속발진으로만 짝지어진 것은?
① 인설, 미란, 반흔　　② 팽진, 소수포, 켈로이드
③ 가피, 팽진, 대수포　④ 홍반, 태선화, 균열

> 속발진: 인설, 미란, 찰상, 가피, 균열, 궤양, 반흔, 위축, 태선화, 켈로이드 등

06
아토피 피부염이나 만성 소양성 질환처럼 반복적으로 긁거나 자극을 주어 표피가 건조하고 가죽처럼 두꺼워진 상태는?
① 가피　　　　　② 켈로이드
③ 태선화　　　　④ 홍반

> - 가피: 혈청과 농 또는 혈액이 말라 굳은 형태이며, 상처나 염증으로 손상된 표피에 나타남
> - 켈로이드: 상처 치유 과정에서 진피의 결합조직이 비정상적으로 증식한 것
> - 홍반: 여러 가지 자극에 의해 모세혈관이 충혈된 상태

07
속발진 중 켈로이드는 피부의 어떤 조직이 비정상적으로 증식된 것인가?
① 표피조직　　　② 결합조직
③ 혈관조직　　　④ 지방조직

> 켈로이드: 상처 치유 과정에서 진피의 결합조직이 비정상적으로 증식한 것

2 피부질환

08
여드름의 발생 원인으로 적절하지 않은 것은?

① 유전
② 피부 pH의 산성화
③ 내분비 요인
④ 잘못된 화장품의 사용

- 내적 요인: 유전, 내분비 요인, 피지선의 기능 이상, 세균 감염, 호르몬 분비의 이상, 스트레스, 과각질화, 잘못된 식습관 등
- 외적 요인: 잘못된 화장품·의약품의 사용, 피부 pH의 알칼리화, 기후와 계절 등

09
사춘기 때 피지선을 자극하여 여드름의 원인이 되는 주요 호르몬은?

① 프로게스테론
② 에스트로겐
③ 인슐린
④ 안드로겐

여드름의 원인이 되는 호르몬은 남성호르몬인 안드로겐과 테스토스테론임

10
과색소 침착 피부인 기미에 관한 설명으로 옳지 않은 것은?

① 좌우대칭으로 분포하며 눈 밑이나 광대뼈 부위에 나타난다.
② 여성호르몬이 감소하는 갱년기 시기에 주로 발생한다.
③ 피임약, 혈압강하제와 같이 자외선에 민감하게 반응하는 특정 약물을 장기복용할 경우에도 발생한다.
④ 지나친 스트레스와 선탠에 의해서도 발생한다.

기미: 여성호르몬이 증가하는 임신 시기에 많이 발생

11
바이러스에 의한 피부질환이 아닌 것은?

① 단순포진
② 수두
③ 사마귀
④ 백선

백선: 사상균성 진균(곰팡이균)이 원인인 피부질환임

12
감염성 피부질환인 두부백선과 족부백선의 병원체는?

① 바이러스
② 사상균
③ 박테리아
④ 연쇄상구균

두부백선, 족부백선, 조갑백선, 체부백선, 수부백선 모두 곰팡이균인 사상균성 진균이 원인임

13
한랭 피부질환이 아닌 것은?

① 동창
② 욕창
③ 동상
④ 한랭 두드러기

욕창: 일정한 압력을 받는 부위에 나타나는 압력 궤양으로, 혈액순환 저하로 독성대사 물질이 제거되지 않아 발생함

14
아토피성 피부염에 관한 설명으로 옳은 것은?

① 유전적 요인으로만 발생한다.
② 주로 유아기 때 많이 발생하므로 소아습진이라고 한다.
③ 급성으로 오는 알레르기성 질환이다.
④ 피부가 거칠어지고 소양증은 없으나 태선화로 발전하기도 한다.

아토피성 피부염
- 유전, 면역력 저하, 외부 환경 등이 원인임
- 만성 알레르기성 염증질환으로 주로 유아기에 많이 발생하므로 소아습진이라고도 함
- 피부가 거칠어지고 심한 소양증을 동반하며 태선화로 발전하기도 함

15
다리의 혈액순환 장애로 정맥이 비정상적으로 부풀어 있으며 검푸른색으로 보이는 질환은?

① 모세혈관 확장증
② 하지정맥류
③ 욕창
④ 간찰진

하지정맥류: 다리의 혈액순환 이상으로 나타나는 하지정맥 판막의 기능 장애로, 정맥이 비정상적으로 부풀어 있으며 검푸른색으로 보임

| 정답 | 08 ② 09 ④ 10 ② 11 ④ 12 ② 13 ② 14 ② 15 ②

CHAPTER 04 피부와 광선, 면역, 노화 ⓒ

합격 TIP
- 자외선과 적외선이 피부에 미치는 특징적 작용을 학습하세요.
- 자외선의 종류별 특징과 피부에 미치는 영향을 집중 암기하세요.

1 피부와 광선

(1) 태양광선
① 태양광선은 생물의 신진대사를 가능하게 하는 에너지의 원천임
② 파장에 따라 '자외선, 적외선, 가시광선'으로 나뉨

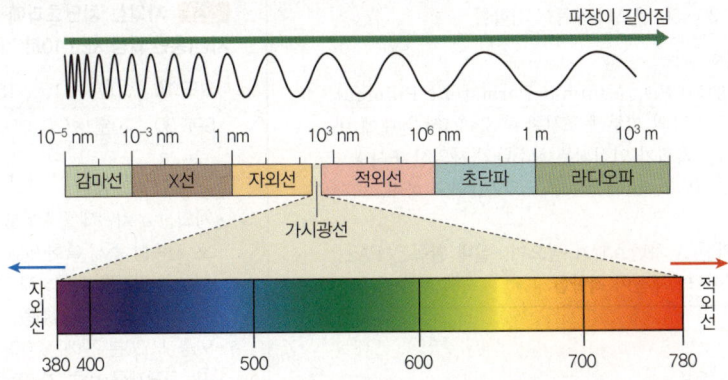

(2) 자외선
① 종류

UVA (장파장)	• 길이 320~400nm로 가장 긴 파장이며, 태양광선 중 약 1%에 해당함 • 구름과 유리창도 투과하므로 흐린 날이나 실내로도 노출됨 • 피부 내 진피층까지 도달하여 콜라겐과 엘라스틴을 변성시켜 광노화를 유발함 • 탄력 저하, 주름, 색소침착의 원인으로 작용함
UVB (중파장)	• 길이 290~320nm로 표피의 기저층 또는 진피 상부층까지 도달함 • 각질세포를 두껍게 만들고 홍반, 수포와 같은 일광화상과 색소침착이 심할 경우 피부암의 원인으로 작용함 • 적당량일 경우 비타민D 합성, 면역력 강화, 여드름의 살균작용 등의 긍정적 효과가 있음
UVC (단파장)	• 길이 200~290nm로 오존층에 흡수되므로 대부분 인체조직에 영향을 미치지 않으나, 인체에 영향을 줄 경우 피부암의 원인이 됨 • 살균작용이 있어 바이러스나 박테리아를 제거하기 위해 사용되기도 함

② 피부에 미치는 영향

긍정적 영향	• 비타민D 합성작용, 살균 및 소독작용, 혈액순환 촉진 등 • 백반증, 건선 등 피부질환의 치료 및 면역력 강화 • 비타민, 효소, 호르몬 등의 활동을 강화시키며 자율신경계에도 이로운 작용을 함
부정적 영향	• 피부탄력 저하 • 일광화상 • 홍반 • 색소침착 • 광노화 • 피부암 등

③ 자외선 차단 지수

SPF (Sun Protection Factor)	• UVB를 차단할 수 있는 지수 • 최소 홍반량(MED, Minimum Erythema Dose): UVB를 사람 피부에 조사한 후 16~24시간 내에 조사 영역의 대부분에 홍반을 나타낼 수 있는 최소한의 자외선 조사량 • 자외선 차단제의 효과는 자외선에 대한 피부 멜라닌 양과 민감도, 인종, 지역, 날씨 등에 따라 달라질 수 있음 • 표기 숫자가 클수록 차단효과가 길어짐 • SPF 1은 약 10~15분의 자외선 차단효과를 지니며, 실내 활동은 SPF 15~20, 야외 활동은 SPF 30~50 정도의 제품이 적합함
PFA (Protection Factor of UVA)	• UVA를 차단할 수 있는 지수 • 최소 지속형 즉시 흑화량(MPPD, Minimal Persistent Pigment darkening Dose): UVA를 사람의 피부에 조사한 후 2~24시간 내에 대부분의 조사 영역에서 희미한 흑화가 인식되는 최소한의 자외선 조사량 • 자외선 A 차단 등급은 'PA(Protection grade of UVA)'라고 하며, 표기는 PA+++ 등으로 함 • +의 표기가 많을수록 자외선 A 차단효과가 높으며, 실내 활동은 PA+, 야외 활동은 PA++ 이상 정도의 제품이 적합함

참고 SPF의 계산
자외선 차단제를 사용했을 때의 최소 홍반량(MED)÷자외선 차단제를 사용하지 않았을 때의 최소 홍반량(MED)

참고 자외선 차단효과에 따른 지속시간(홍반 발생 시간 10분 기준)

SPF 15	10분 × 15 = 150분
SPF 30	10분 × 30 = 300분

참고 PFA의 계산
• 자외선 A 차단제를 사용했을 때의 최소 지속형 즉시 흑화량(MPPD)÷자외선 A 차단제를 사용하지 않았을 때의 최소 지속형 즉시 흑화량(MPPD)
• 외출 시 30분 전에는 발라 주어야 하고, 차단제를 바른 후 2~3시간마다 덧발라 주어야 함

참고 자외선 차단효과

PA+	2~3시간 정도
PA++	4~6시간 정도
PA+++	7시간 이상

(3) 적외선 빈출

① 특징
- 보이지 않는 광선으로 650~1,400nm의 장파장
- 피부 표면에는 큰 자극이 없으나 피부 심부까지 침투함
- 열을 운반하므로 '열선'이라고도 하며, 온열효과를 줌

② 피부에 미치는 영향
- 근육 및 피부를 이완함
- 통증 완화, 진정, 체온 상승에 효과가 있음
- 혈관을 확장하여 혈액순환과 신진대사를 촉진함

③ 종류

근적외선	진피까지 침투하며 자극을 주는 효과가 있음
원적외선	표피까지만 침투하며 진정효과가 있음

④ 적외선램프의 이용
- 화장품의 유효성분 흡수를 촉진함
- 건성, 노화 피부의 순환을 촉진함
- 5~7분 정도 사용하며, 과잉조사 시 두통이나 현기증 등의 증상이 나타나므로 주의해야 함

2 피부면역

(1) 면역의 정의
① 면역은 특정 질병에 대해 저항성이 생기는 현상을 말함
② 체내로 침입하는 병원균과 화학물질을 공격하거나 대항하는 방어기전임

항원	• 체내로 침입한 병원균 등 면역반응을 일으키는 원인이 되는 물질 • 항원에 의해 면역계는 자극을 받으며 항체 형성이 유도됨
항체 (면역 글로불린)	• 체내로 침입한 항원에 대항하기 위해 만들어지는 물질 • 체내에서 생성되어 항원과 결합함

(2) 면역의 종류 및 작용
① 특이성 면역(획득면역) 빈출 : 체내에서 항체가 작용하여 항원을 제거하는 면역

B 림프구	체액성 면역으로, 면역 글로불린이라는 항체가 특정 면역체에 작용함
T 림프구	• 세포성 면역으로 혈액 내 림프구의 70~80% 정도를 차지함 • 세포 간 접촉을 통해 직접 항원을 공격함

② 비특이성 면역(자연면역): 태어나면서부터 형성된 자연면역체계

제1방어계	• 각질층, 점막, 코털은 기계적 방어벽에 해당함 • 위산과 소화효소는 화학적 방어벽에 해당함 • 섬모운동과 재채기는 반사작용에 해당함
제2방어계	• 진피의 대식세포, 단핵구는 식세포작용에 해당함 • 히스타민 형성은 염증 및 발열을 동반함 • 보체와 인터페론은 방어 단백질에 해당함 • 자연살해세포는 간이나 골수에서 성숙하는 면역세포로 작은 림프구 모양임. 이는 종양세포나 바이러스에 감염된 세포를 자발적으로 죽이는 작용을 함

> **참고 피부의 면역기능**
> • 각질층의 산성보호막
> • 표피 유극층의 랑게르한스세포
> • 진피의 비만세포, 대식세포

3 피부노화

(1) 피부노화의 원인
① 유전적 요인
② 자외선에 의한 광노화
③ 활성산소로 형성된 과산화지질
④ 스트레스로 인한 신경세포의 피로
⑤ 자가면역질환과 같은 질병
⑥ 콜라겐 섬유의 변성
⑦ 텔로미어의 단축

(2) 피부노화 현상 빈출
① 내인성 노화(생물학적 자연노화)
  • 피지선의 기능 저하로 피부에 윤기가 없고 건조함이 심해짐
  • 땀샘의 기능 저하로 체온 조절기능이 떨어짐
  • 피부 신진대사 저하로 세포 교체주기가 길어지므로 각질층의 두께가 두꺼워짐

> **참고 활성산소의 발생 요인**
> 공해물질, 흡연, 자외선 등
>
> **항산화 성분**
> 활성산소의 유해성을 막아주는 물질로 노화를 억제함
> 예 슈퍼옥사이드 디스뮤타제(SOD, Superoxide Dismutase), 카탈라제(CAT, Catalase), 글루타치온, 베타카로틴, 비타민A·C·E, 코엔자임 등
>
> **용어 텔로미어(Telomere)**
> 염색체 끝에 붙어 있는 DNA 조각으로 세포분열 때마다 길이가 짧아지면서 노화가 진행됨

- 콜라겐의 양과 질이 감소하여 진피층이 얇아짐
- 탄력이 저하되므로 주름이 생기고, 모공이 잘 수축되지 않아 커 보임
- 피부 표면이 얇아지므로 보호기능이 저하되고 자극에 쉽게 반응함
- 멜라닌세포 수가 감소하므로 자외선에 대한 방어능력이 떨어지고, 색소침착이 증가함
- 랑게르한스세포 수가 감소하여 면역기능이 저하됨

② 외인성 노화(광노화)
- 자외선과 공해 등 환경적 요인에 의해 피부가 노화되는 현상
- 콜라겐과 엘라스틴의 분해가 촉진되어 진피층의 두께를 점차 얇게 함
- 자외선으로부터 피부를 보호하기 위해 표피의 각질층이 두꺼워짐
- 피부건조와 탄력 저하 및 모세혈관 확장이 동반되기도 함
- 멜라닌세포의 수가 증가하며 자외선으로 인한 색소침착이 나타남
- 자외선의 장파장에 의해 콜라겐과 엘라스틴이 변성됨. 이에 따른 수축작용으로 다양한 형태의 주름이 나타날 수 있음

③ 내인성 노화와 외인성 노화의 비교

구분	내인성 노화	외인성 노화
표피 각질층의 두께	두꺼워짐	두꺼워짐
진피의 두께	얇아짐	점차 얇아짐
피부면역세포	감소	감소
멜라닌세포	감소	증가
주름	증가	증가(깊은 주름)

출제 예상문제

1 피부와 광선

01
UVA에 관한 설명으로 옳지 않은 것은?

① 장파장으로 일광화상의 원인이 된다.
② 진피층까지 도달하므로 광노화를 유발한다.
③ 색소침착의 원인으로 작용한다.
④ 구름과 유리창도 투과하므로 흐린 날과 실내에도 노출된다.

> 일광화상, 피부홍반의 원인은 중파장인 UVB임

02
장파장인 UVA의 파장의 범위는?

① 200~290nm ② 290~320nm
③ 320~400nm ④ 400~450nm

> • UVA(장파장): 320~400nm
> • UVB(중파장): 290~320nm
> • UVC(단파장): 200~290nm

03
파장이 길며 홍반을 유발하지 않으므로 선탠 시 활용되는 자외선은?

① UVA ② UVB
③ UVC ④ UVD

> UVA는 장파장이며, 홍반을 유발하지 않으므로 인공선탠 시 활용됨

04
UVB에 관한 설명으로 옳지 않은 것은?

① 중파장이며 파장의 범위는 290~320nm를 나타낸다.
② 선탠 시 주로 활용할 수 있다.
③ 표피의 기저층 또는 진피 상부층까지 도달한다.
④ 일광화상과 피부홍반을 유발한다.

> 선탠 시 주로 활용하는 것은 UVA임

05
홍반과 일광화상의 원인이 되는 자외선은?

① UVA ② UVB
③ UVC ④ UVD

> UVB는 중파장으로, 홍반과 일광화상, 피부암의 원인이 됨

06
단파장이며 오존층에 흡수되어 지표면에 도달하지는 않으나, 가장 강한 자외선이므로 인체에 영향을 줄 경우 피부암의 원인이 되는 자외선은?

① UVA ② UVB
③ UVC ④ UVD

> UVC는 짧지만 가장 강한 자외선으로 살균작용이 있어 바이러스나 박테리아를 제거하기 위해 사용되기도 하지만, 인체에 영향을 줄 경우 피부암의 원인이 됨

07
자외선에 관한 설명으로 옳은 것은?

① UVA는 표피의 기저층 또는 진피 상부층까지 도달한다.
② UVB는 주로 바이러스나 박테리아를 제거하기 위해 사용된다.
③ UVB는 파장이 기므로 구름과 유리창도 통과한다.
④ UVC는 파장이 짧으므로 오존층에 의해 차단될 수 있다.

UVA	• 진피층까지 도달하며 광노화와 주름, 탄력 저하의 원인 • 장파장으로, 구름과 유리창도 투과함
UVB	• 표피의 기저층 또는 진피 상부층까지 도달하며, 일광화상과 홍반의 원인 • 중파장으로, 구름이나 유리창은 투과하지 못함
UVC	• 바이러스나 박테리아를 제거하기 위해 사용됨 • 단파장으로, 오존층에 의해 차단될 수 있음

| 정답 | 01 ① | 02 ③ | 03 ① | 04 ② | 05 ② | 06 ③ | 07 ④ |

08
자외선이 피부에 미치는 영향이 아닌 것은?
① 살균효과
② 면역력 강화
③ 백반증 치료
④ 비타민A 합성

> 자외선을 받으면 피부에서 비타민D를 합성함

09
자외선이 피부에 미치는 영향으로 옳지 않은 것은?
① 살균 및 소독효과
② 혈액순환 촉진
③ 림프순환 촉진
④ 비타민D 합성작용

> 이 외에도 자외선은 비타민, 효소, 호르몬 등의 활동을 강화시키며 자율신경계에도 이로운 작용을 함

10
적외선을 피부에 사용했을 때 나타나는 영향에 관한 설명으로 옳지 않은 것은?
① 혈관을 확장시켜 혈액순환에 영향을 미친다.
② 온열작용이 있어 체온 상승에 영향을 미친다.
③ 근육 및 피부 이완에 효과가 있다.
④ 바이러스나 박테리아를 제거하는 살균효과가 있다.

> 바이러스나 박테리아를 제거하는 살균효과가 있는 것은 UVC(단파장)임

2 피부면역

11
인체 내로 침입하는 병원균과 화학물질을 공격하거나 대항하는 방어기전은?
① 면역
② 항원
③ 항체
④ 림프구

> 면역: 체내로 침입하는 병원균과 화학물질을 공격하거나 대항하는 방어기전으로, 특정 질병에 대해 저항성이 생기는 현상

12
면역 글로불린이라는 항체를 특정 면역체에 작용시키는 것은?
① B 림프구
② T 림프구
③ 대식세포
④ 자연살해세포

> • B 림프구: 특정 면역체에 대해 면역 글로불린이라는 항체를 생성시킴
> • T 림프구: 세포 간 접촉을 통해 직접 항원을 공격함

13
작은 림프구 모양이며 종양세포나 바이러스에 감염된 세포를 자발적으로 죽이는 작용을 하는 세포는?
① 히스타민
② 자연살해세포
③ 대식세포
④ 면역 글로불린

> 자연살해세포: 간이나 골수에서 성숙하는 면역세포로, 작은 림프구 모양이며, 종양세포나 바이러스에 감염된 세포를 자발적으로 죽이는 작용을 함

14
피부면역에 관한 설명으로 옳지 않은 것은?
① 특이성 면역과 비특이성 면역으로 나뉜다.
② 특이성 면역은 체내에서 항체가 작용하여 항원을 제거하는 면역이다.
③ 비특이성 면역은 림프구에 존재하는 세포성 면역이다.
④ B 림프구와 T 림프구는 특이성 면역이다.

> 비특이성 면역: 태어나면서부터 형성된 자연면역체계

15
피부면역에 관한 설명으로 옳은 것은?
① B 림프구는 자연면역체계로 태어나면서부터 형성된 면역이다.
② T 림프구는 세포성 면역으로 혈액 내 림프구의 70~80% 정도를 차지한다.
③ 보체와 인터페론은 방어 단백질에 해당하는 체액성 면역이다.
④ 대식세포는 비특이성 피부면역으로 표피의 유극층에 존재한다.

> • B 림프구: 획득면역으로, 특정 면역체에 대해 면역 글로불린이라는 항체를 생성시킴
> • 보체와 인터페론: 자연면역인 비특이성 면역임
> • 대식세포: 비특이성 피부면역으로 진피에 존재함

16
비특이성 면역의 제1방어계 중 화학적 방어에 해당하는 것은?
① 위산
② 점막
③ 섬모운동
④ 히스타민

> 제1방어계의 화학적 방어에는 위산과 소화효소가 해당함

| 정답 | 08 ④ | 09 ③ | 10 ④ | 11 ① | 12 ① | 13 ② | 14 ③ | 15 ② | 16 ① |

17
자연면역의 제2방어계에 해당하지 <u>않는</u> 것은?

① 자연살해세포 ② 히스타민
③ 소화효소 ④ 보체

- 제1방어계: 각질층, 점막, 코털, 위산, 소화효소, 섬모운동, 재채기
- 제2방어계: 대식세포, 단핵구, 히스타민, 보체, 인터페론, 자연살해세포

3 피부노화

18
피부노화의 원인과 관련 <u>없는</u> 것은?

① 자외선 ② 피지
③ 활성산소 ④ 공해물질

피지: 땀샘에서 분비되는 수분과 함께 피부 표면에 산성보호막을 형성시킴

19
피부노화의 원인인 활성산소의 발생 요인이 <u>아닌</u> 것은?

① 흡연 ② 공해물질
③ 메이크업 ④ 자외선

활성산소: 환경오염 물질, 흡연, 자외선 등이 원인이며, 가벼운 메이크업으로 자외선을 차단하는 것은 오히려 도움이 될 수 있음

20
피부노화의 원인으로 작용하는 것은?

① 슈퍼옥사이드 디스뮤타제
② 카탈라제
③ 과산화지질
④ 베타카로틴

과산화지질: 노화의 원인인 활성산소에 의해 형성된 물질임

21
피부노화의 원인인 활성산소를 억제하는 작용이 있는 항산화 비타민이 <u>아닌</u> 것은?

① 비타민A ② 비타민C
③ 비타민D ④ 비타민E

항산화 작용을 하는 비타민은 비타민A, C, E임

22
내인성 노화의 현상으로 옳은 것은?

① 표피 각질층의 두께가 얇아진다.
② 진피의 두께 변화는 크게 나타나지 않는다.
③ 멜라닌세포 수가 감소한다.
④ 피지선의 기능이 저하되므로 모공이 작아진다.

- 내인성 노화의 경우 각질층의 두께는 두꺼워지며 진피의 두께는 얇아짐
- 탄력 저하로 모공이 잘 수축되지 않으므로 모공이 커 보임

23
외인성 노화 현상에 관한 설명으로 <u>옳지 않은</u> 것은?

① 진피층의 두께는 점차적으로 얇아진다.
② 땀샘의 기능 저하로 체온 조절기능이 떨어진다.
③ 피부건조와 탄력 저하가 나타난다.
④ 표피의 각질층이 두꺼워진다.

땀샘의 기능 저하는 내인성 노화(생물학적 자연노화)에 해당하는 내용임

24
노화 피부의 증상으로 <u>옳지 않은</u> 것은?

① 땀샘의 기능 저하로 체온 조절기능이 저하된다.
② 노화로 인한 색소침착이 증가한다.
③ 세포분열 능력이 저하되므로 각질층이 얇아진다.
④ 면역기능의 저하로 세균 감염이 잘 된다.

노화 피부: 기저층의 세포분열 능력이 저하되어 세포 교체주기가 길어지므로 각질층이 두꺼워짐

25
광노화의 증상과 거리가 <u>먼</u> 것은?

① 멜라닌세포의 수 증가
② 콜라겐과 엘라스틴의 변성
③ 깊은 주름
④ 비타민D 합성 감소로 골다공증 발생

비타민D: 자외선에 의해 합성되는 비타민이므로 광노화 피부일 경우 합성이 감소될 확률은 적음

| 정답 | 17 ③ 18 ② 19 ③ 20 ③ 21 ③ 22 ② 23 ① 24 ③ 25 ④

PART 03

ESTHETICIAN

해부생리학

출제비중 11%

| 출제(예상)문제 수 | **A** 5문제 이상 | **B** 4문제~2문제 | **C** 1문제 이하 |

- **C** CHAPTER 01   세포와 조직
- **C** CHAPTER 02   뼈대(골격) 계통
- **B** CHAPTER 03   근육 계통
- **C** CHAPTER 04   신경 계통
- **B** CHAPTER 05   순환 계통과 소화기 계통

CHAPTER 01

세포와 조직 C

> **합격 TIP**
> • 세포와 조직은 출제 빈도가 높은 주제이므로 집중적으로 암기하세요.
> • 세포를 구성하는 요소와 그 내용을 정확히 학습하세요.

1 세포의 구조 및 작용

(1) 인체의 구조적 단계

세포	인체의 기능적·구조적 최소 단위 예 세포막, 세포질, 핵, 염색체, 사립체, 줄기세포 등
조직	특정 기능을 수행하기 위한 세포들 및 세포 간 물질들의 결합체 예 상피조직, 근육조직, 결합조직, 신경조직 등
기관	두 종류 이상의 조직들의 결합으로 특정 기능을 수행 예 뇌, 심장, 간, 기타 장기 등
계통	공통된 기능을 가진 기관들의 집단 예 표피계, 골격계, 신경계, 내분비계, 소화기계 등

(2) 세포

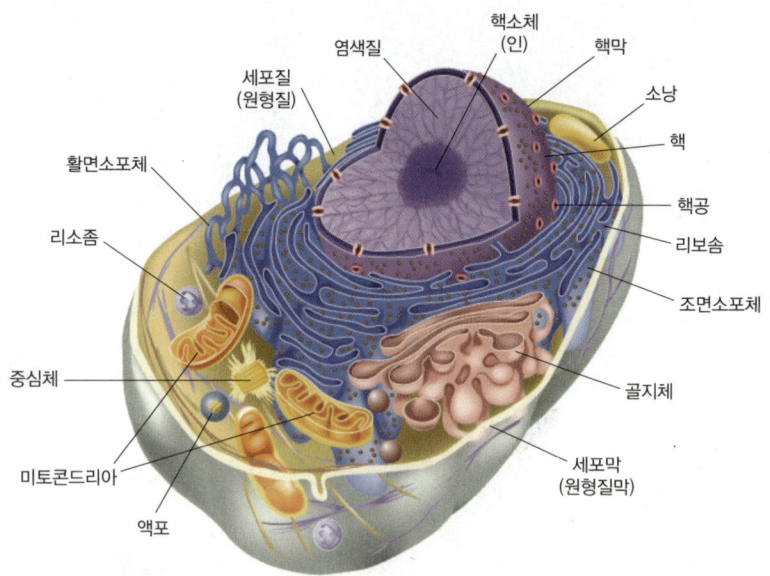

① 세포(Cell) 빈출
- 모든 생명체의 구조적·기능적·유전적 기본 단위
- 세포막, 세포질, 핵으로 구성됨

- 하나의 세포로 구성된 단세포 생물과 여러 개의 세포로 구성된 다세포 생물이 있음
- 세포의 기능, 조직에 따라 다양한 모양의 세포들이 있음

② 세포막(Cell Membrane, 원형질막) 빈출
- 세포와 세포 사이의 경계를 이루는 막
- 얇은 지질 이중층의 구조로, '지질, 단백질, 탄수화물'로 구성됨
- 생물체와 외부 환경 사이에 경계를 이루고 내부 환경을 조절함
- 세포 사이의 결합 상태를 유지함
- 세포 내의 물질들을 보호·보존하고, 세포막을 통한 물질의 이동을 조절함

능동이동		물질이 세포막을 통과하여 저농도에서 고농도로 이동하는 현상
수동 이동	확산	에너지가 사용되지 않으면서 자연스럽게 물질 입자들이 스스로 고농도에서 저농도로 용질이 이동하는 현상 예 잉크 - 물, 냄새, 폐호흡
	삼투	서로 다른 용매의 흐름이 저농도에서 고농도로 반투막을 통해 이동하는 현상 예 배추 절이기, 식물의 거름
	여과	막을 경계로 하여 내·외막의 압력 차이가 있을 때 물이나 용질의 액체가 이동하는 현상 예 혈압에 의한 모세혈관 내의 물질 이동

③ 세포질(Cytoplasm, 원형질)
- 핵을 둘러싸고 있는 반유동적 액체
- 물, 전해질, 지질, 단백질, 탄수화물, 세포 소기관으로 구성됨
- 세포의 형태 및 항상성 유지
- 세포의 성장과 재생에 필요한 물질 함유
- 세포 소기관

미토콘드리아 (사립체)		- 세포 호흡생리의 주된 기관 - 세포의 ATP 생성 - 내막과 외막의 이중막으로 구성됨
형질내세망	조면소포체	- 표면에 리보솜이 있는 소포체 - 리보솜에 의해 단백질 합성
	활면소포체	- 표면에 리보솜이 없는 소포체 - 독성약품, 알코올 등에 대한 해독작용 - 스테로이드 호르몬 합성
골지체		- 분비기능을 가진 세포로 핵 주위에 위치 - 세포 내로 지질, 단백질 등을 흡수 및 이동시킴 - 리소좀, 소화에 관여하는 세포 소기관 형성
리소좀 (용해소체)		가수분해효소를 많이 함유하고 있어 세균, 이물질을 분해·처리
리보솜		- 조면소포체의 표면에 부착되어 있거나 세포질 내에 존재 - RNA와 단백질로 구성된 복합체 - 단백질 합성에 중요한 작용을 함
중심체		- 세포주기 조절 - 세포분열의 중심적 역할을 하며 유사분열을 함

용어 ATP(Adenosine Triphosphate, 아데노신 삼인산)
생물이 섭취한 음식물 분자에 함유된 에너지와 정교한 화학반응을 하여 이를 세포에 전달하는 역할을 하는 유기화합물

참고 세포의 물질 수송
- ATP 사용: 능동수송
- ATP 미사용: 수동수송

④ 핵(Nucleus)
- 유전자를 복제하거나 유전 정보를 저장 및 전달함
- 단백질의 합성, 분열, 성장을 조절함

핵막	• 핵을 둘러싸고 있는 이중 구조의 얇은 막 • 물질 교환 역할을 하고 핵공이 있음
핵소체(인)	• 단백질과 RNA로 구성됨 • RNA 합성작용
염색질	• DNA와 단백질로 구성됨 • 개체의 유전적 특성을 결정하여 정보를 저장함
핵형질(핵질)	• 핵의 기질로 물, 단백질, 무기질, 지방 등으로 구성됨 • 핵소체와 염색질을 제외한 나머지 부분에 해당
핵공	• 단백질로 구성됨 • 핵막에 존재하며, 핵과 세포질 사이의 물질 이동 통로

2 조직의 구조 및 작용 빈출

참고 인체의 4대 기본 조직
결합조직, 상피조직, 근육조직, 신경조직

(1) 결합조직
혈관 발달, 세포 성분 및 기질로 구성되며, 인체에서 가장 많은 양을 차지함
① 역할: 체내 여러 세포, 기관 등을 결합 및 지지
② 종류: 교원섬유, 탄력섬유, 세망섬유 및 연골의 지지조직, 골조직, 지방조직, 혈액조직, 액상조직 등

(2) 상피조직
조직의 체표면, 체강, 관 등의 내부 표면을 덮고 있는 세포가 여러 층 밀착되어 모인 세포조직으로, 상피세포의 위치에 따라 그 기능이 다름
① 역할: 신체 보호, 소화효소 분비, 영양분의 흡수, 감각 등
② 분류

편평상피	• 세포의 형태가 얇고 편평한 조직 • 구강, 식도, 질, 항문, 혈관, 림프관 등에 분포
입방상피	• 길이와 높이가 거의 일정한 주사위 모양의 조직 • 신장관, 분비샘의 분비관, 기관지, 췌장, 자궁내막 등에 분포
원주상피	• 긴 기둥 모양의 단일층의 세포조직 • 흡수작용이 우수 • 여성 생식관의 섬모, 요도, 항문의 점막, 소화기관 등에 분포
이행상피	• 확장과 수축이 가능한 세포조직 • 방광, 요관의 내막, 신우 등에 분포

참고 중층편평상피
- 여러 층의 세포로 구성되어 있고, 비교적 두꺼운 조직을 형성함
- 피부의 표피, 구강, 인후, 질, 항문 등에서 볼 수 있음
- 피부는 중층편평상피에 해당함

(3) 근육조직
수축·이완작용의 근육세포들로 구성됨
① 역할: 골격의 움직임, 내장기관의 형성, 혈액순환, 음식물의 이동 등

② 분류

수의근	의식적으로 통제할 수 있는 근육 예) 골격근, 표정근
불수의근	의식적으로 통제할 수 없는 근육 예) 심장, 홍채, 혈관, 소화계, 생식계

(4) 신경조직

신경세포(뉴런)와 신경교세포로 이루어진 조직으로, 세포체, 수상돌기, 축삭돌기, 축삭말단으로 구성됨
① 역할: 정보를 수신하고 통합, 전달함
② 분류

단극 신경원	• 1개의 돌기에서 뻗은 좌우 각각 1개의 수상돌기와 축삭으로 구성됨 • 척수신경의 후근신경절을 구성함
다극 신경원	• 여러 개의 수상돌기와 1개의 축삭으로 구성됨 • 골격근을 구성함
양극 신경원	• 세포체를 중심으로 좌우 각각 1개의 수상돌기와 축삭으로 구성됨 • 후각점막, 망막, 귀의 달팽이 신경절을 구성함
무극 신경원	• 크기가 작고 극(축삭)이 없는 신경세포 • 중추신경계, 특수 감각기관에만 존재함

CHAPTER 01 세포와 조직 | 출제 예상문제 ⓒ

1 세포의 구조 및 작용

01
인체를 구성하는 요소 중 가장 작은 최소 단위는?
① 세포 ② 조직
③ 기관 ④ 계통

> 세포는 생명체의 구조적·기능적·유전적 기본 단위로, 인체는 '세포 – 조직 – 기관 – 계통'으로 구성됨

02
같거나 비슷한 기능을 가진 세포들이 모인 집단은?
① 세포 ② 조직
③ 기관 ④ 계통

> • 세포: 인체를 이루는 최소 단위
> • 기관: 두 종류 이상의 조직들의 결합
> • 계통: 공통된 기능을 가진 기관들의 집단

03
세포에 대한 설명으로 옳지 않은 것은?
① 세포는 세포막, 세포질, 핵으로 구성된다.
② 세포의 기능, 조직에 따라 다양한 모양의 세포들이 있다.
③ 세포질은 주로 유성의 액체로 구성되어 있으며 세포 소기관이 존재한다.
④ 하나의 세포로 구성된 단세포 생물과 여러 개의 세포로 구성된 다세포 생물이 있다.

> 세포질은 주로 물을 함유한 반유동적 액체에 해당함

04
세포막의 기능으로 옳은 것은?
① 세포와 핵 사이의 경계를 이루는 막이다.
② 단백질로만 이루어져 있다.
③ 얇은 지질 이중층의 구조로 물질의 선택적 이동을 조절한다.
④ 세포의 외부적 경계를 이루지만, 내부적 보호의 역할을 하지 않는다.

> 세포막(Cell Membrane, 원형질막)
> • 세포와 세포 사이의 경계를 이루는 막
> • 얇은 지질 이중층의 구조로, 지질, 단백질, 탄수화물로 구성됨
> • 생물체와 외부 환경 사이에 경계를 이루고 내부 환경을 조절함
> • 세포 사이의 결합 상태를 유지함
> • 세포 내의 물질들을 보호·보존하고 세포막을 통한 물질의 이동을 조절함

05
세포막 이동의 종류가 다른 것은?
① 잉크 한 방울을 물에 떨어뜨렸을 때의 물질 이동
② 폐호흡의 산소와 이산화탄소의 이동
③ 식물의 거름
④ 냄새의 물질 이동

> • 확산: 잉크 – 물, 냄새, 폐호흡(고농도 → 저농도)
> • 삼투: 배추 절이기, 식물의 거름(저농도 → 고농도)
> • 여과: 혈압에 의한 모세혈관 내의 물질 이동(압력차에 의한 이동)

06
세포질을 구성하는 소기관에 해당하지 않는 것은?
① 미토콘드리아 ② 염색질
③ 중심체 ④ 리보솜

> 염색질: 핵을 구성하는 물질

| 정답 | 01 ①　02 ②　03 ③　04 ③　05 ③　06 ②

07
미토콘드리아에 대한 설명으로 옳지 않은 것은?
① 세포 호흡생리의 주된 기관이다.
② 세포 활동에 필요한 에너지를 생성한다.
③ 내막과 외막의 이중막으로 구성되어 있다.
④ 세균, 이물질이나 노폐물을 분해하는 작용을 한다.

> 리소좀: 용해소체라고도 하며, 가수분해효소가 많이 함유되어 있어 세균, 이물질 등을 분해·처리함

08
세포질의 소기관에 해당하며 RNA와 단백질로 구성된 복합체로 단백질 합성에 중요한 작용을 하는 것은?
① 골지체　　　　　② 리소좀
③ 중심체　　　　　④ 리보솜

> • 골지체: 분비기능, 세포 내로 지질과 단백질을 흡수 및 이동시킴
> • 리소좀: 세균, 이물질을 분해 및 처리함
> • 중심체: 세포주기 조절, 세포분열의 중심적 역할

09
세포 소기관 중 유전자를 복제하거나 유전 정보를 저장 및 전달하는 것은?
① 세포막　　　　　② 세포질
③ 핵　　　　　　　④ 핵소체

> • 세포는 세포막, 세포질, 핵으로 이루어져 있음
> • 핵소체: 핵의 소기관에 해당함

10
핵의 기관 중 개체의 유전적 특성을 결정하여 정보를 저장하는 것은?
① 핵막　　　　　　② 핵소체
③ 염색질　　　　　④ 핵형질

> • 핵막: 물질 교환의 역할
> • 핵소체: RNA 합성작용
> • 핵형질: 핵소체와 염색질을 제외한 나머지 부분에 해당함

2 조직의 구조 및 작용

11
인체를 구성하는 4대 기본 조직이 아닌 것은?
① 결합조직　　　　② 지방조직
③ 근육조직　　　　④ 신경조직

> 인체를 구성하는 4대 조직: 결합조직, 상피조직, 근육조직, 신경조직

12
인체의 기본 조직 중 가장 많은 양을 차지하는 조직은?
① 신경조직　　　　② 근육조직
③ 상피조직　　　　④ 결합조직

> 결합조직은 체내 여러 세포, 기관 등을 결합·지지하는 역할을 하며, 전신에 분포되어 있고, 연골의 지지조직, 골조직, 지방조직, 혈액조직, 액상조직 등이 있음

13
사람의 피부가 해당하는 상피조직의 종류는?
① 단층편평상피　　② 중층편평상피
③ 단층입방상피　　④ 이행상피

> 중층편평상피는 여러 층의 세포로 구성되어 있고, 비교적 두꺼운 조직을 형성하고 있으며, 피부의 표피, 구강, 인후, 질, 항문 등에서 볼 수 있음

14
근육조직에 대한 설명으로 옳지 않은 것은?
① 수축작용의 근육세포들로 구성되어 있다.
② 골격의 움직임, 자세 유지, 근육의 운동 등에 관여한다.
③ 골격근은 뼈에 바로 붙어 뼈의 움직임과 힘을 생성하며 불수의근이다.
④ 의식적인 통제 여부에 따라 수의근, 불수의근으로 구분한다.

> 골격근은 다양한 동작을 마음대로 움직일 수 있는 수의근에 해당함

15
신경조직에 대한 설명으로 옳지 않은 것은?
① 신경세포 및 신경교세포로 이루어진 조직이다.
② 정보를 수신하고 통합, 전달하는 역할을 한다.
③ 세포 소기관인 세포체와 수상돌기, 축삭 등의 세포 연장물로 구성된다.
④ 골격근을 구성하는 것은 주로 양극 신경원이다.

> 골격근을 구성하는 것은 다극 신경원임

| 정답 | 07 ④　08 ④　09 ③　10 ③　11 ②　12 ④　13 ②　14 ③　15 ④

CHAPTER 02
뼈대(골격) 계통 ⓒ

> **합격 TIP**
> • 골격계의 개요 및 기능에 대해 학습하세요.
> • 인체부위별 골의 분류와 척주에 대하여 집중적으로 암기하세요.

1 골격계의 개요 및 기능

(1) 골격계의 개요
① 정상 성인을 기준으로 206개의 뼈로 구성되어 있음
② 연골, 관절 등의 결합조직들과 연결되어 근골격의 기능적 계통을 이룸
③ 뼈의 성장은 개별적 영양과 성장호르몬, 부갑상선·갑상선호르몬, 비타민D 등과 유전의 영향을 받음
④ 인체의 여러 구조 조직 중 가장 치밀하고 단단함

(2) 골격계의 기능 [빈출]
① **지지기능**: 가장 대표적 기능
② **보호기능**: 인체의 주요 내부 장기와 연조직을 보호
③ **운동기능**: 골격근과 병행하여 움직이는 운동기능, 지렛대작용
④ **조혈기능**: 적골수에서 혈액세포를 생성
⑤ **무기질과 지방 저장기능**
  • 뼈의 세포간지질에는 인과 칼슘(인산칼슘)을 포함함
  • 황골수는 대부분 지방세포로 구성됨

2 골의 구조

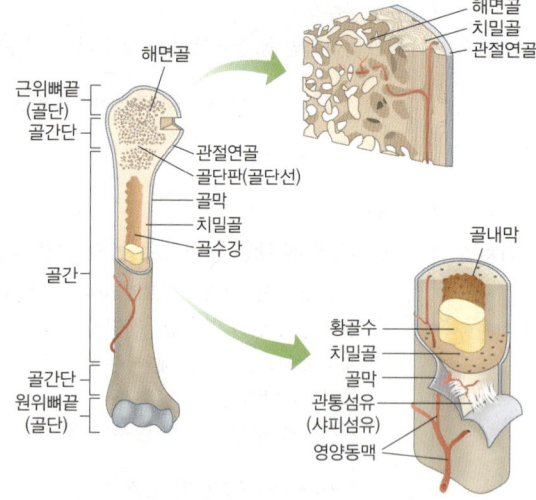

골간	• 뼈의 주요 축 기능을 하며, 치밀골로 이루어짐 • 골간의 중심부에는 속이 비어있어 뼈의 무게를 감소시키는 골수강이 있음
골단	뼈의 끝부분
골간단	• 장골 끝의 볼록한 부분으로 골간과 골단 사이에 위치 • 골단을 지지하는 기능을 하며, 해면골로 구성됨
골단판 (골단선)	• 골단과 골간단 사이에 위치함 • 뼈의 길이를 성장하게 하는 연골성 물질(성장판)
치밀골	피질골이라고 하며, 골의 바깥쪽에 위치함
해면골	• 치밀골보다 더 내부에 있으며 모세혈관의 확산에 의해 혈액을 공급받음 • 뼈 속이 꽉 차지 않고 비어있는 공간이 존재하여 뼈의 무게를 줄여줌
골수강	• 골수 포함, 영양분 전달의 통로 • 유아: 모든 뼈가 적골수로 조혈작용 • 성인: 골반뼈, 갈비뼈, 척추 등에서만 적골수로 조혈작용
골막	• 관절 표면을 제외한 모든 뼈를 감싸고 있는 얇은 결합조직의 막 • 영양분을 공급하는 신경과 혈관이 많이 분포하며 근육과 힘줄 인대가 부착되는 곳 • 골모세포의 존재로 골의 재생에 관여함
골내막	• 골수강과 해면골 표면을 덮는 골막 형태 • 뼈를 생성하고 재흡수하는 골모세포를 함유

3 골의 분류

(1) 형태에 따른 골의 분류

장골	길이가 긴 뼈 예 대퇴골, 상완골, 요골, 척골, 비골, 경골 등
단골	길이가 짧은 뼈 예 수근골, 족근골, 손·발목뼈 등
편평골	납작한 뼈 예 두개골, 견갑골, 늑골, 흉골 등
불규칙골	모양이 일정하지 않은 뼈 예 척추, 접형골, 추골, 관골 등
종자골	근육의 건이나 관절낭 속에 있는 작은 씨앗 모양의 골로 뼈와 뼈의 마찰을 예방 예 슬개골 등
함기골	뼈 속 공간에 공기를 함유하는 뼈 예 상악골, 전두골, 측두골, 사골, 접형골 등

(2) 인체 부위별 골의 분류 빈출

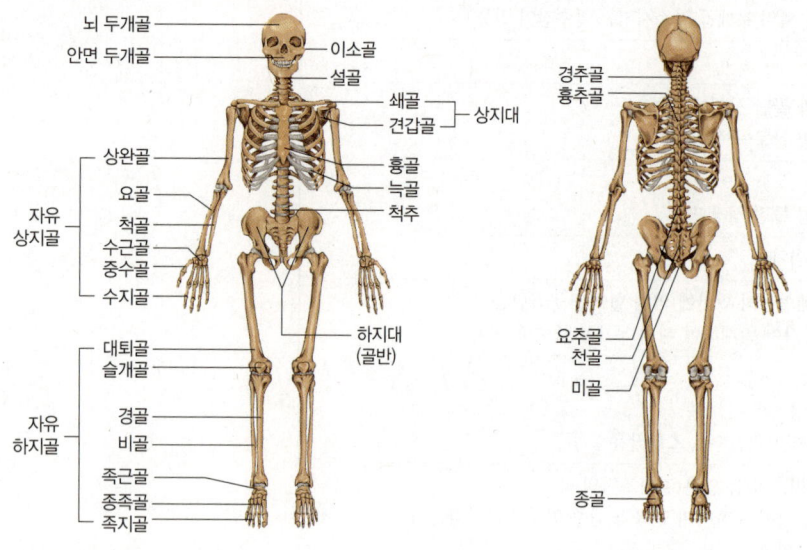

체골격 (206개)	체간골격 (80개)	두개골(29개)	뇌 두개골	8개
			안면 두개골	14개
			이소골	6개
			설골	1개
		척추골(26개)	경추골	7개
			흉추골	12개
			요추골	5개
			천골	1개
			미골	1개
		흉골		1개
		늑골		24개(좌우 12개씩)
	체지골격 (126개)	상지골(64개)	상지대	4개(좌우 2개씩)
			자유상지골	60개(좌우 30개씩)
		하지골(62개)	하지대(골반)	2개(좌우 1개씩)
			자유하지골	60개(좌우 30개씩)

용어 체간골격(주축골격)
신체의 축을 형성하여 신체를 지지하고, 체내 장기를 보호하는 몸통 골격

용어 체지골격(사지골격, 부속골격)
양쪽 팔다리를 형성하며 몸통을 이어줌

① 두개골(29개)

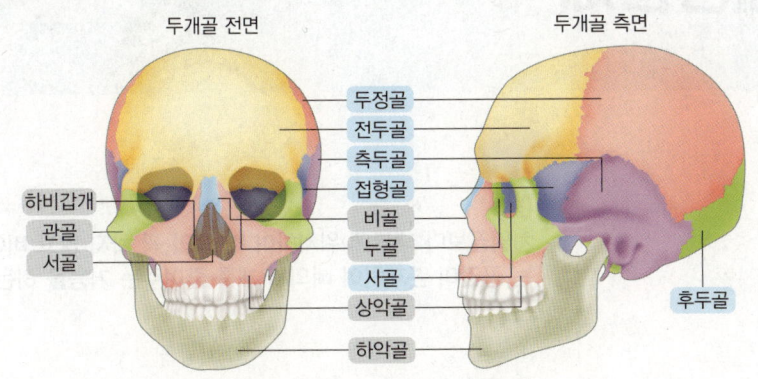

뇌 두개골 (6종 8개)		안면 두개골 [8종 14개(설골 제외)]	
두정골(머리 윗부분)	2개(1쌍)	누골(눈물뼈)	2개(1쌍)
전두골(이마뼈)	1개	비골(코뼈)	2개(1쌍)
측두골(머리 옆부분)	2개(1쌍)	하비갑개(아래코선반뼈)	2개(1쌍)
접형골(눈확을 이룸)	1개	관골(광대뼈)	2개(1쌍)
사골(접형골의 앞쪽)	1개	서골(보습뼈)	1개
후두골(머리 뒷부분)	1개	구개골(입천장뼈)	2개(1쌍)
		상악골(위턱뼈)	2개(1쌍)
		하악골(아래턱뼈)	1개
		설골(목뿔뼈)	1개

② 척주 빈출
- 몸통의 주축을 이루며 뼈의 기둥 역할을 함
- 머리뼈를 받치고, 골반의 구성에 관여
- 머리와 몸통의 운동에 관여
- 신장의 47%(70~75cm) 정도를 차지
- 척수 보호
- 네 개의 만곡이 존재: 경추만곡, 흉추만곡, 요추만곡, 천추만곡
- 총 26개의 뼈로 구성: 경추(7개), 흉추(12개), 요추(5개), 천골(1개), 미골(1개)

③ 관절: 뼈와 연골, 인대, 건과 근육이 만나는 형태로, 2개 이상의 뼈가 결합하여 서로 맞닿아 움직일 수 있는 구조

연골	• 뼈가 서로 닿는 부분에서 마찰을 줄이는 윤활작용을 하는 섬유성 결합조직 • 연골아세포, 연골세포와 연골기질(물, 콜라겐, 당단백질 등)로 구성됨 • 연골에는 혈관이 없어 영양을 직접적으로 공급받지 못함
인대	• 뼈와 뼈를 잇는 조직으로 관절 형태를 유지하고 관절과 근육을 보호함 • 콜라겐의 섬유성 단백질로 구성됨
건 (힘줄)	• 뼈와 근육을 잇는 부분으로 대부분 골격근의 끝부분에 위치함 • 교원섬유의 치밀한 결합조직임

참고 척주의 만곡과 뼈의 구성

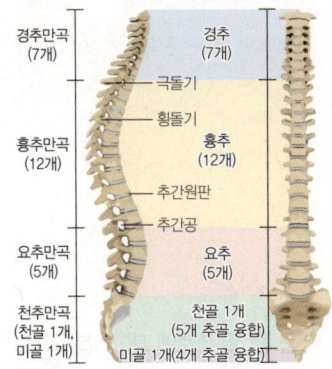

참고 경추, 흉추, 요추의 모양

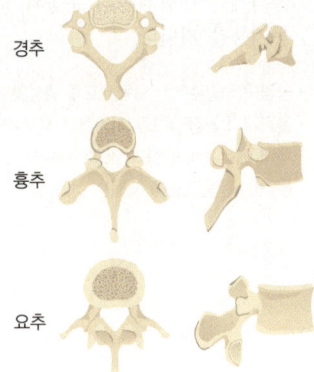

참고 관절

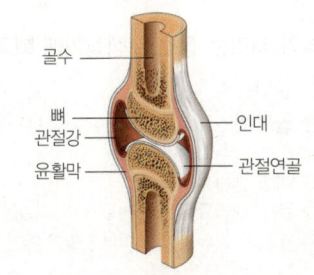

CHAPTER 02 뼈대(골격) 계통 | 출제 예상문제 ⓒ

1 골격계의 개요 및 기능

01
골격계의 기능으로 옳지 <u>않은</u> 것은?
① 인체를 지지하고 운동 활동에 관여한다.
② 인체의 내부 장기와 연조직을 보호한다.
③ 골수에서 혈액세포를 생성한다.
④ 체내의 열을 생산한다.

> 체내의 열 생산은 근육의 기능에 해당함

02
다음 중 골격계에 대한 설명으로 옳은 것은?
① 골격계의 기능 중 가장 대표적인 기능은 운동기능이다.
② 골격에서는 혈액세포를 생성한다.
③ 골격계는 체내 에너지를 생산하며 관절을 보호한다.
④ 골격계는 내장기관의 운동과 소화기관의 이동을 돕는 운동기능을 지닌다.

> • 골격의 적골수에서 혈액세포를 생성함
> • 골격계의 가장 대표적 기능은 지지기능임
> • 체내 에너지의 생산과 관절 보호, 내장기관의 운동과 소화기관의 이동을 돕는 운동기능을 지니는 것은 '근육'에 해당함

2 골의 구조

03
뼈가 자라는 장소로 성장기에 뼈의 길이가 길어지는 곳은?
① 골단 ② 골간
③ 골단판 ④ 골수강

> • 골단: 뼈의 끝부분
> • 골간: 뼈의 주요 축 기능을 하며, 치밀골로 이루어짐
> • 골수강: 골수 포함, 영양분 전달의 통로

04
치밀골보다 내부에 위치하며 뼈 속이 꽉 차지 않고 비어있는 공간이 존재하여 뼈의 무게를 줄여주는 기능을 하는 곳은?
① 골수강 ② 치밀골
③ 골단 ④ 해면골

> 해면골은 치밀골과 달리 뼈 속이 비어있는 공간이 있어 무거운 뼈의 무게를 줄여주고, 모세혈관을 통해 혈액 및 영양분을 공급받으며 골수의 저장고 역할을 함

3 골의 분류

05
뼈 속 공간에 공기를 함유하여 Air Bone이라고 불리며, 상악골, 전두골, 측두골, 사골 등이 해당하는 것은?
① 장골 ② 함기골
③ 편평골 ④ 종자골

> • 장골: 길이가 긴 뼈 예 대퇴골, 상완골, 요골, 척골, 비골, 경골 등
> • 편평골: 납작한 뼈 예 두개골, 견갑골, 늑골, 흉골 등
> • 종자골: 근육의 건이나 관절낭 속에 있는 작은 씨앗 모양의 골로 뼈와 뼈의 마찰을 예방 예 슬개골

06
납작한 편평골에 해당하지 <u>않는</u> 것은?
① 견갑골 ② 척추
③ 늑골 ④ 두개골

> 척추는 불규칙골에 해당함

| 정답 | 01 ④ 02 ② 03 ③ 04 ④ 05 ② 06 ②

07
골격계의 분류로 옳은 것은?
① 장골 – 수근골　② 단골 – 대퇴골
③ 종자골 – 슬개골　④ 불규칙골 – 전두골

- 장골: 대퇴골, 상완골, 요골, 척골, 비골, 경골 등
- 단골: 수근골, 족근골, 손·발목뼈 등
- 불규칙골: 척추, 접형골, 추골, 관골 등

08
골격계에 대한 설명으로 옳지 <u>않은</u> 것은?
① 정상 성인을 기준으로 206개의 체골격으로 구성된다.
② 인체의 체골격은 체간골격(80개), 체지골격(126개)으로 구성된다.
③ 체지골격은 상지골(64개), 하지골(62개)로 구성된다.
④ 체간골격의 흉골, 늑골은 척추골에 해당한다.

- 체간골격은 몸통 뼈대를 말하며, 두개골(29개), 척추골(26개), 흉골(1개), 늑골(24개)로 구성되어 있음

09
두개골에 대한 설명으로 옳지 <u>않은</u> 것은?
① 총 29개의 뼈로 구성되어 있다.
② 뇌 두개골과 안면 두개골로 나뉜다.
③ 안면 두개골은 비골, 관골, 사골, 상악골 등이 있다.
④ 뇌 두개골은 두정골, 후두골, 측두골, 접형골 등이 있다.

- 뇌 두개골(8개): 두정골(2개), 전두골(1개), 측두골(2개), 접형골(1개), 사골(1개), 후두골(1개)
- 안면 두개골(14개, 설골 제외): 누골(2개), 비골(2개), 하비갑개(2개), 관골(2개), 서골(1개), 구개골(2개), 상악골(2개), 하악골(1개), 설골(1개)

10
척주에 대한 설명으로 옳지 <u>않은</u> 것은?
① 머리뼈를 받치고, 골반의 구성에 관여한다.
② 경추만곡, 흉추만곡, 요추만곡, 천추만곡으로 이루어진다.
③ 총 26개의 뼈로 구성되어 있으며, 경추(7개), 흉추(12개), 요추(5개), 천골(1개), 미골(1개)로 이루어진다.
④ 팔다리를 움직일 수 있게 한다.

- 팔다리 운동에 관여하는 것은 상지골, 하지골에 해당함

11
몸의 주축을 이루는 척주의 만곡에 대한 설명으로 옳지 <u>않은</u> 것은?
① 경추만곡은 7개의 목뼈로 이루어져 있다.
② 흉추만곡은 12개의 등뼈로 이루어져 있다.
③ 요추만곡은 5개의 허리뼈로 이루어져 있다.
④ 천추만곡은 1개의 엉치뼈로 이루어져 있다.

- 천추만곡은 천골(엉치뼈) 5개에서 성인이 되면 1개로 융합되고, 미골(꼬리뼈) 4개에서 성인이 되면 1개로 융합됨. 따라서 각각 엉치뼈 1개, 꼬리뼈 1개로 이루어짐

12
골격근의 끝부분에 위치하는 교원섬유의 치밀한 결합조직은?
① 인대　② 건
③ 연골　④ 관절

- 인대: 뼈와 뼈를 잇는 조직으로 관절 형태를 유지하고 관절과 근육을 보호하며, 콜라겐의 섬유성 단백질로 구성됨
- 연골: 뼈가 서로 닿는 부분에서 마찰을 줄이는 윤활조직으로, 연골세포와 연골기질(물, 콜라겐, 당단백질 등)로 구성됨
- 관절: 뼈와 연골, 인대, 건과 근육이 만나는 형태로, 2개 이상의 뼈가 결합하여 서로 맞닿아 움직일 수 있는 구조

정답 | 07 ③　08 ④　09 ③　10 ④　11 ④　12 ②

CHAPTER 03 근육 계통 B

합격 TIP
- 근육의 기능과 분류는 출제 빈도가 높으니 내용을 집중적으로 학습하세요.
- 근육의 분류 중 근육의 세부 분류의 특징을 꼭 암기하세요.

1 근육계의 개요

(1) 근육의 기능 빈출

① 운동(신체 움직임)
- 근육의 가장 중요한 기능
- 골격근의 수축과 이완에 의한 작용
- 배출의 기능
- 내장기관의 운동 및 소화기관의 이동

② 자세 유지: 앉기, 서기, 눕기 등의 자세를 유지

③ 체내 에너지 생산
- 근육의 움직임으로 ATP 에너지가 사용되어 몸에 열을 발생시켜 정상체온을 유지
- 대부분 골격근에 해당함

④ 관절 및 뼈 보호

(2) 근육의 종류

① 적색근
- 수축 속도가 느리지만 장시간의 지속적인 자극으로 강한 수축을 일으킴
- 유산소 운동, 마라톤 등의 지구력을 요하는 운동에 적합함
- 산소 소모율이 높음

② 백색근
- 순간적인 운동을 할 때 사용되며 쉽게 피로감을 느낌
- 100m 달리기 등에 적합함

③ 근수축❼의 종류 빈출

연축	• 짧은 시간 한 번의 자극으로 일어나는 일시적 수축 • 단일수축이라고 함
강축	• 근육에 짧은 간격의 자극을 가하면 연축이 합쳐져 일어남 • 수축의 세기가 단일수축보다 강하고 지속적
긴장	여러 개의 정상적인 근육에 운동 신경으로부터 약한 자극이 계속 주어져 부분적 근육 수축이 강축되어 지속적으로 나타남
강직	• 활동 전압이 발생되지 않는 상태에서 강축의 근육 수축이 일어남 • 근육을 움직일 수 없고 굳는 현상
마비	중추신경계와 말초신경계의 손상으로 골격근에 자극이 전달되지 않아 수의적 수축이 불가능한 상태

참고 근수축
근육 수축에 관여하는 인체 내의 화학물질로는 액틴과 미오신이 있음

세동	여러 개의 근섬유가 비동시적으로 각각 다르게 수축하는 상태
경련	다양한 종류의 근육에 불규칙적으로 수축이 일어나는 상태

2 근육의 분류 빈출

① 기능적 분류

수의근	의지에 따라 마음대로 움직일 수 있는 통제 가능한 근육
불수의근	의지와 관계없이 자율신경의 지배를 받는 근육

② 구조적 분류

횡문근 (가로무늬근)	• 근섬유에 가로줄무늬가 있어 횡문근, 가로무늬근이라 함 • 체성신경에 의해 조절 • 수축과 이완의 속도가 급격하고 힘이 강하며 수축의 지속성이 낮아 피로도가 높음 • 여러 핵으로 구성(다핵체) ㉮ 골격근 등의 수의근
평활근 (민무늬근)	• 근섬유에 줄무늬가 없어 평활근, 민무늬근이라 함 • 자율신경에 의한 조절(교감신경, 부교감신경) • 수축과 이완의 속도가 완만하고 힘이 약하며 수축의 지속성이 높아 피로도가 낮음 • 신체 여러 내장 기관(홍채, 소화관, 방광, 혈관 등)의 벽에 분포함 • 하나의 핵으로 구성(단핵체) ㉮ 내장근 등의 불수의근

③ 구성에 따른 분류

골격근	• 근섬유들이 인체를 지지하는 뼈에 부착되어 있음 • 의지에 따라 마음대로 움직일 수 있는 통제 가능한 수의근 • 횡문근으로 수축에 의해 운동을 함
심장근	• 심장벽을 구성하는 근육으로 심근의 수축으로 혈액을 전신으로 내보냄 • 의지와 관계없이 자율신경의 지배를 받는 불수의근으로 횡문근
내장근	• 내장기관들의 벽을 이루는 근육 • 의지와 관계없이 자율신경의 지배를 받는 불수의근으로 평활근 • 근의 수축이 약하고 느리나 지속적이고 피로하지 않음

참고 근육의 분류

▲ 골격근(횡문근, 수의근)

▲ 심장근(횡문근, 불수의근)

▲ 내장근(평활근, 불수의근)

3 골격근의 종류와 기능

(1) 골격근의 보조장치

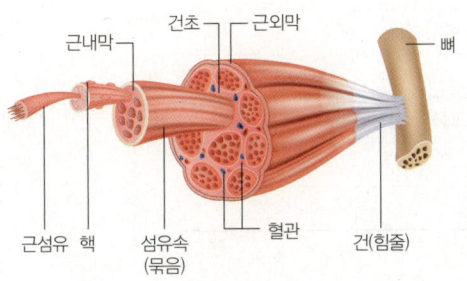

근막	근육을 보호하기 위한 결합조직 막
건(힘줄)	뼈와 근육을 연결하는 부분
건초	건과 근육 사이의 마찰을 예방하거나 줄여주는 작용을 함

(2) 머리(두부)근육

머리덮개근과 얼굴근(안면근, 저작근)으로 나뉨

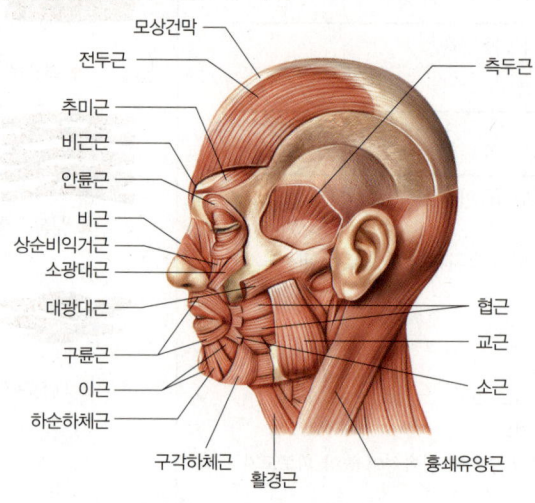

	모상건막	두피를 움직이게 하는 근육으로, '머리덮개널힘줄'이라고도 함
	전두근	눈썹을 올릴 때 이마의 가로 주름을 만듦
	추미근	눈썹 사이(미간)의 세로 주름을 형성
	비근	콧잔등을 덮고 있으며 콧대를 가로지르는 주름을 만듦
	비근근	코끝으로 사선 주름을 만듦
	안륜근	눈을 깜박이거나 감을 때 사용
	상순비익거근	윗입술을 들어올리는 작용
안면근	소광대근	비웃는 표정으로 윗입술을 바깥 방향으로 당김
	대광대근	웃는 표정을 지을 때 입가를 당김
	구륜근	입술을 다물거나 움직이게 함
	이근	입술을 앞으로 내밀어 턱의 주름이 생기게 함
	하순하체근	아랫입술을 아래로 당겨 내리는 작용
	구각하체근	입꼬리를 내리는 작용
	협근	• 위턱뼈와 아래턱뼈의 어금니 쪽에서 입꼬리와 입둘레에 닿는 근육 • 구강의 크기를 조절(휘파람을 부는 형태)
	소근	입을 옆으로 늘여 웃을 때 보조개를 형성
	교근	아래턱을 끌어 올림
저작근	측두근	입을 벌렸다 다물게 하는 근육으로 교근의 협동근
	내측익돌근	턱을 다물거나 앞으로 내밀게 함
	외측익돌근	턱관절 앞쪽을 당겨 입을 열게 함

(3) 전신근

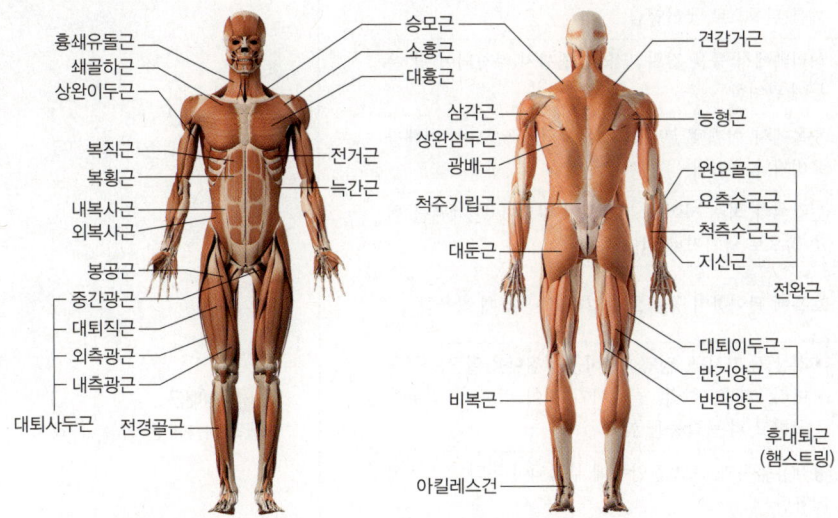

목 근 육	광경근	• 목의 전면과 외측면에 넓게 퍼져 있음 • 목의 상하 운동을 주도함 • 목에 주름을 만들고 아랫입술과 입꼬리를 아래로 당겨 슬픈 표정을 짓게 함
	흉쇄유돌근	• 쇄골과 유양돌기를 잇는 근육 • 한쪽 근육의 작용으로 고개를 반대로 돌리거나 머리를 기울임 • 양쪽 근육의 작용으로 고개를 아래로 내림
	설골근	목 속에 있으며 음식을 삼키거나 입을 열게 함
가 슴 근 육	대흉근	팔과 갈비뼈에 연결되어 팔을 움직임
	소흉근	견갑골을 올리거나 내릴 때 회전하여 움직이는 작용을 함
	전거근	견갑골 전체와 늑골에 부착되어 견갑골의 안정화, 호흡에 관여함
	쇄골하근	쇄골 밑에 부착되어 있으며 쇄골을 고정하고 어깨의 전인을 보조함
	늑간근	늑골 사이를 연결하는 근육으로 갈비뼈를 올리거나 호흡할 때 작용함
	횡격막	가슴과 배를 나누는 근육으로 호흡에 관여함
복 부 근 육	외복사근	수축 시 배를 압박하고 척추를 회전시키거나 굽힘
	내복사근	배 내부의 장기를 보호하고 척추를 회전시키거나 굽힘
	복직근	• 뼈에 직접 연결되지 않음 • 내장을 보호하고 배를 압박하며 수축 시 갈비뼈가 내려와 호흡을 뱉는 작용에 관여함
	복횡근	• 복부 가장 심부에 위치함 • 수축 시 복압을 상승시키고 요추의 전만을 유지하여 체간 안정화 작용을 함 • 내·외복사근의 작용을 도움

등근육	천배근	승모근	어깨 부위의 삼각형의 큰 근육으로 팔을 올리거나 어깨를 뒤쪽으로 끌어당김
		광배근 (활배근)	허리뼈에서 등을 감싸고 상완 팔까지 부착되어 팔 운동에 관여함
		견갑거근	윗목에서 어깨뼈 부분까지 부착되어 있으며, 어깨를 올리거나 움직임
		소능형근, 대능형근	견갑뼈와 척추 사이에 부착되어 있으며, 어깨뼈를 척추 쪽으로 당기거나 밀어냄
	심배근	상후거근, 하후거근	호흡에 관여하며 공기를 흡입하고 내쉴 때 작용함
		척주기립근	• 최장근, 가시근, 엉덩이갈비근의 집단을 일컫는 근육 • 머리, 가슴, 허리, 골반까지 뻗어 있으며, 척추를 굽히고 펴는 작용을 함
		두판상근	흉쇄유돌근과 승모근 안쪽에 부착되어 목의 움직임에 작용함
상지근육	삼각근		어깨를 들어올리고 회전시킴
	상완이두근		• 팔의 앞쪽근으로 각각 1개의 단근육, 장근육으로 되어 있어 '두갈래근, 이두박근'이라고도 함 • 앞쪽 팔을 올리거나 팔꿈치를 굽히는 작용을 하며 알통을 만듦
	상완삼두근		• 3개의 근육으로 되어 있어 '위팔세갈래근'이라고도 함 • 어깨와 하완팔을 연결하는 근육으로, 상완팔을 늘리거나 회전 운동에 관여하며 뼈의 탈구를 예방함
	전완굴근		손목을 구부리고 손을 위아래로 올리며 손가락을 모으고 구부리는 작용을 함
	전완신근		손과 손목, 손가락을 펴는 작용을 하며, '손가락폄근'이라고도 함
	손의 근		손바닥에 부착되어 있는 근육 ㉠ 단무지굴근, 소지굴근 등
하지근육	둔부근		• 엉덩이에 부착된 근육으로, 대둔근, 중둔근, 소둔근, 장요근으로 나뉨 • 고관절 신전과 회전, 골반과 대퇴근을 안정적으로 유지함
	대퇴근		허벅지 근육으로, 고관절과 슬관절 운동에 관여함 ㉠ 봉공근, 대퇴직근, 슬와근 등
	하퇴근		종아리 근육으로, 발목과 발가락 운동에 관여함 ㉠ 전경골근, 비복근, 비근 등
	발의 근		발에 있는 근육 ㉠ 족배근, 족척근 등

> **용어 천배근**
> 인체의 표층에 존재하는 근육

> **용어 심배근**
> 인체의 심층에 존재하는 근육

출제 예상문제 B

1 근육계의 개요

01
근육의 기능으로 옳지 <u>않은</u> 것은?
① 운동기능 ② 자세 유지기능
③ 보호기능 ④ 조혈기능

> 조혈기능은 골격계의 기능에 해당함

02
근육의 기능에 대한 설명 중 옳은 것은?
① 근육의 가장 중요한 기능은 관절 및 뼈 보호이다.
② 근육은 수축에 의해서만 움직인다.
③ 근육은 내장기관의 운동작용을 지닌다.
④ 근육의 움직임은 체온의 유지와 상관이 없다.

> - 근육의 가장 중요한 기능은 운동(신체 움직임) 기능임
> - 근육은 수축과 이완에 의해 움직임
> - 근육의 움직임으로 ATP 에너지가 사용되어 우리 몸에 열을 발생시켜 정상체온을 유지함

03
근육에 짧은 간격의 자극을 가하여 연축이 합쳐져 일어나는 근수축의 종류는?
① 연축 ② 강축
③ 긴장 ④ 강직

> - 연축(단일수축): 짧은 시간 한 번의 자극으로 일시적 수축이 일어남
> - 긴장: 여러 개의 정상적인 근육에 운동 신경으로부터 약한 자극이 계속 주어져 부분적 근육 수축이 강축되어 지속적으로 나타남
> - 강직: 활동 전압이 발생되지 않는 상태에서 강축의 근육 수축이 일어남

2 근육의 분류

04
근육의 구성에 따른 분류로 옳지 <u>않은</u> 것은?
① 골격근 ② 심장근
③ 수의근 ④ 내장근

> 수의근은 근육의 기능적 분류에 해당함

05
근육의 분류에 대한 연결로 옳은 것은?
① 골격근 - 수의근, 평활근
② 심장근 - 수의근, 횡문근
③ 내장근 - 불수의근, 평활근
④ 심장근 - 불수의근, 평활근

> 골격근(수의근, 횡문근), 심장근(불수의근, 횡문근), 내장근(불수의근, 평활근)

06
근육의 구성적 분류에 대한 내용으로 옳지 <u>않은</u> 것은?
① 골격근은 의지에 따라 움직일 수 있고 통제가 가능한 수의근이며 가로무늬근이다.
② 심장근은 자율신경의 지배를 받으며 통제가 불가능한 불수의근이며 민무늬근이다.
③ 내장근은 자율신경의 지배를 받는 불수의근이며 민무늬근이다.
④ 심장근은 수축 운동을 통해 혈액을 전신으로 보낸다.

> 심장근은 가로무늬근(횡문근)에 해당함

|정답| 01 ④ 02 ③ 03 ② 04 ③ 05 ③ 06 ②

3 골격근의 종류와 기능

07
안면근에 해당하는 것은?
① 교근
② 측두근
③ 추미근
④ 내측익돌근

> 교근, 측두근, 내측익돌근은 저작근에 해당함

08
안면근 중 이마 주름을 만들고, 눈썹을 올리는 작용을 하는 것은?
① 대광대근
② 구륜근
③ 안륜근
④ 전두근

> - 대광대근: 웃는 표정을 지을 때 입가를 당기는 역할
> - 구륜근: 입술을 다물거나 움직이게 하는 역할
> - 안륜근: 눈을 깜박이거나 감을 때의 역할

09
목의 전면을 감싸면서 가장 바깥 측면에 있는 근육은?
① 광경근
② 설골근
③ 흉쇄유돌근
④ 승모근

> - 설골근: 목 속에 있으며 음식을 삼키거나 입을 열 때 작용
> - 흉쇄유돌근: 한쪽 근육의 작용으로 고개를 반대로 돌리거나 머리를 기울이는 작용
> - 승모근: 어깨 부위의 삼각형의 큰 근육으로 팔을 올리거나 어깨를 뒤쪽으로 끌어당기는 작용

10
등근육의 심배근에 속하며 머리, 가슴, 허리, 골반까지 뻗어 척추를 굽히고 펴는 작용에 관여하는 근육은?
① 상후거근
② 하후거근
③ 척주기립근
④ 두판상근

> - 상후거근, 하후거근: 호흡에 관여하며 공기를 흡입하고 내쉴 때 작용
> - 두판상근: 흉쇄유돌근과 승모근 안쪽에 부착되어 목의 움직임에 작용

11
상지근육에 해당하지 않는 것은?
① 상완이두근
② 상완삼두근
③ 전완근
④ 천배근

> 천배근은 등근육에 해당함

12
하지근육 중 하퇴근에 대한 설명으로 옳은 것은?
① 허벅지에 해당하는 근육이다.
② 대둔근, 중둔근, 소둔근, 장요근이 이에 속한다.
③ 비근이 이에 속한다.
④ 족배근, 족척근이 이에 속한다.

> - 허벅지에 해당하는 근육은 대퇴근임
> - 대둔근, 중둔근, 소둔근, 장요근은 둔부근에 해당함
> - 족배근, 족척근은 발의 근에 해당함

신경 계통 ⓒ

> **합격 TIP**
> • 신경 계통은 전체적 내용의 개요를 학습하고 인지하세요.
> • 말초신경계 중 체성신경의 뇌신경과 척수신경을 집중 암기하세요.

1 신경계의 개요

(1) 신경조직의 구성
① 신경세포(뉴런): 신경조직의 최소 단위

신경세포체	• 세포핵을 포함한 뉴런의 신경원 섬유 • 세포막 내부에 세포 소기관을 포함하고 신경조직의 중심을 이룸 • 신경자극 전달 및 단백질 합성에 관여하는 기능상의 기본 단위
수상돌기	다른 뉴런이나 세포로부터 받은 자극을 세포체에 전달
축삭돌기	세포체로 받은 자극이나 신호를 축삭말단까지 전달
시냅스	신경세포의 축삭말단으로 다른 신경세포와 접합되어 신호를 전달하는 부분

> 참고 **신경세포의 구조**
>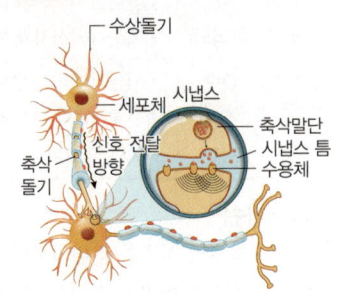

② 신경교세포
- 신경계를 구성하는 세포 중 신경세포가 아닌 세포
- 기능: 신경조직의 결합기능과 지지작용, 영양 공급과 노폐물 처리작용, 보호작용
  ㉑ 성상세포, 희소돌기아교세포, 소교세포, 상의세포(뇌실막세포), 미세아교세포(미세신경교세포), 슈반세포, 위성세포 등

(2) 신경계의 기능

감각기능	내·외부의 변화에 대한 감각 및 여러 정보를 지각하고 받아들임
운동기능	조직이나 세포가 담당 기능의 수행을 위해 근수축을 할 수 있도록 촉발함
조정기능	감지된 정보의 활동을 조화롭게 조절하여 적절한 반응을 유도함

2 중추신경

(1) 중추신경계
① 신경계의 통합과 조절 중추로 중심부를 형성함
② 감각신경계와 운동신경계를 연결시키는 역할을 함
③ 신체 기관의 기능을 통합하고 자극시킴
④ 뇌와 척수로 구성됨

(2) 중추신경계의 구성
① 뇌

대뇌	• 뇌의 대부분을 차지함 • 좌우 대뇌반구로 구분되고, 뇌들보(뇌량)가 있어 양쪽 뇌를 연결함 • 전두엽, 두정엽, 후두엽, 측두엽으로 구분됨 • 기능: 운동과 감각기관 주관, 학습적 기억, 언어와 창의적 사고, 정보 저장 등
소뇌	• 후두부 연수 뒷부분에 위치하며 뒤쪽 목부분과 근접함 • 기능: 몸의 균형 유지
간뇌 (사이뇌)	• 대뇌와 중뇌 사이에 있으며, 뇌의 한가운데 위치함 • 시상, 시상하부, 뇌하수체 등으로 구분됨 • 기능: 전신 감각의 중간 중추, 호르몬 분비·몸의 항상성 조절, 생리 및 대사 조절
중뇌 (중간뇌)	• 대뇌와 소뇌 사이에 덮여 있음 • 제3~4뇌신경과 이어짐 • 기능: 시각, 청각의 반사 중추작용과 안구 운동, 동공 수축
교뇌 (다리뇌)	• 중뇌와 연수 사이에 있고 소뇌 앞쪽으로 붙어 있음 • 제5~7뇌신경과 이어짐
연수 (숨뇌)	• 뇌줄기의 가장 아래쪽에 위치하며 척수와 연장되어 연결 • 기능: 생리 반사중추로 호흡, 심장박동, 소화기관 조절
뇌량	좌뇌와 우뇌의 신경세포들을 연결하는 신경다발

② 척수
- 척추의 척추관에 위치하며, 뇌 기저 부위에서부터 허리뼈까지 연결됨
- 연수에 연결되어 뇌와 몸 사이의 중추적 정보(관절, 근육, 피부 등)의 소통 경로
- 척추를 따라 31쌍의 척수신경이 분포하며, 척수반사 조절 및 반사신경 경로

3 말초신경 빈출

(1) 말초신경계
① 뇌와 척수를 제외한 나머지 신경계
② 인체 전반에 분포되어 있으며 중추신경계에 연결됨
③ 인체의 신경성·항상성 조절
④ 체성신경계와 자율신경계로 구성됨

(2) 말초신경계의 구성
① 체성신경계
- 감각신경과 운동신경으로 나뉨
- 대뇌의 지배를 받으며 의식적인 활동에 관여
- 의지대로 움직일 수 있는 수의근에 연결됨
- 신경절이 없어 중추에서 반사적 반응은 한 번에 전달됨
- 뇌신경과 척수신경으로 구성됨

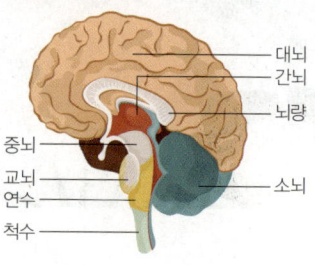

참고 뇌의 구조

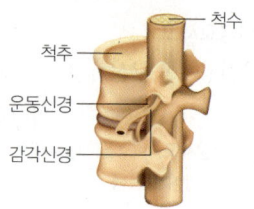

용어 뇌줄기
- 대뇌와 척수 사이에 줄기처럼 연결된 뇌의 부분
- 중뇌, 교뇌, 연수로 구성됨

참고 척수의 위치

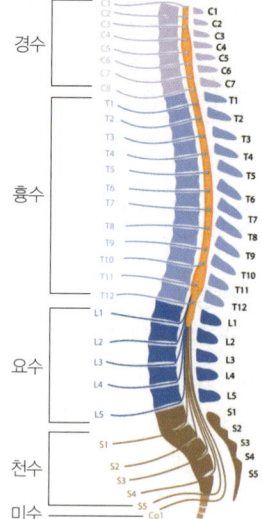

척수의 구성

용어 감각신경
중추신경으로 감각정보를 전달하는 신경

뇌신경 (12쌍)	후신경 (제1뇌신경)	후각
	시신경 (제2뇌신경)	시각
	동안신경 (제3뇌신경)	눈의 운동, 동공 변화
	활차신경 (제4뇌신경)	눈의 운동
	삼차신경 (제5뇌신경)	두피와 안면의 피부, 저작근에 존재(감각신경과 운동신경의 혼합), 뇌신경 중 가장 큼
	외전신경 (제6뇌신경)	눈의 운동
	안면신경 (제7뇌신경)	얼굴 표정, 미각
	내이신경 (제8뇌신경)	청각, 평형감각
	설인신경 (제9뇌신경)	음식물을 삼킴, 미각, 일반감각
	미주신경 (제10뇌신경)	여러 기관의 근의 운동 및 감각(흉강과 복강에 분포)
	부신경 (제11뇌신경)	목 부위의 흉쇄유돌근 · 승모근 지배, 음식물을 삼킴
	설하신경 (제12뇌신경)	혀 운동 및 발성, 음식물을 삼킴
척수신경 (31쌍)	경신경 (목척수신경, 8쌍)	• 피부와 근, 쇄골하동맥과 액와동맥에 분포 • 팔쪽으로 뻗어 나감
	흉신경 (가슴척수신경, 12쌍)	• 척주기립근 지배 • 늑간근, 복근, 흉복부의 피하에 분포 • 몸통의 가운데로 뻗음
	요신경 (허리척수신경, 5쌍)	• 복부근, 둔부, 하복부의 근, 치부, 외음부, 외측대퇴 피부 등에 분포 • 골반 안쪽과 다리쪽으로 뻗음
	천골신경 (엉치척수신경, 5쌍)	대퇴 전면을 제외한 하지 전체에 분포
	미골신경 (꼬리척수신경, 1쌍)	미골근과 미골 부위의 피부를 지배

용어 뇌신경
뇌로부터 시작되는 12쌍의 말초신경으로, 주로 얼굴 쪽에 분포되어 있음

용어 척수신경
척수에서 시작되는 31쌍의 말초신경으로, 몸 쪽에 분포되어 있음

② 자율신경계
- 대뇌의 직접적인 지배를 받지 않고, 무의식적 활동에 관여
- 간뇌, 중뇌, 연수, 척수의 조절을 반응기로 전달하는 운동뉴런
- 불수의근인 내장근, 심장근, 소화관, 혈관, 폐, 자궁, 방광 등에 분포되어 있음
- 호흡, 순환, 소화 등의 운동과 호르몬 분비작용으로 생명 유지에 관여
- 교감 신경과 부교감 신경으로 구성됨

교감 신경	• 몸의 긴장 상태를 유지함 • 낮 활동, 운동 시에 주로 활성화됨
부교감 신경	• 몸의 안정화 상태를 유지함 • 밤에 휴식을 취할 때와 식사 시에 주로 활성화됨

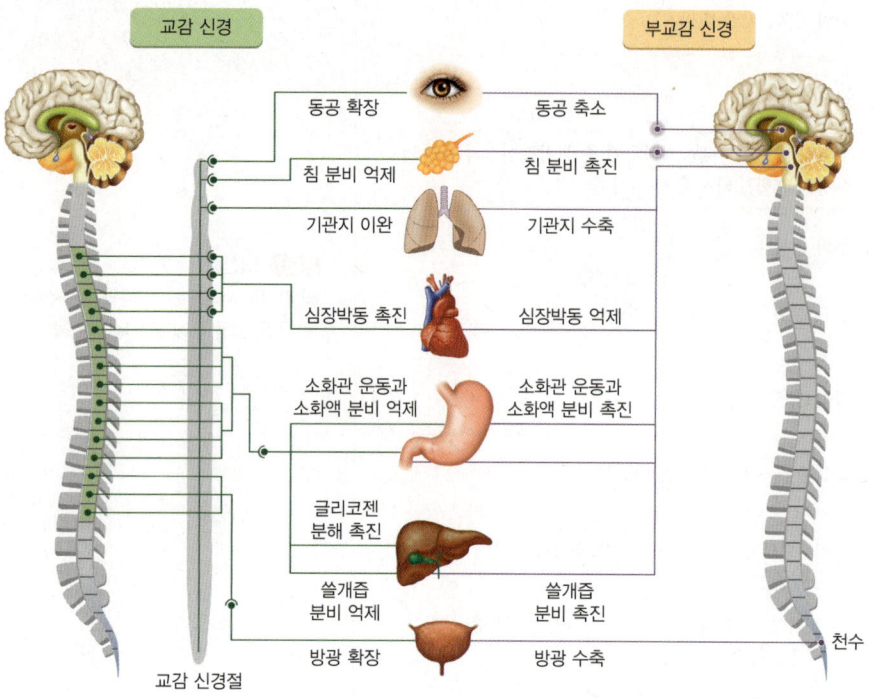

출제 예상문제 ⓒ

1 신경계의 개요

01
신경계의 기본 단위는?
① 뉴런
② 시냅스
③ 축삭돌기
④ 수상돌기

> 시냅스, 축삭돌기, 수상돌기는 뉴런을 구성하는 요소임

02
신경계에 대한 설명으로 옳지 <u>않은</u> 것은?
① 신경세포체 – 세포핵을 포함하며 단백질을 합성한다.
② 수상돌기 – 세포체로 받은 자극을 축삭말단에 전달한다.
③ 시냅스 – 뉴런의 축삭말단으로 다른 뉴런과 접합되는 부위를 말한다.
④ 뉴런 – 신경조직의 최소 단위이다.

> • 수상돌기: 다른 뉴런으로부터 받은 자극을 세포체에 전달함
> • 축삭돌기: 세포체로 받은 자극을 축삭말단에 전달함

03
신경계의 기능으로 옳지 <u>않은</u> 것은?
① 감각기능
② 조정기능
③ 운동기능
④ 저장기능

> 신경계의 기능에는 내·외부 현상을 감지하는 감각기능, 자극 전달에 따른 근수축의 운동기능, 각 기관들의 조화를 조절하는 조정기능이 있음

2 중추신경

04
중추신경계에 해당하는 것은?
① 교감 신경, 부교감 신경
② 동안신경, 삼차신경
③ 뇌, 척수
④ 천골신경, 미골신경

> • 중추신경계: 뇌, 척수
> • 말초신경계: 체성신경계(뇌신경, 척수신경), 자율신경계(교감 신경, 부교감 신경)

05
다음 설명에 해당하는 뇌의 부위는?

> 제3~4뇌신경과 이어져 있으며 시각, 청각의 반사 중추작용 및 안구 운동, 동공 수축의 기능을 가짐

① 대뇌
② 소뇌
③ 간뇌
④ 중뇌

> • 대뇌: 운동과 감각기관 주관, 학습적 기억, 창의적 사고, 정보 저장 등의 기능
> • 소뇌: 평형, 균형 유지의 운동기능
> • 간뇌: 호르몬 분비·몸의 항상성 조절, 생리 및 대사 조절의 기능

06
척수에 대한 설명으로 옳지 <u>않은</u> 것은?
① 연수에 연결되어 척추를 따라 31쌍의 척수신경이 분포되어 있다.
② 척수반사 조절 및 반사신경 경로의 기능을 한다.
③ 척수는 두개골의 두개강 내에 있다.
④ 척수신경은 경신경, 흉신경, 요신경, 천골신경, 미골신경이 있다.

> 척수는 척추의 척추관에 위치함

| 정답 | 01 ① | 02 ② | 03 ④ | 04 ③ | 05 ④ | 06 ③ |

3 말초신경

07
말초신경계에 대한 설명으로 옳지 않은 것은?
① 뇌와 척수를 제외한 나머지 신경계이다.
② 신경계의 통합과 조절 중추로 중심부를 형성한다.
③ 인체의 신경성과 항상성을 조절한다.
④ 체성신경계와 자율신경계로 구성된다.

> 신경계의 통합과 조절 중추로 중심부를 형성하는 것은 중추신경계임

08
체성신경계에 대한 설명으로 옳지 않은 것은?
① 뇌신경과 척수신경으로 구성된다.
② 신경절이 없어 중추에서 반사적 반응은 한 번에 전달된다.
③ 대뇌의 직접 지배를 받지 않고 무의식적 활동에 관여한다.
④ 감각신경과 운동신경으로 나뉜다.

> 대뇌의 직접적인 지배를 받지 않고 무의식적 활동에 관여하는 것은 자율신경계임

09
안면 저작근에 존재하며 두피와 안면의 감각신경과 관련 있는 신경은?
① 시신경
② 동안신경
③ 삼차신경
④ 활차신경

> • 시신경(제2뇌신경): 시각 담당
> • 동안신경(제3뇌신경): 눈의 운동, 동공 변화 담당
> • 활차신경(제4뇌신경): 눈의 운동 담당

10
척수신경에 해당하지 않는 것은?
① 경신경
② 요신경
③ 흉신경
④ 미주신경

> 미주신경은 제10뇌신경으로, 여러 기관의 근의 운동 및 감각을 담당하며, 흉강과 복강에 위치함

11
자율신경계 중 교감 신경에 대한 설명으로 옳지 않은 것은?
① 몸의 긴장 상태를 유지하며 주로 낮에 작용한다.
② 방광의 수축 및 침의 분비를 억제한다.
③ 소화액의 분비를 촉진한다.
④ 부교감 신경과 길항작용을 한다.

> • 교감 신경: 동공 확장, 방광 확장, 침 분비 억제, 소화액 분비 억제 등
> • 부교감 신경: 동공 축소, 방광 수축, 침 분비 촉진, 소화액 분비 촉진 등

12
자율신경계 중 부교감 신경의 특징으로 옳은 것은?
① 기관지 수축
② 심장박동 촉진
③ 쓸개즙 분비 억제
④ 방광 확장

> • 교감 신경: 기관지 이완, 심장박동 촉진, 쓸개즙 분비 억제, 방광 확장
> • 부교감 신경: 기관지 수축, 심장박동 억제, 쓸개즙 분비 촉진, 방광 수축

| 정답 | 07 ② | 08 ③ | 09 ③ | 10 ④ | 11 ③ | 12 ① |

CHAPTER 05
순환 계통과 소화기 계통 Ⓑ

합격 TIP
• 심장과 혈액에 관한 내용은 출제 빈도가 높으므로 집중적으로 학습하세요.
• 소화기관과 소화의 부속 장기에 대한 내용을 집중적으로 학습하세요.

1 순환 계통
인체 전반에 걸친 조직에 필요한 산소와 영양분을 공급하고, 노폐물을 배출하는 시스템

(1) 심장 [빈출]
① 심장의 구조
- 심근으로 이루어진 순환 계통의 중심 기관
- 흉강 내 양쪽 폐 사이, 흉골 정중선에서 심장의 2/3가 왼쪽으로 치우침
- 정상 성인을 기준으로 약 250~350g으로, 자신의 주먹 정도의 크기임
- 네 개의 공간으로 위의 좌우 두 개의 공간을 심방, 아래의 좌우 두 개의 공간을 심실이라고 함(우심방, 좌심방, 우심실, 좌심실)
- 혈액이 들어오는 심방보다 나가는 심실의 근육이 더 발달되어 있음
- 혈액의 역류를 막는 판막이 심방과 심실 사이의 네 곳에 존재함

② 심장의 기능
- 펌프작용을 통해 혈액이 전신을 순환할 수 있도록 도움
- 폐순환과 체순환을 하면서 혈액량과 혈압을 조절함
- 산소와 영양소 공급
- 건강한 성인의 평균 심장박동수는 1분에 약 60회 정도이며, 보통 60~80회 정도를 건강한 심박수로 봄

③ 심장의 혈액순환

체순환 (대순환)	• 좌심실 → 대동맥 → 온몸의 모세혈관 → 대정맥 → 우심방 • 좌심실에서 대동맥을 통해 온몸의 모세혈관에 산소와 영양소를 공급하고 노폐물을 받아 대정맥을 통해 우심방으로 돌아오는 순환 과정
폐순환 (소순환)	• 우심실 → 폐동맥 → 폐의 모세혈관 → 폐정맥 → 좌심방 • 체순환을 마친 혈액이 우심실로 내려와 폐를 통해 이산화탄소가 산소로 바뀌어 좌심방으로 돌아오는 순환 과정

(2) 혈관

동맥	• 심장에서 나오는 혈액이 흐름 • 혈관 벽이 두껍고 탄력이 강함 • 심실의 높은 압력에 견딜 수 있음 • 굵기에 따라 대동맥, 동맥, 소동맥으로 구분됨 • 영양분과 산소 함유량이 높은 혈액을 운반함

참고 심장의 구조

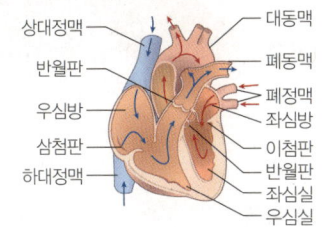

참고 판막의 종류
삼첨판, 이첨판, 폐동맥판, 대동맥판

참고 혈액의 순환

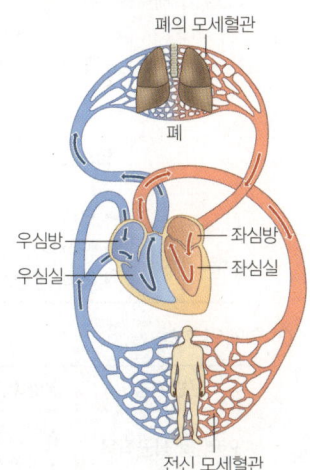

정맥	• 심장으로 들어가는 혈액이 흐름 • 혈관 벽이 얇고 탄력이 약함 • 판막이 있어 혈액의 역류를 방지 • 굵기에 따라 대정맥, 정맥, 소정맥으로 구분됨 • 이산화탄소와 노폐물 함유량이 높은 혈액을 심장, 폐로 운반함
모세혈관	• 소동맥과 소정맥을 연결하는 조직 내의 그물 모양의 벽이 얇고 가는 혈관 • 조직 사이에서 산소와 영양분을 공급하고 이산화탄소와 대사 노폐물을 교환함

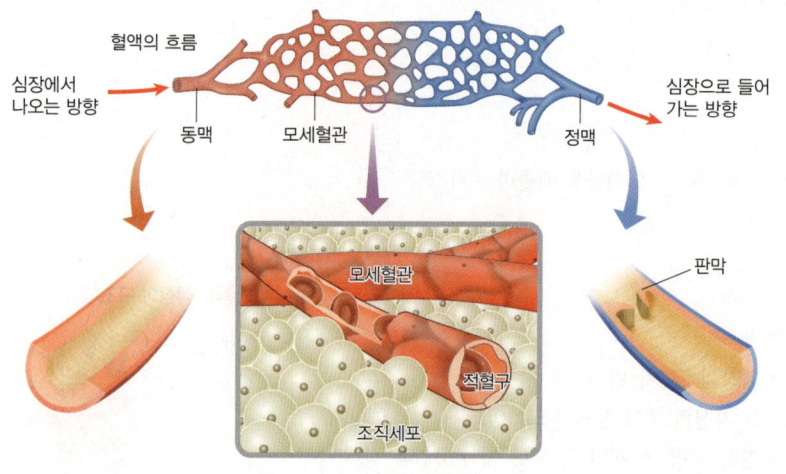

(3) 혈액

① 혈액은 체중의 약 8%를 차지하며, 수분이 80% 정도로 대부분을 차지함
② 혈액의 구성성분 빈출

혈구 (45%, 고체)	적혈구	• 생후 5개월까지는 간·비장·골수·림프계에서, 5~6개월 후부터는 골수에서 조혈작용이 일어남 • 핵이 없고 가운데가 오목한 원반 모양 • 헤모글로빈 내 철 원자가 산소와 결합하여 붉은색을 띠며, 폐에서 산소와 결합하여 산소를 운반함 • 수명을 다한 헤모글로빈은 간, 비장에서 파괴되고 담즙색소인 빌리루빈이 됨
	백혈구	• 크기가 크고 모양이 일정하지 않은 둥근형의 핵이 있음 • 병균이 체내에 침입 시 식균작용을 함 • 림프구는 후천(특이)면역을 주관함
	혈소판	• 크기가 작고 모양이 일정하지 않으며 핵이 없음 • 혈액의 응고작용을 주관함
혈장 (55%, 액체)		• 혈액 속의 유형 성분인 혈구를 제외한 액체 • 물(90%), 단백질(7%), 각종 무기염류, 효소, 면역물질 등으로 구성됨 • 혈액, 영양소, 이산화탄소, 노폐물을 운반하고, 삼투압과 체온 유지에 관여함

③ 혈액의 기능

운반기능	영양소, 이산화탄소, 노폐물, 호르몬 운반
면역 및 식균작용	• 백혈구의 식균작용 • 면역기능(혈장 성분 중 글로불린에 항체 함유)
지혈작용	출혈 시 혈소판에 의한 혈액 응고

| 조절 및 방어작용 | 수분, 체온, 삼투압, 체액의 pH 조절 및 방어 |

(4) 림프순환계
① 조직 내의 림프액을 운반하는 기능으로 체액의 균형을 유지하는 순환 계통
② 림프순환계의 기능 빈출

면역기능	림프절에서 만들어진 면역세포가 몸을 방어함
식균작용	대식세포의 활동으로 체내에 침입한 바이러스, 노폐물 등을 분해 및 제거함
체액 순환	조직의 체액을 정맥으로 운반하여 체액의 불균형을 개선함

③ 림프순환계의 구성

림프액	• 모세림프관으로 유입되는 체내 조직액 • 상처가 났을 때 분비되는 연노란색 진물로, 혈장과 유사하고 백혈구가 많음
림프관	• 림프액을 대정맥까지 운반하는 통로이며 림프절과 연결되어 있음 • 천부림프관(피부와 근막 사이)과 심부림프관(근막 아래)으로 구분됨 • 림프액의 이동은 판막과 근수축 이완 운동 및 림프드레나쥐를 통해 촉진됨
림프절	• 뇌를 제외한 전신에 분포되어 있음 • 내부에 백혈구가 있어 면역 반응이 일어남 • 항원이나 이물질에 대한 식균작용 ⑩ 목 림프절, 액와(겨드랑이) 림프절, 서혜 림프절, 대동맥 림프절, 기관지 림프절 등

참고 **림프순환계**

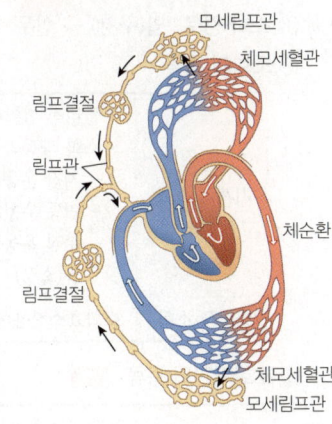

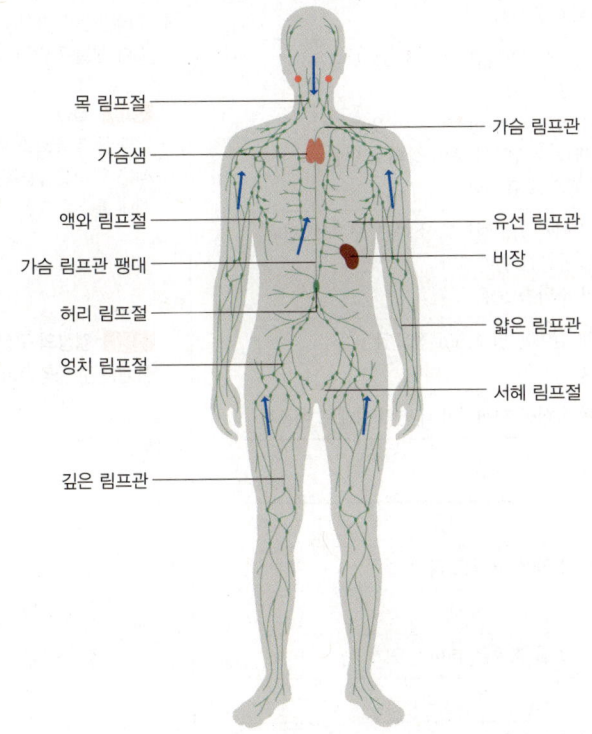

2 소화기 계통

(1) 소화
체내에 들어온 음식물을 분해하여 영양분을 흡수하기 쉬운 상태로 만드는 과정

① 소화 경로: 입(구강) → 인두 → 식도 → 위 → 소장 → 대장 → 항문

② 소화의 종류

기계적 소화	• 물리적 힘이나 작용을 통한 소화 과정 • 소화 과정의 저작, 연동, 분절 운동 - 저작 운동: 음식물을 씹는 작용(입) - 연동 운동: 음식물을 아래로 내려 보내는 작용(입을 제외한 소화기관 전반) - 분절 운동: 음식물과 소화액을 섞기 위해 수축과 이완을 교대로 하는 작용(소장)
화학적 소화	소화효소작용에 의해 음식물을 분해하는 과정

③ 소화기관의 종류 [빈출]

입 (구강)	• 저작 운동(씹기) • 침❷에서 분비되는 소화효소인 프티알린(아밀라아제의 일종)이 전분❷을 맥아당으로 분해
인두	• 입과 식도 사이로 비강과 구강이 만나는 지점 • 음식물의 이동 통로이자 공기의 이동 통로
식도	• 인두와 위를 연결하며 약 25cm의 길이 • 연동 운동으로 음식물과 수분을 위로 이동시킴
위	• 식도와 십이지장 사이의 근육성 주머니로, 소화관 중 가장 크고 넓음 • 입구(분문괄약근)와 출구(유문괄약근)로 나뉨 • 음식물을 저장하고 위액을 분비하며, 염산과 펩신❷이 들어 있음 • 연동 운동으로 음식물을 분비된 위액과 혼합하여 죽의 상태로 만듦 • 알코올, 염분, 당분, 수분 등을 선택적으로 흡수함
소장	• 십이지장, 공장, 회장으로 나뉘며, 길이가 7m 정도로 소화관 중 가장 긴 관 • 소장벽에는 융모가 있어 음식물의 영양분을 흡수함 • 장액, 췌장액, 담즙이 모여 분비되며 소화를 도움
대장	• 맹장, 결장❷, 직장으로 나뉘며, 전체 길이는 약 1.5m 정도임 • 음식물 찌꺼기의 수분을 흡수함
항문	소화관의 마지막 출구로, 체내로 흡수된 음식물 찌꺼기가 대변의 상태로 배출됨

[참고] **주요 침샘**
귀밑샘(이하선), 턱밑샘(악하선), 혀밑샘(설하선)

[참고] **전분의 흡수**
전분은 입자가 커 흡수가 어려우므로, 프티알린이 희석시켜 입자가 작은 당의 소화 산물로 만들어 체내 흡수를 도움

[용어] **펩신**
단백질 분해효소로, 큰 단백질 입자를 작은 단백질 입자인 펩톤으로 분해하여 체내 흡수를 도움

[참고] **결장의 구성**
상행결장, 횡행결장, 하행결장, S자결장

④ 소화의 기능

섭취기능		입으로 음식물을 섭취
분해기능	저작	음식물을 잘게 부수어 삼키기 좋은 크기로 끊어 줌
	연하	음식을 위로 옮김
	분비	이자 등에서 소화액과 소화 조절 호르몬 분비
	소화	분해
흡수기능		분해된 음식물이 소장에서 혈액이나 림프로 흡수됨
배변기능		대장에 쌓인 찌꺼기를 항문을 통해 배출

⑤ 소화의 부속 장기 빈출

간	• 인체의 가장 큰 장기로, 우상복부 아래쪽에 위치하며 재생력이 강함 • 담즙 생성, 지방 소화, 영양분 저장, 대사, 태생기의 조혈작용, 식균작용 • 포도당을 글리코겐으로 저장하여 혈당 조절작용에 관여 • 트리글리세라이드와 콜레스테롤을 합성하여 지질 대사작용에 관여 • 해독작용 • 비타민 대사작용
담낭 (쓸개)	• 주머니 모양으로 간의 아랫부분에 붙어 있음 • 담즙을 저장·분비하고 음식물 부패를 방지함

췌장
(이자)
	• 소화효소를 분비하는 외분비, 호르몬을 분비하는 내분비의 두 가지 기능을 지님
	• 외분비기능: 아밀라아제(탄수화물), 트립신(단백질), 리파아제(지방) 등의 소화효소 분비
	• 내분비기능
	  - 인슐린과 글루카곤을 분비하여 혈당 조절
	  - 성장 억제 호르몬(소마토스타틴) 분비

CHAPTER 05 순환 계통과 소화기 계통
출제 예상문제 B

1 순환 계통

01
다음에서 설명하는 시스템을 무엇이라고 하는가?

> 인체 전반에 걸친 조직에 필요한 산소와 영양분을 공급하고, 노폐물을 배출하는 시스템

① 신경계
② 순환계
③ 소화계
④ 생식계

> 순환계: 심장의 펌프작용을 통해 혈액이 전신을 순환하며 산소와 영양소를 공급하고 노폐물 배출을 통한 가스교환으로 생명을 유지할 수 있도록 도와줌

02
심장의 구조에 대한 설명으로 옳지 않은 것은?
① 정상 성인 기준으로 250~350g 정도로 자신의 주먹 크기 정도이다.
② 네 개의 공간으로 우심방, 좌심방, 우심실, 좌심실이 있다.
③ 혈액의 역류를 막는 판막이 심방과 심실 사이 2곳에 있다.
④ 심방보다 심실의 근육이 더 발달되어 있다.

> 심장의 판막은 심방과 심실 사이의 네 곳에 존재하며 삼첨판, 이첨판, 폐동맥판, 대동맥판이 있음

03
체순환의 경로로 옳은 것은?
① 우심실 → 폐동맥 → 폐의 모세혈관 → 폐정맥 → 좌심방
② 우심실 → 폐동맥 → 폐정맥 → 폐의 모세혈관 → 좌심방
③ 좌심실 → 온몸의 모세혈관 → 대동맥 → 대정맥 → 우심방
④ 좌심실 → 대동맥 → 온몸의 모세혈관 → 대정맥 → 우심방

> • 체순환(대순환): 좌심실 → 대동맥 → 온몸의 모세혈관 → 대정맥 → 우심방
> • 폐순환(소순환): 우심실 → 폐동맥 → 폐의 모세혈관 → 폐정맥 → 좌심방

04
동맥에 대한 설명으로 옳지 않은 것은?
① 심장에서 나오는 혈액이 흐른다.
② 혈관벽이 두껍고 탄력이 강하다.
③ 심실의 높은 압력에 견딜 수 있다.
④ 이산화탄소와 노폐물 함유가 높은 혈액이다.

> 정맥은 이산화탄소와 노폐물 함유가 높은 혈액을 심장, 폐로 운반하는 혈관임

05
혈관의 종류 중 조직 사이의 산소 및 이산화탄소 등의 가스 교환이 일어나는 곳은?
① 동맥
② 림프관
③ 모세혈관
④ 판막

> 모세혈관은 소동맥과 소정맥을 연결하는 조직 내의 그물 모양의 벽이 얇고 가는 혈관으로, 조직 사이에서 산소와 영양분을 공급하고 이산화탄소와 대사 노폐물을 교환함

06
혈액의 구성성분이 아닌 것은?
① 적혈구
② 백혈구
③ 림프
④ 혈소판

> 혈액의 구성성분은 적혈구, 백혈구, 혈소판, 혈장임

| 정답 | 01 ② 02 ③ 03 ④ 04 ④ 05 ③ 06 ③

07
혈액의 구성성분에 대한 설명으로 옳지 않은 것은?
① 적혈구 – 헤모글로빈에 의한 붉은색을 띠며 산소를 운반함
② 백혈구 – 식균작용을 함
③ 혈소판 – 혈액의 응고작용을 함
④ 혈장 – 물과 단백질로만 구성되어 있으며 혈액을 운반함

> 혈장은 물(90%), 단백질(7%), 각종 무기염류, 효소, 면역물질 등으로 구성됨

08
혈액의 구성성분 중 병균의 체내 침입 시 식균작용을 통해 인체를 방어하는 세포는?
① 적혈구
② 백혈구
③ 혈소판
④ 혈장

> 백혈구는 크기가 크고 모양이 일정하지 않은 둥근형의 핵이 있으며, 병균이 체내에 침입하였을 때 식균작용을 통해 인체를 방어함

09
상처가 났을 때 혈액 응고에 주로 관여하는 세포는?
① 헤모글로빈
② 림프구
③ 혈소판
④ 항원

> 혈소판은 혈액 응고작용을 하며, 크기가 작고 모양이 일정하지 않으며 핵이 없음

10
혈액의 기능에 해당하지 않는 것은?
① 운반기능
② 재생기능
③ 면역 및 식균작용
④ 지혈작용

> 혈액의 기능: 운반기능, 면역 및 식균작용, 지혈작용, 조절 및 방어작용

11
림프순환계의 기능에 대한 설명으로 옳지 않은 것은?
① 림프절에서 면역세포를 생산하여 면역기능을 한다.
② 인체 각 조직에 영양소와 산소를 공급한다.
③ 조직의 체액을 정맥으로 운반하여 체액의 불균형을 개선한다.
④ 식균작용을 담당한다.

> 인체 각 조직에 영양소와 산소를 공급하는 것은 혈액의 기능에 해당함

12
림프순환계의 구성 중 항원이나 이물질에 대한 식균작용을 하고 면역세포를 생산하는 곳은?
① 림프액
② 림프구
③ 림프절
④ 림프관

> **림프절**
> - 뇌를 제외한 전신에 분포되어 있음
> - 내부에 백혈구가 있어 면역 반응이 일어남
> - 항원이나 이물질에 대한 식균작용
> - 예 목 림프절, 액와(겨드랑이) 림프절, 서혜 림프절, 대동맥 림프절, 기관지 림프절 등

정답 | 07 ④ 08 ② 09 ③ 10 ② 11 ② 12 ③

2 소화기 계통

13
소화기 계통에 대한 설명으로 옳지 않은 것은?
① 소화란 섭취한 음식물을 분해하여 영양분을 흡수하기 쉬운 상태로 만드는 과정을 말한다.
② 기계적 소화는 소화효소작용에 의해 음식물을 분해하는 과정을 말한다.
③ 소화를 돕는 장기는 간, 담낭, 췌장이 있다.
④ 기계적 소화는 소화 과정의 저작, 연동, 분절 운동이 해당한다.

> 소화효소작용에 의해 음식물을 분해하는 과정은 화학적 소화임

14
소화의 과정으로 옳은 것은?
① 입 → 인두 → 위 → 식도 → 소장 → 대장 → 항문
② 식도 → 입 → 인두 → 위 → 소장 → 대장 → 항문
③ 입 → 인두 → 식도 → 위 → 소장 → 대장 → 항문
④ 입 → 인두 → 식도 → 위 → 대장 → 소장 → 항문

> 소화 경로: 입 → 인두 → 식도 → 위 → 소장(십이지장, 공장, 회장) → 대장[맹장, 결장(상행, 횡행, 하행, S자), 직장] → 항문

15
다음 중 소장에서만 볼 수 있는 소화작용은?
① 연동
② 저작
③ 분절
④ 흡수

> • 저작 운동: 음식물을 씹는 작용(입)
> • 연동 운동: 음식물을 아래로 내려 보내는 작용(입을 제외한 소화기관 전반)
> • 분절 운동: 음식물과 소화액을 섞기 위해 수축과 이완을 교대로 하는 작용(소장)

16
다음 중 입과 식도 사이로 비강과 구강이 만나는 지점은?
① 침샘
② 담낭
③ 인두
④ 대장

> 인두: 입과 식도 사이로 비강과 구강이 만나는 지점이며, 음식물의 이동 통로이자 공기의 이동 통로임

17
소화기관 중 가장 길며 음식물의 영양분을 흡수하는 곳은?
① 위장
② 소장
③ 대장
④ 식도

> 소장은 십이지장, 공장, 회장으로 나뉘며 7m 정도로 소화관이 가장 길고, 소장벽에 융모가 있어 음식물의 영양분을 흡수함

18
소화의 기능에 해당하지 않는 것은?
① 흡수기능
② 섭취기능
③ 분해기능
④ 저장기능

> 소화의 기능: 섭취기능, 분해기능, 흡수기능, 배변기능

| 정답 | 13 ② 14 ③ 15 ③ 16 ③ 17 ② 18 ④

19
다음 소화의 분해기능 중 음식을 위로 옮기는 과정으로 옳은 것은?
① 저작
② 연하
③ 분비
④ 소화

소화의 분해기능
- 저작: 음식물을 잘게 부수어 삼키기 좋은 크기로 끊어 줌
- 연하: 음식을 위로 옮김
- 분비: 이자 등에서 소화액과 소화 조절 호르몬 분비
- 소화: 분해

20
인체에서 가장 크며 담즙을 생성하는 소화의 부속 장기는?
① 간
② 소장
③ 담낭
④ 위

간은 담즙 생성, 지방 소화, 영양분 저장, 대사, 태생기의 조혈작용, 식균작용, 혈당 조절작용, 비타민 대사작용 등의 기능을 함

21
담즙을 저장하고 농축시켜 음식물의 부패를 방지하는 소화기관은?
① 간
② 췌장
③ 대장
④ 담낭

담낭은 쓸개라고도 하며, 근육으로 이루어진 주머니 모양으로 간의 아랫부분에 붙어 담즙을 저장·분비하고 음식물 부패 방지함

22
내분비와 외분비의 기능을 복합적으로 가지며 혈당을 조절하고 췌액을 분비하는 소화기관은?
① 소장
② 십이지장
③ 담낭
④ 췌장

췌장
- 외분비기능: 아밀라아제(탄수화물), 트립신(단백질), 리파아제(지방) 등의 소화효소 분비
- 내분비기능
  – 인슐린과 글루카곤을 분비하여 혈당 조절
  – 성장 억제 호르몬(소마토스타틴) 분비

23
단백질을 분해하는 소화효소는?
① 아밀라아제
② 트립신
③ 리파아제
④ 락타아제

- 탄수화물: 아밀라아제
- 지방: 리파아제
- 유당: 락타아제

24
췌장에서 분비되는 호르몬이 아닌 것은?
① 인슐린
② 글루카곤
③ 에스트로겐
④ 소마토스타틴

췌장에서 분비되는 호르몬: 인슐린(혈당 저하), 글루카곤(혈당 상승), 소마토스타틴(성장 억제)

정답 19 ② 20 ① 21 ④ 22 ④ 23 ② 24 ③

에듀윌이 너를 지지할게

ENERGY

오늘은
어제 생각한 결과이다.
우리의 내일은
오늘 무슨 생각을 하느냐에 달려있다.

– 존 맥스웰(John Maxwell)

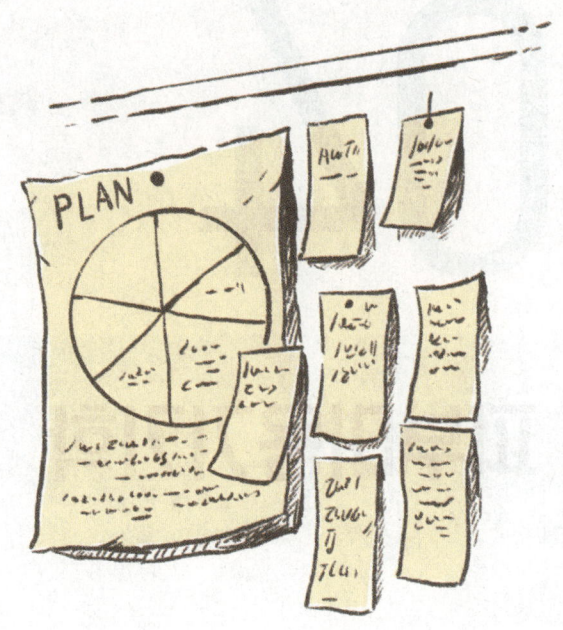

PART 04

ESTHETICIAN

피부미용기기학

출제비중 **9%**

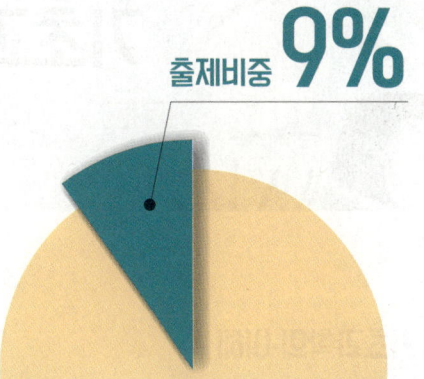

| 출제(예상)문제 수 | Ⓐ 5문제 이상　Ⓑ 4문제~2문제　Ⓒ 1문제 이하

Ⓒ **CHAPTER 01**　기초과학 및 전기 용어

Ⓐ **CHAPTER 02**　피부미용기기의 종류 및 사용법

CHAPTER 01
기초과학 및 전기 용어

> **합격 TIP** 물질의 구성을 이해하고 전기와 전류 부분을 집중적으로 암기하세요.

1 기초과학의 이해

원자	• 물질을 구성하는 최소 단위로 각 원소의 특징을 나타내는 미립자 • 원자 중심에는 (+)전하의 양성자와 전하를 띠지 않는 중성자로 나뉘는 원자핵이 위치하고, 원자핵 주변에서 궤도를 그리며 움직이는 (−)전하의 전자가 구조를 이룸 • 일반적으로 원자핵의 (+)전하와 전자의 (−)전하의 양이 같은 중성의 성질을 갖고 있으며, 종류에 따라서 원자핵의 전하량과 전자의 전하량이 달라질 수 있음
원소	원자의 한 종류를 나타내는 것으로 화학적·물리적 수단에 의해 분해될 수 없는 순물질
분자	물질의 성질을 결정하는 원자들의 집합체
이온	• 원자핵의 (+)전하 수와 전자의 (−)전하 수가 같지 않아 양전하 또는 음전하를 띠는 원자나 분자 • 전자가 떨어져 나가면 상대적으로 양성자 수가 많아져 양이온이 되고, 전자가 늘어나면 음전하를 띠어 음이온이 됨

2 전기와 전류

(1) 전기
① 정의: 물질 안에 있는 전자와 이온의 움직임으로 생기는 에너지의 형태
② 전기는 양전기와 음전기로 분류하며, 같은 극은 밀어내고 다른 극은 끌어당기는 힘을 가짐

(2) 전류
① 정의: 전기의 흐름으로 전하가 이동하는 현상
② 전류는 (+)극에서 (−)극으로 이동하며, 전자는 (−)극에서 (+)극으로 이동함
③ 전류의 분류: 전류는 흐르는 방향이 변화가 없이 일정하게 유지되는 직류전류, 흐르는 방향에 주기적으로 변화가 일어나는 교류전류로 나뉨
  • 직류(갈바닉 전류)

평류전류	방향이나 크기가 일정하게 유지되는 전류
단속평류전류	평류전류에 반복적으로 전류의 흐름이 차단되어 역학적 효과를 나타내는 전류

	• 교류		
		• 전자기 유도에 의해 발생되는 유도전류로, 시간의 흐름에 따라 방향과 크기가 비대칭적으로 변함 • 전류의 크기에 따라 '저주파·중주파·고주파'로 분류할 수 있으며, 미용기기에 많이 활용됨	
	감응전류	저주파 (1~1,000Hz)	• 근육의 수축과 이완작용으로 노폐물 제거, 지방 축적 예방 가능 • 단시간의 체형관리 및 탄력 강화에 효과적이므로 전신관리에 적합함 • 저주파 적용 시 강도를 서서히 높여 통증과 불편함이 없도록 해야 함
		중주파 (1,000 ~100,000Hz)	• 피부의 저항이 적은 전류로, 저주파에 비해 부드럽게 전달되어 통증 없이 부드럽게 관리 가능 • 근육의 수축과 이완작용으로 체내에 쌓여 있는 체액 배출, 셀룰라이트, 부종 등에 효과적임
		고주파 (100,000Hz 이상)	• 진폭이 빠르게 움직여 열에너지를 발생시키는 원리 • 신진대사를 활성화시키고, 체내 노폐물 배출 및 지방 연소기능을 높여 체형관리에 효과적임
	정현파전류	시간의 흐름에 따라 방향과 크기가 대칭적으로 변하는 전류	
	격동전류	전류의 세기가 시간의 흐름에 따라 대칭적으로 변하지 않고 순간적으로 강약 조절이 일어나는 전류	

참고 고주파기의 유리전극봉
• 오존 발생으로 피부 표면에 소독 및 살균효과를 높임
• 여드름 피부에 적용 가능

참고 심부열
혈류량을 증가시키고 조직의 온도를 상승시켜 세포기능을 증진함

(3) 전기 용어

전압 (V, 볼트)	전류 생산에 필요한 압력으로 전위가 다른 두 점의 전위차
전기저항 (Ω, 옴)	전류의 흐름을 방해하는 성질
전력 (W, 와트)	전기를 사용할 때 필요한 힘
암페어 (A, 암페어)	전류의 세기를 나타내는 단위
주파수 (Hz, 헤르츠)	1초 동안 진동하는 횟수
도체	전기저항이 작아 전류가 잘 흐르는 물질
부도체	전기저항이 커 전류가 잘 흐르지 않는 절연체
퓨즈	전기회로에 규정전류보다 많은 전류가 흐를 때 회로를 차단하는 장치

CHAPTER 01 기초과학 및 전기 용어

출제 예상문제 ⓒ

1 기초과학의 이해

01
원자에 대한 설명으로 옳은 것은?
① 물질 안에 있는 전자와 이온의 움직임으로 생기는 에너지의 형태를 말한다.
② 물질의 성질을 결정하는 원자들의 집합체이다.
③ 화학적 환경에 따라 원자핵과 전자의 수가 같지 않아 양전하 또는 음전하를 갖게 되는 것을 말한다.
④ 물질을 구성하는 최소 단위로 각 원소의 특징을 나타내는 미립자를 말한다.

- 전기: 물질 안에 있는 전자와 이온의 움직임으로 생기는 에너지 형태
- 분자: 물질의 성질을 결정하는 원자들의 집합체
- 이온: 원자핵과 전자의 수가 같지 않아 양전하 또는 음전하를 띠는 원자나 분자

2 전기와 전류

02
전기와 전류에 대한 설명으로 옳지 않은 것은?
① 전기는 물질 안에 있는 전자와 이온의 움직임으로 생기는 에너지 형태를 말한다.
② 전기는 양전기와 음전기로 분류한다.
③ 전류는 흐르는 방향의 변화가 일어나지 않고 일정하게 유지되는 직류전류만 존재한다.
④ 전류는 전기의 흐름으로 전하가 이동하는 현상을 말한다.

전류는 흐르는 방향이 변화가 없이 일정하게 유지되는 직류전류와 흐르는 방향에 주기적으로 변화가 일어나는 교류전류로 나뉨

03
직류에 대한 설명으로 옳지 않은 것은?
① 직류는 갈바닉 전류를 말한다.
② 직류의 종류 중 시간의 흐름에 따라 방향과 크기가 대칭적으로 변하는 전류를 정현파전류라고 한다.
③ 직류의 종류 중 방향이나 크기가 일정하게 유지되는 전류를 평류전류라고 한다.
④ 직류의 종류 중 평류전류에 반복적으로 전류의 흐름이 차단되어 역학적 효과를 나타내는 전류를 단속평류전류라고 한다.

정현파전류는 교류의 종류 중 하나임

04
저주파에 대한 설명으로 옳지 않은 것은?
① 피부의 저항이 적은 전류로 중주파에 비해 통증 없이 부드럽게 관리할 수 있다.
② 근육의 수축과 이완작용을 하여 노폐물을 제거하고 지방축적을 예방할 수 있다.
③ 단시간의 체형관리 및 탄력 강화에 효과적이다.
④ 1~1,000Hz의 주파수를 사용한다.

중주파: 피부의 저항이 적은 전류로 저주파에 비해 통증 없이 부드럽게 관리할 수 있음

05
암페어(A)에 대한 설명으로 옳은 것은?
① 전류의 세기를 나타내는 단위이다.
② 전기저항이 작아 전류가 잘 흐르는 물질을 말한다.
③ 전류 생산에 필요한 압력으로 전위가 다른 두 점의 전위차를 말한다.
④ 전기회로에 규정전류보다 많은 전류가 흐를 때 회로를 차단하는 장치를 말한다.

- 도체: 전기저항이 작아 전류가 잘 흐르는 물질
- 전압: 전류 생산에 필요한 압력으로 전위가 다른 두 점의 전위차
- 퓨즈: 전기회로에 규정전류보다 많은 전류가 흐를 때 회로를 차단하는 장치

|정답| 01 ④ 02 ③ 03 ② 04 ① 05 ①

CHAPTER 02
피부미용기기의 종류 및 사용법

합격 TIP 피부미용에 사용되는 기기의 원리를 이해하고, 사용법 및 효과를 집중적으로 암기하세요.

1 직류, 교류, 음파 이용 기기

(1) 갈바닉(Galvanic)기 빈출

① 개념 및 원리
- 60~80V의 미세전류의 방향과 크기가 일정하게 유지되는 직류기기
- 같은 극끼리는 밀어내고 다른 극끼리는 끌어당기는 전기적 성질을 이용하여 관리효과를 높일 수 있음
- 보통 얼굴관리 시 0~2mA, 전신관리 시 0~10mA를 사용함

② 양극의 효과

양극(+)	음극(−)
• 산성 반응 • 피부조직의 강화 • 혈관 및 모공 수축 • 진정 및 수렴효과 • 양이온 물질 침투	• 알칼리 반응 • 피부조직의 연화 • 혈관 및 모공 확장 • 노폐물 배출 및 세정효과 • 음이온 물질 침투

참고 갈바닉기

※ 출처: 에스디엠코스메틱(나도미인)

③ 갈바닉기를 이용한 관리법

이온토포레시스 (Iontophoresis, 이온영동법 또는 카타포레시스)	디스인크러스테이션 (Desincrustation, 전기세정법 또는 아나포레시스)
• 양극의 성질을 이용하여 피부 속으로 유효성분을 침투시키는 관리법 • 고농축 유효성분의 침투율을 높여 피부 재생력 향상	• 음극의 알칼리 반응을 이용하여 피부 표면의 각질과 노폐물을 제거하는 관리법 • 피부 연화작용으로 부드럽게 제거 가능 • 전기세정 전용 앰플, 알칼리 이온액, 생리식염수 등을 사용하여 적용

④ 사용 시 주의사항
- 몸에 부착된 금속류의 유무를 확인하여 제거한 후 관리함
- 관리 전 전기적 자극에 대해 설명하고 고객이 불편하지 않도록 전류의 세기를 조절함
- 관리에 따라 극성 변환 시에는 기기를 정지시킨 후 변환함
- 전극봉을 고객의 피부에 부착한 후 작동시킴
- 눈 주변은 관리를 피하고, 이온영동법 진행 시 전극봉이 떨어지지 않도록 주의해야 함
- 고객용 전극봉에는 젖은 스펀지를 감싸 쥐게 함
- 관리 시 사용하는 도자에 젖은 솜을 감아 놓아야 함
- 전극봉의 금속 부위가 피부에 닿지 않도록 주의해야 함
- 관리 마무리 시 전류를 낮추며 떼어내어 자극이 없도록 해야 함

(2) 중·저주파기

① 개념 및 원리
- 저주파는 1~1,000Hz의 주파수, 중주파는 1,000~100,000Hz의 주파수를 이용한 교류전류기기로, 근육의 운동효과를 높이는 데 많이 사용함
- 근육의 수축과 이완작용으로 피부 리프팅과 주름 개선에 효과적임

② 효과
- 림프와 혈액순환을 촉진하여 정체된 노폐물을 배출함
- 지방, 셀룰라이트 관리에 적용이 가능함
- 주파수와 피부의 전기적 저항은 반비례하는데, 진동횟수가 많아질수록 저항이 적고 부드럽고 안정감 있게 적용이 가능함
- 저주파기는 근육의 수직운동과 비틀림 등을 통해 에너지를 발산하는 원리로, 단시간에 체형관리와 탄력 증진의 효과를 높여 전신관리에 적합함
- 중주파기는 저주파기에 비해 전기저항이 낮아 경피에 자극을 주지 않고 심부까지 안정감 있는 관리가 가능함

③ 사용 시 주의사항
- 몸에 부착된 금속류의 유무를 확인하여 제거한 후 관리함
- 물에 적신 스펀지 사이에 금속판을 끼워 관리 부위에 올려 놓아야 함
- 스펀지에 적신 물의 양이 많으면 통증을 유발할 수 있으므로 적당량을 적셔야 함
- 스펀지 패드는 근육의 위치를 정확하게 파악한 후 올리고, 패드가 서로 겹치지 않도록 해야 함

(3) 고주파기 [빈출]

① 개념 및 원리
- 100,000Hz 이상의 고주파 교류전류를 이용한 기기
- 테슬라 전류를 사용하고 인체조직에 통전 시 진동 폭이 매우 짧아 근수축을 일으키지 않음

② 효과
- 체내에 열에너지를 발생시켜 신진대사를 활성화시키고, 세포조직의 재생능력을 증가시킴
- 심부열은 체내에 정체되어 있는 노폐물 배출과 지방 연소효과를 높여 체형관리에도 적용이 가능함
- 말초신경에 열을 가하는 경우 통증 완화효과를 높일 수 있음

③ 고주파기를 활용한 관리법

직접법	· 피부에 전극봉을 직접 접촉시키는 방법으로 가스가 나오는 코일이 부착된 유리전극봉에서 오존과 열이 발생되어 피부 표면에 살균, 소독의 효과를 얻을 수 있음
	· 롤링법
	  - 유리전극봉에 거즈를 감싸 피부에 부착하여 전류의 세기를 올리는 방법
	  - 고객의 얼굴에 마른 거즈를 올려 미끄러지듯 원 모양으로 움직여 관리함
	· 스파킹법
	  - 염증 및 농포 부위에서 전극봉이 떨어질 때 생기는 작은 불꽃으로 피부에 자극을 주는 방법
	  - 적용 부위의 0.5~0.7cm 이내에서 5~6회 정도를 조사하고, 전류의 강도가 약한 경우 효과가 없으므로 적정 수준을 유지할 수 있도록 함

[참고] 고주파기

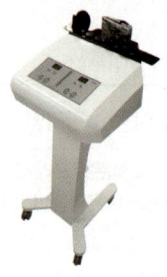

※ 출처: 에스디엠코스메틱(나도미인)

간접법	• 고객이 한손으로 전극봉을 잡게 하고, 고주파 전용 크림을 도포한 후 관리 부위를 마사지하는 방법 • 수분이 부족한 건성 피부, 노화 피부, 피부가 민감하여 매뉴얼 테크닉 적용이 어려운 경우에 대체하여 적용이 가능함 • 쓰다듬기 동작을 위주로 피부 표면을 부드럽게 마사지함

④ 사용 시 주의사항
- 몸에 부착된 금속류의 유무를 확인하고 제거한 후 관리함
- 직접법은 사용 부위에 맞는 전극봉을 선택한 후 마른 거즈로 감싸고 고객의 반응을 살피며 세기를 조절함
- 롤링 동작 시 피부 표면에서 지속적으로 움직이면서 세기를 낮추고 전원을 꺼야 함
- 간접법은 고객의 손에 파우더를 발라 유분을 제거한 후 전극봉을 잡게 해야 함
- 간접법 적용 시 피부미용사의 손은 회로의 일부분이 되므로 손이 떨어지지 않아야 함
- 피부 표면에 손을 붙인 상태에서 스위치를 꺼야 함

(4) 초음파기

① 개념 및 원리
- 초음파란 주파수가 20,000Hz 이상인 불가청 영역대의 음파로, 초당 수만 번의 미세 진동을 일으킴
- 초음파의 미세진동은 열과 물리학적 에너지를 만들어 신진대사를 활성화함
- 초음파는 구조적으로 단백질 함량이 높은 경우 에너지 흡수량이 높아지므로 근육조직에 효과적으로 작용함

② 효과
- 음파의 진동은 온열효과를 높여 피부조직을 구성하는 섬유의 합성을 촉진하고 탄력을 회복함
- 프로브 핸들 방식인 스킨 스크러버는 진동에 의해 세정수를 안개처럼 만들어 피부 표면의 각질을 제거하고 정화효과를 높임
- 전극형 헤드 방식은 세포 재생, 혈액순환 촉진, 영양물질 침투를 위해 적용함

③ 사용 시 주의사항
- 초음파기 사용 시 눈가의 민감한 부분은 출력 세기를 약하게 하여 적용해야 함
- 스킨 스크러버 사용 시 같은 부위에 반복적으로 적용하지 않아야 함
- 스킨 스크러버는 상처 및 염증 부위에 사용을 금해야 함
- 전극형 헤드는 수직 형태로 2~3초간 원을 그리듯 관리해야 함
- 초음파는 공기를 통과할 때 어려움이 있으므로, 물에서 가장 잘 전달되는 특징을 이용하여 관리 시 전용젤을 충분히 도포한 후 적용하는 것이 효과적임

2 압력 이용 기구

(1) 진공흡입기 빈출

① 개념 및 원리
- 안면과 신체 부위에 사용 가능한 벤토우즈(Ventouse)에 공기흡입력을 적용한 기기
- 진공 상태의 공기압으로 피부조직을 들어올려 체내의 기능을 활성화함
- 진공흡입과 배출의 반복적인 물리적 운동 자극이 혈액순환 촉진효과를 높임

② 효과
- 림프순환을 촉진하여 체내 노폐물 배출과 체액의 흐름을 정상화함
- 근육의 수축과 이완작용으로 탄력있는 체형을 만드는 데 효과적임
- 체내에 정체되어 있는 수분을 제거하여 몸매를 개선함
- 산화된 피지와 면포 등을 제거하여 피부를 정화함

③ 사용 방법
- 전원을 켠 뒤 압력의 세기와 진공 상태를 확인 후 적용
- 관리 시 벤토우즈를 소독 후 위생적으로 사용
- 관리가 끝난 후 벤토우즈를 분리하여 중성세제로 세척
- 세척이 끝난 벤토우즈는 물기를 제거하여 살균기에 넣어 소독
- 진공흡입기의 호스는 오일이 남아 있지 않도록 닦은 후 정리하여 보관

④ 사용 시 주의사항
- 벤토우즈를 림프절 방향으로 부드럽게 이동시킴
- 같은 부위에 지속적으로 압이 가해지면 멍이 생길 수 있으므로 주의해야 함
- 얼굴관리 시 흡입의 정도가 20%를 넘지 않아야 함
- 피부 자극을 줄이기 위해 표면에 소량의 오일을 도포하여 관리함
- 관리 부위 및 사용 용도에 맞는 벤토우즈를 선택하여 관리함
- 벤토우즈로 피부조직을 들어올려 이동하여야 하며, 림프에 자극이 되지 않도록 압을 주지 않아야 함

⑤ 부적용 대상자
- 모세혈관 확장 피부
- 심장질환 및 정맥류
- 상처 및 염증성 피부질환
- 임산부

참고 진공흡입기

※ 출처: 에스디엠코스메틱(나도미인)

(2) 엔더몰로지(Endermologie)

① 개념 및 원리
- 공기의 감압원리에 의한 바이브레이션 기능을 통해 혈액순환 및 지방 분해를 촉진함
- 근육의 수축·이완작용으로 피부의 탄력을 개선하고 부종을 완화함

② 효과
- 림프순환을 촉진하여 면역기능을 강화함
- 신진대사를 촉진하여 세포의 기능을 활성화하고 체내 노폐물 축적을 방지함
- 경화된 지방조직을 연화시켜 셀룰라이트 감소효과를 높임

③ 사용 방법
- 관리 부위에 오일을 도포한 후 말초에서 심장 방향으로 적용함
- 관리 시간은 부위당 10~20분, 전신관리의 경우 약 40~50분을 적용함
- 뼈 부위, 정맥류, 모세혈관 확장 부위는 피해야 함

3 열 이용 기구

(1) 신체에 대한 열의 효과
① 신체의 열은 혈액순환을 촉진하여 산소 및 영양 공급에 효과적임
② 부교감 신경을 활성화시켜 심신의 안정감을 높임
③ 체내의 대사작용을 활성화하여 면역력을 증가시키고 신체 균형을 회복함

(2) 스티머(Steamer)
① 개념 및 원리
- 코일을 가열하여 물의 온도를 높이고 초미립자의 증기를 분사하는 기기
- 스티머에서 분사된 증기는 피부 표면에 온열작용을 함

② 효과
- 스티머에서 분사된 증기는 온열작용으로 모공을 열어 노폐물 배출을 촉진함
- 증기는 오존을 함유하고 있어 피부 표면에 살균작용을 함
- 습윤작용으로 일시적으로 피부에 보습효과를 높일 수 있음
- 효소 딥클렌징 작업 시 스티머를 분사시키면 효소가 활성화되는 적정 온도와 수분감을 유지할 수 있음

③ 사용 시 주의사항
- 스티머 물통의 기준 표시선까지 물을 채워 가열함
- 물통에 세제가 남아 있는 경우 가열 시 끓어 넘칠 수 있으므로 주의해야 함
- 안면 부위에서 30~50cm 떨어진 위치에서 분사해야 함
- 피부유형에 따라 적용 시간을 조절해야 함
- 물의 양을 수시로 점검하며 일정하게 분사될 수 있도록 함
- 관리 전 충분히 예열하여 사용하고, 오존은 사용 직전에 스위치를 켜서 적용함
- 민감한 부위에는 화장솜을 올려 피부 자극을 낮춰야 함
- 스티머의 코일이 부식된 경우 사용을 금하며, 보관 시 물기를 제거함

④ 부적용 대상자
- 모세혈관 확장 피부
- 상처 및 염증성 피부질환
- 발열증상이 있는 경우
- 일광화상

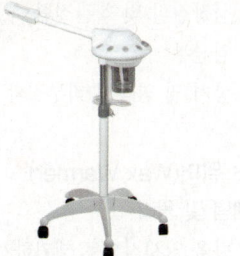

참고 스티머

※ 출처: 에스디엠코스메틱(나도미인)

참고 스티머의 적용 시간

정상·건성·노화 피부	약 8~10분
지성 피부	약 10~15분
민감성·모세혈관 확장 피부	약 3~5분

(3) 증기욕기
① 개념 및 원리
- 고온의 증기가 들어 있는 상자에 전신을 노출시켜 혈액순환을 돕는 기기
- 일정 온도에 맞춰 물을 끓여 증기를 공급하는 습식기기, 열을 공급하는 건식기기로 분류함

② 효과
- 증기욕은 혈류량을 증가시켜 신진대사를 촉진함
- 증기의 온열작용으로 각질을 연화시켜 노폐물 제거에 효과적임
- 온열작용으로 근육에 쌓여 있는 젖산 등을 제거하여 통증을 완화시킴
- 습윤작용으로 일시적으로 피부 보습효과를 높일 수 있음

참고 증기욕기

③ 사용 시 주의사항
- 증기열에 의해 혈류량이 높아져 일시적으로 어지러움 증상이 나타날 수 있음
- 증기욕기 내부에서 스팀이 새어나오지 않도록 타월을 감싸 사용함
- 장시간 사용하지 않으며, 온도와 습도가 너무 높지 않도록 주의해야 함
- 관리가 끝난 후 체온이 급격하게 떨어지지 않도록 가운을 입고 휴식을 취함

④ 부적용 대상자
- 식사 후 30분 이내
- 음주
- 심장질환 및 혈관질환
- 임산부
- 상처 및 염증성 피부질환

(4) 왁스 워머(Wax Warmer)

① 개념 및 원리
- 털을 일시적으로 제거하기 위해 사용하는 기기
- 열전도선이 내장되어 일정 온도를 유지하며 제모용 왁스를 녹임

② 왁스
- 왁스 워머로 녹여 사용하는 제품으로, 강력한 접착력이 있어 제모 시 사용함
- 제모용 왁스는 종류에 따라 녹는점이 달라 워머의 온도와 시간 조절이 필요함

참고 왁스 워머

참고 왁스를 이용한 제모
p.58

4 물리적인 힘 이용 기구

(1) 바이브레이터(Vibrator)

① 개념 및 원리
- 진동에 의한 직·간접적 근육운동으로 혈액순환을 촉진하는 비전류의 물리적 기기
- 회전하다(Gyrate)의 약자 'G'와 다섯 가지 헤드의 '5'를 축약하여 'G5'라고도 함
- 매뉴얼 테크닉의 다섯 가지 기본동작의 효과를 제공하여 신진대사를 활성화함

② 효과
- 경직된 부위에 근육운동을 촉진하여 이완효과를 높임
- 체내의 정체된 노폐물과 독소를 제거함
- 매뉴얼 테크닉 기능으로 혈액순환을 촉진하여 생리기능을 활성화시킴
- 수기 테크닉에서 발생하는 피부미용사의 피로를 줄일 수 있음

③ 헤드의 종류 및 효과

종류	매뉴얼 테크닉	효과
원형·곡형 스펀지	쓰다듬기	긴장을 완화하는 효과로 넓은 부위에 사용함
1봉	문지르기	경직된 부위에 이완효과를 높여 국소적으로 사용이 가능함
2·4봉	주무르기	피하조직층까지 주무르는 원리로 유연효과를 높임
굵은 침봉	깊게 주무르기	두꺼운 근육층을 자극하여 이완효과를 높임
가는 침봉	두드리기, 떨기	피부조직에 진동을 주어 혈액순환을 촉진함

④ 사용 시 주의사항
- 고객의 체온을 유지할 수 있도록 적용 부위만 노출시킴
- 적당한 압력을 선택하고 뼈 부위는 피해 사용함
- 피부미용사는 핸드피스가 떨어지지 않도록 연결줄을 어깨에 메거나 옆구리에 고정시킴
- 헤드 종류에 따른 매뉴얼 테크닉 효과를 파악하여 사용하도록 함
- 강하게 압력을 가하지 않고 밀착력과 기기압을 통해서만 마사지함
- 헤드는 바이브레이터를 일시 정지시킨 후 안전하게 교체함
- 심장 방향으로 헤드를 이동하며 사용함
- 스펀지 액세서리는 일회용 커버를 씌워 사용함
- 고무와 침봉 액세서리는 중성세제로 세척 후 자외선 살균기에 넣어 소독함

⑤ 부적용 대상자
- 타박상, 멍든 부위
- 지나치게 마른 체형
- 고혈압, 정맥류
- 당뇨병
- 모세혈관 확장 피부 및 염증성 피부질환
- 일광화상
- 다모 부위

(2) 프리마톨(Frimator, 진동브러시) 빈출

① 개념 및 원리
- 진동의 원리로 브러시를 회전시켜 클렌징·딥클렌징 효과를 높이는 기기
- 천연 양모로 이루어진 브러시는 피부 표면의 자극을 줄여줌
- 관리 목적·부위에 따라 브러시를 선택하고, 피부 상태에 맞게 회전 속도를 조절함

② 효과
- 피부 노폐물과 모공 속 피지를 제거하여 안색을 개선함
- 브러시 회전은 피부 표면에 부드러운 마찰을 주어 신진대사를 활성화함
- 피부 표면의 불필요한 각질을 연화시켜 박리효과를 높임

③ 사용 시 주의사항
- 브러시는 핸드피스에 정확하게 맞물릴 때까지 끼워 시술 도중 튕기지 않도록 함
- 브러시는 미지근한 물에 살짝 적신 후 물이 흐르지 않도록 정리하여 사용함
- 브러시는 피부 표면에서 직각 방향으로 사용함
- 브러시는 프리마톨을 일시 정지시킨 후 안전하게 교체함
- 사용 시 헤어라인 또는 흘러내린 머리카락이 엉키지 않도록 주의해야 함
- 브러시는 압력을 가하지 않고 가볍게 이동하며, 한 부위에 집중적으로 적용하지 않아야 함
- 얼굴 부위에 적절한 크기의 브러시를 선택하고, 피부유형에 맞게 회전 속도를 조절함
- 브러시는 중성세제로 세척 후 물기를 제거하고, 가지런히 빗어 자외선 소독기에 넣어 소독한 후 보관함

④ 부적용 대상자
- 상처 및 염증성 피부질환
- 민감성 피부
- 일광화상
- 여드름 피부
- 모세혈관 확장 피부

참고 프리마톨

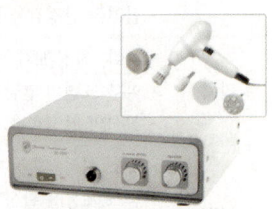

※ 출처: 에스디엠코스메틱(나도미인)

5 색채·빛·온도 이용 기구

(1) 크로마(컬러)테라피 기기

① 개념 및 원리
- 색이 가진 고유의 파장은 중추신경계를 활성화하여 심리적·육체적 건강을 조화롭게 함
- 색의 성질과 에너지를 이용하여 생체리듬을 회복할 수 있고 치료 목적으로 활용함
- 관리 목적에 맞는 색상을 선택하여 관리효과를 높일 수 있음

② 색상별 효과 [빈출]

빨강	• 에너지, 활력(노화 피부) • 세포를 활성화하여 재생에 효과적임 • 혈액순환 촉진으로 정체되어 있는 노폐물 제거와 셀룰라이트 완화
주황	• 회복, 탄력(건성·민감성 피부) • 내분비기능을 조절하여 신체 균형을 맞춤 • 근육의 기능을 활성화하여 통증 완화 • 신경계에 영향을 주어 심리적 안정감을 높임
노랑	• 기능 강화(조기노화 피부) • 콜라겐과 엘라스틴을 증가시켜 조기노화에 효과적임 • 소화기관을 강화하여 신체 생리기능 개선
초록	• 자연, 안정(홍반, 스트레스성 여드름 피부) • 림프순환을 촉진하여 면역력 강화 • 정체되어 있는 체액을 배출시켜 부종 완화, 부분비만 개선 • 심리적 안정감을 높여 스트레스에 효과적임
파랑	• 완화, 진정(모세혈관 확장·지성·여드름 피부) • 피부 표면의 열감과 염증반응 완화 • 심신의 안정효과
보라	• 독소 희석, 배출(여드름, 재생관리) • 림프 계통을 활성화하여 면역력 개선 • 체내 물질대사의 균형을 맞춰 정상적 기능을 유지함 • 독소 배출작용으로 전신관리, 셀룰라이트 완화

③ 사용 시 주의사항
- 주변환경을 어둡게 하여 사용함
- 피부 상태에 맞는 색상을 결정하고 빛의 강도를 조정함
- 피부는 클렌징 후 무알코올 화장수로 정돈하고 테라피를 적용함
- 관리효과를 높이기 위해 빛은 나선형 또는 직선으로 움직여 조사함
- 모든 금속류를 제거한 상태에서 사용함

④ 부적용 대상자
- 발열
- 면역 억제제 복용자
- 임산부
- 출혈 부위
- 광알레르기성 피부
- 필러, 보톡스 주입 후
- 심장질환, 혈압 이상증

참고 컬러라이트

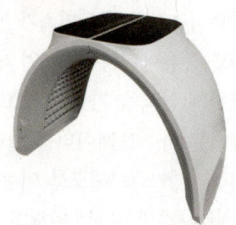

※ 출처: 에스디엠코스메틱(나도미인)

(2) 우드램프

① 개념 및 원리
- 인공자외선을 이용하여 피부 상태를 분석하는 기기
- 빛의 파장에 따라 나타나는 색상을 관찰하여 피부 문제를 파악할 수 있음
  - 예) 피지분비, 색소침착, 각질 상태, 여드름, 민감도 등

② 피부 상태에 따른 우드램프 색상 빈출

정상 피부	청백색
두꺼운 각질이 있는 피부	흰색
색소침착 피부	짙은 암갈색
여드름 피부, 지성 피부	오렌지색
건성 피부	밝은 보라색
민감성 피부	진보라색
비립종이 있는 피부	노란색
먼지, 이물질이 묻은 피부	흰색 또는 형광색

참고 우드램프

미국의 물리학자 로버트 윌리엄 우드에 의해 개발됨

③ 사용 시 주의사항
- 피부분석의 정확도를 높이기 위해 주변의 빛을 차단한 후 사용함
- 안면의 이물질, 메이크업 잔여물은 결과에 영향을 미치므로 우드램프 적용 전 클렌징함
- 빛으로부터 눈을 보호하기 위해 아이패드를 올리고 사용함
- 안면으로부터 15~20cm 정도 거리를 두고 사용함
- 자외선은 색소침착의 원인이 될 수 있으므로 장시간 사용을 피함

(3) 인공선탠기

① 개념 및 원리
램프에서 발산되는 인공자외선 A를 조사하여 색소세포를 자극해서 균일하게 태우는 기기

② 효과
- 비타민D 합성작용을 증가시켜 체내 칼슘 흡수율을 높임
- 인공자외선 조사량을 적정수준으로 조절하여 자연적 선탠에서 발생할 수 있는 트러블을 최소화함

③ 사용 시 주의사항
- 사용 전 샤워를 통해 피부 표면의 이물질을 제거함
- 관리 부위에 선탠용 제품을 골고루 발라 흡수시킴
- 장시간 적용 시 선번(일광화상)이 생길 수 있으므로, 1회 관리 시간은 15분을 넘기지 않고 점차 늘려가며 적용함
- 인공자외선은 눈에 영향을 미칠 수 있으므로 보안경을 착용함
- 많은 양의 자외선 조사는 피부건조를 유발하여 노화를 촉진할 수 있음
- 선탠 직후 샤워는 피함
- 사용 후 수분 보충을 위한 보습제를 충분히 도포함

④ 부적용 대상자
- 광과민성 질환자
- 심장 및 혈압질환
- 모세혈관 확장 및 염증성 피부
- 고열이 있는 경우
- 흑피증 및 모반증

(4) 확대경

① 원리: 육안으로 관찰하는 것보다 3~5배율 정도 확대하여 피부 상태를 분석함

② 효과
- 피부, 두피, 네일 등 다양한 분야에서 활용 가능함
- 모공 상태를 파악하여 피지 압출관리에 활용함
- 피부의 주름, 색소침착, 모공, 여드름 등의 상태를 파악하여 적절한 관리법을 제시함

③ 사용 시 주의사항
- 형광램프의 빛으로부터 눈을 보호하기 위해 아이패드를 올린 후 사용함
- 고객의 얼굴 위에서 스위치를 켜지 않아야 함
- 피부에 가깝지 않게 15~20cm 정도 거리를 유지함
- 장시간 사용 시 눈의 피로도가 높아지므로 중간에 확대경을 이동시켜 휴식을 취함

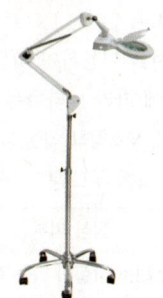

참고 확대경

※ 출처: 에스디엠코스메틱(나도미인)

(5) 적외선램프 [빈출]

① 개념 및 원리
- 적외선(열선)은 650~1,400nm의 파장 범위를 가지며, 피부 내부에 열을 발생시킴
- 원적외선: 가장 긴 파장을 이용하여 표면 자극도를 낮추면서 심부열을 높임
- 근적외선: 짧은 파장을 이용하여 소독이나 멸균, 근육치료에 활용함

② 효과
- 심부열은 혈액순환을 촉진하여 체내 대사작용을 활성화함
- 경직된 부위에 근육 이완작용, 통증 완화
- 콜라겐 합성을 촉진하고 세포조직을 회복시킴
- 온열작용을 통해 생리기능 개선
- 유효성분의 흡수율을 높임

③ 사용 시 주의사항
- 피부감각이 둔한 경우 강도 조절에 주의해야 함
- 피부에 가깝게 접촉하지 않고 거리를 조절하여 사용함
- 피부 민감도에 따라 시간을 조절하여 적용함
- 안면관리에 사용 시 눈과 입술에 젖은 화장솜을 올려 보호함

④ 부적용 대상자
- 제모관리 직후
- 발열
- 음주
- 필러, 보톡스 시술 후
- 염증성 피부질환
- 출혈 부위
- 악성종양
- 모세혈관 확장 피부

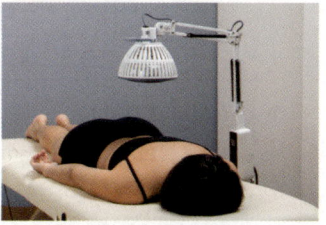

참고 적외선램프

6 물 이용 기구

(1) 스프레이 기기
① 원리: 진동펌프의 원리로 미세한 입자를 분사함
② 효과
- 피부 산성막의 복원능력을 높임
- 청량감, 보습효과
- 기기에 피부유형별 토너, 앰플을 넣어 사용 가능함
- 피부 표면에 손을 접촉하여 생길 수 있는 감염을 줄여 민감성 또는 여드름 피부에 적용할 수 있음
- 피부 표면 세정효과
③ 사용 시 주의사항
- 눈, 코, 입에 들어가지 않도록 아이패드를 올린 후 분사함
- 관리 부위를 제외한 목, 데콜테 등은 타월과 티슈로 덮음
- 안면 부위로부터 30cm 정도 떨어진 위치에서 분사하며, 내용물이 흐르지 않도록 주의함
④ 부적용 대상자
- 염증성 피부질환
- 모세혈관 확장 피부
- 레이저, 화학적 필링 후
- 악성종양

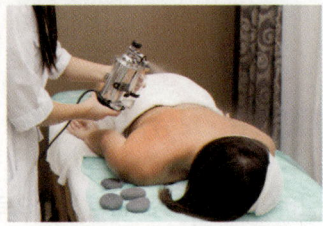

참고 스프레이 기기

참고 모공을 소독하여 피지 압출 후 적용 가능

(2) 족욕기
① 개념 및 원리
- 물의 기포, 진동에 의한 마사지 기능을 지니며, 동시에 온열감을 유지하여 대사작용을 활성화함
- 물을 사용하지 않는 건식 족욕기는 내부의 원적외선 열을 통해 혈액순환을 개선함
② 효과
- 발과 다리의 혈액순환 개선으로 근육의 수축·이완작용을 원활하게 하여 유연성 증진
- 발과 다리의 피로물질을 제거, 부종 완화
- 체온을 상승시켜 생리기능을 활성화, 면역력 증진
③ 사용 시 주의사항
- 상처나 염증성 질환이 있는 경우는 사용을 피함
- 제모 후 사용을 피함
- 족욕기는 청결 및 위생관리를 철저하게 하여 사용함
- 기기마다 정해져 있는 기준에 맞춰 물을 채워 사용함

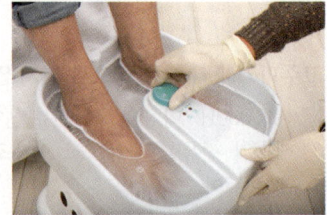

참고 족욕기

CHAPTER 02 피부미용기기의 종류 및 사용법

출제 예상문제 A

1 직류, 교류, 음파 이용 기기

01
갈바닉기를 이용한 관리 방법으로 옳지 않은 것은?
① 같은 극끼리는 밀어내고 다른 극끼리는 끌어당기는 성질을 이용하여 관리효과를 높일 수 있다.
② 미세전류의 방향과 크기가 일정하게 유지되는 직류기기이다.
③ 양극의 성질을 이용하여 피부 속으로 유효성분을 침투시키는 관리법을 이온영동법이라고 한다.
④ 갈바닉기 사용 시 효과를 높이기 위해 전극봉의 금속 부위가 피부에 닿도록 한다.

> 갈바닉기는 전극봉의 금속 부위가 피부에 닿지 않도록 주의하며, 고객의 전극봉에는 젖은 스펀지를 감싸 쥐게 함

02
고주파기에 대한 설명으로 옳지 않은 것은?
① 100,000Hz 이상의 교류전류를 이용한 열에너지 기기이다.
② 테슬라 전류를 사용하고 인체조직에 통전 시 진동 폭이 매우 길어 근수축을 일으킨다.
③ 신진대사를 활성화시켜 노폐물 배출과 지방 연소기능을 높여준다.
④ 고주파기를 활용한 관리는 직접법과 간접법으로 나뉜다.

> 고주파기는 인체조직에 통전 시 진동 폭이 매우 짧아 근수축을 일으키지 않음

03
1초에 20,000Hz 이상 주파수의 불가청 영역대를 말하며 초당 수만 번의 미세진동을 일으키는 기기는?
① 고주파기
② 저주파기
③ 초음파기
④ 갈바닉기

> • 고주파기: 100,000Hz 이상의 교류전류를 이용한 기기
> • 저주파기: 1~1,000Hz의 교류전류를 이용한 기기
> • 갈바닉기: 직류를 이용한 기기

2 압력 이용 기구

04
진공흡입기에 대한 설명으로 옳지 않은 것은?
① 진공 상태의 공기압으로 피부조직을 들어올려 체내 기능을 활성화한다.
② 물의 온도를 높이고 초미립자의 증기를 분사한다.
③ 벤토우즈에 흡입력을 적용한 기기이다.
④ 흡입과 배출의 반복적인 물리적 운동으로 혈액순환을 촉진한다.

> 스티머: 물의 온도를 높여 초미립자의 증기를 분사하는 기기

05
진공흡입기의 효과로 옳지 않은 것은?
① 림프순환 촉진
② 노폐물 배출과 체액의 흐름 정상화
③ 체내의 수분 축적
④ 산화된 피지 제거

> 진공흡입기는 체내의 정체된 수분을 배출시키는 효과가 있음

06
진공흡입기 사용 방법으로 옳은 것은?
① 전원을 켜고 바로 사용해야 한다.
② 벤토우즈는 사용 후 분리하여 알칼리 세제로 세척한다.
③ 관리 시 벤토우즈를 소독하여 위생적으로 관리한다.
④ 벤토우즈는 세척 후 따로 소독을 하지 않는다.

> • 전원을 켠 뒤 압력의 세기와 진공 상태를 확인 후 사용함
> • 벤토우즈는 중성세제로 세척함
> • 세척 후 물기를 제거하여 살균기에 넣어 소독해야 함

| 정답 | 01 ④ 02 ② 03 ③ 04 ② 05 ③ 06 ③

07
진공흡입기 사용 시 주의사항으로 옳지 않은 것은?
① 벤토우즈를 림프절 반대 방향으로 이동하며 사용한다.
② 같은 부위에 지속적으로 사용하면 멍이 생길 수 있다.
③ 피부 자극을 최소화하기 위해 소량의 오일을 도포하여 적용한다.
④ 림프에 자극이 되지 않도록 압을 주지 않아야 한다.

> 벤토우즈를 림프절 방향으로 관리하여 배출효과를 높임

08
진공흡입기 부적용 대상에 해당하지 않는 것은?
① 모세혈관 확장 피부　② 심장질환자
③ 임산부　④ 콤팩트 셀룰라이트 상태

> 진공흡입기는 셀룰라이트 부위에 적용하여 정체되어 있는 노폐물을 배출시킬 수 있음

09
엔더몰로지에 대한 설명으로 옳지 않은 것은?
① 공기의 감압원리에 의한 기기이다.
② 전신관리에는 사용을 금지한다.
③ 모세혈관 확장 부위에는 사용을 피한다.
④ 림프순환을 촉진하여 면역기능을 강화한다.

> 엔더몰로지는 전신관리에도 사용할 수 있으며, 약 40~50분을 적용함

3 열 이용 기구

10
스티머의 효과에 대한 설명으로 옳은 것은?
① 증기 분사기능만 제공한다.
② 습윤작용으로 사용 후 보습효과를 지속할 수 있다.
③ AHA 딥클렌징 작업 시 분사시켜 딥클렌징 효과를 높인다.
④ 피부 표면의 각질을 연화시키고 노폐물 배출을 촉진한다.

> 스티머의 증기는 피부 표면에 온열감을 주어 각질을 연화시키고, 모공을 열어 노폐물 배출을 촉진함

11
스티머 사용 시 주의사항으로 옳은 것은?
① 스티머 물통에는 물을 채울 수 있는 만큼 가득 채워 사용한다.
② 세제가 남아 있는 경우 가열 시 끓어 넘칠 수 있으므로 주의한다.
③ 온열감을 높이기 위해 피부와 최대한 가까운 위치에서 분사해야 한다.
④ 오존은 살균효과를 즉각 적용하기 위해 스위치를 미리 켜서 작동시킨다.

> • 스티머는 기준 표시선까지 물을 채워 사용하며, 30cm 이상 거리를 유지하여 적용해야 함
> • 오존은 사용 직전에 스위치를 켜서 적용함

12
고온의 증기가 들어 있는 상자에 전신을 노출시켜 혈액순환을 돕는 기기는?
① 스티머　② 프리마톨
③ 바이브레이터　④ 증기욕기

> • 스티머: 코일을 가열하여 물의 온도를 높이고 초미립자의 증기를 분사하는 기기
> • 프리마톨: 진동의 원리로 브러시를 회전시켜 클렌징·딥클렌징 효과를 높이는 기기
> • 바이브레이터: 진동에 의한 직·간접적 근육운동으로 혈액순환을 촉진하는 비전류의 물리적 기기

13
증기욕의 효과에 대한 설명으로 옳지 않은 것은?
① 혈류량을 증가시켜 신진대사를 촉진한다.
② 각질을 부드럽게 연화시켜 제거하는 데 효과적이다.
③ 온열작용은 하지만 근육에 쌓여 있는 피로물질 제거는 어렵다.
④ 습윤작용으로 일시적인 보습효과가 있다.

> 증기욕은 온열작용으로 근육에 쌓여 있는 젖산 등을 제거하여 통증을 완화함

[정답] 07 ③　08 ④　09 ②　10 ④　11 ②　12 ④　13 ③

14
왁스 워머에 대한 설명으로 옳지 않은 것은?

① 왁스를 일정 온도를 유지하며 녹여 사용한다.
② 왁스는 종류와 상관없이 동일한 온도에서 녹일 수 있다.
③ 털을 일시적으로 제거하기 위해 사용하는 기기이다.
④ 하드 왁스는 피부 자극을 낮추며 국소 부위에 사용이 가능하다.

> 왁스는 종류에 따라 녹는점이 다르므로 워머의 온도와 시간 조절이 필요함

4 물리적인 힘 이용 기구

15
바이브레이터에 대한 설명으로 옳은 것은?

① 회전하다(Gyrate)의 약자 'G'와 다섯 가지 헤드의 '5'를 축약하여 'G5'라고도 한다.
② 전류를 통한 물리적 기기를 바이브레이터라고 한다.
③ 림프드레나쥐의 효과를 제공한다.
④ 사용 시 관리사의 피로도가 높은 기기이다.

> 바이브레이터는 비전류 물리적 기기로, 회전의 원리를 이용하여 매뉴얼 테크닉 기법과 동일한 효과를 나타내고 관리사의 피로도를 줄일 수 있음

16
바이브레이터 헤드의 효과가 바르게 연결된 것은?

① 원형·곡형 스펀지 – 문지르기
② 2·4봉 – 주무르기
③ 굵은 침봉 – 두드리기
④ 가는 침봉 – 쓰다듬기

> • 원형·곡형 스펀지 – 쓰다듬기
> • 1봉 – 문지르기
> • 굵은 침봉 – 깊게 주무르기
> • 가는 침봉 – 두드리기, 떨기

17
바이브레이터 사용 시 주의사항으로 옳은 것은?

① 바이브레이터 회전의 힘으로는 부족하므로 압을 가하는 것이 좋다.
② 헤드는 발을 향해 이동하며 적용한다.
③ 매뉴얼 테크닉 효과가 다양하여 뼈 부위도 관리를 적용할 수 있다.
④ 사용 후 중성세제로 세척하고 살균기에 넣어 소독한다.

> • 바이브레이터 회전력 외에 압을 가하지 않고 사용해야 함
> • 관리 시 헤드는 심장 방향으로 적용해야 함
> • 뼈 부위는 제외하고 매뉴얼 테크닉 효과에 따라 부위별로 적용함

18
프리마톨의 효과로 옳지 않은 것은?

① 피부 노폐물과 모공 속 피지를 제거하여 안색을 개선한다.
② 브러시 회전은 피부 표면에 강한 마찰을 주어 신진대사를 활성화한다.
③ 불필요한 각질을 연화시켜 박리효과를 높인다.
④ 관리 목적에 따라 브러시를 선택하고 피부 상태에 맞게 회전 속도를 조절한다.

> 브러시 회전은 피부 표면에 부드러운 마찰을 주어 신진대사를 활성화하고, 자극을 줄이기 위해 천연 양모로 이루어진 브러시를 사용함

19
프리마톨 사용 시 주의사항으로 옳지 않은 것은?

① 브러시는 작동을 멈춘 상태에서 교체한다.
② 헤어라인 또는 흘러내린 모발과 엉키지 않도록 주의한다.
③ 얼굴 부위에 맞는 크기의 브러시를 선택하여 사용한다.
④ 마찰로 인한 열감을 줄이기 위해 브러시는 차가운 물에 듬뿍 적셔 적용한다.

> 브러시는 미지근한 물에 적당량 적신 후, 물이 흐르지 않도록 정리하여 사용해야 함

5 색채 · 빛 · 온도 이용 기구

20
크로마테라피에 대한 설명으로 옳지 <u>않은</u> 것은?
① 색이 가진 고유의 파장은 생체리듬을 회복하도록 도와준다.
② 색의 성질과 에너지를 이용하여 치료 목적으로 활용한다.
③ 고객이 선호하는 색상을 선택하여 관리를 적용한다.
④ 색은 중추신경계를 활성화하여 심리적 안정감을 제공한다.

색에 따라 효과가 다양하므로 관리 목적에 맞는 색상을 선택하여 적용해야 함

21
크로마테라피 색상과 효과가 바르게 연결된 것은?
① 빨강 – 기능 강화
② 주황 – 회복, 탄력
③ 노랑 – 자연, 안정
④ 파랑 – 에너지, 활력

- 빨강: 에너지, 활력
- 노랑: 기능 강화
- 파랑: 완화, 진정

22
크로마테라피 중 보라색의 효과로 옳지 <u>않은</u> 것은?
① 피부홍반에 효과적이다.
② 림프 계통을 활성화하여 면역력을 개선한다.
③ 체내 물질대사의 균형을 맞춰 정상적 기능을 유지하게 한다.
④ 전신, 셀룰라이트 관리에 효과적이다.

초록
- 자연, 안정(홍반, 스트레스성 여드름)
- 림프순환을 촉진하여 면역력 강화
- 정체되어 있는 체액을 배출시켜 부종 완화, 부분비만 개선
- 심리적 안정감을 높여 스트레스에 효과적임

23
크로마테라피 사용 시의 주의사항으로 알맞지 <u>않은</u> 것은?
① 관리효과를 높이기 위해 빛은 나선형 또는 직선으로 움직여 조사한다.
② 피부 상태에 맞는 색상을 결정하여 빛의 강도를 조정한다.
③ 주변환경을 어둡게 하여 적용한다.
④ 금속류를 착용한 상태에서도 관리가 가능하다.

모든 금속류를 제거한 상태에서 사용해야 함

24
우드램프에 대한 설명으로 옳지 <u>않은</u> 것은?
① 빛의 파장에 따라 나타나는 색을 관찰하여 피부 문제를 파악한다.
② 천연자외선을 이용하여 피부 상태를 분석하는 기기이다.
③ 우드램프 색상에 따라 피지분비, 색소침착, 각질 상태 등을 파악한다.
④ 미국의 물리학자 로버트 윌리엄 우드에 의해 개발되었다.

우드램프는 인공자외선을 이용하여 피부 상태를 분석하는 기기임

25
피부유형과 우드램프의 색상이 바르게 연결된 것은?
① 여드름 피부 – 오렌지색
② 정상 피부 – 흰색
③ 민감성 피부 – 암갈색
④ 건성 피부 – 청백색

- 정상 피부: 청백색
- 민감성 피부: 진보라색
- 건성 피부: 밝은 보라색

26
우드램프 사용 시 주의사항으로 옳지 <u>않은</u> 것은?

① 얼굴의 메이크업 잔여물은 피부분석에 영향을 미치므로 클렌징 후 적용한다.
② 빛으로부터 눈을 보호하기 위해 아이패드를 올리고 사용한다.
③ 피부에 5cm 정도 거리를 두어 사용한다.
④ 자외선은 색소침착의 원인이 될 수 있으므로 장기간 사용을 피한다.

> 우드램프는 피부 표면에 닿지 않도록 안면으로부터 15~20cm 정도 거리를 두고 사용함

27
인공선탠기 사용 시 주의사항으로 옳은 것은?

① 선탠 직후에도 샤워를 할 수 있다.
② 인공자외선을 조사하지만 보안경 착용은 필요하지 않다.
③ 사용 후 보습제를 도포하여 수분을 보충한다.
④ 사용 전에는 샤워를 할 필요는 없다.

> • 선탠 직후 샤워는 피함
> • 인공자외선은 눈에 영향을 미칠 수 있으므로 보안경을 착용함
> • 사용 전 샤워를 통해 피부 표면의 이물질을 제거함

28
확대경에 대한 설명으로 옳은 것은?

① 두피에는 사용할 수 없다.
② 육안으로 분석하기 어려운 피부 상태를 자세하게 관찰할 수 있다.
③ 육안으로 관찰하는 것보다 10배율 이상 확대할 수 있다.
④ 피부의 모공 상태를 파악할 경우에만 사용한다.

> 확대경
> • 피부, 두피, 네일 등 다양한 분야에서 관리 시 사용할 수 있음
> • 육안으로 관리 부위를 관찰하는 것보다 보통 3~5배율 확대 가능
> • 주름, 색소침착, 모공, 여드름 등 피부 상태 파악 가능

29
확대경 사용 시 주의사항으로 옳지 <u>않은</u> 것은?

① 빛으로부터 눈을 보호하기 위해 아이패드를 올린 후 사용한다.
② 고객의 피부에 가깝지 않게 15~20cm 정도 거리를 유지하여 사용한다.
③ 장시간 사용 시 눈의 피로도가 높아지므로 중간에 확대경을 이동시켜 휴식을 취할 수 있도록 한다.
④ 고객의 얼굴 위에서 스위치를 켜야 한다.

> 확대경 사용 시 고객의 얼굴 위에서 스위치를 켜지 않아야 함

30
적외선에 대한 설명으로 옳지 <u>않은</u> 것은?

① 적외선은 피부 내부에 열을 발생시키는 원리로 열선이라고도 한다.
② 원적외선은 가장 긴 파장을 이용하여 표면 자극도를 낮추면서 심부열을 높인다.
③ 근적외선은 짧은 파장을 이용하여 소독이나 멸균, 근육치료에 활용한다.
④ 적외선은 550~770nm의 파장 범위를 가진다.

> 적외선은 650~1,400nm의 파장 범위를 가짐

31
적외선램프의 효과로 옳지 <u>않은</u> 것은?

① 유효성분의 흡수율은 조금 떨어질 수 있으나 비만관리에 효과적이다.
② 심부체온을 상승시켜 독소와 노폐물 배출을 촉진한다.
③ 경직된 부위에 근육 이완작용으로 통증을 완화한다.
④ 피부 구성성분인 콜라겐 합성을 촉진한다.

> 적외선램프는 유효성분의 흡수율을 높임

32
적외선램프 사용 시 주의사항으로 옳지 않은 것은?
① 피부에 가깝게 접촉하지 않고 거리를 조절하여 사용한다.
② 음주자의 경우 사용을 하지 않는다.
③ 피부감각이 둔한 경우 강도를 최대로 높여 사용한다.
④ 안면관리에 사용 시 젖은 화장솜을 눈과 입술에 올려 보호한다.

> 피부감각이 둔한 경우 강도 조절에 주의해야 함

35
스프레이 기기를 적용할 수 있는 대상자는?
① 광알레르기성 피부질환
② 염증성 피부질환
③ 레이저, 화학적 필링 후
④ 악성종양

> 광알레르기성 피부질환은 빛을 이용하는 기기의 부적용 대상자로 분류됨

6 물 이용 기구

33
스프레이 기기에 대한 설명으로 옳지 않은 것은?
① 진동펌프의 원리를 사용한다.
② 적용 부위에 미세한 입자를 분사하여 사용한다.
③ 피부 표면을 손으로 부드럽게 쓰다듬으며 사용한다.
④ 민감성 또는 여드름 피부에 적용할 수 있다.

> 스프레이 기기는 피부 표면에 손을 접촉하여 생길 수 있는 감염을 줄여 민감성 또는 여드름 피부에 적용할 수 있음

36
족욕기에 대한 설명으로 옳은 것은?
① 물의 기포, 진동을 이용하여 소독 효과가 있다.
② 물이 있어야만 사용이 가능하다.
③ 체온을 상승시켜 생리기능을 활성화한다.
④ 차가운 물은 피부 표면에 수축을 주어 탄력을 부여한다.

> 족욕기
> • 물의 기포, 진동에 의한 마사지 기능을 지니며, 동시에 온열감을 유지하여 대사작용을 활성화함
> • 물을 사용하지 않는 건식 족욕기는 내부의 원적외선 열을 통해 혈액순환을 개선함
> • 발, 다리에 온열감을 주어 생리기능을 활성화하고 면역력을 증진함

34
스프레이 기기의 효과로 옳지 않은 것은?
① 피부 산성막의 복원능력을 높인다.
② 분사 시 열감을 주어 혈액순환을 촉진한다.
③ 기기에 피부유형별 토너, 앰플을 넣어 사용할 수 있다.
④ 피부 표면의 세정효과가 있다.

> 분사 시 피부에 청량감과 보습효과를 줌

37
족욕기 사용 시 주의사항으로 옳지 않은 것은?
① 상처나 염증성 질환이 있는 경우 사용을 피한다.
② 다리 전체가 담길 수 있도록 물을 가득 채워 사용한다.
③ 제모 후에는 족욕기 사용을 피한다.
④ 청결 및 위생관리를 철저하게 하여 사용한다.

> 족욕기는 기기마다 정해져 있는 기준에 맞춰 물을 채워 사용함

PART 05

ESTHETICIAN

화장품학

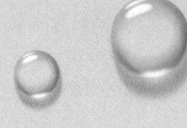

출제비중 **13%**

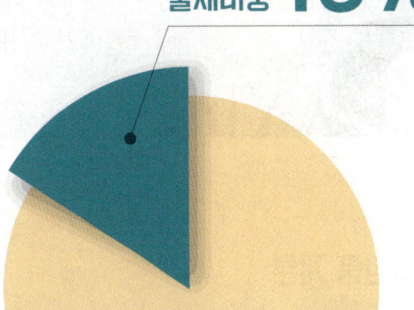

| 출제(예상)문제 수 | Ⓐ 5문제 이상   Ⓑ 4문제~2문제   Ⓒ 1문제 이하

- Ⓒ **CHAPTER 01** 화장품학 개론
- Ⓑ **CHAPTER 02** 화장품 제조
- Ⓐ **CHAPTER 03** 화장품의 종류와 기능

CHAPTER 01 화장품학 개론

> **합격 TIP** 화장품의 정의와 기능성 화장품 범위를 집중적으로 학습하세요.

1 화장품 개론

(1) 화장품의 정의 [빈출]
인체를 청결·미화하여 매력을 더하고 용모를 밝게 변화시키거나 피부·모발의 건강을 유지 또는 증진하기 위해 인체에 바르고 문지르고 뿌리는 등 이와 유사한 방법으로 사용되는 물품으로서 인체에 대한 작용이 경미한 것을 말함(단, 의약품에 해당하는 물품은 제외함)

(2) 화장품 사용의 목적 [빈출]
① 신체를 청결하고 위생적으로 유지·관리
② 신체를 아름답게 꾸미고 매력을 증가시켜 심미적 안정 부여
③ 외부 환경, 자외선, 건조 등으로부터 피부와 모발 보호
④ 건강하고 촉촉한 피부 유지
⑤ 노화 방지와 건강 유지
⑥ 자신감 부여와 자신의 이미지 연출

(3) 화장품의 기능 [빈출]
① 인체에 청결 부여
② 피부 보습 부여
③ 피부·모발의 건강 유지 또는 증진
④ 인체에 미화 부여

(4) 화장품 품질의 4대 특성 [빈출]

안전성(Safety)	인체에 대한 부작용, 피부 자극, 예민, 알레르기, 독성이 없어야 함
안정성(Stability)	미생물의 오염이 없고, 제품이 변질·변색·변취·침전·분리되지 않아야 함
유효성(Effectiveness)	화장품의 기능이 효과적이어야 함(주름 개선, 보습, 미백, 자외선 차단 등)
사용성(Usability)	제품의 발림성, 흡수성, 향취, 편리성, 사용감 등이 좋아야 함

(5) 화장품의 선택 요건
① 피부에 대한 자극(알레르기 등)이 없어야 함
② 제품의 산화 및 변질 등이 없어야 함
③ 냄새가 독특하거나 강하지 않고 품질이 일정한 원료이어야 함
④ 사용 목적에 따라 그 기능이 우수한 원료이어야 함

(6) 화장품, 의약외품, 의약품의 구분 빈출

구분	화장품	의약외품	의약품
사용 대상	정상인	정상인	환자
사용 기능	청결, 미화	위생, 예방	질병 진단, 치료, 처치
사용 기간	장기간, 지속적	장기간, 지속적	단기간
부작용	없어야 함	없어야 함	있을 수 있음

(7) 화장품 사용 시 주의사항
① 화장품 사용 시 또는 사용 후 직사광선에 의해 사용 부위에 붉은 반점, 부어오름, 가려움증 등의 이상 증상이나 부작용이 나타나는 경우 전문의 등과 상담할 것
② 상처가 있는 부위 등에는 사용을 자제할 것
③ 보관 및 취급 시의 주의사항
  • 사용 후에는 제품의 환경적 변질을 예방하기 위해 반드시 마개를 닫아 둘 것
  • 어린이의 손이 닿지 않는 곳에 보관할 것
  • 고온 및 저온, 직사광선을 피해 보관할 것
  • 유효 기간을 확인한 후 사용할 것

2 기능성 화장품

(1) 기능성 화장품의 범위 빈출
① 피부의 미백에 도움을 주는 제품
② 피부의 주름 개선에 도움을 주는 제품
③ 피부를 곱게 태워 주거나 자외선으로부터 피부를 보호하는 데 도움을 주는 제품
④ 모발의 색상 변화·제거 또는 영양 공급에 도움을 주는 제품
⑤ 피부나 모발의 기능 약화로 인한 건조함, 갈라짐, 빠짐, 각질화 등을 방지하거나 개선하는 데 도움을 주는 제품
⑥ 이 외 총리령으로 정하는 화장품

> • 피부에 멜라닌색소가 침착하는 것을 방지하여 기미, 주근깨 등의 생성을 억제함으로써 피부의 미백에 도움을 주는 기능을 가진 화장품
> • 피부에 침착된 멜라닌색소의 색을 엷게 하여 피부의 미백에 도움을 주는 기능을 가진 화장품
> • 피부에 탄력을 주어 피부의 주름을 완화 또는 개선하는 기능을 가진 화장품
> • 강한 햇볕을 방지하여 피부를 곱게 태워 주는 기능을 가진 화장품
> • 자외선을 차단 또는 산란시켜 자외선으로부터 피부를 보호하는 기능을 가진 화장품
> • 모발의 색상을 변화(탈염, 탈색을 포함)시키는 기능을 가진 화장품(다만, 일시적으로 모발의 색상을 변화시키는 제품은 제외함)
> • 체모를 제거하는 기능을 가진 화장품(다만, 물리적으로 체모를 제거하는 제품은 제외함)
> • 탈모 증상의 완화에 도움을 주는 화장품(다만, 코팅 등 물리적으로 모발을 굵게 보이게 하는 제품은 제외함)
> • 여드름성 피부를 완화하는 데 도움을 주는 화장품(다만, 인체 세정용 제품류로 한정함)
> • 피부장벽❼의 기능을 회복하여 가려움 등의 개선에 도움을 주는 화장품
> • 튼살로 인한 붉은 선을 엷게 하는 데 도움을 주는 화장품

용어 **피부장벽**
피부의 가장 바깥쪽에 존재하는 각질층의 표피

출제 예상문제

1 화장품 개론

01
화장품의 정의에 관한 설명으로 옳지 <u>않은</u> 것은?
① 인체를 청결, 미화하여 용모를 밝게 변화시키는 물품이다.
② 인체에 대한 작용이 경미하다.
③ 인체에 바르고 문지르고 뿌리는 등의 방법으로 사용한다.
④ 인체에 대한 효능, 효과가 의약품에 준하며 질병을 치료한다.

> 화장품의 정의: 인체를 청결·미화하여 매력을 더하고 용모를 밝게 변화시키거나 피부·모발의 건강을 유지 또는 증진하기 위해 인체에 바르고 문지르고 뿌리는 등 이와 유사한 방법으로 사용되는 물품으로서 인체에 대한 작용이 경미한 것을 말함(단, 의약품에 해당되는 물품은 제외함)

02
화장품의 사용 목적에 해당하지 <u>않는</u> 것은?
① 화장품은 신체를 청결하게 하고 미화한다.
② 외부의 유해환경으로부터 피부와 모발을 보호한다.
③ 화장품을 사용하지 않으면 심미적 불안감을 갖는다.
④ 노화를 예방하고 건강한 생활을 유지한다.

> 화장품의 사용 목적
> • 신체의 청결 유지·관리
> • 신체를 아름답게 꾸미고 매력을 증가시켜 심미적 안정 부여
> • 외부 환경, 자외선, 건조 등으로부터 피부와 모발 보호
> • 노화 방지와 건강 유지

03
사용 대상과 그 내용이 옳게 연결된 것은?
① 화장품: 정상인, 청결·미화, 부작용 있음
② 의약외품: 정상인, 위생, 부작용 없음
③ 의약품: 환자, 질병 예방, 부작용 없음
④ 기능성 화장품: 정상인, 질병 치료, 부작용 없음

> • 화장품: 정상인을 대상으로 청결, 미화의 목적으로 사용하며 장기간, 지속적으로 사용 가능하고 부작용이 없어야 함
> • 의약외품: 정상인을 대상으로 위생, 예방의 목적으로 사용하며 장기간, 지속적으로 사용 가능하고 부작용이 없어야 함
> • 의약품: 환자를 대상으로 질병 진단, 치료, 처치의 목적으로 사용하며 단기간으로 사용 가능하고 부작용이 있을 수 있음

2 기능성 화장품

04
기능성 화장품의 범위에 해당하는 것은?
① 여드름성 피부를 완화하는 데 도움을 주는 에센스 화장품
② 튼살로 인한 붉은 선을 엷게 하는 데 도움을 주는 화장품
③ 탈모 증상의 완화에 도움을 주는 흑채 화장품
④ 아토피 피부의 가려움증을 개선하는 데 도움을 주는 보습 화장품

> 기능성 화장품의 범위
> • 여드름성 피부를 완화하는 데 도움을 주는 화장품(다만, 인체세정용 제품류로 한정함)
> • 탈모 증상의 완화에 도움을 주는 화장품(다만, 코팅 등 물리적으로 모발을 굵게 보이게 하는 제품은 제외함)
> • 피부장벽의 기능을 회복하여 가려움 등의 개선에 도움을 주는 화장품 등

05
기능성 화장품에 해당하는 것으로 옳지 <u>않은</u> 것은?
① 피부 미백에 도움을 주는 화장품
② 피부 주름 개선에 도움을 주는 화장품
③ 자외선으로부터 피부를 보호하거나 곱게 태워 주는 화장품
④ 모발의 웨이브 형성에 도움을 주는 화장품

> 기능성 화장품의 범위
> • 피부의 미백에 도움을 주는 제품
> • 피부의 주름 개선에 도움을 주는 제품
> • 피부를 곱게 태워 주거나 자외선으로부터 피부를 보호하는 데 도움을 주는 제품
> • 모발의 색상 변화·제거 또는 영양 공급에 도움을 주는 제품
> • 피부나 모발의 기능 약화로 인한 건조함, 갈라짐, 빠짐, 각질화 등을 방지하거나 개선하는 데 도움을 주는 제품 등

정답 | 01 ④ 02 ③ 03 ② 04 ② 05 ④

CHAPTER 02
화장품 제조 B

합격 TIP
- 계면활성제에 관한 내용은 출제 빈도가 높으므로 중점적으로 암기하세요.
- 화장품의 제조 원리 중 유화에 대하여 정확히 숙지하세요.

1 화장품의 원료

(1) 수성원료

정제수	• 수용성 용매로서 여러 단계의 여과 과정을 거쳐 정제된 깨끗한 물 • 기초 화장품인 화장수, 로션, 크림 등의 기초물질로 사용 • 효과: 피부 보습작용, 유연작용
에탄올	• 물에 녹지 않는 비극성 물질을 녹이는 유기 용매로 휘발성, 특이취, 무색을 지님 • 수렴 화장수, 여드름용 제품, 헤어토닉, 향수 등에 사용 • 효과: 수렴효과, 청량감, 살균 및 소독작용

참고 에탄올의 단점
사용 시 피부건조, 자극을 유발할 수 있음

(2) 유성원료

① 기원에 따른 분류

구분	종류	효과	특징
식물성 오일	• 올리브 오일 • 파자마 오일 • 포도씨 오일 • 로즈힙 오일 등	• 보습효과 • 유연효과	• 식물의 꽃, 잎, 열매, 껍질, 뿌리 등에서 추출 • 피부 자극이 거의 없음 • 피부 친화성이 좋고, 피부·모발에 유연성을 부여함 • 대체적으로 흡수가 느림 • 공기 접촉 시 산패가 쉽고 안정성이 낮음
동물성 오일	• 스쿠알렌 • 에뮤 오일 • 밍크 오일 • 라놀린 등	• 보습효과 • 보호효과 • 유연효과	• 동물의 피하조직, 장기에서 추출 • 피부 친화성이 좋고 흡수가 빠름 • 색상, 향이 좋지 않음 • 안정성이 낮음(변취, 변색, 변질) • 피부 알레르기 유발 가능
광물성 오일	• 파라핀 • 바셀린	• 보습효과 • 유연효과 • 피막 형성 • 수분 증발 억제	• 원유를 정제하는 과정에서 생성되는 부산물 • 피부 표면의 수분 증발을 억제하고 피부를 보호함 • 피부호흡을 방해함 • 산화 안정성이 높음

			• 화학적 합성 오일
합성 오일	실리콘 오일	수분 증발 억제	• 산화 안정성이 높고, 발수성이 우수함 • 피부의 촉촉함과 광택감 부여 • 피부, 모발에 퍼짐성이 좋음 • 가벼운 사용감으로 선호도가 높음

② 화학구조에 따른 분류

구분	종류	효과	특징
왁스	• 카나우바 왁스 • 칸데릴라 왁스 • 밀랍 • 호호바유 • 라놀린 등	• 보습효과 • 유연효과	• 제품의 고형화 • 제품의 기능과 안정성이 높음 • 사용감 향상과 광택 부여
고급지방산	• 라우릭애씨드 • 미리스틱애씨드 • 팔미틱애씨드 • 스테아릭애씨드 등	• 보습효과 • 유연효과	• R-COOH 등으로 표시되는 화합물로 알킬기의 분자량이 크며, 산성을 나타냄 • 유화 제형인 에멀전의 안정화에 사용 • 가성소다, 가성가리와 병용하여 클렌징 폼의 비누화 반응에 사용
고급알코올	• 세틸알코올 • 스테아릴알코올 • 이소스테아릴알코올 등	• 보습효과 • 유연효과	• R-OH 등으로 표시되는 탄소수가 많은 화합물 • 유화 제형 에멀전의 안정화에 사용
에스테르류	• 이소프로필팔미테이트 • 이소프로필미리스테이트 등	• 보습효과 • 유연효과	• 산과 알코올의 탈수반응에 의해 생성 • 사용감이 가볍고 끈적임이 없음 • 흡수성이 좋음 • 에몰리엔트제, 색소 등의 용제, 불투명화제로 사용

참고 카나우바 왁스
식물성 왁스 중 경도가 가장 높음(녹는점 80~86℃)

참고 칸데릴라 왁스
주로 스틱형 제품의 광택, 내온성 향상에 사용
예) 립밤, 립글로스 등

용어 밀랍
벌집에서 유래된 왁스로, 피부의 항산화 효과와 유연효과를 가짐

용어 라놀린
• 양의 털을 가공할 때 나오는 지방을 정제한 것
• 피부 친화성은 우수하나, 피부 알레르기 유발 가능성이 있음

(3) 계면활성제 빈출

수성과 유성 두 물질의 계면에 흡착하여 두 성분이 잘 섞이게 하는 물질

음이온성	• 물에 용해될 때 친수부가 음이온으로 해리 • 우수한 세정작용 및 기포 형성작용 • 용도: 샴푸, 비누, 클렌징 폼, 바디워시 등
양이온성	• 물에 용해될 때 친수부가 양이온으로 해리 • 살균·소독작용, 대전 방지효과 • 용도: 섬유유연제, 헤어린스, 헤어트리트먼트 등
양쪽이온성	• 물에 용해될 때 친수부가 양·음이온을 동시에 가짐 • 세정작용, 피부 자극이 적음, 거품 안정화, 기포 촉진효과 • 용도: 베이비 샴푸, 저자극 샴푸 등
비이온성	• 이온으로 해리되지 않음 • 가용화제·유화제에 사용, 기포 안정성 향상 • 용도: 기초 화장품, 색조 화장품 등

용어 계면활성
계면(기체-액체, 액체-액체, 액체-고체)에 흡착하여 그 계면의 성질을 변화시키는 성질

계면활성제
• 구조

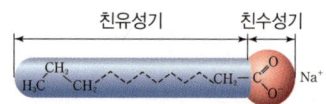

• 피부 자극의 세기
 양이온성 > 음이온성 > 양쪽이온성 > 비이온성
• 세정효과의 정도
 음이온성 > 양쪽이온성 > 양이온성 > 비이온성

(4) 보습제 [빈출]

① 피부의 수분을 증가시키고 유연성과 탄력성을 높여줌

구분	종류
폴리올	글리세린, 프로필렌글라이콜, 부틸렌글라이콜, 솔비톨 등
천연보습인자(NMF)	아미노산, 소듐PCA, 락틱애씨드, 우레아 등
고분자중합체	히알루론산, 폴리에틸렌글라이콜, 폴리글루타믹애씨드 등

② 조건
- 흡습력이 적절하고 지속적일 것
- 외부 환경 변화(온도, 습도, 바람 등)에 흡습력이 영향을 쉽게 받지 않을 것
- 사용감과 피부 친화성이 좋을 것
- 다른 성분과 혼용하기 좋을 것
- 응고점과 휘발성이 낮거나 없을 것

(5) 보존제 [빈출]

① 화장품의 미생물 증식을 억제하여 제품의 오염 및 부패를 방지하고 살균작용을 함
  예) 파라벤류, 페녹시에탄올, 이미다졸리디닐우레아, 1,2-헥산다이올 등
② 조건
- 여러 종류의 미생물에 대해 효과가 있어야 함
- 화장품 성분에 쉽게 용해되어야 함
- 화장품 성분 및 환경에 따라 효과가 감소하지 않고 안정성을 유지해야 함
- 피부에 안전성이 높고 자극이 없어야 함
- 무색·무취이어야 함

(6) 고분자 화합물(폴리머)

점도증가제	잔탄검, 셀룰로오스, 카보머, 젤라틴 등
피막형성제	아크릴레이트코폴리머, 비닐클로라이드폴리머, 브이에이코폴리머 등

(7) 색소 [빈출]

염료		• 물, 기름, 알코올에 녹음 • 기초 화장품의 착색제, 천 염색체로 사용
레이크		• 물에 녹기 쉬운 염료에 칼슘, 염, 황산알루미늄, 황산지르코늄 등을 첨가하여 불용화시킨 색소 • 립스틱, 블러셔, 네일에나멜 등에 사용
안료	무기 안료	• 커버력이 우수 • 내광성, 내열성이 양호 예) 체질 안료, 착색 안료, 백색 안료, 진주광택 안료
	유기 안료	• 착색력, 선명도가 우수 • 색상이 선명하고 종류가 다양함 • 메이크업의 색조 화장품에 주로 사용 예) 레이크, 타르색소
천연색소		자연의 동식물에서 유래된 색소 예) 커큐민, 안토시아닌, 베타카로틴 등

[용어] **안료**
물, 기름에 녹지 않는 색소 분말

[참고] **체질 안료**
- 색상에 영향을 주지 않고 착색 안료의 희석제로서 색소를 조절함
- 제품에 퍼짐성(사용감)과 광택을 줌
예) 탈크, 세리사이트, 마이카, 카올린 등

[참고] **착색 안료**
화장품의 색조 및 피복력을 조절함
예) 적색·황색·흑색 산화철 등

[참고] **백색 안료**
빛, 열, 약품 등에 대해 안정성이 높아 화장품에 많이 사용됨
예) 티타늄디옥사이드(이산화티탄), 징크옥사이드(산화아연) 등

[참고] **진주광택(펄) 안료**
색조에 진주광택, 무지개색 또는 금속 느낌의 광택을 부여함

(8) 산화방지제

화장품이 공기 중 산소에 의해 산화되어 화장품 성분이 변색 · 변취 · 변질되는 것을 방지함

예) 비타민E, 비타민E 아세테이트, BHT(부틸하이드록시톨루엔), BHA(부틸하이드록시아니솔), EDTA(에틸렌다이아민테트라아세트산)

(9) 금속이온 봉쇄제

화장품의 금속이온으로부터 화장품 성분의 산화를 막기 위해 그 활동을 저해함

예) EDTA(에틸렌다이아민테트라아세트산), 글루코닉애씨드, 소듐폴리포스페이트 등

(10) 향료

식물성 향료	라벤더, 자스민, 로즈메리 등
동물성 향료	머스크, 시베트, 카스토리움, 앰버그리스 등
합성 향료	벤질아세테이트 등

(11) 기타 성분 [빈출]

성분명	효과	특징
소듐 하이알루로네이트	보습	고분자 중합체로 자신의 무게보다 1,000배 이상의 수분 흡수
세라마이드		• 피부 각질층의 지질 구성성분으로 50%를 차지 • 수분 증발 및 유해물질 침투를 억제하여 피부 보호
레시틴		콩, 계란 노른자에서 추출하며, 리포좀의 원료로서 피부 보습과 유연작용을 함
콜라겐	항산화 및 탄력	• 진피 내에 존재하는 고분자의 섬유성 단백질 • 세포조직 결합 및 지탱, 주름 · 탄력 개선
엘라스틴		진피 내 존재하며 피부 탄력 부여
아줄렌	진정	캐모마일에서 추출하며 진정작용을 하는 파란색 성분
알로에 베라		알로에 베라 잎에서 추출하며 진정 및 보습작용
AHA (Alpha-Hydroxy Acid)	유연	• 다섯 가지 천연산: 글리콜릭산(사탕수수), 젖산(우유), 사과산(사과), 주석산(포도), 구연산(오렌지) • 각질 제거 및 유연, 보습기능 • 점막과 피부에 자극 유발 가능 • 여드름 피부에 사용 가능
비타민A (레티놀)	주름 개선	• 주름을 개선하여 노화를 방지 • 피부 재생에 도움
비타민E (토코페롤)	항산화	노화 방지와 조직 재생에 도움
비타민C (아스코빅애씨드)	미백	• 콜라겐 생성에 관여 • 미백 및 항산화 효과
코직산		• 누룩곰팡이를 배양한 발효액에서 추출할 수 있는 원료로, 피부의 멜라닌색소 활성을 억제하고 미백에 효과적임 • 장기간 다량 사용 시 피부 붉음증, 과민성을 야기할 수 있어 주의해야 함

2 화장품의 제조 원리 [빈출]

화장품의 3대 제조 원리(기술)에는 '유화, 가용화, 분산'이 있음

(1) 유화
성질이 다른 두 가지 이상의 액체를 균일하게 혼합한 형태

O/W형 (수중유형)	• 수분감이 높고, 산뜻한 사용감 • 보습과 흡수성이 좋음 • 로션＞크림
W/O형 (유중수형)	• 유분감이 높고, 무거운 사용감 • 유연성과 지속성이 좋음 • 로션＜크림
W/O/W형 O/W/O형 (다중유화)	유화 입자 속에 또 다른 성질의 입자가 유화되어 있는 상태

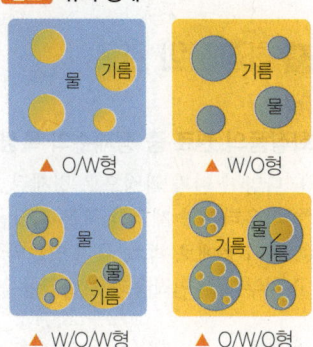

참고 유화 형태

▲ O/W형　　▲ W/O형
▲ W/O/W형　▲ O/W/O형

호모믹서
화장품 제조 시 물과 오일의 유화작용을 위해 고속회전으로 내부 물질을 미세하고 균일하게 혼합하는 기기

(2) 가용화
① 수성 성분 위주의 수용액에 유성 성분이 계면활성제에 의해 미셀을 형성하여 미셀 내에 들어와 혼합됨
② 투명 또는 반투명의 마이크로에멀전 생성
㉠ 화장수, 향수, 에센스 등

(3) 분산
물 또는 오일과 미세한 고체 입자가 균일하게 혼합된 상태
㉠ 마스카라, 아이섀도, 파운데이션, 비비크림, 선크림 등

(4) 화장품 포장의 구분 및 기재사항

구분	1차 포장	2차 포장
정의	화장품 제조 시 내용물과 직접 접촉하는 포장용기	1차 포장을 수용하는 1개 또는 그 이상의 포장과 보호제 및 표시의 목적으로 한 포장(첨부문서 등을 포함)
기재사항	• 화장품의 명칭 • 영업자의 상호 및 주소 • 해당 화장품 제조에 사용된 모든 성분 • 내용물의 용량 또는 중량 • 제조번호 • 사용기한 또는 개봉 후 사용기간 • 가격 • 기능성 화장품의 경우 '기능성 화장품'이라는 글자 또는 기능성 화장품을 나타내는 도안으로서 식품의약품안전처장이 정하는 도안 • 사용할 때의 주의사항 • 그 밖에 총리령으로 정하는 사항	

참고 **1차 포장 필수 기재사항**
• 화장품의 명칭
• 영업자의 상호
• 제조번호
• 사용기한 또는 개봉 후 사용기간

출제 예상문제

1 화장품의 원료

01
화장품의 원료 중 정제수의 특성으로 옳지 <u>않은</u> 것은?

① 다양한 여과 과정으로 정제된 깨끗한 물이다.
② 파우더류를 제외한 모든 화장품의 기본 원료이다.
③ 유기 용매로 색소, 유기 안료와 같은 비극성 물질을 녹인다.
④ 피부의 유연작용과 보습작용을 한다.

> **정제수**
> • 특징: 수용성 용매로서 기초 화장품인 화장수, 로션, 크림 등의 기초물질로 사용되며, 여과 과정을 통해 정제된 깨끗한 물
> • 효과: 피부 유연작용, 보습작용

02
화장품 원료 중 에탄올의 특성으로 옳은 것은?

① 화장품의 수성원료로서 수용성 용매제로 사용된다.
② 피부의 유연작용과 보습작용이 우수하다.
③ 사용 시 피부건조와 자극을 유발할 수 있다.
④ 유색, 유취이다.

> **에탄올**
> • 특징: 물에 녹지 않는 비극성 물질을 녹이는 유기 용매로 휘발성, 특이취, 무색을 지님
> • 효과: 수렴효과, 청량감, 살균 및 소독작용을 하며 사용 시 피부건조, 자극을 유발할 수 있음
> • 용도: 수렴 화장수, 여드름용 제품, 헤어토닉, 향수 등에 사용

03
유성 원료 중 오일에 대한 설명으로 옳지 <u>않은</u> 것은?

① 식물성 오일: 식물의 꽃, 잎, 열매, 껍질 등에서 추출하며 산패가 쉽다.
② 동물성 오일: 피부 친화력이 우수하지만 일부 동물성 오일은 피부 알레르기 유발 가능성이 있다.
③ 광물성 오일: 원유 정제 과정의 부산물로 피부의 호흡을 좋게 한다.
④ 합성 오일: 산화 안정성과 발수성이 우수하며 피부 광택감을 부여한다.

> 광물성 오일: 석유 정제 후 추출, 피부호흡 방해, 산화 안정성이 높음

04
동물성 오일에 해당하지 <u>않는</u> 것은?

① 스쿠알렌   ② 라놀린
③ 밍크 오일   ④ 밀랍

> 밀랍은 벌집에서 유래된 왁스이며 피부의 항산화 효과와 유연효과를 가짐

05
에스테르류의 특징으로 옳지 <u>않은</u> 것은?

① 산과 알코올의 탈수반응에 의해 생성된다.
② 유화 제형 에멀전의 안정화에 사용된다.
③ 사용감이 가볍고 끈적임이 없다.
④ 흡수성이 좋다.

> 유화 제형 에멀전의 안정화에 사용되는 것은 고급알코올임

|정답| 01 ③ 02 ③ 03 ③ 04 ④ 05 ②

06
살균, 소독작용과 대전 방지효과가 있어 섬유유연제, 헤어린스 등에 사용되는 계면활성제는?

① 음이온성 계면활성제
② 양이온성 계면활성제
③ 양쪽이온성 계면활성제
④ 비이온성 계면활성제

- 음이온성 계면활성제: 세정작용 및 기포 형성작용 우수(샴푸, 비누, 클렌징품 등)
- 양쪽이온성 계면활성제: 세정작용, 피부 자극 적음, 거품 안정화, 기포 촉진효과(베이비샴푸, 저자극 샴푸 등)
- 비이온성 계면활성제: 가용화제 · 유화제에 사용, 기포 안정성 향상(기초 및 색조 화장품 등)

07
계면활성제의 피부 자극 세기의 순서가 옳은 것은?

① 음이온성 > 양이온성 > 양쪽이온성 > 비이온성
② 양이온성 > 음이온성 > 양쪽이온성 > 비이온성
③ 양쪽이온성 > 비이온성 > 양이온성 > 음이온성
④ 비이온성 > 양이온성 > 음이온성 > 양쪽이온성

- 세정효과의 정도: 음이온성 > 양쪽이온성 > 양이온성 > 비이온성
- 피부 자극의 세기: 양이온성 > 음이온성 > 양쪽이온성 > 비이온성

08
계면활성제에 관한 설명으로 옳지 않은 것은?

① 일반적으로 둥근 머리 모양이 친수기, 막대 꼬리 모양은 친유기로 표현된다.
② 물에 용해될 때 친수기 부분이 음이온으로 해리되면 베이비 샴푸의 주요 원료로 사용된다.
③ 대전 방지효과를 가지며, 헤어린스, 헤어트리트먼트에 사용되는 것은 양이온성 계면활성제이다.
④ 비이온성 계면활성제는 가용화제, 유화제, 기포 안정제로 사용된다.

물에 용해될 때 친수부가 양 · 음이온을 동시에 가지는 것은 양쪽이온성 계면활성제로, 베이비 샴푸의 주요 원료로 사용됨

09
보습제의 구분에 따른 종류가 옳게 연결된 것은?

① 폴리올 – 솔비톨
② 천연보습인자 – 부틸렌글라이콜
③ 고분자중합체 – 소듐PCA
④ 고분자중합체 – 글리세린

- 폴리올: 글리세린, 프로필렌글라이콜, 부틸렌글라이콜, 솔비톨 등
- 천연보습인자(NMF): 아미노산, 소듐PCA, 락틱애씨드, 우레아 등
- 고분자중합체: 히알루론산, 폴리에틸렌글라이콜, 폴리글루타믹애씨드 등

10
보습제가 갖추어야 할 조건으로 옳은 것은?

① 특정 성분에만 혼용이 되어야 한다.
② 흡습력이 외부 환경 변화에 쉽게 영향을 받지 않아야 한다.
③ 응고점이 높을수록 좋다.
④ 여러 종류의 미생물에 대한 항균, 살균효과가 있어야 한다.

보습제의 조건
- 흡습력이 적절하고 지속적일 것
- 외부 환경 변화(온도, 습도, 바람 등)에 흡습력이 영향을 쉽게 받지 않을 것
- 사용감과 피부 친화성이 좋을 것
- 다른 성분과 혼용하기 좋을 것
- 응고점과 휘발성이 낮거나 없을 것

11
화장품 내의 미생물 증식에 따른 부패, 변질을 방지하고 살균효과가 있는 화장품 원료는?

① 보습제
② 산화방지제
③ 보존제
④ 계면활성제

- 보습제: 피부의 수분, 유연성 및 탄력성 증가
- 산화방지제: 화장품이 공기 중 산소에 의해 산화되어 화장품 성분이 변색, 변취, 변질되는 것을 방지
- 계면활성제: 수성과 유성 두 물질의 계면에 흡착하여 두 성분이 잘 섞이게 하는 물질

정답 | 06 ② 07 ② 08 ② 09 ① 10 ② 11 ③

12
고분자 화합물 중 점도증가제로 옳은 것은?

① 브이에이코폴리머
② 비닐클로라이드폴리머
③ 셀룰로오스
④ 아크릴레이트코폴리머

- 점도증가제: 잔탄검, 셀룰로오스, 카보머, 젤라틴 등
- 피막형성제: 아크릴레이트코폴리머, 비닐클로라이드폴리머, 브이에이코폴리머 등

13
색소에 관한 설명으로 옳지 않은 것은?

① 염료는 기초 화장품의 착색제로 사용된다.
② 레이크는 립스틱에 사용된다.
③ 천연색소는 자연의 동식물에서 유래되었다.
④ 안료는 물, 기름에 녹는 색소 분말을 말한다.

안료는 물, 기름에 녹지 않는 색소 분말을 말함

14
안료에 관한 설명으로 옳지 않은 것은?

① 무기 안료와 유기 안료가 있다.
② 물이나 기름에 용해되지 않는다.
③ 무기 안료는 주로 메이크업의 색조 화장품으로 사용된다.
④ 유기 안료인 레이크는 색상이 선명하고 화려하다.

유기 안료는 색상이 선명하고 종류가 다양하여 주로 메이크업의 색조 화장품에 사용됨

15
다음 설명에 해당하는 것은 무엇인가?

물과 기름, 알코올에 녹으며 천이나 기초 화장품의 착색제로 사용됨

① 염료
② 안료
③ 레이크
④ 타르색소

- 안료: 물, 기름에 녹지 않는 색소 분말
- 레이크: 물에 녹기 쉬운 염료에 칼슘, 황산알루미늄 등을 첨가하여 불용화시킨 색소
- 타르색소: 유기 안료에 속하며, 메이크업의 색조 화장품에 주로 사용함

16
화장품 원료 성분 중 산화방지제의 종류가 아닌 것은?

① 비타민E
② BHT
③ BHA
④ 비타민C

산화방지제: 화장품이 공기 중 산소에 의해 산화되어 화장품 성분이 변색, 변취, 변질되는 것을 방지함 예) 비타민E, 비타민E 아세테이트, BHT, BHA, EDTA

17
AHA에 관한 설명으로 옳은 것은?

① 햇빛에 대한 피부 감수성을 증가시킬 수 있으므로 자외선 차단제를 바르지 않아도 된다.
② 각질 제거 및 보습, 재생기능이 있다.
③ 글리콜릭산, 젖산, 사과산, 주석산, 구연산이 있다.
④ 피부 자극이 없어 민감한 피부에 자주 사용할 수 있다.

AHA
- 다섯 가지 천연산: 글리콜릭산(사탕수수), 젖산(우유), 사과산(사과), 주석산(포도), 구연산(오렌지)
- 각질 제거, 보습·유연효과
- 점막과 피부에 자극 유발 가능
- 여드름 피부에 사용 가능

|정답| 12 ③ 13 ④ 14 ③ 15 ① 16 ④ 17 ③

18
콜라겐 생성을 촉진하고 항산화 효과와 멜라닌 합성 억제 및 피부 미백효과를 위해 사용되는 화장품 원료는?

① 비타민A ② 글리세린
③ 비타민C ④ 비타민E

> • 비타민A: 주름을 개선하여 노화 방지와 피부 재생에 도움
> • 글리세린: 수분 증발을 억제하여 보습효과를 유지
> • 비타민E: 항산화제이며 노화 방지와 조직 재생에 도움

19
피부의 진정작용을 하며 캐모마일에서 추출하는 성분은?

① 레시틴 ② 아줄렌
③ 베타카로틴 ④ 카올린

> • 레시틴: 콩・계란 노른자에서 추출, 피부 보습 및 유연작용
> • 베타카로틴: 당근 등 노란 색소 성분, 항산화제
> • 카올린: 진흙의 성분, 피지 흡착

2 화장품의 제조 원리

20
화장품 제조의 주요 기술이 아닌 것은?

① 유화 ② 가용화
③ 분산 ④ 분리

> 화장품의 3대 제조 기술: 유화, 가용화, 분산

21
유화 제형 중 유분이 수분보다 더 많고 사용감이 무거우며 오일 함량이 많은 크림형의 화장품에 적합한 것은?

① O/W형 ② W/O형
③ O/W/O형 ④ W/O/W형

> • O/W형: 수분감이 높고 산뜻한 사용감(로션 > 크림)
> • W/O/W형, O/W/O형: 유화 입자 속에 또 다른 성질의 입자가 유화되어 있는 상태

22
가용화에 관한 설명으로 옳은 것은?

① 수성 성분의 바탕에 소량의 유성 성분이 계면활성제에 의해 미셀을 형성하여 미셀 내에 들어와 용해되는 것이다.
② 불투명한 화장품을 만들 때 사용한다.
③ 로션 제형을 만들 때 사용한다.
④ 유화 제형에 비해 지속력이 길다.

> 가용화는 투명 또는 반투명의 마이크로에멀전을 생성하고, 화장수, 향수, 에센스 등의 제품을 만들 때 사용하는 제조 원리임

23
분산 기술로 만들어진 화장품이 아닌 것은?

① 선크림 ② 마스카라
③ 파운데이션 ④ 헤어토닉

> 분산은 물이나 오일 성분에 미세한 고체 입자가 균일하게 혼합된 상태이며, 마스카라, 아이섀도, 파운데이션, 비비크림, 선크림 등이 이에 해당함

|정답| 18 ③ 19 ② 20 ④ 21 ② 22 ① 23 ④

CHAPTER 03

화장품의 종류와 기능

합격 TIP
- 화장품을 사용 목적에 따라 분류할 수 있도록 학습하세요.
- 기능성 화장품의 종류와 특징을 집중적으로 암기하세요.

1 기초 화장품

(1) 기초 화장품의 정의
① 피부를 건강하게 하기 위해 피부의 청결·보호·유지에 사용되는 물품
② 피부가 정상적인 기능을 수행할 수 있도록 도와주는 물품

(2) 기초 화장품의 사용 목적 [빈출]
① 피부의 신진대사를 원활하게 하고 항상성 유지
② 외부자극으로부터 피부 보호
③ 피부의 노폐물이나 메이크업 잔여물 제거로 피부의 청결 상태 유지
④ 피부에 유·수분을 공급하여 피부결 정돈
⑤ 피부에 영양을 공급하여 기능을 향상시킴
⑥ 피부의 pH를 정상적으로 조절해 줌

(3) 기초 화장품의 기능 [빈출]
① 세안기능
② 피부 정돈기능
③ 피부 보호기능

(4) 기초 화장품의 종류
① 세안 화장품
- 피지 및 땀 등의 노폐물과 화장으로 인한 잔여물 제거
- 제품 선택 시 피부 타입에 적합한 제품을 선정하여 사용
- 종류

세안비누	탈지 현상으로 피부가 건조해질 수 있음
클렌징 폼	저자극의 이중세안제로 보습성이 우수
립&아이리무버	진한 포인트 메이크업을 지울 때 사용
클렌징 워터	가벼운 메이크업이나 자외선 차단제를 지울 때 사용
클렌징 젤	밀착성과 청량감을 유지하면서 메이크업, 노폐물을 지울 때 사용
클렌징 로션	수분감이 많으며 가벼운 메이크업을 지울 때 사용
클렌징 크림	유분감이 많으며 진한 메이크업을 지울 때 사용하며, 이중세안이 필요함

참고 세안 화장품의 조건
- 안정성: 변색·변질·변형, 미생물의 오염이 없을 것
- 용해성: 냉·온수에 용해가 쉬울 것
- 기포성: 거품이 풍부하고 세정력이 좋을 것
- 자극성: 피부에 자극이 없고 쾌적할 것

클렌징 오일	사용감이 좋고 자극이 적으며 포인트 메이크업이나 진한 메이크업을 지울 때 사용
스크럽류	피부의 각질을 제거할 때 사용

② 피부 정돈 화장품
- 피부의 pH 밸런스 조절 및 회복효과
- 피부결 정돈, 보습 및 수렴
- 클렌징 후 남은 잔여물 제거 및 피부 정돈효과
- 피부의 쿨링과 진정효과(차게 할 경우 더욱 효과적임)
- 화장수의 종류 빈출

구분	유연 화장수	수렴 화장수
기능	피부의 보습과 유연성 개선	• 알코올과 모공 수렴제 함유 • 모공 수축과 피부 수렴작용 • 청량감이 좋음
피부유형	건성 피부, 노화 피부, 정상 피부 등	지성 피부, 여드름 피부 등

③ 피부 보호 화장품
- 피부에 영양을 주어 신진대사 활성화
- 피막을 형성하여 수분 증발 억제
- 에몰리엔트 효과로 피부 보습과 유연효과 부여
- 외부 유해환경 및 오염물질로부터 피부 보호
- 종류

로션	• O/W형의 유액은 수분과 보습을 주며 사용감이 산뜻함 • 수분 60~80%, 유분 30% 이하의 함량
크림	• W/O형의 유액은 피부에 영양을 주며 흡수감이 좋음 • 피부의 보호막 역할로 피부장벽 보호 • 피부의 보습·유연작용
에센스	• 피부에 유효한 성분을 고농축하여 만든 것 • 피부에 영양과 수분 공급
팩·마스크	• 피부의 보습, 영양 공급 • 노폐물 및 노화 각질, 피지 제거 • 혈액순환을 촉진하여 피부의 신진대사 활성화 • 피부 진정효과가 높고 피부결을 유연하게 함 • 고영양·고기능성 화장품 성분의 피부 흡수를 높임

참고 팩·마스크 p.51

2 색조 화장품(메이크업 화장품)

(1) 색조 화장품의 정의
① 피부 표면에서 주로 피부의 용모 미화를 위해 사용되는 화장품
② 미적·보호적·심리적 역할을 하며, '메이크업 화장품'이라고도 함

(2) 색조 화장품의 사용 목적
용모를 아름답게 변화시켜 피부를 아름답게 연출함

(3) 색조 화장품의 분류

베이스 메이크업	• 안면 전체의 피부색을 고르게 정돈, 보정 • 잡티 및 피부 결점을 커버 • 색조 화장품의 발색력, 밀착성 및 지속성을 높임
포인트 메이크업	• 눈, 입술, 볼 등에 부분적인 색조 표현 • 혈색 완화, 눈의 윤곽·눈썹의 형태 변화, 입술에 색채 및 광택감 부여 • 아름답고 매력적인 얼굴 표현에 도움을 줌

(4) 색조 화장품의 종류

구분	종류	기능
베이스 메이크업	메이크업 베이스	• 안면의 피부색을 고르게 보정 • 색조 화장의 밀착성과 지속성을 높임 • 색조 성분의 피부 흡수를 방지
	파운데이션	• 피부 결점 커버 및 피부색 연출 • 광택감과 투명감 부여 • 자외선 차단 • 건조한 외부 환경으로부터 피부 보호 • 얼굴형의 음영 조절로 입체감 부여 • 화장의 지속력과 색조 화장품의 발색력을 높임
	파우더	• 피부 표면의 유분감 완화 및 번들거림 방지 • 생기 있고 화사한 피부 표현 • 피부색 정돈
포인트 메이크업	아이브로	• 눈썹의 형태 변화 • 전체 이미지를 좌우함
	아이섀도	눈꺼풀에 색채 부여
	아이라이너	눈의 윤곽 및 이미지 변화
	마스카라	풍성하고 긴 속눈썹의 연출
	립스틱	입술에 색채 부여
	립글로스	입술에 광택감 및 보습 부여
	블러셔	• 볼에 혈색 부여 • 안정감 있고 건강한 이미지 부여 • 전체적인 입체감 부여

(5) 메이크업 베이스 색상별 특징

그린	모세혈관 확장 피부, 여드름 피부 등 붉고 울긋불긋한 피부를 정돈된 피부로 표현
핑크	창백한 피부에 혈색 부여
화이트	어둡고 칙칙한 피부를 투명하고 밝게 표현
옐로	어두운 피부를 중화시켜 밝게 표현
블루	잡티가 많은 피부를 밝게 표현
퍼플	노란 피부를 중화시켜 자연스러운 피부로 표현
오렌지	햇볕에 그을린 듯한 피부로 표현
무색	피부 톤 보정 없이 그대로 표현

(6) 파운데이션의 종류 빈출

리퀴드형	• O/W형으로 수분 함량이 많아 투명하고 자연스러운 피부 표현 • 커버력이 약함 • 산뜻하고 촉촉하여 봄, 여름에 사용하기 적합함
크림형	• W/O형으로 유분 함량이 많아 커버력과 지속력이 좋음 • 건성 피부와 중년층이 사용하기 좋음 • 가을, 겨울에 사용하기 적합함
스틱형	유·수분을 혼합하여 고체화한 것으로, 커버력과 지속력이 우수함
스킨커버형	• 크림 타입보다 커버력이 우수하여 결점이 많은 부분을 커버 가능 • 무대 화장, 신부 화장에 사용 • 화장이 두꺼워 보일 수 있음
파우더형	파우더와 파운데이션을 압축시킨 타입으로, 커버력과 밀착력, 휴대성이 좋음
팬케이크형	• 물, 유연 화장수와 같이 사용하며, 밀착감과 지속성이 좋음 • 피지분비가 많거나 발한작용을 하는 피부에 사용함 • 여름철에 사용하기 적합함
컨실러	• 색소 함유량이 많은 커버링 파운데이션 • 피부 결점 커버와 피부 톤 조절효과(눈 밑과 입가를 밝게 해 줌)

3 바디관리 화장품

(1) 바디관리 화장품의 정의
① 얼굴과 모발을 제외한 인체의 모든 부위를 대상으로 하는 화장품
② 몸의 청정 및 세정작용과 유·수분을 보충하여 전신 피부의 보습 부여와 보호작용을 하며, 지방 분해를 도와 슬리밍 작용과 피부 탄력에 도움을 주는 화장품

(2) 바디관리 화장품의 사용 목적
① 외부 환경으로 인한 이물질이나 피부에서 분비되는 때 등을 닦아내고 피부 청결 유지
② 피부 pH를 정상 수치로 유지
③ 피부유형에 적절한 유·수분을 공급하여 촉촉함 유지
④ 피부건조 증상 및 가려움과 당김을 예방하기 위해 보습 유지
⑤ 피부 순환 및 신진대사 촉진
⑥ 외부 환경으로부터 피부 보호

(3) 바디관리 화장품의 종류

세정 제품	피부 노폐물 제거 및 청결 유지 예 바디샴푸, 바디워시, 비누 등
각질 제거제	노화된 신체의 각질 제거 예 바디스크럽, 바디솔트 등
보습 제품	피부건조를 방지하고 촉촉함 유지 예 바디로션·크림·오일, 핸드크림, 풋로션·크림 등
자외선 차단제	자외선으로부터 피부를 보호하여 선번(일광화상)과 홍반, 거칠어짐을 방지 예 선스크린(로션, 크림, 젤, 리퀴드, 스틱) 등

체취 방지 제품	땀 분비 억제기능과 체취·액취를 방지하는 항균작용 ⑩ 데오도란트(로션, 스프레이, 파우더, 스틱) 등
슬리밍 제품	혈액순환을 통한 노폐물 배출 및 지방 분해 ⑩ 지방 분해 크림, 슬리밍 크림 등
태닝 제품	피부를 곱게 태우고 피부가 거칠어지는 것을 방지 ⑩ 선탠젤·오일 등

4 모발 화장품

(1) 모발 화장품의 정의
얼굴보다 피지선이 발달한 두피(Scalp)의 노폐물을 제거하고 영양분을 공급하여 두피를 건강하고 아름답게 유지하도록 도와주는 화장품

(2) 모발 화장품의 사용 목적
① 두피 각질 관리
② 두피 및 모발 보습 관리
③ 진정 관리
④ 순환 활성화

(3) 모발 화장품의 종류

세정제	• 두피 세정을 위한 준비 단계에 사용되며, 모공 속 각질 및 노폐물을 제거하고 모공을 이완시킴 • 두피 영양물질의 흡수를 도움 ⑩ 샴푸, 기능성 약용 샴푸, 각질 제거제
컨디셔닝제	• 모발의 손상 보완 및 대전 방지작용, 모발의 정돈과 광택 부여 • 두피의 유연성 증가 ⑩ 린스

트리트먼트제	• 피지 조절 또는 과각화 현상을 정상화하여 두피 건성을 방지
	  ⑩ 문제성 두피 트리트먼트 제품
	• 두피 건강이나 탈모 개선을 위해 사용
	  ⑩ 두피 앰플, 헤어에센스
	• 두피에 청량감과 쾌적함을 주는 제품으로, 비듬과 가려움을 제거하고 모근을 튼튼히 하는 양모제로 사용하며 모발과 두피에 영양분 공급
	  ⑩ 헤어토닉

퍼머넌트제	퍼머넌트, 스트레이트 등의 작용 ⑩ 퍼머넌트 웨이브 로션 1제, 2제
염모제	모발의 색깔을 바꿈 ⑩ 탈색제, 탈염제 등

5 방향용 화장품 [빈출]

(1) 방향용 화장품의 정의
착향을 목적으로 사용되는 향수류에 속하는 화장품
예) 퍼퓸, 오데퍼퓸, 오데코롱, 방향파우더, 연향, 향수 비누 등

(2) 향수의 구비 조건
① 향의 특징을 가지고 있을 것
② 향의 지속성이 좋을 것
③ 향의 확산성이 좋을 것
④ 향이 조화롭고 시대성에 적합할 것

(3) 향수의 종류 및 기능
① 발산 속도(휘발도)에 따른 분류

탑 노트 (Top Note)	• 휘발성이 강해 향수를 뿌린 후 바로 맡을 수 있는 향수의 첫인상 • 종류: 시트러스, 그린, 플루티 계열 등
미들 노트 (Middle Note)	• 알코올이 증발한 다음 맡을 수 있음 • 종류: 플로럴, 시프레, 오리엔탈 등
베이스 노트 (Base Note)	• 향수를 뿌린 후 3~4시간 뒤 맡을 수 있는 잔류성이 강하고 무거운 향 • 종류: 우디, 머스크 계열 등

② 부향률에 따른 분류 [빈출]
• 부향률은 향수에 포함된 향료의 농도를 말함
• 부향률이 높을수록 향의 지속력이 오래 가고 향이 강하거나 풍부함

구분	부향률	지속력	특징
퍼퓸	15~30%	6~7시간	농도가 가장 진하며, 소량으로 지속적인 짙은 향을 풍김
오데퍼퓸	9~12%	5~6시간	퍼퓸과 오데토일렛의 중간 타입, 은은한 향
오데토일렛	6~8%	3~5시간	오데퍼퓸과 오데코롱의 중간 타입, 가장 대중적, 풍부하고 상쾌한 향
오데코롱	3~5%	1~2시간	향수를 처음 사용하는 사람이 부담 없이 사용하기에 적합, 상쾌한 향
샤워코롱	1~3%	(약) 1시간	샤워 후 가볍게 사용하기 좋으며 지속 시간이 짧음, 가볍고 시원한 향

6 에센셜(아로마) 오일 및 캐리어 오일

(1) 아로마테라피의 정의
① 아로마(Aroma, 향기)와 테라피(Therapy, 치료)의 합성어로, '향기를 이용하여 치료한다.'는 뜻
② 향기를 가진 약용식물의 꽃, 씨, 열매, 나뭇잎, 나무껍질 등에서 추출한 휘발성 물질을 이용하여 통증 완화 및 스트레스 관리 등 신체적 · 정서적 안정을 돕는 방향요법(향기요법)

(2) 에센셜 오일의 효과
① 항스트레스 작용
② 진정, 통증 완화작용
③ 면역 강화, 혈액순환 촉진
④ 상처 치유효과, 긴장 완화작용
⑤ 신경계 조절, 호르몬 밸런스 작용
⑥ 피부미용작용

(3) 에센셜 오일의 추출법

수증기 증류법	추출 방법	식물의 꽃잎, 줄기 등을 증류기에 넣어 열을 가해 증발된 기체가 냉각되면서 오일과 물을 분리해서 추출
	장점	짧은 시간에 대량 추출 가능, 경제적(노동력, 비용, 시설)
	단점	열에 의한 품질 손상
압착법 (냉압착법)	추출 방법	열매, 껍질 등을 냉각한 후 압착하여 오일을 추출
	장점	열을 가하지 않아 성분 파괴를 막음
	단점	감귤류가 오일 추출의 주원료이므로 쉽게 변질될 수 있음
휘발성 용매추출법	추출 방법	식물에 유기 용매(핵산, 에테르, 부탄용액 등)를 용해시켜 용매를 제거한 후 반 고형물질의 콘크리트를 얻은 뒤, 다시 알코올을 휘발시켜 앱솔루트를 추출 예 자스민, 로즈
	장점	낮은 온도(영하 12도)에서 추출되므로 변질이 적음, (수증기 증류로 힘든) 에센셜 오일을 대량 추출하거나, 섬세한 향을 그대로 추출
	단점	용매제인 솔벤트의 잔여물이 남을 수 있고, 피부알레르기 유발 원인이 될 수 있음
비휘발성 용매추출법	추출 방법	동물의 지방에 식물을 올려 흡수되게 하는 포마드 형태에서 알코올 휘발 후 추출(냉침법)하거나, 식물을 식물성 오일에 담가 오일을 추출(온침법)
	장점	• 냉침법: 저온 추출로 변질 가능성이 낮음 • 온침법: 추출 과정이 간단하고 향이 나는 베이스 오일(캐리어 오일)로 활용성이 높음
	단점	• 냉침법: 아주 많은 노력과 시간이 소요됨 • 온침법: 순수한 오일 추출물이라 볼 수 없음
이산화탄소 추출법	추출 방법	이산화탄소를 액체 용제로 사용하여 저온 · 고압에서 오일을 추출
	장점	낮은 온도에서 추출되므로 변질이 적음
	단점	고압 필요, 고가의 장비

(4) 에센셜 오일의 종류 빈출

라벤더	• 화상, 습진, 여드름, 상처 재생, 진정, 항우울, 신경 안정, 스트레스·불면증 완화 등 • 임산부 사용 금지
티트리	• 살균, 소독, 습진, 여드름에 효과적, 항바이러스 등 • 민감성 피부 사용에 주의
캐모마일	• 진정, 항염, 항알레르기, 항균, 신경 이완, 피로 회복 등 • 임신 초기 사용 금지
제라늄	• 수렴, 이뇨, 살균, 림프순환 촉진, 셀룰라이트 분해 등 • 임산부 사용 금지
자스민	• 피지 조절, 분만 촉진, 항우울, 호르몬 조절 등 • 임산부 사용 금지
로즈메리	• 두뇌기능 촉진, 정신 피로 회복, 두통 해소, 혈행 촉진, 진통 해소 등 • 고혈압, 간질환자, 임산부 사용 금지
레몬	• 살균, 수렴, 이뇨, 면역력 강화, 체지방 감소, 미백효과 • 낮 사용 시 자외선 차단제를 사용
페퍼민트	• 거담, 기관지염 해소, 두통 해소, 수렴, 탈모 예방, 통증 완화, 해열 • 심장병 환자 사용 금지
네놀리	• 진정, 항우울, 수렴, 피부염 완화, 긴장 완화, 임신선 예방 • 건성 피부, 민감성 피부, 노화 피부에 효과적
샌달우드	• 거담, 진정, 이뇨, 수렴, 소염, 통증 이완 등 • 우울증 환자 사용 금지
타임	• 항염, 항균, 항박테리아 • 소화기 계통에 이로운 작용 • 임산부, 고혈압환자, 어린이 사용 금지

(5) 에센셜 오일의 사용법

입욕법	전신욕, 반신욕, 족욕 등을 할 때 따뜻한 물에 아로마 오일을 떨어뜨리고 몸을 담가 사용하는 방법
흡입법	거즈나 티슈에 아로마 오일 1~2방울을 떨어뜨리고 심호흡을 하는 방법
습포법	물 1리터에 아로마 오일 5~10방울을 떨어뜨리고 수건을 담가 충분히 흡수시킨 후 피부에 붙이는 방법
확산법	램프, 워머, 스프레이, 디퓨저 등으로 향을 확산시키는 방법
마사지법	캐리어 오일과 블렌딩하여 피부에 도포한 후 부드럽게 흡수시키는 방법

(6) 에센셜 오일 사용 시 주의사항
① 원액을 그대로 사용하지 않고 캐리어 오일과 희석하여 사용해야 함
② 눈에 닿거나 들어가지 않도록 함
③ 임산부의 사용에 주의해야 하며, 임산부 사용 금지 오일을 잘 확인해야 함
④ 민감성 피부에 사용을 주의해야 함
⑤ 가연성이 높으므로 불 가까이에서 사용하지 않도록 함
⑥ 사용 전 피부 안전 테스트를 시행해야 함
⑦ 갈색병에 넣어 냉·암소에 보관해야 함
⑧ 100% 순수한 원액을 사용함

> **참고** 에센셜 오일이 눈에 닿거나 들어갔을 때의 조치
> 눈에 닿은 경우 미지근한 물로 깨끗이 씻어내고, 눈에 들어간 경우 차가운 우유나 식물성 오일로 즉시 희석시키도록 함

(7) 캐리어 오일(베이스 오일) [빈출]
① '아로마 오일을 피부로 옮긴다.'는 의미로, 에센셜 오일에 캐리어 오일을 블렌딩하여 피부 흡수율과 피부에 작용하는 효과를 상승시킴
② 캐리어 오일은 에센셜 오일의 향의 밸런스를 조정하고 향기의 지속성을 유지하기 위해 향이 없어야 하고, 피부 흡수력이 좋아야 함

(8) 캐리어 오일의 종류 [빈출]

호호바 오일	• 인체 피지와 유사한 화학구조로 피부 친화적이며 흡수력이 좋음 • 쉽게 산화되지 않아 안정성이 우수하며 끈적임이 적어 사용감이 좋음 • 보습막 형성, 피부 보습, 항산화 작용, 활성산소 억제 • 건조·노화 피부, 여드름, 습진에 효과적
아몬드 오일	• 비타민A, E가 풍부 • 피부 유연 및 탄력, 보습을 유지 • 건선 및 소양증, 염증에 대한 진정효과
아보카도 오일	• 비타민E, 단백질 풍부 • 모든 피부 타입에 적합하며, 특히 노화 피부에 좋음
올리브 오일	• 올레인산을 가장 많이 함유 • 건조감 방지의 효능으로 화장품에 적용 시 에몰리엔트 작용을 함
살구씨 오일	• 피부 습진, 소양증에 진정효과 • 피부 재생과 유연효과 • 건성·민감성 피부에 효과적
달맞이꽃 오일	• 피부 보습과 재생효과 • 습진, 건선, 비듬, 류마티스 등에 도움 • 월경통, 갱년기 증상 완화 등 호르몬 조절 능력
맥아 오일	• 비타민E가 풍부하며 천연 항산화 작용 • 피부결을 매끄럽게 하고 탄력을 주며 튼살 예방과 세포 재생효과 • 습진, 트러블, 화상, 주름 완화, 건성 피부에 효과적
포도씨 오일	• 폴리페놀과 토코페롤의 함량이 높아 항산화 작용에 효과적 • 카테킨 성분 함유로 살균 및 해독작용 • 여드름·민감성 피부 등의 보습, 유연효과

7 기능성 화장품 [빈출]

화장품 본래의 기능인 피부의 항상성 유지 외에 새로운 기능을 추가하여 피부를 건강하고 아름답게 하기 위해 사용하는 화장품

(1) 미백 화장품

① 기능
- 멜라닌색소가 각질세포에 전해져 피부에 침착되는 것을 예방
- 피부에 생긴 멜라닌색소를 옅게 하거나, 멜라닌색소를 환원하여 멜라닌의 합성과 확산 억제
- 티로시나아제❷ 효소에 의해 도파(DOPA)로 산화되는 것을 막아 줌
- 노화 각질이 탈락하여 각질 속에 남아 있는 멜라닌색소를 제거하여 피부색을 환하게 함

[용어] **티로시나아제**
티로신을 산화하여 멜라닌을 생성하는 효소

② 역할에 따른 주요 성분

역할	주요 성분
티로시나아제 효소작용 억제	알부틴, 코직산, 상백피 추출물, 닥나무 추출물, 감초 추출물 등
도파 산화 억제	비타민C 및 유도체, 코엔자임Q-10, 글루타치온 등
멜라닌색소 제거	AHA(Alpha-Hydroxy Acid), 살리실산, 각질 분해효소 등
멜라닌세포 자체의 사멸	하이드로퀴논(Hydroquinone)
자외선 차단	옥틸디메칠파바, 티타늄디옥사이드(이산화티탄), 징크옥사이드(산화아연), 감마오리자놀, 옥시벤존 등

(2) 주름 개선 화장품

① 기능
- 노화❷로 인한 주름을 완화 또는 개선
- 진피층의 섬유아세포에 작용하여 콜라겐 합성 촉진
- 진피층에 탄력을 주고 피부 주름을 완화·개선
- 활성산소 제거

② 주요 성분 및 역할

주요 성분	역할
레티놀(비타민A)	지용성 비타민, 콜라겐 생성 촉진효과
레티놀 팔미네이트	레티놀의 안정화 작용, 팔미틴산(지방산)과 결합
베타카로틴	식물성 비타민A 전구물질, 강력한 항산화제, 피부 재생, 탄력 부여
항산화제(비타민C, E)	항산화, 재생작용, 활성산소 억제효소
아데노신	섬유아세포의 증식, 피부 탄력 및 주름 개선

[참고] **피부 노화의 요인**

내적 요인	· 노화로 인한 피부 탄력 저하와 주름 생성 · 초기 주름은 표피 각질층의 보습 저하, 피부건조, 영양 부족
외적 요인	자외선, 피부 표면 상태, 수면 부족, 영양 부족, 피로, 스트레스, 잘못된 피부관리법 등

(3) 자외선 차단 화장품 [빈출]

① 기능: 자외선을 차단 또는 산란시켜 피부를 보호
② 종류

구분	산란제(물리적 차단제)	흡수제(화학적 차단제)
주요 성분	티타늄디옥사이드(이산화티탄), 징크옥사이드(산화아연), 카올린 등	에칠헥실메톡시신나메이트, 에칠헥실디메칠파바, 부틸메톡시디벤조일메탄, 아보벤존, 옥시벤존, 벤조페논, 살리실레이트, 벤즈이미다졸유도체 등
역할	• 자외선을 물리적으로 산란, 반사시킴 • 백탁 현상이 있으며, 사용감이 떨어짐 • 피부 자극이 적어 민감성 피부, 어린이에게 사용 가능	• 화학적 작용으로 자외선을 흡수시킴 • 피부 흡수성이 좋아 사용감이 좋음 • 피부 자극을 유발할 가능성이 있으므로 민감성 피부, 어린이에게 사용을 주의해야 함

(4) 피부를 태워 주는 화장품

① 기능
- 피부를 자연광이나 인공광 등 자외선에 노출시키면 자외선으로부터 피부를 보호하기 위해 멜라닌색소가 과다 생성되어 피부가 검게 보이게 함
- 강한 자외선에 의해 발생되는 홍반을 방지하고 피부를 곱게 태워 줌
- UVA에 의한 선탠 작용

② 성분: 디하이드록시아세톤

(5) 그 외 종류

탈염, 탈색제	모발의 색상을 변화(탈염, 탈색을 포함)시키는 기능을 가진 화장품 (단, 일시적으로 모발의 색상을 변화시키는 제품은 제외함)
탈모 증상 완화제	탈모 증상의 완화에 도움을 주는 화장품 (단, 코팅 등 물리적으로 모발을 굵게 보이게 하는 제품은 제외함)
체모 제거제	체모를 제거하는 기능을 가진 화장품 (단, 물리적으로 체모를 제거하는 제품은 제외함)
여드름성 피부 완화제	여드름성 피부를 완화하는 데 도움을 주는 화장품 (단, 인체세정용 제품류로 한정함)
피부장벽 개선제	피부장벽의 기능을 회복하여 가려움 등의 개선에 도움을 주는 화장품
튼살 완화제	튼살로 인한 붉은 선을 엷게 하는 데 도움을 주는 화장품

CHAPTER 03 화장품의 종류와 기능

출제 예상문제 A

1 기초 화장품

01
기초 화장품의 기능에 해당하지 않는 것은?
① 세안
② 피부 정돈
③ 피부 주름 개선
④ 피부 보호

> 피부 주름 개선은 기능성 화장품의 기능임

02
세안 화장품의 구비 조건에 해당하지 않는 것은?
① 안정성: 제품의 변색, 변질, 변형, 미생물의 오염이 없어야 한다.
② 용해성: 물과 오일에 쉽게 용해되어 사용감이 좋아야 한다.
③ 기포성: 거품이 풍부하고 세정력이 좋아야 한다.
④ 자극성: 피부에 자극이 없고 사용 후 쾌적하고 느낌이 좋아야 한다.

> 용해성: 냉수, 온수에 쉽게 잘 풀려야 함

03
지성, 여드름 피부에 적합한 세안 화장품은?
① 클렌징 로션
② 클렌징 크림
③ 클렌징 젤
④ 클렌징 오일

> 클렌징 젤은 피부 밀착성과 세정력이 좋으며, 청량감이 있어 지성, 여드름 피부에 사용하기 적합함

04
화장수에 관한 설명으로 옳지 않은 것은?
① 피부의 pH 밸런스 조절 및 회복효과를 준다.
② 피부 표면 각질층의 유·수분을 조절한다.
③ 클렌징 후 남은 잔여물을 제거하고 피부 정돈을 돕는다.
④ 피부에 청량감과 진정효과를 준다.

> 화장수는 피부에 수분을 공급하며, 유·수분을 조절하지는 않음

05
피부 보호 화장품 중 W/O형으로 피부에 영양을 주며 흡수감이 좋고 피부보호막의 역할을 하여 피부장벽을 보호해 주는 기능을 지녀 건성 피부와 노화 피부에 적합한 제품은?
① 로션
② 크림
③ 에센스
④ 팩·마스크

> 크림: W/O형으로 로션보다는 유분감이 많아 피부 흡수력과 사용감이 좋으며 영양 공급 및 보호막 역할을 하여 피부장벽을 보호함

06
팩의 기능으로 옳지 않은 것은?
① 피부의 보습과 영양 공급
② 혈액순환 촉진과 피부의 신진대사 활성화
③ 피부의 노폐물 제거와 피지 제거
④ 피부의 진정작용으로 염증성 질환 치료

> 팩은 치료의 기능이 없음

07
기초 화장품에 관한 설명으로 옳은 것은?
① 피지가 과잉분비되는 지성 피부는 수렴작용이 있는 유연 화장수를 사용한다.
② 크림은 O/W형으로 피부의 보습과 유연작용을 한다.
③ 에센스는 각질과 피지를 제거할 때 사용한다.
④ 클렌징 워터는 가벼운 생활 메이크업이나 자외선 차단제를 제거할 때 사용하기 적합하다.

> • 지성 피부는 모공 수축과 피부 수렴작용을 하는 수렴 화장수가 적합함
> • 크림은 W/O형으로 로션에 비해 유분감이 많은 영양 공급 화장품임
> • 에센스는 피부에 영양과 수분을 공급할 때 사용함

| 정답 | 01 ③ 02 ② 03 ③ 04 ② 05 ② 06 ④ 07 ④

2 색조 화장품(메이크업 화장품)

08
파운데이션의 일반적 기능으로 옳지 <u>않은</u> 것은?
① 피부의 결점을 커버하고 피부색을 연출한다.
② 얼굴형에 맞는 적합한 음영 조절을 하여 입체감 있게 연출한다.
③ 피부 표면의 유분감과 번들거림을 방지한다.
④ 피부에 광택감과 투명감을 부여한다.

> 파우더: 피부 표면의 유분감을 완화, 번들거림을 방지하고 화사한 피부로 표현함

09
파우더의 기능으로 옳은 것은?
① 피부 표면의 유분감을 완화시킨다.
② 피부의 요철을 보완하여 피부결을 정돈한다.
③ 눈 밑, 입가의 피부색을 밝게 한다.
④ 기미, 잡티의 결점을 커버한다.

> 파우더의 기능
> • 피부 표면의 유분감 완화 및 번들거림 방지
> • 생기 있고 화사한 피부 표현
> • 피부색 정돈

10
포인트 메이크업 중 볼에 혈색을 부여하여 생동감 있고 건강하게 보이게 하는 효과를 주는 제품은?
① 마스카라 ② 블러셔
③ 아이라이너 ④ 립스틱

> • 마스카라: 풍성하고 긴 속눈썹의 연출
> • 아이라이너: 눈의 윤곽 및 이미지 변화
> • 립스틱: 입술에 색채 부여

11
메이크업 베이스의 색상과 효과가 옳게 연결된 것은?
① 화이트: 창백한 피부를 혈색 있게 보이게 한다.
② 퍼플: 노란 피부를 자연스러운 피부로 보이게 한다.
③ 오렌지: 잡티가 많은 피부를 밝게 보이게 한다.
④ 핑크: 피부 톤을 그대로 표현한다.

> • 화이트: 어둡고 칙칙한 피부를 투명하고 밝게 표현
> • 오렌지: 햇볕에 그을린 듯한 피부로 표현
> • 핑크: 창백한 피부를 혈색 있게 표현

12
파운데이션의 종류 중 O/W형으로 수분 함량이 많아 투명하고 자연스러운 피부 표현을 하기에 적합한 것은?
① 크림형 파운데이션
② 파우더형 파운데이션
③ 스틱형 파운데이션
④ 리퀴드형 파운데이션

> 리퀴드형 파운데이션: 수분 함량이 많아 자연스러운 피부 연출이 가능하고, 산뜻하고 촉촉하여 주로 봄, 여름철에 사용하기 적합하지만 커버력이 약한 편임

13
색소 함유량이 많아 피부 결점 커버효과가 있으며, 특히 눈 밑과 입가를 밝게 하는 파운데이션의 형태는?
① 리퀴드형 ② 팬케이크형
③ 크림형 ④ 컨실러

> 컨실러: 색소 함유량이 많은 커버링 파운데이션으로, 피부 결점 커버와 피부 톤 조절효과가 있음

3 바디관리 화장품

14
바디관리 화장품의 기능으로 옳지 않은 것은?
① 세정   ② 방취
③ 다이어트   ④ 보습

> 바디관리 화장품은 세정, 각질 제거, 보습, 방취 등의 기능을 지님

15
땀 분비로 인한 세균의 증식을 억제하는 항균기능과 체취 및 액취를 방지하는 기능을 가진 제품은?
① 바디샴푸   ② 샤워코롱
③ 데오도란트   ④ 아로마 오일

> 바디관리 화장품 중 방취제의 기능을 가진 제품은 데오도란트임

16
바디관리 화장품의 내용으로 옳지 않은 것은?
① 자외선 차단제: 자외선으로부터 피부가 타거나 붉어짐을 방지하여 피부를 보호한다.
② 보습제: 피부건조를 방지하고 촉촉함을 유지한다.
③ 태닝 제품: 선스크린 크림, 선스크린 젤, 선스크린 로션 등이 포함된다.
④ 세정제: 바디샴푸, 비누 등이 포함된다.

> 태닝 제품: 피부를 곱게 태우고 피부가 거칠어지는 것을 방지하는 화장품으로, 선탠용 제품에는 선탠 로션·크림·젤 등이 해당함

17
바디관리 화장품의 종류와 기능으로 옳지 않은 것은?
① 세정 제품 – 바디샴푸
② 체취 방지 제품 – 핸드크림
③ 보습 제품 – 바디오일
④ 태닝 제품 – 선탠젤

> 핸드크림은 보습 제품에 해당함

4 모발 화장품

18
모발 화장품의 사용 목적으로 옳지 않은 것은?
① 각질 관리   ② 보습 관리
③ 순환 활성화   ④ 피지 제거

> 모발 화장품의 사용 목적으로는 각질 관리, 보습 관리, 진정 관리, 순환 활성화를 들 수 있음

19
모발 화장품의 종류와 기능으로 옳지 않은 것은?
① 세정제: 모발과 두피를 세정하여 생리기능을 활성화
② 컨디셔닝제: 모발의 유연성 및 대전 방지작용
③ 염모제: 모근을 자극하여 모발의 성장을 돕는 양모제 작용
④ 트리트먼트제: 두피에 영양을 주어 두피의 건강과 탈모 개선을 도움

> 염모제: 모발의 색깔을 바꾸어 주는 모발 화장품임

20
모발 화장품 중 모발과 두피에 청량감과 영양을 주고 양모제로 사용하는 것은?
① 헤어에센스   ② 두피 앰플
③ 헤어토닉   ④ 각질 제거제

> • 헤어에센스, 두피 앰플: 두피에 영양 공급과 탈모 예방으로 건강한 두피를 유지
> • 각질 제거제: 모공 속 각질과 노폐물을 제거하여 모공 이완 및 두피의 영양물질 흡수를 도움

21
모발에 유연성 및 광택을 부여하며 대전 방지효과가 있는 모발 화장품은?
① 헤어샴푸   ② 헤어린스
③ 헤어에센스   ④ 헤어토닉

> 헤어린스: 모발의 손상을 보완해 주고 유연성 및 광택을 부여함

| 정답 | 14 ③ 15 ③ 16 ③ 17 ② 18 ④ 19 ③ 20 ③ 21 ② |

5 방향용 화장품

22
향수의 구비 조건으로 옳지 않은 것은?

① 향의 특징이 있을 것
② 향의 지속성이 약할 것
③ 향의 확산성이 있을 것
④ 향이 조화로울 것

> 향수는 향의 지속성이 좋아야 함

23
향수를 뿌린 후 바로 맡을 수 있으며 휘발성이 높은 노트는?

① 탑 노트　　　② 미들 노트
③ 베이스 노트　④ 하드 노트

> • 탑 노트(Top Note)
>   – 휘발성이 강해 뿌린 후 바로 맡을 수 있는 향수의 첫인상
>   – 종류: 시트러스, 그린, 플루티 계열 등
> • 미들 노트(Middle Note)
>   – 알코올이 증발한 다음 맡을 수 있음
>   – 종류: 플로럴, 시프레, 오리엔탈 등
> • 베이스 노트(Base Note)
>   – 뿌린 후 3~4시간 뒤 맡을 수 있는 잔류성이 강하고 무거운 향
>   – 종류: 우디, 머스크 계열 등

24
향의 발산 속도에 따른 향수의 분류 중 잔류성이 가장 강하고 무거워 향을 잡아 주는 역할을 하는 것은?

① 탑 노트　　　② 미들 노트
③ 하드 노트　　④ 베이스 노트

> 베이스 노트(Base Note)
> • 향수를 뿌린 후 3~4시간 뒤 맡을 수 있는 잔류성이 강하고 무거운 향
> • 종류: 우디, 머스크 계열 등

25
향수의 부향률이 높은 순서대로 옳게 나열한 것은?

① 퍼퓸 > 오데토일렛 > 오데코롱 > 오데퍼퓸 > 샤워코롱
② 샤워코롱 > 오데코롱 > 오데토일렛 > 오데퍼퓸 > 퍼퓸
③ 오데퍼퓸 > 퍼퓸 > 오데코롱 > 오데토일렛 > 샤워코롱
④ 퍼퓸 > 오데퍼퓸 > 오데토일렛 > 오데코롱 > 샤워코롱

> 부향률
> • 퍼퓸: 15~30%
> • 오데퍼퓸: 9~12%
> • 오데토일렛: 6~8%
> • 오데코롱: 3~5%
> • 샤워코롱: 1~3%

26
향수를 처음 사용하는 사람이 부담 없이 사용하기 좋은 정도의 부향률은?

① 1~3%　　　② 3~5%
③ 6~8%　　　④ 9~12%

> 오데코롱: 부향률 3~5%, 지속 시간 1~2시간으로 향수를 처음 사용하는 사람이 부담 없이 사용하기에 좋고, 상쾌한 향을 지님

6 에센셜(아로마) 오일 및 캐리어 오일

27
에센셜 오일의 효능으로 옳지 않은 것은?

① 혈액순환을 촉진하여 신진대사를 향상시킨다.
② 진정 및 긴장 완화작용이 약하거나 없다.
③ 피부미용에 효과적이다.
④ 불면증, 정서불안 등의 신경계 조절작용을 한다.

> 에센셜 오일은 진정 및 긴장 완화작용 효과를 지님

28
에센셜 오일의 추출법 중 수증기 증류법에 관한 설명으로 옳지 않은 것은?

① 식물의 열매, 껍질 등을 추출할 때 사용한다.
② 식물의 꽃잎, 줄기 등을 추출할 때 사용한다.
③ 짧은 시간에 대량 추출이 가능하여 경제적이다.
④ 열에 의한 품질의 손상이 있을 수 있다.

> 식물의 열매, 껍질 등은 압착법에 의해 추출함

29
에센셜 오일과 효능으로 옳지 않은 것은?

① 티트리: 살균, 소독, 항바이러스 작용
② 라벤더: 진정, 항우울, 신경 안정, 스트레스·불면증 완화
③ 레몬: 살균, 수렴, 미백효과
④ 캐모마일: 피지 조절, 항우울, 호르몬 조절

> 캐모마일은 진정, 항염, 항알레르기, 피로 회복 등의 효능을 가짐

30
에센셜 오일의 사용법으로 옳지 않은 것은?

① 확산법
② 흡입법
③ 복용법
④ 마사지법

> 에센셜 오일의 사용 방법: 입욕법, 흡입법, 습포법, 확산법, 마사지법 등

31
에센셜 오일의 사용 방법 중 확산법에 대한 설명으로 옳은 것은?

① 따뜻한 물에 에센셜 오일을 떨어뜨려 몸을 담근다.
② 거즈나 티슈에 에센셜 오일 1~2방울을 떨어뜨리고 심호흡을 한다.
③ 램프, 워머, 스프레이, 디퓨저 등을 이용한다.
④ 1리터 정도 양의 물에 아로마 오일 5~10방울을 떨어뜨리고 수건을 담가 적신 후 피부에 붙인다.

> - 입욕법: 전신욕, 반신욕, 족욕 등을 할 때 따뜻한 물에 아로마 오일을 떨어뜨리고 몸을 담가 사용하는 방법
> - 흡입법: 거즈나 티슈에 아로마 오일 1~2방울을 떨어뜨리고 심호흡을 하는 방법
> - 습포법: 물 1리터에 아로마 오일 5~10방울을 떨어뜨리고 수건을 담가 충분히 흡수시킨 후 피부에 붙이는 방법
> - 확산법: 램프, 워머, 스프레이, 디퓨저 등으로 향을 확산시키는 방법
> - 마사지법: 캐리어 오일과 블렌딩하여 피부에 도포한 후 부드럽게 흡수시키는 방법

32
에센셜 오일의 사용 시 주의할 점으로 옳은 것은?

① 사용 전 별도의 테스트 없이 사용한다.
② 임산부나 다른 질환자에게도 모두 적용할 수 있다.
③ 눈가나 점막 부분은 흡수가 빠르므로 에센셜 오일을 사용하기 적합하다.
④ 원액을 그대로 사용하지 말고 반드시 캐리어 오일과 희석하여 사용해야 한다.

> **에센셜 오일 사용 시 주의사항**
> - 원액을 그대로 사용하지 않고 캐리어 오일과 희석하여 사용해야 함
> - 눈에 닿거나 들어가지 않도록 함
> - 임산부의 사용에 주의해야 하며, 임산부 사용 금지 오일을 잘 확인해야 함
> - 민감성 피부에 사용을 주의해야 함
> - 가연성이 높으므로 불 가까이에서 사용하지 않도록 함
> - 사용 전 피부 안전 테스트를 시행해야 함
> - 갈색병에 넣어 냉·암소에 보관해야 함
> - 100% 순수한 원액을 사용함

정답 | 28 ① 29 ④ 30 ③ 31 ③ 32 ④

33
에센셜 오일 사용 시 희석해서 같이 사용하며 피부 흡수율과 작용효과를 상승시키기 위해 사용하는 식물성 오일은?

① 트렌스 오일
② 미네랄 오일
③ 아로마 오일
④ 캐리어 오일

- 캐리어 오일은 에센셜(아로마) 오일에 블렌딩하여 피부 흡수율과 피부에 작용하는 효과를 상승시킴
- 에센셜 오일의 향의 밸런스를 조정하고 향기의 지속성을 유지하기 위해 향이 없어야 하고, 피부 흡수력이 좋아야 함

34
캐리어 오일에 관한 설명으로 옳지 않은 것은?

① 아로마 오일을 피부로 옮길 때 사용하는 베이스 오일이다.
② 아로마 오일의 향의 밸런스를 조정한다.
③ 피부 흡수율을 높이고 피부작용의 효과를 상승시킨다.
④ 아로마 오일보다 강한 향을 가져 향의 지속성을 높여준다.

캐리어 오일은 아로마(에센셜) 오일과 함께 블렌딩하여 피부에 적용하며 피부 흡수율이 좋으며 향기의 지속성을 유지하기 위해 향이 없어야 함

35
캐리어 오일에 해당하지 않는 것은?

① 달맞이꽃 오일
② 포도씨 오일
③ 호호바 오일
④ 로즈메리 오일

로즈메리 오일은 에센셜 오일에 해당함

36
캐리어 오일 중 인체 피지와 유사한 화학 구조를 가지며 피부 친화적이고 쉽게 산화되지 않아 안정성이 우수한 것은?

① 달맞이꽃 오일
② 포도씨 오일
③ 호호바 오일
④ 티트리 오일

호호바 오일
- 인체 피지와 유사한 화학구조로 피부 친화적이며 흡수력이 좋음
- 쉽게 산화되지 않아 안정성이 우수하며 끈적임이 적어 사용감이 좋음
- 보습막 형성, 피부 보습, 항산화 작용, 활성산소 억제
- 건조·노화 피부, 여드름, 습진에 효과적

7 기능성 화장품

37
기능성 화장품의 종류로 옳지 않은 것은?

① 피부 미백에 도움을 주는 제품
② 피부 주름 개선에 도움을 주는 제품
③ 탈모 증상을 치료해 주는 제품
④ 피부를 곱게 태워 주거나 자외선으로부터 피부를 보호하는 데 도움을 주는 제품

기능성 화장품으로 탈모 증상을 완화하는 데 도움을 주는 화장품이 해당함

38
기능성 화장품에 해당하지 않는 것은?

① 미백 화장품, 탈염·탈색제
② 주름 개선 화장품, 여드름성 피부 치료제
③ 체모 제거제, 자외선 차단 화장품
④ 튼살 완화제, 피부를 태워 주는 화장품

기능성 화장품은 피부의 항상성 유지를 위해 그 기능을 개선 및 완화시켜 주는 역할을 하며, 의료적 의미로서 치료의 기능을 가지지는 않음

39
미백 화장품의 기능으로 옳지 않은 것은?
① 피부 미백에 도움을 줌
② 멜라닌색소의 피부 침착을 예방
③ 티로시나아제 효소에 의해 도파로 산화되는 것을 방지
④ 피부를 곱게 태워 주거나 자외선으로부터 피부를 보호하는 데 도움을 줌

> 미백 화장품은 멜라닌색소를 환원하여 멜라닌의 합성과 확산을 억제함

40
미백 화장품의 성분으로 옳지 않은 것은?
① 알부틴
② 아데노신
③ 닥나무 추출물
④ 비타민C 유도체

> 아데노신은 주름 개선 화장품의 성분임

41
주름 개선 화장품에 대한 설명으로 옳지 않은 것은?
① 노화로 인한 주름을 완화하고 탄력을 준다.
② 기능적 성분으로는 아데노신, 알부틴, 레티놀 등이 있다.
③ 섬유아세포에 작용하여 콜라겐 합성을 촉진한다.
④ 활성산소를 제거한다.

> 알부틴은 미백 화장품의 성분임

42
주름 개선 화장품의 성분과 기능으로 옳지 않은 것은?
① 레티놀: 비타민A이며 콜라겐 생성을 촉진함
② 아데노신: 섬유아세포의 증식 및 피부 탄력작용
③ 베타카로틴: 동물성 비타민A 성분으로 강력한 항산화제로서 피부에 탄력 부여
④ 레티놀 팔미네이트: 레티놀의 안정화 작용

> 베타카로틴은 식물성 비타민A로 피부 재생 및 탄력을 부여하고 강력한 항산화제로 노화를 억제시킴

43
자외선 차단제 중 산란제에 대한 설명으로 옳은 것은?
① 사용 시 백탁 현상이 나타나 사용감이 떨어진다.
② 민감성 피부, 어린이에게 사용을 금지해야 한다.
③ 화학적 차단제에 해당한다.
④ 에칠헥실메톡시신나메이트, 에칠헥실디메칠파바, 벤조페논, 살리실레이트 등의 성분을 사용한다.

> **산란제**
> • 자외선을 물리적으로 산란, 반사시킴
> • 백탁 현상이 있어 사용감이 떨어짐
> • 피부 자극이 적어 민감성 피부와 어린이에게 사용 가능
> • 티타늄디옥사이드, 징크옥사이드 등이 주요 성분

44
자외선 차단제의 성분 중 나머지 하나와 성격이 다른 것은?
① 티타늄디옥사이드
② 카올린
③ 에칠헥실디메칠파바
④ 징크옥사이드

> 티타늄디옥사이드, 징크옥사이드, 카올린은 산란제 성분이며, 에칠헥실디메칠파바는 흡수제에 사용되는 성분임

| 에듀윌이 |
| 너를 |
| 지지할게 |
| ENERGY |

꿈을 계속 간직하고 있으면
반드시 실현할 때가 온다.

– 괴테(Johann Wolfgang von Goethe)

PART 06

ESTHETICIAN

공중위생관리학

출제비중 **33%**

| 출제(예상)문제 수 | Ⓐ 5문제 이상 | Ⓑ 4문제~2문제 | Ⓒ 1문제 이하 |

- Ⓐ **CHAPTER 01** 공중보건학
- Ⓐ **CHAPTER 02** 소독학
- Ⓐ **CHAPTER 03** 공중위생관리법규

CHAPTER 01 공중보건학 A

합격 TIP 공중보건학의 개념, 필수 예방접종은 출제 빈도가 높으므로 집중적으로 암기하세요.

1 공중보건학 총론

(1) 공중보건학의 개념 [빈출]

① 윈슬로우의 정의: 공중보건학이란 조직화된 지역사회의 공동 노력을 통해 일반 대중의 질병을 예방하고 수명을 연장하며, 신체적·정신적 효율을 증진시키는 기술이자 과학임

② 공중보건학의 목적 및 대상 [빈출]

목적	• 질병 예방 • 수명 연장 • 신체적·정신적 건강 및 효율의 증진
최소 단위 및 대상	• 최소 단위: 지역사회 • 대상: 지역주민 전체
책임 소재	국가, 지역사회
접근 방법	능률 향상과 건강을 위한 조직 사회 전체의 노력

③ 공중보건학의 범위

환경보건 분야	환경위생, 식품위생, 환경오염, 산업보건
질병관리 분야	감염병 관리, 비감염병 관리, 역학, 기생충질환 관리
보건관리 분야	보건행정, 보건영양, 보건통계, 인구보건, 모자보건 및 가족보건, 노인보건, 응급의료, 사회보장제도

[용어] 환경위생(세계보건기구, WHO)
인간의 신체발육, 건강 및 생존에 유해한 영향을 미치거나 미칠 가능성이 있는 인간의 물리적 생활환경에 있어서의 모든 요소를 통제하는 것

(2) 건강과 질병

① 건강의 정의[세계보건기구(WHO), 1948년]: 건강이란 단순히 질병이 없는 상태뿐만 아니라 신체적·정신적·사회적으로 완전하게 안녕한 상태를 의미함

② 질병의 3대 요인 [빈출]

숙주 (인간)	생물학적 요인	연령, 성별, 유전적 요인
	사회적 요인	영양 상태, 생활습관, 직업·작업환경
병인 (병원체)	생물학적 병인	세균, 바이러스, 기생충, 곰팡이
	물리적 병인	열, 온도, 햇빛 등
	화학적 병인	화학약품, 농약 등
	정신적 병인	스트레스, 노이로제 등

환경	생물학적 환경	병원소, 중간 매개물
	물리적 환경	계절, 기상
	사회적 환경	교육 수준, 경제적 수준 등

(3) 인구보건 및 보건지표 빈출

① 인구의 정의: 특정 시간에 일정한 지역에 거주하는 사람들의 집단을 말함
② 인구의 구성

구분	유형	특징
피라미드형	후진국형 (인구 증가형)	• 출생률과 사망률이 높음 • 14세 이하 인구가 65세 이상 인구의 2배 초과
종형	이상형 (인구 정지형)	• 출생률과 사망률이 낮음 • 14세 이하 인구가 65세 이상 인구의 2배 정도
항아리형	선진국형 (인구 감소형)	• 출생률이 사망률보다 낮음 • 평균 수명이 높고 인구가 감소함 • 14세 이하 인구가 65세 이상 인구의 2배 이하
별형	도시형 (인구 유입형)	• 생산층 인구의 증가 • 15~49세 인구가 전체 인구의 50% 초과
표주박형	농촌형 (인구 유출형)	• 생산층 인구의 감소 • 15~49세 인구가 전체 인구의 50% 미만

③ 보건지표
- WHO의 3대 보건지표: 조사망률, 평균수명, 비례사망지수
- 건강지표: 비례사망지수, 평균수명, 조사망률, 영아사망률, 질병이환율, 기생충감염률 등
- 보건의료 서비스지표: 의료인력, 의료시설, 보건정책지표 등
- 사회, 경제지표: 인구증가율, 국민소득, 주거 상태 등
- 출생인구통계

조출생률	• 1년간의 출생아 수를 당해 연도의 총인구로 나눈 수치를 1,000분율로 나타냄 • 한 국가의 출생 수준을 표시하는 지표
일반출생률	1년 동안 15~49세의 가임 여성 1,000명당 출산한 출생자의 비율

- 사망인구통계

비례사망지수	• 총 사망자 수에 대한 50세 이상의 사망자 수를 백분율로 나타냄 • 비례사망지수가 높으면 영아사망률이 낮고 건강 수준이 높음을 의미함 • 한 국가의 건강 수준을 나타내는 지표
평균수명	• 생후 1년 미만의 신생아가 생존할 것으로 기대되는 생존 연수 • 사람의 평균적인 생존 기댓값
조사망률	인구 1,000명당 1년 동안의 사망자 비율
영아사망률	• 1년간 출생아 1,000명당 생후 1년 이내에 사망한 영아의 비율 • 한 국가의 사회적·경제적·문화적·보건학적인 지표로 이용됨
신생아사망률	생후 28일 미만 유아의 사망률

참고 **인구 조사**

인구 정태	특정 시점의 인구 상태 조사 예 성별, 연령별, 국적별, 학력별, 직업별, 산업별 조사
인구 동태	일정 기간 동안의 인구 변동사항 조사 예 출생, 사망, 혼인, 이혼, 전입, 전출 등

참고 **인구 피라미드**

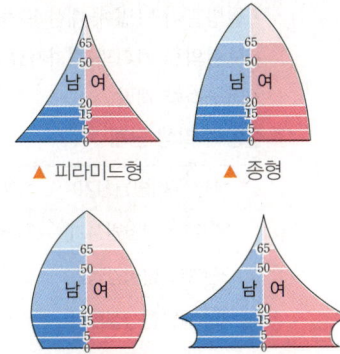

▲ 피라미드형   ▲ 종형

▲ 항아리형   ▲ 별형

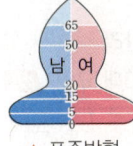

▲ 표주박형

참고 **지표에 따른 분류**
- 한 국가의 보건 수준을 나타내는 대표적 인구통계지표
  예 영아사망률
- 한 국가나 지역사회의 보건 수준을 나타내는 대표적 인구통계지표
  예 영아사망률, 비례사망지수, 평균수명
- 국가 간의 보건 수준을 비교할 수 있는 인구통계지표
  예 비례사망지수, 조사망률, 평균수명

2 질병관리

(1) 역학
① **역학의 정의**: 인구집단을 대상으로 이들에게서 발생하는 생리적 상태 및 이상 상태에 대해 빈도와 분포를 기술하고 이것을 결정하는 요인들을 원인적 연관성 여부를 근거로 밝혀냄으로써 효율적 예방법을 개발하는 학문

대상	인구집단
내용	질병의 발생과 분포를 관찰 및 원인 규명
목적	질병에 대한 관리 및 예방

② **역학의 역할**
- 질병 발생의 원인을 규명
- 질병 발생과 유행을 감시
- 지역사회의 질병에 대한 규모 및 분포 정도의 파악
- 질병의 예후 파악
- 질병관리 방법에 대한 평가
- 보건의료 기획과 평가자료 제공
- 연구전략 개발

③ **질병의 발생 단계**

1단계(비병원성기)	병에 걸리지 않은 시기
2단계(초기병원성기)	질병에 걸리게 되는 초기로, 질병에 대한 저항력 요구
3단계(불현성감염기)	감염은 되었으나 무증상의 잠복기
4단계(발현성질환기)	감염되어 증상이 나타나기 시작
5단계(회복기)	질병에 대한 회복 또는 사망

> **참고 역학적 연구방법**
> - 관찰적 연구: 조사 대상의 자연 상태 그대로 관찰하여 비교·평가함
>   ㉮ 기술역학, 분석역학 등
> - 실험적 연구: 인구집단을 대상으로 제한된 실험에 의한 조사
>   ㉮ 임상실험, 지역사회 실험 등

(2) 감염병 질환 관리
① **질병 발생의 3대 요인** [빈출]

병인	숙주에게 직접 질병을 발생시키는 모든 것 ㉮ 병원소, 환자, 보균자, 감염동물, 오염식품, 오염된 공기·물·토양 등
숙주	침입한 병원체에 저항할 수 없는 인간이나 동물로, 감수성이 높으면 감염병이 쉽게 전파되어 유행하나 면역성이 높으면 감염병의 유행이 쉽게 발생하지 않음 ㉮ 연령, 성별, 영양 상태, 가족력, 유전 등
환경	감염 병원체를 가지고 감수성 숙주에게 전파 수단이 되는 모든 과정의 것 ㉮ 환자, 보균자, 직·간접 접촉 전파, 공기 전파, 개달물 전파 등

② **감염병의 생성 과정** [빈출]

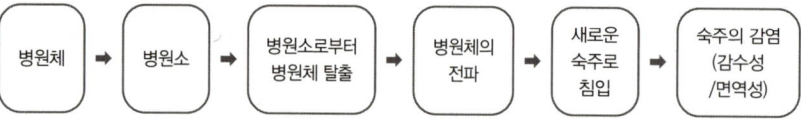

> **용어 감수성**
> 숙주에 침입한 병원체에 저항하여 감염이나 발병을 저지할 수 없는 상태

> **용어 개달물**
> 물, 공기 등을 제외한 병원체를 운반하는 수단 매개체로 작용하는 모든 것
> ㉮ 완구, 수건, 의복, 수술기구, 침구 등

- 병원체

세균	• 육안으로 볼 수 없고 현미경으로 관찰할 수 있으며 적절한 온도와 습도 유지 시 급증함 • 소화기계: 장티푸스, 콜레라, 파라티푸스, 세균성 이질, 파상열 등 • 호흡기계: 결핵, 디프테리아, 백일해, 폐렴, 성홍열, 수막구균성수막염 등 • 피부점막계: 파상풍, 매독, 임질, 페스트 등
바이러스	• 전자현미경으로 볼 수 있으며 생존하는 세포 내에서 기생 • 소화기계: 폴리오, 유행성간염, 소아마비, 브루셀라증 등 • 호흡기계: 독감, 홍역, 유행성이하선염, 두창 등 • 피부점막계: 일본뇌염, AIDS, 공수병, 황열 등
리케차	세균과 바이러스의 중간 크기로 세포 내에서만 기생 예 발진티푸스, 발진열, 쯔쯔가무시증, 로키산홍반열 등
진균	여러 종류의 형태를 가지며 병원체의 크기가 가장 큼 예 무좀, 백선, 칸디다증 등
기생충	동물성 기생체로 육안 식별 가능 예 사상충, 회충, 구충, 유구조충, 간디스토마 등
수인성 감염병	미생물 등에 오염된 물에 의해 감염 예 콜레라, 장티푸스, 파라티푸스, 이질, 소아마비, A형 간염 등
클라미디아	진핵생물의 세포 내에서 기생 및 증식 예 트라코마, 앵무새병 등

- 병원소
  - 인간 병원소

환 자	현성환자	• 병원체에 감염되어 임상 증상이 있는 사람 • 감염병에 대한 자가관리가 쉬움
	불현성환자	• 병원체에 감염되었지만 임상 증상이 거의 없는 무증상자 • 감염병 관리 측면에서 가장 중요한 병원소
보 균 자	건강보균자	• 병원체를 몸에 보유하고 있지만 불현성 감염으로 증상이 없음 • 병원체 배출 • 보건관리가 가장 어려움 예 디프테리아, 폴리오, 일본뇌염, B형 간염 등
	잠복기보균자	• 병원체에 감염되어 임상 증상이 나타나기 전의 잠복기 단계 • 병원체 배출 예 백일해, 홍역, 디프테리아, 유행성이하선염 등
	회복기보균자	• 병원체 감염 후 회복되는 단계로, 일부의 병원체가 몸에 남음 • 병원체 배출 예 장티푸스, 세균성 이질, 디프테리아 등
	만성보균자	• 병원체를 몸에 오랜 기간 동안 보유하고 있으며 증상이 없음 • 병원체 배출 예 B형 간염, 장티푸스, 결핵 등

  - 기타 병원소

동물 병원소	개, 돼지, 쥐, 소 등
토양 병원소	오염된 토양, 파상풍 등
기타 병원소	물, 공기, 개달물 등

- 병원소로부터 병원체 탈출

호흡기계 탈출	호흡기를 통한 전파 및 비말감염 ⑩ 폐결핵, 결핵, 홍역, 감기, 수두 등
소화기계 탈출	위나 장의 분변 및 토사물에 파리 등의 매개물 ⑩ 콜레라, 장티푸스, 폴리오, 이질 등
비뇨·생식기계 탈출	소변, 분비물 ⑩ 성병, 임질 등
개방된 상처로 탈출	접촉, 농 등 ⑩ 피부병, 옴 등
기계적 탈출	곤충, 이, 벼룩, 모기, 주사기 등 ⑩ 뇌염, 발진열, 발진티푸스, 말라리아 등

- 병원체의 전파

직접전파	숙주끼리의 신체적 접촉, 기침, 재채기를 통한 전파 ⑩ 성병, 임질, 피부병, 결핵, 독감, 유행성이하선염 등
간접전파	중간 매개체를 통해 다른 숙주에 전파(물, 공기, 토양, 개달물, 식품, 절지동물 등) ⑩ 결핵, 콜레라, 파상풍, 이질, 트라코마 등

- 새로운 숙주로 침입
  - 호흡기계로 침입
  - 소화기계로 침입
  - 경피 침입
  - 성기 피부점막으로 침입
- 숙주의 감염(감수성/면역성)
  - 선천면역: 종족, 인종, 개인 등에 따른 면역 차이
  - 후천면역 빈출

능동 면역	자연능동면역	• 감염병에 감염된 후 생성되는 면역 • 영구면역: 홍역, 콜레라, 장티푸스 등 • 일시면역: 폐렴, 디프테리아, 독감, 이질 등
	인공능동면역	• 예방접종 후 생성되는 면역 • 생균백신(경구투여): 결핵, 홍역, 폴리오(소아마비), 풍진 등 • 사균백신(경피투여): 콜레라, 장티푸스, 폐렴구균, 백일해, B형 간염 등 • 순화독소(Toxoid) 주입: 파상풍, 디프테리아
수동 면역	자연수동면역	• 모체로부터 태반, 수유를 통해 생성되는 면역 • 홍역, 폴리오, 디프테리아
	인공수동면역	• 항독소·면역 혈청(백신)을 접종한 후 생성되는 면역 • 파상풍, 디프테리아(항독소), B형 간염, 홍역 등

참고 **결핵의 예방**
BCG 생균백신 접종을 통해 예방할 수 있음

- 주요 필수 예방접종

구분	접종 시기
B형 간염	• 출생 후 0, 1, 6개월(3회) • 모체가 HBsAg(+)인 경우: 출생 후 12시간 이내 • 모체가 HBsAg(-)인 경우: 출생 후 1~2개월

결핵(BCG)	출생 후 1개월 이내(1회)
DTaP(디프테리아, 백일해, 파상풍)	• 출생 후 2, 4, 6개월(3회) • 15~18개월(1회), 만 4~6세(1회), 만 11~12세(Td)
소아마비(IPV)	• 출생 후 2, 4, 6~18개월(3회) • 만 4~6세(1회)
MMR (홍역, 유행성이하선염, 풍진)	• 출생 후 12~15개월(1회) • 만 4~6세(1회)
일본뇌염	• 출생 후 12~23개월 • 1차 접종 12개월 후 2차 접종
수두	출생 후 12~15개월(1회)

③ 검역
- 대상: 감염병이 유행하는 국가나 지역에서 입국하는 사람, 동물, 식품 등
- 목적: 외국에서 유행하는 감염병의 국내 침입 및 유행을 방지하여 국민의 건강을 유지·보호
- 검역 감염병 및 감시 기간

구분	감시 기간
콜레라	120시간(5일)
페스트	144시간(6일)
황열	144시간(6일)
중증급성호흡기증후군(SARS)	240시간(10일)
중동호흡기증후군(MERS)	336시간(14일)
동물인플루엔자인체감염증	240시간(10일)
신종인플루엔자	168시간(7일)
에볼라바이러스	504시간(21일)

④ 법정 감염병의 종류 빈출

제1급 감염병	정의	생물테러감염병 또는 치명률이 높거나 전파 속도가 빨라 집단 발생률이 높으므로 발생, 유행 즉시 신고하고 음압격리와 같은 높은 수준의 격리가 필요한 감염병
	종류	에볼라바이러스병, 마버그열, 라싸열, 크리미안콩고출혈열, 남아메리카출혈열, 리프트밸리열, 두창, 페스트, 탄저, 보툴리눔독소증, 야토병, 중증급성호흡기증후군(SARS), 중동호흡기증후군(MERS), 동물인플루엔자인체감염증, 신종인플루엔자, 디프테리아, 신종감염병증후군
제2급 감염병	정의	전파 가능성을 고려하여 발생 또는 유행 시 24시간 이내에 신고하고 격리가 필요한 감염병
	종류	결핵, 수두, 홍역, 콜레라, 장티푸스, 파라티푸스, 세균성 이질, 장출혈성대장균감염증, A형 간염, 백일해, 유행성이하선염, 풍진, 폴리오, 수막구균감염증, B형 헤모필루스인플루엔자, 폐렴구균 감염증, 한센병, 성홍열, 반코마이신내성황색포도알균(VRSA) 감염증, 카바페넴내성장내세균속균종(CRE) 감염증, E형 간염

제3급 감염병	정의	발생을 계속 감시할 필요가 있어 발생 또는 유행 시 24시간 이내에 신고하여야 하는 감염병
	종류	파상풍, B형 간염, 일본뇌염, C형 간염, 말라리아, 레지오넬라증, 비브리오패혈증, 발진티푸스, 발진열, 쯔쯔가무시증, 렙토스피라증, 브루셀라증, 공수병, 신증후군출혈열, 후천성면역결핍증(AIDS), 크로이츠펠트-야콥병(CJD) 및 변종크로이츠펠트-야콥병(vCJD), 황열, 뎅기열, 큐열, 웨스트나일열, 라임병, 진드기매개뇌염, 유비저, 치쿤구니야열, 중증열성혈소판감소증후군(SFTS), 지카바이러스 감염증, 엠폭스, 매독
제4급 감염병	정의	제1급 감염병부터 제3급 감염병까지의 감염병 외에 유행 여부를 조사하기 위하여 표본감시 활동이 필요한 감염병으로 7일 이내 신고함
	종류	인플루엔자, 회충증, 편충증, 요충증, 간흡충증, 폐흡충증, 장흡충증, 수족구병, 임질, 클라미디아감염증, 연성하감, 성기단순포진, 첨규콘딜롬, 반코마이신내성장알균(VRE) 감염증, 메티실린내성황색포도알균(MRSA) 감염증, 다제내성녹농균(MRPA) 감염증, 다제내성아시네토박터바우마니균(MRAB) 감염증, 장관 감염증, 급성호흡기 감염증, 해외유입기생충 감염증, 엔테로바이러스 감염증, 사람유두종바이러스 감염증, 코로나바이러스 감염증-19
세계보건 기구 감시대상 감염병	정의	세계보건기구가 국제공중보건의 비상사태에 대비하기 위하여 감시대상으로 정한 질환
	종류	두창, 폴리오, 신종인플루엔자, 콜레라, 폐렴형 페스트, 중증급성호흡기증후군(SARS), 황열, 바이러스성 출혈열, 웨스트나일열
인수공통 감염병	정의	동물과 사람 간에 서로 전파되는 병원체에 의하여 발생되는 감염병
	종류	결핵(소, 돼지), 큐열(소, 양, 염소), 공수병(개), 탄저(소, 양, 말, 돼지), 브루셀라증(소, 염소, 돼지), 중증급성호흡기증후군(SARS, 박쥐, 사향고양이), 동물인플루엔자인체감염증(닭, 오리 등의 가금류), 일본뇌염(모기), 장출혈성대장균감염증, 변종크로이츠펠트-야콥병, 중증열성혈소판감소증후군(SFTS), 장관 감염증(살모넬라균 감염증, 캄필로박터균 감염증)
성매개 감염병	정의	성 접촉을 통해 전파되는 감염병
	종류	매독, 임질, 클라미디아 감염증, 연성하감, 성기단순포진, 첨규콘딜롬, 사람유두종바이러스 감염증
기생충 감염병	정의	기생충에 감염되어 발생하는 감염병
	종류	회충증, 편충증, 요충증, 간흡충증, 폐흡충증, 장흡충증, 해외유입기생충 감염증
생물테러 감염병	정의	고의 또는 테러 등을 목적으로 이용된 병원체에 의해 발생하는 감염병
	종류	탄저, 보툴리눔독소증, 페스트, 마버그열, 에볼라바이러스병, 라싸열, 두창, 야토병
의료관련 감염병	정의	환자나 임산부 등이 의료행위를 적용받는 과정에서 발생하는 감염병
	종류	반코마이신내성황색포도알균(VRSA) 감염증, 반코마이신내성장알균(VRE) 감염증, 메티실린내성황색포도알균(MRSA) 감염증, 다제내성녹농균(MRPA) 감염증, 다제내성아시네토박터바우마니균(MRAB) 감염증, 카바페넴내성장내세균속균종(CRE) 감염증

⑤ 급·만성 감염병 관리
- 호흡기계 감염병 빈출
  - 대부분 직접 전파되며, 증상 발현 이전부터 이미 균체 발현이 가능함

- 계절적 변화의 변수가 커 관리가 쉽지 않음

디프테리아	• 병원체: 디프테리아균 • 전파: 환자나 보균자의 인후 분비물, 기침, 콧물, 피부 상처 • 예방: 환자의 격리, 소독, 감염 시 항독소 이용 • 증상: 발열, 심한 인후염, 신장염 등
백일해	• 병원체: 백일해균 • 전파: 호흡기를 통한 비말감염 및 분비물 • 예방: DTaP 예방접종 • 증상: 심한 기침 등
홍역	• 병원체: 홍역 바이러스 • 전파: 환자의 호흡기 분비물 및 비말감염 • 예방: MMR 예방접종 • 증상: 고열, 콧물, 결막염, 홍반성 반점, 구진 등
동물 인플루엔자 인체감염증	• 병원체: 조류 인플루엔자 바이러스 • 전파: 감염된 동물과의 접촉 • 예방: 환경위생관리, 예방접종 • 증상: 기침, 호흡곤란, 발열, 오한, 설사, 근육통, 의식저하 등
신종인플루엔자	• 병원체: 변종된 바이러스 A형(H1N1) • 전파: 환자의 호흡기를 통한 비말감염 • 예방: 분리·격리 및 예방접종 • 증상: 발열, 두통, 오한, 구토, 근육통 등
결핵	• 병원체: 결핵균 • 전파: 환자의 호흡기 분비물 • 예방: BCG 예방접종 • 증상: 기침, 흉통, 객담, 객혈, 발열, 식욕부진, 소화불량, 쇠약감 등

• 소화기계 감염병
  - 대부분 간접 전파의 형식이며 매개체가 원인임
  - 지역사회의 사회·경제적 수준, 환경위생과 관련 있음
  - 감염 후 유행성이 폭발적이며, 질병의 증상 발현에 관한 발병률은 1차, 2차에 따라 현저한 차이를 보임

콜레라	• 병원체는 비브리오 콜레라 • 수인성 경구 침입 감염병 • 분변, 토사물, 오염식수, 오염음식물로 전파 • 발병 속도가 빠르며 신속보고 및 격리, 소독, 예방접종으로 예방 • 구토, 설사, 탈수 등의 증상
장티푸스	• 병원체는 장티푸스균 • 수인성 경구 침입 감염병 • 환자의 배설물의 매개물(파리)에 의해 전파 • 감염원, 감염경로, 감수성 숙주에 대한 대책과 예방접종으로 예방 • 고열, 식욕감퇴, 변비, 림프절 종창, 피부발진 등의 증상
세균성 이질	• 병원체는 이질균(시겔라 플렉스네리, 시겔라 보이디, 시겔라 소네이 등) • 수인성 경구 침입 감염병 • 환자의 분변에 접촉한 파리, 음식물, 식수를 통해 전파 • 감염원, 감염경로, 감수성 숙주에 대한 대책이 필요 • 구토, 설사, 고열, 복통 등의 증상

폴리오	• 병원체는 폴리오 바이러스 • 환자의 분비물, 분변 및 불현성 감염자와 음식으로 전파 • 중추신경계 손상에 의한 영구 마비를 일으킴 • 예방접종으로 예방 • 구토, 설사, 발열, 신경계 손상, 마비 등의 증상
파라티푸스	• 병원체는 살모넬라 파라티피 균 • 수인성 경구 침입 감염병 • 환자의 배설물에 의해 전파 • 환경위생관리로 예방 • 고열, 식욕부진, 위장염 등의 증상

• 절지동물 매개 감염병

페스트	• 병원체: 페스트균 • 전파: 환자의 비말감염 및 쥐벼룩, 쥐 • 예방: 검역, 격리, 소독, 구충·구서, 예방접종(사균백신) • 증상: 기침, 흉통, 객담, 객혈, 발열, 식욕부진, 소화불량, 쇠약감 등
발진티푸스	• 병원체: 발진티푸스 리케차 • 전파: 이, 벼룩을 통하거나 상처 침입, 먼지를 통한 호흡기 침입 등 • 예방: 신속 발생 보고, 격리, 소독, 이의 구제, 예방접종 등 • 증상: 발열, 근육통, 전신신경증상, 발진 등
말라리아	• 병원체: 삼일열원충, 열대열원충, 사일열원충, 난형열원충 • 전파: 매개 모기 • 예방: 모기의 구제 • 증상: 고열, 두통, 근육통
일본뇌염	• 병원체: B형 일본뇌염 바이러스 • 전파: 매개 모기 • 예방: 모기의 구제, 신속 발생 보고, 예방접종 • 증상: 고열, 뇌염증, 두통 등

• 동물 매개 감염병

공수병 (광견병)	• 병원체: 광견병 바이러스 • 전파: 감염된 개에 의한 교상으로 타액 침입 • 예방: 동물검역, 개의 예방접종 • 증상: 치사율이 아주 높은 뇌염, 발작, 혼수상태, 근육마비
탄저	• 병원체: 탄저균 • 전파: 오염사료를 먹고 감염된 가축을 통해 경피 감염, 감염된 가축의 털을 통한 호흡기 감염 • 예방: 백신접종, 감염가축의 도살, 소독 • 증상: 급성패혈증, 호흡곤란, 피부탈색, 종기 등
렙토스피라증	• 병원체: 황달출혈성 렙토스피라균 • 전파: 감염된 들쥐의 배설물로 오염된 토양과 물의 접촉으로 경피감염 • 예방: 피부상처 노출 주의, 손발 청결 유지, 보건교육 • 증상: 발열, 두통, 오한, 근육통, 안결막 충혈 등

• 만성 감염병

결핵	• 병원체: 결핵균 • 전파: 환자에서 배출되는 균주, 객담, 비말감염, 오염된 우유 및 식품 • 예방: 조기발견과 치료, 밀집장소 삼가기, 격리 및 치료, 예방접종 • 증상: 기침, 객담, 호흡곤란, 식욕부진, 발한, 피로 등

간염	• 병원체: 간염바이러스 • 전파: 감염된 환자의 혈청 접촉, 정액 및 타액, 산모로부터 수직 감염 • 종류: A, B, C형 • 예방: 보균자의 관리 및 개인위생, 예방접종 • 증상: 발열, 근육통, 오심, 설사, 무기력증, 체중감소, 소양감, 황달 등
성병	• 병원체: 매독균 • 전파: 환자와의 성접촉 및 수혈, 산모로부터 수직 감염 • 예방: 환자와의 성접촉 주의 • 증상: 다양한 비뇨생식기 감염, 신생아 결막염
후천성면역 결핍증 (AIDS)	• 병원체: HIV바이러스 • 전파: 감염된 환자와의 성접촉, 혈액 접촉 • 예방: 체액 접촉에 의한 감염 예방, 위험군의 검사·감시 및 보건교육, 태반감염 예방, 위생관리 • 증상: 발열, 인두염, 림프종대, 근육통, 식욕감퇴, 면역결핍증, 악성종양 등

• 매개체별 감염병

매개체	종류
모기	말라리아, 일본뇌염, 사상충, 황열, 뎅기열
파리	콜레라, 장티푸스, 이질, 파라티푸스
바퀴벌레	콜레라, 장티푸스, 이질
진드기	신증후군출혈열, 쯔쯔가무시증
벼룩	페스트, 발진열, 재귀열, 발진티푸스
이	발진티푸스, 재귀열, 참호열
쥐	페스트, 발진열, 살모넬라증, 렙토스피라증, 쯔쯔가무시증(양충병), 신증후군출혈열, 재귀열
소	결핵, 탄저, 파상열, 살모넬라증
돼지	렙토스피라증, 탄저, 일본뇌염, 살모넬라증
양	탄저, 파상열, 보툴리눔독소증, 큐열(Q열)
개	광견병, 톡소플라스마증
말	탄저, 살모넬라증, 유행성뇌염
고양이	살모넬라증, 톡소플라스마증
토끼	야토병

⑥ 감염병의 신고 및 보고
• 감염병의 신고: 의사, 치과의사, 한의사는 다음 중 어느 하나에 해당하는 사실이 있으면 소속 의료기관의 장에게 보고❼하여야 하며, 해당 환자와 그 동거인에게 질병관리청장이 정하는 감염 방지 방법 등을 지도하여야 함

> • 예방접종 후 이상 반응자를 진단하거나 그 사체를 검안한 경우
> • 감염병 환자 등을 진단하거나 그 사체를 검안한 경우
> • 감염병 환자가 제1급~제3급 감염병으로 사망한 경우
> • 감염병 환자로 의심되는 사람이 감염병 병원체 검사를 거부하는 경우

참고 의료기관에 소속되지 아니한 의사, 치과의사, 한의사는 그 사실을 관할 보건소장에게 신고하여야 함

- 감염병의 신고 시기
  - 제1급 감염병: 즉시 신고
  - 제2급, 제3급 감염병: 24시간 이내 신고
  - 제4급 감염병: 7일 이내 신고
- 법정 감염병의 보고: 보건소장 → 관할 특별자치시 · 도지사 또는 시장 · 군수 · 구청장 → 질병관리청(장) 및 시 · 도지사

(3) 기생충 질환 관리 빈출

① 선충류

회충	• 병원체(Ascaris lumbricoides) 　- 소장 기생으로 암컷 길이 20~30cm, 수컷 길이 13~17cm임 　- 암컷 1마리가 하루에 10~20만 개의 알을 낳고, 산란에는 60~75일이 걸림 • 전파: 오염된 채소나 식품으로 경구 침입하여 위를 지나 소장으로 들어감 • 예방: 음식을 가열하거나 충분히 씻은 후 섭취, 분변관리, 위생관리, 구충제 복용 • 증상: 구토, 오심, 설사, 복통, 소화불량, 두통, 어지러움증, 실신, 복막염, 장폐기증, 충양돌기염 등
요충	• 병원체(Enterobius Vermicularis) 　- 암컷 길이 10~13mm, 수컷 길이 3~5mm로 맹장, 소장 하부에서 기생하며 대장으로 내려와 항문 주변의 피부나 점막에 알을 낳음 　- 건조한 실내에서도 기생하므로 단체생활 구성원의 감염 위험성이 아주 큼 　- 어린 연령층이 집단으로 생활하는 공간에서 쉽게 감염 　- 세계적으로 분포하며 우리나라도 감염률이 높음 • 전파: 손이나 음식물을 통해 경구 침입한 후 소장에서 부화하여 대장에서 50일 정도 지나면 성충으로 발육함 • 예방: 음식을 가열하거나 충분히 씻은 후 섭취, 집단구충과 위생관리 등 • 증상: 항문 주위나 회음부 주변에 소양증 발생, 설사, 야뇨증, 신경쇠약, 불면증 등
편충	• 병원체(Trichuris Trichiura): 암컷 길이 40~50mm, 수컷 길이 35~40mm이며, 감염률이 높은 편이지만 10마리 미만으로는 거의 증상이 없음 • 전파: 오염된 채소나 식품으로 경구 침입 후 맹장, 대장 주변에서 충체의 일부를 점막 내에 매몰하여 기생함 • 예방: 음식을 가열하거나 충분히 씻은 후 섭취, 분변관리, 위생관리, 구충제 복용 • 증상: 대장염, 구토, 설사, 맹장염, 탈항, 빈혈 등
구충 (십이지장충)	• 병원체(Ancylostoma duodenale, Necator americanus) 　- 십이지장충, 아메리카 구충이 있으며, 우리나라는 두 종류 모두 존재 　- 암컷 길이 8~11mm, 수컷 길이 10~13mm이며, 이빨로 소장 점막에 붙어 하루 0.1~0.8mL의 피를 빨아먹고 움직이지 않음 • 전파: 경구 감염, 경피 감염으로 혈관이나 림프관을 통해 폐로 들어가 기관지를 지나 인두를 거쳐 소장에서 기생하다 성충이 됨 • 예방: 가열 후 음식 섭취, 직사광선, 소독제 사용, 인분의 위생관리 • 증상: 염증, 습진, 소양감, 발적, 화농, 호흡곤란, 구토, 기침, 빈혈, 소화장애 등

② 흡충류

간흡충 (간디스토마)	• 병원체(Clonorchis Sinensis): 암수가 한 몸이며, 길이는 10~25mm, 수명은 6~8년임 • 전파: 쇠우렁이(제1중간숙주), 참붕어, 잉어, 황어, 뱅어, 모래무지(제2중간숙주) 등의 강가에 사는 물고기를 날것으로 섭취하여 감염되며, 담관에서 기생함 • 예방: 담수어 생식 금지, 개, 고양이 등 디스토마가 있는 동물 관리 • 증상: 소화불량, 설사, 식욕부진, 피로, 간비대, 간종대, 황달, 빈혈 등
폐흡충 (폐디스토마)	• 병원체(Paragonimus Westermani): 성충의 길이가 1cm, 수명은 7~8년임 • 전파: 포유류의 폐에 충낭을 만들어 기생하다 다슬기(제1중간숙주), 게, 가재(제2중간숙주)로 침입하며 이를 생식으로 섭취하여 감염됨 • 예방: 게와 가재의 생식을 금지하고 가열하여 섭취, 유행 지역의 생수 섭취 금지, 환자 객담의 위생 처리 • 증상: 기침, 흉통, 인후통, 객혈, 시력장애, 국소마비 등
요코가와흡충 (장흡충)	• 병원체(Intestinal Fluke): 1.2mm 정도의 장내 흡충으로, 장내에서 산란하여 분변으로 나오며, 육식동물과 어식 조류의 소장 점막에 기생함 • 전파: 다슬기(제1중간숙주), 은어, 숭어(제2중간숙주) 등의 생식으로 감염 • 예방: 담수어 및 은어 생식 금지 • 증상: 설사, 복통, 무력감, 빈혈 등

③ 조충류

무구조충 (민촌충)	• 병원체: Taenia Saginata • 전파: 소(중간숙주), 소의 장관에서 부화한 후 유충이 되면 장벽을 뚫고 들어가며 소고기를 생식하여 감염됨, 소장에서 기생 • 예방: 소고기를 익혀 섭취, 분변관리 및 환자 구충 • 증상: 식욕부진, 복통, 설사, 빈혈, 소화불량 등
유구조충 (갈고리촌충)	• 병원체: Taenia Solium • 전파: 돼지(중간숙주), 인간의 소장에서 기생함 • 예방: 돼지고기 생식 금지 • 증상: 설사, 구토, 식욕감퇴, 호산구 증가증
광절열두조충 (긴촌충)	• 병원체: Diphyllobothrium Laturm • 전파: 분변으로 배출되어 물벼룩(제1중간숙주), 연어, 송어, 농어(제2중간숙주) 섭취에 의해 감염됨, 인체 감염 3주 후면 성충으로 자라 산란함 • 예방: 담수어 생식 금지, 익혀서 섭취 • 증상: 식욕감퇴, 오심, 구토, 복통, 설사, 빈혈 등

> **참고** 유구낭미충
> 유구조충의 유충으로 사람 몸 안에서 부화해 혈류를 타고 여러 장기로 가게 되면 피부나 근육, 뇌 등 신체 전반적인 문제를 일으킴

3 가족 및 노인보건

(1) 모자보건

① 모자보건의 정의 및 목적
- 모성 및 영유아의 생명과 건강을 보호하고 건강한 자녀의 출산과 양육을 도모함으로써 국민보건 향상에 이바지함을 목적으로 함
- 모성보건과 영유아 보건으로 나뉨

모성인구	• 임산부와 가임기 여성 • 초경에서 폐경에 이르는 모든 여성 • 임신, 분만, 산욕기, 수유기(출산 후 6개월까지)의 여성

영유아	• 출생 후 6년 미만인 사람 • 출생에서 사춘기에 이르는 남녀 • 출생 후부터 학령 전 아동
신생아	출생 후 28일 이내의 영유아
미숙아	• 신체 발육이 미숙한 상태로 태어난 영유아 • 대통령령으로 정하는 기준에 해당하는 영유아
선천성 이상아	• 선천적으로 기형 또는 변형이나 염색체 이상이 있는 영유아 • 대통령령으로 정하는 기준에 해당하는 영유아

② 모자보건사업
- 모자보건사업의 정의: 모성과 영유아에게 전문적인 보건의료서비스 및 그와 관련된 정보를 제공하고, 모성의 생식 건강 관리와 임신·출산·양육 지원을 통해 이들이 신체적, 정신적, 사회적으로 건강을 유지하도록 하는 사업
- 모자보건사업의 3대 목표: 산전관리, 산욕관리, 분만관리
- 모자보건지표
  - 출산지표

조출생률	• 1년간의 출생아 수를 당해 연도의 총인구로 나눈 수치를 1,000분율로 나타냄 • 한 국가의 출생 수준을 표시하는 지표
일반출산율	1년 동안 15~49세의 가임여성 1,000명당 출산한 출생자의 비율
합계출산율	한 명의 여성이 일생 동안 출산한 출생자의 수
재생산율	한 명의 여성이 일생 동안 출산한 여아 출생자의 수

  - 영아사망률, 모성사망률, 신생아사망률, 시설분만율, 산전진찰률, 영유아예방접종률, 사산율, 주산기사망률 등

③ 모성보건

산전관리	임산부의 등록 및 체계적인 관리로 임신의 부작용을 최소화하고 심신의 건강을 유지하여 건강한 신생아 출산을 도움
분만관리	분만으로 인한 모체의 회복을 돕고 휴식 및 영양관리, 위생관리를 도움
산욕관리 (산후관리)	출산 후 모체가 회복할 수 있는 6주까지 기간을 말하며, 생식기 회복장애, 유두 및 유선의 질환, 산후우울증 등으로부터 모체가 건강하게 회복할 수 있도록 도움
수유관리	모유는 신생아의 면역력을 높여주며, 모체의 회복을 도움

참고 **모성의 사망**
- 원인: 산과적 색전증, 산욕열, 임신중독증, 자궁외임신 등
- 사망률(가임기 여성 10만 명당 기준): (모성사망수/15~49세 가임기 여성 수)×100,000

④ 영유아 보건
- 영유아의 건강평가는 출생 후~1년은 1개월마다 1회, 출생 후 1~5년은 6개월마다 1회
- 적절한 시기의 예방접종은 영유아의 질병관리 및 예방적 보건 대책에 중요함

⑤ 가족계획
- 정의: 가족의 건강과 장래 육아환경과 경제적 능력을 고려하여 자녀에 대한 출산 시기, 출산 횟수, 출산 터울 등의 계획을 세워 건강한 가정이 되도록 하는 것
- 내용: 결혼연령, 초산연령, 출산 간격, 출산 횟수에 대한 것을 적용하여 가족의 건강, 모성의 건강, 건강한 육아 환경을 만드는 것

(2) 노인보건
① 의의: 인구의 고령화와 평균 수명의 연장으로 발생되는 노인성 질병 등의 발병률이 증가하여 의료비 등 경제적 문제가 나타나고 있으므로, 이에 대한 노년의 보건 문제를 다루어 노년의 건강하고 행복한 노후생활을 돕기 위함
② 노인 질환의 특징
- 병인의 불분명
- 발병 시기의 불분명
- 질병의 임상 형태, 증상, 경과에 대한 차이가 있음
- 병증의 장애가 발생하며 합병증이 일어남
- 만성질환(고혈압, 동맥경화증, 당뇨병, 뇌졸중증, 심장병)이 주종임

4 환경보건

(1) 환경보건
① 환경보건의 정의: 환경오염과 유해화학물질 등이 사람의 건강과 생태계에 미치는 영향을 조사·평가하고 이를 예방·관리하는 것(환경보건법 제2조)
② 환경보건의 목적: 환경오염과 유해화학물질 등이 국민건강 및 생태계에 미치는 영향 및 피해를 조사·규명 및 감시하여 국민건강에 대한 위협을 예방하고, 이를 줄이기 위한 대책을 마련함으로써 국민건강과 생태계의 건전성을 보호·유지할 수 있도록 함(환경보건법 제1조)
③ 환경오염의 원인: 경제개발, 인구 증가, 도시화 현상, 과학기술의 발달, 환경보전에 대한 인식의 부족 현상
④ 환경의 범위

자연적 환경	• 물리·화학적 환경: 공기, 토양, 광선, 물, 소리 등 • 생물학적 환경: 동·식물, 병원성 미생물 등
사회적 환경	• 인위적 환경: 의복, 식생활, 주거, 위생시설, 산업시설 등 • 문화적 환경: 정치, 경제, 교육, 종교, 문화 등

(2) 기후 빈출
① 기후의 3대 요소: 기온, 기습, 기류
② 기후의 4대 온열인자: 기온, 기습, 기류, 복사열로 인간의 체온 조절에 영향을 줌

기온	• 대기의 온도 • 실내 적정 온도: 18±2℃
기습	• 대기 중에 포함된 수분의 양(습도) • 실내 적정 습도: 40~70%
기류	• 공기의 흐름 • 실내 쾌적 풍속: 0.2~0.3m/sec
복사열	• 대류를 통하지 않고 직접 열이 이동하는 것 • 인체가 느끼는 체감온도는 실제 기온보다 더 높음

참고 **기후인자**
기후의 분포와 변화를 일으키는 요인
예 그 지역의 위도, 고도, 지형, 해류, 수륙 분포 등

불쾌지수
- 기온과 기습에 의해 사람이 느끼는 불쾌감의 정도를 수치화한 것
- 불쾌지수가 70~75인 경우는 10%, 75~80인 경우는 50%, 80 이상인 경우는 대부분의 사람들이 불쾌감을 느낌

참고 **체감온도(감각온도)를 결정하는 3대 요소**
기온, 기습, 기류

(3) 공기와 건강 [빈출]

① **공기의 구성**: 질소(78%), 산소(21%), 아르곤(0.9%), 이산화탄소(0.03%), 기타(0.07%)의 여러 기체의 혼합물로, 질소와 산소가 99%를 차지함

② **질소(N, 78%)**
- 공기 중 가장 많은 비중을 차지하는 불활성 기체임
- 고기압에서 저기압으로 급격히 이동할 때 체액 속의 질소가 기포를 형성하여 혈관을 폐쇄시켜 동통성 관절 장애를 유발하는 잠함병(감압병)이 발생함
- 고기압 상태에서는 중추신경계 마취작용을 함

③ **산소(O_2, 21%)**
- 호흡을 통한 생명 유지에 중요, 성인 1일 산소 소비량 500~700L
- 대기 중 산소의 양이 15% 이하일 때는 저산소증이 발생하며 10% 이하일 때에는 호흡곤란, 7% 이하일 때에는 질식함
- 산소 중독: 대기 중 산소의 양이 50% 이상일 때 폐부종, 폐출혈, 흉통, 호흡곤란 등이 발생함

④ **이산화탄소(탄산가스, CO_2, 0.03%)**
- 무색, 무취, 약산성, 무독성가스로 공기보다 무거움
- 실내공기 오염지표로 사용되며, 허용 농도는 0.1%(1,000ppm)
- 성인이 안정 시에 발생하는 호흡작용에서 4%의 이산화탄소를 배출
- 적외선의 복사열을 흡수하여 온실효과를 발생시킴
- <u>지구온난화의 주된 원인</u>
- 대기 중 CO_2의 양이 7% 이상 시 호흡곤란, 10% 이상 시 질식함❓

⑤ **일산화탄소(CO)**
- 불완전 연소 시 발생하며 무색, 무취, 무자극성의 맹독성 가스임
- 혈색소(헤모글로빈) 친화력이 산소의 250~300배 정도로 아주 강해 헤모글로빈의 산소 결합을 방해하고 체내 산소결핍증을 초래함
- 중독 시 생명에 치명적이며 중추신경계에 영향을 주어 의식불명, 정신장애, 신경장애, 시력장애, 보행장애 등이 발생함
- 연탄가스 중독의 원인임

(4) 대기 오염 [빈출]

① **정의**: 대기 중에 인위적으로 배출된 오염물질로 인해 인간, 동·식물의 생활 및 보건에 위해를 미치는 상태

② **원인**: 산업화, 도시화, 인구 증가와 도시의 집중, 연료의 연소로 인한 오염물질 등

[참고] **군집독**
일정한 공간 내의 수용 범위를 초과하였을 때 이산화탄소 농도가 증가하고, 기온 상승·습도 증가 등의 이유로 두통, 현기증의 증상이 나타나는 현상

③ 오염물질

1차 오염물질	일산화탄소	• 불완전 연소 시 발생하며 무색, 무취의 유독성 가스 • 산소결핍증, 중추신경계의 기능 저하 유발
	질소산화물	• 연료를 연소시킬 때 발생하며, 질소 가스가 산화되어 발생 • 자동차 배기가스, 화석연료 발전소 등 • 산성비의 원인 • 만성기관지염, 폐렴, 폐출혈, 만성신장염 유발, 식물세포를 파괴하여 잎에 흑갈색의 반점이 생김
	황산화물	• 화석연료를 연소시킬 때 발생 • 만성기관지염, 산성비 유발 등
	먼지(분진)	• 대기 중에 떠다니거나 흩날려 내려오는 입자상의 물질 • 기관지염, 금속중독, 알레르기성 질환, 진폐증 등 유발
	암모니아	• 질소와 수소로 이루어진 화합물로, 냄새가 자극적인 무색의 기체 • 대기 중의 황산화물, 질소산화물과 반응하여 황산암모늄, 질산암모늄 등의 2차 대기 오염물질을 생성 • 피부 자극 및 피부발적 유발
2차 오염물질	오존	• 무색의 자극성 기체 • 점막을 자극하며 폐렴, 폐충혈, 폐부종 등 유발
	스모그	• 매연 등 대기 속의 오염물질이 안개 모양의 기체가 된 상태 • 호흡기 자극, 식물 성장의 장애 요인
	질산과산화 아세틸	• 질소산화물이 탄화수소와 오존 등과 광화학 반응을 하여 생성된 2차 대기 오염물질 • 강한 산화력, 눈을 자극

> **참고** 광화학적 스모그 발생 조건
> • 자외선이 강할 때
> • 낮 시간
> • 대기 오염물질의 배출이 많을 때
> • 환기량이 적을 때
> • 역전층 형성 시
> • 바람이 적을 때

④ 대기 오염 현상

기온역전	• 지표면의 기온이 상층부보다 낮아지는 현상(고도가 높아질수록 기온이 높아짐) • 분지 지역에서 흔히 나타나며, 복사안개, 스모그 현상이 발생 • 교통 장애, 식물 성장 장애 등을 유발
열섬 현상	• 도시 중심부의 기온이 다른 주변보다 현저하게 높은 상태 • 인구의 증가, 각종 시설물의 증가, 자동차 통행의 증가, 인공열 방출, 온실효과의 영향
스모그 현상	• 연기와 안개의 복합 형태 • 대기 속의 오염물질이 쌓여 시야가 불투명하게 흐리고 공기가 탁함 • 건축물의 부식, 가로수 고사, 교통 장애, 피부 자극 및 질환 등을 유발
온실효과	• 대기 중의 이산화탄소, 염화불화탄소, 메탄 등의 탄산가스가 섞여 지표로부터의 복사열을 흡수하여 지표면이나 대류권의 기온이 상승하는 효과 • 생태계 변화, 해수면 상승 등을 유발
산성비	• 대기 중으로 배출된 황산화물, 질소산화물, 탄소산화물 등이 수증기와 반응해서 황산, 질산으로 변화되어 빗물에 섞여 내리는 것 • pH 5.6 이하인 빗물 • 동·식물의 수정 및 부화 저하, 금속 및 석조 건물 부식, 심계항진증(심박급속증), 탈모, 피부 질환, 눈의 질환 등을 유발
엘니뇨 현상	• 지구온난화로 인해 해수면의 온도가 상승하는 현상 • 폭설, 폭우, 가뭄, 홍수 등이 발생

> **참고** 아황산가스
> 황산화물의 일종으로 무색의 기체이며 자극적인 냄새가 남

> **참고** 라니냐 현상
> 엘니뇨의 반대 현상으로, 해수면의 온도가 평년보다 낮아지는 현상

(5) 수질 오염

① 각 지역의 강과 바다 등을 관측하였을 때 오염물질의 양이 증가하여 생물학적, 물리적, 화학적으로 수질이 악화되어 물의 자정능력이 상실된 상태

② 수질 오염의 지표 빈출

용존산소 (Dissolved Oxygen, DO)	• 물 속에 녹아 있는 산소의 양 • 물의 오염지표로 사용됨 • 용존산소(DO)가 낮을수록 물의 오염도는 증가 • 호기성 미생물이 생존하기 위해 필요한 용존산소량은 5ppm 이상
생물학적 산소요구량 (Biochemical Oxygen Demand, BOD)	• 호기성 세균이 물 속의 유기성 물질을 안정화하는 데 소비되는 산소량 • 보통 20℃에서 5일간 분해하는 데 소비된 산소의 양 • 하수나 하천의 수질 오염지표 • 오염된 물은 BOD가 높고 DO는 낮음
화학적 산소요구량 (Chemical Oxygen Demand, COD)	• 물 속의 유기물을 산화제(과망간산칼륨, 중크롬산칼륨)에 의해 화학적으로 산화시키는 데 소비되는 산소량 • 공장 폐수의 오염을 측정하는 지표 • COD가 높을수록 수질의 오염도는 높음
부유물질 (Suspended Solids, SS)	• 유기물질과 무기물질을 함유한 고형물로 물에 용해되지 않는 물질(먼지, 세균, 유기물 등) • 입자 지름이 0.1㎛~2mm 이하의 현탁물질 • 부유물질이 많을수록 수질은 탁함 • 수중생물의 호흡기에 부착 시 호흡 장애를 일으키고 양식사업에 피해를 줌 • 유기물질인 경우에는 미생물에 의해 분해되며, 용존산소를 소비 • 물의 탁도로 수질 판단
대장균	• 사람 및 동물의 대장에 서식하는 세균 • 상수오염의 생물학적 지표 • 물 100mL 내에 대장균이 검출되지 않아야 음용수로 적합
수소이온 농도 지수(pH)	• 용액의 산성 및 알칼리성의 세기를 나타내는 값 • 중성은 7이고 숫자가 작을수록 산성, 숫자가 클수록 알칼리성을 나타냄 • 도시 하수는 pH 7.0~7.5임

> **참고** 용존산소량의 증가
> 수온이 낮을수록, 기압이 높을수록, 물이 깨끗할수록

③ 수질 오염에 따른 감염병

병명	중독물질	증상
미나마타병	수은	언어장애, 신경마비, 청력장애, 시야협착
이타이이타이병	카드뮴	신장기능장애, 골연화증, 보행장애, 호흡기능장애

④ 하수 처리과정

```
예비처리(1차 처리)       →    본처리(2차 처리)    →    오니처리
스크린, 침사, 침전              혐기성 처리,              소각, 소화법, 매몰법,
                              호기성 처리               비료화
```

• 예비처리: 하수의 큰 부유물질을 스크린으로 제거, 유속을 느리게 하여 토사 등 큰 물질을 가라앉힘
• 본처리: 혐기성 분해처리(메탄가스 발생)와 호기성 분해처리(이산화탄소 발생)로 분류

혐기성	부패조법	• 단순한 탱크에 하수의 부유물을 부은 후 산소를 차단 • 혐기성 균의 활동으로 부유물을 분해 • 메탄, 탄산가스, 암모니아 등의 가스 발생
	임호프조법	• 부패조법의 결점을 보완하기 위해 개발 • 상층(침전실), 하층(오니소화실)이 분리되어 처리, 공장폐수처리법에 이용
호기성	활성오니법	• 하수량 20~30%에 호기성 균이 풍부한 오니를 넣어 산소를 공급하여 유기물질을 산화, 분해시키는 방법 • 살수여상법보다 경제적이고 적은 처리면적이 소요되나 고도의 처리 기술이 필요함
	살수여상법	• 여상(돌, 모래) 위에 하수를 살수하는 과정에서 일정한 하수량과 공기의 접촉으로 호기성 미생물을 이용하여 유기물질을 분해함 • 기온의 영향을 받으며 도시하수의 2차 처리를 위한 방법으로 사용
	산화지법	호기성 박테리아와 조류의 수중 공생관계를 이용하여 유기물질을 분해, 처리하는 방법

- 오니처리: 하수에서 분리된 고형 성분(정수나 하수 처리과정에서 생긴 침전물)을 투기, 해상투기, 퇴비, 소각 등의 방법으로 처리

⑤ 상수 처리과정

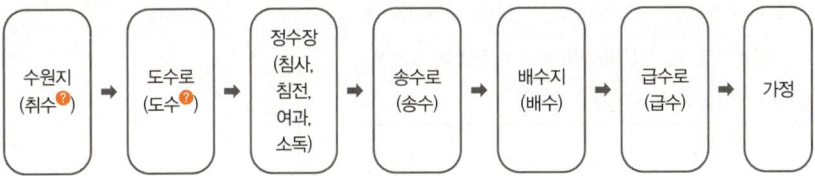

용어 취수 수원지에서 물을 끌어옴

용어 도수 취수를 정수장까지 끌어옴

- 정수 과정

침사	물에 포함된 흙과 모래를 침전으로 제거
침전	응집제로 처리하는 급속 침전과 보통 침전이 있음
여과	완속여과	상수도에 사용하는 정화 방법
	급속여과	물과 압축공기를 이용하여 역류세척하여 모래를 깨끗이 씻어내는 방법
소독	염소소독	경제적, 장기적 잔류기간, 강한 살균력, 상수도 소독 시 이용
	오존소독	많은 비용, 단기적 잔류기간, 상수도의 소독제로 사용, 반응성이 좋고 산화작용이 강력함
	가열소독	100℃에 30분 동안 가열

- 상수의 적정 염소 잔류량
  - 평상시: 0.2ppm 이상
  - 비상시: 0.4ppm 이상

⑥ 물의 경도: 물에 포함되어 있는 칼슘과 마그네슘의 양을 탄산칼슘의 ppm으로 환산한 수치

경수 (센물)	• 일시경수: 물을 끓여 분해되는 탄산염을 침전시켜 연수화가 가능한 물 • 영구경수: 황산염, 질산염, 염화염 등의 함유로 물을 끓여도 연수화가 불가능한 물
연수 (단물)	물의 경도가 적은 물 ㉮ 빗물, 증류수, 수돗물 등

(6) 의복의 목적
① 체온 조절
② 신체청결
③ 사회적 예의
④ 신체보호
⑤ 개인의 취향

(7) 주거 환경
① 주택의 구조
- 집은 방서, 방한, 방수, 방음이 잘 되어야 하고, 방열의 목적으로 천장과 지붕의 공간을 넓게 하여야 함
- 집안의 일조시간은 최소 4~6시간 이상이어야 함
- 거실의 최적 온도는 18±2℃
- 실내 환경의 온도 및 습도

적정 온도	적정 습도	적정 침실 온도	적정 실내외 온도차
18±2℃	40~70%	15±2℃	5~7℃

> **참고** 실내의 냉난방
> 실내에서 냉방은 실내 온도가 26℃ 이상, 난방은 10℃ 이하일 때 필요함

> **참고** 실내외 온도차가 10℃ 이상일 때 건강 이상이 발생할 수 있음

② 환기: 공기의 온도차에 의해 실외공기와 실내공기를 교환하는 것
- 자연환기: 환기를 위한 창의 면적은 방바닥 면적의 1/20 이상

중력환기법	실내 온도차에 의한 실내 기류 현상으로 실내와 실외의 공기가 교환되는 것
풍력환기법	풍속에 의해 공기를 교환하는 것으로, 창문의 개방형이 마주할 때 효과적
보조환기법	지붕이나 천장을 이용하여 공기를 교환하는 것

- 인공환기

공기 조정법	• 공기의 온도, 습도, 기류를 인공적으로 조절하여 공기를 교환하는 것 • 보건학적으로 가장 이상적인 방법
배기식 환기법	선풍기, 팬에 의해 실내공기를 빨아들여 실내의 오염 공기를 배출
송기식 환기법	• 선풍기, 팬에 의해 외부공기를 불어 넣어 실내공기를 교환하는 것 • 오염 공기를 제거하지 못하고 분산시킴
평형식 환기법	배기식과 송기식의 환기 방법이 동시 작용하는 복합 형태

③ 조명 빈출

자연조명		• 창의 면적은 바닥 면적의 1/5 정도가 적당하며, 위치를 높게 함 • 창은 남향으로, 일조량이 4시간 이상이 되게 함 • 이중창의 내·외창의 간격은 5cm 이내로 함
인공조명	직접 조명	조명효과가 좋으며, 경제적이지만 눈에 자극이 큼
	간접 조명	• 비경제적이지만 눈 보호에 가장 적합한 편안한 조명 • 피사체의 그림자의 발생이 적음 • 눈을 쓰는 정밀 작업 시 적당함
	반간접 조명	직접 조명과 간접 조명이 혼합된 상태

> **참고** 인공조명 사용 시 주의사항
> - 눈 보호를 위해 자연색에 가까운 주광색을 사용함
> - 인공조명에 장기간 노출 시 안내압이 상승하여 시력이 손상될 수 있음

- 인공조명의 조도

일반 작업	독서	정밀 작업	초정밀 작업	미용실
100~200Lux 이상	300Lux 이상	300~500Lux 이상	750Lux 이상	75Lux 이상

(8) 산업보건과 재해

① **산업보건의 정의(WHO, ILO)**: 모든 산업장의 작업인들의 육체적·정신적·사회적 건강과 안녕을 최고도로 증진·유지하는 것

② **산업보건의 목적**
- 근로자의 신체적·정신적 사회복지를 최고도로 증진하고 유지하는 것
- 근로 조건이나 유해 작업 조건으로부터 일어날 수 있는 건강 장해로부터 근로자를 보호하는 것
- 근로 작업에서 근로자를 정신적·육체적으로 적합하고 적성에 맞는 작업환경에 배치하는 것

③ **산업보건의 중요성**
- 산업 발달과 노동 수요의 급증으로 인력자원의 건강 및 경제 측면의 관리가 중요해짐
- 생산성과 품질 향상 및 능률 향상을 위해 산업보건의 관리가 필요함
- 노동자의 인권 문제에 관해 산업보건의 관리가 필요함

④ **산업재해**
- 정의: 노동 과정이나 작업환경에 의해 사망하거나 부상 또는 질병을 얻게 되어 육체적·정신적 피해를 입는 것
- 종류

사망재해	근로자가 사망하는 것
주요재해	입원할 정도의 상해를 입는 것
경미재해	통원할 정도의 상해를 입는 것
유사재해	상해 없이 재산 피해만 발생한 것

- 발생 요인

인적 요인	• 관리상의 요인: 작업지식의 부족, 작업 미숙, 인원 부족 또는 과잉, 과중한 작업량, 기타 돌발적 사고 등 • 생리적 건강 요인: 피로, 질병, 수면 부족, 체력 부족, 음주, 임신, 약물 등 • 심리적 요인: 정신적 문제, 부주의, 태만, 착오 등
환경적 요인	• 기계적 요인(1차 원인): 기계의 노후로 인한 오작동, 불량, 소음, 환기 • 물적 요인: 시설물의 불량, 작업장의 환경, 공구의 부적합 및 불량, 복장의 미비 등

- 산업재해의 지표
  - 건수율(발생률): 근로자 1,000명을 기준으로 1년간에 발생하는 재해 건수

    $$건수율 = 재해\ 발생\ 건수(연간계)/평균\ 실제\ 근로자\ 수(연평균) \times 1{,}000$$

  - 도수율(빈도율): 연 근로시간 100만 시간당 발생하는 재해 건수이며, 국제노동기구(ILO)에서 사용하는 국제지표로 산업활동에서 차지하는 재해 건수 파악에 중요함

    $$도수율 = 재해\ 발생\ 건수(연간계)/연\ 근로\ 총시간 \times 1{,}000{,}000$$
    $$= 재해\ 발생\ 건수(연간계)/연\ 근로\ 일수 \times 1{,}000$$

  - 강도율: 근로시간 1,000시간당 발생한 근로 작업 손실 일수이며, 재해로 인한 작업 손실 일수를 파악하는 데 중요함

    $$강도율 = 근로\ 작업\ 손실\ 일수/연\ 근로시간 \times 1{,}000$$

⑤ 직업병 빈출

- 직업병의 특성
  - 작업장의 환경조건과 근로조건에 의해 특정한 질병이 발생하는 것
  - 특정 직업 종사 근로자에게 발생되는 특정 질병으로, 조기 발견이 어렵고 만성적임
  - 예방효과가 바로 나타나는 것이 아니므로 효과적인 관리가 어려움
  - 유해인자 노출과 증상 출현 사이에 시간차가 있고, 일반 질병과 구분이 어려움
- 직업병의 증상

고온, 고압	열경련증, 일사병, 열사병, 열피로(열허탈증, 피순환장애), 열쇠약증, 열중증 등
이상저온	동상, 참호족(침수족), 전신 저체온 등
이상기압	감압병(잠함병 – 고기압 문제), 고산병(항공병 – 저기압 문제) 등
방사선	백혈병, 백내장, 탈모, 정신장애, 피부건조, 조혈기능장애 등
진동	레이노씨증후군(손가락 혈액순환장애, 마비), 자율신경의 이상 등
분진	진폐증, 규폐증, 석면폐증, 만성폐쇄성 폐질환
불량조명	안정피로증, 근시, 안구진탕증 등

- 중금속 중독

납	조혈기능장애(빈혈), 근무력증, 잇몸연선, 경련 발작, 고혈압, 정신신경장애 등
수은	미나마타병, 중추신경장애, 소화기 궤양, 보행장애
크롬	비중격 천공(코연골 궤양), 이두염, 비염, 기관지염, 피부암, 폐암
비소	신장염, 피부염, 소화기 질환
망간	호흡계이상, 신경계이상, 파킨슨 증후군
카드뮴	이타이이타이병, 뼈의 변화, 골절, 골연화증, 단백뇨, 신장장애, 폐기종 등
니켈	피부염, 비강암, 폐암

- 소음
  - 인체에 미치는 영향: 불안, 노이로제, 청력장애, 작업능률 저하
  - 소음으로 인한 직업병의 요인: 주파수, 소음의 크기, 노출 기간
  - 소음의 허용 기준

1일 폭로시간	소음 강도(dB)
8	90
4	95
2	100

참고 난청, 이명
전체 직업병의 1위이며, 난청은 회복 불가

용어 열경련증
고온 환경에서 탈수로 이온이 부족해짐

용어 일사병
- 직사광선(적외선) 과다 노출
- 고온 환경에서 이온 부족, 40도 이하의 열

용어 열사병
- 시상하부의 체온 조절 문제
- 땀 배출을 못하고 건조하며 뜨거운 피부
- 혼수상태 및 40도 이상의 고열이 가장 위험함

용어 열피로
- 혈액순환장애
- 더위서 혈관이 늘어져 체액이 부족해지고, 심박출량 부족으로 인해 탈수 일어남

용어 감압병(잠함병)
고압 작업 후 급속 감압 시 질소에 의한 혈전 현상으로 조직의 순환장애와 조직 손상 발생

용어 고산병
저지대에서 해발 3,000m 이상의 고지대로 이동 시 산소의 부족으로 나타나는 급성반응

5 식품위생과 영양

(1) 식품위생
① 식품위생의 개념
- 식품위생법의 정의: 식품, 식품첨가물, 기구 또는 용기·포장을 대상으로 하는 음식에 관한 위생을 말함
- WHO의 정의: 식품의 생육, 생산, 제조로부터 최종적으로 사람에게 섭취되기까지의 모든 단계에서 식품의 안전성, 건전성 및 완전 무결성을 확보하기 위한 모든 필요한 수단을 말함

② 식품위생의 목적: 식품으로 인한 위생상의 위해 방지와 식품영양의 질적 향상을 도모함으로써 국민 보건의 향상과 증진에 기여

③ 식품의 위생적 보존

물리적 처리법	가열법(저온 살균법, 고온 단시간 살균법, 초고온법), 냉장법, 냉동법, 건조·탈수법, 자외선 이용법, 밀봉법, 방사선 살균법
화학적 처리법	방부제 첨가법, 염장법, 당장법, 산저장법
물리·화학적 처리법	훈연법, 훈증법, 가스저장법

④ 식품의 변질 빈출

부패	단백질 또는 지방 식품이 미생물의 작용으로 유해물질이 생성되는 것
발효	탄수화물이 미생물의 작용을 받아 분해되어 유기산이나 알코올 등을 생성하는 것
변패	각종 미생물이 식품에서 증식함에 따라, 탄수화물(당질)이나 지방질의 식품이 혐기성 상태에서 미생물의 분해로 산성이 되면서 비정상적인 맛과 냄새, 형태, 색감 등으로 바뀌는 현상
산패	식품의 유지가 산소, 광선 등에 의해 산화·분해되어 악취 및 변색이 발생하는 것

> 참고 식품의 변질 과정
> 부패 → 발효 → 변패

(2) 식중독 빈출
① 정의: 오염된 식품의 섭취가 원인으로 미생물, 독소, 유독화학물질 등에 의해 발생하는 독소형 질병

② 분류

세균성 식중독	감염형	살모넬라, 장염비브리오균, 병원성대장균, 쉬겔라(세균성 이질), 바실러스 세레우스, 여시니아 엔테로콜리티카 등
	독소형	황색포도상구균, 보툴리누스균, 클로스트리디움 퍼프린젠스, 웰치균 등
	감염 독소형	노로바이러스, 로타바이러스 등
자연독 식중독	식물성	감자독(솔라닌), 버섯독(무스카린), 청매독(아미그달린) 등
	동물성	복어독(테트로도톡신), 조개 및 굴독(베네루핀)·마비성 패독 등
화학적 식중독	중금속	구리, 납, 비소, 수은(미나마타병), 카드뮴(이타이이타이병)
	살충제	농약
	유해성 감미료	비허용 식품첨가물, 시클라메이트, 둘신
곰팡이독 식중독		아플라톡신(곡류, 땅콩, 옥수수), 황변미독(시트리닌), 맥각독(에르고톡신)

- 세균성 식중독
  - 병원성 세균에 의해 생기는 식중독
  - 소화기계 감염병보다 연쇄 전파에 의한 2차 감염이 적음
  - 잠복기가 아주 짧고 수인성 전파가 적음
  - 면역성이 없음
  - 다량의 균 발견(대부분 음식물에서 증식)
  - 음식물 섭취를 통한 감염
  - 원인균을 억제하면 예방이 가능하고, 주로 여름철에 발병함

감염형	살모넬라 식중독	• 원인: Salmonella Typhynurium, 동물성 식품(육류, 유제품, 두부, 우유와 달걀), 식물성 식품(날것의 새싹)의 섭취 후 감염 • 잠복기: 평균 24시간 • 증상: 복통, 구토, 설사, 오한, 고열(38~40℃) • 예방: 저온 저장, 60℃ 이상에서 20분 이상 가열, 생식 금지
	장염 비브리오 식중독	• 원인: Vibrio Parahemolyticus, 해산물, 오징어, 생선 등의 날것, 잘못 조리한 음식 섭취 후 감염 • 잠복기: 평균 12시간 • 증상: 복통, 구토, 설사, 급성 위장염(콜레라와 비슷함) • 예방: 60℃ 이상에서 2분 이상 가열
	병원성 대장균 식중독	• 원인: 박테리아, 오염된 유제품, 햄버거, 김밥, 생채소류 등의 섭취 후 감염 • 잠복기: 평균 2~8일 • 증상: 복통, 구토, 설사, 피로, 탈수 • 예방: 세척, 냉장보관, 유통기한 확인 • 합병증: 용혈성 요독증후군
	장구균 식중독	• 원인: Streptococcal Faecalis, 치즈, 햄, 소시지 등의 섭취 후 감염 • 잠복기: 평균 4~5시간 • 증상: 오심, 구토, 설사, 탈진, 급성 위장염 • 예방: 식기 멸균, 위생적 음식 보관 및 관리
독소형	황색 포도상 구균 식중독	• 원인: 포도상구균이 내는 Enterotoxin(장독소), 오염된 유제품, 김밥, 빵, 케이크 등의 섭취 후 감염 • 잠복기: 평균 3시간(30분~6시간) • 증상: 복통, 구토, 설사, 피로, 탈수 • 예방: 세척, 냉장보관, 유통기한 확인
	보툴리누스균 식중독	• 원인: Clostridium Botulinum균이 내는 외독소, Neurotoxin, 통조림, 육류, 소시지, 밀봉 식품의 섭취 후 감염 • 잠복기: 평균 12~98시간 • 증상: 신경성 증상(시력저하, 언어장애, 안검하수, 호흡곤란), 구토, 설사 등 • 예방: 냉장보관, 유통기한 확인, 온도 및 계절적 오염 상태 확인 • 치명률이 가장 높음(6~7%)
	웰치균 식중독	• 원인: Clostridium Welchii균이 내는 외독소, 육류, 어패류, 채소, 통조림, 소시지, 밀봉 식품 등의 섭취 후 감염 • 잠복기: 평균 6~22시간 • 증상: 복통, 설사, 두통, 장염 • 예방: 식품은 가열 조리하고, 즉시 섭취, 급랭

참고 소화기계 감염병과 세균성 식중독

구분	소화기계 감염병	세균성 식중독
섭취 균량	극소량(주로 체내 증식)	다량(주로 음식물 증식)
잠복기	평균적으로 긴 편	아주 짧음
경과	평균적으로 긴 편	평균적으로 짧음
전염성	높음	거의 없음
면역성	일부 성립함	성립하지 않음
감염 경로	2차 감염	음식물 섭취
예방	거의 불가능	균 증식 억제로 가능
계절	계절과 상관없음	주로 여름철 발생

- 자연독 식중독

식물성 자연독	독버섯	• 원인: Muscarine, Cholin, Neurin 등 • 증상: 대략 섭취 2시간 후 발생하며 부교감의 말초를 자극, 위장장애, 황달, 혈뇨, 환각, 발한, 경련, 혼수상태 등
	감자	• 원인: Solanine, 감자의 눈, 감자의 녹색 부분 • 증상: 체내 콜린에스테라아제의 작용을 억제하여 식중독을 일으킴
	청매실	• 원인: 덜 자란 매실의 Amygdalin • 증상: 중추신경 마비
	맥각	• 원인: Ergotoxin • 증상: 교감신경에 작용, 구토, 복통, 설사, 경련, 유산 등
	독미나리	• 원인: Cicutoxin • 증상: 구토, 두통, 경련 등
	면실유 (목화씨)	• 원인: Gossypol • 증상: 출혈성 신장염
	곰팡이 (간장, 된장)	• 원인: Aflatoxin(곡류, 땅콩, 옥수수 등에도 함유) • 증상: 간암 유발
	은행	• 원인: Methylpyridoxine, Bilobol, Ginkgoic Acid • 증상: 중추신경 마비
	고사리	• 원인: Ptaquiloside • 증상: 발암, 장출혈
	벌꿀	• 원인: Andromedotoxin • 증상: 설사, 구토, 호흡기 계통 마비
동물성 자연독	복어	• 원인: Tetrodotoxin, 복어의 난소, 생식기, 위장 등에 함유 • 증상: 30분~4시간 이내 증상이 나타남, 입과 혀의 마비, 청색증, 운동 및 호흡근육 마비, 언어장애 등
	굴, 바지락	• 원인: Venerupin • 증상: 8~24시간 이내 증상이 나타남, 발열, 구토, 전신피로, 변비, 두통, 피하출혈, 황달, 의식혼탁, 사망 등

(3) 영양

① 영양의 정의: 생물의 생명 현상을 유지하기 위해 식품에 있는 영양소의 상호작용으로 몸 안의 신체적인 대사 과정(소화, 흡수, 호흡, 배설)을 총괄하는 것

② 영양소의 구분 빈출

3대 영양소	탄수화물, 단백질, 지방
5대 영양소	탄수화물, 단백질, 지방, 비타민, 무기질
열량소	탄수화물, 단백질, 지방
조절소	단백질, 무기질, 비타민, 물
구성소	탄수화물, 단백질, 지방, 무기질, 물

참고 3대 영양소의 최종 가수분해물질
• 탄수화물: 당
• 단백질: 아미노산
• 지방: 글리세롤+지방산

③ 영양소의 작용

열량 공급	단백질 1g당 4kcal, 탄수화물 1g당 4kcal, 지방 1g당 9kcal
생리기능 조절	생명 유지 활동에 필요한 심장 및 신경운동, 각종 분비선의 기능 조절작용

신체의 조직 구성	인체의 구성은 수분 65%, 단백질 16%, 지방 14%, 무기질 5%, 소량의 탄수화물로 구성

④ 영양장애와 영양소의 결핍
- 영양장애: 영양소의 과잉 섭취나 섭취 부족으로 인해 발생하는 건강장애 또는 질병 상태를 말함 예 비만증, 결핍증 등
- 결핍증: 체내에 필요한 영양소의 부족으로 발생되는 병적인 상태
- 저영양: 음식물의 열량 섭취가 부족한 상태
- 영양실조: 영양소의 공급이 질적, 양적으로 부족하여 건강 상태가 좋지 않은 상태
- 기아 상태: 저영양과 영양실조가 병합하여 발생한 상태로, 영양결핍증이 최고조인 상태
- 비만증
  - 에너지의 과다 섭취 또는 에너지의 소비량 부족으로 체내에 과량의 지방이 축적되어 있는 상태(과다 섭취 시 당질이 지방으로 전환 축적됨 → 에너지 불균형 상태)
  - 실제 체중이 평균 체중의 20% 초과 시, 체지방이 체중의 25% 이상인 경우

참고 **영양 상태 판정**
- 직접 평가: 생리적 기능 측정, 섭취열량 분석, 발육 평가, 생화학적 측정
- 간접 평가: 식량 생산과 분배 자료, 식생활의 비율, 인구동태자료 분석 등

⑤ 영양소의 특징

단백질		• 특징: 신체 주요 구성물질로, 에너지원의 작용과 면역계 및 호르몬, 효소 등 생리기능 조절에 관여함 • 결핍: 발육부진, 체력감소, 빈혈, 피로감 증가, 면역력 저하 등 • 함유식품: 육류, 유제품류, 감자, 두부 등
탄수화물		• 특징 - 체내 에너지 공급원(C, H, O로 구성) - 체내 포도당으로 열량 공급 후 나머지는 글리코겐 형태로 주로 간과 그 밖의 근육 및 지방에 저장 • 결핍: 영양장애, 허약, 피로, 산혈증, 탈수증 등 • 함유식품: 곡류, 과자류, 고구마, 감자, 옥수수 등
지방		• 특징: 신체 체온 유지, 영양소 저장, 피부 보호, 세포와 신경조직의 재료 • 결핍: 허약, 빈혈, 저항력 저하, 피부질병 등 • 함유식품: 생선류, 아보카도, 견과류, 오일류 등
무기질	식염(Nacl)	• 특징: 근육 및 신경 자극 전도, 삼투압의 조절소 • 결핍: 무기력, 열중증 등
	인(P)	• 특징: 뼈, 뇌신경 구성성분 • 결핍: 골연화증, 질병에 대한 저항력 약화 등
	칼륨(K)	• 특징: 혈액, 근육 및 장기 등의 주요 고형 성분 구성 • 결핍: 심근, 내장근, 골격 등 근육 약화 등
	칼슘(Ca)	• 특징: 뼈, 치아의 구성성분 • 결핍: 골다공증, 골격 형태 변이, 발육부진 및 불량 등
	요오드(I)	• 특징: 갑상선의 기능 유지(티록신의 주성분) • 결핍: 크레틴병, 갑상선 부종 등
비타민A		• 특징: 피부 점막, 수분막 형성과 상피조직의 세포 유지, 망막 건강 유지, 피부 각화 정상화 작용 • 결핍: 야맹증, 안구건조증, 피부 점막의 각질화 등 • 함유식품: 간, 난황, 버터, 우유, 녹황색 채소와 과일
비타민B		• 특징: 탄수화물의 에너지 대사를 돕고 성장을 촉진시킴 • 결핍: 각기병, 무기력증, 근육위축, 식욕부진 등 • 함유식품: 육류, 콩류, 빵 등

비타민C	• 특징
	  – 대표적인 항산화제로 피부의 미백작용에 도움을 줌
	  – 아미노산 대사를 돕고 체내 철의 흡수를 도와 치아 골격 형성에 도움
	• 결핍: 괴혈병, 치아발육의 이상
	• 함유식품: 야채, 과일

비타민D	• 특징: 뼈와 치아의 성장을 돕고 칼슘과 인의 흡수와 대사에 관여함, 자외선 작용으로 체내에 형성됨 • 결핍: 구루병, 골연화증, 뼈 발육의 장애 • 함유식품: 간, 계란, 표고버섯
비타민E	• 특징: 항산화제 • 결핍: 불임과 유산 • 함유식품: 간, 달걀, 우유, 식물의 배젖

⑥ 기초대사량
- 생물체가 생명을 유지하기 위해 기초적인 생명 활동(호흡, 체온유지, 심장박동 등)을 하는 데 필요한 최소한의 에너지양
- 아침 공복 후 누워 20℃에서 30분 동안 측정함
- 1일 기초대사량

남자	1,600kcal
여자	1,400kcal

6 보건행정

(1) 보건행정의 정의 및 체계 [빈출]

① 보건행정의 정의
- 공중보건의 목적인 국민의 수명 연장, 질병 예방, 신체적·정신적 건강을 증진하기 위한 보건정책으로 국가 또는 지방자치단체의 공공의 책임하에 수행하는 공적 행정 활동 과정
- 공적 또는 사적 기관이 사회보건 복지를 위하여 공중보건의 원리와 기법을 응용하는 것(W. G. Smillie)

② 보건행정의 특성
- 공공성 및 사회성
- 봉사성
- 보장성 및 교육성
- 과학성 및 기술성

③ 보건행정의 범위(WHO)
- 보건 관련 기록 보존
- 보건 교육
- 환경 위생
- 감염병 관리
- 모자 보건
- 보건 의료
- 보건 간호

④ 보건행정의 과정

기획	조직의 목표를 정하고 필요한 단계, 순서, 계획을 설정함
조직	2명 이상이 공동 목표를 이루기 위해 협동체를 만들고 조직함
인사	조직원의 채용과 훈련, 직원에 대한 공정한 근무평가, 신분보장 및 징계관리
지휘	감독자나 최고 관리자가 업무를 수행하기 위해 명령, 지시하는 과정
조정	조직의 목표 달성 업무실행을 위해 토론, 회의, 협의의 과정을 거쳐 통일된 하나의 의견과 행동을 만드는 과정
보고	사업 활동 및 업무 수행 내용을 보고하는 과정(기록, 조사 등 포함)
예산	조직의 목표를 위한 전반적인 편성과 재정계획은 예산을 통해 통제·관리됨

⑤ 보건소의 기능 및 업무
- 보건소는 해당 지방자치단체의 관할 구역에서 다음의 기능 및 업무를 수행함
  - 건강 친화적인 지역사회 여건의 조성
  - 지역보건 의료정책의 기획, 조사·연구 및 평가
  - 보건의료인 및 「보건의료기본법」에 따른 보건의료기관 등에 대한 지도·관리·육성과 국민보건 향상을 위한 지도·관리
  - 보건의료 관련 기관·단체, 학교, 직장 등과의 협력체계 구축
  - 지역주민의 건강 증진 및 질병 예방·관리를 위한 지역보건 의료서비스의 제공
- 보건복지부장관이 지정하여 고시하는 의료취약지의 보건소는 대통령령으로 정하는 업무를 수행할 수 있음
- 보건소의 기능 및 업무 등에 관하여 필요한 세부 사항은 대통령령으로 정함

(2) 사회보장제도와 국제보건기구
① 사회보장제도
- 정의: 출산, 양육, 실업, 노령, 장애, 질병, 빈곤 및 사망 등의 사회적 위험으로부터 모든 국민을 보호하고 국민 삶의 질을 향상시키는 데 필요한 소득, 서비스를 보장하는 사회보험, 공공부조, 사회서비스를 말함(사회보장기본법 제3조 제1호)
- 사회보장의 체계 및 종류

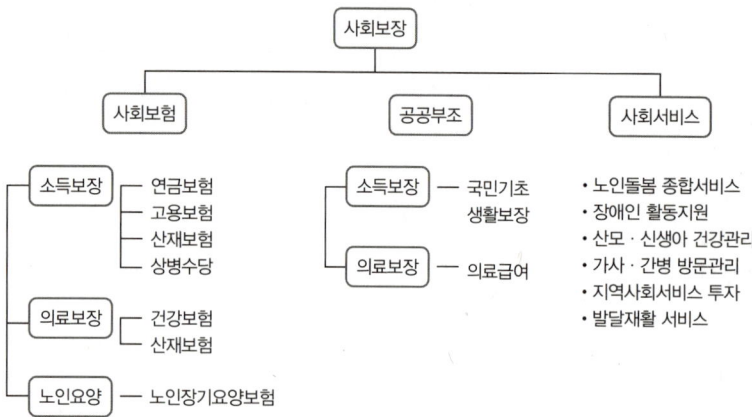

용어 보건소
질병의 예방, 진료, 공중보건을 향상시키기 위한 시·군·구 지방 보건행정기관으로 보건사업의 말단 행정기관

참고 지역보건 의료정책의 기획, 조사·연구 및 평가의 세부사항
- 지역보건 의료계획 등 보건의료 및 건강증진에 관한 중장기 계획 및 실행계획의 수립·시행 및 평가에 관한 사항
- 지역사회 건강실태조사 등 보건의료 및 건강증진에 관한 조사·연구에 관한 사항
- 보건에 관한 실험 또는 검사에 관한 사항

참고 지도·관리·육성의 세부사항
- 의료인 및 의료기관에 대한 지도 등에 관한 사항
- 의료기사·보건의료정보관리사 및 안경사에 대한 지도 등에 관한 사항
- 응급의료에 관한 사항
- 「농어촌 등 보건의료를 위한 특별조치법」에 따른 공중보건의사, 보건진료 전담공무원 및 보건진료소에 대한 지도 등에 관한 사항
- 약사에 관한 사항과 마약·향정신성 의약품의 관리에 관한 사항
- 공중위생 및 식품위생에 관한 사항

참고 지역보건 의료서비스의 세부사항
- 국민건강 증진·구강건강·영양관리 사업 및 보건교육
- 감염병의 예방 및 관리
- 모성과 영유아의 건강 유지·증진
- 여성·노인·장애인 등 보건의료 취약계층의 건강 유지·증진
- 정신건강 증진 및 생명 존중에 관한 사항
- 지역주민에 대한 진료, 건강검진 및 만성질환 등의 질병관리에 관한 사항
- 가정 및 사회복지시설 등을 방문하여 행하는 보건의료 및 건강관리 사업
- 난임의 예방 및 관리

- 사회보험: 국민에게 발생하는 사회적 위험을 보험의 방식으로 대처함으로써 국민의 건강과 소득을 보장하는 제도

소득 보장	산재보험, 연금보험, 고용보험, 상병수당
의료 보장	건강보험, 산재보험
노인 요양	노인장기요양보험

- 공공부조: 국가 및 지방자치단체의 책임하에 생활 유지 능력이 없거나 생활이 어려운 국민의 최저생활을 보장하고 자립을 지원하는 제도

소득 보장	국민기초생활보장
의료 보장	의료급여

- 사회서비스: 국가·지방자치단체 및 민간 부문의 도움이 필요한 모든 국민에게 복지, 보건의료, 교육, 고용, 주거, 문화, 환경 등의 분야에서 인간다운 생활을 보장하고 상담, 재활, 돌봄, 정보의 제공, 관련 시설의 이용, 역량 개발, 사회참여 지원 등을 통해 국민의 삶의 질이 향상되도록 지원하는 제도

구분	대상	내용
노인돌봄 종합서비스	65세 이상 노인	노인들에게 가사활동 및 주간보호서비스를 제공함
산모신생아 건강관리	출산한 가정	출산한 가정에 가정방문형 산후조리 서비스를 제공함
가사, 간병 방문관리	기초수급자, 차상위계층, 만 65세 미만	취약계층에 가사, 간병 지원 서비스를 제공함
장애인 활동지원	1·2급 장애 등록인, 만 6세 이상~만 65세 미만	일상생활과 사회활동이 어려운 장애인에게 생활, 간호, 활동지원의 서비스를 제공함
지역사회 서비스투자	사업별로 상이함	아동, 임산부, 노인, 장애인 등에게 적합한 서비스를 제공함
발달재활서비스	만 18세 미만 장애아동	장애아동에게 재활치료 서비스를 지원함

② 대표적 국제보건기구
- 세계보건기구(WHO)
- 국제연합아동기금, 유니세프(UNICEF)
- 국제노동기구(ILO)
- 유엔식량농업기구(FAO)
- 유엔환경계획(UNEP)
- 범미보건기구(PAHO) 등

CHAPTER 01 공중보건학
출제 예상문제 A

1 공중보건학 총론

01
공중보건학에 대한 설명으로 옳지 <u>않은</u> 것은?
① 지역사회를 대상으로 한다.
② 질병 예방, 수명 연장, 신체적·정신적 건강 및 효율의 증진을 목적으로 한다.
③ 조직적인 지역사회의 공동노력으로 달성된다.
④ 환경위생의 향상, 감염병의 관리, 개인위생의 개별교육, 질병의 조기진단과 치료 등의 내용을 포함한다.

> 질병의 치료는 포함하지 않음

02
공중보건학의 목적에 해당하지 <u>않는</u> 것은?
① 질병 예방
② 수명 연장
③ 감염병 치료
④ 신체적·정신적 건강 및 효율의 증진

> 공중보건학의 목적은 감염병 치료가 아닌 예방(질병 예방)에 있음

03
윈슬로우의 조직적인 지역사회의 노력에 해당하는 것을 모두 고른 것은?

┌─────────────────────────────────┐
│ ㉠ 환경위생의 향상   │
│ ㉡ 감염병 관리   │
│ ㉢ 개인위생 교육   │
│ ㉣ 질병의 조기진단과 예방을 위한 의료서비스의 개별교육 │
└─────────────────────────────────┘

① ㉠, ㉡
② ㉢, ㉣
③ ㉡, ㉢, ㉣
④ ㉠, ㉡, ㉢, ㉣

> 공중보건학의 정의(윈슬로우)
> 공중보건학이란 환경위생의 향상, 감염병의 관리, 개인위생의 개별교육, 질병의 조기진단과 예방을 위한 의료서비스의 개별교육, 질병의 조기진단과 예방을 위한 의료서비스의 조직, 건강을 적절하게 유지하는 데 필요한 삶의 표준을 보장하기 위한 사회적 목표로, 조직화된 지역사회 공동노력을 통해 질병 예방과 생명 연장, 신체적·정신적 효율을 증진시키는 기술이자 과학이다.

04
공중보건학을 크게 세 범주로 나눈 것에 해당하지 <u>않는</u> 것은?
① 환경보건 분야
② 보건통계 분야
③ 질병관리 분야
④ 보건관리 분야

> 보건관리 분야: 보건행정, 모자보건, 보건교육, 보건통계, 보건영양, 가족보건, 사회보장제도 등

05
다음은 세계보건기구(WHO)의 건강에 대한 정의이다. 빈칸에 들어갈 말을 순서대로 나열한 것은?

┌─────────────────────────────────┐
│ 건강이란 단순히 질병이 없는 상태뿐만 아니라 (   ), (   ), (   )으로 완전하게 안녕한 상태를 의미한다. │
└─────────────────────────────────┘

① 신체적, 정신적, 경제적
② 신체적, 정신적, 사회적
③ 신체적, 정서적, 문화적
④ 신체적, 질병적, 사회적

> 건강이란 단순히 질병이 없는 상태뿐만 아니라 신체적, 정신적, 사회적으로 완전하게 안녕한 상태를 의미함

06
질병의 3대 요인이 <u>아닌</u> 것은?
① 숙주
② 병인
③ 병변
④ 환경

> 병변은 병의 본질적인 병리적 변화를 말함

정답 | 01 ④ 02 ③ 03 ④ 04 ② 05 ② 06 ③

07
생산층 인구의 유입이 증가하여 15~49세 인구가 전체 인구의 50%를 초과하는 인구 구성 유형은?

① 피라미드형   ② 종형
③ 항아리형   ④ 별형

> - 피라미드형: 출생률과 사망률이 높은 형. 14세 이하 인구가 65세 이상 인구의 2배 초과
> - 종형: 출생률과 사망률이 낮은 형. 14세 이하 인구가 65세 이상 인구의 2배 정도
> - 항아리형: 출생률이 사망률보다 낮은 형. 평균 수명이 높고 인구가 감퇴함. 14세 이하 인구가 65세 이상 인구의 2배 이하

08
WHO의 3대 보건지표에 해당하는 것은?

① 조사망률, 평균수명, 비례사망지수
② 비례사망지수, 영아사망률, 평균수명
③ 영아사망률, 조사망률, 비례사망지수
④ 평균수명, 조사망률, 신생아사망률

> WHO의 3대 보건지표: 조사망률, 평균수명, 비례사망지수

09
비례사망지수에 대한 설명으로 옳지 않은 것은?

① 국가 간의 보건 수준을 비교할 수 있는 인구통계지표이다.
② 총 사망자 수에 대한 50세 이상의 사망자 수의 비율이다.
③ 비례사망지수가 높으면 건강 수준이 낮아 평균수명이 낮음을 의미한다.
④ 비례사망지수가 높으면 영아사망률이 낮음을 의미한다.

> **비례사망지수**
> - 총 사망자 수에 대한 50세 이상의 사망자 수를 백분율로 나타냄
> - 비례사망지수가 높으면 영아사망률이 낮고 건강 수준이 높음을 의미함
> - 한 국가의 건강 수준을 나타내는 지표

10
지역보건 비교 시 기타 사망인구통계 중 영아사망률을 한 국가의 보건지표로 사용하는 이유로 옳은 것은?

① 통계 작성이 쉽기 때문이다.
② 공중보건 수준에 영향을 덜 받기 때문이다.
③ 보건 수준을 잘 반영하기 때문이다.
④ 통계적인 유의성이 낮기 때문이다.

> **영아사망률**
> - 1년간 출생아 1,000명당 생후 1년 이내에 사망한 영아의 비율
> - 한 국가의 보건 수준을 나타내는 지표
> - 한 국가의 사회적·경제적·문화적·보건학적인 지표로 사용됨

2 질병관리

11
역학의 역할에 대한 설명으로 옳지 않은 것은?

① 질병 발생의 원인을 규명한다.
② 지역사회의 질병에 대한 규모 및 분포 정도를 파악한다.
③ 질병관리 방법을 평가한다.
④ 질병에 대해 관리 및 치료를 한다.

> **역학의 역할**
> 질병 발생의 원인 규명, 질병 발생과 유행 감시, 지역사회의 질병에 대한 규모 및 분포 정도의 파악, 질병의 예후 파악, 질병관리 방법에 대한 평가, 보건의료 기획과 평가자료 제공, 연구전략 개발 등

12
질병의 3대 발생 요인으로 옳은 것은?

① 병인, 연령, 환경
② 병인, 숙주, 환경
③ 숙주, 성별, 위생
④ 숙주, 인종, 환경

> 질병의 3대 발생 요인: 병인, 숙주, 환경

13
환경에 의한 질병의 전파 중 개달물에 해당하는 것은?

① 공기, 물에 의한 전파
② 우유, 음식물에 의한 전파
③ 의복, 침구에 의한 전파
④ 파리, 모기에 의한 전파

> 개달물이란 물, 공기 등을 제외한 병원체를 운반하는 수단 매개체로 작용하는 완구, 수건, 의복, 수술기구, 침구 등을 말함

14
숙주에 대한 질병의 발생 요인에 해당하지 않는 것은?

① 연령, 성, 인종 등
② 병인에 대한 감수성과 저항력 등
③ 생활습관
④ 성격의 특성

> 질병 발생은 면역과 관련성이 높고 영양 상태, 가족력, 유전 및 생활습관과도 관련됨

정답 07 ④ 08 ① 09 ③ 10 ③ 11 ④ 12 ② 13 ③ 14 ④

15
질병 발생의 3대 요인에 해당하지 않는 것은?
① 병인
② 저항력이 높은 숙주
③ 감수성이 높은 숙주
④ 환경

> 감수성이 높다는 것은 질병에 대한 반응성이 높고 질병에 걸리기 쉽다는 뜻으로, 면역력이 낮음을 의미함

16
세균과 바이러스의 중간 크기인 병원체는?
① 세균　　　　　② 바이러스
③ 리케차　　　　④ 진균

> **리케차**
> - 세균과 바이러스의 중간 크기로, 세포 내에서만 기생
> - 발진티푸스, 발진열, 쯔쯔가무시증, 로키산홍반열 등

17
병원체의 크기를 순서대로 나열한 것은?
① 바이러스 > 리케차 > 세균
② 세균 > 리케차 > 바이러스
③ 세균 > 바이러스 > 리케차
④ 리케차 > 세균 > 바이러스

> - 세균: 육안으로 볼 수 없고 현미경으로 관찰할 수 있음
> - 리케차: 세균과 바이러스의 중간 크기로 세포 내에서만 기생
> - 바이러스: 전자현미경으로 볼 수 있으며 생존하는 세포 내에서 기생

18
수인성 감염병에 해당하지 않는 것은?
① 장티푸스　　　② 콜레라
③ 쯔쯔가무시증　④ 이질

> - 수인성 감염병은 미생물 등으로 오염된 물에 의해 감염되는 것으로, 콜레라, 장티푸스, 파라티푸스, 이질, 소아마비, A형 간염 등이 있음
> - 리케차 감염병에는 발진티푸스, 발진열, 쯔쯔가무시증, 로키산홍반열 등이 있음

19
원인병원체가 바이러스가 아닌 감염성 질환은?
① 독감　　　　　② 결핵
③ 폴리오　　　　④ 공수병

> 결핵의 원인균은 세균에 해당함

20
병원체에 감염되었지만 무증상자로서 감염병 관리 측면에서 가장 중요한 병원소는?
① 현성환자　　　② 건강보균자
③ 불현성환자　　④ 잠복기보균자

> 불현성환자: 병원체에 감염되었지만 임상 증상이 거의 없는 무증상자로서 감염병 관리 측면에서 가장 중요한 병원소

21
감염병의 보건관리상 관리가 가장 어려운 병원소는?
① 잠복기보균자　② 건강보균자
③ 회복기보균자　④ 만성보균자

> 건강보균자: 병원체를 몸에 보유하고 있지만 불현성 감염으로 증상이 없고 병원체만 배출하므로 보건관리가 가장 어려움

22
예방접종 대상으로 생균백신의 인공능동면역인 것은?
① B형 간염　　　② 결핵
③ 장티푸스　　　④ 백일해

> **인공능동면역**
> - 생균백신(경구투여): 결핵, 홍역, 폴리오(소아마비), 풍진 등
> - 사균백신(경피투여): 콜레라, 장티푸스, 폐렴구균, 백일해, B형 간염 등

23
DTaP에 대한 설명으로 옳은 것은?

① 디프테리아, 백일해, 파상풍에 대한 감염 예방접종이다.
② 출생 후 1개월 내 1회만 접종하면 된다.
③ 추가 접종 없이 생후 10개월 내로 2개월에 1회씩 2, 4, 6개월에 접종한다.
④ 출생 후 12개월이 지난 후 접종한다.

> **DTaP(디프테리아, 백일해, 파상풍)**
> • 출생 후 2, 4, 6개월(3회) 접종
> • 이후 15~18개월(1회), 만 4~6세(1회), 만 11~12세(Td) 추가 접종함

24
다음 중 제2급 감염병에 해당하는 것은?

① 파상풍, 발진티푸스, 말라리아
② 페스트, 탄저, 신종인플루엔자
③ 결핵, 콜레라, 백일해
④ 수족구병, 임질, 해외유입기생충 감염증

> • 파상풍, 발진티푸스, 말라리아: 제3급 감염병
> • 페스트, 탄저, 신종인플루엔자: 제1급 감염병
> • 수족구병, 임질, 해외유입기생충 감염증: 제4급 감염병

25
다음 설명에 해당하는 감염병은?

> 발생을 계속 감시할 필요가 있어 발생 또는 유행 시 24시간 이내에 신고하여야 하는 감염병

① 제1급 감염병
② 제2급 감염병
③ 제3급 감염병
④ 제4급 감염병

> • 제1급 감염병: 생물테러감염병 또는 치명률이 높거나 전파 속도가 빨라 집단 발생률이 높으므로 발생, 유행 즉시 신고하고 음압격리와 같은 높은 수준의 격리가 필요한 감염병
> • 제2급 감염병: 전파 가능성을 고려하여 발생 또는 유행 시 24시간 이내에 신고하여야 하고, 격리가 필요한 감염병
> • 제4급 감염병: 제1급 감염병부터 제3급 감염병까지의 감염병 외에 유행 여부를 조사하기 위하여 표본감시 활동이 필요한 감염병

26
제3급 감염병에 해당하는 것은?

① 콜레라
② 뎅기열
③ 홍역
④ 수족구병

> • 콜레라, 홍역: 제2급 감염병
> • 수족구병: 제4급 감염병

27
인수공통감염병에 해당하지 않는 것은?

① 결핵
② 탄저
③ 큐열
④ 장흡충증

> **인수공통감염병**
> • 동물과 사람 간에 서로 전파되는 병원체에 의하여 발생되는 감염병
> • 종류: 결핵(소, 돼지), 큐열(소, 양, 염소), 공수병(개), 탄저(소, 양, 말, 돼지), 브루셀라증(소, 염소, 돼지), 중증급성호흡기증후군(SARS, 박쥐, 사향고양이), 동물인플루엔자인체감염증(닭, 오리 등의 가금류), 일본뇌염(모기), 장출혈성대장균감염증, 변종크로이츠펠트-야콥병, 중증열성혈소판감소증후군(SFTS), 장관 감염증(살모넬라균 감염증, 캄필로박터균 감염증) 등

28
제1급 감염병에 해당하지 않는 것은?

① 보툴리눔독소증
② 중증급성호흡기증후군(SARS)
③ 페스트
④ 유행성이하선염

> 유행성이하선염은 제2급 감염병에 해당함

29
제4급 감염병에 해당하지 않는 것은?

① 수족구병
② B형 간염
③ 임질
④ 해외유입기생충 감염증

> B형 간염은 제3급 감염병에 해당함

30
성매개 감염병에 해당하는 것은?
① 장흡충증
② 요충증
③ 두창
④ 연성하감

> 장흡충증, 요충증은 기생충 감염병, 두창은 생물테러 감염병에 해당함

31
호흡기계 감염병에 해당하지 않는 것은?
① 디프테리아
② 백일해
③ 폴리오
④ 결핵

> 폴리오는 소화기계 감염병에 해당함

32
질병과 매개체의 연결이 옳은 것은?
① 말라리아 – 파리
② 탄저 – 감염된 소, 양, 돼지 등
③ 발진티푸스 – 모기
④ 일본뇌염 – 이

> • 말라리아 – 모기
> • 발진티푸스 – 이, 벼룩
> • 일본뇌염 – 모기

33
페스트, 살모넬라증의 감염병의 매개체가 될 수 있는 동물은?
① 토끼
② 원숭이
③ 쥐
④ 소

> 쥐에 의해 감염되는 감염병: 페스트, 살모넬라증, 발진열, 신증후군출혈열, 쯔쯔가무시증, 재귀열, 렙토스피라증 등

34
감염병 신고 시기에 대한 설명으로 옳은 것은?
① 제1급 감염병은 12시간 이내 신고한다.
② 제2급 감염병은 24시간 이내 신고한다.
③ 제3급 감염병은 36시간 이내 신고한다.
④ 제4급 감염병은 10일 이내에 신고한다.

> • 제1급 감염병: 즉시 신고
> • 제2급, 제3급 감염병: 24시간 이내
> • 제4급 감염병: 7일 이내

35
건조한 실내에서도 기생하며 단체생활 구성원의 감염 위험성이 아주 크고, 세계적으로 분포하여 우리나라도 감염률이 높은 기생충은?
① 회충
② 구충
③ 요충
④ 편충

> 요충은 단체나 어린 아이들이 집단 생활을 하는 곳에서 감염이 잘 되며, 음식을 가열하거나 충분히 씻은 후 섭취, 집단구충과 위생관리 등으로 예방함

36
맹장, 소장 하부에서 기생하며 대장으로 내려와 항문 주변의 피부나 점막에 알을 낳는 기생충은?
① 회충
② 구충
③ 요충
④ 편충

> 요충의 병원체는 Enterobius Vermicularis이고, 암컷 10~13mm, 수컷 3~5mm 길이로 맹장, 소장 하부에서 기생하며, 대장으로 내려와 항문 주변의 피부나 점막에 알을 낳음

37
경구나 경피로 감염되어 혈관이나 림프관을 통해 폐로 들어가 기침 등의 증상을 동반하는 기생충은?
① 요충
② 폐흡충
③ 유구조충
④ 구충

> 구충: 십이지장충으로, 경구 감염, 경피 감염으로 전파되어 혈관이나 림프관을 통해 폐로 들어가 기관지를 지나 인두를 거쳐 소장에서 기생하다 성충이 되며, 염증, 습진, 소양감, 발적, 화농, 호흡곤란, 구토, 기침, 빈혈, 소화장애 등을 유발함

38
폐흡충(폐디스토마)의 제2중간숙주에 해당하는 것은?

① 다슬기 ② 담수어
③ 가재 ④ 숭어

> 폐흡충(폐디스토마)은 포유류의 폐에 충낭을 만들어 기생하다 다슬기(제1중간숙주), 게, 가재(제2중간숙주)로 침입하며 이를 생식으로 섭취하여 감염됨

39
간흡충(간디스토마)에 대한 설명으로 옳지 않은 것은?

① 암수가 한 몸이며, 길이는 10~25mm, 수명은 6~8년이다.
② 쇠우렁이가 제1중간숙주이다.
③ 게, 가재가 제2중간숙주이다.
④ 강가에 사는 물고기를 날것으로 섭취하여 감염되며, 담관에서 기생한다.

> 간흡충(간디스토마)의 제1중간숙주는 쇠우렁이, 제2중간숙주는 담수어임

40
무구조충(민촌충)이 인체에서 기생하는 곳은?

① 폐 ② 소장
③ 항문 ④ 십이지장

> 무구조충(민촌충): 소(중간숙주)의 장관에서 부화한 후 유충이 되면 장벽을 뚫고 들어가며 소고기를 생식하여 감염됨. 소장에서 기생함

41
유구조충(갈고리촌충) 감염의 중간숙주에 해당하는 것은?

① 소 ② 물벼룩
③ 돼지 ④ 연어

> 유구조충(갈고리촌충): 돼지(중간숙주)를 통해 전파되며, 인간의 소장에서 기생함

3 가족 및 노인보건

42
다음은 모자보건의 정의 및 목적에 대한 설명이다. 빈칸에 들어갈 말을 순서대로 나열한 것은?

> (　　) 및 (　　)의 생명과 건강을 보호하고 건강한 자녀의 출산과 양육을 도모함으로써 국민보건 향상에 이바지함을 목적으로 함

① 모성, 유아 ② 임산부, 신생아
③ 모성, 영유아 ④ 임산부, 영유아

> 모성 및 영유아의 생명과 건강을 보호하고 건강한 자녀의 출산과 양육을 도모함으로써 국민보건 향상에 이바지함을 목적으로 함

43
「모자보건법」에서의 용어 정의로 옳지 않은 것은?

① 영유아는 출생 후 6년 미만의 출생아를 말한다.
② 신생아는 출생 후 30일 이내의 영유아를 말한다.
③ 모성은 임산부와 가임기 여성을 말한다.
④ 임산부는 출산 후 6개월 미만의 여성을 말한다.

> 신생아는 출생 후 28일 이내의 영유아를 말함

44
우리나라 모자보건지표에 해당하지 않는 것은?

① 일반출산율
② 영아사망률
③ 신생아사망률
④ 사인별사망률

> 모자보건지표: 조출생률, 일반출산율, 합계출산율, 재생산율, 영아사망률, 모성사망률, 신생아사망률, 시설분만율, 산전진찰률, 영유아예방접종률, 사산율, 주산기사망률 등

45
가족계획에 대한 설명으로 옳지 않은 것은?
① 가족의 경제적 능력을 고려하여 자녀에 대한 출산 시기를 결정한다.
② 자녀의 육아 환경을 고려하여 출산 터울을 계획한다.
③ 결혼연령, 초산연령, 출산 간격, 출산 횟수, 임신중절수술에 대한 것을 적용한다.
④ 가족의 건강, 모성의 건강, 건강한 육아 환경을 만드는 것을 계획한다.

> 임신중절수술은 가족계획에 포함되는 사항이 아님

4 환경보건

46
기후의 3대 요소가 아닌 것은?
① 기온
② 기습
③ 복사열
④ 기류

> 기후의 3대 요소: 기온, 기습, 기류

47
신체의 체열 및 온도 조절에 영향을 주는 요인이 아닌 것은?
① 기류
② 기압
③ 기습
④ 복사열

> 기후의 4대 온열인자는 기온, 기습, 기류, 복사열로 인간의 체온 조절에 영향을 줌

48
기온과 기습에 의해 사람이 느끼는 불쾌감의 정도를 수치화한 것은?
① 복사열
② 불쾌지수
③ 감각온도
④ 기압

> 불쾌지수는 기온과 기습에 의해 사람이 느끼는 불쾌감의 정도를 수치화한 것으로, 불쾌지수가 70~75인 경우는 10%, 75~80인 경우는 50%, 80 이상인 경우는 대부분의 사람들이 불쾌감을 느낌

49
공기 중 가장 많은 비중을 차지하는 기체의 증가로서, 잠함병의 원인이 되는 것은?
① 메탄가스의 증가
② 산소의 증가
③ 일산화탄소의 증가
④ 질소의 기포 증가

> 질소(N, 78%)
> • 공기 중 가장 많은 비중을 차지하는 불활성 기체임
> • 고기압에서 저기압으로 급격히 이동할 때 체액 속의 질소가 기포를 형성하여 혈관을 폐쇄시켜 동통성 관절 장애를 유발하는 잠함병(감압병)이 발생함
> • 고기압 상태에서는 중추신경계의 마취작용을 함

50
지구온난화의 원인이 되는 온실효과를 발생시키는 물질은?
① 질소
② 이산화탄소
③ 일산화탄소
④ 아르곤가스

> 이산화탄소는 무색, 무취, 약산성, 무독성가스로 공기보다 무겁고 적외선의 복사열을 흡수하여 온실효과를 발생시켜 지구온난화의 주된 원인이 됨

51
일산화탄소(CO)에 대한 설명으로 옳지 않은 것은?
① 불완전 연소 시 발생하며 무색, 무취, 무자극성의 맹독성 가스이다.
② 혈색소(헤모글로빈) 친화력이 산소의 250~300배 정도로 아주 강하다.
③ 헤모글로빈의 산소 결합을 돕는다.
④ 중독 시 생명에 치명적이며, 중추신경계에 영향을 준다.

> 일산화탄소(CO) 중독 시 헤모글로빈의 산소 결합을 방해하고, 체내 산소 결핍증을 초래하며, 의식불명, 정신장애, 신경장애, 시력장애, 보행장애 등이 발생함

정답 | 45 ③ 46 ③ 47 ② 48 ② 49 ④ 50 ② 51 ③

52
다음 설명에 해당하는 대기 오염물질은?

- 연료를 연소시킬 때 발생하며 질소 가스가 산화되어 발생한다.
- 자동차 배기가스, 화석연료 발전소 등에서 배출된다.
- 산성비의 원인이 된다.

① 일산화탄소　　　② 황산화물
③ 질소산화물　　　④ 암모니아

- 일산화탄소: 불완전 연소 시 발생하며 무색, 무취의 유독성 가스, 산소 결핍증, 중추신경계 기능의 저하 유발
- 황산화물: 화석연료를 연소시킬 때 발생, 만성기관지염, 산성비 유발 등
- 암모니아: 질소와 수소로 이루어진 화합물로 냄새가 자극적인 무색의 기체, 대기 중의 황산화물, 질소산화물과 반응하여 황산암모늄, 질산암모늄 등의 2차 대기 오염물질을 생성, 피부 자극 및 피부발적 유발

53
인구 및 각종 시설물의 증가로 도시 중심부의 기온이 다른 주변보다 현저하게 높게 나타나는 현상은?

① 기온역전　　　② 열섬 현상
③ 온실효과　　　④ 스모그 현상

- 기온역전: 지표면의 기온이 상층부보다 낮아지는 현상(고도가 높아질수록 기온이 높아짐)
- 온실효과: 대기 중의 이산화탄소, 염화불화탄소, 메탄 등의 탄산가스가 섞여 지표로부터의 복사열을 흡수하여 지표면이나 대류권의 기온이 상승하는 효과
- 스모그 현상: 연기와 안개의 복합 형태로 대기 속의 오염물질이 쌓여 시야가 불투명하게 흐리고 공기가 탁함

54
산성비의 원인이 되는 오염물질과 산성비의 산도는?

① 질소산화물, pH 6.5 이하
② 아황산가스, pH 6.6 이하
③ 아황산가스, pH 5.6 이하
④ 탄소산화물, pH 7.6 이하

산성비는 pH 5.6 이하인 빗물을 말하며, 대기 중으로 배출된 황산화물, 질소산화물, 탄소산화물 등이 수증기와 반응해서 황산, 질산으로 변화되어 빗물에 섞여 내리는 것임

55
수질 오염의 지표로 용존산소량과 생물학적 산소요구량을 나타내는 용어는?

① COD, BOD　　　② DO, COD
③ BOD, DO　　　④ DO, BOD

용존산소(DO), 생물학적 산소요구량(BOD), 화학적 산소요구량(COD)

56
수질 오염의 지표에 대한 설명으로 옳지 않은 것은?

① 용존산소(DO)가 낮을수록 물의 오염도가 높다.
② 오염된 물은 BOD가 낮고 DO는 높다.
③ COD가 높을수록 수질의 오염도는 높다.
④ 오염된 물은 BOD가 높고 DO는 낮다.

오염된 물일수록 용존산소(DO)의 양은 낮고, 생물학적 산소요구량(BOD)은 높으며, 화학적 산소요구량(COD)도 높음

57
BOD에 대한 설명으로 옳은 것은?

① 공장 폐수의 오염을 측정하는 지표이다.
② 하수나 하천의 수질 오염의 지표이다.
③ 물 속에 녹아 있는 산소의 양이다.
④ 혐기성 세균에 의해 물 속의 유기성 물질을 안정화하는 데 소비되는 산소량이다.

- COD: 공장 폐수의 오염을 측정하는 지표
- DO: 물 속에 녹아 있는 산소의 양
- BOD: 호기성 세균에 의해 물 속의 유기성 물질을 안정화하는 데 소비되는 산소량

58
용존산소량이 증가하는 조건으로 옳지 않은 것은?

① 수온이 낮을수록 용존산소량은 증가한다.
② 기압이 높을수록 용존산소량은 증가한다.
③ 물이 깨끗할수록 용존산소량은 증가한다.
④ 기온이 높을수록 용존산소량은 증가한다.

용존산소량은 수온이 낮을수록, 기압이 높을수록, 물이 깨끗할수록 높음

59
음용수 수질 기준의 대표적 오염지표로 사용되는 것은?
① 일반세균   ② 대장균
③ 수소이온농도   ④ 탁도

> 대장균은 사람 및 동물의 대장에 서식하는 세균으로, 수질 오염의 생물학적 지표이며, 물 100mL 내에 대장균이 검출되지 않아야 음용수로 적합함

60
하수 처리과정 중 본처리에 해당하는 것은?
① 스크린
② 침전
③ 혐기성 처리, 호기성 처리
④ 소각, 매몰

> 하수 처리과정
> • 예비처리: 스크린, 침사, 침전
> • 본처리: 혐기성 처리, 호기성 처리
> • 오니처리: 소각, 소화법, 매몰법, 비료화

61
상수 처리과정으로 옳은 것은?
① 예비처리 – 여과 – 소독
② 예비처리 – 본처리 – 오니처리
③ 침사 – 침전 – 여과 – 소독
④ 예비처리 – 분해처리 – 오니처리

> 상수 처리의 정수장 처리는 '침사, 침전, 여과, 소독'의 과정을 거침

62
활성오니법에 의한 하수처리 작용 원리는?
① 산화작용   ② 희석작용
③ 침전작용   ④ 부패작용

> 활성오니법은 하수의 호기성 분해처리의 방법으로, 하수량 20~30%에 호기성 균이 풍부한 오니를 넣어 산소를 공급하여 유기물질을 산화, 분해시키는 방법임

63
하수 처리과정 중 호기성 분해처리 방법이 아닌 것은?
① 활성오니법   ② 산화지법
③ 부패조법   ④ 살수여상법

> 하수의 혐기성 분해처리 방법은 부패조법, 임호프조법이 있음

64
상수 소독 방법으로 가장 많이 사용하는 것은?
① 염소소독   ② 가열소독
③ 오존소독   ④ 증기소독

> 염소소독은 경제적이고, 소독의 잔류기간이 길며, 살균력이 높아 상수 소독에 가장 많이 사용함

65
주거의 실내 환경에 대한 설명으로 옳지 않은 것은?
① 적정 온도는 18±2℃이다.
② 적정 습도는 40~70%이다.
③ 실내외 온도차는 10℃ 이상이 적절하다.
④ 실내 온도가 10℃ 이하일 때 난방이 필요하다.

> 실내외 온도차는 5~7℃가 적절함

66
간접 조명에 대한 설명으로 옳지 않은 것은?
① 사물의 그림자의 발생이 적어 눈의 피로감이 줄어든다.
② 눈을 보호하기 위한 가장 편안한 조명이다.
③ 정밀 작업 시에 적절한 조명이다.
④ 눈의 자극이 적으며 경제적이다.

> 직접 조명은 조명 효과가 좋으며 경제적이지만 눈의 자극이 큼

| 정답 | 59 ② | 60 ③ | 61 ③ | 62 ① | 63 ③ | 64 ① | 65 ③ | 66 ④ |

67
인공조명의 조도에 대한 설명으로 옳지 않은 것은?
① 일반작업 시 – 100~200Lux 이상
② 독서 – 300Lux 이상
③ 정밀 작업 – 300~500Lux 이상
④ 미용실 – 750Lux 이상

- 초정밀 작업: 750Lux 이상
- 미용실: 75Lux 이상

68
다음 설명에 해당하는 직업병은 무엇인가?

> 이상 기압에 의해 발생하는 직업병으로 고압에서 급속 감압 시 질소에 의한 혈전 현상으로 조직의 순환 장애와 조직 손상이 발생함

① 열사병　　　② 감압병
③ 난청　　　　④ 고산병

감압병(잠함병)은 깊은 수중에서 작업하는 잠수부에게 발생하는 직업병으로, 고압의 작업 환경 후 해면으로 올라올 때 저압의 작업 환경으로의 급속 전환으로 발생할 수 있는 직업병임

5 식품위생과 영양

69
다음은 WHO의 식품위생의 정의에 대한 내용이다. 빈칸에 들어갈 말을 순서대로 나열한 것은?

> 식품의 생육, 생산, 제조로부터 최종적으로 사람에게 섭취되기까지의 모든 단계에서 식품의 (　　), (　　) 및 (　　)을 확보하기 위한 모든 필요한 수단을 말함

① 위생성, 안전성, 건전성
② 안전성, 건전성, 완전 무결성
③ 안전성, 영양성, 완전 무결성
④ 보존성, 소독성, 저장법

식품위생(WHO): 식품의 생육, 생산, 제조로부터 최종적으로 사람에게 섭취되기까지의 모든 단계에서 식품의 안전성, 건전성 및 완전 무결성을 확보하기 위한 모든 필요한 수단을 말함

70
식품 보존 방법 중 물리적 처리법에 해당하는 것은?
① 당장법　　　② 염장법
③ 훈연법　　　④ 냉동법

- 물리적 처리법: 가열법, 냉장법, 냉동법, 건조·탈수법, 자외선 이용법, 밀봉법, 방사선 살균법 등
- 화학적 처리법: 방부제 첨가법, 염장법, 당장법, 산저장법
- 물리·화학적 처리법: 훈연법, 훈증법, 가스저장법

71
식품 변질에 대한 설명으로 옳지 않은 것은?
① 부패는 탄수화물 또는 지방 식품이 미생물의 작용으로 유해물질이 생성되는 것이다.
② 발효는 탄수화물이 미생물의 작용을 받아 유기산이나 알코올 등을 생성하는 것이다.
③ 변패는 탄수화물 또는 지방질 식품이 산화되어 맛이나 냄새가 변하는 것이다.
④ 산패는 유지가 산소에 의해 산화되어 악취가 나고 맛과 색이 변하는 것이다.

부패: 단백질 또는 지방 식품이 미생물의 작용으로 유해물질이 생성되는 것

72
세균성 식중독에 대한 설명으로 옳지 않은 것은?
① 잠복기가 아주 짧고 수인성 전파가 적다.
② 호흡기계 비말, 기침 등을 통해 감염된다.
③ 소화기계 감염병보다 연쇄 전파에 의한 2차 감염이 적다.
④ 원인균을 억제하면 예방이 가능하다.

세균성 식중독은 면역성이 없고, 음식물 섭취를 통한 감염이 일어나며, 음식물에서 다량의 균이 증식하여 발견되고, 원인균을 억제하면 예방이 가능하며, 주로 여름철에 발병함

| 정답 | 67 ④　68 ②　69 ②　70 ④　71 ①　72 ②

73
감염형 식중독에 해당하는 것은?
① 보툴리누스균 식중독
② 황색포도상구균 식중독
③ 살모넬라 식중독
④ 웰치균 식중독

- 감염형 식중독: 살모넬라, 장염비브리오균, 병원성대장균, 쉬겔라(세균성 이질), 바실러스 세레우스, 여시니아 엔테로콜리티카 등
- 독소형 식중독: 황색포도상구균, 보툴리누스균, 클로스트리디움 퍼프린젠스, 웰치균 등

74
독소형 식중독이 아닌 것은?
① 황색포도상구균 식중독
② 병원성대장균 식중독
③ 보툴리누스균 식중독
④ 웰치균 식중독

감염형 식중독: 병원성대장균 식중독, 살모넬라 식중독, 장염비브리오 식중독, 장구균 식중독 등

75
식품의 독성과 내용으로 옳지 않은 것은?
① 감자독 – 솔라닌
② 복어독 – 테트로도톡신
③ 조개 및 굴독 – 베네루핀
④ 청매독 – 아플라톡신

- 청매독: 아미그달린
- 곡류, 땅콩, 옥수수: 아플라톡신

76
통조림이나 육류, 소시지, 밀봉 식품에서 발생하는 식중독으로 치명률이 가장 높은 것은?
① 장염비브리오 식중독
② 황색포도상구균 식중독
③ 보툴리누스균 식중독
④ 웰치균 식중독

보툴리누스균 식중독
- 잠복기가 평균 12~98시간이며, 통조림, 육류, 소시지, 밀봉 식품 등에서 발생함
- 여러 신경성 증상(시력저하, 언어장애, 안검하수, 호흡곤란), 구토, 설사 등을 동반하며, 치명률이 가장 높음(6~7%)

77
영양소의 구분 중 활동에 필요한 에너지를 공급하고 우리 몸을 따뜻하게 유지시키는 열량소에 해당하는 것은?
① 단백질, 지질, 무기질
② 무기질, 비타민, 물
③ 탄수화물, 단백질, 지방
④ 지질, 비타민, 무기질

- 열량소: 탄수화물, 단백질, 지방
- 조절소: 단백질, 비타민, 무기질, 물
- 구성소: 탄수화물, 단백질, 지질, 무기질, 물

78
영양실조에 대한 설명으로 옳은 것은?
① 음식물의 열량 섭취가 부족한 상태이다.
② 저영양과 영양실조가 병합하여 발생한 상태로 영양결핍증이 최고조인 상태이다.
③ 영양소의 과잉 섭취나 섭취 부족으로 인해 발생하는 건강장애 또는 질병 상태를 말한다.
④ 영양소의 공급이 질적, 양적으로 부족하여 건강 상태가 좋지 않은 상태이다.

- 저영양: 음식물의 열량 섭취가 부족한 상태
- 기아 상태: 저영양과 영양실조가 병합하여 발생한 상태로 영양결핍증이 최고조인 상태
- 영양장애: 영양소의 과잉 섭취나 섭취 부족으로 인해 발생하는 건강장애 또는 질병 상태

79
비타민과 결핍증의 연결이 옳은 것은?
① 비타민A – 괴혈병
② 비타민B – 야맹증
③ 비타민C – 각기병
④ 비타민D – 구루병

- 비타민A: 야맹증
- 비타민B: 각기병
- 비타민C: 괴혈병

정답 | 73 ③ 74 ② 75 ④ 76 ③ 77 ③ 78 ④ 79 ④

80
기초대사량에 대한 설명으로 옳지 않은 것은?
① 생물체가 생명을 유지하기 위해 기초적인 생명 활동을 하는 데 필요한 최소한의 에너지양이다.
② 나이, 성별, 영양 상태에 따라 달라질 수 있다.
③ 아침 식사 후 20분 뒤에 측정한다.
④ 호흡, 체온유지, 혈액순환을 위해 필요한 에너지량이다.

> 기초대사량은 아침 공복 후 누워 20℃에서 30분 동안 측정함

6 보건행정

81
보건행정의 특성이 아닌 것은?
① 공공성 ② 봉사성
③ 교육성 ④ 편리성

> 보건행정의 특성: 공공성, 사회성, 봉사성, 보장성, 교육성, 과학성, 기술성

82
보건행정의 정의에 대한 설명으로 옳지 않은 것은?
① 국민의 수명 연장 목적
② 신체적·정신적 건강 증진 및 유지 목적
③ 국민의 질병 치료 목적
④ 국가 또는 지방자치단체의 공공의 책임

> 보건행정: 공중보건의 목적인 국민의 수명 연장, 질병 예방, 신체적·정신적 건강을 증진하기 위한 보건정책으로 국가 또는 지방자치단체의 공공의 책임하에 수행하는 공적 행정 활동 과정

83
보건행정의 특성으로 옳은 것은?
① 최소 비용과 노력으로 최대 효과를 만든다.
② 소극적으로 규제한다.
③ 이윤 중심 모형이다.
④ 지역주민의 주도적인 업무 관장이 이루어진다.

> 보건행정은 국가 및 지방자치단체가 주도적으로 업무를 관장함

84
지역 보건행정의 업무 범위에 해당하지 않는 것은?
① 감염병의 예방 및 관리
② 모성과 영유아의 건강 유지·증진
③ 여성·노인·장애인 등 보건의료 취약계층의 건강 유지·증진
④ 개인에 대한 진료, 건강검진 및 만성질환 등의 질병관리에 관한 사항

> **지역 보건행정 업무**
> - 지역주민에 대한 진료, 건강검진 및 만성질환 등의 질병관리에 관한 사항
> - 국민건강 증진·구강건강·영양관리 사업 및 보건교육
> - 정신건강 증진 및 생명 존중에 관한 사항
> - 가정 및 사회복지시설 등을 방문하여 행하는 보건의료 및 건강관리 사업
> - 난임의 예방 및 관리 등

85
사회보장제도의 행정범위에 해당하지 않는 것은?
① 사회보험 ② 교육보험
③ 공공부조 ④ 사회서비스

> 사회보장제도는 출산, 양육, 실업, 노령, 장애, 질병, 빈곤 및 사망 등의 사회적 위험으로부터 모든 국민을 보호하고 국민 삶의 질을 향상시키는 데 필요한 소득, 서비스를 보장하는 사회보험, 공공부조, 사회서비스를 말함

| 정답 | 80 ③ 81 ④ 82 ③ 83 ① 84 ④ 85 ② |

소독학 A

합격 TIP
- 물리적·화학적 소독법을 분류하고 각각의 종류를 학습하세요.
- 이·미용 소독기준은 출제 빈도가 높으므로 집중적으로 암기하세요.

1 소독의 정의 및 분류

(1) 소독의 정의
물리적·화학적 방법으로 감염 및 전염을 일으킬 수 있는 병원성 미생물을 사멸, 제거하여 감염력을 잃게 하는 것

(2) 소독 관련 용어 빈출

소독	감염을 일으킬 수 있는 병원성 미생물만을 즉시 사멸 및 제거하여 감염, 증식력을 없애는 방법(포자는 파괴하지 못함)으로, 가장 많이 사용하는 방법
멸균	강한 물리적, 화학적 살균작용으로 병원성, 비병원성 미생물 및 포자까지 모두 사멸 또는 제거하는 방법(무균 상태, 100% 사멸)
살균	생활력을 가지고 있는 미생물을 물리적, 화학적 방법으로 급속히 사멸시키는 방법(일부 내열성 포자는 남음)
방부	병원성 미생물의 성장 및 활동을 억제하고 정지시키는 방법(약물로 음식물의 부패 방지)

참고 소독력의 순서
멸균 > 살균 > 소독 > 방부

참고 균의 사멸
멸균(완전 사멸), 살균, 소독

용어 아포(포자)
- 무성생식을 하기 위한 생식세포로 특정 세균의 체내에서 형성되는 원형 또는 타원형의 포자를 말함
- 물리적, 화학적 조건에 대한 저항력이 강함
- 멸균에 의해서만 제거됨

(3) 소독의 기전
① 단백질의 변성 및 응고작용: 세균 세포의 효소 단백질의 변성과 응고작용으로 그 기능을 상실하게 만드는 것

단백질 응고작용	알코올, 크레졸, 승홍수, 포르말린, 생석회, 석탄산, 알칼리 소독 등 사용
효소 불활성화 작용	석탄산, 알코올, 역성비누, 중금속염 소독 등 사용
가수분해작용	강산, 강알칼리, 중금속염 소독 등 사용

② 세포막 또는 세포벽의 파괴(산화작용)
- 균체의 세포막, 세포벽을 파괴하여 영양물질과 노폐물의 선택적 투과기능을 제거하여 원형질을 파괴시켜 미생물을 사멸시키는 것
- 활성산소의 산화작용에 의한 살균
- 과산화수소, 과망간산칼슘, 염소, 염소유도체, 오존 소독 등 사용

③ 화학적 길항작용
- 세균의 세포 내로 침습하여 아주 낮은 농도에서 조효소 및 특이 활성 분자들의 활성을 정지시키는 것
- 상반되는 두 가지 요인이 동시에 작용함

④ 계면활성제: 미생물이나 효소의 표면을 피복하여 투과성을 저해 및 다른 물질과의 접촉을 방해하여 세포벽에 상해를 입히거나 세포의 대사작용을 저해함
⑤ 탈수작용: 알코올, 식염, 설탕, 포르말린
⑥ 균체 내 염의 형성작용(중금속염의 형성): 승홍수, 머큐로크롬, 질산은, 중금속염
⑦ 균체막의 삼투압 변화작용: 염화물, 석탄산, 중금속염

(4) 소독의 분류 빈출

자연 소독법		희석, 자외선, 한랭
물리적 소독법	건열 멸균법	화염 멸균법, 건열 멸균법, 소각소독법
	습열 멸균법	자비소독법, 고압증기 멸균법, 유통증기멸균법(Koch의 솥), 간헐멸균법, 저온살균법, 초고온 순간살균법
	비가열 처리법	여과멸균법, 초음파살균법, 방사선 멸균법
화학적 소독법	할로겐계 소독약	표백분(차아염소산), 차아염소산 나트륨, 염소, 요오드
	지방족계 소독약	에탄올, 포름알데히드, 포르말린
	페놀계, 방향족계	석탄산(페놀), 크레졸(비누액)
	수은화합물	승홍수(염화제2수은), 머큐로크롬(포비돈 요오드), 희옥도정기
	산화제	과산화수소, 과망간산칼륨
	계면활성제	역성비누(양이온 계면활성제), 양성 계면활성제(양쪽성 계면활성제)
	기타 화학적 소독법	아크리놀, 생석회, 중조(탄산수소나트륨), 훈증, 소독, 약용비누

참고 핸드새니타이저
알코올 베이스 제품인 핸드새니타이저를 손에 발라 물을 사용하지 않고도 청결효과를 높일 수 있음

용어 희옥도정기(요오드 팅크)
- 요오드와 요오드화칼륨을 에틸알코올과 혼합한 소독약
- 자극성이 매우 심한 반면, 소독효과가 좋지 않아 지금은 사용을 거의 하지 않음

(5) 소독약의 구비 조건 빈출
① 살균력이 강하고 지속적이며 미량으로도 효과가 있을 것
② 안전성이 있고(인체에 무해할 것) 물이나 알코올에 용해성이 높을 것
③ 침투력이 강할 것
④ 가격이 저렴하고 사용이 간편할 것
⑤ 냄새가 없고 탈취력이 있을 것
⑥ 부식성, 표백성이 없을 것
⑦ 환경적으로 유해하지 않을 것

(6) 소독작용에 영향을 미치는 요인
① 온도와 농도가 높을수록 소독 효과가 큼
② 접촉 시간이 길수록 소독 효과가 큼
③ 유기물질이 많을수록 소독 효과가 작음

참고 소독에 영향을 미치는 인자
온도, 수분, 시간, 농도

(7) 소독 시 유의사항
① 소독할 물건의 성질에 유의하여 적당한 소독약이나 소독법을 선택하여 실시함
② 병원성 미생물의 종류와 멸균, 살균 또는 소독의 목적과 방법, 소독시간 등을 고려하여 선택하여 사용함

③ 소독약은 사용할 때마다 필요한 양만큼 조금씩 새로 만들어 사용하고 희석한 소독약은 장시간 보관하지 않음
④ 소독약은 약품에 따라 밀폐해서 열과 빛을 차단하는 냉·암소에 보관하고, 라벨을 붙여 구별하고 주의하여 취급하여야 함

2 미생물 총론

(1) 미생물의 정의
① 미생물은 육안으로 볼 수 없는 0.1mm 이하 크기로 현미경을 통해서만 볼 수 있는 미세한 생물체로, 단일세포 또는 균사로 몸을 이루며, 생물로서 최소 생활 단위를 살아가는 생물체
② 세균류(Bacteria), 진균(Fungus), 사상균류(Molds), 바이러스(Virus), 원생동물(Protozoa), 효모류(Yeast) 등이 속함

(2) 미생물의 분류

비병원성 미생물	인체 내 병적인 반응을 일으키지 않거나 감염하여도 발병하지 않는 미생물 예) 효모균, 발효균, 유산균, 곰팡이균 등
병원성 미생물	인체 내 병적인 반응을 일으켜 증식하는 미생물(질병의 원인이 됨) 예) 바이러스, 세균(간균, 구균, 나선균), 리케차 등
유용성 미생물	발효식품을 만드는 데 사용되는 미생물 예) 간장, 된장 등에서 유래한 효모

(3) 미생물의 증식 환경 빈출

① 온도

저온균	• 저온에서 식품의 부패를 일으키는 세균 • 발육 가능 온도: 0~25℃
중온균	• 대부분의 병원성 세균이 해당함 • 발육 가능 온도: 15~40℃
고온균	• 온천수에서 서식하는 세균 • 발육 가능 온도: 40~70℃

② 습도: 미생물 균체는 약 90%가 수분으로 이루어져 있고, 습도가 높은 환경에서 서식하며 40% 이상의 습도에서 발생함
③ 산소: 미생물의 증식과 대사에 관여함

호기성 균	산소를 필요로 하는 미생물 예) 곰팡이균, 결핵균, 녹농균, 백일해균, 디프테리아균, 효모 등
혐기성 균	산소를 필요로 하지 않는 세균 예) 대장균, 보툴리누스균, 포도상구균, 파상풍균 등
통성혐기성 균	산소의 유·무에 관계없이 생육하는 세균 예) 장티푸스균, 대장균, 포도상구균, 살모넬라균 등

참고 **미생물 증식의 3대 조건**
수분, 온도, 영양소

미생물 증식의 pH 조건
중성·약염기성으로, pH 6.0~8.0에서 가장 잘 발육함

3 병원성 미생물

(1) 병원성 미생물의 종류 및 특성 빈출

바이러스	• 병원체 중 가장 작아(20~300nm) 전자현미경으로만 볼 수 있고 세포 여과기에 걸러지지 않음 • 핵산과 소수의 단백질을 주성분으로 DNA와 RNA 중 한쪽만 가짐 • 살아 있는 숙주(동물, 식물, 세균)에 기생하여 생존함 • 인플루엔자, 수두, 홍역, 뇌염, 유행성이하선염, 감기 등의 질병을 일으키고, 비말이나 접촉에 의해 쉽게 전염되며 항생제, 설파제 등에는 반응하지 않음
리케차	• 세균과 바이러스의 중간 크기 • 살아 있는 세포 내 기생하며 생육함 • 야생동물 감염으로 사람에게 전파되거나 벼룩, 진드기 같은 절지동물을 매개체로 사람과 동물에게 전염되는 인수 공동 미생물 병원체 • 리케차성 질병은 리케차과에 속하는 세균류에 의한 질병을 총칭하여 말함 • 쯔쯔가무시증(양충병), 발진티푸스, 발진열, 큐(Q)열, 선열 등
세균	• 감염과 질병의 가장 큰 원인(2차 감염) • 원핵생물의 대표적 분류군이며 계속해서 신종이 새로 보고되고 있음 • 살아 있는 생물에 침입하고 번식 속도가 빠르며 질병을 발생시킴 • 세균의 종류에는 구균, 간균, 나선균이 있음
진균류	• 지구상에 가장 많이 존재하며 다른 생물에 기생, 부생하는 핵막을 가진 진핵생물의 분류 중 하나임 • 자연계의 유기 분해에 관여함 • 여러 항생제와 식품의 발효제로 사용됨 • 종류에는 곰팡이, 효모, 버섯 등이 있음 • 사람에게 무좀, 백선 등 피부병을 유발
원생동물	• 단세포성의 원시적 동물인 기생충으로 기주생물 내에 기생하면서 세포분열과 발아에 의해 번식함 • 중간숙주에 의해 전파되며 면역 생성이 거의 없음 • 말라리아, 아메바성 이질, 아프리카 수면병 등

> **참고** 병원성 미생물의 크기
> 세균 > 리케차 > 바이러스

(2) 세균의 종류

① 구균: 세균의 형태가 구형, 타원형 형태
  • 포도상구균: 분열 방향이 불규칙하고 포도송이 모양, 부스럼, 습진, 화농증 유발, 건강한 피부나 비강에도 기생함
  • 연쇄상구균: 한쪽 방향으로 분열하는 사슬형 모양, 화농증 유발
  • 그 외 단구균(구균 1개), 쌍구균(구균 2개), 4련구균(구균 4개), 8련구균(구균 8개) 등이 있음

② 간균
  • 세균의 형태가 길고 가는 막대기 모양
  • 단간균, 장간균, 방추간균, 콤마간균, 원주간균, 양단둔원간균, 연쇄간균(디프테리아균) 등이 있음

③ 나선균
  • 세균의 형태가 나선형의 코일 형태
  • 스피릴룸, 스피로헤타
  • 콜레라균, 매독균, 헬리코박터파이로리균 등이 있음
  • 질병으로는 렙토스피라증, 재귀열, 매독 등이 있음

4 소독 방법

(1) 자연 소독법 빈출

희석	일차적으로 다량의 공기나 물에 의해 세균의 농도를 낮추어 균수를 감소시켜 독성효과를 떨어뜨리고 청결하게 세척하는 방법
자외선	도르노선(파장 2,900~3,200Å), 1cm²당 85µW 이상에 20분 이상 노출함
한랭	저온에서 세균의 발육을 저지시키나 사멸되지는 않음

(2) 물리적 소독법 빈출

① 건열 멸균법

화염 멸균법	• 미생물에 오염된 물체를 불 속에서 직접 20초 이상 가열하여 미생물을 태워 멸균시키는 방법 • 내열성이 강한 재질(금속류, 도자기류 등)이 대상
건열 멸균법	• 건열 멸균기를 이용하여 170℃에서 1~2시간 가열 • 금속류, 내열성이 강한 사기류, 유리류, 분말, 금속류 등이 대상
소각소독법	• 미생물에 오염된 물체를 불에 태워 멸균 • 오염된 쓰레기, 일회용 물질, 가운 수건, 환자의 객담 등이 대상 • 가장 쉽고 안전한 방법

② 습열 멸균법

자비소독법	• 100℃ 끓는 물에 15~20분간 끓임(물이 끓기 시작할 때 넣음)
	• 살균력 증가와 금속 기구의 부식 방지를 위해 중조(탄산나트륨, 1~2%), 크레졸(2%), 붕소(1~2%), 석탄산(페놀, 2~5%)을 더함
	• 금속식기(스테인리스), 면 재질, 도자기, 유리제품 등에 적용 가능
	  – 단, 유리제품은 끓는 물에 넣으면 온도차로 깨질 수 있으므로 찬물일 때 넣어야 함
	  – 열에 약한 플라스틱, 고무 등에는 자비소독을 피해야 함
	• 영양세포는 수분 안에 사멸하지만 포자는 완전사멸하지 못함

고압증기 멸균법	• 오토클레이브에 고압 상태에서 100~135℃ 고온의 수증기를 2기압(15파운드)으로 15~20분간 쐬어 미생물 및 포자까지 사멸함(완전멸균) • 세균 멸균의 소요 시간이 짧고 가장 효과적인 방법 • 거즈, 수술기구 및 용품, 금속성 기구, 의류, 자기류 등이 대상(단, 부식성이 강하거나 습기에 약한 재질은 피함)
유통증기 멸균법 (Koch의 솥)	• 고압증기멸균법의 보완 • 100℃ 유통증기를 30~60분간 가열하여 병원균을 멸균함 • 아포를 사멸시키지 못함 • 도자기, 의류 등이 대상
간헐멸균법	• 유통증기를 30~60분간 가열 후 24시간 방치를 3회 반복처리 • 가열과 가열 사이는 20℃ 이상 온도 유지(포자를 발육시켜 저항력이 약한 상태로 변화시키기 위함) • 1~3회의 반복처리를 통해 포자를 형성하는 균 사멸을 가능하게 함 • 도자기류, 금속류 등이 대상
저온살균법	• 파스퇴르에 의해 고안됨 • 62~63℃에서 30분간 살균처리(대장균 사멸은 불가능) • 유제품류 및 주류 등 고온 소독이 부적합한 물질 소독에 이용
초고온 순간살균법	• 130~140℃에서 1~3초간 가열 후 급냉동시킴 • 유제품의 영양 손실 최소화

> **참고** 자비소독
> 아포형성균, B형 간염 바이러스의 적용에 부적합함

③ 비가열 처리법

여과멸균법	• 화학물질이나 가열에 의해 변질되거나 열을 이용할 수 없는 불안정한 액체의 멸균 • 혈청, 당, 요소 등의 멸균이나 세균의 대사물질 및 바이러스를 균체로부터 분리할 때 사용
초음파 살균법	• 초음파의 매초 8,800Hz 파장을 이용하여 분산, 혼합, 균일화되는 등의 교반작용을 통해 미세한 입자의 충돌 활성화로 충체 파괴 • 나선균 소독에 효과적 • 액체, 시약, 약품, 식품, 수술 전 손 소독 등이 대상
방사선 멸균법	• 방사선을 이용하여 DNA 또는 RNA에 작용 • 짧은 시간 내에 살균작용이 가능하고, 투과력이 강해 개봉되지 않은 포장 물품의 중심부까지 멸균 가능하여 가열이 불가능한 제품의 멸균에 효과적 • 목재, 플라스틱, 완전 포장된 물품, 각종 용기 등이 대상

(3) 화학적 소독법 빈출

소독력을 가지는 약품을 사용하여 소독하는 방법

① 할로겐계 소독약
- 염소 또는 요오드를 함유하는 소독약
- 세포막 및 원형질의 단백질을 산화시키며 소독력 발휘
- 저렴한 가격, 신속한 살균효과
- 다양한 병원성 미생물에 대한 사멸효과

표백분 (차아염소산)	• 소석회 분말에 염소를 섞어 만든 것 • 물에 잘 녹지 않지만 물에 분해될 때 염소가스에 의해 강한 살균작용을 함 • 가격이 저렴 • 유효염소 30% 이상 • 수영장, 욕탕, 하수 등 소독 시에 사용
차아염소산 나트륨	• 표백분 대체, 식품의 부패균, 병원균 제거를 위한 살균제 • 강한 알칼리성 액체로 분해되며 산소 발생 • 물에 잘 녹으며 장기간 보관 시 용액의 분해로 염소가스가 발생되어 소독력이 저하됨 • 세균에는 소독력이 있으나 포자 균에는 약함 • 야채, 과일, 식기 소독에 사용 • 부식성이 강해 금속류는 피함
염소	• 살균력이 강하지만 자극성, 부식성이 강해 대량 소독에 사용 • 잔류효과가 크고 자극적인 냄새가 남 • 수돗물 소독 시 사용되며 염소 주입 10분 후 잔류 염소 0.2~1.0ppm • 상수, 하수 소독에 사용
요오드	• 산화력이 강해 살균, 표백작용 • pH 중성~산성의 범위에 소독력이 크고 항균 범위가 넓음 • 희석 사용 시 피부의 자극성이 적고, 아포, 진균, 바이러스, 세균 등에 강한 살균력이 있음

참고 약품별 사용 농도
- 석탄산: 3%
- 크레졸: 3%(손 소독 1~2%)
- 알코올: 70%
- 과산화수소: 2.5~3.5%
- 승홍수: 피부 0.1%
- 역성비누: 0.01~0.1%

용어 소독약 관련 용어
- 용액: 용질+용매
- 용매: 용질을 녹이는 물질
- 용질: 용액에 녹아있는 물질
- 예 설탕물: 용매(물) + 용질(설탕)

② **지방족계 소독약**: 유기 용매에 녹지만 물에 녹지 않는 물질

에탄올	• 적정 농도 70%, 10분간 담가 살균함 • 50% 이하의 농도는 효과가 없음 • 아포를 형성하지 않는 균에 효과가 있고(무포자균목), 아포형성균에는 효과가 없음 • 피부, 기구 소독에 사용(점막 사용 금지)
포름알데히드	• 메탄올을 산화시켜 얻은 기체로 자극성이 강하고 인체 독성이 강함 • 금속류 및 넓은 실내공간 소독, 시체의 방부제로 사용
포르말린	• 균체 단백질 응고작용에 의한 강한 살균력으로 아포까지 사멸 • 물에 잘 녹고 포름알데히드 37% 전후 농도의 수용액을 말함 • 약물 소독제 중 유일한 가스 소독제(훈증 소독법에 이용) • 강한 자극성이 있고 발암의 위험성이 있음 • 농도 1~1.5% 수용액으로 살균 • 무균실, 병실, 고무제품, 금속제품, 플라스틱, 방부제, 선박 등의 소독에 사용

③ **페놀계, 방향족계 소독약** 빈출

석탄산 (페놀)	• 콜타르에서 얻어지며 세균의 단백질 응고에 의한 살균작용을 함 • 고온일수록 강한 소독효과가 있고 취기가 있음 • 살균력의 안전성이 높고 가격이 저렴 • 소독약의 살균력을 비교할 수 있는 지표 • 포자와 바이러스에는 작용력이 거의 없음 • 염화나트륨, 염산 첨가 시 소독력 증가(알코올 첨가 시 소독력 약화) • 고무제품, 의류, 배설물 등 소독에 사용함(단, 피부점막 자극, 금속 부식성으로 금속류에 부적합) • 기구류 소독 시 3% • 환자복, 용기, 오물, 배설물 소독, 방역용으로 가장 많이 사용됨
크레졸 (비누액)	• 석탄산보다 2~3배 정도 높은 소독력으로 세균에 대한 소독력이 강함 • 물에 녹지 않아 크레졸 비누액으로 사용함 • 바이러스에는 소독효과가 없지만, 병원성 세균, 포자, 결핵균 소독에 효과적 • 피부에 자극성이 약하고 가격이 저렴하지만 냄새가 심함 • 손 소독 시 1~2%, 오물 소독 시 3% • 상처 부위, 손, 식기, 객담, 오물 등 소독

참고 석탄산(페놀) 계수
• 석탄산 계수가 낮을수록 살균력이 약함
  예 어떤 소독약의 석탄산 계수가 2.0 이라는 것은 살균력이 석탄의 2배 임을 의미함
• 계산법
  석탄산 계수 = 소독약의 희석배수/석탄산의 희석배수

④ **수은화합물**

승홍수 (염화제2수은)	• 무색, 무취로 독성과 살균력이 강하므로 색소 첨가 후 사용 • 0.1%의 수용액(1,000배 희석)으로 사용 • 염화나트륨(소금) 첨가 시 중성으로 바뀌면서 자극성이 완화됨 • 금속 부식성이 강해 비금속류 소독에 적합, 점막 및 식기류 소독에는 부적합 • 수은 중독의 위험이 있어 현재는 사용하지 않음
머큐로크롬 (포비돈 요오드)	• 2%의 수용액으로 사용 • 무독성이나, 살균력이 낮은 편임 • 화상, 열상, 점막, 피부, 상처 소독에 사용

⑤ 산화제: 분해하면서 발생기 산소에 의해 미생물을 산화시키는 원리

과산화수소	• 상처 부위 피부 접촉 시 발생되는 산소의 산화력으로 살균작용을 함 • 2.5~3%의 수용액으로 사용 • 살균, 탈취, 표백에 효과적임 • 일반세균, 바이러스, 진균 등의 소독에 효과적임 • 자극성이 적어 피부 창상, 구강소독, 구내염, 인두염 소독에 사용
과망간산칼륨	• 산소를 유리시키는 산화력으로 살균작용을 함 • 항균 및 항진균작용을 함 • 0.1~0.5%의 수용액으로 사용 • 착색력이 강함 • 피부 창상, 진균 소독, 화농성, 악취 제거, 환부 등 소독에 사용 • 살균효과 의심으로 현재는 사용되지 않음

⑥ 계면활성제

역성비누 (양이온 계면활성제)	• 무색, 무취, 무독으로 비누의 분자 내 양이온이 활성을 띰 • 피부 자극성과 독성이 없고 세정력이 약함 • 살균력은 강하지만 결핵균, 녹농균, 아포에는 효력이 없음 • 0.01~0.1%의 수용액으로 사용 • 식기, 수저, 식품, 행주, 도마, 손 소독 등에 사용
양성 계면활성제 (양쪽성 계면활성제)	• 용도는 역성비누와 비슷하며 10배 희석해서 사용 • 세정력이 약하고 가격이 비쌈 • 유기물이 있으면 살균력이 감소함 • 결핵균에 대한 저항력 • 손, 기구, 기계, 의류 등의 소독에 사용

⑦ 기타 화학적 활성제

생석회 (분말)	• 가수분해작용 • 물과 발열작용을 함 • 공기 중 장시간 노출 시 소독효과가 저하됨 • 습기 있는 분뇨, 토사물, 오물, 오수, 재래식 화장실 등의 소독에 사용
중조 (탄산수소나트륨)	의약품, 청량음료에 사용
약용비누	• 비누 기제에 살균제(살리실산, 석탄산 등)를 첨가하여 만듦 • 손, 피부 소독에 사용
에틸렌옥사이드 (E.O) 가스 멸균법	• 가열에 변질되기 쉬운 물품을 대상으로 50~60℃ 이하 저온에서 멸균 • 특유한 냄새가 나는 인화성 가스로 물에 쉽게 용해됨 • 멸균 시간이 길고 가격이 비쌈 • 고압증기 멸균법에 비해 보존 기간이 장기적이고 아포까지 멸균 • 가스폭발 위험성을 줄이기 위해 이산화탄소와 프레온을 혼합하여 사용 • 살균제를 가스 상태 또는 공기 중에 분무하여 처리함 • 가열살균이 어렵거나 물을 사용할 수 없는 살균에 사용 • 플라스틱, 전자기기, 고무제품, 의류, 포장재료, 밀폐공간 등의 소독에 사용

(4) 소독대상물에 따른 소독 방법 [빈출]

의복, 침구, 모직물	석탄산수, 크레졸(약 2시간 담가두기), 자비소독, 일광소독, 증기소독
대소변, 배설물, 토사물	소각(완전소독), 생석회, 석탄산수, 크레졸
고무, 피혁제품	석탄산수, 크레졸수, 포르말린수
초자기구, 자기류, 나무류	석탄산수, 크레졸수, 포르말린수, 승홍수, 증기소독 및 자비소독 (내열성이 강한 제품류)
병실	석탄산수, 크레졸수, 포르말린수
환자 및 환자 접촉자	석탄산수, 크레졸수, 승홍수, 역성비누
화장실	석탄산수, 크레졸수, 포르말린수
쓰레기통, 하수구	생석회
피부관리실 및 기구	알코올(70%)

> **용어** **초자기구**
> 유리로 만든 여러 가지 실험도구

5 분야별 위생·소독

(1) 실내 위생·소독

① 작업장의 위생
- 작업장의 채광, 조명, 환기가 잘 되도록 구조를 설비하고 시간을 정해 환기를 하여 쾌적한 공기를 유지함
- 환기가 쉽게 되지 않는 곳은 인공환기장치를 설치하여 실내공기의 흐름을 바꾸어 주는 것이 좋음
- 간접 조명을 두어 고객의 편안함, 안정감을 유지함
- 화장품은 직사광선이 닿지 않는 곳에 보관하고 사용 전 종류, 용량 등을 확인하며 사용 후 깨끗하게 닦고 뚜껑을 잘 닫아 산소와의 접촉을 피함
- 화장품은 직접 손으로 사용하지 않고 스파튤라를 사용하여 세균에 의한 감염의 위험을 줄임
- 바닥은 이물질이 떨어졌을 때 잘 닦이는 재질이어야 하며 미끄럽지 않도록 함
- 냉·난방의 시스템이 원활하도록 구조가 설비되어야 하며 필터의 주기적인 청소 및 소독을 해야 함
- 오픈된 왜건, 기구, 창틀 등은 먼지가 없어야 하며 깨끗한 상태를 유지해야 함
- 쓰레기통은 뚜껑이 있는 형태를 사용하고 내부에 비닐을 씌워 청결을 유지함
- 베드셋팅, 비닐 등은 항상 반듯하게 정리하고 사용 후 소독을 하여 위생 및 청결을 유지함
- 자주 사용하는 자외선 소독기, 온장고 등은 사용 후 깨끗하게 닦고 문을 열어 건조시킴

② 그 외 실내 위생
- 입구는 항상 청결과 정리된 상태를 유지하고 실내의 공기오염 및 세균 오염을 방지하기 위해 실내화를 사용함
- 카운터의 주변은 깨끗함을 유지하고 고객과 분리되는 공간을 두어 중요한 서류 및 물건들을 따로 관리함
- 고객이 사용하는 쇼파, 테이블 등은 항상 청결을 유지하고 편안할 수 있도록 색상, 구조, 장식품 등이 조화롭게 배치 및 구성함

- 탈의실 사용 전에는 고객 가운의 정리 및 위생을 점검해야 하며 사용 후 탈의실의 소독과 가운의 세탁을 통해 오염으로 인한 감염을 예방함
- 탈의실의 바닥은 먼지가 많을 수 있으므로 수시로 점검하고 청결을 유지함
- 세면대는 세정제품, 일회용 종이타월 및 자동건조장치를 구비하여 위생을 유지하고 사용 후 물기를 잘 닦음
- 화장실은 물기가 없도록 건조시스템을 설치하여 습기로부터 발생할 수 있는 악취, 미생물의 오염을 방지하고, 정기적으로 소독을 함
- 쓰레기통은 뚜껑이 있는 형태를 사용하며 내부에 비닐을 씌워 청결을 유지하고 냄새가 나지 않도록 관리함
- 화장실은 내부에 위치하게 하여 고객들의 안전 및 편리성을 증진함
- 실내공기는 깨끗하게 하여 호흡기 감염병을 예방함

(2) 피부미용도구 위생·소독

① 피부미용기기 등의 전기제품들은 전기 코드를 뽑아 선이 꼬이지 않게 잘 정리하고, 먼지 및 이물질이 끼지 않도록 사용 후 바로 70% 알코올 솜으로 닦아 청결을 유지함
② 고객의 피부에 직접 닿는 기구들은 70%의 알코올 솜으로 닦아 소독함
③ 스파튤라는 사용 후 세척하고 70%의 알코올 솜으로 닦아 소독하거나 자외선 소독기에 넣어 소독하며, 나무 스파튤라는 일회용으로 사용함
④ 해면은 사용 후 미지근한 물에 중성세제로 씻어 채광이 잘 되는 곳에서 건조시킨 후 자외선 소독기에 넣어 소독함
⑤ 타월과 고객가운은 자비소독이나 고압증기멸균법으로 소독하고, 냄새가 나지 않고 항상 습기가 없는 상태로 깨끗하게 관리함
⑥ 볼은 깨끗이 세척한 후 자외선 소독기에 넣어 소독함
⑦ 브러시는 미지근한 물에 중성세제로 깨끗하게 세척 후 자외선 소독기에 넣어 소독함
⑧ 족집게, 핀셋, 여드름 압출 도구 등은 70% 알코올에 20분 이상 담근 후 미지근한 물로 세척하여 자비소독함
⑨ 화장솜, 해면, 면봉, 베드커버, 터번 등은 1회용을 사용함
⑩ 일회용 제품이 아닌 것은 70%의 알코올 솜으로 닦아 소독하고 먼지가 생기지 않는 곳이나 소독기에 따로 보관함
⑪ 소독한 기구류과 사용한 기구류는 구분하여 보관함
⑫ 기타 기구 및 도구들은 재질과 그 용도에 적절한 소독 방법을 사용함

(3) 이·미용 기구의 소독기준

자외선 소독	1cm²당 85㎼ 이상의 자외선에 20분 이상 조사함
건열 멸균 소독	100℃ 이상의 건조한 열에 20분 이상 조사함
증기 소독	100℃ 이상의 습한 열에 20분 이상 조사함
열탕 소독	100℃ 이상의 물에 10분 이상 끓임
석탄산 소독	석탄산수(석탄산 3%, 물 97%의 수용액)에 10분 이상 담금
크레졸 소독	크레졸수(크레졸 3%, 물 97%의 수용액)에 10분 이상 담금
에탄올 소독	에탄올 수용액(에탄올이 70%인 수용액)에 10분 이상 담그거나 에탄올 수용액을 머금은 면 또는 거즈로 기구의 표면을 닦음

(4) 피부미용사의 위생 · 소독

① 시술 전 손은 70%의 알코올 솜으로 닦아 소독하고 건조하지 않도록 함
② 손톱은 길지 않고 깨끗한 상태를 유지해야 함
③ 미용사는 시술 전 손에 이물감이 들 수 있는 상처나 이물질이 있는지 확인하고, 상처 부위는 고객에게 직접 닿지 않게 주의함
④ 구강위생을 위한 청결을 유지하여 불쾌감을 예방함
⑤ 관리복은 항상 청결하게 관리하고 사용 후 세탁하여 오염물질을 제거함
⑥ 몸과 두발을 항상 깨끗하게 관리하여 불쾌감이 생길 수 있는 부분을 방지함
⑦ 위생교육과 세균 감염 예방에 대한 전문적인 교육을 습득함
⑧ 면도기 사용 후 남아있는 물기, 각질 등은 면도날을 녹슬게 하는 원인이 되므로, 소독 없이 재사용하는 경우에는 파상풍을 야기할 수 있음

출제 예상문제 A

1 소독의 정의 및 분류

01
소독 용어에 대한 설명으로 옳지 <u>않은</u> 것은?
① 멸균 – 강한 물리적, 화학적 살균작용으로 병원성, 비병원성 미생물 및 포자까지 모두 사멸 또는 제거하는 방법이다(무균 상태, 100% 사멸).
② 살균 – 생활력을 가지고 있는 미생물을 물리적, 화학적 방법으로 급속히 사멸시키는 방법이다.
③ 소독 – 감염을 일으킬 수 있는 병원성 미생물만을 즉시 사멸 및 제거하여 감염, 증식력을 없애는 방법으로 포자까지 파괴한다.
④ 방부 – 병원성 미생물의 성장 및 활동을 억제하고 정지시키는 방법이다.

> 소독: 감염을 일으킬 수 있는 병원성 미생물만을 즉시 사멸 및 제거하여 감염, 증식력을 없애는 방법으로, 포자는 파괴하지 못함

02
소독에 대한 설명으로 옳지 <u>않은</u> 것은?
① 감염을 일으킬 수 있는 병원성 미생물만을 즉시 사멸한다.
② 모든 미생물을 사멸시키고 제거하는 것이다.
③ 가장 많이 사용하는 방법이다.
④ 포자는 파괴하지 못하고 병원성 미생물의 감염, 증식력을 없애는 방법이다.

> 모든 미생물을 사멸시키고 제거하는 것은 멸균임

03
소독의 강도로 옳은 것은?
① 살균 > 멸균 > 방부 > 소독
② 멸균 > 살균 > 소독 > 방부
③ 방부 > 소독 > 살균 > 멸균
④ 소독 > 살균 > 멸균 > 방부

> 소독력의 순서: 멸균 > 살균 > 소독 > 방부

04
생석회, 포르말린, 크레졸, 석탄산 등의 소독의 기전은?
① 화학적 길항작용
② 세포막 또는 세포벽의 파괴(산화작용)
③ 단백질의 변성 및 응고작용
④ 탈수작용

> 단백질의 변성 및 응고작용
> • 세균 세포의 효소 단백질의 변성과 응고작용으로 그 기능을 상실하게 만드는 것
> • 알코올, 크레졸, 승홍수, 포르말린, 생석회, 석탄산, 알칼리 소독 등이 해당함

05
물리적 소독법의 연결이 옳은 것은?
① 습열 멸균법 – 자비소독법, 여과멸균법
② 건열 멸균법 – 화염 멸균법, 소각소독법
③ 비가열 처리법 – 방사선 멸균법, 간헐멸균법
④ 자연소독법 – 자외선, 한랭

> • 건열 멸균법: 화염 멸균법, 건열 멸균법, 소각소독법
> • 습열 멸균법: 자비소독법, 고압증기 멸균법, 유통증기멸균법(Koch의 솥), 간헐멸균법, 저온살균법, 초고온 순간살균법
> • 비가열 처리법: 여과멸균법, 초음파살균법, 방사선 멸균법

06
화학적 소독법의 연결이 옳은 것은?
① 페놀계 소독약 – 승홍수, 포르말린
② 산화제 – 과산화수소, 역성비누
③ 수은화합물 – 승홍수, 머큐로크롬
④ 할로겐계 소독약 – 표백분, 포름알데히드

> • 할로겐계 소독약: 표백분(차아염소산), 차아염소산 나트륨, 염소, 요오드
> • 지방족계 소독약: 에탄올, 포름알데히드, 포르말린
> • 페놀계, 방향족계: 석탄산(페놀), 크레졸(비누액)
> • 수은화합물: 승홍수(염화제2수은), 머큐로크롬(포비돈 요오드), 희옥도정기
> • 산화제: 과산화수소, 과망간산칼륨
> • 계면활성제: 역성비누(양이온 계면활성제), 양성 계면활성제(양쪽성 계면활성제)
> • 기타 화학적 소독법: 아크리놀, 생석회, 중조(탄산수소나트륨), 훈증, 소독, 약용비누

| 정답 | 01 ③ | 02 ② | 03 ② | 04 ③ | 05 ② | 06 ③ |

07
소독약의 구비 조건으로 옳지 않은 것은?

① 침투력이 강해야 한다.
② 부식성, 표백성이 없어야 한다.
③ 안전성이 있고(인체에 무해할 것) 물이나 알코올에 용해성이 높아야 한다.
④ 살균력이 강하고 일시적이며 미량으로도 효과가 있어야 한다.

소독약의 구비 조건
- 살균력이 강하고 지속적이며 미량으로도 효과가 있을 것
- 가격이 저렴하고 사용이 간편할 것
- 냄새가 없고 탈취력이 있을 것
- 환경적으로 유해하지 않을 것

08
소독에 영향을 미치는 요인이 아닌 것은?

① 온도　　② 채광
③ 시간　　④ 수분

소독에 영향을 미치는 인자: 온도, 수분, 시간, 농도

2 미생물 총론

09
미생물에 대한 설명으로 옳지 않은 것은?

① 생물로서 최소 생활 단위를 살아가는 생물체이다.
② 단일세포 또는 균사로 몸을 이룬다.
③ 미생물은 0.1mm 이하 크기로 육안으로 볼 수 있고 현미경을 통해 더 잘 볼 수 있다.
④ 세균류, 진균, 사상균, 바이러스, 원생동물, 효모류 등이 속한다.

미생물
- 육안으로 볼 수 없는 0.1mm 이하 크기로, 현미경을 통해서만 볼 수 있는 미세한 생물체
- 단일세포 또는 균사로 몸을 이루며, 생물로서 최소 생활 단위를 살아가는 생물체

10
미생물의 증식에 영향을 주는 요소가 아닌 것은?

① 자외선　　② 습도
③ 온도　　　④ 영양소

미생물 증식의 3대 조건: 수분, 온도, 영양소

11
호기성 균에 대한 설명으로 옳은 것은?

① 산소를 필요로 하지 않는 세균이다.
② 곰팡이균, 결핵균, 녹농균, 백일해균, 디프테리아균, 효모 등이 속한다.
③ 산소의 유·무에 관계없이 생육하는 세균이다.
④ 대장균, 보툴리누스균, 포도상구균, 파상풍균 등이 속한다.

- 호기성 균: 산소를 필요로 하는 세균
- 혐기성 균: 산소를 필요로 하지 않는 세균으로, 대장균, 보툴리누스균, 포도상구균, 파상풍균 등
- 통성혐기성 균: 산소의 유·무에 관계없이 생육하는 세균

12
미생물의 증식에 가장 필요한 pH는?

① pH 2.0~4.0　　② pH 7.5~9.5
③ pH 6.0~8.0　　④ pH 5.5~6.5

세균 증식에 필요한 pH는 중성과 약염기성으로, pH 6.0~8.0에서 가장 잘 발육함

3 병원성 미생물

13
바이러스에 대한 설명으로 옳지 않은 것은?

① 병원체 중 가장 작은 크기이다.
② 살아 있는 동물, 식물, 세균에 기생하여 생존한다.
③ 전자현미경으로만 볼 수 있고 세포 여과기에 걸러지지 않는다.
④ 항생제나 설파제에 쉽게 반응한다.

바이러스
- 병원체 중 가장 작아 전자현미경으로만 볼 수 있고 세포 여과기에 걸러지지 않음
- 핵산과 소수의 단백질을 주성분으로 DNA와 RNA 중 한쪽만 가짐
- 살아 있는 숙주에 기생하여 생존함
- 인플루엔자, 수두, 홍역, 뇌염, 유행성이하선염, 감기 등의 질병을 일으키고, 비말이나 접촉에 의해 쉽게 전염되며 항생제, 설파제 등에는 반응하지 않음

| 정답 | 07 ④　08 ②　09 ③　10 ①　11 ②　12 ③　13 ④

14
다음 설명에 해당하는 것은?

- 감염과 질병의 가장 큰 원인이 되며, 살아 있는 생물에 침입하고 번식 속도가 빠르다.
- 종류에는 구균, 간균, 나선균이 있다.

① 바이러스
② 세균
③ 리케차
④ 진균

세균은 2차 감염의 주원인으로, 번식 속도가 빠르며 질병을 일으키고, 원핵생물의 대표적 분류군이며 계속해서 신종이 새로 보고되고 있음

15
바이러스와 세균의 중간 크기는 무엇인가?

① 세균
② 진균
③ 리케차
④ 바이러스

리케차는 세균과 바이러스의 중간 크기로, 살아 있는 세포 내 기생하며 생육함

16
바이러스에 의해 발생되는 질병이 아닌 것은?

① 수두
② 인플루엔자
③ 유행성이하선염
④ 쯔쯔가무시증(양충병)

리케차에 의해 감염되는 질병: 쯔쯔가무시증(양충병), 발진티푸스, 발진열, 큐(Q)열, 선열 등

17
병원성 미생물의 크기로 옳은 것은?

① 바이러스 > 리케차 > 세균
② 리케차 > 세균 > 바이러스
③ 세균 > 리케차 > 바이러스
④ 바이러스 > 세균 > 리케차

병원성 미생물의 크기: 세균 > 리케차 > 바이러스

4 소독 방법

18
자기류, 의복, 고무, 거즈 등을 완전멸균할 수 있는 방법은?

① 고압증기 멸균법
② 건열 멸균법
③ 자비소독법
④ 저온 살균법

고압증기 멸균법은 고압 상태에서 100~135℃ 고온의 수증기를 15~20분간 쐬어 미생물 및 포자까지 사멸하며, 거즈, 수술기구 및 용품, 금속성 기구, 의류, 자기류 등에 사용함

19
물리적 소독법에 해당하지 않는 것은?

① 화염 멸균법
② 방사선 멸균법
③ 고압증기 멸균법
④ 표백분

표백분은 화학적 소독법의 할로겐계 소독약에 해당함

20
습열 멸균법에 해당하지 않는 것은?

① 자비소독법
② 고압증기 멸균법
③ 건열 멸균법
④ 초고온 순간살균법

건열 멸균법에 해당하는 소독법: 화염 멸균법, 건열 멸균법, 소각소독법 등

| 정답 | 14 ② 15 ③ 16 ④ 17 ③ 18 ① 19 ④ 20 ③

21
화학적 소독법 중 표백분에 대한 설명으로 옳지 않은 것은?
① 살균작용이 강하다.
② 가격이 저렴하다.
③ 자극성, 부식성이 강해 대량 소독에 사용된다.
④ 수영장, 욕탕, 하수 등 소독 시에 사용된다.

> 염소는 살균력이 강하지만 자극성, 부식성이 강해 대량 소독하는 상수, 하수 소독에 사용함

22
이·미용 업소에서 가장 적합하게 사용할 수 있으며 피부, 기구 소독에 사용하는 소독법은?
① 석탄산 소독
② 에탄올 소독
③ 과산화수소 소독
④ 포르말린 소독

> 에탄올 소독은 적정 농도 70%, 10분간 담가 살균하고 아포를 형성하지 않는 균에 효과가 있음

23
포르말린 소독에 관한 설명으로 옳지 않은 것은?
① 균체 단백질 응고작용에 의한 강한 살균력으로 아포까지 사멸한다.
② 물에 잘 녹고 포름알데히드 37% 전후 농도의 수용액을 말한다.
③ 무균실, 병실, 고무제품, 금속제품, 플라스틱, 방부제, 선박 등의 소독에 사용된다.
④ 7~8% 농도의 수용액으로 살균한다.

> 포르말린 소독
> • 약물 소독제 중 유일한 가스 소독제로 훈증 소독법으로 이용됨
> • 강한 자극성이 있고 발암의 위험성이 있음
> • 농도 1~1.5% 수용액으로 살균함

24
석탄산 소독에 대한 설명으로 옳지 않은 것은?
① 소독약의 살균 지표로 사용한다.
② 콜타르에서 얻어지며 세균의 단백질 응고에 의한 살균작용을 한다.
③ 환자복, 용기, 오물, 배설물 소독, 방역용으로 가장 많이 사용된다.
④ 소독액 온도가 낮을수록 소독효과가 높다.

> 석탄산은 고온일수록 강한 소독효과가 있고 살균력의 안전성이 높으며, 가격이 저렴하고 염화나트륨, 염산 첨가 시 소독력이 증가하며 포자와 바이러스에는 작용력이 거의 없음

25
소독약과 분류가 바르게 연결된 것은?
① 할로겐계 소독약 – 에탄올, 요오드
② 지방족계 소독약 – 과산화수소, 포르말린
③ 페놀계, 방향족계 – 석탄산, 크레졸
④ 산화제 – 승홍수, 과산화수소

> • 할로겐계 소독약 – 표백분, 차아염소산나트륨, 염소, 요오드
> • 지방족계 소독약 – 에탄올, 포름알데히드, 포르말린
> • 산화제 – 과산화수소, 과망간산칼륨
> • 수은화합물 – 승홍수, 머큐로크롬

26
순도 100% 소독약 원액 2mL에 증류수 98mL를 혼합하여 100mL의 소독약을 만들었다면 이 소독약의 농도는?
① 2%
② 3%
③ 5%
④ 98%

> 소독약 농도 계산법 : {용질량(소독약 원액)/용액량(희석액)}×100
> = (2/100)×100 = 2

정답 21 ③ 22 ② 23 ④ 24 ④ 25 ③ 26 ①

27
석탄산 50배 희석액과 다른 소독제 165배 희석액이 같은 살균력을 나타낸다면 이 소독제의 석탄산 계수는?

① 1.5 ② 2.5
③ 3.3 ④ 4.3

석탄산 계수 = (다른) 소독약의 희석배수/석탄산의 희석배수 = 165/50 = 3.3

28
크레졸 소독약에 대한 설명으로 옳지 않은 것은?

① 물에 녹지 않아 크레졸 비누액으로 사용한다.
② 손 소독 시 3%, 오물 소독 시 6%의 농도로 사용한다.
③ 석탄산보다 2배 정도 높은 소독력으로 세균에 대한 소독력이 강하다.
④ 손, 식기, 객담, 오물 등 소독에 사용한다.

크레졸은 손 소독 시 1~2%, 오물 소독 시 3%의 농도로 사용함

29
피부 자극과 독성이 없고 세정력이 약하여 0.01~0.1%의 수용액으로 사용하며 식기, 수저, 식품, 행주, 도마, 손 소독 등에 사용하는 소독제는?

① 에탄올 ② 생석회
③ 역성비누 ④ 양성 계면활성제

역성비누는 무색, 무취, 무독으로 비누의 분자 내 양이온이 활성을 띠며, 살균력은 강하지만 결핵균, 녹농균, 아포에는 효력이 없음

30
상처 부위 피부 접촉 시 발생되는 산소의 산화력으로 살균작용을 하는 산화제에 속하는 소독약으로 피부 창상, 구강소독, 구내염, 인두염 소독 등에 사용하는 소독제는?

① 크레졸 ② 에탄올
③ 요오드 ④ 과산화수소

과산화수소는 살균, 탈취, 표백에 효과적이고, 2.5~3%의 수용액으로 사용하며, 일반세균, 바이러스, 진균 등 소독에 효과적임

31
수은화합물 소독제로 화상, 열상, 점막, 피부, 상처 소독 등에 사용하는 소독제는?

① 생석회 ② 승홍수
③ 머큐로크롬 ④ 염소

머큐로크롬은 2%의 수용액으로 사용하며 무독성이고 살균력이 낮아 화상, 열상, 점막, 피부, 상처 소독에 사용함

32
소독제의 적정 사용 농도가 옳지 않은 것은?

① 석탄산 – 3%
② 에탄올 – 50%
③ 크레졸 – 3%, 손 소독 1~2%
④ 과산화수소 – 2.5~3.5%

에탄올은 70%의 소독 농도에서 살균력이 가장 강함

33
E.O 가스 소독에 대한 설명으로 옳지 않은 것은?

① 가열에 변질되는 물품 등의 소독에 사용된다.
② 가격이 저렴하고 보존 기간이 짧다.
③ 50~60℃ 저온에서 세균 및 아포까지 멸균한다.
④ 플라스틱, 전자기기, 고무제품 등의 소독에 사용한다.

E.O는 멸균 시간이 길고 가격이 비싸며 보존 기간이 장기적이고 아포까지 멸균하며 가스폭발 위험성을 줄이기 위해 이산화탄소와 프레온을 혼합하여 사용함

5 분야별 위생 · 소독

34
피부미용도구의 위생 · 소독으로 옳지 않은 것은?

① 미용용품 등의 일차적 소독 방법은 희석이다.
② 미용기구들은 전기선과 이물질을 정리하고 30%의 알코올 솜으로 닦아준다.
③ 소독한 기구류와 사용한 기구류는 구분하여 보관한다.
④ 화장솜, 해면, 면봉, 베드커버, 터번 등은 1회용을 사용한다.

고객의 피부에 직접 닿는 기구들은 70%의 알코올 솜으로 닦아 소독함

35
피부미용기구의 소독으로 옳지 않은 것은?
① 증기 소독 – 100℃ 이상의 습한 열에 20분 이상 조사한다.
② 열탕 소독 – 100℃ 이상의 물 속에 10분 이상 끓인다.
③ 에탄올 소독 – 에탄올이 70%인 수용액에 10분 이상 담그거나 에탄올 수용액을 머금은 면 또는 거즈로 기구의 표면을 닦는다.
④ 석탄산수 소독 – 석탄산 97%, 물 3%의 수용액에 10분 이상 담근다.

> 석탄산수 소독: 석탄산수(석탄산 3%, 물 97%의 수용액)에 10분 이상 담금

36
족집게, 핀셋, 여드름 압출 도구 등의 소독에 대한 설명으로 옳은 것은?
① 희석 방법으로 흐르는 물에 청결하게 씻어 실내건조한다.
② 희석 후 자외선에 건조한다.
③ 70% 알코올에 20분 이상 담근 후 미온수 세척하여 자비소독한다.
④ 크레졸수에 10분 이상 담근 후 실내건조한다.

> 족집게, 핀셋, 여드름 압출 도구 등은 70% 알코올에 20분 이상 담근 후 미지근한 물로 세척하여 자비소독함

37
미용도구 중 자비소독이 가능한 것은?
① 타월, 고객가운
② 플라스틱 브러시
③ 나무 스파튤라
④ 고무볼

> 자비소독은 100℃ 끓는 물에 15~20분간 끓이는 것으로 스테인리스, 면 재질, 도자기, 유리제품 등에 가능하지만 플라스틱, 고무 등에는 피함

38
피부관리실의 위생에 대한 설명 중 옳지 않은 것은?
① 환기가 어려운 실내는 인공환기장치를 설치하여 실내 공기의 흐름을 바꾸어준다.
② 간접 조명을 두어 고객의 안정감을 유지한다.
③ 쓰레기통은 뚜껑이 없는 것을 사용하여 편리성을 고려한다.
④ 화장품은 직사광선이 닿지 않는 곳에 보관한다.

> 쓰레기통은 뚜껑이 있는 형태를 사용하고 내부에 비닐을 씌워 청결을 유지함

39
다음 피부미용도구 위생·소독에 대한 설명으로 옳지 않은 것은?
① 브러시는 미지근한 물에 중성세제로 세척 후 자외선 소독기에 넣어 소독한다.
② 볼은 깨끗이 세척 후 자외선 소독기에 넣어 소독한다.
③ 해면은 끓는 물에 삶은 뒤 채광이 잘 되는 곳에서 말린다.
④ 스파튤라는 사용 후 세척하여 70%의 알코올 솜으로 닦아 소독하거나 자외선 소독기에 넣어 소독한다.

> 해면은 사용 후 미지근한 물에 중성세제로 씻어 채광이 잘 되는 곳에서 건조시킴

40
피부관리사의 위생·소독에 대한 설명으로 옳지 않은 것은?
① 시술 전 손은 70%의 알코올 솜으로 닦아 소독한다.
② 피부관리사의 손은 건조함을 방지하기 위해 크림을 바른다.
③ 구강위생을 위해 관리 전 구강청결제의 가글을 사용한다.
④ 위생교육과 세균 감염 예방에 대한 전문적인 교육은 관리자만 습득하면 된다.

> 이·미용 종사자는 위생교육과 세균 감염 예방에 대한 전문적인 교육을 습득하여야 함

| 정답 | 35 ④ 36 ③ 37 ① 38 ③ 39 ③ 40 ④

CHAPTER 03

공중위생관리법규

합격 TIP
- 영업신고 절차와 서류에 대해 학습하세요.
- 이·미용업자가 준수해야 하는 위생관리 기준은 출제 빈도가 높으므로 집중적으로 암기하세요.

1 목적 및 정의

(1) 「공중위생관리법」의 목적(공중위생관리법 제1조)
공중이 이용하는 영업의 위생관리 등에 관한 사항을 규정함으로써 위생수준을 향상시켜 국민의 건강 증진에 기여함을 목적으로 함

(2) 공중위생영업 용어의 정의(공중위생관리법 제2조) 빈출

공중위생영업	다수인을 대상으로 위생관리서비스를 제공하는 영업으로 숙박업, 목욕장업, 이용업, 미용업, 세탁업, 건물위생관리업을 말함
이용업	손님의 머리카락 또는 수염을 깎거나 다듬는 등의 방법으로 손님의 용모를 단정하게 하는 영업
미용업	손님의 얼굴·머리·피부 및 손톱·발톱 등을 손질하여 손님의 외모를 아름답게 꾸미는 영업
미용업(일반)	파마, 머리카락 자르기, 머리카락 모양 내기, 머리피부 손질, 머리카락 염색, 머리 감기, 의료기기나 의약품을 사용하지 아니하는 눈썹 손질을 하는 영업
미용업(피부)	의료기기나 의약품을 사용하지 아니하는 피부 상태 분석, 피부관리, 제모, 눈썹 손질을 하는 영업
미용업(네일)	손톱과 발톱을 손질, 화장하는 영업
미용업(화장, 분장)	얼굴 등 신체의 화장, 분장 및 의료기기나 의약품을 사용하지 아니하는 눈썹 손질을 하는 영업
미용업(종합)	미용업 일반, 피부, 네일, 화장·분장과 그 밖에 대통령령으로 정하는 업무를 모두 하는 영업
세탁업	의류, 기타 섬유 제품이나 피혁 제품 등을 세탁하는 영업
숙박업	손님이 잠을 자고 머물 수 있도록 시설 및 설비 등의 서비스를 제공하는 영업
목욕장업	손님이 물로 목욕을 하거나 맥반석·황토·옥 등을 직접 또는 간접 가열하여 발생되는 열기 또는 원적외선 등을 이용하여 땀을 낼 수 있는 시설 및 설비 등의 서비스를 제공하는 영업
건물위생관리업	공중이 이용하는 건축물·시설물 등의 청결 유지와 실내공기정화를 위한 청소 등을 대행하는 영업

2 영업의 신고 및 폐업(공중위생관리법 제3조) 빈출

(1) 영업신고
① 공중위생영업을 하고자 하는 자는 공중위생영업의 종류별로 보건복지부령이 정하는 시설 및 설비를 갖추고 시장·군수·구청장에게 신고하여야 함
② 신고서를 제출받은 시장·군수·구청장은 건축물대장, 토지이용계획확인서, 면허증을 확인하여야 함
③ 신고를 받은 시장·군수·구청장은 즉시 영업신고증을 교부하고, 신고관리대장을 작성·관리하여야 함
④ 신고를 받은 시장·군수·구청장은 해당 영업소의 시설 및 설비에 대한 확인이 필요한 경우에는 영업신고증을 교부한 후 30일 이내에 확인하여야 함
⑤ 재교부 신청은 영업신고증의 분실 및 훼손 시 또는 보건복지부령이 정하는 중요사항의 변경 시 가능함

> **참고** 신고인이 확인에 동의하지 않을 경우에는 해당 서류를 첨부(전기안전점검확인서, 액화석유 가스 사용시설 완성검사증명서, 안전시설 등 완비증명서, 면허증)

(2) 영업신고 시 제출서류
① 영업신고서
② 영업시설 및 설비개요서
③ 교육수료증(미리 교육을 받은 경우에만 해당)
④ 면허증 원본

(3) 영업변경신고
① 보건복지부령이 정하는 중요사항을 변경하고자 할 때에는 시장·군수·구청장에게 신고해야 함

변경신고사항	• 영업소의 명칭 또는 상호 • 영업소의 주소(소재지) • 신고한 영업장 면적의 3분의 1 이상의 증감 • 대표자의 성명(법인의 경우에 한함) 또는 생년월일 • 미용업 업종 간 변경
제출서류	• 영업신고사항 변경신고서(전자문서로 된 신고서 포함) • 영업신고증 원본(신고증을 분실하여 영업신고사항 변경신고서에 분실 사유를 기재하는 경우는 첨부하지 않음) • 변경사항을 증명하는 서류 • 변경신고를 하지 아니한 자는 6월 이하의 징역 또는 500만 원 이하 벌금에 처함

② 시장·군수·구청장은 건축물대장, 토지이용계획확인서, 면허증을 확인하여야 함
③ 시장·군수·구청장은 영업신고증을 고쳐 쓰거나 재교부하여야 함

> **참고** 미용업 업종 간 변경인 경우 확인 기간은 영업소의 시설 및 설비 등의 변경신고를 받은 날부터 30일 이내

(4) 폐업신고
① 보건복지부령이 정하는 폐업신고를 하려는 자는 공중위생영업의 폐업일로부터 20일 이내에 시장·군수·구청장에게 신고하여야 함
② 폐업신고를 하고자 하는 자는 신고서에 영업신고증을 첨부함
③ 영업정지 등의 기간 중에는 폐업신고를 할 수 없음

④ 이·미용업의 신고를 한 자의 사망으로 제6조에 따른 면허를 소지하지 아니한 자가 상속인이 된 경우에는 그 상속인은 상속받은 날부터 3개월 이내에 시장·군수·구청장에게 폐업신고를 하여야 함
⑤ 시장·군수·구청장은 공중위생영업자가 「부가가치세법」에 따라 관할 세무서장에게 폐업신고를 하거나 관할 세무서장이 사업자 등록을 말소한 경우에는 보건복지부령으로 정하는 바에 따라 신고사항을 직권으로 말소할 수 있음(직권으로 말소할 경우 영업자에게 사전통지하고 해당 기관의 게시판과 인터넷 홈페이지에 10일 이상 예고해야 함)
⑥ 시장·군수·구청장은 직권말소를 위하여 관할 세무서장에게 공중위생영업자의 폐업 여부에 대한 정보제공을 요청할 수 있으며, 관할 세무서장은 「전자정부법」에 따라 공중위생영업자의 폐업 여부에 대한 정보를 제공하여야 함

(5) 영업의 승계

영업자의 지위를 승계하는 자는 1개월 이내에 보건복지부령이 정하는 바에 따라 시장·군수·구청장에게 신고하여야 함

영업 승계 대상자	• 양수인: 해당 미용업을 양도한 경우 • 상속인: 해당 미용업자가 사망한 경우 • 법인: 해당 미용업의 합병 후 존속하는 법인 또는 합병에 의하여 설립되는 법인 • 경매, 환가, 압류재산의 매각, 그 밖에 이에 준하는 절차에 따라 해당 미용업의 관련 시설 및 설비의 전부를 인수한 자 • 이·미용업의 경우 해당 면허를 소지한 자에 한함
지위 승계 신고 시 제출서류	• 영업양도의 경우: 양도, 양수를 증명할 수 있는 서류 사본 및 양도인의 인감증명서 • 상속의 경우: 가족관계증명서, 상속인임을 증명할 수 있는 서류 • 그 외의 경우: 해당 사유별로 영업자의 지위를 승계하였음을 증명할 수 있는 서류

> **참고** 양도인의 인감증명서를 첨부하지 못하는 경우로서 시장, 군수, 구청장이 사실확인 등을 통해 양도, 양수가 이루어졌다고 인정할 수 있는 경우 또는 양도인과 양수인이 신고관청에 함께 방문하여 신고를 하는 경우에는 이를 생략할 수 있음

3 영업자 준수사항(공중위생관리법 제4조)

(1) 공중위생영업자의 위생관리 의무

공중위생영업자는 그 이용자에게 건강상 위해 요인이 발생하지 아니하도록 영업 관련 시설 및 설비를 위생적이고 안전하게 관리하여야 함

(2) 미용업 영업자의 준수사항 [빈출]

① 의료기구와 의약품을 사용하지 아니하는 순수한 화장 또는 피부미용을 할 것
② 미용기구는 소독을 한 기구와 소독을 하지 아니한 기구로 분리하여 보관하고, 면도기는 1회용 면도날만을 손님 1인에 한하여 사용할 것, 이 경우 미용기구의 소독기준 및 방법은 보건복지부령으로 정함
③ 미용사면허증을 영업소 안에 게시할 것

(3) 이·미용업자가 준수하여야 하는 위생관리 기준 [빈출]

① 미용업자는 점 빼기, 귓불 뚫기, 쌍꺼풀 수술, 문신, 박피술, 그 밖에 이와 유사한 의료행위를 해서는 안 됨
② 미용업자는 피부미용을 위해 의약품 또는 의료기기를 사용해서는 안 됨

③ 이·미용기구 중 소독을 한 기구와 소독을 하지 않은 기구는 각각 다른 용기에 넣어 보관하여야 함
④ 1회용 면도날은 손님 1인에 한하여 사용하여야 함
⑤ 영업장 안의 조명도를 75룩스(Lux) 이상이 되도록 유지하여야 함
⑥ 영업소 내부에 이·미용업 신고증, 개설자의 면허증 원본 및 최종지급요금표를 게시하여야 함
⑦ 신고한 영업장 면적이 66m² 이상인 영업소의 경우 영업소 외부에도 손님이 보기 쉬운 곳에 「옥외광고물 등 관리법」에 적합하게 최종지급요금표를 게시 또는 부착하여야 함. 이 경우 최종지급요금표에는 일부 항목(미용업자 5개 이상, 이용업자 3개 이상)만을 표시할 수 있음
⑧ 3가지 이상의 이·미용서비스를 제공하는 경우에는 개별 이·미용서비스의 최종지급가격 및 전체 이·미용서비스의 총액에 관한 내역서를 이용자에게 미리 제공하여야 함 (이 경우 이·미용업자는 해당 내역서 사본을 1개월간 보관하여야 함)
⑨ 영업소 내부에 카메라나 기계장치를 설치하여서는 안 됨

(4) 시설 및 설비 기준 빈출

① 미용업(피부)의 기준
- 미용기구는 소독을 한 기구와 소독을 하지 아니한 기구를 구분하여 보관할 수 있는 용기를 비치할 것
- 소독기·자외선살균기 등 미용기구를 소독하는 장비를 갖출 것

② 이용업의 기준
- 이용기구는 소독을 한 기구와 소독을 하지 아니한 기구를 구분하여 보관할 수 있는 용기를 비치할 것
- 소독기·자외선살균기 등 이용기구를 소독하는 장비를 갖출 것
- 영업소 안에는 별실 그 밖에 이와 유사한 시설을 설치하지 아니할 것

③ 이·미용기구 소독 기준 및 방법(보건복지부령)

일반 기준	• 자외선 소독: 1cm²당 85㎼ 이상의 자외선을 20분 이상 쬐어줌 • 건열멸균 소독: 100℃ 이상의 건조한 열에 20분 이상 조사함 • 증기 소독: 100℃ 이상의 습한 열에 20분 이상 쐬어줌 • 열탕 소독: 100℃ 이상의 물 속에 10분 이상 끓여줌 • 석탄산수 소독: 석탄산수(석탄산 3%, 물 97%의 수용액)에 10분 이상 담가둠 • 크레졸 소독: 크레졸수(크레졸 3%, 물 97%의 수용액)에 10분 이상 담가둠 • 에탄올 소독: 에탄올 수용액(에탄올 70%인 수용액)에 10분 이상 담가두거나 에탄올 수용액을 머금은 면 또는 거즈로 기구의 표면을 닦음
개별 기준	이·미용기구의 종류, 재질 및 용도에 따른 구체적인 소독 기준 및 방법은 보건복지부장관이 정하여 고시함

4 면허(공중위생관리법 제6조)

(1) 이·미용사의 면허 취득요건 빈출
이용사 또는 미용사가 되고자 하는 자는 보건복지부령이 정하는 바에 의하여 시장·군수·구청장의 면허를 받아야 함

- 전문대학 또는 이와 같은 수준 이상의 학력이 있다고 교육부장관이 인정하는 학교에서 이·미용에 관한 학과를 졸업한 자
- 「학점인정 등에 관한 법률」에 따라 대학 또는 전문대학을 졸업한 자와 같은 수준 이상의 학력이 있는 것으로 인정되어 이·미용에 관한 학위를 취득한 자
- 고등학교 또는 이와 같은 수준의 학력이 있다고 교육부장관이 인정하는 학교에서 이·미용에 관한 학과를 졸업한 자
- 초·중등교육법령에 따른 특성화고등학교, 고등기술학교나 고등학교 또는 고등기술학교에 준하는 각종학교에서 1년 이상 이·미용에 관한 소정의 과정을 이수한 자
- 「국가기술자격법」에 의한 이·미용사의 자격을 취득한 자

(2) 이·미용사의 면허 신청 절차(공중위생관리법 시행규칙 제9조)
① 면허신청서 제출: 이·미용사 면허를 받고자 하는 자는 면허신청서에 첨부서류(졸업증명서, 이수증명서, 건강진단서, 사진 1매)를 첨부하여 주소지를 관할하는 시장·군수·구청장에게 제출하여야 함

② 첨부서류

졸업증명서 또는 학위증명서 1부	• 전문대학 또는 이와 같은 수준 이상의 학력이 있다고 교육부장관이 정하는 학교에서 이·미용에 관한 학과를 졸업한 자 • 고등학교 또는 이와 같은 수준의 학력이 있다고 교육부장관이 인정하는 학교에서 이·미용에 관한 학과를 졸업한 자 • 「학점인정 등에 관한 법률」에 따라 대학 또는 전문대학을 졸업자와 같은 수준 이상의 학력이 있는 것으로 인정되어 이·미용에 관한 학위를 취득한 자
이수증명서 1부	초·중등교육법령에 따른 특성화고등학교, 고등기술학교나 고등학교 또는 고등기술학교에 준하는 각종학교에서 1년 이상 이·미용에 관한 소정의 과정을 이수한 자
건강진단서 1부	정신질환자, 감염병 환자, 약물중독자가 아님을 증명하는 최근 6개월 이내의 의사 또는 전문의 진단서
사진 1매	최근 6개월 이내에 찍은 가로 3.5cm, 세로 4.5cm의 상반신 정면 사진 또는 전자적 파일 형태의 사진

③ 자격증 확인: 신청을 받은 시장·군수·구청장은「전자정부법」제36조 제1항에 따른 행정정보의 공동이용을 통하여 학점은행제학위증명서와 국가기술자격취득사항확인서를 확인하여야 함. 다만, 신청인이 확인에 동의하지 아니하는 경우에는 해당 서류를 첨부하도록 하여야 함

④ 면허등록관리대장의 작성·관리: 시장·군수·구청장은 이·미용사 또는 미용사 면허증발급신청을 받은 경우에는 그 신청내용이 법 제6조의 규정에 의한 요건에 적합하다고 인정되는 경우에는 〈별지 제8호 서식〉의 면허증을 교부하고, 〈별지 제9호 서식〉의 면허등록관리대장을 작성·관리하여야 함

(3) 이·미용사의 면허 결격사유 [빈출]
① 피성년후견인
② 「정신건강복지법」에 따른 정신질환자(단, 전문의가 이·미용사로서 적합하다고 인정하는 사람은 제외함)
③ 공중의 위생에 영향을 미칠 수 있는 감염병 환자로서 보건복지부령이 정하는 자
④ 마약, 기타 대통령령으로 정하는 약물 중독자
⑤ 면허가 취소된 후 1년이 경과되지 아니한 자

> [참고] 피성년후견인에게 면허증은 빌려주거나 빌려서도, 그 행위를 알선해서도 안 됨

(4) 이·미용사의 면허 재발급
① 이·미용사는 면허증의 기재사항에 변경이 있는 때, 면허증을 잃어버린 때 또는 헐어 못 쓰게 된 때에는 면허증의 재발급을 신청할 수 있음(시행규칙 제10조 제1항)
② 면허증의 재발급 신청을 하고자 하는 자는 신청서에 첨부서류를 첨부하여 시장·군수·구청장에게 제출함

> [참고] 첨부서류
> - 면허증 원본(기재사항 변경 시, 헐어 못쓰게 된 경우에 한함)
> - 최근 6개월 이내에 찍은 탈모 정면 상반신 사진 1매(가로 3.5cm, 세로 4.5cm)

(5) 이·미용사의 면허정지·취소(공중위생관리법 제7조) [빈출]
① 시장·군수·구청장은 이용사 또는 미용사가 다음의 하나에 해당하는 때에는 그 면허를 취소하거나 6개월 이내의 기간을 정하여 그 면허의 정지를 명할 수 있음

면허취소	• 면허 결격사유에 해당한 경우 • 「국가기술자격법」에 따라 이·미용사 자격이 취소된 경우 • 이중으로 면허를 취득한 경우 • 면허정지처분을 받고 그 정지기간 중 업무를 행한 경우

면허정지 또는 취소	• 면허증을 다른 사람에게 대여한 경우
	   – 1차 위반: 면허정지 3월
	   – 2차 위반: 면허정지 6월
	   – 3차 위반: 면허취소
	• 「국가기술자격법」에 따라 이·미용사 자격정지처분을 받은 경우
	• 「성매매알선 등 행위의 처벌에 관한 법률」이나 「풍속영업의 규제에 관한 법률」을 위반하여 관계 행정기관의 장으로부터 그 사실을 통보받은 경우

② 면허취소·정지처분의 세부적인 기준은 그 처분의 사유와 위반의 정도 등을 감안하여 보건복지부령으로 정함

> [참고] 면허취소·정지처분
> - 면허의 취소, 정지명령을 받은 자는 지체 없이 관할 시장·군수·구청장에게 면허증을 반납함(시행규칙 제12조 제1항)
> - 반납한 면허증은 그 면허정지기간 동안 관할 시장·군수·구청장이 이를 보관함(시행규칙 제12조 제2항)

5 업무(공중위생관리법 제8조)

(1) 이·미용사의 업무 범위
① 이·미용사의 면허를 받은 자가 아니면 이·미용업을 개설하거나 그 업무에 종사할 수 없음(단, 이·미용사의 감독을 받아 이용 또는 미용업무의 보조를 행하는 경우에는 그러하지 아니함)
② 이·미용의 업무는 영업소 외의 장소에서 행할 수 없음(단, 보건복지부령이 정하는 특별한 사유가 있는 경우는 그러하지 아니함)
③ 이·미용의 업무 범위와 업무보조 범위에 관하여 필요한 사항은 보건복지부령이 정함
④ 이용사의 업무 범위: 이발, 아이론, 면도, 머리피부 손질, 머리카락 염색 및 머리 감기

> [참고] 보건복지부령이 정하는 특별한 사유(시행규칙 제13조)
> - 질병·고령·장애나 그 밖의 사유로 인하여 영업소에 나올 수 없는 자에 대하여 이·미용을 하는 경우
> - 혼례나 그 밖의 의식에 참여하는 자에 대하여 그 의식 직전에 이·미용을 하는 경우
> - 사회복지시설에서 봉사활동으로 이·미용을 하는 경우
> - 방송 등의 촬영에 참여하는 사람에 대하여 그 촬영 직전에 이·미용을 하는 경우
> - 이 외에 특별한 사정이 있다고 시장·군수·구청장이 인정하는 경우

⑤ 미용사의 업무 범위

미용사 (종합)	• 2007년 12월 31일 이전에 미용사의 자격을 취득한 자로서 미용사 면허를 받은 자 • 일반·피부·네일·메이크업 미용사 등의 업무
미용사 (일반)	• 2008년 1월 1일부터 2015년 4월 16일까지 미용사(일반) 자격을 취득한 자로서 미용사 면허를 받은 자 • 파마, 머리카락 자르기, 머리카락 모양 내기, 머리피부 손질, 머리카락 염색, 머리 감기, 의료기기나 의약품을 사용하지 아니하는 눈썹 손질, 얼굴의 손질 및 화장, 손톱과 발톱의 손질 및 화장
	• 2015년 4월 17일부터 2016년 5월 31일까지 미용사(일반) 자격을 취득한 자로서 미용사 면허를 받은 자 • 파마, 머리카락 자르기, 머리카락 모양 내기, 머리피부 손질, 머리카락 염색, 머리 감기, 의료기기나 의약품을 사용하지 아니하는 눈썹 손질, 얼굴의 손질 및 화장
	• 2016년 6월 1일 이후부터 현일까지 미용사(일반) 자격을 취득한 자로서 미용사 면허를 받은 자 • 파마, 머리카락 자르기, 머리카락 모양 내기, 머리피부 손질, 머리카락 염색, 머리 감기, 의료기기나 의약품을 사용하지 아니하는 눈썹 손질
미용사 (피부)	• 미용사(피부) 자격을 취득한 자로서 미용사 면허를 받은 자 • 의료기기나 의약품을 사용하지 아니하는 피부 상태 분석, 피부관리, 제모, 눈썹 손질
미용사 (네일)	• 미용사(네일) 자격을 취득한 자로서 미용사 면허를 받은 자 • 손톱과 발톱의 손질 및 화장
미용사 (메이크업)	• 미용사(메이크업) 자격을 취득한 자로서 미용사 면허를 받은 자 • 얼굴 등 신체의 화장, 분장 및 의료기기나 의약품을 사용하지 아니하는 눈썹 손질

6 행정지도감독(공중위생관리법 제9조)

(1) 보고 및 출입·검사 빈출

① 특별시장·광역시장·도지사 또는 시장·군수·구청장은 공중위생관리상 필요하다고 인정하는 때에는 공중위생영업자에 대하여 필요한 보고를 하게 하거나 소속 공무원으로 하여금 영업소·사무소 등에 출입하여 공중위생영업자의 위생 관리의무이행 등에 대하여 검사하게 하거나 필요에 따라 공중위생영업장부나 서류를 열람하게 할 수 있음

② 시·도지사 또는 시장·군수·구청장은 공중위생영업자의 영업소에 설치가 금지되는 카메라나 기계장치가 설치되었는지를 검사할 수 있음. 이 경우 공중위생영업자는 특별한 사정이 없으면 검사에 따라야 함

③ 보고 및 출입·검사 시 관계 공무원은 그 권한을 표시하는 증표를 지녀야 하며, 관계인에게 이를 내보여야 함

(2) 검사의뢰(공중위생관리법 시행규칙 제15조)

특별시장·광역시장·도지사 또는 시장·군수·구청장은 소속 공무원이 공중위생영업소의 위생관리실태를 검사하기 위하여 검사대상물을 수거한 경우에는 수거증을 공중위생영업자에게 교부하고, 다음의 기관에 검사를 의뢰하여야 함

참고
• ②에 대해 시·도지사 또는 시장·군수·구청장은 관할 경찰관서의 장에게 협조를 요청할 수 있음
• 시·도지사 또는 시장·군수·구청장은 영업소에 대하여 검사 결과에 대한 확인증을 발부할 수 있음

① 특별시·광역시·도의 보건환경연구원
② 「국가표준기본법」 제23조 규정에 의하여 인정을 받은 시험·검사기관
③ 시·도지사 또는 시장·군수·구청장이 검사능력이 있다고 인정하는 검사기관

(3) 영업의 제한(공중위생관리법 제9조의2)
시·도지사 또는 시장·군수·구청장은 공익상 또는 선량한 풍속을 유지하기 위하여 필요하다고 인정하는 때에는 공중위생영업자 및 종사원에 대하여 영업시간 및 영업행위에 관한 필요한 제한을 할 수 있음

(4) 위생지도 및 개선명령(공중위생관리법 제10조) 빈출
① 시·도지사 또는 시장·군수·구청장은 다음의 어느 하나에 해당하는 자에 대하여 보건복지부령으로 정하는 바에 따라 기간을 정하여 개선을 명할 수 있음
- 공중위생영업의 종류별 시설 및 설비 기준을 위반한 공중위생영업자
- 위생관리의무 등을 위반한 공중위생영업자

② 개선기간(공중위생관리법 시행규칙 제17조)
- 시·도지사 또는 시장·군수·구청장으로부터 개선명령을 받은 공중위생영업자는 천재지변, 기타 부득이한 사유로 인하여 개선기간 이내에 개선을 완료할 수 없는 경우에는 그 기간이 종료되기 전에 개선기간의 연장을 신청할 수 있음
- 시·도지사 또는 시장·군수·구청장은 공중위생영업자에게 위반사항에 대한 개선을 명하고자 하는 때에는 위반사항의 개선에 소요되는 기간 등을 고려하여 즉시 그 개선을 명하거나 6개월의 범위에서 기간을 정하여 개선을 명하여야 함

(5) 영업소 폐쇄(공중위생관리법 제11조) 빈출
① 시장·군수·구청장은 공중위생영업자가 다음의 어느 하나에 해당하면 6월 이내의 기간을 정하여 영업의 정지 또는 일부 시설의 사용중지를 명하거나 영업소 폐쇄 등을 명할 수 있음
- 공중위생업 영업신고를 하지 아니하거나 시설과 설비 기준을 위반한 경우
- 보건복지부령이 정하는 주요사항의 변경신고를 하지 아니한 경우
- 공중위생영업자의 지위승계신고를 하지 아니한 경우
- 공중위생영업자의 위생관리 의무 등을 지키지 아니한 경우
- 설치가 금지되는 카메라나 기계장치를 설치한 경우
- 영업소 외의 장소에서 이·미용 업무를 한 경우
- 공중위생관리상 필요한 보고를 하지 아니하거나 거짓으로 보고한 경우 또는 관계 공무원의 출입, 검사 또는 공중위생영업 장부 또는 서류의 열람을 거부·방해하거나 기피한 경우
- 공중위생관리에 관한 개선명령을 이행하지 않은 경우
- 「성매매알선 등 행위의 처벌에 관한 법률」, 「풍속영업의 규제에 관한 법률」, 「청소년 보호법」, 「아동·청소년의 성보호에 관한 법률」 또는 「의료법」을 위반하여 관계 행정기관의 장으로부터 그 사실을 통보받은 경우

② 시장·군수·구청장은 영업정지 처분을 받고도 그 영업정지 기간에 영업을 한 경우에는 영업소 폐쇄를 명할 수 있음
③ 시장·군수·구청장은 다음의 어느 하나에 해당하는 경우에는 영업소 폐쇄를 명할 수 있음

- 공중위생영업자가 정당한 사유없이 6개월 이상 계속 휴업하는 경우
- 공중위생영업자가 「부가가치세법」 제8조에 따라 관할 세무서장에게 폐업신고를 하거나 관할 세무서장이 사업자등록을 말소한 경우
- 공중위생영업자가 영업을 하지 아니하기 위하여 영업시설의 전부를 철거한 경우

④ 행정처분의 세부 기준은 그 위반행위의 유형과 위반 정도 등을 고려하여 보건복지부령으로 정함

⑤ 시장·군수·구청장은 공중위생영업자가 영업소 폐쇄명령을 받고도 계속하여 영업을 하는 때에는 관계 공무원으로 하여금 해당 영업소를 폐쇄하기 위하여 다음의 조치를 하게 할 수 있고, 신고를 하지 아니하고 공중위생영업을 하는 경우에도 또한 같음
- 해당 영업소의 간판 기타 영업표지물의 제거
- 해당 영업소가 위반한 영업소임을 알리는 게시물 등의 부착
- 영업을 위하여 필수불가결한 기구 또는 시설물을 사용할 수 없게 하는 봉인

⑥ 시장·군수·구청장은 봉인을 한 후 봉인을 계속할 필요가 없다고 인정되는 때와 영업자 등이나 그 대리인이 해당 영업소를 폐쇄할 것을 약속하는 때 및 정당한 사유를 들어 봉인의 해제를 요청하는 때에는 그 봉인을 해제할 수 있고, 게시물 등의 제거를 요청하는 경우에도 또한 같음

(6) 행정제재처분효과의 승계(공중위생관리법 제11조의3)
① 공중위생영업자가 그 영업을 양도하거나 사망한 때 또는 법인의 합병이 있는 때에는 종전의 영업자에 대하여 「공중위생관리법」의 위반을 사유로 행한 행정제재처분의 효과는 그 처분기간이 만료된 날부터 1년간 양수인·상속인 또는 합병 후 존속하는 법인에 승계됨
② 공중위생영업자가 그 영업을 양도하거나 사망한 때 또는 법인의 합병이 있는 때에는 「공중위생관리법」의 위반을 사유로 하여 종전의 영업자에 대하여 진행 중인 행정제재처분 절차를 양수인·상속인 또는 합병 후 존속하는 법인에 대하여 속행할 수 있음
③ 양수인이나 합병 후 존속하는 법인이 양수하거나 합병할 때에 그 처분 또는 위반사실을 알지 못한 경우에는 그러지 아니함

(7) 같은 종류의 영업 금지(공중위생관리법 제11조의4)
① 설치가 금지되는 카메라나 기계장치를 설치한 경우, 「성매매알선 등 행위의 처벌에 관한 법률」, 「아동·청소년의 성보호에 관한 법률」, 「풍속영업의 규제에 관한 법률」, 「청소년 보호법」을 위반하여 영업장 폐쇄명령을 받은 자(법인의 경우는 그 대표자를 포함)는 그 폐쇄명령을 받은 후 2년이 경과하지 아니한 때에는 같은 종류의 영업을 할 수 없음
② 「성매매알선 등 행위의 처벌에 관한 법률」 등 외의 법률을 위반하여 폐쇄명령을 받은 자는 그 폐쇄명령을 받은 후 1년이 경과하지 아니한 때에는 같은 종류의 영업을 할 수 없음
③ 「성매매알선 등 행위의 처벌에 관한 법률」 등의 법률을 위반하여 폐쇄명령이 있은 후 1년이 경과하지 아니한 때에는 누구든지 그 폐쇄명령이 이루어진 영업장소에서 같은 종류의 영업을 할 수 없음
④ 「성매매알선 등 행위의 처벌에 관한 법률」 등 외의 법률을 위반하여 폐쇄명령이 있은 후 6개월이 경과하지 아니한 때에는 누구든지 그 폐쇄명령이 이루어진 영업장소에서 같은 종류의 영업을 할 수 없음

(8) 위반사실 공표(공중위생관리법 제11조의6)
시장·군수·구청장은 이·미용사의 면허취소 등, 공중위생영업소의 폐쇄 등, 과징금 처분에 따라 행정처분이 확정된 공중위생영업자에 대한 처분 내용, 해당 영업소의 명칭 등 처분과 관련한 영업 정보를 대통령령으로 정하는 바에 따라 공표하여야 함

(9) 청문(공중위생관리법 제12조) 빈출
보건복지부장관 또는 시장·군수·구청장은 다음의 어느 하나에 해당하는 처분을 하려면 청문을 실시하여야 함
① 이·미용사의 면허취소 및 면허정지
② 영업의 정지명령
③ 일부 시설의 사용중지 및 영업소 폐쇄명령

7 업소 위생등급

(1) 위생서비스 수준 평가(공중위생관리법 제13조) 빈출
① 시·도지사는 공중위생영업소의 위생관리 수준을 향상시키기 위하여 위생서비스 평가계획을 수립하여 시장·군수·구청장에게 통보하여야 함
② 시장·군수·구청장은 평가계획에 따라 관할 지역별 세부평가계획을 수립한 후 공중위생영업소의 위생서비스 수준을 평가하여야 함
③ 시장·군수·구청장은 평가의 전문성을 높이기 위하여 필요하다고 인정하는 경우에는 관련 전문기관 및 단체로 하여금 위생서비스 평가를 실시하게 할 수 있음
④ 공중위생영업소의 위생서비스 평가는 2년마다 실시하되, 공중위생영업소의 보건·위생관리를 위하여 특히 필요한 경우에는 공중위생영업의 종류·위생등급별로 평가주기를 달리할 수 있으며 기타평가에 관한 필요사항은 보건복지부장관이 정하여 고시함
⑤ 휴업신고를 한 경우 해당 공중위생영업소에 대해서는 위생서비스 평가를 실시하지 않을 수 있음

(2) 위생관리등급 공표(공중위생관리법 제14조)
① 시장·군수·구청장은 보건복지부령이 정하는 바에 의하여 위생서비스 평가의 결과에 따른 위생관리등급을 해당 공중위생영업자에게 통보하고 이를 공표하여야 함
② 공중위생영업자는 제1항의 규정에 의하여 시장·군수·구청장으로부터 통보받은 위생관리등급의 표지를 영업소의 명칭과 함께 영업소의 출입구에 부착할 수 있음
③ 시·도지사 또는 시장·군수·구청장은 위생서비스 평가의 결과 위생서비스의 수준이 우수하다고 인정되는 영업소에 대하여 포상을 실시할 수 있음
④ 시·도지사 또는 시장·군수·구청장은 위생서비스 평가의 결과에 따른 위생관리등급별로 영업소에 대한 위생감시를 실시하여야 하며, 이 경우 영업소에 대한 출입·검사와 위생감시의 실시주기 및 횟수 등 위생관리등급별 위생감시 기준은 보건복지부령으로 정함

(3) 위생관리등급의 구분(공중위생관리법 시행규칙 제21조) 빈출

최우수 업소	녹색등급
우수 업소	황색등급
일반관리대상 업소	백색등급

(4) 공중위생감시원 빈출
① 공중위생감시원의 자격·임명·업무 범위 등에 기타 필요한 사항은 대통령령으로 정하며 공중위생영업의 위생관리의 업무 등 관계 공무원의 업무를 행하게 하기 위하여 특별시·광역시·도 및 시·군·구에 공중위생감시원을 둠
② 특별시장·광역시장·도지사 또는 시장·군수·구청장은 다음 어느 하나에 해당하는 소속 공무원 중에서 공중위생감시원을 임명함

> **자격기준**
> - 위생사 또는 환경기사 2급 이상의 자격증이 있는 사람
> - 「고등교육법」에 따른 대학에서 화학·화공학·환경공학 또는 위생학 분야를 전공하고 졸업한 사람 또는 법령에 따라 이와 같은 수준 이상의 학력이 있다고 인정되는 사람
> - 외국에서 위생사 또는 환경기사의 면허를 받은 사람
> - 1년 이상 공중위생행정에 종사한 경력이 있는 사람

③ 시·도지사 또는 시장·군수·구청장은 공중위생감시원의 인력확보가 곤란하다고 인정되는 때에는 공중위생행정에 종사하는 사람 중 공중위생감시에 관한 교육훈련을 2주 이상 받은 사람을 공중위생행정에 종사하는 기간 동안 공중위생감시원으로 임명할 수 있음

(5) 공중위생감시원의 업무범위(공중위생관리법 시행령 제9조) 빈출
① 시설 및 설비의 확인
② 공중위생영업 관련 시설 및 설비의 위생상태 확인·검사, 공중위생영업자의 위생관리의무 및 영업자 준수사항 이행 여부의 확인
③ 위생지도 및 개선명령 이행 여부의 확인
④ 공중위생영업소의 영업정지, 일부 시설의 사용중지 또는 영업소 폐쇄명령 이행 여부의 확인
⑤ 위생교육 이행 여부의 확인

(6) 명예공중위생감시원(공중위생관리법 시행령 제9조의2)
① 시·도지사는 공중위생의 관리를 위한 지도·계몽 등을 행하게 하기 위하여 명예공중위생감시원을 둘 수 있음(공중위생관리법 제15조의2 제1항)
② 명예공중위생감시원의 자격 및 위촉방법, 업무범위 등에 관하여 필요한 사항은 대통령령으로 정함

> **자격기준**
> - 공중위생에 대한 지식과 관심이 있는 자
> - 소비단체, 공중위생관련 협회 또는 단체의 소속 직원 중에서 당해 단체 등의 장이 추천하는 자

③ 시·도지사는 명예감시원의 활동지원을 위하여 예산의 범위 안에서 시·도지사가 정하는 바에 따라 수당 등을 지급할 수 있음(시행령 제9조의2 제3항)

④ 명예감시원의 운영에 관하여 필요한 사항은 시·도지사가 정함(시행령 제9조의2 제4항)

(7) 명예공중위생감시원의 업무범위 [빈출]
① 공중위생감시원이 행하는 검사대상물의 수거 지원
② 법령 위반행위에 대한 신고 및 자료 제공
③ 그 밖에 공중위생에 관한 홍보·계몽 등 공중위생관리업무와 관련하여 시·도지사가 따로 정하여 부여하는 업무

8 위생교육

(1) 위생교육(공중위생관리법 제17조) [빈출]
① 공중위생영업자는 매년 위생교육을 받아야 함(매년 3시간)
② 공중위생영업신고를 하고자 하는 자는 공중위생업소를 개설하기 전에 미리 위생교육을 받아야 함(단, 보건복지부령으로 정하는 부득이한 사유로 미리 교육을 받을 수 없는 경우에는 영업개시 후 6개월 이내에 위생교육을 받을 수 있음)
③ 위생교육을 받아야 하는 자 중 영업에 직접 종사하지 아니하거나 2곳 이상의 장소에서 영업을 하는 자는 종업원 중 영업장별로 공중위생에 관한 책임자를 지정하고 그 책임자로 하여금 위생교육을 받게 하여야 함
④ 위생교육은 보건복지부장관이 허가한 단체 또는 법령에 의해 설립된 공중위생영업자단체가 실시할 수 있음
⑤ 위생교육의 방법·절차 등에 관하여 필요한 사항은 보건복지부령으로 정함

(2) 위생교육 내용(공중위생관리법 시행규칙 제23조) [빈출]
① 위생교육은 집합교육과 온라인 교육을 병행하여 실시하되, 교육시간은 3시간으로 함
② 위생교육의 내용은 「공중위생관리법」 및 관련 법규, 소양교육, 기술교육, 그 밖에 공중위생에 관하여 필요한 내용으로 함
③ 동일한 공중위생영업자가 미용업 중 둘 이상의 미용업을 같은 장소에서 하는 경우에는 그 중 하나의 미용업에 대한 위생교육을 받으면 나머지 미용업에 대한 위생교육도 받은 것으로 봄
④ 위생교육 대상자 중 보건복지부장관이 고시하는 섬·벽지지역에서 영업을 하고 있거나 하려는 자에 대하여는 교육교재를 배부하여 이를 익히고 활용하도록 함으로써 교육에 갈음할 수 있음
⑤ 위생교육 대상자 중 「부가가치세법」 제8조 제8항에 따른 휴업신고를 한 자에 대해서는 휴업신고를 한 다음 해부터 영업을 재개하기 전까지 위생교육을 유예할 수 있음
⑥ 영업신고 전에 위생교육을 받아야 하는 자 중 다음의 어느 하나에 해당하는 자는 영업신고를 한 후 6개월 이내에 위생교육을 받을 수 있음
  • 천재지변, 본인의 질병·사고, 업무상 국외출장 등의 사유로 교육을 받을 수 없는 경우
  • 교육을 실시하는 단체의 사정 등으로 미리 교육을 받기 불가능한 경우
⑦ 위생교육을 받은 자가 위생교육을 받은 날부터 2년 이내에 위생교육을 받은 업종과 같은 업종의 영업을 하려는 경우에는 해당 영업에 대한 위생교육을 받은 것으로 간주함
⑧ 보건복지부장관이 고시한 위생교육 실시단체는 교육교재를 편찬하여 교육대상자에게 제공하여야 함

(3) 수료증 및 기타 내용
① 보건복지부장관이 고시한 위생교육 실시단체의 장은 위생교육을 수료한 자에게 수료증을 교부하고, 교육실시 결과를 교육 후 1개월 이내에 시장·군수·구청장에게 통보하여야 하며, 수료증 교부대장 등 교육에 관한 기록을 2년 이상 보관·관리하여야 함
② 위생교육 대상자 중 교육 미이수자는 200만 원 이하의 과태료를 징수함

(4) 위임 및 위탁(공중위생관리법 제18조)
① 보건복지부장관은 이 법에 의한 권한의 일부를 대통령령이 정하는 바에 의하여 시·도지사 또는 시장·군수·구청장에게 위임할 수 있음
② 보건복지부장관은 대통령령이 정하는 바에 의하여 관계 전문기관에 그 업무의 일부를 위탁할 수 있음

(5) 국고보조(공중위생관리법 제19조)
국가 또는 지방자치단체는 전문기관 및 단체로 하여금 위생서비스 평가를 실시하게 할 경우 위생서비스 평가를 실시하는 자에 대하여 예산의 범위 안에서 위생서비스 평가에 소요되는 경비의 전부 또는 일부를 보조할 수 있음

(6) 기타
① 이·미용사 면허를 받고자 하는 자는 대통령령이 정하는 바에 따라 수수료를 납부하여야 함
② 위탁받은 업무에 종사하는 관계 전문기관의 임직원은 「형법」 제129조부터 제132조까지 규정을 적용할 때에는 공무원으로 간주함

9 벌칙

(1) 벌칙 빈출

1년 이하의 징역 또는 1천만 원 이하의 벌금	• 공중위생영업의 신고를 하지 아니한 자 • 영업정지 또는 일부 시설의 사용중지명령을 받고도 그 기간 중에 영업을 하거나 그 시설을 사용한 자 • 영업소 폐쇄명령을 받고도 계속하여 영업한 자
6월 이하의 징역 또는 500만 원 이하의 벌금	• 공중위생영업의 변경신고를 하지 아니한 자 • 공중위생영업의 지위를 승계한 자로서 승계신고를 하지 아니한 자 • 건전한 영업질서를 위하여 공중위생영업자가 준수해야 할 사항을 준수하지 아니한 자
300만 원 이하의 벌금	• 다른 사람에게 이·미용사의 면허증을 빌려주거나 빌린 사람 • 이·미용사의 면허증을 빌려주거나 빌리는 것을 알선한 사람 • 면허정지 및 면허취소 중에 이·미용업을 한 사람 • 면허를 받지 않고 이·미용업을 개설하거나 이·미용업 업무에 종사한 사람

> **참고** 벌칙 관련 용어
> • 벌금: 금전을 박탈하는 형벌로, 미납 시 노역 유치
> • 과태료: 행정법상 의무 위반에 대한 제재로 부과 징수하는 금전 부담
> • 과징금: 행정법상 의무 위반 시 발생된 경제적 이익에 대해 징수하는 금전 부담

(2) 양벌규정(공중위생관리법 제21조)
법인의 대표자나 법인 또는 개인의 대리인·사용인, 그 밖의 기타 종업원이 그 법인 또는 개인의 업무에 관하여 위반행위를 하면 그 행위자를 벌하는 외에 그 법인 또는 개인에게도

해당 조문의 벌금형을 과함(단, 법인 또는 개인이 그 위반행위를 방지하기 위해 해당 업무에 관하여 상당한 주의와 감독을 게을리하지 아니한 경우는 제외함)

(3) 과태료(공중위생관리법 제22조) 빈출

① 300만 원 이하의 과태료
- 공중위생관리상에 필요한 보고를 하지 아니하거나 관계 공무원의 출입·검사·기타 조치를 거부·방해 또는 기피한 자
- 위생관리 의무에 대한 개선명령에 위반한 자
- 시설 및 설비 기준에 대한 개선명령에 위반한 자
- 이용업 신고를 하지 아니하고 이용업소표시등을 설치한 자

② 200만 원 이하의 과태료
- 미용업소의 위생관리 의무를 지키지 아니한 자
- 영업소 외의 장소에서 이·미용 업무를 행한 자
- 위생교육을 받지 아니한 자

③ 과태료 부과 기준
- 과태료는 대통령령으로 정하는 바에 따라 보건복지부장관 또는 시장·군수·구청장이 부과·징수함
- 일반기준: 시장·군수·구청장은 위반행위의 정도, 위반횟수, 위반행위의 동기와 그 결과 등을 고려하여 그 해당 금액의 2분의 1의 범위에서 경감하거나 가중할 수 있음

과태료를 줄여 부과할 수 있는 경우 (단, 과태료 체납의 경우는 제외)	과태료를 늘려 부과할 수 있는 경우 (단, 과태료 금액의 상한을 넘을 수 없는 범위 내)
• 위반행위가 사소한 부주의나 오류로 발생한 것으로 인정되는 경우 • 위반의 내용·정도가 경미하다고 인정되는 경우 • 위반행위자가 법 위반 상태를 시정하거나 해소하기 위해 노력한 것이 인정되는 경우 • 그 밖에 위반행위의 정도, 동기, 결과 등을 고려하여 과태료 금액을 줄일 필요가 있다고 인정되는 경우 • 위반행위자가 「질서위반행위규제법 시행령」의 과태료 감경 대상에 해당하는 경우	• 위반의 내용 및 정도가 중대하여 이로 인한 피해가 크다고 인정되는 경우 • 법 위반 상태의 기간이 6개월 이상인 경우 • 그 밖에 위반행위의 정도, 동기, 결과 등을 고려하여 과태료 금액을 가중할 필요가 있다고 인정되는 경우

- 개별 기준

위반행위	과태료
이·미용업소의 위생관리 의무를 지키지 아니한 경우	80만 원
영업소 외의 장소에서 이·미용 업무를 행한 경우	80만 원
위생교육을 받지 아니한 경우	60만 원
공중위생관리상에 필요한 보고를 하지 아니하거나 관계 공무원의 출입·검사·기타 조치를 거부·방해 또는 기피한 경우	150만 원
시설 및 설비 기준, 위생관리 의무 등에 대한 개선명령에 위반한 경우	150만 원

참고 다만, 2024년 1월 1일부터 2026년 12월 31일까지의 기간 중 위생교육을 받지 않은 경우에는 20만 원으로 함

(4) 과징금(공중위생관리법 제11조의2)

① 과징금 처분

- 시장·군수·구청장은 영업정지가 이용자에게 심한 불편을 주거나 그 밖에 공익을 해할 우려가 있는 경우에는 영업정지 처분에 갈음하여 1억 원 이하의 과징금을 부과할 수 있음. 다만, 설치가 금지되는 카메라나 기계장치를 설치한 경우, 「성매매알선 등 행위의 처벌에 관한 법률」, 「아동·청소년의 성보호에 관한 법률」, 「풍속영업의 규제에 관한 법률」, 「마약류 관리에 관한 법률」 또는 이에 상응하는 위반행위로 인하여 처분을 받게 되는 경우를 제외함
- 과징금을 부과하는 위반행위의 종별·정도 등에 따른 과징금의 금액 등에 관하여 필요한 사항은 대통령령으로 정함
- 시장·군수·구청장은 과징금을 납부해야 할 자가 납부 기한까지 이를 납부하지 않은 경우에는 대통령령으로 정하는 바에 따라 과징금 부과처분을 취소하고, 영업정지처분을 하거나 「지방행정제재·부과금의 징수 등에 관한 법률」에 따라 이를 징수함
- 시장·군수·구청장은 과징금의 징수를 위하여 필요한 경우에는 다음 사항을 기재한 문서로 관할 세무관서의 장에게 과세정보의 제공을 요청할 수 있음
  - 납세자의 인적사항
  - 사용목적
  - 과징금 부과 기준이 되는 매출금액
- 시장·군수·구청장이 부과·징수한 과징금은 해당 시·군·구에 귀속됨

② 과징금을 부과할 위반행위의 종별과 과징금의 금액

- 부과하는 과징금의 금액은 위반행위의 종별·정도 등을 감안하여 보건복지부령이 정하는 영업정지 기간에 과징금 산정 기준❓을 적용하여 산정함
- 시장·군수·구청장은 공중위생영업자의 사업규모·위반행위의 정도 및 횟수 등을 고려하여 과징금의 2분의 1 범위에서 과징금을 늘리거나 줄일 수 있으며 과징금을 늘리는 때에도 그 총액은 1억 원을 초과할 수 없음

③ 과징금의 부과 및 납부

- 과징금의 징수 절차는 보건복지부령으로 정하며 시장·군수·구청장은 과징금을 부과할 때에는 그 위반행위의 종별과 해당 과징금의 금액을 명시하여 이를 납부할 것을 서면으로 통지해야 함
- 통지를 받은 자는 통지를 받은 날부터 20일 이내에 과징금을 시장·군수·구청장이 정하는 수납기관에 납부하여야 함
- 과징금의 납부를 받은 수납기관은 영수증을 납부자에게 교부하여야 함
- 과징금의 수납기관은 과징금을 수납한 때에는 지체없이 그 사실을 시장·군수·구청장에게 통보하여야 함
- 시장·군수·구청장이 과징금을 부과받은 자가 법에서 정하는 어느 하나에 해당하는 사유❓로 과징금 전액을 한꺼번에 내기 어렵다고 인정되어 그 납부 기한을 연기하거나 분할 납부하게 하는 경우 납부 기한의 연기는 그 납부 기한의 다음 날부터 1년을 초과할 수 없고, 분할 납부는 12개월의 범위에서 분할 납부의 횟수를 3회 이내로 함

④ 과징금의 징수 절차

- 과징금의 납입고지서에는 이의제기의 방법 및 기간 등을 함께 적어야 함
- 과징금 징수 절차에 관하여서는 「국고금 관리법 시행규칙」을 준용함

참고 과징금 산정 기준
- 영업정지 1개월은 30일을 기준으로 함
- 과징금 산정 금액이 1억 원이 넘는 경우 1억 원으로 함
- 위반행위의 종별에 따른 과징금의 금액은 영업정지 기간에 따라 산정한 영업정지 1일당 과징금의 금액을 곱하여 얻은 금액으로 함
- 1일당 과징금의 금액은 위반행위를 한 공중위생영업자의 연간 총매출액을 기준으로 산출함
- 연간 총매출액은 처분일이 속한 연도의 전년도의 1년간 총매출액을 기준으로 함. 다만, 신규사업·휴업 등에 따라 1년간 총매출액을 산출할 수 없거나 1년간 매출액을 기준으로 하는 것이 현저히 불합리하다고 인정되는 경우에는 분기별·월별 또는 일별 매출액을 기준으로 연간 총매출액을 환산하여 산출함

참고 과태료를 연기하거나 분할 납부할 수 있는 경우
- 재해 등으로 재산에 현저한 손실을 입은 경우
- 사업 여건의 악화로 사업이 중대한 위기에 처한 경우
- 과징금을 한꺼번에 내면 자금사정에 현저한 어려움이 예상되는 경우
- 그 밖에 제1호부터 제3호까지에 준하는 경우로서 대통령령으로 정하는 사유가 있는 경우

- 과징금 부과처분을 취소하고 영업정지 처분을 하거나 과징금을 징수해야 하는 대상자는 과징금을 기한 내에 납부하지 아니한 자로서 1회의 독촉을 받고 그 독촉을 받은 날부터 15일 이내에 과징금을 납부하지 않은 자로 함

10 시행령 및 시행규칙 관련사항

(1) 일반기준(공중위생법 시행규칙 별표7)

① 위반행위가 2 이상인 경우로서 그에 해당하는 각각의 처분 기준이 다른 경우는 그중 중한 처분 기준에 의하되, 2 이상의 처분 기준이 영업정지에 해당하는 경우에는 가장 중한 정지처분기간에 나머지 각각의 정지처분기간의 2분의 1을 더하여 처분함

② 행정처분을 하기 위한 절차가 진행되는 기간 중에 반복하여 같은 사항을 위반한 때에는 그 위반횟수마다 행정처분의 2분의 1씩 더하여 처분함

③ 위반행위의 차수에 따른 행정처분 기준은 최근 1년간(「성매매알선 등 행위의 처벌에 관한 법률」 제4조를 위반하여 관계 행정기관의 장이 행정처분을 요청한 경우에는 최근 3년간) 같은 위반행위로 행정처분을 받은 경우는 이를 적용함. 이 경우 기간의 계산은 위반행위에 대하여 행정처분을 받은 날과 그 처분 후 다시 같은 위반행위를 하여 적발된 날(수거검사에 의한 경우에는 해당 검사결과를 처분청이 접수한 날을 말함)을 기준으로 함

④ ③에 따라 가중된 행정처분을 하는 경우 가중처분의 적용 차수는 그 위반행위 전 행정처분 차수(③에 따른 기간 내에 행정처분이 둘 이상 있었던 경우에는 높은 차수를 말함)의 다음 차수로 함

⑤ 행정처분권자는 위반사항의 내용으로 보아 위반정도가 경미하거나 해당 위반행위에 관하여 검사로부터 기소유예 처분을 받거나 법원으로부터 선고유예 판결을 받은 때에는 개별 기준에도 불구하고 그 처분 기준을 경감할 수 있음

영업정지 및 면허정지 처분을 받은 경우	그 처분 기준 일수의 2분의 1의 범위 안에서 경감할 수 있음
영업장 폐쇄 처분을 받은 경우	3월 이상의 영업정지 처분으로 경감할 수 있음

⑥ 영업정지 1월은 30일을 기준으로 하고, 행정처분 기준을 가중하거나 경감하는 경우 1일 미만은 처분 기준 산정에서 제외함

(2) 개별기준(공중위생법 시행규칙 별표7) 빈출

위반사항	행정처분 기준			
	1차 위반	2차 위반	3차 위반	4차 위반
1. 영업신고를 하지 않거나 시설과 설비 기준을 위반한 경우				
가. 영업신고를 하지 않은 경우	영업장 폐쇄명령			
나. 시설 및 설비 기준을 위반한 경우	개선명령	영업정지 15일	영업정지 1월	영업장 폐쇄명령
2. 변경신고를 하지 않은 경우				
가. 신고를 하지 아니하고 영업소의 명칭 및 상호 또는 미용업 업종 간 변경을 하였거나 영업장 면적의 1/3 이상 변경한 경우	경고 또는 개선명령	영업정지 15일	영업정지 1월	영업장 폐쇄명령
나. 신고를 하지 아니하고 영업소의 소재지를 변경한 경우	영업정지 1월	영업정지 2월	영업장 폐쇄명령	
3. 지위승계신고를 하지 않은 경우	경고	영업정지 10일	영업정지 1월	영업장 폐쇄명령
4. 공중위생영업자의 위생관리의무 등을 지키지 않은 경우				
가. 소독을 한 기구와 소독을 하지 아니한 기구를 각각 다른 용기에 넣어 보관하지 아니하거나 1회용 면도날을 2인 이상의 손님에게 사용한 경우	경고	영업정지 5일	영업정지 10일	영업장 폐쇄명령
나. 피부미용을 위하여 「약사법」에 따른 의약품 또는 「의료기기법」에 따른 의료기기를 사용한 경우	영업정지 2월	영업정지 3월	영업장 폐쇄명령	
다. 점 빼기·귓불 뚫기·쌍꺼풀 수술·문신·박피술 그 밖에 이와 유사한 의료행위를 한 경우	영업정지 2월	영업정지 3월	영업장 폐쇄명령	
라. 미용업 신고증 및 면허증 원본을 게시하지 아니하거나 업소 내 조명도를 준수하지 아니한 경우	경고 또는 개선명령	영업정지 5일	영업정지 10일	영업장 폐쇄명령
마. 개별 미용서비스의 최종지급가격 및 전체 미용서비스의 총액에 관한 내역서를 이용자에게 미리 제공하지 않은 경우	경고	영업정지 5일	영업정지 10일	영업정지 1월
5. 카메라나 기계장치를 설치한 경우	영업정지 1월	영업정지 2월	영업장 폐쇄명령	
6. 면허정지 및 면허취소 사유에 해당하는 경우				
가. 피성년후견인, 정신질환자, 감염병환자, 약물 중독자에 해당하게 된 경우	면허취소			
나. 면허증을 다른 사람에게 대여한 경우	면허정지 3월	면허정지 6월	면허취소	
다. 「국가기술자격법」에 따라 자격이 취소된 경우	면허취소			

라. 「국가기술자격법」에 따라 자격정지처분을 받은 경우(「국가기술자격법」에 따른 자격정지처분 기간에 한정함)	면허정지			
마. 이중으로 면허를 취득한 경우(나중에 발급받은 면허를 말함)	면허취소			
바. 면허정지처분을 받고도 그 정지 기간 중 업무를 한 경우	면허취소			
7. 영업소 외의 장소에서 미용업무를 한 경우	영업정지 1월	영업정지 2월	영업장 폐쇄명령	
8. 법 제9조에 따른 보고를 하지 않거나 거짓으로 보고한 경우 또는 관계 공무원의 출입, 검사 또는 공중위생영업장부 또는 서류의 열람을 거부·방해하거나 기피한 경우	영업정지 10일	영업정지 20일	영업정지 1월	영업장 폐쇄명령
9. 개선명령을 이행하지 않은 경우	경고	영업정지 10일	영업정지 1월	영업장 폐쇄명령
10. 「성매매알선 등 행위의 처벌에 관한 법률」, 「풍속영업의 규제에 관한 법률」, 「청소년 보호법」, 「아동·청소년의 성보호에 관한 법률」 또는 「의료법」을 위반하여 관계 행정기관의 장으로부터 그 사실을 통보받은 경우				
가. 손님에게 성매매알선 등 행위 또는 음란행위를 하게 하거나 이를 알선 또는 제공한 경우				
① 영업소	영업정지 3월	영업장 폐쇄명령		
② 미용사	면허정지 3월	면허취소		
나. 손님에게 도박 그 밖에 사행행위를 하게 한 경우	영업정지 1월	영업정지 2월	영업장 폐쇄명령	
다. 음란한 물건을 관람·열람하게 하거나 진열 또는 보관한 경우	경고	영업정지 15일	영업정지 1월	영업장 폐쇄명령
라. 무자격안마사로 하여금 안마사의 업무에 관한 행위를 하게 한 경우	영업정지 1월	영업정지 2월	영업장 폐쇄명령	
11. 영업정지처분을 받고도 그 영업정지 기간에 영업을 한 경우	영업장 폐쇄명령			
12. 공중위생영업자가 정당한 사유 없이 6개월 이상 계속 휴업하는 경우	영업장 폐쇄명령			
13. 공중위생영업자가 「부가가치세법」 제8조에 따라 관할 세무서장에게 폐업신고를 하거나 관할 세무서장이 사업자 등록을 말소한 경우	영업장 폐쇄명령			

출제 예상문제 A

1 목적 및 정의

01
「공중위생관리법」의 목적으로 옳지 <u>않은</u> 것은?
① 공중이 이용하는 영업의 위생관리 등에 관한 사항을 규정함으로써 위생수준을 향상시킨다.
② 공중이 이용하는 영업의 위생수준을 향상시킨다.
③ 이·미용업자들의 공중위생관리업의 근무 환경을 개선한다.
④ 국민의 건강 증진에 기여한다.

> 「공중위생관리법」의 목적
> 공중이 이용하는 영업의 위생관리 등에 관한 사항을 규정함으로써 위생수준을 향상시켜 국민의 건강 증진에 기여함

02
공중위생영업의 용어에 대한 설명으로 옳지 <u>않은</u> 것은?
① 미용업(일반) – 파마, 머리카락 자르기, 머리카락 모양내기, 머리피부 손질, 머리카락 염색, 머리 감기, 의료기기나 의약품을 사용하지 아니하는 눈썹 손질을 하는 영업이다.
② 미용업(피부) – 의료기기나 의약품을 사용하지 아니하는 피부 상태 분석, 피부관리, 제모, 눈썹 손질을 하는 영업이다.
③ 미용업(화장, 분장) – 얼굴 등 신체의 화장, 분장 및 의료기기나 의약품을 사용하지 아니하는 눈썹 손질을 하는 영업이다.
④ 미용업(네일) – 손톱과 발톱을 손질, 화장하거나 의료기기나 의약품을 사용하지 아니하는 눈썹 손질을 하는 영업이다.

> 미용업(네일): 손톱과 발톱을 손질, 화장하는 영업에 해당함

03
공중위생영업에 대한 설명으로 옳은 것은?
① 소수인을 대상으로 위생관리서비스를 제공하는 영업이다.
② 공중위생영업의 종류에는 숙박업, 목욕장업, 이용업, 미용업, 세탁업, 건물위생관리업이 있다.
③ 이용업은 손님의 얼굴·머리·피부 및 손톱·발톱 등을 손질하여 손님의 외모를 아름답게 꾸미는 영업이다.
④ 미용업은 손님의 머리카락 또는 수염을 깎거나 다듬는 등의 방법으로 손님의 용모를 단정하게 하는 영업이다.

> • 공중위생영업: 다수인을 대상으로 위생관리서비스를 제공하는 영업으로 숙박업, 목욕장업, 이용업, 미용업, 세탁업, 건물위생관리업을 말함
> • 이용업: 손님의 머리카락 또는 수염을 깎거나 다듬는 등의 방법으로 손님의 용모를 단정하게 하는 영업
> • 미용업: 손님의 얼굴·머리·피부 및 손톱·발톱 등을 손질하여 손님의 외모를 아름답게 꾸미는 영업

04
다음은 「공중위생관리법」에 대한 설명이다. 빈칸에 들어갈 말을 순서대로 나열한 것은?

> 공중이 이용하는 영업의 위생관리 등에 관한 사항을 규정함으로써 (　　　)을 향상시켜 국민의 (　　　)에 기여함을 목적으로 함

① 소득 수준, 생활 향상
② 영업의 질, 소비환경 개선
③ 위생 수준, 건강 증진
④ 국민의 삶의 질, 생활환경

> 「공중위생관리법」의 목적
> 공중이 이용하는 영업의 위생관리 등에 관한 사항을 규정함으로써 위생수준을 향상시켜 국민의 건강 증진에 기여함

| 정답 | 01 ③ 02 ④ 03 ② 04 ③

05
「공중위생관리법」에서의 미용업(피부)의 눈썹 손질에 대한 설명으로 옳지 않은 것은?

① 눈썹의 결을 정리하고 다듬는 것이다.
② 눈썹을 뽑는 것이다.
③ 의료기기나 의약품을 사용하여 눈썹을 손질하는 것이다.
④ 눈썹 칼이나 가위로 눈썹의 길이를 다듬고 자르는 것이다.

> 미용업(피부)의 눈썹 손질 시 의료기기나 의약품을 사용하지 않음

08
공중위생영업의 변경신고 사항에 해당하지 않는 것은?

① 영업소의 소재지
② 영업소의 명칭 또는 상호
③ 신고한 영업장 면적의 4분의 1 이상의 증감
④ 대표자의 성명(법인의 경우에 한함) 또는 생년월일

> 공중위생영업의 변경신고 사항에는 영업소의 소재지, 영업소의 명칭 또는 상호, 대표자의 성명 또는 생년월일, 신고한 영업장 면적의 3분의 1 이상의 증감, 미용업 업종 간 변경이 해당함

2 영업의 신고 및 폐업

06
공중위생영업의 신고에 대한 설명으로 옳지 않은 것은?

① 공중위생영업을 하고자 하는 자는 공중위생영업의 종류별로 보건복지부령이 정하는 시설 및 설비를 갖추고 시장·군수·구청장에게 신고하여야 한다.
② 신고서를 제출받은 시장·군수·구청장은 건축물대장, 토지이용계획확인서, 면허증을 확인하여야 한다.
③ 신고를 받은 시장·군수·구청장은 일주일 내 영업신고증을 교부하고, 신고관리대장을 작성·관리하여야 한다.
④ 해당 영업소의 시설 및 설비에 대한 확인이 필요한 경우에는 영업신고증을 교부한 후 30일 이내에 확인하여야 한다.

> 신고를 받은 시장·군수·구청장은 즉시 영업신고증을 교부하고, 신고관리대장을 작성·관리하여야 한다.

09
공중위생영업의 폐업신고는 폐업한 날부터 며칠 이내에 시장·군수·구청장에게 신고하여야 하는가?

① 10일 이내
② 15일 이내
③ 20일 이내
④ 25일 이내

> 보건복지부령이 정하는 폐업신고를 하려는 자는 공중위생영업의 폐업일로부터 20일 이내에 시장·군수·구청장에게 신고해야 함

10
공중위생영업의 폐업신고에 대한 설명으로 옳은 것은?

① 공중위생영업의 폐업신고는 보건복지부장관에게 신고하여야 한다.
② 영업정지 등의 기간 중에도 폐업신고를 할 수 있다.
③ 시장·군수·구청장은 관할 세무서장이 사업자 등록을 말소할 경우에도 신고사항을 직권으로 말소할 수 없다.
④ 시장·군수·구청장은 직권 말소를 위하여 관할 세무서장에게 공중위생영업자의 폐업 여부에 대한 정보제공을 요청할 수 있으며, 관할 세무서장은 「전자정부법」에 따라 공중위생영업자의 폐업 여부에 대한 정보를 제공해야 한다.

> • 보건복지부령이 정하는 폐업신고를 시장·군수·구청장에게 신고해야 함
> • 영업정지 등의 기간 중에는 폐업신고를 할 수 없음
> • 시장·군수·구청장은 공중위생영업자가 「부가가치세법」에 따라 관할 세무서장에게 폐업신고를 하거나 관할 세무서장이 사업자 등록을 말소할 경우에는 보건복지부령으로 정하는 바에 따라 신고사항을 직권으로 말소할 수 있음

07
공중위생영업의 신고 시 필요한 제출서류가 아닌 것은?

① 영업신고서
② 영업시설 및 설비개요서
③ 교육수료증(미리 교육받은 사람만 해당)
④ 면허증 사본

> 공중위생영업의 신고 시 영업신고서, 영업시설 및 설비개요서, 교육수료증, 면허증 원본을 제출하여야 함

| 정답 | 05 ③ 06 ③ 07 ④ 08 ③ 09 ③ 10 ④

11
공중위생영업의 영업승계 대상자로 옳지 <u>않은</u> 경우는?
① 해당 미용업을 양도한 경우의 양수인
② 해당 미용업자가 사망한 경우의 상속인
③ 이·미용 영업의 상속의 경우 직계가족 중 어느 한 명만 면허증을 소지하면 가족 누구에게나 상속 가능
④ 해당 미용업의 합병 후 존속하는 법인 또는 합병에 의하여 설립되는 법인의 경우

> 이·미용업의 영업승계의 대상자는 해당 면허증을 소지한 자에 한함

12
공중위생영업의 영업 승계자가 시장·군수·구청장에게 신고하여야 하는 기한은?
① 25일 이내
② 30일 이내
③ 35일 이내
④ 40일 이내

> 영업자의 지위를 승계하는 자는 1개월 이내에 보건복지부령이 정하는 바에 따라 시장·군수·구청장에게 신고하여야 함

3 영업자 준수사항

13
다음 빈칸에 들어갈 말을 순서대로 나열한 것은?

> 공중위생영업자의 준수사항 중 공중위생영업자의 위생관리 의무는 영업 관련 시설 및 설비를 이용하는 자에게 건강상 위해 요인이 발생하지 아니하도록 (　　)이고 (　　)하게 관리하는 것에 해당하는 것이다.

① 위생적, 청결
② 위생적, 깔끔
③ 위생적, 안전
④ 위생적, 깨끗

> 공중위생영업자의 준수사항 중 공중위생영업자의 위생관리 의무는 영업 관련 시설 및 설비를 이용하는 자에게 건강상 위해 요인이 발생하지 아니하도록 위생적이고 안전하게 관리하는 것에 해당하는 것임

14
미용업 영업자의 준수사항으로 옳지 <u>않은</u> 것은?
① 의료기구와 의약품을 사용하지 아니하는 순수한 화장 또는 피부미용을 하여야 한다.
② 미용기구는 소독한 기구와 소독을 하지 아니한 기구로 분리하여 보관하여야 한다.
③ 면도기는 1회용 면도날만을 손님 1인에 한하여 사용하며, 이 경우 미용기구의 소독기준 및 방법은 대통령령으로 정한다.
④ 미용사면허증을 영업소 안에 게시하여야 한다.

> 미용기구는 소독을 한 기구와 소독을 하지 아니한 기구로 분리하여 보관하고, 면도기는 1회용 면도날만을 손님 1인에 한하여 사용할 것. 이 경우 미용기구의 소독기준 및 방법은 보건복지부령으로 정함

15
이·미용업자가 준수하여야 하는 위생관리 기준에 대한 설명으로 옳지 <u>않은</u> 것은?
① 미용업자는 점 빼기, 귓볼 뚫기, 쌍꺼풀 수술, 문신, 박피술, 그 밖에 이와 유사한 의료행위를 해서는 안 된다.
② 영업소 내부 중 탈의실을 제외한 나머지는 카메라나 기계장치의 설치가 가능하다.
③ 영업소 내부에 이·미용업 신고증, 개설자의 면허증 원본 및 최종지급요금표를 게시하여야 한다.
④ 영업장 안의 조명도를 75룩스(Lux) 이상이 되도록 유지하여야 한다.

> 영업소 내부에 카메라나 기계장치를 설치해서는 안 됨

16
이·미용업소 내부에 반드시 게시하여야 하는 것이 <u>아닌</u> 것은?
① 개설자의 전공 여부
② 면허증 원본
③ 이·미용업 신고증
④ 최종지급요금표

> 영업소 내부에는 이·미용업 신고증, 개설자의 면허증 원본 및 최종지급요금표를 게시하여야 함

정답 11 ③ 12 ② 13 ③ 14 ③ 15 ② 16 ①

17
이·미용업자의 준수사항 중 3가지 이상의 이·미용서비스를 제공하는 경우 이·미용업자가 서비스를 이용하는 자에게 제공하여야 하는 것은?

① 서비스의 관리내용과 설명
② 각 이·미용서비스의 최종지급가격 및 전체 이·미용서비스의 총액에 관한 내역서
③ 이·미용서비스의 관리자의 정보
④ 이·미용서비스에 사용된 제품의 가격

> 3가지 이상의 이·미용서비스를 제공하는 경우에는 개별 이·미용서비스의 최종지급가격 및 전체 이·미용서비스의 총액에 관한 내역서를 이용자에게 미리 제공하여야 함(이 경우 이·미용업자는 해당 내역서 사본을 1개월간 보관하여야 함)

18
미용업(피부)과 이용업의 시설 및 설비 기준에 대한 설명으로 옳지 않은 것은?

① 미용업소(피부)는 소독기 등 미용기구를 소독하는 장비를 갖추어야 한다.
② 미용업소(피부)는 소독한 기구와 소독하지 아니한 기구를 각각 다른 용기에 보관해야 한다.
③ 이용업소는 영업소 안에 별실을 설치하면 안 된다.
④ 이용업소는 소독기 등 이용기구를 소독하는 장비를 갖추지 않아도 된다.

> 이용업소 또한 소독기 등 이용기구를 소독하는 장비를 갖추어야 함

19
이·미용기구의 소독 기준 및 방법에 대한 설명으로 옳은 것은?

① 건열멸균 소독은 100℃ 이상의 건조한 열에 30분 이상 조사한다.
② 에탄올 소독은 에탄올 수용액(에탄올 50%인 수용액)에 10분 이상 담가둔다.
③ 석탄산수 소독은 석탄산수(석탄산 3%, 물 97%의 수용액)에 10분 이상 담가둔다.
④ 크레졸 소독은 크레졸수(크레졸 5%, 물 95%의 수용액)에 10분 이상 담가둔다.

> • 건열멸균 소독은 100℃ 이상의 건조한 열에 20분 이상 조사함
> • 에탄올 소독은 에탄올 수용액(에탄올 70%인 수용액)에 10분 이상 담가두거나 에탄올 수용액을 머금은 면 또는 거즈로 기구의 표면을 닦음
> • 크레졸 소독은 크레졸수(크레졸 3%, 물 97%의 수용액)에 10분 이상 담가둠

4 면허

20
이·미용사의 면허발급 대상자가 아닌 경우는?

① 전문대학 또는 이와 같은 수준 이상의 학력이 있다고 교육부장관이 인정하는 학교에서 이·미용에 관한 학과를 졸업한 자
② 고등학교 또는 이와 같은 수준의 학력이 있다고 교육부장관이 인정하는 학교에서 이·미용에 관한 학과를 졸업한 자
③ 교육부장관이 인정하는 고등기술학교에서 2년 이상 이·미용에 관한 소정의 과정을 이수한 자
④ 학점인정 등에 관한 법률에 따라 대학 또는 전문대학을 졸업한 자와 같은 수준 이상의 학력이 있는 것으로 인정되어 이·미용에 관한 학위를 취득한 자

> • 초·중등교육법령에 따른 특성화고등학교, 고등기술학교나 고등학교 또는 고등기술학교에 준하는 각종학교에서 1년 이상 이·미용에 관한 소정의 과정을 이수한 자
> • 「국가기술자격법」에 의한 이·미용사의 자격을 취득한 자

21
이·미용사의 면허 신청 시 첨부서류로 옳지 않은 것은?

① 졸업증명서 또는 학위증명서 1부
② 최근 1개월 이내의 의사 또는 전문의의 건강진단서 1부
③ 이수증명서 1부
④ 최근 6개월 이내에 찍은 가로 3.5cm, 세로 4.5cm의 탈모 정면 상반신 사진 1매

> 정신질환자, 감염병 환자, 약물중독자가 아님을 증명하는 최근 6개월 이내의 의사 또는 전문의의 진단서

22
이·미용사의 면허 결격사유자가 아닌 것은?

① 「정신건강복지법」에 따른 정신질환자
② 마약, 기타 대통령령으로 정하는 약물 중독자
③ 공중의 위생에 영향을 미칠 수 있는 감염병 환자로서 보건복지부령이 정하는 자
④ 면허가 취소된 후 18개월이 경과되지 아니한 자

> 면허가 취소된 후 1년이 경과되지 아니한 자

| 정답 | 17 ② | 18 ④ | 19 ③ | 20 ③ | 21 ② | 22 ④ |

23
공중위생관리법령의 위반 또는 면허증을 다른 사람에게 대여하여 면허가 취소된 사람은 몇 개월 후 면허를 다시 받을 수 있는가?

① 6개월
② 12개월
③ 24개월
④ 36개월

> 공중위생관리법령의 위반 또는 면허증을 다른 사람에게 대여하여 면허가 취소된 후 1년이 경과되지 아니한 자는 이·미용사의 면허 결격사유에 해당함

24
이·미용사가 면허증 재발급을 신청해야 하는 경우가 아닌 것은?

① 면허증의 기재사항에 변경이 있는 경우 신청한다.
② 면허증을 잃어버린 때 신청한다.
③ 영업장의 전화번호가 바뀌었을 때 신청한다.
④ 면허증이 헐어 못 쓰게 된 때 신청한다.

> 이·미용사는 면허증의 기재사항에 변경이 있을 때, 면허증을 잃어버린 때 또는 헐어 못 쓰게 된 때에는 면허증의 재발급을 신청할 수 있음

25
이·미용사 면허증의 재발급 신청 시 누구에게 신청하여야 하는가?

① 대통령
② 보건복지부장관
③ 시·도지사
④ 시장·군수·구청장

> 면허증의 재발급 신청을 하고자 하는 자는 신청서에 첨부서류를 첨부하여 관할 시장·군수·구청장에게 제출하여야 함

26
다음 중 이·미용사 면허증을 반드시 취소해야 하는 경우가 아닌 것은?

① 면허 결격사유에 해당한 경우
② 이중으로 면허를 취득한 경우
③ 「국가기술자격법」에 따라 이·미용사 자격정지처분을 받은 경우
④ 면허정지처분을 받고 그 정지기간 중 업무를 행한 경우

> 「국가기술자격법」에 따라 이·미용사 자격정지처분을 받은 경우는 면허정지 또는 취소 사유에 해당함

27
이·미용사 면허취소 및 정지 시 누구에게 면허증을 반납해야 하는가?

① 보건복지부장관
② 시·도지사
③ 시장·군수·구청장
④ 지자체장

> 면허의 취소, 정지명령을 받은 자는 지체없이 관할 시장·군수·구청장에게 면허증을 반납하고, 시장·군수·구청장은 반납한 면허증을 면허정지 기간 동안 보관하여야 함

5 업무

28
미용사(피부)의 업무 범위에 관한 내용으로 옳지 않은 것은?

① 미용사의 면허를 받은 자가 아니면 미용업을 개설하거나 그 업무에 종사하거나 미용업무의 보조를 행할 수 없다.
② 영업소 외의 장소에서 행할 수 없다.
③ 의료기기나 의약품을 사용하지 않고 피부 상태 분석, 피부관리, 제모, 눈썹 손질을 할 수 있다.
④ 미용의 업무 범위와 업무보조 범위에 관하여 필요한 사항은 보건복지부령이 정한다.

> 이·미용사의 면허를 받은 자가 아니면 이·미용업을 개설하거나 그 업무에 종사할 수 없음(단, 이·미용사의 감독을 받아 이용 또는 미용업무의 보조를 행하는 경우에는 그러하지 아니함)

29
이·미용사의 업무 범위에 대한 설명으로 옳은 것은?

① 이용사의 업무 범위는 이발, 아이론, 면도, 머리피부 손질, 머리카락 염색 및 머리 감기, 눈썹 손질 등이 해당한다.
② 미용업(일반)의 업무 범위는 파마, 아이론, 머리카락 자르기, 머리카락 모양 내기, 머리피부 손질, 머리카락 염색, 머리감기, 의료기기나 의약품을 사용하지 아니하는 눈썹 손질 등이 해당한다.
③ 미용사(메이크업)의 업무 범위는 얼굴 등 신체의 화장, 분장 및 의료기기나 의약품을 사용하지 아니하는 눈썹 손질 등이 해당한다.
④ 미용사(네일)의 업무 범위는 손톱과 발톱의 손질 및 화장, 의료기기나 의약품을 사용하지 아니하는 눈썹 손질 등이 해당한다.

> - 이용사의 업무 범위: 이발, 아이론, 면도, 머리피부 손질, 머리카락 염색 및 머리 감기
> - 미용업(일반)의 업무 범위: 파마, 머리카락 자르기, 머리카락 모양 내기, 머리피부 손질, 머리카락 염색, 머리 감기, 의료기기나 의약품을 사용하지 아니하는 눈썹 손질 등
> - 미용사(네일)의 업무 범위: 손톱과 발톱의 손질 및 화장

| 정답 | 23 ② | 24 ③ | 25 ④ | 26 ③ | 27 ③ | 28 ① | 29 ③ |

30
이·미용의 업무 범위를 정하는 법령은?
① 대통령령
② 국무총리령
③ 보건복지부령
④ 행정부령

> 이·미용의 업무 범위와 업무보조 범위에 관하여 필요한 사항은 보건복지부령이 정함

31
특별한 사유로 인해 영업소 외의 장소에서 이·미용의 업무를 행할 수 있는 경우가 아닌 것은?
① 질병·고령·장애나 그 밖의 사유로 인하여 영업소에 나올 수 없는 경우
② 사회복지시설에서 봉사활동으로 이·미용을 하는 경우
③ 혼례나 그 밖의 의식에 참여하는 자에 대하여 그 의식 직전인 경우
④ 고객의 이동거리가 영업소와 먼 경우

> - 질병·고령·장애나 그 밖의 사유로 인하여 영업소에 나올 수 없는 자에 대하여 이·미용을 하는 경우
> - 혼례나 그 밖의 의식에 참여하는 자에 대하여 그 의식 직전에 이·미용을 하는 경우
> - 사회복지시설에서 봉사활동으로 이·미용을 하는 경우
> - 방송 등의 촬영에 참여하는 사람에 대하여 그 촬영 직전에 이·미용을 하는 경우
> - 이 외에 특별한 사정이 있다고 시장·군수·구청장이 인정하는 경우

32
이·미용의 업무 중 보조의 업무를 행할 수 있는 사람에 대한 설명으로 옳은 것은?
① 이·미용사의 감독을 받는 자가 영업장 제품을 관리한다.
② 이·미용 면허증을 준비하는 자가 영업장을 청소한다.
③ 이·미용 면허증에 한 번 응시한 경험이 있는 자가 미용기구를 관리한다.
④ 시장·군수·구청장이 인정한 자가 영업장의 사전 준비를 한다.

> 이·미용사의 감독을 받아 이용 또는 미용업무의 보조를 행하는 경우에는 면허증이 없어도 가능함

33
미용사(피부)의 업무 내용에 해당하지 않는 것은?
① 의료기기나 의약품을 사용할 수 없다.
② 피부 상태 분석, 피부관리를 한다.
③ 얼굴 등 신체의 화장, 분장, 눈썹 손질을 한다.
④ 제모, 눈썹 손질을 한다.

> - 미용사(피부): 의료기기나 의약품을 사용하지 아니하는 피부 상태 분석, 피부관리, 제모, 눈썹 손질
> - 미용사(메이크업): 얼굴 등 신체의 화장, 분장 및 의료기기나 의약품을 사용하지 아니하는 눈썹 손질

6 행정지도감독

34
행정지도감독의 보고 및 출입·검사에 대한 내용으로 옳지 않은 것은?
① 소속 공무원은 영업소·사무소 등에 출입하여 공중위생영업자의 위생관리의무이행 등에 대하여 검사하거나 필요에 따라 공중위생영업장부나 서류를 열람할 수 있다.
② 관할 지자체장이나 지방의원은 공중위생영업자의 영업소에 설치가 금지되는 카메라나 기계장치가 설치되었는지를 검사할 수 있다.
③ 보고 및 출입·검사 시 관계 공무원은 그 권한을 표시하는 증표를 지녀야 하며, 관계인에게 이를 보여야 한다.
④ 공중위생영업자는 특별한 사정이 없으면 검사에 따라야 한다.

> 시·도지사 또는 시장·군수·구청장은 공중위생영업자의 영업소에 설치가 금지되는 카메라나 기계장치가 설치되었는지를 검사할 수 있음

35
공중위생영업소의 위생관리실태를 검사하기 위하여 검사의뢰를 할 수 있는 기관으로 옳지 않은 것은?
① 시·도지사 또는 시장·군수·구청장이 검사능력이 있다고 인정하는 검사기관
② 특별시·광역시·도의 보건환경연구원
③ 「국가표준기본법」 제23조 규정에 의하여 인정을 받은 시험·검사기관
④ 1년 이상 기타 검사기관에서 시험경력을 가진 사람이 운영하는 검사기관

> 검사의뢰기관
> - 특별시·광역시·도의 보건환경연구원
> - 「국가표준기본법」 제23조 규정에 의하여 인정을 받은 시험·검사기관
> - 시·도지사 또는 시장·군수·구청장이 검사능력이 있다고 인정하는 검사기관

정답 | 30 ③ 31 ④ 32 ① 33 ③ 34 ② 35 ④

36
공중위생영업자 및 종사원에 대하여 영업시간과 영업행위에 관한 필요한 제한을 할 수 있는 사람은?

① 시·도지사　② 시장·군수·구청장
③ 보건복지부장관　④ 국무총리

> 시·도지사는 공익상 또는 선량한 풍속의 유지를 위하여 필요하다고 인정하는 때에는 공중위생영업자 및 종사원에 대하여 영업시간과 영업행위에 관한 필요한 제한을 할 수 있음

37
공중위생영업자에 대하여 위생지도 및 개선명령을 할 수 있는 사람은?

① 공중위생시설 이용자　② 국무총리
③ 시·도지사　④ 보건환경연구원

> 시·도지사 또는 시장·군수·구청장은 공중위생영업자에 대하여 위생지도 및 개선명령을 할 수 있음

38
개선명령을 받은 공중위생영업자가 개선명령에 대한 개선기간 연장을 신청할 수 있는 경우가 아닌 것은?

① 갑작스런 홍수로 인한 피해를 받아 개선명령 이행이 당장 불가능한 경우
② 공중위생영업자가 교통사고를 당해 입원을 해야 하는 경우
③ 공중위생영업장의 화재로 영업이 불가능한 경우
④ 공중위생영업자가 약간의 외상을 입어 일주일 통원치료를 받아야 할 경우

> 시·도지사 또는 시장·군수·구청장으로부터 개선명령을 받은 공중위생영업자는 천재지변, 기타 부득이한 사유로 인하여 개선기간 이내에 개선을 완료할 수 없는 경우에 그 기간이 종료되기 전에 개선기간의 연장을 신청할 수 있음

39
시·도지사 또는 시장·군수·구청장이 공중위생영업자에게 위반사항에 대한 개선을 명하고자 할 때 개선기간의 범위는?

① 3개월　② 6개월
③ 9개월　④ 1년

> 시·도지사 또는 시장·군수·구청장은 공중위생영업자에게 위반사항에 대한 개선을 명하고자 하는 때에는 위반사항의 개선에 소요되는 기간 등을 고려하여 즉시 그 개선을 명하거나 6개월의 범위에서 기간을 정하여 개선을 명하여야 함

40
「공중위생관리법」에 따라 영업소를 폐쇄할 수 있는 경우가 아닌 것은?

① 공중위생영업 영업신고를 하지 아니하거나 시설과 설비 기준을 위반한 경우
② 보건복지부령이 정하는 특별한 사유에 해당하여 영업소 외의 장소에서 이·미용업무를 한 경우
③ 공중위생영업자의 지위승계신고를 하지 아니한 경우
④ 관계 공무원의 출입, 검사 또는 공중위생영업 장부 또는 서류의 열람을 거부·방해하거나 기피한 경우

> 이·미용의 업무는 영업소 외의 장소에서 행할 수 없지만 보건복지부령이 정하는 특별한 사유가 있는 경우는 그러하지 아니함

41
「공중위생관리법」에 따라 영업소의 폐쇄를 명할 수 있는 사람은?

① 보건복지부장관　② 시·도지사
③ 시장·군수·구청장　④ 지자체장

> 시장·군수·구청장은 공중위생영업자가 법에서 정하는 어느 하나에 해당하면 6월 이내의 기간을 정하여 영업의 정지 또는 일부 시설의 사용중지를 명하거나 영업소 폐쇄 등을 명할 수 있음

42
공중위생영업자가 영업소 폐쇄명령을 받고도 영업을 계속할 경우 관계 공무원이 영업소를 폐쇄하기 위하여 할 수 있는 조치로 적절하지 않은 것은?

① 해당 영업소의 간판 기타 영업표지물을 제거한다.
② 영업을 위하여 필수불가결한 기구 또는 시설물을 사용할 수 없게 하는 봉인을 한다.
③ 영업소의 영업신고증을 압수한다.
④ 해당 영업소가 위반한 영업소임을 알리는 게시물 등을 부착한다.

> - 해당 영업소의 간판 기타 영업표지물의 제거
> - 해당 영업소가 위반한 영업소임을 알리는 게시물 등의 부착
> - 영업을 위하여 필수불가결한 기구 또는 시설물을 사용할 수 없게 하는 봉인

43
보건복지부장관 또는 시장·군수·구청장이 행정적 처분을 할 때 청문을 실시하여야 하는 경우가 아닌 것은?
① 일부 시설의 사용중지 및 영업소 폐쇄명령
② 이·미용사의 면허취소 및 면허정지
③ 신고사항의 직권말소
④ 영업의 정지명령

> 청문을 실시하여야 하는 경우
> • 이·미용사의 면허취소 및 면허정지
> • 영업의 정지명령
> • 일부 시설의 사용중지 및 영업소 폐쇄명령

7 업소 위생등급

44
위생서비스 수준 평가에 대한 내용으로 옳은 것은?
① 보건복지부장관은 위생서비스 평가계획을 수립하여 시·도지사에게 통보한다.
② 시·도지사는 관할 지역별 공중위생영업소의 위생서비스 수준을 평가한다.
③ 시장·군수·구청장은 평가의 전문성을 높이기 위하여 경우에 따라 관련 전문기관 및 단체에 평가 실시를 위임할 수 있다.
④ 공중위생영업소의 위생서비스 평가는 3년마다 실시한다.

> • 시·도지사는 위생서비스 평가계획을 수립하여 시장·군수·구청장에게 통보함
> • 시장·군수·구청장은 관할 지역별 공중위생영업소의 위생서비스 수준을 평가함
> • 시장·군수·구청장은 평가의 전문성을 높이기 위하여 경우에 따라 관련 전문기관 및 단체에 평가 실시를 위임할 수 있음
> • 공중위생영업소의 위생서비스 평가는 2년마다 실시함

45
공중위생영업의 종류·위생관리등급별로 위생서비스 평가주기를 달리할 수 있는 것 등의 기타 평가에 관한 필요사항을 정하는 법령은?
① 대통령령   ② 국무총리령
③ 보건복지부령   ④ 환경부령

> 공중위생영업소의 위생서비스 평가는 2년마다 실시하되, 공중위생영업소의 보건·위생관리를 위하여 특히 필요한 경우 공중위생영업의 종류·위생관리등급별로 평가주기를 달리할 수 있으며 기타 이와 같은 평가에 관한 필요사항은 보건복지부령으로 정함

46
위생관리등급의 공표에 대한 설명으로 옳지 않은 것은?
① 시장·군수·구청장은 위생관리등급을 해당 공중위생영업자에게 통보하고 이를 공표하여야 한다.
② 위생관리등급의 표지를 영업소의 명칭과 함께 영업소의 내부에 부착할 수 있다.
③ 위생수준이 우수한 영업소에 대하여 포상을 실시할 수 있다.
④ 시·도지사 또는 시장·군수·구청장은 위생서비스 평가의 결과에 따른 위생관리등급별로 영업소에 대한 위생감시를 실시하여야 한다.

> 공중위생영업자는 시장·군수·구청장으로부터 통보받은 위생관리등급의 표지를 영업소의 명칭과 함께 영업소의 출입구에 부착할 수 있음

47
위생관리등급의 구분으로 옳은 것은?

	최우수 업소	우수 업소	일반 업소
①	녹색등급	백색등급	황색등급
②	녹색등급	황색등급	백색등급
③	황색등급	백색등급	녹색등급
④	백색등급	황색등급	녹색등급

> • 최우수 업소: 녹색등급
> • 우수 업소: 황색등급
> • 일반관리대상 업소: 백색등급

48
공중위생감시원의 자격에 해당하지 않는 것은?
① 위생사 또는 환경기사 2급 이상의 자격증이 있는 사람
② 1년 이상 공중위생행정에 종사한 경력이 있는 사람
③ 외국에서 위생사 또는 환경기사의 면허에 관한 내용을 수료한 사람
④ 「고등교육법」에 따른 대학에서 화학·화공학·환경공학 또는 위생학 분야를 전공하고 졸업한 사람 또는 법령에 따라 이와 같은 수준 이상의 학력이 있다고 인정되는 사람

> 공중위생감시원의 자격은 외국에서 위생사 또는 환경기사의 면허를 받은 사람에 한함

| 정답 | 43 ③ | 44 ③ | 45 ③ | 46 ② | 47 ② | 48 ③ |

49
공중위생감시원의 업무에 대한 설명으로 옳지 않은 것은?
① 공중위생영업 관련 시설 및 설비의 위생상태 확인·검사, 공중위생영업자의 위생관리의무 및 영업자 준수사항 이행 여부의 확인
② 위생교육 이행 여부의 확인
③ 위생지도 및 개선명령 이행 여부의 확인
④ 공중위생영업소의 영업정지, 일부 시설의 사용중지 또는 영업소 폐쇄명령 이행 여부 확인 및 공중위생영업 장부 또는 서류 열람, 위생평가에 참여

> 공중위생영업 장부 또는 서류의 열람은 공중위생관리에 관한 소속 공무원의 권한이며 위생평가는 시장·군수·구청장의 권한임

50
명예공중위생감시원의 자격에 해당하지 않는 경우는?
① 시간적 여유로 아르바이트를 위해 희망하는 자
② 공중위생에 대한 지식과 관심이 있는 자
③ 소비단체, 공중위생관련 협회 직원 중 그 장이 추천하는 자
④ 관련 학과를 졸업한 후 공중위생관련 단체에서 재직 중인 자

> 명예공중위생감시원의 자격기준은 공중위생에 대한 지식과 관심이 있는 사람과 소비단체, 공중위생관련 협회 또는 단체의 소속 직원 중에서 당해 단체 등의 장이 추천하는 사람 등임

8 위생교육

51
위생교육에 대한 내용으로 옳지 않은 것은?
① 공중위생영업자는 매년 3시간의 위생교육을 받아야 한다.
② 공중위생영업신고를 하고자 하는 자는 공중위생업소의 영업을 개시한 후 6개월 이내에 받아야 한다.
③ 2군데 이상의 장소에서 영업을 하는 자는 종업원 중 영업장별로 공중위생에 관한 책임자를 지정하고 그 책임자로 하여금 위생교육을 받게 하여야 한다.
④ 위생교육은 보건복지부장관이 허가한 단체 또는 법령에 의해 설립된 공중위생영업자단체가 실시할 수 있다.

> 공중위생영업신고를 하고자 하는 자는 공중위생업소를 개설하기 전에 미리 위생교육을 받아야 함. 단, 부득이한 사유로 미리 교육을 받을 수 없는 경우에는 영업개시 후 6개월 이내에 위생교육을 받을 수 있음

52
영업신고 전 받아야 하는 위생교육 기간의 조정이 가능한 부득이한 사유에 해당하지 않는 것은?
① 천재지변
② 가족의 질병·사고
③ 교육을 실시하는 단체의 사정 등으로 미리 교육을 받기 불가능한 경우
④ 업무상 국외출장 등의 사유로 교육을 받을 수 없는 경우

> - 천재지변, 본인의 질병·사고, 업무상 국외출장 등의 사유로 교육을 받을 수 없는 경우
> - 교육을 실시하는 단체의 사정 등으로 미리 교육을 받기 불가능한 경우

53
다음 빈칸에 들어갈 말을 순서대로 나열한 것은?

> 영업신고 전에 받아야 하는 위생교육은 부득이한 사유로 받을 수 없는 경우 (   ) 내에 받아야 하고, 위생교육을 받은 날부터 (   ) 이내에 위생교육을 받은 업종과 같은 업종의 영업을 하려는 경우에는 해당 영업에 대한 위생교육을 받은 것으로 간주함

① 2개월, 1년
② 3개월, 2년
③ 5개월, 3년
④ 6개월, 2년

> - 영업신고 전에 위생교육을 받아야 하는 자 중 법에서 정하는 어느 하나에 해당하는 자는 영업신고를 한 후 6개월 이내에 위생교육을 받을 수 있음
> - 위생교육을 받은 자가 위생교육을 받은 날부터 2년 이내에 위생교육을 받은 업종과 같은 업종의 영업을 하려는 경우에는 해당 영업에 대한 위생교육을 받은 것으로 간주함

54
다음 빈칸에 들어갈 말을 순서대로 나열한 것은?

> 위생교육 실시 단체장은 위생교육을 실시한 결과를 교육 후 (   ) 이내에 시장·군수·구청장에게 통보하여야 하며, 수료증 교부대장 등 교육에 관한 기록을 (   ) 이상 보관·관리하여야 함

① 1개월, 1년
② 1개월, 2년
③ 2개월, 2년
④ 3개월, 1년

> 위생교육 실시 단체장은 위생교육을 실시한 결과를 교육 후 1개월 이내에 시장·군수·구청장에게 통보하여야 하며, 수료증 교부대장 등 교육에 관한 기록을 2년 이상 보관·관리하여야 함

정답 | 49 ④ 50 ① 51 ② 52 ② 53 ④ 54 ②

55
위생교육 미이수자의 과태료는?
① 50만 원 이상
② 100만 원 이하
③ 200만 원 이하
④ 300만 원 이상

> 위생교육 대상자 중 교육 미이수자는 200만 원 이하의 과태료를 징수함

9 벌칙

56
1년 이하의 징역 또는 1천만 원 이하의 벌금에 해당하는 경우가 아닌 것은?
① 공중위생영업의 신고를 하지 아니한 자(숙박업 제외)
② 영업소 폐쇄명령을 받고도 계속하여 영업한 자
③ 공중위생영업의 변경신고를 하지 아니한 자
④ 영업정지 또는 일부 시설의 사용중지명령을 받고도 그 기간 중에 영업을 하거나 그 시설을 사용한 자

> 공중위생영업의 변경신고를 하지 아니한 자의 경우는 6월 이하의 징역 또는 500만 원 이하의 벌금에 해당함

57
6월 이하의 징역 또는 500만 원 이하의 벌금에 해당하는 경우는?
① 면허정지 및 면허취소 중에 이·미용업을 한 사람
② 공중위생영업의 지위를 승계한 자로서 승계신고를 하지 아니한 자
③ 다른 사람에게 이·미용사의 면허증을 빌려주거나 빌린 사람
④ 면허를 받지 않고 이·미용업을 개설하거나 이·미용업 업무에 종사한 사람

> **6월 이하의 징역 또는 500만 원 이하의 벌금**
> - 공중위생영업의 변경신고를 하지 아니한 자
> - 공중위생영업의 지위를 승계한 자로서 승계신고를 하지 아니한 자
> - 건전한 영업질서를 위하여 공중위생영업자가 준수해야 할 사항을 준수하지 아니한 자

58
이·미용사의 면허증을 빌려주거나 빌리는 것을 알선한 사람이 내야 할 벌금은?
① 1년 이하의 징역 또는 1천만 원 이하의 벌금
② 6월 이하의 징역 또는 500만 원 이하의 벌금
③ 300만 원 이하의 벌금
④ 100만 원 이하의 벌금

> **300만 원 이하의 벌금**
> - 다른 사람에게 이·미용사의 면허증을 빌려주거나 빌린 사람
> - 이·미용사의 면허증을 빌려주거나 빌리는 것을 알선한 사람
> - 면허정지 및 면허취소 중에 이·미용업을 한 사람
> - 면허를 받지 않고 이·미용업을 개설하거나 이·미용업 업무에 종사한 사람

59
300만 원 이하의 과태료에 해당하는 사람은?
① 미용업소의 위생관리 의무를 지키지 아니한 자
② 영업소 외의 장소에서 이·미용 업무를 행한 자
③ 위생교육을 받지 아니한 자
④ 위생관리 의무에 대한 개선명령에 위반한 자

> **300만 원 이하의 과태료**
> - 공중위생관리상에 필요한 보고를 하지 아니하거나 관계 공무원의 출입·검사·기타 조치를 거부·방해 또는 기피한 자
> - 위생관리 의무에 대한 개선명령에 위반한 자
> - 시설 및 설비 기준에 대한 개선명령에 위반한 자
> - 이용업 신고를 하지 아니하고 이용업소표시등을 설치한 자

60
과태료 부과 기준에 대한 설명으로 옳은 것은?
① 과태료는 국무총리령으로 정하는 바에 따라 보건복지부장관 또는 시장·군수·구청장이 부과·징수한다.
② 시장·군수·구청장은 위반행위의 정도, 위반횟수, 위반행위의 동기와 그 결과 등을 고려하여 그 해당 금액의 3분의 1의 범위에서 경감하거나 가중할 수 있다.
③ 법 위반 상태의 기간이 6개월 이상인 경우는 과태료를 늘려 부과할 수 있다.
④ 체납 상태와 상관없이 과태료를 줄여 부과할 수 있다.

> - 과태료는 대통령령으로 정하는 바에 따라 보건복지부장관 또는 시장·군수·구청장이 부과·징수함
> - 시장·군수·구청장은 위반행위의 정도, 위반횟수, 위반행위의 동기와 그 결과 등을 고려하여 그 해당 금액의 2분의 1의 범위에서 경감하거나 가중할 수 있음
> - 과태료를 줄여 부과할 수 있는 경우 중 과태료 체납의 경우는 제외함

| 정답 | 55 ③ | 56 ③ | 57 ② | 58 ③ | 59 ④ | 60 ③ |

61
과태료를 줄여 부과할 수 있는 경우가 아닌 것은?

① 위반의 내용·정도가 경미하다고 인정되는 경우
② 위반의 내용 및 정도가 중대하여 이로 인한 피해가 크다고 인정되는 경우
③ 위반행위자가 법 위반 상태를 시정하거나 해소하기 위해 노력한 것이 인정되는 경우
④ 위반행위가 사소한 부주의나 오류로 발생한 것으로 인정되는 경우

> 과태료를 늘려 부과할 수 있는 경우
> - 위반의 내용 및 정도가 중대하여 이로 인한 피해가 크다고 인정되는 경우
> - 법 위반 상태의 기간이 6개월 이상인 경우
> - 그 밖에 위반행위의 정도, 동기, 결과 등을 고려하여 과태료 금액을 가중할 필요가 있다고 인정되는 경우

62
2024년 현재를 기준으로 할 때, 위반행위와 해당 과태료에 대한 내용으로 옳지 않은 것은?

① 위생교육을 받지 아니한 경우 – 과태료 20만 원
② 영업소 외의 장소에서 이·미용 업무를 행한 경우 – 80만 원
③ 공중위생관리상에 필요한 보고를 하지 아니하거나 관계 공무원의 출입·검사·기타 조치를 거부·방해 또는 기피한 경우 – 150만 원
④ 위생관리 의무에 대한 개선명령에 위반한 경우 – 80만 원

> 위생관리 의무에 대한 개선명령에 위반한 경우 과태료는 150만 원임

63
과징금에 대한 설명으로 옳지 않은 것은?

① 과징금은 1억 원 이하로 부과할 수 있다.
② 「성매매알선 등 행위의 처벌에 관한 법률」, 「아동·청소년의 성보호에 관한 법률」의 위반행위로 인하여 처분을 받게 되는 경우를 포함한다.
③ 과징금을 부과하는 위반행위의 종별·정도 등에 따른 과징금의 금액 등에 관하여 필요한 사항은 대통령령으로 정한다.
④ 과징금을 납부 기한까지 납부하지 않을 경우에는 과징금 부과처분을 취소하고, 영업정지처분을 하거나 「지방행정제재·부과금의 징수 등에 관한 법률」에 따라 이를 징수한다.

> 과징금은 설치가 금지되는 카메라나 기계장치를 설치한 경우, 「성매매알선 등 행위의 처벌에 관한 법률」, 「아동·청소년의 성보호에 관한 법률」, 「풍속영업의 규제에 관한 법률」, 「마약류 관리에 관한 법률」 또는 이에 상응하는 위반행위로 인하여 처분을 받게 되는 경우를 제외함

64
과징금에 대한 설명으로 옳지 않은 것은?

① 과징금을 부과하는 위반행위의 종별·정도 등에 따른 과징금의 금액 등에 관하여 필요한 사항은 대통령령으로 정한다.
② 부과하는 과징금의 금액은 위반행위의 종별·정도 등을 감안하여 보건복지부령이 정하는 영업정지 기간에 과징금 산정 기준을 적용하여 산정한다.
③ 과징금의 징수 절차는 대통령령으로 정하며 시장·군수·구청장이 과징금을 부과한다.
④ 과징금의 납부는 시장·군수·구청장이 정하는 수납기관에 납부하여야 한다.

> 과징금의 징수 절차는 보건복지부령으로 정하며 시장·군수·구청장이 과징금을 부과함

65
다음 빈칸에 들어갈 말로 옳은 것은?

| 통지를 받은 자는 통지를 받은 날부터 (   ) 이내에 과징금을 시장·군수·구청장이 정하는 수납기관에 납부하여야 함 |

① 15일
② 7일
③ 10일
④ 20일

> 통지를 받은 자는 통지를 받은 날부터 20일 이내에 과징금을 시장·군수·구청장이 정하는 수납기관에 납부하여야 함

66
과징금의 분할 납부 및 납부 기한 연기에 대한 설명으로 옳은 것은?

① 과징금의 분할은 금액이 500만 원 이상인 경우에 해당한다.
② 12개월의 범위에서 분할 납부의 횟수를 5회 이내로 정하여 분할 납부가 가능하다.
③ 사업 여건의 악화로 사업이 중대한 위기에 있는 경우에는 분할 납부가 가능하다.
④ 과징금 납부 기한의 연기는 그 납부 기한의 다음 날부터 6개월을 초과할 수 없다.

> - 시장·군수·구청장이 법에서 정하는 어느 하나에 해당하는 사유로 과징금의 납부 기한을 연기하거나 분할 납부하게 하는 경우 납부 기한의 연기는 그 납부 기한의 다음 날부터 1년을 초과할 수 없고, 분할 납부는 12개월의 범위에서 분할 납부의 횟수를 3회 이내로 함
> - 과징금 납부 기한의 연기는 그 납부 기한의 다음 날부터 1년을 초과할 수 없음

|정답| 61 ② 62 ④ 63 ② 64 ③ 65 ④ 66 ③

67
공중위생관리법 시행령 및 시행규칙 관련 사항에 대한 내용으로 옳지 않은 것은?

① 위반행위가 2 이상인 경우로서 그에 해당하는 각각의 처분 기준이 다른 경우는 그중 중한 처분 기준에 의하되, 2 이상의 처분 기준이 영업정지에 해당하는 경우에는 가장 중한 정지처분 기간에 나머지 각각의 정지처분 기간의 2분의 1을 더하여 처분한다.
② 위반행위의 차수에 따른 행정처분 기준은 최근 1년간(「성매매알선 등 행위의 처벌에 관한 법률」 제4조를 위반하여 관계 행정기관의 장이 행정처분을 요청한 경우에는 최근 3년간) 같은 위반행위로 행정처분을 받은 경우는 이를 적용한다.
③ 영업장 폐쇄 처분을 받은 경우는 2월 이상의 영업정지 처분으로 경감할 수 있다.
④ 영업정지 1월은 30일을 기준으로 하고, 행정처분 기준을 가중하거나 경감하는 경우 1일 미만은 처분기준 산정에서 제외한다.

- 영업장 폐쇄 처분을 받은 경우는 3월 이상의 영업정지 처분으로 경감할 수 있음
- 영업정지 및 면허정지 처분을 받은 경우는 그 처분 기준 일수의 2분의 1의 범위 안에서 경감할 수 있음

10 시행령 및 시행규칙 관련사항

68
1차 위반 시 미용사 면허증의 면허취소가 되는 경우가 아닌 것은?

① 이중으로 면허를 취득한 경우
② 면허정지처분을 받고도 그 정지기간 중 업무를 한 경우
③ 이·미용사 자격이 취소된 경우
④ 면허증을 다른 사람에게 대여한 경우

면허증을 다른 사람에게 대여한 경우
- 1차 위반: 면허정지 3월
- 2차 위반: 면허정지 6월
- 3차 위반: 면허취소

69
4차 위반 시 영업장 폐쇄가 아닌 경우는?

① 음란한 물건을 관람·열람하게 하거나 진열 또는 보관한 경우
② 개선명령을 이행하지 않은 경우
③ 개별 미용서비스의 최종지급가격 및 전체 미용서비스의 총액에 관한 내역서를 이용자에게 미리 제공하지 않은 경우
④ 소독을 한 기구와 소독을 하지 아니한 기구를 각각 다른 용기에 넣어 보관하지 아니하거나 1회용 면도날을 2인 이상의 손님에게 사용한 경우

개별 미용서비스의 최종지급가격 및 전체 미용서비스의 총액에 관한 내역서를 이용자에게 미리 제공하지 않은 경우
- 1차 위반: 경고
- 2차 위반: 영업정지 5일
- 3차 위반: 영업정지 10일
- 4차 위반: 영업정지 1월

70
면허증을 다른 사람에게 대여한 경우 이에 대한 설명으로 옳은 것은?

① 1차 위반의 경우에는 개선명령의 행정처분을 받는다.
② 2차 위반의 경우에는 영업정지 6개월의 행정처분을 받는다.
③ 4차 위반의 경우에는 면허취소의 행정처분을 받는다.
④ 2차 위반의 경우에는 면허정지 6개월의 행정처분을 받는다.

미용사 면허증을 다른 사람에게 대여한 경우
- 1차 위반: 면허정지 3월
- 2차 위반: 면허정지 6월
- 3차 위반: 면허취소

71
1차 위반 시 영업장 폐쇄명령에 해당하는 행정처분을 받는 경우가 아닌 것은?

① 영업신고를 하지 않은 경우
② 피부미용을 위하여 「약사법」에 따른 의약품 또는 「의료기기법」에 따른 의료기기를 사용한 경우
③ 영업정지처분을 받고도 그 영업정지 기간에 영업을 한 경우
④ 공중위생영업자가 정당한 사유 없이 6개월 이상 계속 휴업하는 경우

피부미용을 위하여 「약사법」에 따른 의약품 또는 「의료기기법」에 따른 의료기기를 사용한 경우
- 1차 위반: 영업정지 2월
- 2차 위반: 영업정지 3월
- 3차 위반: 영업장 폐쇄명령

72
손님에게 성매매알선 등 행위 또는 음란행위를 하게 하거나 이를 알선 또는 제공한 경우의 미용사에게 해당하는 행정처분으로 옳은 것은?

① 1차 위반 시: 영업장 폐쇄명령
② 1차 위반 시: 영업정지 3월, 2차 위반 시: 영업장 폐쇄명령
③ 1차 위반 시: 면허정지 3월, 2차 위반 시: 면허취소
④ 1차 위반 시: 영업정지 1월, 2차 위반 시: 영업정지 2월, 3차 위반 시: 영업장 폐쇄명령

손님에게 성매매알선 등 행위 또는 음란행위를 하게 하거나 이를 알선 또는 제공한 경우
- 영업소
  - 1차 위반: 영업정지 3월
  - 2차 위반: 영업장 폐쇄명령
- 미용사
  - 1차 위반: 면허정지 3월
  - 2차 위반: 면허취소

73
1차 위반 시 경고에 해당하는 행정처분을 받는 경우로 옳지 않은 것은?

① 지위승계신고를 하지 않은 경우
② 개별 미용서비스의 최종지불가격 및 전체 미용서비스의 총액에 관한 내역서를 이용자에게 미리 제공하지 않은 경우
③ 개선명령을 이행하지 않은 경우
④ 시설 및 설비 기준을 위반한 경우

시설 및 설비 기준 위반 시 행정처분
- 1차 위반: 개선명령
- 2차 위반: 영업정지 15일
- 3차 위반: 영업정지 1월
- 4차 위반: 영업장 폐쇄명령

74
이·미용업자가 영업장의 시설 및 설비 기준을 1차 위반 시 행정처분으로 옳은 것은?

① 개선명령
② 영업정지 15일
③ 영업정지 1월
④ 영업장 폐쇄명령

시설 및 설비 기준을 위반한 경우
- 1차 위반: 개선명령
- 2차 위반: 영업정지 15일
- 3차 위반: 영업정지 1월
- 4차 위반: 영업장 폐쇄명령

75
미용업자가 영업장 내에 카메라나 기계장치를 설치한 경우 3차 위반에 해당하는 행정처분은?

① 경고
② 영업정지 1월
③ 영업정지 2월
④ 영업장 폐쇄명령

카메라나 기계장치를 설치한 경우
- 1차 위반: 영업정지 1월
- 2차 위반: 영업정지 2월
- 3차 위반: 영업장 폐쇄명령

76
미용업자가 의료 행위인 쌍꺼풀 수술을 한 경우의 행정처분으로 옳은 것은?

	1차 위반	2차 위반	3차 위반
①	면허정지 3월	면허정지 6월	면허취소
②	영업정지 2월	영업정지 3월	영업장 폐쇄명령
③	영업정지 1월	영업정지 2월	영업장 폐쇄명령
④	영업정지 1월	영업정지 2월	영업정지 3월

점 빼기·귓불 뚫기·쌍꺼풀 수술·문신·박피술 그 밖에 이와 유사한 의료행위를 한 경우
- 1차 위반: 영업정지 2월
- 2차 위반: 영업정지 3월
- 3차 위반: 영업장 폐쇄명령

77
다음 행정처분에 해당하는 경우가 아닌 것은?

- 1차 위반 : 영업정지 1월
- 2차 위반 : 영업정지 2월
- 3차 위반 : 영업장 폐쇄명령

① 영업소 외의 장소에서 미용업무를 한 경우
② 손님에게 도박 그 밖에 사행행위를 하게 한 경우
③ 무자격안마사로 하여금 안마사의 업무에 관한 행위를 하게 한 경우
④ 피부미용을 위하여 약사법에 따른 의약품 또는 의료기기법에 따른 의료기기를 사용한 경우

피부미용을 위하여 「약사법」에 따른 의약품 또는 「의료기기법」에 따른 의료기기를 사용한 경우
- 1차 위반: 영업정지 2월
- 2차 위반: 영업정지 3월
- 3차 위반: 영업장 폐쇄명령

**에듀윌이
너를
지지할게**

ENERGY

우리는 모두 별이고, 반짝일 권리가 있다.

— 마릴린 먼로

ESTHETICIAN

공개 기출문제

2011년 제4회 공개 기출문제
2011년 제5회 공개 기출문제

공개 기출문제 | 2011년 제4회

01 매뉴얼 테크닉의 종류 중 기본동작이 아닌 것은?
① 두드리기(Tapotement)
② 문지르기(Friction)
③ 흔들어주기(Vibration)
④ **누르기(Press)**

해설

01 피부미용 이론 〉 매뉴얼 테크닉
매뉴얼 테크닉의 기본동작
- 쓰다듬기(경찰법, Effleurage)
- 문지르기(강찰법, Friction)
- 주무르기(유연법, Petrissage)
- 두드리기(고타법, Tapotement)
- 떨기(진동법, Vibration)

02 팩 사용 시 주의사항이 아닌 것은?
① 피부타입에 맞는 팩제를 사용한다.
② **잔주름 예방을 위해 눈 위에 직접 덧바른다.**
③ 한방팩, 천연팩 등은 즉석에서 만들어 사용한다.
④ 안에서 바깥 방향으로 바른다.

02 피부미용 이론 〉 팩·마스크
피부가 얇은 눈과 입술 주위는 전용 크림을 바른 후 안정감을 주기 위해 아이패드와 립패드로 덮어줌

03 파우더 타입의 머드팩에 대한 설명이 옳은 것은?
① 유분을 공급하므로 노화 피부, 재생관리가 필요한 피부에 사용
② **피지를 흡착하고 살균, 소독 및 항염작용이 있어 지성 및 여드름 피부에 사용**
③ 항염작용이 있어 민감 피부관리에 사용
④ 보습작용이 뛰어나 눈가나 입술관리에 사용

03 피부미용 이론 〉 팩·마스크
머드는 피지를 흡착하여 지성 피부와 여드름 피부에 피지 조절을 돕는 효과가 있음

04 클렌징 로션에 대한 알맞은 설명은?
① 사용 후 반드시 비누세안을 해야 한다.
② 친유성 에멀전(W/O 타입)이다.
③ 눈 화장, 입술 화장을 지우는 데 주로 사용한다.
④ **민감성 피부에도 적합하다.**

04 피부미용 이론 〉 클렌징과 딥클렌징
클렌징 로션은 O/W 타입의 수분을 많이 함유한 제품으로 사용감이 좋으나 크림에 비해 세정력이 다소 떨어지며, 피부에 부담이 적어 민감성, 건성, 노화 피부 등 모든 피부에 적합함

05 습포의 효과에 대한 내용과 가장 거리가 먼 것은?
① 온습포는 모공을 확장시키는 데 도움을 준다.
② 온습포는 혈액순환 촉진, 적절한 수분공급의 효과가 있다.
③ 냉습포는 모공을 수축시키며 피부를 진정시킨다.
④ **온습포는 팩 제거 후 사용하면 효과적이다.**

05 피부미용 이론 〉 클렌징과 딥클렌징
- 온습포: 피부 모공 확장과 피지분비를 원활하게 하며 피부의 온도를 상승시켜 혈액순환 및 적절한 수분공급을 함
- 냉습포: 모공을 수축시켜 피부 탄력 및 진정을 주어 피부관리 시 마무리 단계에 사용하며, 팩 제거 후 사용함

06 피부상담 시 고려해야 할 점으로 가장 거리가 먼 것은?
① 관리 시 생길 수 있는 만약의 경우에 대비하여 병력사항을 반드시 상담하고 기록해 둔다.
② 피부관리 유경험자의 경우 그동안의 관리 내용에 대해 상담하고 기록해 둔다.
③ 여드름을 비롯한 문제성 피부고객의 경우 과거 병원치료나 약물 치료의 경험이 있는지 기록해 두어 피부관리 계획표 작성에 참고한다.
④ 필요한 제품을 판매하기 위해 고객이 사용하고 있는 화장품의 종류를 체크한다.

06 피부미용 이론 > 피부분석 및 상담
피부상담은 정확하고 과학적인 피부분석을 통해 앞으로의 관리 방향 및 방법을 제시하고 전문적 지식을 바탕으로 한 상담을 통해 신뢰감을 제공하기 위함임

07 매뉴얼 테크닉을 적용할 수 있는 경우는?
① 피부나 근육, 골격에 질병이 있는 경우
② 골절상으로 인한 통증이 있는 경우
③ 염증성 질환이 있는 경우
④ 피부에 셀룰라이트(Cellulite)가 있는 경우

07 피부미용 이론 > 매뉴얼 테크닉
매뉴얼 테크닉은 ①②③ 외에 심장질환자 및 정맥류, 전염성 피부질환이 있는 경우, 피부가 예민한 민감성 피부, 홍반·염증성 여드름·상처가 있는 경우, 말기 임산부, 수술 직후에는 피해야 함

08 신체 각 부위 매뉴얼 테크닉 방법에 대한 내용 중 틀린 것은?
① 규칙적인 리듬과 속도를 유지하면서 관리한다.
② 전신에 대한 매뉴얼 테크닉은 강하면 강할수록 효과가 좋다.
③ 전신 매뉴얼 테크닉은 림프절이 흐르는 방향으로 실시한다.
④ 전신에 손바닥을 밀착시키고 체간(몸통)을 이용하여 관리한다.

08 피부미용 이론 > 신체 각 부위 관리
전신 매뉴얼 테크닉은 신체 부위별 가벼운 또는 자극적인 동작의 강약을 조절하여 적용하면서 신체조직의 기능을 회복·유지하는 것임

09 매뉴얼 테크닉의 효과가 아닌 것은?
① 내분비기능의 조절
② 결체조직에 긴장과 탄력성 부여
③ 혈액순환 촉진
④ 반사작용의 억제

09 피부미용 이론 > 매뉴얼 테크닉
매뉴얼 테크닉의 효과에는 ①②③ 외에 조직의 노폐물 배출, 피지선과 한선의 기능 활성화, 모세혈관 강화, 신진대사 촉진, 심리적 안정감 부여 등이 있음

10 건성 피부의 관리 방법으로 가장 거리가 먼 것은?
① 알칼리성 비누를 이용하여 자주 세안을 한다.
② 화장수는 알코올 함량이 적고 보습기능이 강화된 제품을 사용한다.
③ 클렌징 제품은 부드러운 밀크타입이나 유분기가 있는 크림타입을 선택하여 사용한다.
④ 세라마이드, 호호바 오일, 아보카도 오일, 알로에베라, 히알루론산 등의 성분이 함유된 화장품을 사용한다.

10 피부미용 이론 > 피부유형별 화장품 도포
알칼리성 비누는 피부에 필요한 지질까지 닦여 나가 pH 밸런스가 깨지고 피부장벽 및 피부의 이상반응이 생김

11 피부미용의 영역이 아닌 것은?
 ① 신체 각 부위 관리
 ② 레이저 필링
 ③ 눈썹 정리
 ④ 제모

11 피부미용 이론 > 피부미용 개론
레이저 필링은 의료적 범위에 속함

12 세안에 대한 설명으로 틀린 것은?
 ① 클렌징제의 선택이나 사용 방법은 피부 상태에 따라 고려되어야 한다.
 ② 청결한 피부는 피부관리 시 사용되는 여러 영양성분의 흡수를 돕는다.
 ③ **피부 표면은 pH 4.5~6.5로서 세균의 번식이 쉬워 문제 발생이 잘 되므로 세안을 잘 해야 한다.**
 ④ 세안은 피부관리에 있어서 가장 먼저 행하는 과정이다.

12 피부미용 이론 > 클렌징과 딥클렌징
• 우리 피부의 pH는 4.5~6.5의 약산성을 띠므로 세균의 번식 및 감염을 약화시킴
• pH가 높은 알칼리성은 세균 번식 및 피부 감염증, 가려움증을 유발함

13 림프드레나쥐를 적용할 수 있는 경우에 해당되는 것은?
 ① 림프절이 심하게 부어 있는 경우
 ② 전염성의 문제가 있는 피부
 ③ 열이 있는 감기 환자
 ④ **여드름이 있는 피부**

13 피부미용 이론 > 신체 각 부위 관리
림프드레나쥐 적용 가능 피부
• 자극에 민감한 피부
• 알레르기, 노화, 여드름, 모세혈관 확장 피부
• 부종이 심한 피부
• 수술 후 상처 회복 시
• 셀룰라이트
• 홍반피부

14 피부유형에 맞는 화장품 선택이 아닌 것은?
 ① 건성 피부 – 유분과 수분이 많이 함유된 화장품
 ② 민감성 피부 – 향, 색소, 방부제를 함유하지 않거나 적게 함유된 화장품
 ③ 지성 피부 – 피지조절제가 함유된 화장품
 ④ **정상 피부 – 오일이 함유되어 있지 않은 오일 프리(Oil Free) 화장품**

14 피부미용 이론 > 피부유형별 화장품 도포
정상 피부는 적당한 유분과 수분이 함유된 화장품을 사용함

15 딥클렌징의 대상으로 적합하지 않은 것은?
 ① **모세혈관 확장 피부**
 ② 모공이 넓은 지성 피부
 ③ 비염증성 여드름 피부
 ④ 잔주름이 많은 건성 피부

15 피부미용 이론 > 클렌징과 딥클렌징
딥클렌징 시 민감성 피부, 염증·농포·개방성 상처 부위, 모세혈관 확장 피부는 그 부분을 피해 시행함

16 제모 시 유의사항이 아닌 것은?
 ① 염증이나 상처, 피부질환이 있는 경우는 하지 말아야 한다.
 ② 장시간의 목욕이나 사우나 직후는 피한다.
 ③ 제모 부위는 유분기와 땀을 제거한 다음 완전히 건조된 후 실시한다.
 ④ **제모한 부위는 즉시 물로 깨끗하게 씻어 주어야 한다.**

16 피부미용 이론 > 제모
제모 후에는 진정용 화장수, 젤, 로션, 크림 등을 발라 피부를 진정시키고 감염의 위험을 줄여야 함

17 수요법(Water Therapy, Hydrotherapy) 시 지켜야 할 수칙이 아닌 것은?
① **식사 직후에 행한다.**
② 수요법은 대개 5분에서 30분까지가 적당하다.
③ 수요법 전에 잠깐 쉬도록 한다.
④ 수요법 후에는 물을 마시도록 한다.

17 피부미용 이론 〉 신체 각 부위 관리
심신의 안정 및 신체 순환을 위해 식사 후 충분히 여유를 둔 후 테라피를 시행하여야 함

18 다음 중 물리적인 딥클렌징이 아닌 것은?
① 스크럽제
② 브러쉬(프리마톨)
③ **AHA(Alpha-Hydroxy Acid)**
④ 고마쥐

18 피부미용 이론 〉 클렌징과 딥클렌징
• 물리적 딥클렌징: 스크럽제, 브러쉬, 고마쥐 등
• 화학적 딥클렌징: AHA, BHA 등

19 건강한 손톱에 대한 설명으로 틀린 것은?
① 바닥에 강하게 부착되어야 한다.
② 단단하고 탄력이 있어야 한다.
③ **윤기가 흐르며 노란색을 띠어야 한다.**
④ 아치모양을 형성해야 한다.

19 피부학 〉 피부와 부속기관
건강한 손발톱의 조건
• 매끄럽고 광택이 나며 반투명한 핑크빛을 띠어야 함
• 단단하고 탄력이 있으며 둥근 아치를 형성해야 함
• 손톱과 발톱의 뿌리와 끝부분이 단단하게 부착되어 있어야 함

20 천연보습인자의 설명으로 틀린 것은?
① NMF(Natural Moisturizing Factor)
② 피부수분보유량을 조절한다.
③ 아미노산, 젖산, 요소 등으로 구성된다.
④ **수소이온농도의 지수 유지를 말한다.**

20 피부학 〉 피부와 부속기관
수소이온농도의 지수는 pH를 말함

21 진피에 함유되어 있는 성분으로 우수한 보습능력을 지니어 피부관리 제품에도 많이 함유되어 있는 것은?
① 알코올(Alcohol)
② **콜라겐(Collagen)**
③ 판테놀(Panthenol)
④ 글리세린(Glycerine)

21 피부학 〉 피부와 부속기관
콜라겐 성분은 피부탄력, 주름 감소 및 수분함량 증가, 결체조직의 강화, 피부를 보호하는 기능을 가짐

22 피부의 기능에 대한 설명으로 틀린 것은?

① 인체 내부 기관을 보호한다.
② 체온조절을 한다.
③ 감각을 느끼게 한다.
④ **비타민B를 생성한다.**

22 피부학 〉 피부와 부속기관
피부는 햇빛을 받을 경우 비타민D를 생성함

23 다음 중 피부 표면의 pH에 가장 큰 영향을 주는 것은?

① 각질 생성   ② 침의 분비
③ **땀의 분비**   ④ 호르몬의 분비

23 피부학 〉 피부와 부속기관
피부 pH는 외부 환경이나 신체 부위에 따라 차이가 있으나, 땀샘에서 분비되는 수분에 의한 영향이 가장 큼

24 탄수화물에 대한 설명으로 옳지 않은 것은?

① 당질이라고도 하며 신체의 중요한 에너지원이다.
② 장에서 포도당, 과당 및 갈락토오스로 흡수된다.
③ **지나친 탄수화물의 섭취는 신체를 알칼리성체질로 만든다.**
④ 탄수화물의 소화흡수율은 99%에 가깝다.

24 피부학 〉 피부와 영양
탄수화물 과다 섭취 시 비만과 혈당 상승의 원인이 되며, 산성체질로 변하게 함

25 원추형의 세포가 단층으로 이어져 있으며 각질형성세포와 색소형성세포가 존재하는 피부 세포층은?

① **기저층**   ② 투명층
③ 각질층   ④ 유극층

25 피부학 〉 피부와 부속기관
기저층은 단층으로 이루어져 있으며, 각질형성세포, 멜라닌형성세포, 머켈세포가 존재함

26 다음 중 표피층에 존재하는 세포가 아닌 것은?

① 각질형성세포   ② 멜라닌형성세포
③ 랑게르한스세포   ④ **비만세포**

26 피부학 〉 피부와 부속기관
• 표피의 기저층: 각질형성세포, 멜라닌형성세포, 머켈세포가 존재함 • 표피의 유극층: 랑게르한스세포가 존재함

27 인체에서 피지선이 전혀 없는 곳은?

① 이마   ② 코
③ 귀   ④ **손바닥**

27 피부학 〉 피부와 부속기관
피지선은 손바닥과 발바닥을 제외한 전신에 분포함

28. 골격계의 형태에 따른 분류로 옳은 것은?
① 장골(긴뼈): 상완골(위팔뼈), 요골(노뼈), 척골(자뼈), 대퇴골(넙다리뼈), 경골(정강뼈), 비골(종아리뼈) 등
② 단골(짧은뼈): 슬개골(무릎뼈), 대퇴골(넙다리뼈), 두정골(마루뼈) 등
③ 편평골(납작뼈): 척주골(척주뼈), 관골(광대뼈) 등
④ 종자골(종강뼈): 전두골(이마뼈), 후두골(뒤통수뼈), 두정골(마루뼈), 견갑골(어깨뼈), 늑골(갈비뼈) 등

28 해부생리학 〉 뼈대(골격) 계통
- 단골: 수근골, 족근골, 손·발목뼈 등
- 편평골: 두개골, 견갑골, 늑골, 흉골 등
- 종자골: 슬개골

29. 비뇨기계에서 배출기관의 순서를 바르게 표현한 것은?
① 신장 - 요관 - 요도 - 방광
② 신장 - 요도 - 방광 - 요관
③ **신장 - 요관 - 방광 - 요도**
④ 신장 - 방광 - 요도 - 요관

29 2025 미용사(피부) 출제 범위 아님
신장을 통해 여과된 오줌은 요관을 거쳐 방광에 모여 있다가 요도를 통해 몸 밖으로 배출됨

30. 다음 설명 중 틀린 내용은?
① **소화란 포도당을 산화하여 에너지를 생산하는 과정이다.**
② 소화한 탄수화물은 단당류로, 단백질은 아미노산 등으로 분해된다.
③ 소화한 유기물들이 소장의 융모상피가 흡수할 수 있는 크기로 잘리는 과정을 말한다.
④ 소화계에는 입과 위, 소장은 물론 간과 췌장도 포함한다.

30 해부생리학 〉 순환 계통과 소화기 계통
소화란 영양소가 잘게 분해되는 과정을 말하며, 입 속에 들어온 음식물을 잘게 부수는 기계적 소화와 우리 몸의 소화액을 사용하여 음식물을 더 작게 분해하는 화학적 소화가 있음

31. 폐에서 이산화탄소를 내보내고 산소를 받아들이는 역할을 수행하는 순환은?
① **폐순환**
② 체순환
③ 전신순환
④ 문맥순환

31 해부생리학 〉 순환 계통과 소화기 계통
폐순환(소순환)
- 우심실 → 폐동맥 → 폐의 모세혈관/가스교환 → 폐정맥 → 좌심방
- 체순환을 마친 혈액이 우심실로 내려와 폐를 통해 이산화탄소가 산소로 바뀌어 좌심방으로 돌아오는 순환 과정

32. 성인의 척수신경은 모두 몇 쌍인가?
① 12쌍
② 13쌍
③ 30쌍
④ **31쌍**

32 해부생리학 〉 신경 계통
- 경신경: 8쌍
- 흉신경: 12쌍
- 요신경: 5쌍
- 천골신경: 5쌍
- 미골신경: 1쌍

33 인체에서 방어작용에 관여하는 세포는?
　① 적혈구　　　　　　**② 백혈구**
　③ 혈소판　　　　　　④ 항원

33 해부생리학 〉 순환 계통과 소화기 계통
백혈구는 식균작용을 하며, 병균이 체내 침입하면 백혈구 수가 증가함

34 근육은 어떤 작용으로 움직일 수 있는가?
　① 수축에 의해서만 움직인다.
　② 이완에 의해서만 움직인다.
　③ 수축과 이완에 의해서 움직인다.
　④ 성장에 의해서만 움직인다.

34 해부생리학 〉 근육 계통
신체 움직임의 운동기능은 골격근의 수축과 이완에 의해 작용함

35 스티머 사용 시 주의해야 할 사항으로 틀린 것은?
　① 오존이 함께 장착되어 있는 경우 스팀이 나오기 전 오존을 미리 켜두어야 한다.
　② 일광에 손상된 피부나 감염이 있는 피부에는 사용을 금한다.
　③ 수조 내부를 세제로 씻지 않도록 한다.
　④ 물은 반드시 정수된 물을 사용하도록 한다.

35 피부미용기기학 〉 피부미용기기의 종류 및 사용법
스티머는 충분히 예열하고 오존은 사용 직전에 켜야 함

36 진공흡입기(Suction)의 효과로 틀린 것은?
　① 피부를 자극하여 한선과 피지선의 기능을 활성화시킨다.
　② 영양물질을 피부 깊숙이 침투시킨다.
　③ 림프순환을 촉진하여 노폐물을 배출한다.
　④ 면포나 피지를 제거한다.

36 피부미용기기학 〉 피부미용기기의 종류 및 사용법
영양물질을 피부 깊숙이 침투시키는 기기는 이온토포레시스에 해당함

37 진동브러시(Frimator)의 올바른 사용 방법이 아닌 것은?
　① 모세혈관 확장 피부에는 사용하지 않는다.
　② 브러시를 미지근한 물에 적신 후 사용한다.
　③ 손목에 힘을 주어 눌러가며 돌려준다.
　④ 사용한 브러시는 비눗물로 세척 후 물기를 제거하고 소독기로 소독한 후 보관한다.

37 피부미용기기학 〉 피부미용기기의 종류 및 사용법
진동브러시는 피부 표면에 직각으로 닿도록 하고 눌리거나 꺾이지 않도록 하여 손목에 힘을 빼 브러시 자체가 회전할 수 있도록 사용하여야 함

38 우드램프에 대한 설명으로 틀린 것은?
① 피부분석을 위한 기기이다.
② **밝은 곳에서 사용하여야 한다.**
③ 클렌징한 후 사용하여야 한다.
④ 자외선을 이용한 기기이다.

> **38** 피부미용기기학 〉 피부미용기기의 종류 및 사용법
> 우드램프는 분석의 정확도를 높이기 위해 어두운 곳에서 사용하여야 함

39 갈바닉(Galvanic)기기의 음극효과로 틀린 것은?
① **모공의 수축**　　② 피부의 연화
③ 신경의 자극　　④ 혈액공급의 증가

> **39** 피부미용기기학 〉 피부미용기기의 종류 및 사용법
> 갈바닉기기의 음극은 혈관 및 모공을 확장하고 양극은 혈관 및 모공을 수축함

40 고주파 전류의 주파수(진동수)를 측정하는 단위는?
① W(와트)　　② A(암페어)
③ Ω(옴)　　④ **Hz(헤르츠)**

> **40** 피부미용기기학 〉 기초과학 및 전기 용어
> 헤르츠(Hz)는 1초 동안 진동하는 횟수를 의미하며, 고주파는 100,000Hz 이상의 높은 주파수를 가진 교류 전류에 해당함

41 캐리어 오일에 대한 설명으로 틀린 것은?
① 캐리어는 운반이란 뜻으로 캐리어 오일은 마사지 오일을 만들 때 필요한 오일이다.
② 베이스 오일이라고도 한다.
③ **에센셜 오일을 추출할 때 오일과 분류되어 나오는 증류액을 말한다.**
④ 에센셜 오일의 향을 방해하지 않도록 향이 없어야 하고 피부흡수력이 좋아야 한다.

> **41** 화장품학 〉 화장품의 종류와 기능
> 캐리어 오일은 '아로마 오일을 피부로 옮긴다.'는 뜻으로, 캐리어 오일에 아로마 오일을 블렌딩하면 피부 흡수율과 피부에 작용하는 효과를 상승시킴

42 계면활성제에 대한 설명으로 옳은 것은?
① 계면활성제는 일반적으로 둥근 머리모양의 소수성기와 막대꼬리모양의 친수성기를 가진다.
② 계면활성제의 피부에 대한 자극은 양쪽성 〉 양이온성 〉 음이온성 〉 비이온성의 순으로 감소한다.
③ **비이온성 계면활성제는 피부 자극이 적어 화장수의 가용화제, 크림의 유화제, 클렌징 크림의 세정제 등에 사용된다.**
④ 양이온성 계면활성제는 세정작용이 우수하여 비누, 샴푸 등에 사용된다.

> **42** 화장품학 〉 화장품 제조
> • 계면활성제는 머리모양이 친수성기, 꼬리모양이 소수성기(친유성기)의 형태임
> • 피부 자극 세기: 양이온성〉 음이온성〉 양쪽이온성〉 비이온성
> • 음이온성 계면활성제는 세정작용이 우수하여 비누, 샴푸 등에 사용됨

43 다음 중 냉각기에 의해 제조된 제품은?
① 립스틱　　② 화장수
③ 아이새도　　④ 에센스

> **43** 2025 미용사(피부) 출제 범위 아님
> 냉각기는 유성의 성분을 고체화시키는 경우에 사용함

44 화장품의 분류와 사용 목적, 제품이 일치하지 않는 것은?

① 모발 화장품 – 정발 – 헤어스프레이
② 방향 화장품 – 향취 부여 – 오데코롱
③ 메이크업 화장품 – 색채 부여 – 네일 에나멜
④ **기초 화장품 – 피부정돈 – 클렌징 폼**

44 화장품학 〉 화장품의 종류와 기능
기초 화장품 중 피부정돈 기능을 가진 것은 화장수이며, 클렌징폼은 세정 제품에 해당함

45 팩의 분류에 속하지 않는 것은?

① 필오프(Peel-off) 타입
② 워시오프(Wash-off) 타입
③ 패치(Patch) 타입
④ **워터(Water) 타입**

45 피부미용 이론 〉 팩 · 마스크
팩의 분류
• 워시오프 타입(Wash-off Type)
• 필오프 타입(Peel-off Type)
• 티슈오프 타입(Tissue-off Type)
• 시트 타입(Sheet-Type), 패치 타입(Patch-Type)

46 색소를 염료(Dye)와 안료(Pigment)로 구분할 때 그 특징에 대해 잘못 설명된 것은?

① **염료는 메이크업 화장품을 만드는 데 주로 사용된다.**
② 안료는 물과 오일에 모두 녹지 않는다.
③ 무기 안료는 커버력이 우수하고, 유기 안료는 빛, 산, 알칼리에 약하다.
④ 염료는 물이나 오일에 녹는다.

46 화장품학 〉 화장품 제조
염료는 기초 화장품의 착색제로 사용하며, 메이크업의 색조 화장품에 주로 사용하는 것은 안료임

47 기능성 화장품에 해당하지 않는 것은?

① 피부의 미백에 도움을 주는 제품
② **인체에 비만도를 줄여주는 데 도움을 주는 제품**
③ 피부의 주름 개선에 도움을 주는 제품
④ 피부를 곱게 태워 주거나 자외선으로부터 피부를 보호하는 데 도움을 주는 제품

47 화장품학 〉 화장품의 종류와 기능
기능성 화장품의 종류
미백 화장품, 주름 개선 화장품, 자외선 차단 화장품, 피부를 태워 주는 화장품, 탈염 · 탈색제, 탈모 증상 완화제, 체모 제거제, 여드름성 피부 완화제, 피부장벽 개선제, 튼살 완화제

48 보건행정의 원리에 관한 것으로 맞는 것은?

① 일반행정원리의 관리과정적 특성과 기획과정은 적용되지 않는다.
② 의사결정과정에서 미래를 예측하고, 행동하기 전의 행동계획을 결정한다.
③ 보건행정에서는 생태학이나 역학적 고찰이 필요 없다.
④ **보건행정은 공중보건학에 기초한 과학적 기술이 필요하다.**

48 공중위생관리학 〉 공중보건학
보건행정 또한 일반행정원리의 관리과정적 특성과 기획과정이 적용되고, 의사결정과정 전에 미래를 예측하고 행동계획을 결정하며, 감염병 관리를 위한 생태학적 · 역학적 고찰을 필요로 함

49 체온을 유지하는 데 영향을 주는 온열인자가 아닌 것은?

① 기온
② 기습
③ 복사열
④ **기압**

49 공중위생관리학 〉 공중보건학
기후의 4대 온열인자는 기온, 기습, 기류, 복사열로, 인간의 체온 조절에 영향을 줌

50 다음 중 제3급 감염병인 것은?
① 결핵
② 콜레라
③ 장티푸스
④ **파상풍**

50 공중위생관리학 〉 공중보건학
- 제1급 감염병: 신종인플루엔자, 디프테리아, 페스트, 탄저 등
- 제2급 감염병: 결핵, 수두, 홍역, 콜레라, 장티푸스, 세균성 이질, 장출혈성대장균감염증 등
- 제3급 감염병: 파상풍, B형 간염, 일본뇌염, C형 간염, 말라리아, 발진티푸스 등

51 예방접종 중 세균의 독소를 약독화(순화)하여 사용하는 것은?
① 폴리오
② 콜레라
③ 장티푸스
④ **파상풍**

51 공중위생관리학 〉 공중보건학
인공능동면역은 예방접종 후 생성되는 면역으로, 순화독소(Toxoid)를 주입하는 질병에는 파상풍, 디프테리아가 해당함

52 어떤 소독약의 석탄산 계수가 2.0이라는 것은 무엇을 의미하는가?
① 석탄산의 살균력이 2이다.
② **살균력이 석탄산의 2배이다.**
③ 살균력이 석탄산의 2%이다.
④ 살균력이 석탄산의 120%이다.

52 공중위생관리학 〉 소독학
석탄산 계수
- 소독약의 살균력을 비교할 수 있는 지표
- 석탄산 계수가 낮을수록 살균력이 약함

53 다음 중 소독약의 구비 조건으로 틀린 것은?
① 인체에는 독성이 없어야 한다.
② 소독 물품에 손상이 없어야 한다.
③ 사용 방법이 간단하고 경제적이어야 한다.
④ **소독 실시 후 서서히 소독 효력이 증대되어야 한다.**

53 공중위생관리학 〉 소독학
소독약의 구비 조건
- 미량으로도 살균력이 강해야 함
- 부식성과 표백성이 없어야 함
- 안전성이 있고 용해성이 높아야 함
- 경제적이고 사용이 간편해야 함
- 인체에 해가 없어야 함
- 불쾌한 냄새가 없어야 함
- 침투력이 높아야 함

54 자비소독 시 살균력을 강하게 하고 금속기자재가 녹스는 것을 방지하기 위하여 첨가하는 물질이 아닌 것은?
① 2% 중조
② 2% 크레졸 비누액
③ **5% 승홍수**
④ 5% 석탄산

54 공중위생관리학 〉 소독학
자비소독 시 살균력 증가와 금속기구의 부식을 방지하기 위해 중조(탄산나트륨, 1~2%), 크레졸(2%), 붕소(1~2%), 석탄산(페놀, 2~5%)을 더함

55 무수알코올(100%)을 사용해서 70%의 알코올 1,800mL를 만드는 방법으로 옳은 것은?
① 무수알코올 700mL에 물 1,100mL를 가한다.
② 무수알코올 70mL에 물 1,730mL를 가한다.
③ **무수알코올 1,260mL에 물 540mL를 가한다.**
④ 무수알코올 126mL에 물 1,674mL를 가한다.

55 공중위생관리학 〉 소독학
- 용액 = 용질 + 용매
- 1,800mL = 무수알코올 1,260mL + 물 540mL

56 공중위생업소의 위생서비스 수준의 평가는 몇 년마다 실시해야 하는가?
① 매년　　② **2년**
③ 3년　　④ 4년

56 공중위생관리학 〉 공중위생관리법규
위생서비스 평가는 2년마다 실시함

57 이·미용업소의 위생관리 의무를 지키지 아니한 자의 과태료 기준은?
① 30만 원 이하　　② 50만 원 이하
③ 100만 원이하　　④ **200만 원 이하**

57 공중위생관리학 〉 공중위생관리법규
200만 원 이하의 과태료
- 미용업소의 위생관리 의무를 지키지 아니한 자
- 영업소 외의 장소에서 이·미용 업무를 행한 자
- 위생교육을 받지 아니한 자

58 공중위생업자에게 개선명령을 명할 수 없는 것은?
① 보건복지부령이 정하는 공중위생업의 종류별 시설 및 설비기준을 위반한 경우
② 공중위생업자가 그 이용자에게 건강상 위해 요인이 발생하지 아니하도록 영업 관련 시설 및 설비를 위생적이고 안전하게 관리해야 하는 위생관리 의무를 위반한 경우
③ **면도기는 1회용 면도날만을 손님 1인에 한하여 사용한 경우**
④ 이·미용기구는 소독을 한 기구와 소독을 하지 아니한 기구로 분리하여 보관해야 하는 위생관리 의무를 위반한 경우

58 공중위생관리학 〉 공중위생관리법규
1회용 면도날은 손님 1인에 한하여 사용해야 함은 이·미용업자가 준수하여야 하는 올바른 위생관리기준에 해당하므로 개선명령의 대상이 아님

59 영업허가 취소 또는 영업장 폐쇄명령을 받고도 계속하여 이·미용 영업을 하는 경우에 시장·군수·구청장이 취할 수 있는 조치가 아닌 것은?
① 당해 영업소의 간판 기타 영업표지물의 제거
② 당해 영업소가 위법한 것임을 알리는 게시물 등의 부착
③ 영업을 위하여 필수불가결한 기구 또는 시설물을 사용할 수 없게 하는 봉인
④ **당해 영업소의 업주에 대한 손해배상 청구**

59 공중위생관리학 〉 공중위생관리법규
시장·군수·구청장은 공중위생영업자가 영업소 폐쇄명령을 받고도 계속하여 영업을 하는 때에는 관계 공무원으로 하여금 해당 영업소를 폐쇄하기 위하여 다음의 조치(①②③)를 하게 할 수 있고, 신고를 하지 아니하고 공중위생영업을 하는 경우에도 또한 같음

60 이·미용사 면허를 받을 수 있는 자가 아닌 것은?
① 고등학교에서 이용 또는 미용에 관한 학과를 졸업한 자
② 「국가기술자격법」에 의한 이용사 또는 미용사 자격을 취득한 자
③ **보건복지부장관이 인정하는 외국인 이용사 또는 미용사 자격 소지자**
④ 전문대학의 이용 또는 미용에 관한 학과 졸업자

60 공중위생관리학 〉 공중위생관리법규
이·미용사 면허취득 요건
- 전문대학 또는 이와 같은 수준 이상의 학력이 있다고 교육부장관이 인정하는 학교에서 이·미용에 관한 학과를 졸업한 자
- 「학점인정 등에 관한 법률」에 따라 대학 또는 전문대학을 졸업한 자와 같은 수준 이상의 학력이 있는 것으로 인정되어 이·미용에 관한 학위를 취득한 자
- 고등학교 또는 이와 같은 수준의 학력이 있다고 교육부장관이 인정하는 학교에서 이·미용에 관한 학과를 졸업한 자
- 초·중등교육법령에 따른 특성화고등학교, 고등기술학교나 고등학교 또는 고등기술학교에 준하는 각종학교에서 1년 이상 이·미용에 관한 소정의 과정을 이수한 자
- 「국가기술자격법」에 의한 이·미용사의 자격을 취득한 자

답만 외워도 합격!
공개 기출문제 | 2011년 제5회

01 매뉴얼 테크닉의 쓰다듬기(Effleurage) 동작에 대한 설명 중 맞는 것은?
① 피부 깊숙이 자극하여 혈액순환을 증진한다.
② 근육에 자극을 주기 위하여 깊고 지속적으로 누르는 방법이다.
③ **매뉴얼 테크닉의 시작과 마무리에 사용한다.**
④ 손가락으로 가볍게 두드리는 방법이다.

| 해설 |

01 피부미용 이론 > 매뉴얼 테크닉
매뉴얼 테크닉의 기본동작인 쓰다듬기(Effleurage)는 손바닥과 손가락 전체를 피부에 밀착하여 부드럽게 쓰다듬는 동작으로 심리적 안정감을 높이며 테크닉의 시작과 마무리, 연결 동작으로 많이 사용함

02 림프드레나쥐의 주된 작용은?
① 혈액순환과 신진대사 저하
② **노폐물과 독소물질을 림프절로 운반**
③ 피부조직 강화
④ 림프순환 저하

02 피부미용 이론 > 신체 각 부위 관리
림프드레나쥐
• 림프순환을 활성화시켜 체액의 배출을 높이고 면역력을 강화할 수 있음
• 자극에 약한 민감성 피부에도 적용할 수 있음

03 다음 중 일시적 제모에 속하지 않는 것은?
① **전기분해법을 이용한 제모**
② 족집게를 이용한 제모
③ 왁스를 이용한 제모
④ 화학 탈모제를 이용한 제모

03 피부미용 이론 > 제모
전기분해법: 직류전류를 이용하여 털의 성장에 영양분을 공급하는 모유두를 분해시켜 제모하는 방법으로, 영구적 제모에 속함

04 클렌징에 대한 설명이 아닌 것은?
① 피부의 피지, 메이크업 잔여물을 없애기 위한 작업이다.
② **모공 깊숙이 있는 불순물과 피부 표면의 각질의 제거를 주목적으로 한다.**
③ 제품 흡수를 효율적으로 도와준다.
④ 피부의 생리적인 기능을 정상적으로 도와준다.

04 피부미용 이론 > 클렌징과 딥클렌징
묵은 각질을 탈락시키고 모공 깊숙이 있는 피지, 불순물 등의 배출을 원활하게 하는 관리는 딥클렌징에 해당함

05 짙은 화장을 지우는 클렌징 제품 타입으로 중성과 건성 피부에 적합하며, 사용 후 이중세안을 해야 하는 것은?
① **클렌징 크림** ② 클렌징 로션
③ 클렌징 워터 ④ 클렌징 젤

05 피부미용 이론 > 클렌징과 딥클렌징
클렌징 크림
• W/O 타입의 친유성 제품으로 세정력이 좋아 짙은 화장, 특수화장 클렌징에 효과적임
• 유분 함량이 높아 피부에 잔여물이 남을 수 있으므로 이중세안을 필수로 해야 함

06 다음 중 건성 피부에 적용되는 화장품 사용법으로 가장 적합한 것은?

① **낮에는 O/W형의 데이크림, 밤에는 W/O형의 나이트 크림을 사용한다.**
② 강하게 탈지시켜 피지샘 기능을 균형 있게 해주고 모공을 수축해 주는 크림을 사용한다.
③ 봄, 여름에는 W/O 크림을 사용하고, 가을, 겨울에는 O/W 크림을 사용한다.
④ 소량의 하이드로퀴논이 함유된 크림을 사용한다.

06 피부미용 이론 > 피부유형별 화장품 도포

- 건성 피부는 유·수분 공급이 중요하므로 낮에는 O/W 형태의 수분감이 많은 제품을 사용하고, 밤에는 영양분 공급을 위한 나이트 크림이 효과적임
- 모공을 수축시키거나 탈지기능이 있는 제품은 지성 피부에 효과적임
- 계절에 따라 피지 분비량이 많은 여름에는 수분, 분비량이 감소하는 추운 겨울에는 유분을 공급할 수 있도록 선택적으로 적용이 가능함
- 미백효과가 있는 하이드로퀴논과는 관련이 적음

07 팩의 목적 및 효과와 가장 거리가 먼 것은?

① 피부의 혈행 촉진 및 청정작용
② 진정 및 수렴작용
③ 피부 보습
④ **피하지방의 흡수 및 분해**

07 피부미용 이론 > 팩·마스크

팩은 피부유형별 문제점을 개선하고 관리효과를 높이기 위한 방법으로, 피하지방층에는 적용하지 않음

08 신체 각 부위별 관리에서 매뉴얼 테크닉의 적용이 적합하지 않은 것은?

① 스트레스로 인해 근육이 경직된 경우
② 림프순환이 잘 안 되어 붓는 경우
③ 심한 운동으로 근육이 뭉친 경우
④ **하체 부종이 심한 임산부의 경우**

08 피부미용 이론 > 매뉴얼 테크닉

임산부의 경우 매뉴얼 테크닉은 강한 자극이 되어 위험성을 높일 수 있으므로 금해야 함

09 피부관리를 위한 피부유형 분석의 시기로 가장 적합한 것은?

① **클렌징이 끝난 후**
② 최초 상담 전
③ 트리트먼트 후
④ 마사지 후

09 피부미용 이론 > 피부분석 및 상담

피부유형을 분석하는 시기로는 클렌징이 끝난 후가 적절하며, 문진, 촉진, 견진, 피부분석기기 등의 방법으로 분석함

10 여드름 피부에 관련된 설명으로 틀린 것은?

① 여드름은 사춘기에 피지분비가 왕성해지면서 나타나는 비염증성, 염증성 피부발진이다.
② **여드름은 사춘기에 일시적으로 나타나며 30대 정도에 모두 사라진다.**
③ 다양한 원인에 의해 피지가 많이 생기고 모공 입구의 폐쇄로 인해 피지 배출이 잘 되지 않는다.
④ 선천적인 체질상 체내 호르몬의 이상 현상으로 지루성 피부에서 발생되는 여드름 형태를 심상성 여드름이라 한다.

10 피부미용 이론 > 피부유형별 화장품 도포

여드름은 스트레스, 호르몬, 생활환경 등이 원인이 되어 특정 연령층과 상관없이 발생할 수 있음

11 매뉴얼 테크닉의 효과에 해당하지 않는 것은?
① 혈액순환을 촉진시킨다.
② 림프순환을 촉진시킨다.
③ 근육의 긴장을 감소하고 피부 온도를 상승하여 기분을 좋게 한다.
④ **가슴과 복부관리를 통해 생리 시, 임신 초기 또는 말기에 진정효과를 준다.**

> **11** 피부미용 이론 〉 매뉴얼 테크닉
> 임신 초기와 말기는 안정을 취해야 하는 시기로, 복부 관리는 금해야 함

12 웜 왁스를 이용한 제모 방법으로 옳은 것은?
① 제모 전에는 로션을 발라 피부를 보호한다.
② **왁스는 털이 난 방향으로 발라준다.**
③ 왁스를 제거할 때는 천천히 떼어낸다.
④ 제모 후에는 온습포를 이용해 시술 부위를 진정시킨다.

> **12** 피부미용 이론 〉 제모
> 왁스 제모 방법
> 파우더로 유·수분 제거 → 털이 난 방향으로 왁스 도포 → 털이 난 반대 방향으로 제거 → 냉습포로 마무리 및 진정젤 도포

13 마스크의 종류에 따른 사용 목적이 틀린 것은?
① **콜라겐 벨벳 마스크 - 진피 수분 공급**
② 고무 마스크 - 진정, 노폐물 흡착
③ 석고 마스크 - 영양 성분 침투
④ 머드 마스크 - 모공 청결, 피지 흡착

> **13** 피부미용 이론 〉 팩·마스크
> 콜라겐 벨벳 마스크는 피부 표피층에 수분 공급효과를 높일 수 있음

14 우리나라 피부미용 역사에서 혼례 미용법이 발달하고, 세안을 위한 세제 등 목욕용품이 발달한 시대는?
① 고조선시대 ② 삼국시대
③ 고려시대 ④ **조선시대**

> **14** 피부미용 이론 〉 피부미용 개론
> 조선시대 혼례는 연지와 곤지, 입술을 빨갛게 하는 미용법이 발달했고, 「규합총서」에 의하면 복사꽃, 홍화 등으로 세안하는 방법을 활용했음

15 피부관리 시 최종 마무리 단계에서 냉타올을 사용하는 이유로 가장 적합한 것은?
① 고객을 잠에서 깨우기 위해서
② 깨끗이 닦아내기 위해서
③ 모공을 열어주기 위해서
④ **이완된 피부를 수축시키기 위해서**

> **15** 피부미용 이론 〉 마무리 관리
> 피부관리 마지막 단계에는 피부 표면의 온도를 낮춰 모공 수축과 진정효과를 높일 수 있도록 해야 하므로 냉습포를 적용함

16 딥클렌징에 대한 설명으로 가장 거리가 먼 것은?
① **디스인크러스테이션은 주 2회 이상이 적당하다.**
② 효소 타입은 불필요한 각질을 분해하여 잔여물을 제거한다.
③ 디스인크러스테이션은 전기를 이용한 딥클렌징 방법이다.
④ 예민한 피부는 브러시 머신을 이용한 딥클렌징을 삼간다.

17 지성 피부의 화장품 적용 목적 및 효과로 가장 거리가 먼 것은?
① 모공 수축
② 피지분비 및 정상화
③ **유연 회복**
④ 항염, 정화기능

18 효소 필링제의 사용법으로 가장 적합한 것은?
① 도포한 후 약간 덜 건조된 상태에서 문지르는 동작으로 각질을 제거한다.
② **도포한 후 효소의 작용을 촉진하기 위해 스티머나 온습포를 사용한다.**
③ 도포한 후 완전하게 건조되면 젖은 해면을 이용하여 닦아낸다.
④ 도포한 후 피부 근육결 방향으로 문지른다.

19 다음 단면도에서 모발의 색상을 결정짓는 멜라닌색소를 함유하고 있는 모피질(Cortex)은?

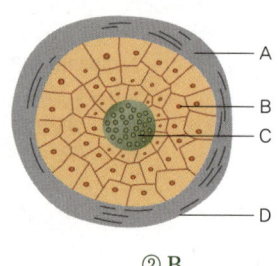

① A
② B
③ C
④ D

20 피부에 존재하는 감각기관 중 가장 많이 분포하는 것은?
① 촉각점
② 온각점
③ 냉각점
④ **통각점**

21 피부 색상을 결정짓는 데 중요한 요인이 되는 멜라닌색소를 만들어 내는 피부층은?

① 과립층　　② 유극층
③ **기저층**　　④ 유두층

21 피부학 〉 피부와 부속기관
표피층 가장 아래에 위치한 기저층에는 각질형성세포와 멜라닌형성세포가 존재하여 지속적으로 멜라닌세포를 만들어 피부색을 결정함

22 체조직 구성 영양소에 대한 설명으로 틀린 것은?

① 지질은 체지방의 형태로 에너지를 저장하며 생체막 성분으로 체구성 역할과 피부의 보호 역할을 한다.
② 지방이 분해되면 지방산이 되는데 이 중 불포화지방산은 인체 구성 성분으로 중요한 위치를 차지하므로 필수지방산이라고도 한다.
③ **필수지방산은 식물성 지방보다 동물성 지방을 먹는 것이 좋다.**
④ 불포화지방산은 상온에서 액체 상태를 유지한다.

22 피부학 〉 피부와 영양
필수지방산
- 필수지방산은 우리 몸을 구성하고 기능 유지를 위한 주요 성분으로, 체내에서 만들어지지 않기 때문에 필수로 섭취해야 하는 영양소
- 불포화지방산의 일종이며, 주로 식물성 지방에 많이 함유되어 있음

23 피부의 면역에 관한 설명으로 알맞은 것은?

① 세포성 면역에는 보체, 항체 등이 있다.
② T 림프구는 항원전달 세포에 해당한다.
③ **B 림프구는 면역 글로불린이라고 불리는 항체를 생성한다.**
④ 표피에 존재하는 각질형성세포는 면역조절에 작용하지 않는다.

23 피부학 〉 피부와 광선, 면역, 노화
- T 림프구: 세포성 면역기능에 관여함
- 보체: 생체 내 면역작용에 관여하는 단백질 복합체
- 항체: 항원의 자극에 의해 만들어지는 물질로, 신체에 침입한 미생물에 면역반응을 일으킴

24 땀샘에 대한 설명으로 틀린 것은?

① **에크린선은 입술뿐만 아니라 전신 피부에 분포되어 있다.**
② 에크린선에서 분비되는 땀은 냄새가 거의 없다.
③ 아포크린선에서 분비되는 땀은 분비량은 소량이나 나쁜 냄새의 요인이 된다.
④ 아포크린선에서 분비되는 땀 자체는 유취, 유색, 무균성으로, 표피에 배출된 후 세균의 작용을 받아 부패하여 냄새가 나는 것이다.

24 피부학 〉 피부와 부속기관
에크린선(에크린 한선): 입술, 음부 등을 제외한 전신에 분포하는 땀샘

25 다음 중 UVA(장파장 자외선)의 파장 범위는?

① **320~400nm**　　② 290~320nm
③ 200~290nm　　④ 100~200nm

25 피부학 〉 피부와 광선, 면역, 노화
- UVA(장파장): 320~400nm
- UVB(중파장): 290~320nm
- UVC(단파장): 200~290nm

26 일반적인 피부 표면의 pH는?

① **약 4.5~5.5**　　② 약 9.5~10.5
③ 약 2.5~3.5　　④ 약 7.5~8.5

26 피부학 〉 피부와 부속기관
피부 표면의 pH는 약 4.5~6.5로 약산성 상태를 나타냄

27 천연보습인자(NMF)의 구성 성분 중 40%를 차지하는 중요 성분은?
① 요소
② 젖산염
③ 무기염
④ **아미노산**

27 피부학 〉 피부와 부속기관
천연보습인자(NMF)는 아미노산(40%), 피롤리돈 카르본산(12%), 젖산(12%), 요소(7%) 등으로 구성되어 있음

28 수정과 임신에 대한 설명 중 잘못된 것은?
① 임신에서 분만까지의 기간은 약 280일이다.
② 모체와 태아 사이의 모든 물질 교환이 이루어지는 곳은 태반이다.
③ 임신 기간이 지날수록 프로게스테론과 에스트로겐은 증가한다.
④ **임신 2개월째에는 태아에 체모가 생기고 외음부에 남·녀의 차이가 난다.**

28 2025 미용사(피부) 출제 범위 아님
태아의 모낭 속 체모가 자라나기 시작하고 성별을 구별할 수 있는 시기는 임신 4개월임

29 세포 내 소화 기관으로 노폐물과 이물질을 처리하는 역할을 하는 기관은?
① 미토콘드리아
② 리보솜
③ **리소좀**
④ 골지체

29 해부생리학 〉 세포와 조직
리소좀: 가수분해효소를 함유하고 있어 세포 내 소화작용으로 노폐물과 이물질을 처리할 수 있음

30 다음 중 다당류인 전분을 2당류인 맥아당이나 덱스트린으로 가수분해하는 역할을 하는 타액 내의 효소는?
① **프티알린**
② 리파아제
③ 인슐린
④ 말타아제

30 해부생리학 〉 순환 계통과 소화기 계통
- 리파아제: 지방을 분해하는 효소
- 인슐린: 체내 당을 조절하는 호르몬
- 말타아제: 말토오스를 분해하는 효소

31 인체의 3가지 형태의 근육 종류명이 아닌 것은?
① 골격근
② 내장근
③ 심근
④ **후두근**

31 해부생리학 〉 근육 계통
인체를 구성하는 근육은 골격근(횡문근), 내장근(평활근), 심근(횡문근)으로 분류함

32 림프순환에서 다른 사지와는 다른 경로인 부분은?
① **우측 상지**
② 좌측 상지
③ 우측 하지
④ 좌측 하지

32 해부생리학 〉 순환 계통과 소화기 계통
림프순환 시 머리의 우측, 경부의 우측, 우측 상지, 흉부에서 생성된 림프는 우림프관으로 모임

33 뉴런과 뉴런의 접속 부위를 무엇이라고 하는가?
① 신경원
② 랑비에 결절
③ **시냅스**
④ 축삭종말

33 해부생리학 〉 신경 계통
- 뉴런(신경세포)은 세포체, 수상돌기, 축삭돌기, 축삭말단으로 구성됨
- 신경원: 뉴런이라고 하며 자극에 반응을 하고 흥분을 전달함
- 랑비에 결절: 신경에서 수초가 없는 부분
- 축삭말단(축삭종말): 축삭돌기에서 받은 자극 신호를 근육세포, 분비세포 등에 전달

34 골격계의 기능이 아닌 것은?
① 보호기능 ② 저장기능
③ 지지기능 ④ 열 생산기능

34 해부생리학 〉 뼈대(골격) 계통
골격계는 보호기능, 저장기능, 지지기능, 운동기능, 조혈기능을 함

35 안면 진공흡입기의 사용 방법으로 가장 거리가 먼 것은?
① 사용 시 크림이나 오일을 바르고 사용한다.
② 한 부위에 오래 사용하지 않도록 조심한다.
③ 탄력이 부족한 예민, 노화 피부에 더욱 효과적이다.
④ 관리가 끝난 후 벤토우즈는 미온수와 중성세제를 이용하여 세척하고 알코올로 소독 후 보관한다.

35 피부미용기기학 〉 피부미용기기의 종류 및 사용법
안면 진공흡입기는 진공을 이용한 관리법으로 예민한 피부나 노화 피부에는 적용하지 않는 것이 좋음

36 지성 피부에 적용되는 작업 방법 중 적절하지 않은 것은?
① 이온영동 침투기기의 양극봉으로 디스인크러스테이션을 해준다.
② 쟈켓법을 이용한 관리는 디스인크러스테이션 후에 시행한다.
③ T-존(T-zone) 부위의 노폐물 등을 안면 진공흡입기로 제거한다.
④ 지성 피부의 상태를 호전시키기 위해 고주파기의 직접법을 적용시킨다.

36 피부미용기기학 〉 피부미용기기의 종류 및 사용법
지성 피부는 갈바닉기의 음극봉을 통해 노폐물을 제거하는 디스인크러스테이션을 적용하는 것이 효과적임

37 고주파 피부미용기기를 사용하는 방법 중 직접법을 올바르게 설명한 것은?
① 고객의 얼굴에 마른 거즈를 올리고 그 위에 전극봉으로 가볍게 관리한다.
② 적합한 크기의 벤토우즈가 피부 표면에 잘 밀착되도록 전극봉을 연결한다.
③ 고객의 손에 전극봉을 잡게 한 후 얼굴에 마른 거즈를 올리고 손으로 눌러준다.
④ 고객의 손에 전극봉을 잡게 한 후 관리사가 고객의 얼굴에 적합한 크림을 바르고 손으로 관리한다.

37 피부미용기기학 〉 피부미용기기의 종류 및 사용법
고주파 직접법
• 고주파 직접법은 열에 의해 혈관을 확장시켜 신진대사를 촉진하고 스파킹에 의해 살균효과를 높일 수 있어 지성, 여드름 피부에 적합함
• 관리 시 영양크림을 도포한 후 마른 거즈를 필수로 사용하고 전극봉을 밀착시켜 원을 그리듯이 적용함

38 피부분석 시 육안으로 보기 힘든 피지, 민감도, 색소침착, 모공의 크기, 트러블 등을 세밀하고 정확하게 분별할 수 있는 기기는?
① 스티머 ② 진공흡입기
③ 우드램프 ④ 스프레이

38 피부미용기기학 〉 피부미용기기의 종류 및 사용법
우드램프는 자외선을 이용한 분석기기로, 피부 상태에 따라 색을 내는 원리를 이용함

39 초음파를 이용한 스킨 스크러버의 효과가 아닌 것은?
① 진동과 온열효과로 신진대사를 촉진한다.
② 각질 제거효과가 있다.
③ 피부 정화효과가 있다.
④ 상처 부위에 재생효과가 있다.

39 피부미용기기학 〉 피부미용기기의 종류 및 사용법
스킨 스크러버 적용 시 상처 및 염증 부위는 사용을 금해야 함

40 매우 낮은 전압의 직류를 이용하며, 이온영동법과 디스인크러스테이션의 두 가지 중요한 기능을 하는 기기는?
① 초음파기기
② 저주파기기
③ 고주파기기
④ 갈바닉기기

40 피부미용기기학 〉 피부미용기기의 종류 및 사용법
갈바닉기기의 분류
• 이온영동법: 같은 극끼리 밀어내고 반대 극끼리 당기는 성질의 전류를 이용하여 화장품을 이온화시켜 깊숙이 흡수시키는 방법
• 디스인크러스테이션: 음극의 알칼리 반응을 이용하여 피부 노폐물을 제거하는 방법

41 화장수에 대한 설명 중 잘못된 것은?
① 피부의 각질층에 수분을 공급한다.
② 피부에 청량감을 준다.
③ 피부에 남아 있는 잔여물을 닦아준다.
④ 피부의 각질을 제거한다.

41 화장품학 〉 화장품의 종류와 기능
화장수: 수분 공급, 청량감, 유연효과, 피부정돈의 기능을 하는 기초 화장품

42 아로마테라피(Aromatherapy)에 사용되는 에센셜 오일에 대한 설명 중 가장 거리가 먼 것은?
① 아로마테라피에 사용되는 에센셜 오일은 주로 수증기 증류법에 의해 추출된 것이다.
② 에센셜 오일은 공기 중의 산소, 빛 등에 의해 변질될 수 있으므로 갈색병에 보관하여 사용하는 것이 좋다.
③ 에센셜 오일은 원액을 그대로 피부에 사용해야 한다.
④ 에센셜 오일을 사용할 때에는 안전성 확보를 위하여 사전에 패치테스트(Patch Test)를 실시하여야 한다.

42 화장품학 〉 화장품의 종류와 기능
에센셜 오일 원액은 피부 자극을 유발하므로 캐리어 오일에 블렌딩하여 사용해야 함

43 아래에서 설명하는 유화기로 가장 적합한 것은?

• 크림이나 로션 타입의 제조에 주로 사용된다.
• 터빈형의 회전날개를 원통으로 둘러싼 구조이다.
• 균일하고 미세한 유화입자가 만들어진다.

① 디스퍼(Disper)
② 호모믹서(Homo-mixer)
③ 프로펠러믹서(Propeller mixer)
④ 호모게나이져(Homogenizer)

43 화장품학 〉 화장품 제조
호모믹서: 화장품 제조 시 물과 오일의 유화작용을 위해 고속회전으로 내부 물질을 미세하고 균일하게 혼합하는 기기

44 화장품 성분 중 무기 안료의 특성은?
① 내광성, 내열성이 우수하다.
② 선명도와 착색력이 뛰어나다.
③ 유기 용매에 잘 녹는다.
④ 유기 안료에 비해 색의 종류가 다양하다.

44 화장품학 > 화장품 제조
무기 안료는 커버력이 우수하고 내광성, 내열성이 양호함

45 여드름 피부용 화장품에 사용되는 성분과 가장 거리가 먼 것은?
① 살리실산
② 글리시리진산
③ 아줄렌
④ 알부틴

45 화장품학 > 화장품의 종류와 기능
알부틴: 멜라닌의 생성을 조절하는 티로시나아제 효소 활성을 억제하여 미백에 효과적인 성분임

46 「화장품법」상 화장품의 정의와 관련한 내용이 아닌 것은?
① 신체의 구조, 기능에 영향을 미치는 것과 같은 사용 목적을 겸하지 않는 물품
② 인체를 청결히 하고, 미화하고, 매력을 더하고 용모를 밝게 변화시키기 위해 사용하는 물품
③ 피부 혹은 모발을 건강하게 유지 또는 증진하기 위한 물품
④ 인체에 사용되는 물품으로 인체에 대한 작용이 경미한 것

46 화장품학 > 화장품학 개론
화장품
• 인체를 청결·미화하여 매력을 더하고 용모를 밝게 변화시키거나 피부·모발의 건강을 유지 또는 증진시키기 위해 사용
• 인체에 바르고 문지르고 뿌리는 등의 유사한 방법으로 사용하는 물품으로서 인체에 대한 작용이 경미한 것을 말함(의약품 제외)

47 기능성 화장품의 표시 및 기재사항이 아닌 것은?
① 제품의 명칭
② 내용물의 용량 및 중량
③ 제조자의 이름
④ 제조번호

47 2025 미용사(피부) 출제 범위 아님
제조자의 이름은 표시 및 기재사항에서 제외함

48 감염병 관리상 그 관리가 가장 어려운 대상은?
① 만성감염병 환자
② 급성감염병 환자
③ 건강보균자
④ 감염병에 의한 사망자

48 공중위생관리학 > 공중보건학
건강보균자는 증상이 전혀 나타나지 않은 상태에서 체내에 보균상태를 지속하고 병원체를 배출하는 사람으로, 감염병 관리 시 관리가 가장 어려움

49 수돗물로 사용할 상수의 대표적인 오염지표는?(단, 심미적 영향 물질은 제외한다.)
① 탁도
② 대장균 수
③ 증발 잔류량
④ COD

49 공중위생관리학 > 공중보건학
대장균 수: 대장균의 검출은 분변오염의 증거이므로 수질오염의 지표가 되며 검출 방법이 간단하고 정확함

50 비타민이 결핍되었을 때 발생하는 질병의 연결이 틀린 것은?
① 비타민B₁ – 각기병　　**② 비타민D – 괴혈증**
③ 비타민A – 야맹증　　④ 비타민E – 불임증

50 피부학 > 피부와 영양
비타민D 결핍 – 구루병, 골다공증 등

51 일반적인 미생물의 번식에 가장 중요한 요소로만 나열된 것은?
① 온도 – 적외선 – pH　　② 온도 – 습도 – 자외선
③ 온도 – 습도 – 영양분　　④ 온도 – 습도 – 시간

51 공중위생관리학 > 소독학
미생물 증식의 3대 조건은 온도, 수분, 영양소임

52 소독에 사용되는 약제의 이상적인 조건은?
① 살균하고자 하는 대상물을 손상시키지 않아야 한다.
② 취급 방법이 복잡해야 한다.
③ 용매에 쉽게 용해되지 않아야 한다.
④ 향기로운 냄새가 나야 한다.

52 공중위생관리학 > 소독학
소독약 구비 조건
- 미량으로도 살균력이 강해야 함
- 부식성과 표백성이 없어야 함
- 안전성이 있고 용해성이 높아야 함
- 경제적이고 사용이 간편해야 함
- 인체에 해가 없어야 함
- 불쾌한 냄새가 없어야 함
- 침투력이 높아야 함

53 용품이나 가구 등을 일차적으로 청결하게 세척하는 것은 다음의 소독방법 중 어디에 해당되는가?
① 희석　　② 방부
③ 정균　　④ 여과

53 공중위생관리학 > 소독학
- 방부: 물질의 부패를 막기 위한 방법
- 정균: 균의 증식을 멈추기 위한 방법
- 여과: 여과막을 통한 미생물 제거 방법

54 바이러스에 대한 일반적인 설명으로 옳은 것은?
① 항생제에 감수성이 있다.
② 광학현미경으로 관찰이 가능하다.
③ 핵산 DNA와 RNA 둘 다 가지고 있다.
④ 바이러스는 살아 있는 세포 내에서만 증식이 가능하다.

54 공중위생관리학 > 소독학
바이러스는 DNA와 RNA 중 하나를 가지고 항생제에 반응하지 않으며 세균보다 크기가 작아 광학현미경으로는 관찰되지 않고 전자현미경으로만 볼 수 있음

55 알코올 소독의 미생물 세포에 대한 주된 작용 기전은?
① 할로겐 복합물 형성　　**② 단백질 변성**
③ 효소의 완전 파괴　　④ 균체의 완전 융해

55 공중위생관리학 > 소독학
알코올은 미생물의 단백질을 변성시켜 대사 기전 저해작용을 함

56 이·미용업소의 위생관리 기준으로 적합하지 않은 것은?
① 소독한 기구와 소독을 하지 아니한 기구를 분리하여 보관한다.
② 1회용 면도날을 손님 1인에 한하여 사용한다.
③ **피부미용을 위한 의약품은 따로 보관한다.**
④ 영업장 안의 조명도는 75룩스 이상이어야 한다.

> **56** 공중위생관리학 > 공중위생관리법규
> 피부관리에는 의약품을 사용하지 않음

57 청문을 실시하여야 하는 사항과 거리가 먼 것은?
① 이·미용사의 면허취소, 면허정지
② 공중위생 영업의 정지
③ 영업소의 폐쇄명령
④ **과태료 징수**

> **57** 공중위생관리학 > 공중위생관리법규
> 청문을 해야 하는 경우
> • 이·미용사의 면허취소 및 면허정지
> • 영업의 정지명령
> • 일부 시설의 사용중지 및 영업소 폐쇄명령

58 과태료 처분에 불복이 있는 경우 어느 기간 내에 이의를 제기할 수 있는가?
① 처분한 날로부터 30일 이내
② 처분의 고지를 받은 날로부터 30일 이내
③ 처분한 날로부터 15일 이내
④ 처분이 있음을 안 날로부터 15일 이내

> **58** 공중위생관리학 > 공중위생관리법규
> 2016.2.3. 공중위생관리법 개정으로 해당 법령에서 과태료 관련 조문이 삭제되고, 현재는 과태료 처분에 불복이 있는 경우 과태료 부과 통지를 받은 날부터 60일 이내에 해당 행정청에 서면으로 이의제기를 할 수 있도록 변경됨(질서위반행위규제법 제20조)

59 이·미용업의 상속으로 인한 영업자 지위 승계 시 신고 구비 서류가 아닌 것은?
① 영업자 지위 승계 신고서
② 가족관계증명서
③ **양도계약서 사본**
④ 상속자임을 증명할 수 있는 서류

> **59** 공중위생관리학 > 공중위생관리법규
> 상속으로 인한 지위 승계 시 구비 서류
> • 영업자 지위 승계 신고서
> • 가족관계증명서
> • 상속인임을 증명할 수 있는 서류

60 영업소 폐쇄명령을 받고도 영업을 계속할 때의 벌칙 기준은?
① **1년 이하의 징역 또는 1천만 원 이하의 벌금**
② 1년 이하의 징역 또는 500만 원 이하의 벌금
③ 6월 이하의 징역 또는 500만 원 이하의 벌금
④ 6월 이하의 징역 또는 300만 원 이하의 벌금

> **60** 공중위생관리학 > 공중위생관리법규
> 1년 이하의 징역 또는 1천만 원 이하의 벌금
> • 영업소 폐쇄명령을 받고도 영업을 지속하는 경우
> • 영업신고를 하지 않은 경우
> • 영업정지명령(또는 일부 시설의 사용중지명령)을 받고도 그 기간 중에 영업을 하거나 그 시설을 사용하는 경우

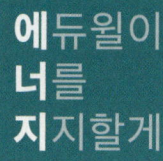

어둡다고 불평하는 것보다
촛불을 켜는 것이 더 낫다.
고민하는 대신
거기 언제나 무엇인가
할 수 있는 일이 있다.

— 아잔 브라흐마(Ajan Brahma), 「술취한 코끼리 길들이기」

ESTHETICIAN

비공개 기출 복원문제

제1회 비공개 기출 복원문제
제2회 비공개 기출 복원문제
제3회 비공개 기출 복원문제
제4회 비공개 기출 복원문제
제5회 비공개 기출 복원문제
제6회 비공개 기출 복원문제
제7회 비공개 기출 복원문제

비공개 기출 복원문제 | 제1회

최신 기출문제 풀이는 필수!

◀ 모바일로 풀어보기

01 이·미용업의 시설 및 설비 기준에 대한 설명으로 옳지 않은 것은?
① 이용업은 영업소 내 별실 그 밖에 이와 유사한 시설을 설치해서는 안 된다.
② 미용업(피부)은 미용기구를 소독하는 장비를 갖추어야 한다.
③ 미용업(피부)은 소독 여부에 따른 기구를 구분하여 보관할 수 있는 용기를 비치해야 한다.
④ 이용업은 기구 보관 시 소독 여부와 상관없이 한곳에 보관하여야 한다.

| 해설 |

01 공중위생관리학 〉 공중위생관리법규
이용업의 이용기구는 소독을 한 기구와 소독을 하지 아니한 기구를 구분하여 보관할 수 있는 용기를 비치하여야 함

02 「공중위생관리법」상 위생의무 위반 시 벌칙금은?
① 200만 원 이하의 과태료
② 300만 원 이하의 과태료
③ 500만 원 이하의 과태료
④ 1,000만 원 이하의 과태료

02 공중위생관리학 〉 공중위생관리법규
200만 원 이하의 과태료
• 미용업소의 위생관리 의무를 지키지 아니한 자
• 영업소 외의 장소에서 이·미용 업무를 행한 자
• 위생교육을 받지 아니한 자

신규 문제 공략

03 다음 중 O/W형(수중유형) 에멀전 제품으로 알맞은 것은?
① 헤어 크림
② 나이트 크림
③ 클렌징 크림
④ 모이스처라이징 로션

03 화장품학 〉 화장품 제조
O/W형 에멀전 제품은 물에 기름이 분산되어 있는 형태로 로션류가 포함되어 있음

04 손목뼈와 발목뼈가 해당되는 골의 분류는?
① 단골
② 장골
③ 편평골
④ 함기골

04 해부생리학 〉 뼈대(골격) 계통
• 단골: 수근골, 족근골, 손·발목뼈
• 장골: 대퇴골, 상완골, 요골, 척골, 비골, 경골
• 편평골: 두개골, 견갑골, 늑골, 흉골
• 함기골: 상악골, 전두골, 측두골, 사골, 접형골

05 청문 대상에 해당하는 것은?
① 카메라나 기계장치를 설치한 경우
② 과태료 징수
③ 이·미용사의 면허정지
④ 과징금 부과

05 공중위생관리학 〉 공중위생관리법규
청문을 해야 하는 경우
• 이·미용사의 면허취소 및 면허정지
• 영업의 정지명령
• 일부 시설의 사용중지 및 영업소 폐쇄명령

06 공중위생평가를 심사하는 주체는?
① 시·도지사
② 시장·군수·구청장
③ 보건복지부장관
④ 대통령

> **06 공중위생관리학 > 공중위생관리법규**
> 시장·군수·구청장은 평가계획에 따라 관할 지역별 세부평가계획을 수립한 후 공중위생영업소의 위생서비스 수준을 평가하여야 함

07 스티머의 사용에 대한 설명으로 옳지 않은 것은?
① 사용 전에 예열을 하는 것이 좋다.
② 얼굴과 스티머의 거리는 약 30cm 정도의 거리를 유지한다.
③ 민감한 부위에는 화장솜을 올려 사용한다.
④ 여드름 관리 후 사용한다.

> **07 피부미용기기학 > 피부미용기기의 종류 및 사용법**
> 스티머는 모세혈관 확장 피부나 상처가 있는 피부에는 사용을 피함

08 대상포진에 대한 설명으로 옳지 않은 것은?
① 수두바이러스에 의해 발생한다.
② 통증이 없다.
③ 몸의 면역이 저하되었을 때 발생할 가능성이 높다.
④ 예방접종에 의해 일부 예방할 수 있다.

> **08 공중위생관리학 > 공중보건학**
> 대상포진은 수포성 발진과 심한 통증이 동반됨

[신규 문제 공략]
09 다음 중 명예공중위생감시원 업무범위에 해당하지 않는 것은?
① 공중위생감시원이 행하는 검사대상물의 수거 지원
② 법령 위반행위에 대한 신고 및 자료 제공
③ 시설 및 설비의 확인
④ 공중위생에 관한 홍보·계몽 등 공중위생관리업무와 관련하여 시·도지사가 따로 정하여 부여하는 업무

> **09 공중위생관리학 > 공중위생관리법규**
> 공중위생감시원의 업무범위
> • 시설 및 설비의 확인
> • 공중위생영업 관련 시설 및 설비의 위생상태 확인, 검사, 공중위생영업자의 위생관리 의무 및 영업자 준수사항 이행 여부의 확인
> • 위생지도 및 개선명령 이행 여부의 확인
> • 공중위생영업소의 영업정지, 일부 시설의 사용중지 또는 영업소 폐쇄명령 이행 여부의 확인
> • 위생교육 이행 여부의 확인

10 생백신으로 예방접종하는 감염병은?
① 폴리오
② 디프테리아
③ 백일해
④ 장티푸스

> **10 공중위생관리학 > 공중보건학**
> 인공능동면역
> • 생균백신(경구투여): 결핵, 홍역, 폴리오(소아마비), 풍진 등
> • 사균백신(경피투여): 콜레라, 장티푸스, 폐렴구균, 백일해, B형 간염 등
> • 순화독소(Toxoid) 주입: 파상풍, 디프테리아

11 진동으로 신체의 혈액순환과 림프순환을 돕는 미용기기는?
① 우드램프
② 스티머
③ 프리마톨
④ 초음파기

> **11 피부미용기기학 > 피부미용기기의 종류 및 사용법**
> 초음파기기는 미세진동에 의해 피부의 탄력과 신진대사를 높여주는 기기로, 혈액 및 림프순환, 마사지 효과, 피부에 탄력 부여, 세포의 신진대사 촉진 등의 효과가 있음

12 갈바닉기기의 사용 방법으로 옳지 않은 것은?

① 이온토포레시스는 고객에게 사용할 비활동 전극에 스펀지를 물에 적셔 쥐게 한다.
② 사용하는 전극에 물에 적신 솜을 잘 감는다.
③ 전극봉은 시술을 하기 전 전원을 먼저 켜 준비한 후 고객의 피부에 대고 사용한다.
④ 마무리 시에는 암페어 세기를 서서히 낮춘 후 전원을 끄고 전극봉을 뗀다.

12 피부미용기기학 > 피부미용기기의 종류 및 사용법
전극봉은 고객의 턱이나 이마 부위에 댄 후 전원을 켜 전기의 세기를 고객에게 맞춘 후 시술함

신규 문제 공략

13 접촉성 피부염의 주된 알러지원으로 틀린 것은?

① 니켈
② 금
③ 수은
④ 크롬

13 피부미용이론 > 피부유형별 화장품 도포
접촉성 피부염의 주된 알러지원은 중금속임

14 건열 멸균과 습열 멸균법에 대한 설명으로 옳지 않은 것은?

① 건열 멸균법은 화염 멸균법, 건열 멸균법, 소각소독법이 있다.
② 습열 멸균법은 자비소독법, 고압증기 멸균법, 유통증기멸균법(Koch의 솥), 간헐멸균법, 저온살균법, 초고온 순간살균법이 있다.
③ 미용업에서 사용하는 수건, 스테인리스 등의 제품들은 자비소독이 적합하다.
④ 습열 멸균법이 건열 멸균법보다 더 효과적이다.

14 공중위생관리학 > 소독학
건열 멸균법과 습열 멸균법은 소독 방법이 서로 다르며, 각 제품에 따라 적합한 소독 방법이 다르기 때문에 어느 것이 더 효과적이라고 단정할 수 없음

15 근육의 기능에 대한 설명으로 옳지 않은 것은?

① 신체 움직임의 운동기능
② 체내 에너지 생산
③ 항체 형성
④ 자세 유지

15 해부생리학 > 근육 계통
근육의 기능: 신체 움직임의 운동기능, 체내 에너지 생산기능, 자세 유지기능, 관절 및 뼈 보호기능

16 보건행정에 대한 설명으로 옳은 것은?

① 국민의 질병 치료
② 국가 또는 지방자치단체의 공공의 책임하에 수행하는 공적 행정 활동 과정
③ 전체보다 개인의 신체적·정신적 건강 증진 유지
④ 지방민간단체의 사적 행정 활동

16 공중위생관리학 > 공중보건학
보건행정: 공중보건의 목적인 국민의 수명 연장, 질병 예방, 신체적·정신적 건강을 증진하기 위한 보건정책으로 국가 또는 지방자치단체의 공공의 책임하에 수행하는 공적 행정 활동 과정

17 한 나라의 보건 수준을 나타내는 지표가 되는 것은?
① 조사망률
② 비례사망지수
③ 평균수명
④ 영아사망률

17 공중위생관리학 > 공중보건학
영아사망률은 1년간 출생아 1,000명당 생후 1년 이내에 사망한 영아의 비율을 말하며, 한 국가의 보건 수준을 나타내는 지표임

신규 문제 공략

18 디스인크러스테이션을 가급적 피해야 하는 피부유형은?
① 지성 피부
② 건성 피부
③ 노화 피부
④ 정상 피부

18 피부미용기기학 > 피부미용기기의 종류 및 사용법
디스인크러스테이션은 피지를 분해하고 각질세포, 노폐물 배출의 효과를 주는 딥클렌징 방법으로, 모세혈관 확장, 민감성, 건성 피부는 가급적 피하는 것이 좋음

19 불쾌지수에 관여되는 것은?
① 기온, 기습
② 기온, 기류
③ 기류, 복사열
④ 기압, 기습

19 공중위생관리학 > 공중보건학
불쾌지수는 기온과 기습에 의해 사람이 느끼는 불쾌감의 정도를 수치화한 것임

20 미용의 기능으로 옳지 않은 것은?
① 심미적 기능
② 장식적 기능
③ 의료적 기능
④ 보호의 기능

20 피부미용 이론 > 피부미용 개론
미용의 기능: 보호기능, 심리적 기능, 미적 기능(장식적 기능)

21 화장품의 분류로 옳지 않은 것은?
① 두피관리 화장품 – 샴푸
② 메이크업 화장품 – 아이섀도
③ 기초 화장품 – 팩
④ 기능성 화장품 – 향수

21 화장품학 > 화장품의 종류와 기능
기능성 화장품은 주름 개선, 미백, 선탠, 자외선 차단, 제모제, 염색제, 탈모 증상 완화, 여드름 완화, 피부장벽 기능 개선, 튼살 완화와 관련 있음

22 다음 중 부향률이 가장 낮은 것은?
① 퍼퓸
② 오데퍼퓸
③ 오데코롱
④ 샤워코롱

22 화장품학 > 화장품의 종류와 기능
부향률
• 퍼퓸: 15~30%
• 오데퍼퓸: 9~12%
• 오데토일렛: 6~8%
• 오데코롱: 3~5%
• 샤워코롱: 1~3%

23 소독법에 대한 설명으로 옳은 것은?
① 유통증기멸균법은 Koch의 증기솥이나 Arnold의 증기살균기를 사용한다.
② 자비소독법은 식기류, 고무, 유리류 등이 가능하다.
③ 저온살균법은 100℃ 이상의 온도로 20분 정도 소독한다.
④ 고압증기 멸균법은 금속류, 주사침, 분말류 등의 소독에 적당하다.

23 공중위생관리학 > 소독학
• 자비소독법은 고무 제품에는 적용을 피해야 함
• 저온살균법은 62~63℃에서 30분간 살균처리하는 것을 말함
• 고압증기 멸균법은 수술기구 및 용품, 금속성 기구 등에 적용하며, 부식성이 강하거나 습기에 약한 재질은 피해야 함

24 면역에 관여하는 피부세포는?
① 각질형성세포 ② 랑게르한스세포
③ 멜라닌형성세포 ④ 머켈세포

24 피부학 > 피부와 부속기관
랑게르한스세포는 표피의 유극층에 존재하며, 외부의 이물질을 림프구로 전달하고 피부의 면역과 관련 있음

신규 문제 공략

25 장기간에 걸쳐 반복하여 긁거나 비벼서 표피가 건조하고 가죽처럼 두꺼워진 상태는 무엇인가?
① 가피 ② 낭종
③ 태선화 ④ 반흔

25 피부학 > 피부장애와 질환
- 가피: 혈청과 농 또는 혈액이 굳은 형태
- 낭종: 4단계 여드름으로 염증 물질이 피하지방층까지 침범하여 표면이 융기된 형태
- 반흔: 진피 아래까지 손상된 피부를 새로운 결합조직으로 채우는 과정 중에 생성된 흉터

26 여드름 화장품 성분이 아닌 것은?
① 살리실산 ② 알부틴
③ 위치하젤 ④ 글리콜릭산

26 피부미용 이론 > 피부유형별 화장품 도포
미백 화장품의 성분에는 알부틴, 닥나무 추출물, 감초 추출물, 나이아신아마이드 등이 있음

27 아하(AHA, Alpha Hydroxy Acid)에 해당하는 것은?
① 아데노신 ② 레티놀
③ 알부틴 ④ 젖산

27 화장품학 > 화장품 제조
AHA(Alpha-Hydroxy Acid): 글리콜산(사탕수수), 젖산(우유), 사과산(사과), 주석산(포도), 구연산(오렌지)

28 피부유형별 특징에 대한 설명으로 옳은 것은?
① 표피수분부족 피부는 자외선, 냉·난방 등과 같은 외부 환경의 원인으로 피부보호막이 불안정하여 알레르기 증상이나 소양증이 동반된다.
② 유성지루성 피부는 각질층이 두껍고 유분이 많은 피부로 세균에 대한 저항력이나 방어능력이 강하다.
③ 건성지루성 피부는 땀샘의 기능이 저하되어 있지만 유분의 기능이 높아 당김 증상이 약하다.
④ 모세혈관 확장 피부는 온도차에 쉽게 예민해질 수 있지만 외부 자극에 대한 저항이 강해 마사지의 종류에 상관없이 적용할 수 있다.

28 피부미용 이론 > 피부유형별 화장품 도포
- 유성지루성 피부는 세균에 대한 저항력이나 방어능력이 약함
- 건성지루성 피부는 땀샘의 기능이 저하되어 있어 당김이 심하고 쉽게 자극을 받으며 유성지루성 피부보다 저항력이 약하고 예민하여 쉽게 붉어짐
- 모세혈관 확장 피부는 갑작스러운 온도 변화에 주의해야 하며, 림프드레나쥐를 권장하고 강한 마사지는 피함

29 팩의 사용 방법에 관한 내용으로 옳지 않은 것은?
① 팩은 피부의 안에서 바깥 방향으로 턱-볼-코-이마 순으로 발라준다.
② 팩은 아래에서 위쪽으로 바른다.
③ 팩 도포 시에는 스파튤라나 팩붓으로 일정한 두께로 발라준다.
④ 팩은 마사지 전에 적용한다.

29 피부미용 이론 > 팩·마스크
팩은 마사지 후에 피부유형에 맞게 적용함

30 다음 중 클렌징 기기가 <u>아닌</u> 것은?
① 프리마톨
② 디스인크러스테이션
③ 이온토포레시스
④ 스티머

30 피부미용 이론 〉 클렌징과 딥클렌징

갈바닉기기의 이온토포레시스는 이온화된 영양물질을 피부에 침투시키는 기기임

31 딥클렌징 기기로 알맞은 것은?
① 리프팅기
② 고주파기
③ 프리마톨
④ 초음파기

31 피부미용 이론 〉 클렌징과 딥클렌징

프리마톨은 피부 자극이 적은 천연모의 브러시를 이용하여 클렌징, 딥클렌징, 필링, 마사지 등의 효과를 얻는 미용기기임

32 팩에 관한 내용으로 <u>옳지 않은</u> 것은?
① 석고 마스크는 혈액순환을 촉진하므로 노화 피부에 적합하다.
② 고무 마스크는 모든 피부에 사용이 가능하고 피부 수분공급과 진정의 효과가 있다.
③ 팩은 피부유형에 상관없이 제품을 사용한다.
④ 천연팩은 바르기 직전에 만들며 사용 전 피부테스트를 하여야 한다.

32 피부미용 이론 〉 팩·마스크

팩은 피부유형에 맞는 제품을 사용함

33 아토피성 피부에 적합한 팩, 마스크는?
① 고무 마스크
② 석고 마스크
③ 왁스 마스크
④ 천연팩

33 피부미용 이론 〉 팩·마스크

아토피성 피부는 피부의 수분과 영양이 부족하여 가려움증이 동반되므로 수분 공급 및 피부 진정작용을 하는 마스크를 적용해야 함

34 화장품 제조의 색소에 관한 내용으로 <u>옳지 않은</u> 것은?
① 염료는 물, 기름, 알코올에 녹는다.
② 유기 안료는 색상이 선명하고 색의 종류가 다양하다.
③ 무기 안료는 내열성, 내광성이 양호하다.
④ 안료는 주로 기초 화장품의 착색제로 사용된다.

34 화장품학 〉 화장품 제조

안료는 주로 색조 화장품에 사용되며, 염료는 기초 화장품의 착색제로 사용됨

35 pH(수소이온농도)에 대한 설명으로 <u>옳지 않은</u> 것은?
① 정상적인 피부 표면의 pH는 4.5~6.5의 약산성에 해당한다.
② pH가 높은 알칼리 제품은 피부의 항상성을 무너뜨린다.
③ pH가 낮은 제품은 피부의 클렌징 효과를 증가시킨다.
④ pH는 피부 표피의 pH를 측정한 값이다.

35 피부학 〉 피부와 부속기관

pH가 너무 낮은 제품은 피부의 클렌징 효과를 감소시킴

36 오염된 쓰레기, 일회용 물질, 가운·수건, 환자의 객담 등을 소독하기 위한 가장 이상적인 소독법은?
① 소각소독법
② 건열 멸균법
③ 화염 멸균법
④ 자외선소독법

36 공중위생관리학 〉 소독학

소각소독법
- 미생물에 오염된 물체를 불에 태워 멸균함
- 오염된 쓰레기, 일회용 물질, 가운·수건, 환자의 객담 등의 소독 방법으로 적합함
- 가장 쉽고 안전한 소독 방법임

37 매뉴얼 테크닉의 종류의 명칭이 알맞은 것은?
① 쓰다듬기(유연법)
② 문지르기(강찰법)
③ 주무르기(경찰법)
④ 떨기(고타법)

37 피부미용 이론 〉매뉴얼 테크닉
매뉴얼 테크닉의 종류
- 쓰다듬기(Effleurage, 경찰법, 무찰법)
- 문지르기(Friction, 강찰법, 마찰법)
- 주무르기(Petrissage, 유찰법, 유연법)
- 두드리기(Tapotement, 고타법, 타진법, 경타법)
- 떨기(Vibration, 진동법)

38 갈바닉기에 대한 설명으로 옳지 않은 것은?
① 60~80V의 낮은 전압의 직류를 이용한 기기이다.
② 얼굴은 10mA, 바디는 2mA를 사용한다.
③ (-)극과 (+)극을 띠며 시술 시에 피시술자가 제품의 특성에 따라 한 전극봉을 잡고 다른 전극봉으로 시술한다.
④ 고객이 잡고 있는 전극봉은 젖은 거즈나 스펀지로 감싼다.

38 피부미용기기학 〉피부미용기기의 종류 및 사용법
얼굴관리는 0~2mA, 전신관리는 0~10mA를 사용함

39 금속에 사용할 수 있는 소독제는?
① 석탄산
② 생석회
③ 승홍수
④ 역성비누

39 공중위생관리학 〉소독학
- 석탄산, 승홍수는 강한 금속 부식성으로 인해 금속류에 부적합함
- 생석회는 분변, 하수, 오물, 토사물 등의 소독을 함

신규 문제 공략

40 다음 인공능동면역 중 순화독소(Toxoid) 주입으로 예방 가능한 감염병은?
① 결핵
② 폴리오
③ 파상풍
④ 콜레라

40 공중위생관리학 〉공중보건학
순화독소(Toxoid) 주입으로 예방 가능한 감염병은 파상풍, 디프테리아임

41 하수도 및 쓰레기통의 소독제로 알맞은 것은?
① 생석회
② 석탄산수
③ 알코올
④ 표백분

41 공중위생관리학 〉소독학
- 석탄산수: 환자복, 용기, 오물 등 소독
- 알코올: 피부, 기구 등 소독(점막 사용 금지)
- 표백분: 수영장, 목욕탕, 하수 등 소독

42 비타민 결핍에 관한 설명으로 알맞은 것은?
① 비타민A - 괴혈병
② 비타민B_1 - 악성빈혈
③ 비타민D - 구루병
④ 비타민K - 야맹증

42 피부학 〉피부와 영양
- 비타민A: 야맹증, 피부건조증
- 비타민K: 출혈 및 혈액응고 지연
- 비타민C: 괴혈병
- 비타민B_1: 각기병
- 비타민B_{12}: 악성빈혈

신규 문제 공략

43 화장품의 원료 중 물에 녹지 않는 비극성 물질을 녹이는 유기 용매로 휘발성, 특이취, 무색을 지니며 수렴효과, 청량감, 살균 및 소독작용에 사용되는 것은?
① 정제수
② 에탄올
③ 메탄올
④ 폴리머

43 화장품학 〉화장품 제조
화장품의 수성원료에 속하는 에탄올은 수렴 화장수, 여드름용 제품, 헤어토닉, 향수 등에 사용

44 바디랩 사용에 대한 설명으로 옳지 <u>않은</u> 것은?
① 바디랩 사용은 지방 분해를 위해 최대한 타이트하게 감싼다.
② 전신 마사지 후 머드, 해조류, 클레이 등 독소 배출기능이 있는 제품을 랩핑할 부분에 발라준다.
③ 천이나 폴리비닐 등의 재료로 전신을 감싼 후 원적외선이나 빔 샤워를 이용하고 랩핑을 제거한다.
④ 독소 배출, 순환 증진의 효과가 있다.

44 피부미용 이론 〉 신체 각 부위 관리
바디랩은 지방 분해의 효과가 있지만, 랩핑을 너무 타이트하게 할 경우 신진대사 촉진 및 혈액순환의 효과를 감소시킬 수 있으므로 적당한 탄력으로 조절하여 적용하여야 함

신규 문제 공략

45 위생교육 대상자가 <u>아닌</u> 것은?
① 공중위생영업의 신고를 하고자 하는 자
② 공중위생영업을 승계한 자
③ 공중위생영업자
④ 면허증 취득 예정자

45 공중위생관리학 〉 공중위생관리법규
위생교육은 공중위생영업 신고를 위한 과정으로 면허 취득 예정자는 대상자가 아님

46 감염병 구충제에 대한 내용으로 옳지 <u>않은</u> 것은?
① 구충제는 장내 기생충을 제거하는 데 도움을 주는 약이다.
② 기생충의 종류에 상관없이 같은 성분의 약을 복용하면 된다.
③ 구충제의 투약 간격은 4~6시간을 두는 것이 좋다.
④ 구충제로 예방이 가능한 기생충의 종류에는 선충류, 조충류, 흡충류 등이 있다.

46 공중위생관리학 〉 공중보건학
구충제는 기생충의 종류에 따라 약 사용이나 복용법이 다름

47 근육의 기능에 대한 설명으로 옳지 <u>않은</u> 것은?
① 체내 에너지 생산   ② 자세 유지
③ 무기질과 지방 저장   ④ 관절 및 뼈 보호

47 해부생리학 〉 근육 계통
무기질과 지방을 저장하는 것은 골격계의 기능임

48 멜라닌형성세포에 대한 설명으로 옳지 <u>않은</u> 것은?
① 표피의 기저층에 존재한다.
② 멜라닌은 피부색을 결정한다.
③ 붉은색·검은색·흰색 머리카락은 멜라닌 세포 수에 따라 결정된다.
④ 자외선을 흡수 또는 산란시켜 피부를 보호한다.

48 피부학 〉 피부와 부속기관
• 멜라닌은 세포의 수는 일정하나, 인종에 따라 멜라닌색소의 양과 크기가 다름
• 모발의 색상은 유멜라닌의 흑갈색과 페오멜라닌의 적갈색으로 나뉨

49 세포막의 기능에 대한 설명으로 옳지 <u>않은</u> 것은?
① 생물체와 외부 환경 사이에 경계를 이루고 내부 환경을 조절한다.
② 세포 소기관이 존재하며 핵을 둘러싸고 있고, 세포의 성장과 재생에 필요한 물질을 함유하고 있다.
③ 얇은 지방 2중층의 구조로, 지질, 단백질, 탄수화물로 구성되어 있다.
④ 세포 내의 물질들을 보호·보존하고, 세포막을 통한 물질의 이동을 조절한다.

49 해부생리학 〉 세포와 조직
핵을 둘러싸고 있고, 세포의 성장과 재생에 필요한 물질을 함유하고 있는 것은 세포질에 해당함

50 온몸을 순환한 후 노폐물이 쌓인 피가 처음 들어오는 곳은?
① 좌심방   ② 좌심실
③ 우심방   ④ 우심실

50 해부생리학 〉 순환 계통과 소화기 계통
체순환(대순환)
좌심실에서 대동맥을 통해 온몸의 모세혈관에 산소와 영양소를 공급하고 노폐물을 받아 대정맥을 통해 우심방으로 돌아오는 순환 과정

51 제3뇌신경에 해당하며, 눈의 운동 및 동공 변화에 관여하는 신경은?
① 삼차신경   ② 미주신경
③ 시신경   ④ 동안신경

51 해부생리학 〉 신경 계통
• 삼차신경(제5뇌신경): 감각신경, 운동신경의 혼합
• 미주신경(제10뇌신경): 근의 운동 및 감각
• 시신경(제2뇌신경): 시각

52 면허증을 다른 사람에게 대여한 경우 2차 위반 시 행정처분 기준은?
① 영업정지   ② 면허정지 3월
③ 면허정지 6월 ④ 영업정지 3월

52 공중위생관리학 〉 공중위생관리법규
면허증을 다른 사람에게 대여한 경우
• 1차 위반: 면허정지 3월
• 2차 위반: 면허정지 6월
• 3차 위반: 면허취소

53 림프드레나쥐에 대한 설명으로 옳지 <u>않은</u> 것은?
① 림프의 순환을 원활하게 하여 면역력을 증가시킨다.
② 여드름이나 염증, 가벼운 상처가 있는 피부에 적합하다.
③ 매뉴얼 테크닉보다 좀 더 무겁고 강하게 마사지한다.
④ 조직의 노폐물 배출을 돕고 신진대사를 촉진한다.

53 피부미용 이론 〉 피부미용 개론
림프드레나쥐: 림프절 방향으로 가볍게 쓰다듬고 일정한 압을 주어 림프순환을 촉진시키는 기법으로 매뉴얼 테크닉보다 가벼움

54 피부관리 마무리의 효과에 해당하는 것은?
① 신진대사 촉진   ② 피부 유연성 부여
③ 근육의 이완   ④ 심리적 안정

54 피부미용 이론 〉 마무리 관리
피부관리 마무리의 효과에는 피부 정돈, 피부 유연성 부여, 피부 영양 공급 등이 있음

55 비타민의 기능에 대한 설명으로 옳은 것은?
① 비타민은 3대 영양소의 보조효소작용을 한다.
② 수용성 비타민은 비타민A, D, E, K이다.
③ 비타민P는 강력한 항산화 기능으로 노화를 방지한다.
④ 비타민은 모든 조직의 세포 생성의 주요작용을 한다.

55 피부학 〉 피부와 영양
비타민A, D, E, K는 지용성 비타민이며, 비타민E는 강력한 항산화 기능으로 노화를 방지하고, 세포의 성장을 촉진하며 생리대사기능을 도움

> 신규 문제 공략

56 생균백신, 사균백신, 순화독소 접종으로 형성되는 면역은?

① 자연능동면역
② 자연수동면역
③ 인공능동면역
④ 인공수동면역

56 공중위생관리학 > 공중보건학
- 자연능동면역: 감염병 감염 후 형성되는 면역
- 자연수동면역: 모체로부터 형성되는 면역
- 인공수동면역: 항독소 등 인공제제를 접종하여 형성되는 면역

57 피부의 기능으로 옳지 않은 것은?

① 피부의 땀 분비작용은 체온조절을 돕는다.
② 산소를 흡수하고 이산화탄소를 방출한다.
③ 진피층, 기저층의 넓은 상처는 피부재생작용에 의해 원상태로 회복된다.
④ 피지선을 통한 피지분비, 한선을 통한 땀 분비 등으로 분비 및 배설작용을 한다.

57 피부학 > 피부와 부속기관
진피층이나 기저층에 상처가 나면 재생이 어렵고 흉터가 남음

58 아포크린 한선에 대한 설명으로 옳은 것은?

① 입술과 음부를 제외한 피부 전신에 분포되어 있다.
② 유취의 끈적한 형태이다.
③ 무색을 띤다.
④ 아포크린 한선의 냄새는 여성보다 남성에게 강하게 난다.

58 피부학 > 피부와 부속기관
아포크린 한선(대한선)
- 사춘기 이후 겨드랑이, 유두 주위, 성기, 항문 주위 등에서만 존재함
- 피지선에 연결되어 있어 유색·유취임
- 아포크린 한선은 남성보다 여성에게 더 많이 분포되어 있음

59 질병 전파의 개달물에 해당하는 것은?

① 공기, 물
② 파리, 모기
③ 의복, 침구
④ 음식물, 우유

59 공중위생관리학 > 공중보건학
개달물은 물이나 공기 등을 제외한 모든 비활성 매체인 의복, 수건, 침구, 상자 등의 사물을 말함

60 위생교육의 시행기간 및 시간으로 알맞은 것은?

① 6개월마다, 1시간
② 1년마다, 3시간
③ 2년마다, 2시간
④ 3년마다, 3시간

60 공중위생관리학 > 공중위생관리법규
공중위생영업자는 매년 3시간 위생교육을 받아야 함

정답표(제1회)

01	④	02	①	03	④	04	①	05	③	06	②	07	④	08	②	09	③	10	①
11	④	12	③	13	②	14	④	15	③	16	②	17	④	18	②	19	①	20	③
21	④	22	④	23	①	24	②	25	③	26	②	27	④	28	①	29	④	30	③
31	③	32	③	33	①	34	④	35	③	36	①	37	②	38	②	39	④	40	③
41	①	42	③	43	②	44	①	45	④	46	②	47	③	48	③	49	②	50	③
51	④	52	③	53	③	54	②	55	①	56	③	57	③	58	②	59	③	60	②

비공개 기출 복원문제 | 제2회

최신 기출문제 풀이는 필수!

◀ 모바일로 풀어보기

신규 문제 공략

01 어린이집이나 유치원처럼 어린 연령층이 집단으로 생활하는 공간에서 쉽게 감염되며 전 세계적으로 분포하는 기생충은?
① 회충　　　　② 요충
③ 편충　　　　④ 구충

신규 문제 공략

02 오렌지의 꽃에서 추출한 것으로 항우울, 긴장 완화, 진정에 탁월한 효과를 가지는 에센셜 오일은?
① 라벤더　　　② 레몬
③ 캐모마일　　④ 네놀리

03 이·미용 영업소 내부에 게시해야 하는 게시물에 해당하지 않는 것은?
① 면허증 원본　　　　② 최종지급요금표
③ 이·미용업 신고증　　④ 카메라 설치 여부 확인증

04 왁스를 이용한 제모에 대한 설명으로 옳지 않은 것은?
① 제모할 부분을 소독 후 탈컴파우더를 발라 유분기를 제거한다.
② 일회용 스파튤라로 털이 자라는 반대 방향으로 얇게 펴발라 준다.
③ 털과 함께 각질도 제거되어 피부 표면을 부드럽게 한다.
④ 왁스의 종류에 따라 웜 왁스, 콜드 왁스로 구분할 수 있다.

05 근력 운동에 필요한 에너지의 형태는?
① ATP　　　　② DNA
③ RNA　　　　④ NEURON

06 호흡기계 감염병에 해당하지 않는 것은?
① 디프테리아　　② 백일해
③ 결핵　　　　　④ 콜레라

| 해설 |

01 공중위생관리학 〉 공중위생관리학
- 회충: 오염된 채소나 식품으로 경구 침입하여 위를 지나 소장으로 들어감
- 편충: 오염된 채소나 식품으로 경구 침입 후 맹장, 대장 주변에서 충체의 일부를 점막 내에 매몰하여 기생함
- 구충: 경구 감염, 경피 감염으로 혈관이나 림프관을 통해 폐로 들어가 기관지를 지나 인두를 거쳐 소장에서 기생하다 성충이 됨

02 화장품학 〉 화장품의 종류와 기능
네놀리 에센셜 오일은 진정, 항우울, 수렴, 피부염 완화, 긴장 완화, 임신선 예방, 건성 피부, 민감성 피부, 노화 피부에 효과적임

03 공중위생관리학 〉 공중위생관리법규
영업소 내부에는 이·미용업 신고증, 개설자의 면허증 원본 및 최종지급요금표를 게시해야 함

04 피부미용 이론 〉 제모
일회용 스파튤라로 털이 자라는 방향으로 얇게 펴발라 줌

05 해부생리학 〉 근육 계통
체내 에너지 생산은 대부분 골격근에 해당하며 근육의 움직임으로 ATP 에너지가 사용되어 몸에 열을 발생시켜 정상체온을 유지함

06 공중위생관리학 〉 공중보건학
콜레라, 장티푸스, 세균성 이질, 폴리오 등은 소화기계 감염병에 해당함

07 성매개 감염병이 아닌 것은?
① 발진티푸스
② 성기단순포진
③ 임질
④ 매독

07 공중위생관리학 > 공중보건학
발진티푸스: 이, 벼룩을 통하거나 상처 침입, 먼지를 통한 호흡기 침입 등으로 감염되는 감염병

08 간접 조명에 대한 설명으로 옳지 않은 것은?
① 눈을 보호하기 위한 가장 적합한 조명이다.
② 피사체 그림자의 발생이 적다.
③ 조명효과가 좋으며 경제적이다.
④ 눈을 쓰는 정밀 작업 시 적당하다.

08 공중위생관리학 > 공중보건학
직접 조명은 조명효과가 좋으며 경제적이지만 눈에 자극이 큼

[신규 문제 공략]
09 누룩에서 추출한 성분으로 티로시나아제 효소의 활성을 억제하는 미백 화장품 성분은?
① 비타민C
② 알부틴
③ 코직산
④ 감마-오리자놀

09 화장품학 > 화장품 제조
누룩곰팡이 발효액에서 추출한 코직산은 티로시나아제 효소 활성을 억제하여 미백효과를 높임

[신규 문제 공략]
10 뼈의 길이를 성장하게 하는 연골성 물질은?
① 골간
② 골단
③ 골간단
④ 골단판

10 해부생리학 > 뼈대(골격)계통
골단판은 골단과 골간단 사이에 위치하며 뼈의 길이를 성장하게 하는 연골성 물질(성장판)임

11 소독약제에서 살균력 시험의 기준은?
① 석탄산
② 생석회
③ 크레졸
④ 표백분

11 공중위생관리학 > 소독학
석탄산(페놀)은 소독약의 살균지표로 사용됨

12 척수의 역할로 옳지 않은 것은?
① 척수반사 신경 경로
② 뇌와 몸 사이의 중추적 정보의 소통 경로
③ 척수반사 조절
④ 인체의 신경성·항상성 조절

12 해부생리학 > 신경 계통
말초신경은 우리 몸에 전반적으로 분포되어 있으며, 중추신경계에 연결되어 있고 인체의 신경성과 항상성을 조절함

13 우드램프 사용 시 지성 피부를 나타내는 색은?
① 청백색
② 오렌지색
③ 짙은 암갈색
④ 밝은 보라색

13 피부미용 이론 > 피부분석 및 상담
정상 피부(청백색), 색소침착(짙은 암갈색), 건성 피부(밝은 보라색)

14 위생교육에 대한 설명으로 옳지 <u>않은</u> 것은?

① 공중위생영업자는 매년 3시간씩 위생교육을 받아야 한다.
② 위생교육은 보건복지부장관이 허가한 단체 또는 법령에 의해 설립된 공중위생영업자 단체가 실시할 수 있다.
③ 2곳 이상의 장소에서 영업을 하는 자는 종업원 중 한 영업장만 공중위생에 관한 책임자를 지정하고 그 책임자로 하여금 위생교육을 받게 하여야 한다.
④ 공중위생영업신고를 하고자 하는 자는 공중위생업소를 개설하기 전에 미리 위생교육을 받아야 한다.

14 공중위생관리학 〉 공중위생관리법규
위생교육을 받아야 하는 자 중 영업에 직접 종사하지 아니하거나 2곳 이상의 장소에서 영업을 하는 자는 종업원 중 영업장별로 공중위생에 관한 책임자를 지정하고 그 책임자로 하여금 위생교육을 받게 하여야 함

15 다음 중 소독력이 가장 약한 것은?

① 살균　　② 멸균
③ 방부　　④ 소독

15 공중위생관리학 〉 소독학
소독력의 순서
멸균 〉 살균 〉 소독 〉 방부

16 완전멸균에 해당하는 살균 방법이 <u>아닌</u> 것은?

① 고압증기 멸균법　　② 화염 멸균법
③ 저온살균법　　④ 소각소독법

16 공중위생관리학 〉 소독학
저온살균법
62~63℃에서 30분간 살균처리하고, 유제품류 및 주류 등 고온 소독이 부적합한 물질 소독에 이용하며, 대장균 사멸은 불가능함

17 자외선을 이용한 기기가 <u>아닌</u> 것은?

① 인공선탠기　　② 확대경
③ 우드램프　　④ 자외선 살균기

17 피부미용기기학 〉 피부미용기기의 종류 및 사용법
확대경은 형광램프의 빛을 이용한 것으로, 육안으로 판별하기 어려운 피부 상태를 판별함

18 매뉴얼 테크닉 동작 중 떨기에 대한 설명으로 옳지 <u>않은</u> 것은?

① 손 전체나 손가락을 이용한 동작이다.
② 빠르고 리듬감 있게 진동을 주는 동작이다.
③ 혈액순환을 촉진시킨다.
④ 진동은 한 곳에 집중하여 오래 적용한다.

18 피부미용 이론 〉 매뉴얼 테크닉
떨기(진동법) 동작 시 진동의 세기에 따라 효과가 다르고 자극을 많이 줄 수 있으므로 한 곳에 오래 적용하지 않아야 함

19 마스크 적용 시 거즈를 사용하는 목적으로 옳지 <u>않은</u> 것은?

① 마스크의 영양이 피부에 더 잘 흡수되기 위한 것이다.
② 마스크의 흘러내림을 방지하기 위한 것이다.
③ 마스크의 제거를 돕기 위한 것이다.
④ 피부의 자극을 좀 더 줄여 피부를 보호하는 것이다.

19 피부미용 이론 〉 팩·마스크
마스크 적용 시 거즈 사용은 마스크의 도포 및 제거 시에 피부의 자극을 줄여 피부를 보호하며 마스크의 흘러내림을 어느 정도 방지할 수 있음

<small>신규 문제 공략</small>

20 다음 중 여드름성 피부를 완화하는 데 도움을 주는 기능성 화장품에 해당하는 것은?

① 여드름 전용 로션　　② 피지조절 에센스
③ 여드름 전용 클렌징 폼　　④ 여드름 전용 토너

20 화장품학 〉 화장품의 종류와 기능
여드름성 피부를 완화하는 데 도움을 주는 기능성 제품은 인체세정용 제품류로 한정함

21 클렌징의 목적 및 효과에 대한 설명으로 옳지 않은 것은?
① 피부 표면의 피지, 노화각질, 먼지 등의 잔여물 제거
② 피부의 노폐물 제거
③ 모낭 속 깊은 곳의 노폐물 제거
④ 피부 내부의 혈액순환 촉진

21 피부미용 이론 〉 클렌징과 딥클렌징
모낭 속 깊은 곳의 노폐물 제거는 딥클렌징과 관련됨

22 딥클렌징의 목적으로 옳지 않은 것은?
① 노화각질 제거
② 여드름 치료
③ 영양물질의 피부 흡수 촉진
④ 모공 내 노폐물 제거

22 피부미용 이론 〉 클렌징과 딥클렌징
딥클렌징: 클렌징으로 제거되지 않는 모낭 속 깊은 곳의 노폐물과 노화된 각질을 제거하여 피부를 유연하게 하고 영양물질의 흡수를 도움

23 스파테라피의 효과로 옳은 것은?
① 수압을 이용한 마사지 효과로 통증을 완화시킨다.
② 내분비기능 장애를 조절한다.
③ 근육경직 완화 및 근골격계의 회복을 돕는다.
④ 세포재생, 상처 치유를 돕는다.

23 피부미용 이론 〉 신체 각 부위 관리
스파테라피(수요법)의 효과
• 물의 온열작용으로 신진대사 촉진
• 노폐물 배출
• 스트레스 해소 및 신경 진정작용

24 건성 피부의 관리 방법으로 옳지 않은 것은?
① 피부의 보습과 피지분비가 원활히 이뤄지도록 한다.
② 딥클렌징은 주 1회 정도 진행한다.
③ 마무리 시 크림 제형으로 피부의 보호막을 만들어 준다.
④ 딥클렌징 시 얼굴 전체에 AHA를 바른 후 10분 이상 유지한다.

24 피부미용 이론 〉 피부유형별 화장품 도포
건성 피부에 AHA를 적용 시 비교적 피지분비가 있는 T존에 바른 후 3분 이내로 제거함

25 팩의 목적으로 옳지 않은 것은?
① 피부에 유효성분의 침투를 용이하게 한다.
② 근육이완을 돕는다.
③ 피지 및 오염물질을 제거한다.
④ 피부의 생리기능을 높인다.

25 피부미용 이론 〉 팩·마스크
팩의 목적은 피지 및 오염물질 제거로 피부의 상태를 청결히 하여 피부에 유효성분을 침투시켜 피부의 생리기능을 높이는 것임

26 사마귀의 원인균은?
① 세균   ② 진균
③ 바이러스   ④ 리케차

26 피부학 〉 피부장애와 질환
사마귀는 바이러스성 질환이며 피부관리 시 주변 피부나 다른 피부로 전염될 수 있으므로 주의가 필요함

신규 문제 공략
27 O/W(Oil in Water) Emulsion의 주성분은?
① Liquid Paraffin   ② Oil
③ Water   ④ Silicone

27 화장품학 〉 화장품 제조
O/W 에멀전(수중유형)은 물속에 기름이 분산되어 있는 형태로, 주성분은 물임

28 혈액을 응고시켜 혈액 유실을 지연시키는 것은?
① 적혈구 ② 백혈구
③ 혈소판 ④ 혈장

28 해부생리학 〉 순환 계통과 소화기 계통
혈소판은 크기가 작고 모양이 일정하지 않으며 핵이 없고 혈액 응고작용을 함

29 공중보건학의 범위에서 질병관리 분야에 해당하는 것은?
① 환경위생 ② 기생충질환 관리
③ 응급의료 ④ 식품위생

29 공중위생관리학 〉 공중보건학
공중보건학의 범위에서 질병관리 분야에 해당하는 것은 감염병 관리, 비감염병 관리, 역학, 기생충질환 관리임

30 화장품 제조에 대한 설명으로 옳은 것은?
① 보존제는 피부의 수분 증가 및 유연성과 탄력성을 높여준다.
② 산화방지제는 화장품의 미생물 증식을 억제하고 제품의 오염 및 부패를 방지한다.
③ 계면활성제는 수용성 용매제로 기초 화장품에 가장 많이 사용된다.
④ 고분자 화합물은 화장품의 점도증가제 및 피막형성제로 사용된다.

30 화장품학 〉 화장품 제조
- 보존제: 화장품의 미생물 증식을 억제하여 제품의 오염 및 부패를 방지하고 살균작용을 함
- 산화방지제: 화장품이 공기 중 산소에 의해 산화되어 변색, 변취, 변질되는 것을 방지함
- 계면활성제: 수성과 유성 두 물질의 계면에 흡착하여 두 성분이 잘 섞이게 함

31 미생물의 종류가 아닌 것은?
① 세균류 ② 바이러스
③ 진균 ④ 기생충

31 공중위생관리학 〉 소독학
미생물의 종류: 세균류, 진균, 사상균류, 바이러스, 원생동물, 효모류 등

32 명예공중위생감시원의 업무로 옳은 것을 모두 고르면?

┌───┐
│ ㉠ 공중위생감시원이 행하는 검사대상물의 수거 지원
│ ㉡ 시설 및 설비의 확인
│ ㉢ 법령 위반행위에 대한 신고 및 자료 제공
│ ㉣ 위생교육 이행 여부의 확인
└───┘

① ㉠, ㉡ ② ㉠, ㉢
③ ㉠, ㉣ ④ ㉢, ㉣

32 공중위생관리학 〉 공중위생관리법규
그 밖에 명예공중위생감시원의 업무범위는 공중위생에 관한 홍보·계몽 등 공중위생관리업무와 관련하여 시·도지사가 따로 정하여 부여하는 업무가 있음

신규 문제 공략

33 광노화로 인해 나타나는 현상이 아닌 것은?
① 표피 각질층 두께 증가
② 멜라닌세포 증가
③ 체내 수분 증가
④ 주름 증가

33 피부학 〉 피부와 노화
- 광노화는 진피의 구성 물질 분해로 진피층의 두께를 얇게 하고 자외선으로부터 보호하기 위해 표피 각질층을 두껍게 함
- 멜라닌세포 수의 증가로 색소침착이 나타날 수 있고 콜라겐과 엘라스틴 변성으로 주름이 증가함

34 바이브레이터의 효과로 옳은 것은?
① 셀룰라이트 분해 ② 림프부종의 개선
③ 전신순환 촉진 ④ 영양물질 흡수 촉진

34 피부미용기기학 〉 피부미용기기의 종류 및 사용법
바이브레이터의 효과
- 근육 이완 및 근육통 완화
- 혈액순환 및 신진대사 촉진
- 노폐물 배출 촉진 등

35 모세혈관 확장 피부에 대한 설명으로 옳지 않은 것은?

① 온도, 자극 등에 의해 표피 아래의 모세혈관이 파열되어 확장된 상태이다.
② 각화과정이 정상보다 빠르게 진행되어 각질층이 얇은 편이다.
③ 피부조직이 거칠고 번들거림이 있다.
④ 피부가 예민하고 당김 증상이 심하다.

> **35** 피부미용 이론 〉 피부유형별 화장품 도포
> 피부조직이 거칠고 번들거림이 있는 피부는 지성 피부임

신규 문제 공략

36 컬러테라피기 사용 시 혈액순환을 촉진하고 에너지를 활성화시키는 색상은?

① 빨강　　② 초록
③ 파랑　　④ 보라

> **36** 피부미용기기학 〉 피부미용기기의 종류 및 사용법
> • 초록: 심리적 안정감을 주며, 스트레스성 피부에 효과적임
> • 파랑: 진정효과, 모세혈관 확장, 열감 및 염증반응 완화
> • 보라: 여드름 재생관리, 림프계통을 활성화하여 면역력 강화

신규 문제 공략

37 다음 중 진피까지 손상되어 홍반, 부종, 통증, 수포가 나타나는 화상은?

① 제1도 화상　　② 제2도 화상
③ 제3도 화상　　④ 제4도 화상

> **37** 피부학 〉 피부장애와 질환
> • 1도 화상: 피부가 붉게 변하며 홍반, 부종, 통증이 있음
> • 3도 화상: 피부 전체 구조층과 피하조직 일부까지 화상이 발생하여 신경손상이 있음
> • 4도 화상: 피부 전체 구조층과 근육, 신경, 뼈의 조직까지 손상된 상태를 말함

신규 문제 공략

38 다음 중 지방을 분해하는 효소로 알맞은 것은?

① 프티알린　　② 리파아제
③ 인슐린　　　④ 말타아제

> **38** 해부생리학 〉 순환 계통과 소화기 계통
> • 프티알린: 전분을 2당류인 맥아당이나 덱스트린으로 분해하는 효소
> • 인슐린: 혈당을 조절하는 호르몬
> • 말타아제: 맥아당을 2분자의 포도당으로 분해하는 효소

39 이·미용사 자격의 면허권자는?

① 대통령　　　　② 보건복지부장관
③ 시·도지사　　 ④ 시장·군수·구청장

> **39** 공중위생관리학 〉 공중위생관리법규
> 이용사 또는 미용사의 면허를 받고자 하는 자는 보건복지부령이 정하는 바에 의하여 시장·군수·구청장의 면허를 받아야 함

40 불법 카메라나 기계장치를 설치한 경우의 2차 행정처분은?

① 영업정지 1월　　② 영업정지 2월
③ 영업장 폐쇄명령　④ 면허정지

> **40** 공중위생관리학 〉 공중위생관리법규
> • 1차 행정처분: 영업정지 1월
> • 2차 행정처분: 영업정지 2월
> • 3차 행정처분: 영업장 폐쇄명령

41 에크린선(소한선)에 대한 설명으로 옳지 않은 것은?

① 체온 조절 및 피부의 노폐물 배출을 돕는다.
② 무색·무취의 특성을 가지고 있다.
③ 땀 속에 다량의 지방질을 함유하고 있다.
④ 입술과 생식기를 제외한 피부 전신에 분포한다.

> **41** 피부학 〉 피부와 부속기관
> 아포크린 한선(대한선)은 중성지방, 지방산, 콜레스테롤 등 다량의 지방질을 함유함

42 화학적 소독제의 희석 농도로 옳은 것은?
① 석탄산 – 3%
② 알코올 – 50%
③ 승홍수 – 0.01%
④ 크레졸 – 5%

42 공중위생관리학 > 소독학
- 석탄산: 3%
- 알코올: 70%
- 승홍수: 피부 0.1%
- 크레졸: 3%(손 소독 1~2%)

43 심장근이 속하는 분류에 해당하는 것은?
① 불수의근, 가로무늬근
② 수의근, 가로무늬근
③ 불수의근, 민무늬근
④ 수의근, 민무늬근

43 해부생리학 > 근육 계통
- 골격근: 수의근, 가로무늬근
- 내장근: 불수의근, 민무늬근
- 심장근: 불수의근, 가로무늬근

44 이·미용업의 영업신고 시 필요한 서류는?
① 학업증명서
② 영업시설 및 설비개요서
③ 임대 시 임대차 계약서
④ 면허증 사본

44 공중위생관리학 > 공중위생관리법규
공중위생영업의 신고 시 필요한 제출서류
영업신고서, 영업시설 및 설비개요서, 교육수료증(미리 교육받은 사람만 해당), 면허증 원본

45 여드름 관리에 효과적인 화장품 성분이 아닌 것은?
① 살리실산
② 티트리
③ 스테로이드
④ 캄퍼

45 피부미용 이론 > 피부유형별 화장품 도포
스테로이드는 내성에 의해 여드름의 증상을 더 악화시킴

46 물리적 소독법에 해당하지 않는 것은?
① 화염 멸균법
② 고압증기 멸균법
③ 여과멸균법
④ 석탄산

46 공중위생관리학 > 소독학
석탄산은 화학적 소독법에 해당함

신규 문제 공략
47 물을 사용하지 않고 피부 청결 및 소독효과를 위해 사용하는 핸드케어 제품은?
① 핸드워시(Hand Wash)
② 비누(Soap)
③ 핸드새니타이저(Hand Sanitizer)
④ 핸드로션(Hand Lotion)

47 공중위생관리학 > 소독학
핸드새니타이저는 알코올이 베이스로, 물을 사용하지 않고 손에 발라 청결 및 소독효과를 높이는 제품을 말함

48 이·미용사의 면허증 재발급을 신청할 수 없는 경우는?
① 면허증의 기재사항에 변경이 있을 경우
② 면허증을 분실한 경우
③ 면허증이 낡아 훼손된 경우
④ 「국가기술자격법」에 의해 이·미용사 자격증이 취소된 경우

48 공중위생관리학 > 공중위생관리법규
이·미용사는 면허증의 기재사항에 변경이 있는 때, 면허증을 잃어버린 때 또는 헐어 못 쓰게 된 때에는 면허증의 재발급을 신청할 수 있음(시행규칙 제10조 제1항)

49 음용수(상수)의 일반적인 오염지표는?
① 수소이온농도 ② 대장균 수
③ 용존산소 ④ 부유물질

49 공중위생관리학 > 공중보건학
대장균은 상수오염의 생물학적 지표이며, 물 100mL 내에 대장균이 검출되지 않아야 음용수로 적합함

50 하수에서 용존산소가 매우 낮음을 의미하는 것은?
① 물의 오염도가 높다. ② 수생식물이 잘 자란다.
③ 음용수로 섭취가 가능하다. ④ 하수의 BOD가 낮다.

50 공중위생관리학 > 공중보건학
용존산소(DO)가 낮으면 물의 오염도가 높고, 생물학적 산소요구량(BOD)이 높음

51 교원섬유와 탄력섬유로 구성되어 있으며 피부의 대부분을 차지하는 것은?
① 표피 ② 진피
③ 피하조직 ④ 근육

51 피부학 > 피부와 부속기관
진피는 교원섬유와 탄력섬유의 결합조직으로 이루어져 있으며 피부의 대부분을 이루는 층임

52 피부미용사의 피부분석 방법이 아닌 것은?
① 문진 ② 견진
③ 촉진 ④ 청진

52 피부미용 이론 > 피부분석 및 상담
피부미용사의 피부분석 방법에는 문진, 견진, 촉진, 기기를 이용한 분석법이 있음

53 상수의 소독에 쓰이는 소독제는?
① 표백분 ② 염소
③ 요오드 ④ 생석회

53 공중위생관리학 > 소독학
염소
- 살균력이 강하지만 자극성, 부식성이 강하여 대량 소독에 사용함
- 염소 주입 10분 후 잔류 염소 0.2~1.0ppm으로 상수, 하수 소독에 사용함

54 중파장으로서 심할 경우 피부암의 원인으로 작용하는 자외선은?
① UVA ② UVB
③ UVC ④ UVD

54 피부학 > 피부와 광선, 면역, 노화
UVB(중파장): 각질세포를 두껍게 만들고 홍반, 수포와 같은 일광화상과 색소침착이 심할 경우 피부암의 원인으로 작용함

55 물질이 세포막을 통과하여 저농도에서 고농도로 이동하는 현상은?
① 확산 ② 여과
③ 능동이동 ④ 삼투

55 해부생리학 > 세포와 조직
세포막의 수동이동에는 확산, 삼투, 여과가 있음

56 미생물의 크기를 순서대로 바르게 나열한 것은?
① 리케차 < 바이러스 < 세균
② 바이러스 < 리케차 < 세균
③ 세균 < 바이러스 < 리케차
④ 리케차 < 세균 < 바이러스

56 공중위생관리학 〉 소독학
- 세균: 육안으로 볼 수 없고 현미경으로 관찰할 수 있음
- 리케차: 세균과 바이러스의 중간 크기로 세포 내에서만 기생함
- 바이러스: 전자현미경으로 볼 수 있으며 생존하는 세포 내에서 기생함

57 미용업 영업자가 시·군·구청장에게 변경신고를 해야 하는 사항이 아닌 것은?
① 영업소의 주소 변경
② 영업소의 명칭 또는 상호
③ 영업소 내의 시설 변경
④ 미용업 업종 간 변경

57 공중위생관리학 〉 공중위생관리법규
이·미용업의 변경신고사항
- 영업소의 명칭 또는 상호
- 영업소의 주소(소재지)
- 신고한 영업장 면적의 3분의 1 이상의 증감
- 대표자의 성명(법인의 경우에 한함) 또는 생년월일
- 미용업 업종 간 변경

58 중추신경계에 대한 설명으로 옳지 않은 것은?
① 신경계의 통합과 조절 중추로 중심부를 형성한다.
② 감각 신경계와 운동 신경계를 연결시키는 역할을 한다.
③ 인체의 신경성과 항상성을 조절한다.
④ 뇌와 척수로 구성되어 있다.

58 해부생리학 〉 신경 계통
인체의 신경성과 항상성을 조절하는 것은 말초신경계임

신규 문제 공략

59 자외선 B는 자외선 A에 비해 홍반 발생 능력이 몇 배 정도인가?
① 10배
② 100배
③ 1000배
④ 10000배

59 피부학 〉 피부와 광선
피부에 홍반을 유발하는 능력은 자외선 A에 비해 자외선 B가 1000배 정도 강함

60 공중위생관리법규상 위생관리등급의 구분으로 옳지 않은 것은?
① 녹색등급
② 적색등급
③ 백색등급
④ 황색등급

60 공중위생관리학 〉 공중위생관리법규
- 녹색등급: 최우수 업소
- 황색등급: 우수 업소
- 백색등급: 일반관리대상 업소

정답표(제2회)

01	②	02	④	03	④	04	②	05	①	06	④	07	①	08	③	09	③	10	④
11	①	12	④	13	②	14	③	15	③	16	③	17	②	18	④	19	①	20	③
21	③	22	④	23	①	24	②	25	②	26	③	27	③	28	②	29	②	30	④
31	④	32	②	33	③	34	③	35	③	36	①	37	②	38	②	39	②	40	②
41	③	42	①	43	①	44	②	45	③	46	②	47	③	48	②	49	②	50	①
51	②	52	④	53	②	54	②	55	③	56	②	57	③	58	③	59	③	60	②

비공개 기출 복원문제 | 제3회

해설

01 처벌 유형 중 영업장의 청문이 필요 없는 경우는?
① 이·미용사의 면허취소 및 면허정지의 경우
② 영업의 정지명령의 경우
③ 과징금 통보 후 납부기간 내에 과징금을 납부하지 않은 경우
④ 일부 시설의 사용중지 및 영업소 폐쇄명령의 경우

01 공중위생관리학 〉 공중위생관리법규
보건복지부장관 또는 시장·군수·구청장은 다음 처분 시 청문을 실시하여야 함
- 이·미용사의 면허취소 및 면허정지
- 영업의 정지명령
- 일부 시설의 사용중지 및 영업소 폐쇄명령

02 법인의 대표자 또는 법인 및 개인의 대리인, 사용인 기타 종업원이 그 법인 또는 개인의 업무에 관하여 벌금형에 행하는 위반행위를 하였을 때 행위자를 처벌하는 외에 그 법인 또는 개인에 대하여도 해당 조문의 벌금형을 과하는 것은?
① 과징금
② 양벌규정
③ 과태료
④ 벌금

02 공중위생관리학 〉 공중위생관리법규
- 과징금: 행정법상 의무 위반 시 발생된 경제적 이익에 대해 징수하는 금전 부담
- 과태료: 행정법상 의무 위반에 대한 제재로 부과 징수하는 금전 부담
- 벌금: 금전을 박탈하는 형벌로, 전과기록이 남으며 미납 시 노역 유치

신규 문제 공략

03 이·미용업소의 바닥 소독에 사용하기 적당한 소독제는?
① 알코올
② 크레졸
③ 생석회
④ 승홍수

03 공중위생관리학 〉 소독학
- 알코올: 피부관리실 및 기구
- 생석회: 화장실, 분변, 하수도, 쓰레기통
- 승홍수: 초자기구, 자기류, 나무류, 환자 및 환자 접촉자

04 이·미용업소의 가위 소독에 적절한 소독제는?
① 역성비누
② 알코올
③ 포르말린
④ 과산화수소

04 공중위생관리학 〉 소독학
알코올(에탄올)은 70% 농도의 수용액에 10분 이상 담가 살균하며, 피부나 기구 소독에 사용함

05 절지동물로 감염되는 감염병이 아닌 것은?
① 페스트
② 말라리아
③ 장티푸스
④ 발진티푸스

05 공중위생관리학 〉 공중보건학
- 장티푸스는 소화기계 감염병에 해당함
- 절지동물로 인한 감염병: 페스트, 발진티푸스, 말라리아, 일본뇌염

06 근육의 기능이 아닌 것은?
① 운동기능
② 자세 유지기능
③ 조혈기능
④ 체내 에너지 생산기능

06 해부생리학 〉 근육 계통
조혈기능은 골격계의 기능에 해당함

07 스티머의 사용 방법으로 옳지 <u>않은</u> 것은?

① 스티머는 사용 전에 미리 예열해 둔다.
② 오존이 있는 스티머는 미리 켜 두지 말고 사용할 때에만 켠다.
③ 얼굴과 스티머의 거리는 30~50cm를 유지한다.
④ 지성 피부는 3~5분 정도를 적용한다.

07 피부미용기기학 > 피부미용기기의 종류 및 사용법
스티머 적용 시간
- 정상, 건성, 노화 피부: 약 8~10분
- 지성 피부: 약 10~15분
- 민감성, 모세혈관 확장 피부: 약 3~5분

08 저주파기기에 대한 설명으로 옳은 것은?

① 패러딕 전류의 저주파 전류(1~1,000Hz)를 이용한다.
② 근육에 전기자극을 주어 근육을 분해시켜 지방을 제거한다.
③ 안면관리에 적합하다.
④ 관리를 시작할 때부터 강도를 높게 맞추어 놓고 점점 강도를 낮춘다.

08 피부미용기기학 > 피부미용기기의 종류 및 사용법
저주파기기
- 전기자극을 주어 근육을 통해 지방을 분해하고, 단시간 체형관리 및 탄력 증진에 도움을 주므로 전신관리에 적합함
- 전원의 강도를 서서히 높여 고객이 통증을 느끼지 않도록 해야 함

09 고주파기기에 대한 설명으로 옳지 <u>않은</u> 것은?

① 감각이나 운동신경을 자극하지 않으므로 사용감이 좋다.
② 심부가열로 피부의 온열효과 및 신진대사를 촉진시킨다.
③ 진피층의 콜라겐과 엘라스틴을 활성화시켜 탄력을 좋게 한다.
④ 안면관리기기에 한정되어 사용된다.

09 피부미용기기학 > 피부미용기기의 종류 및 사용법
고주파는 두피의 모세포를 자극하여 재생을 촉진시키며, 전신관리 시 근육의 통증 완화 및 혈류량 증가로 전신의 세포기능을 증진시킴

10 고압증기 멸균 소독에 적절하지 <u>않은</u> 것은?

① 수술기구 및 용품   ② 거즈
③ 의류   ④ 플라스틱

10 공중위생관리학 > 소독학
고압증기 멸균법
- 오토클레이브에 고압 상태에서 100~135℃의 수증기를 15~20분간 쐬어 미생물 및 포자까지 사멸함
- 거즈, 수술기구 및 용품, 금속성 기구(스테인리스), 의류, 자기류 등에 사용함(부식성이 강하거나 습기에 약한 재질은 피함)

11 자외선에 대한 설명으로 옳은 것은?

① UVA는 진피층까지 침투하여 피부탄력을 감소시키고 주름을 형성한다.
② UVB는 인공선탠기에 적용된다.
③ UVC는 일광화상을 일으켜 피부를 붉게 만든다.
④ 자외선은 피부의 광노화를 일으켜 표피를 얇아지게 한다.

11 피부학 > 피부와 광선, 면역, 노화
- 인공선탠기는 자외선 UVA를 적용함
- UVB에 의해 일광화상이 일어남
- UVC는 강력한 살균력이 있으며 피부암을 유발함
- 광노화는 표피를 두껍게 만듦

12 여드름 피부관리에 대한 내용으로 옳지 <u>않은</u> 것은?

① 자극이 적은 약산성 세안제를 사용한다.
② 딥클렌징을 매일 하여 피부를 청결하게 유지한다.
③ 살리실산, 아연, 황 등의 성분이 들어간 화장품을 발라준다.
④ 보습 제품을 사용한다.

12 피부미용 이론 > 피부유형별 화장품 도포
딥클렌징은 주 2~3회 정도를 진행하는 것이 적절함

13 진공흡입기의 사용 방법으로 옳은 것은?
① 관리하고자 하는 부분에 상관없이 일정한 크기의 유리관을 사용한다.
② 얼굴관리는 흡입의 정도가 20%가 넘지 않아야 한다.
③ 신체 근육과 조직의 역방향으로 시술한다.
④ 관리가 끝난 유리관은 물로 씻은 후 건조시킨다.

13 피부미용기기학 > 피부미용기기의 종류 및 사용법

진공흡입기
- 관리하고자 하는 부분에 맞는 크기의 유리관을 선택함
- 신체 근육과 조직의 방향으로 시술함
- 관리가 끝난 유리관은 중성세제로 세척 후 건조함

14 벨벳 마스크에 대한 내용으로 옳지 않은 것은?
① 얼굴 크기에 맞게 마스크를 자른 후 물을 적신 깨끗한 거즈를 눌러 피부에 흡착시킨다.
② 기포가 생기면 마스크의 성분이 피부에 흡수되지 않으므로 스파튤라를 이용하여 기포를 없애준다.
③ 건성, 노화 피부에 적합하다.
④ 수분공급과 피부 진정에 뛰어난 효과가 있다.

14 피부미용 이론 > 팩·마스크

수분공급과 피부 진정에 뛰어난 효과가 있는 것은 고무(모델링) 마스크임

15 불면증이나 정신적 스트레스를 개선할 때 적절한 아로마 오일은?
① 페퍼민트
② 캐모마일
③ 라벤더
④ 레몬

15 화장품학 > 화장품의 종류와 기능

라벤더 오일
- 화상, 습진, 여드름, 상처 재생, 진정, 항우울, 신경 안정, 스트레스·불면증 완화 등에 사용함
- 임산부 사용 금지

16 골격계의 기능으로 옳지 않은 것은?
① 지지기능
② 보호기능
③ 조혈기능
④ 자세 유지기능

16 해부생리학 > 뼈대(골격) 계통

골격계의 기능: 지지기능, 보호기능, 운동기능, 조혈기능, 무기질과 지방 저장기능

17 다음 중 분산에 의해 만들어진 제품이 아닌 것은?
① 마스카라
② 파운데이션
③ 향수
④ 비비크림

17 화장품학 > 화장품 제조

분산은 물 또는 오일과 미세한 고체 입자가 균일하게 혼합된 상태를 말함

18 척수신경에 대한 내용으로 옳지 않은 것은?
① 경신경 – 8쌍
② 흉신경 – 12쌍
③ 요신경 – 5쌍
④ 천골신경 – 1쌍

18 해부생리학 > 신경 계통

척수신경은 ①②③ 외에 천골신경(5쌍), 미골신경(1쌍)으로 총 31쌍이 있음

> 신규 문제 공략

19 아로마 오일의 사용법 중 습포법에 대한 설명으로 옳은 것은?

① 손수건, 티슈 등에 1~2방울 떨어뜨리고 심호흡을 한다.
② 1L 물에 5~10방울을 넣고 수건을 담가 적신 후 피부에 붙인다.
③ 아로마 램프나 스프레이를 이용한다.
④ 따뜻한 물에 오일을 떨어뜨리고 몸을 담근다.

19 화장품학 〉 화장품의 종류와 기능
- 흡입법: 거즈, 티슈 등에 아로마 오일을 떨어뜨리고 심호흡하는 방법
- 확산법: 램프, 워머 등을 이용하여 향을 확산시키는 방법
- 입욕법: 따뜻한 물에 아로마 오일을 떨어뜨리고 몸을 담가 사용하는 방법

20 화장수의 기능에 대한 설명으로 옳지 <u>않은</u> 것은?

① 피부결을 정돈한다.
② 피부의 보습 및 수렴작용을 한다.
③ 에몰리엔트 효과로 피부의 보습과 유연효과를 부여한다.
④ 피부의 pH 밸런스를 유지한다.

20 화장품학 〉 화장품의 종류와 기능
로션, 크림, 에센스, 팩·마스크는 피부 보호 제품으로, 에몰리엔트 효과로 피부 보습과 유연효과를 부여하며, 외부 유해 환경 및 오염물질로부터 피부를 보호함

> 신규 문제 공략

21 통조림, 육류, 소시지, 밀봉 식품의 섭취 후 감염되며 치명률이 가장 높은 독소형 식중독은?

① 황색포도상구균 식중독   ② 살모넬라 식중독
③ 웰치균 식중독   ④ 보툴리누스균 식중독

21 공중위생관리학 〉 공중보건학
세균성 식중독 중 독소형 식중독
- 황색포도상구균 식중독 – 잠복기 3시간, 증상은 복통, 구토, 설사, 피로, 탈수 등
- 보툴리누스균 식중독 – 잠복기 12~98시간, 증상은 시력저하, 언어장애, 안검하수, 호흡곤란 등
- 웰치균 식중독 – 잠복기 6~22시간, 증상은 복통, 설사, 두통, 장염

22 대표적인 항산화제로 미백작용에 도움을 주는 비타민은?

① 비타민A   ② 비타민B
③ 비타민C   ④ 비타민E

22 피부학 〉 피부와 영양
비타민C는 대표적인 항산화제로 피부의 미백작용에 도움을 주며, 뼈, 인대, 연골 등 신체의 결합조직 형성과 기능 유지에 도움을 줌

> 신규 문제 공략

23 뇌 두개골에 관한 다음 설명 중 잘못된 것은?

① 두정골 2개(1쌍)   ② 측두골 2개
③ 사골 2개   ④ 접형골 1개

23 해부생리학 〉 뼈대(골격)계통
뇌 두개골은 두정골(머리 윗부분) 2개(1쌍), 전두골(이마뼈) 1개, 측두골(머리 옆부분) 2개(1쌍), 접형골(눈확을 이룸) 1개, 사골(접형골의 앞쪽) 1개, 후두골(머리 뒷부분) 1개로 구성됨

24 공중위생감시원의 업무범위에 해당하지 <u>않는</u> 것은?

① 공중위생영업 관련 시설 및 설비의 위생상태 확인·검사
② 위생지도 및 개선명령 이행 여부의 확인
③ 공중위생영업소의 영업정지, 일부 시설의 사용중지 또는 영업소 폐쇄명령 이행 여부의 확인
④ 법령 위반행위에 대한 신고 및 자료 제공

24 공중위생관리학 〉 공중위생관리법규
법령 위반행위에 대한 신고 및 자료 제공은 명예공중위생감시원의 업무범위에 해당함

신규 문제 공략

25 땀샘의 입구 이상으로 피지분비가 막혀 생성되며 물사마귀라고도 하는 구진성 질환은?

① 두드러기　　② 혈관종
③ 한관종　　　④ 지방종

25 피부학 > 피부장애와 질환
- 두드러기: 급성과 만성으로 나뉘며 피부발적 및 소양감을 동반함
- 혈관종: 혈관의 내벽을 이루는 세포가 증식하여 나타남
- 지방종: 지방조직에서 발생하는 양성종양

신규 문제 공략

26 모세혈관이 파손되어 코를 중심으로 양 뺨이 나비 형태로 붉어진 피부질환은?

① 비립종　　② 섬유종
③ 주사　　　④ 켈로이드

26 피부학 > 피부장애와 질환
- 비립종: 1~2mm 크기의 백색 구진 형태의 각질 세포 덩어리로, 주로 눈 아래에 발생함
- 섬유종: 4단계 여드름인 결절 중의 한 종류
- 켈로이드: 원래 상처보다 크게 표면 위로 융기된 흉터

27 적혈구에 대한 설명으로 옳지 않은 것은?

① 생후 5~6개월 후부터는 골수에서 조혈작용이 일어난다.
② 헤모글로빈에 의해 붉은색을 띠며, 폐에서 산소와 결합하여 산소를 운반한다.
③ 크기가 크고 모양이 일정하지 않은 둥근형의 핵이 있다.
④ 수명을 다한 헤모글로빈은 간, 비장에서 파괴되고 담즙색소인 빌리루빈이 된다.

27 해부생리학 > 순환 계통과 소화기 계통
백혈구는 크기가 크고 모양이 일정하지 않은 둥근형의 핵이 있으며, 병균이 체내에 침입 시 식균작용을 함

28 소독약의 구비 조건에 해당하지 않는 것은?

① 살균력이 강하고 지속적이며 미량으로도 효과가 있을 것
② 안전성이 있고 물이나 알코올에 용해성이 높을 것
③ 냄새가 없고 탈취력이 있을 것
④ 침투력이 강하고 잔류성이 있을 것

28 공중위생관리학 > 소독학
소독약의 구비 조건
- 살균력이 강하고 지속적이며 미량으로도 효과가 있을 것
- 안전성이 있고 물이나 알코올에 용해성이 높을 것
- 침투력이 강할 것
- 가격이 저렴하고 사용이 간편할 것
- 냄새가 없고 탈취력이 있을 것
- 부식성, 표백성이 없을 것
- 환경적으로 유해하지 않을 것

29 약물 소독제 중 유일한 훈증 방식의 가스 소독제는?

① 석탄산　　② 포르말린
③ 크레졸　　④ 염소

29 공중위생관리학 > 소독학
포르말린
약물 소독제 중 유일한 가스 소독제(훈증 소독법에 이용), 농도 1~1.5% 수용액으로 살균하며 무균실, 병실, 고무제품, 금속제품, 플라스틱, 방부제, 선박 등의 소독에 사용함

30 보건행정의 특성이 아닌 것은?

① 공공성 및 사회성　　② 봉사성
③ 보장성 및 교육성　　④ 위생성 및 의료성

30 공중위생관리학 > 공중보건학
보건행정의 특성은 ①②③ 외에 과학성 및 기술성이 있음

신규 문제 공략

31 화장품의 4대 품질 요건 중 '피부에 대한 자극, 알레르기, 독성이 없어야 한다.'를 의미하는 것은?

① 안전성　　② 안정성
③ 사용성　　④ 유효성

31 화장품학 > 화장품학 개론
- 안정성: 변색, 변취, 미생물 오염이 없어야 함
- 사용성: 피부 사용감이 좋아야 함
- 유효성: 미백, 주름 개선, 자외선 차단 등의 효과가 있어야 함

32 방부에 대한 설명으로 옳은 것은?
① 병원성 미생물의 성장 및 활동을 억제하고 정지시키는 방법이다.
② 병원성, 비병원성 미생물 및 포자까지 모두 사멸 또는 제거하는 방법이다.
③ 감염을 일으킬 수 있는 병원성 미생물만을 즉시 사멸 및 제거하여 감염, 증식력을 없애는 방법이다.
④ 생활력을 가지고 있는 미생물을 물리적, 화학적 방법으로 급속히 사멸시키는 방법이다.

32 공중위생관리학 > 소독학
②는 멸균, ③은 소독, ④는 살균에 대한 설명임

33 미용업 영업자의 준수사항으로 옳지 않은 것은?
① 의료기구와 의약품을 사용하지 아니하는 순수한 화장 또는 피부미용을 한다.
② 미용기구는 소독을 한 기구와 소독을 하지 아니한 기구로 분리하여 보관한다.
③ 미용기구의 소독기준 및 방법은 시장·군수·구청장이 정한다.
④ 면도기는 1회용 면도날만을 손님 1인에 한하여 사용한다.

33 공중위생관리학 > 공중위생관리법규
미용기구의 소독기준 및 방법은 보건복지부령으로 정함

34 세균의 포자까지 사멸시킬 수 있는 것은?
① 포르말린
② 석탄산
③ 에탄올
④ 과산화수소

34 공중위생관리학 > 소독학
포르말린
• 균체 단백질 응고작용에 의한 강한 살균력으로 아포까지 사멸함
• 포름알데히드 37% 전후 농도의 수용액을 말함
• 고무, 금속, 플라스틱 등의 소독에 사용함

35 영업승계 대상자가 시장·군수·구청장에게 신고해야 하는 기간은?
① 1주일 내
② 1개월 이내
③ 2개월 이내
④ 3개월 이내

35 공중위생관리학 > 공중위생관리법규
영업자의 지위를 승계하는 자는 1개월 이내에 보건복지부령이 정하는 바에 따라 시장·군수·구청장에게 신고해야 함

36 보습제에 해당하는 화장품 성분은?
① 솔비톨
② 나이아신아마이드
③ 레티놀
④ 아데노신

36 화장품학 > 화장품 제조
보습제의 성분
글리세린, 프로필렌글라이콜, 부틸렌글라이콜, 솔비톨, 하이알루로닉애씨드, 천연보습인자(NMF) 등

37 딥클렌징 중 스크럽제의 효과로 옳지 않은 것은?
① 각질 제거효과
② 마사지 효과
③ 세안효과
④ 수렴효과

37 피부미용 이론 > 클렌징과 딥클렌징
스크럽제의 효과에는 각질 제거, 세안, 마사지 효과가 있음

38 민감성 피부의 관리 방법으로 옳지 않은 것은?

① 자극이 될 수 있는 스크럽제의 딥클렌징 사용은 피한다.
② 저자극의 화장품을 사용한다.
③ 낮에는 자외선에 의해 자극을 받을 수 있으므로 자외선 차단제를 정상보다 2배 더 많이 발라준다.
④ 림프드레나쥐 마사지를 시행한다.

> **38 피부미용 이론 〉 피부유형별 화장품 도포**
> 민감성 피부는 외부의 자극 및 온도 변화 등에 저항력이 약하고 피부의 예민도가 높으므로, 자외선 차단제를 정상보다 양을 줄여 사용하다가 피부가 적응되면 정상 양을 사용함

39 승홍수의 소독제 사용 농도는?

① 0.1% ② 3%
③ 2.5~3.5% ④ 70%

> **39 공중위생관리학 〉 소독학**
> 승홍수
> • 화학적 소독 방법으로 독성이 강함
> • 금속 부식성이 강함
> • 무색·무취이며, 온도가 높을수록 살균력이 강해짐

40 AHA의 천연산 종류의 연결이 옳지 않은 것은?

① 글리콜릭산 – 사탕수수 ② 젖산 – 우유
③ 주석산 – 포도 ④ 구연산 – 사과

> **40 피부미용 이론 〉 클렌징과 딥클렌징**
> AHA의 다섯 가지 천연산
> • 글리콜릭산 – 사탕수수
> • 젖산 – 우유
> • 사과산 – 사과
> • 주석산 – 포도
> • 구연산 – 오렌지

41 인체 피지와 유사한 화학구조로 피부 친화적이며 흡수력이 좋은 캐리어 오일은?

① 아몬드 오일 ② 호호바 오일
③ 올리브 오일 ④ 포도씨 오일

> **41 화장품학 〉 화장품의 종류와 기능**
> 호호바 오일
> • 쉽게 산화되지 않아 안정성이 우수하며 끈적임이 적어 사용감이 좋음
> • 보습막 형성, 피부 보습, 항산화 작용, 활성산소를 억제함
> • 건조·노화 피부와 여드름, 습진에 효과적임

42 피부 타입에 따라 사용할 수 있는 마스크로 옳지 않은 것은?

① 건성 피부 – 석고 마스크 ② 지성 피부 – 클레이 마스크
③ 노화 피부 – 벨벳 마스크 ④ 여드름 피부 – 왁스 마스크

> **42 피부미용 이론 〉 팩·마스크**
> • 왁스 마스크: 건성, 노화 피부
> • 여드름 피부: 머드, 클레이 마스크

43 온습포의 효과가 아닌 것은?

① 모공 확장으로 피지, 면포 등의 불순물 제거
② 혈액순환 촉진
③ 혈관 수축 및 염증 완화
④ 피지선 자극

> **43 피부미용 이론 〉 클렌징과 딥클렌징**
> 혈관 수축 및 염증 완화는 냉습포의 효과임

44 랑게르한스세포에 관한 설명으로 옳은 것은?
① 주로 각질층에 존재하면서 피부를 보호한다.
② 피부면역을 담당하는 세포이다.
③ 신경섬유의 말단과 연결되어 있다.
④ 자외선을 받으면 활성화된다.

44 피부학 > 피부와 부속기관
랑게르한스세포는 표피의 유극층에 존재하며, ③은 머켈세포, ④는 멜라닌형성세포에 대한 설명임

45 WHO의 3대 보건지표에 해당하지 않는 것은?
① 평균수명
② 조사망률
③ 영아사망률
④ 비례사망지수

45 공중위생관리학 > 공중보건학
WHO의 3대 보건지표: 조사망률, 평균수명, 비례사망지수

[신규 문제 공략]
46 소장에 대한 설명으로 틀린 것은?
① 소화물을 미즙 상태로 만들어 십이지장으로 내보낸다.
② 소화와 흡수가 마무리되는 부분이다.
③ 소장의 소화흡수는 소장운동과 장액에 의해 소화·흡수·이동된다.
④ 최종 소화흡수된 영양물질은 융모의 모세혈관에서 흡수한다.

46 해부생리학 > 순환 계통과 소화기 계통
음식물을 미즙의 상태로 만들어 내보내는 소화기관은 위에 해당함

47 발가락이나 발바닥에 중심핵이 생겨 통증을 유발하는 피부질환은?
① 굳은살
② 티눈
③ 동창
④ 족부백선

47 피부학 > 피부장애와 질환
• 굳은살: 자극에 의해 각질층이 두꺼워지는 현상으로 손·발바닥, 관절 등에 발생함
• 동창: 한랭에 의한 국소적 염증 반응으로 가려움증이 생김
• 족부백선: 진균성 질환으로 발의 무좀을 말함

48 자외선 산란제에 대한 설명으로 옳지 않은 것은?
① 자외선 흡수제에 비해 피부의 흡수성이 떨어진다.
② 백탁 현상이 일어난다.
③ 파라아미노벤조인산(PABA), 캄파 유도체, 디벤조일메탄 등의 성분을 사용한다.
④ 피부의 자극이 약하다.

48 화장품학 > 화장품의 종류와 기능
자외선 산란제의 성분에는 이산화티탄, 산화아연, 카오린 등이 있음

49 적외선이 피부에 미치는 영향이 아닌 것은?
① 열작용에 의한 체온 상승으로 혈액순환 및 신진대사를 촉진한다.
② 피부에 공급되는 영양성분이 피부 깊숙이 침투될 수 있도록 도와준다.
③ 지방을 분해하여 다이어트에 도움을 준다.
④ 피부세포의 활성을 촉진시킨다.

49 피부학 > 피부와 광선, 면역, 노화
적외선이 피부에 미치는 영향
• 근육 및 피부를 이완함
• 통증 완화, 진정, 체온 상승에 효과가 있음
• 혈관을 확장하여 혈액순환과 신진대사를 촉진함

50 2024년 현재를 기준으로 할 때, 과태료 부과 내용으로 옳지 <u>않은</u> 것은?

① 위생교육을 받지 아니한 경우 – 과태료 20만 원
② 영업소 외의 장소에서 이·미용 업무를 행한 경우 – 과태료 80만 원
③ 위생관리 의무에 대한 개선명령에 위반한 경우 – 과태료 100만 원
④ 공중위생관리상에 필요한 보고를 하지 아니하거나 관계 공무원의 출입·검사·기타 조치를 거부·방해 또는 기피한 경우 – 과태료 150만 원

51 시장·군수·구청장이 공중위생영업자에게 영업소 폐쇄를 명할 수 있는 경우가 <u>아닌</u> 것은?

① 공중위생영업자가 정당한 사유없이 6개월 이상 계속 휴업하는 경우
② 개별 미용서비스의 최종지급가격 및 전체 미용서비스의 총액에 관한 내역서를 이용자에게 미리 제공하지 않은 경우
③ 공중위생영업자가 관할 세무서장에게 폐업신고를 한 경우
④ 관할 세무서장이 사업자등록을 말소한 경우

52 점 빼기·귓불 뚫기·쌍꺼풀 수술·문신·박피술 그 밖에 이와 유사한 의료행위를 한 경우의 1차 행정처분은?

① 영업정지 1월   ② 영업정지 2월
③ 영업정지 3월   ④ 영업장 폐쇄명령

신규 문제 공략

53 다음 캐리어 오일에 대한 설명으로 잘못된 것은?

① 에센셜 오일의 향의 밸런스를 조정함
② 에센셜 오일의 향을 더해주고 지속시키기 위해 옅은 향이 있어야 함
③ 피부 흡습력이 좋아야 함
④ 에센셜 오일과의 블렌딩은 피부에 작용하는 효과를 상승시킴

54 계면활성제의 세정력을 순서대로 바르게 나열한 것은?

① 음이온성 > 양이온성 > 양쪽이온성 > 비이온성
② 음이온성 > 양쪽이온성 > 양이온성 > 비이온성
③ 양이온성 > 음이온성 > 양쪽이온성 > 비이온성
④ 비이온성 > 음이온성 > 양쪽이온성 > 양이온성

55 시장·군수·구청장에게 과징금을 통지받은 경우 며칠 내에 납부해야 하는가?

① 5일 이내   ② 7일 이내
③ 10일 이내   ④ 20일 이내

> 신규 문제 공략

56 신경절에 잠복되어 있던 수두 바이러스가 다시 활성화되면서 수포성 발진이 나타나는 바이러스성 피부질환으로 알맞은 것은?

① 사마귀　　　　　② 홍역
③ 대상포진　　　　④ 풍진

56 피부학 〉 신체 각 부위 관리
- 사마귀: 인체의 유두종 바이러스에 의해 발생하며 피부의 직접 접촉으로 전파됨
- 홍역: 대표적으로 소아에게 발생하며 발열과 발진, 기침을 동반함
- 풍진: 소아에게 발생하며 림프선 비대증상과 발진을 동반함

57 독소형 식중독의 원인균이 아닌 것은?

① 황색포도상구균　　② 웰치균
③ 장티푸스균　　　　④ 보툴리누스균

57 공중위생관리학 〉 공중보건학
독소형 식중독균은 황색포도상구균, 보툴리누스균, 웰치균이 대표적임

58 동맥에 관한 설명으로 옳지 않은 것은?

① 영양분과 산소의 함유가 높은 혈액을 운반한다.
② 심장에서 나오는 혈액이 흐른다.
③ 판막이 있어 혈액의 역류를 방지한다.
④ 혈관 벽이 두껍고 탄력이 강하다.

58 해부생리학 〉 순환 계통과 소화기 계통
판막은 정맥에 존재함

59 이·미용업자의 면허취소 사유에 해당하지 않는 경우는?

① 이중으로 면허를 취득한 경우
② 「국가기술자격법」에 따라 이·미용사 자격정지처분을 받은 경우
③ 면허 결격사유에 해당한 경우
④ 면허정지처분을 받고 그 정지기간 중 업무를 행한 경우

59 공중위생관리학 〉 공중위생관리법규
이·미용업자의 면허취소 사유에는 ①③④ 외에 면허증을 다른 사람에게 대여한 경우도 해당함
(1차 위반 – 면허정지 3월, 2차 위반 – 면허정지 6월, 3차 위반 – 면허취소)

60 감염병의 병원소 연결이 바르지 않은 것은?

① 쥐 – 페스트　　　② 이 – 발진티푸스
③ 개 – 광견병　　　④ 모기 – 쯔쯔가무시증

60 공중위생관리학 〉 공중보건학
- 모기 – 말라리아, 일본뇌염, 사상충, 황열, 뎅기열
- 진드기 – 쯔쯔가무시증

정답표(제3회)

01	02	03	04	05	06	07	08	09	10
③	②	②	②	③	③	④	①	④	④
11	12	13	14	15	16	17	18	19	20
①	②	②	④	③	④	③	④	②	③
21	22	23	24	25	26	27	28	29	30
④	②	③	④	②	③	③	④	③	④
31	32	33	34	35	36	37	38	39	40
②	③	③	①	②	①	④	③	①	④
41	42	43	44	45	46	47	48	49	50
④	③	③	②	②	①	③	③	④	④
51	52	53	54	55	56	57	58	59	60
②	③	③	②	④	③	③	③	②	④

비공개 기출 복원문제 | 제4회

최신 기출문제 풀이는 필수!

  ◀ 모바일로 풀어보기

01 피부분석의 목적으로 옳은 것은?
① 고객의 라이프스타일을 파악하기 위해
② 피부의 증상과 원인을 파악하여 피부 상태에 따른 올바른 피부관리를 적용하기 위해
③ 피부의 증상과 원인을 파악하여 의학적 치료를 하기 위해
④ 피부분석을 통한 운동처방을 하기 위해

02 모공이 열려 공기와 접촉하여 산화된 면포성 여드름은?
① 블랙헤드
② 낭종
③ 농포
④ 화이트헤드

[신규 문제 공략]
03 피부유형별 관리 방법으로 틀린 것은?
① 민감성 피부: 무색, 무취, 무알코올 화장품을 사용한다.
② 복합성 피부: T존과 U존 부위별로 각각 다른 화장품을 사용한다.
③ 건성 피부: 수분과 유분이 함유된 화장품을 사용한다.
④ 모세혈관 확장 피부: 일주일에 2회 정도 딥클렌징제를 사용한다.

04 클렌징 크림에 대한 설명으로 옳은 것은?
① W/O 타입으로 유성 성분과 메이크업 제거에 효과적이다.
② 친수성으로 모든 피부에 사용이 가능하다.
③ 노화 피부에 적합하고 물에 잘 용해된다.
④ 클렌징 효과는 약하나, 끈적임이 없어 지성 피부에 적합하다.

05 매뉴얼 테크닉을 피해야 하는 대상자는?
① 피부에 셀룰라이트가 있는 경우
② 오랫동안 서 있는 자세로 인한 다리의 부종이 있는 경우
③ 손, 발이 차가운 사람
④ 골절상으로 인한 통증이 있는 경우

| 해설 |

01 피부미용 이론 > 피부분석 및 상담
피부분석의 목적: 인체의 모든 기능을 정상적으로 유지 및 증진시키며, 피부를 분석하고 관리하여 피부를 개선하는 데 있음

02 피부학 > 피부장애와 질환
흰색 면포가 시간이 지나 구멍이 커지면 모공이 개방되어 피지의 일부가 공기와 접촉하게 되고, 산화되어 검은색 블랙헤드가 됨

03 피부미용 이론 > 피부유형별 화장품 도포
모세혈관 확장 피부는 가급적 딥클렌징을 하지 않아야 하며 피부를 진정시키는 제품을 선택해서 관리함

04 피부미용 이론 > 클렌징과 딥클렌징
클렌징 크림은 친유성인 W/O 제품으로 진한 메이크업 제거에 효과적임

05 피부미용 이론 > 매뉴얼 테크닉
매뉴얼 테크닉은 질병이 있는 경우를 제외한 일반적인 부종, 혈액순환 촉진, 림프순환 촉진 등에 효과가 있음

신규 문제 공략

06 민감성 피부의 화장품 사용에 대한 설명으로 알맞지 않은 것은?
① 석고팩이나 피부에 자극이 되는 제품의 사용을 피한다.
② 스크럽이 들어간 세안제를 사용하고 알코올 성분이 들어간 화장품으로 관리한다.
③ 피부의 진정, 보습효과가 높은 화장품을 사용한다.
④ 화장품 도포 시 패치테스트를 하여 적합성 여부를 확인 후 사용하는 것이 좋다.

06 피부미용 이론 〉 피부유형별 화장품 도포
피부조직이 얇고 외부 자극에 예민한 타입으로 알코올 성분과 피부 표면에 자극을 줄 수 있는 스크럽 제품으로 관리 시 민감도가 높아질 수 있음

07 한선에 대한 설명으로 옳지 않은 것은?
① 에크린 한선은 입술뿐만 아니라 전신에 분포한다.
② 아포크린 한선에서 분비되는 땀은 소량이나 나쁜 냄새의 원인이 된다.
③ 에크린 한선에서 분비되는 땀은 냄새가 거의 없다.
④ 아포크린 한선에서 분비되는 땀은 유색·유취로, 분비 후 세균의 작용으로 부패하여 냄새가 난다.

07 피부학 〉 피부와 부속기관
에크린 한선은 입술, 생식기에는 분포되어 있지 않음

08 벨벳 마스크 사용 시 기포를 제거하는 이유로 가장 적합한 것은?
① 기포가 생기면 고객이 불편하기 때문이다.
② 기포가 생기면 마스크 적용 시간이 길어지기 때문이다.
③ 기포가 있는 부분에는 마스크 성분이 피부에 침투하지 않기 때문이다.
④ 기포가 생기면 모양이 예쁘지 않기 때문이다.

08 피부미용 이론 〉 팩·마스크
벨벳 마스크는 토너 또는 증류수에 적셔 유효성분을 침투시키는 마스크로, 기포가 없이 피부에 밀착되어야 성분 침투가 이루어짐

09 매뉴얼 테크닉 방법 중 두드리기와 관련 있는 명칭이 아닌 것은?
① 비팅(Beating) ② 커핑(Cupping)
③ 해킹(Hacking) ④ 처킹(Chucking)

09 피부미용 이론 〉 매뉴얼 테크닉
①②③ 외 두드리기의 종류로 태핑(Tapping), 슬랩핑(Slapping)이 있으며, 처킹(Chucking)은 주무르기의 종류에 해당함

10 딥클렌징에 대한 설명으로 옳지 않은 것은?
① 민감성 피부는 가급적 하지 않는 것이 좋다.
② 스크럽 제품의 경우 여드름 피부나 염증 피부에 사용하면 효과적이다.
③ 칙칙하고 각질이 두꺼운 피부에 효과적이다.
④ 효소를 이용할 경우 온습포는 스티머로 대체가 가능하다.

10 피부미용 이론 〉 클렌징과 딥클렌징
스크럽 등의 딥클렌징 제품은 염증 피부에 사용을 자제하는 것이 좋음

11 멜라닌세포가 감소하여 나타날 수 있는 질환은?
① 백반증 ② 기미
③ 주근깨 ④ 검버섯

11 피부학 〉 피부장애와 질환
멜라닌세포가 감소하면 저색소 침착 질환인 백색증, 백반증이 발생함

12 셀룰라이트의 원인이 <u>아닌</u> 것은?
① 지방세포 수의 과다 증가
② 내분비계 불균형
③ 유전적 요인
④ 정맥울혈과 림프 정체

> **12** 피부미용 이론 > 신체 각 부위 관리
> 셀룰라이트의 원인
> • 유전적 요인
> • 내분비계의 불균형
> • 림프 정체
> • 정맥울혈 등

`신규 문제 공략`

13 생물학적 산소요구량(BOD)과 용존산소(DO) 값의 상관관계로 옳은 것은?
① BOD와 DO는 무관하다.
② BOD가 낮으면 DO는 낮다.
③ BOD가 높으면 DO는 낮다.
④ BOD가 높으면 DO도 높다.

> **13** 공중위생관리학 > 공중보건학
> 오염이 심한 경우 BOD가 높고 DO가 낮은 결과가 나타남

14 수용성 비타민에 해당하는 것은?
① 비타민A　　② 비타민B
③ 비타민E　　④ 비타민D

> **14** 피부학 > 피부와 영양
> 수용성 비타민은 물에 용해되고 체내에 저장되지 않는 비타민으로, 비타민B–Complex, 비타민C, 비타민P 등이 있음

15 뇌신경은 총 몇 쌍으로 이루어져 있는가?
① 1쌍　　② 5쌍
③ 8쌍　　④ 12쌍

> **15** 해부생리학 > 신경 계통
> 뇌신경은 말초신경의 체성신경계로, 12쌍으로 이루어짐

`신규 문제 공략`

16 복부근육 중 복횡근에 대한 설명으로 옳지 <u>않은</u> 것은?
① 복부 가장 심부에 위치함
② 내·외복사근의 작용을 도움
③ 내장을 보호하고 호흡을 뱉는 작용에 관여함
④ 수축 시 복압을 상승시키고 요추의 전만을 유지하여 체간 안정화 작용을 함

> **16** 해부생리학 > 근육계통
> 내장을 보호하고 호흡을 뱉는 작용에 관여하는 근육은 복직근임

17 소화기관이 <u>아닌</u> 것은?
① 위　　② 식도
③ 소장　　④ 신장

> **17** 해부생리학 > 순환 계통과 소화기 계통
> 신장은 소화기관이 아닌 비뇨기계 기관임

18 자외선이 인체에 미치는 영향으로 옳지 <u>않은</u> 것은?
① 비타민D 형성　　② 피부의 색소침착
③ 세포 재생　　④ 살균작용

> **18** 피부학 > 피부와 광선, 면역, 노화
> 자외선이 인체에 미치는 영향: 비타민D 합성, 살균효과, 피부의 색소침착, 홍반 형성 등

19 자외선 차단제에 대한 설명으로 옳은 것은?
 ① 외출 전에 바르는 것이 효과적이다.
 ② 도포 후 시간이 경과하여도 재도포하지 않는다.
 ③ SPF지수가 높을수록 민감성 피부에 적합하다.
 ④ 피부병변 부위에 사용해도 무관하다.

> **19** 피부학 〉 피부와 광선, 면역, 노화
> 자외선 차단제는 피지, 땀으로 지워질 수 있기 때문에 차단효과를 높이기 위해 외출 30분 전에 발라주고 일정 시간마다 덧발라주면 좋음

20 가용화 제조 원리로 이루어진 화장품의 종류는?
 ① 마스카라   ② 크림
 ③ 향수   ④ 아이섀도

> **20** 화장품학 〉 화장품 제조
> 가용화는 유성 성분을 계면활성제의 미셀작용으로 투명하게 용해시키는 방법으로, 화장수, 향수, 에센스 등에 사용됨

21 기초 화장품의 종류에 해당하지 <u>않는</u> 것은?
 ① 클렌징 크림   ② 로션
 ③ 에센스   ④ 파운데이션

> **21** 화장품학 〉 화장품의 종류와 기능
> 기초 화장품은 세안, 정돈, 보호 및 영양 공급 목적의 화장품으로, 클렌징 크림, 클렌징 폼, 화장수, 에센스, 로션, 크림, 팩 등이 해당됨

22 물에 오일이 분산되어 있는 유화 형태는?
 ① W/O/W   ② W/S
 ③ O/W   ④ W/O

> **22** 화장품학 〉 화장품 제조
> 물에 오일이 분산되어 있는 유화 형태는 친수성으로, O/W(Oil in Water)라고 함

23 화장품에 사용되는 방부제가 <u>아닌</u> 것은?
 ① 메틸파라벤   ② 이미다졸리디닐우레아
 ③ 에탄올   ④ 에틸파라벤

> **23** 화장품학 〉 화장품 제조
> 방부제는 화장품의 변질을 방지하는 성분으로, 보존력을 높이기 위한 성분으로는 파라벤류, 이미다졸리디닐우레아, 페녹시에탄올 등이 대표적임

24 에센셜 오일의 효능으로 옳지 <u>않은</u> 것은?
 ① 면역을 강화하고 피부 진정과 미백기능에 효과적이다.
 ② 혈액과 림프의 순환을 촉진한다.
 ③ 항염, 항균 등의 작용을 한다.
 ④ 여드름, 불면증, 편두통에 효과적이다.

> **24** 화장품학 〉 화장품의 종류와 기능
> **에센셜 오일의 작용**
> • 약리적 작용: 항균, 항바이러스, 항박테리아, 항염증 등
> • 생리적 작용: 혈액순환·생리기능·소화 촉진 등
> • 심리적 작용: 정신적 안정 및 스트레스 완화

25 캐리어 오일의 종류에 해당하지 <u>않는</u> 것은?
 ① 아몬드 오일   ② 아보카도 오일
 ③ 포도씨 오일   ④ 로즈메리 오일

> **25** 화장품학 〉 화장품의 종류와 기능
> 로즈메리 오일은 에센셜 오일에 해당함

26. 화장품 품질의 4대 특성에 대한 내용으로 옳지 않은 것은?
① 안전성 – 피부에 대한 자극, 알레르기, 독성이 없어야 한다.
② 안정성 – 변색, 변취, 미생물의 오염이 없어야 한다.
③ 유효성 – 질병치료 및 진단에 사용할 수 있어야 한다.
④ 사용성 – 피부에 사용감이 좋고 잘 스며들어야 한다.

26 화장품학 〉 화장품학 개론
유효성: 화장품 기능이 효과적이어야 함

27. 태닝 시 사용하는 제품으로 알맞은 것은?
① 미백 화장품
② 각질제거용 화장품
③ 선탠 화장품
④ 자외선 차단제

27 화장품학 〉 화장품의 종류와 기능
태닝 시 선탠 화장품을 사용하면 손상 없이 멜라닌색소의 생산량을 늘려 원하는 만큼 피부를 그을리게 하는 효과가 있음

28. 이온에 대한 설명으로 옳지 않은 것은?
① 중성의 원자가 전자를 얻으면 음이온이라 불리는 음전하를 띤 이온이 된다.
② 원자가 전자를 얻거나 잃으면 전하를 띠게 되는데 이온은 전하를 띤 입자를 말한다.
③ 같은 전하의 이온은 끌어당기는 작용을 한다.
④ 이온은 원소 기호의 오른쪽 위에 잃거나 얻은 전자 수를 (+) 또는 (−) 부호를 붙여 나타낸다.

28 피부미용기기학 〉 기초과학 및 전기 용어
이온은 양이온과 음이온으로 구성되어 있어 같은 전하는 밀어내고, 다른 전하는 끌어당기는 작용을 함

29. 전기세정법에 대한 내용으로 옳은 것은?
① 피부 속으로 유효성분을 침투시키는 방법을 말한다.
② 화학적 전기분해에 기초하며 직류가 식염수를 통과할 때 발생하는 화학 작용을 이용한다.
③ 주 2회 이상 적용한다.
④ 양극봉이 활동 전극봉이며 박리관리를 위해 안면에 사용한다.

29 피부미용기기학 〉 피부미용기기의 종류 및 사용법
전기세정법(Desincrustation)
• 알칼리 용액을 발라 음극을 이용하여 피지를 녹이는 딥클렌징 방법
• 주 1회 정도의 적용이 적절함
• 음극봉은 안면에 두고, 양극봉은 고객이 손에 쥐게 함

30. 피부미용기기 중 열을 이용한 관리기기는?
① 적외선기
② 이온토포레시스
③ 진공흡입기
④ 확대경

30 피부미용기기학 〉 피부미용기기의 종류 및 사용법
이온토포레시스는 갈바닉 전류를, 진공흡입기는 공기흡입력을, 확대경은 돋보기를 이용한 관리기기임

31. 프리마톨의 사용법으로 옳은 것은?
① 내용물이 회전하면서 튀지 않도록 양을 적당히 조절한다.
② 손목으로 브러시를 돌리면서 적용시킨다.
③ 브러시의 끝이 눌릴 수 있게 적당한 힘을 가한다.
④ 회전하는 브러시를 피부와 45° 각도를 유지하여 사용한다.

31 피부미용기기학 〉 피부미용기기의 종류 및 사용법
프리마톨은 브러시의 회전을 이용하여 모공의 피지와 불필요한 각질을 제거하는 기기로, 회전력에 의해 내용물이 튀지 않도록 양을 적당히 조절해야 함

32 진공흡입기의 효과로 가장 적합한 것은?

① 탄력이 많이 떨어진 피부에 탄력감을 부여한다.
② 피부를 자극하여 한선과 피지선의 기능을 활성화한다.
③ 영양물질을 깊숙이 침투시킬 수 있다.
④ 혈액순환 촉진으로 민감성 피부나 모세혈관 확장 피부에 효과적이다.

32 피부미용기기학 > 피부미용기기의 종류 및 사용법
진공흡입기는 유리관을 사용하여 모공의 피지 또는 불필요한 각질을 제거함

33 전기장치에서 퓨즈의 역할로 옳은 것은?

① 전압을 바꾸는 역할을 한다.
② 전류의 세기를 조절한다.
③ 부도체에 전기가 잘 통하도록 한다.
④ 전선의 과열을 막아주는 안전장치기능을 한다.

33 피부미용기기학 > 기초과학 및 전기 용어
퓨즈는 과도한 전류가 흐를 시 녹아 끊어짐으로써 전류를 차단함

34 미용업소에서 면도기 사용 시 교차감염을 예방하기 위한 주의사항이 아닌 것은?

① 고객마다 새로 소독된 면도날을 사용한다.
② 면도날을 매번 교체하는 것은 어렵지만 하루에 한 번은 새 것으로 교체한다.
③ 일체형 면도기는 분리가 되지 않기 때문에 70% 알코올에 적신 솜으로 소독 후 사용한다.
④ 면도날은 재사용하지 않아야 한다.

34 공중위생관리학 > 공중위생관리법규
면도날은 재사용할 시 감염의 우려가 있기 때문에 1인 1회 교체를 원칙으로 함

[신규 문제 공략]

35 3대 영양소를 소화하는 모든 효소를 가지고 있으며, 인슐린과 글루카곤을 분비하여 혈당량을 조절하는 기관은?

① 췌장　　　② 간
③ 담낭　　　④ 충수

35 해부생리학 > 순환 계통과 소화기 계통
- 췌장의 외분비기능으로 아밀라아제(탄수화물), 트립신(단백질), 리파아제(지방) 소화효소를 분비함
- 췌장의 내분비기능으로 인슐린과 글루카곤을 분비하여 혈당을 조절함

36 대상포진에 대한 설명으로 옳은 것은?

① 바이러스를 갖고 있지 않다.
② 전염성이 없다.
③ 지각신경 분포를 따라 군집 수포성 발진이 생기고 통증을 동반한다.
④ 목과 눈꺼풀에 나타나는 전염성 비대 증식 현상을 말한다.

36 피부학 > 피부장애와 질환
대상포진은 바이러스성 피부질환임

신규 문제 공략

37 피부의 각질층에 존재하는 세포간지질 성분 중 가장 많이 함유된 것은?
① 콜레스테롤
② 스쿠알렌
③ 세라마이드
④ 왁스

37 피부학 〉 피부의 구조
세포간지질 성분은 세라마이드(50%), 지방산(30%), 콜레스테롤 에스테르(5%)로 이루어져 있음

38 등근육의 기능으로 옳지 않은 것은?
① 척주기립근: 어깨뼈 움직임과 팔을 지탱하는 근육
② 견갑거근: 어깨를 올리는 근육
③ 승모근: 어깨를 뒤쪽으로 끌어당김
④ 두판상근: 목의 움직임에 작용함

38 해부생리학 〉 근육 계통
척주기립근은 척주세움근이라고 하며, 척추를 접고 펴는 근육임

39 제모 시 사용하는 도구가 아닌 것은?
① 나무 스파튤라
② 족집게
③ 스트립
④ 눈썹칼

39 피부미용 이론 〉 제모
눈썹칼은 눈썹 정리 시 사용하는 도구임

40 왁스에 대한 설명으로 옳지 않은 것은?
① 소프트 왁스는 스트립 없이 왁스 자체를 뜯어내는 방법을 말한다.
② 소프트 왁스는 제모 부위를 광범위하게 적용할 수 있다.
③ 하드 왁스는 온도가 낮아 화상의 위험이 적다.
④ 콜드 왁스는 소프트 왁스와 하드 왁스에 비해 효과가 떨어진다.

40 피부미용 이론 〉 제모
스트립 없이 왁스 자체를 뜯어내는 방법은 하드 왁스임

신규 문제 공략

41 이용사 또는 미용사의 면허를 받을 수 없는 자가 아닌 것은?
① 전과자
② 정신질환자
③ 감염성 결핵환자
④ 마약 중독자

41 공중위생관리학 〉 공중위생관리법규
전과자는 이·미용사 면허 결격사유에 해당되지 않음

42 고도가 높아짐에 따라 기온이 증가하는 현상은?
① 열섬 현상
② 기온역전
③ 온실효과
④ 산성비

42 공중위생관리학 〉 공중보건학
기온역전: 일반적으로 높이에 따른 기온의 수직적 분포와 다르게 고도가 높아질수록 기온이 상승하는 현상을 말함

43 세포막을 통한 물질 이동 방식이 아닌 것은?
① 수축
② 여과
③ 확산
④ 삼투

43 해부생리학 〉 세포와 조직
세포막을 통한 물질의 수동이동에는 여과, 확산, 삼투가 있음

44 뉴런과 뉴런의 접속 부위의 명칭은?
① 신경원　　　　② 축삭돌기
③ 신경초　　　　④ 시냅스

44 해부생리학 〉 신경 계통
시냅스는 신경세포의 축삭말단이 다른 신경세포와 접합되어 신호를 전달하는 부분임

신규 문제 공략
45 스티머 사용 시 주의사항이 아닌 것은?
① 피부에 따라 적용 시간을 다르게 한다.
② 스팀 분사 방향은 코를 향하도록 한다.
③ 스티머 물통에 물을 2/3 정도로 적당량 넣는다.
④ 물통을 일반세제로 씻는 것은 고장의 원인이 될 수 있으므로 사용을 금한다.

45 피부미용기기학 〉 피부미용기기의 종류 및 사용법
스티머 사용 시 얼굴에서 30~50cm 정도 유지하며 코에 직접적으로 분사하지 않도록 해야 함

신규 문제 공략
46 과태료의 개별기준에 알맞지 않은 것은?
① 미용업소의 위생관리 의무를 지키지 아니한 경우 – 과태료 80만 원
② 위생교육을 받지 아니한 경우 – 과태료 30만 원
③ 위생관리 의무에 대한 개선명령에 위반한 경우 – 과태료 150만 원
④ 영업소 외의 장소에서 이·미용 업무를 행한 경우 – 과태료 80만 원

46 공중위생관리학 〉 공중위생관리법규
그 외 개별기준
- 위생교육을 받지 아니한 경우 – 과태료 60만 원 (단, 2024.1.1.~2026.12.31.의 기간 중 위생교육을 받지 않은 경우에는 20만 원)
- 공중위생관리상에 필요한 보고를 하지 아니하거나 관계 공무원의 출입·검사·기타 조치를 거부·방해 또는 기피한 경우 – 과태료 150만 원

47 공중보건의 목적이 아닌 것은?
① 질병 치료　　　　② 질병 예방
③ 신체적·정신적 건강 증진　　　　④ 수명 연장

47 공중위생관리학 〉 공중보건학
공중보건의 목적: 질병 예방, 수명 연장, 신체적·정신적 건강 및 효율 증진

48 감염병 관리가 가장 어려운 사람은?
① 건강보균자　　　　② 급성감염병환자
③ 만성감염병환자　　　　④ 감염병에 의한 사망자

48 공중위생관리학 〉 공중보건학
건강보균자는 병원체를 보유하고 있으나 증상이 없고 체외로 이를 배출하고 있는 자를 말하는데, 색출과 격리가 어려우며 활동 반경이 넓어 감염병 관리가 가장 어려움

49 소화기계 감염병에 해당하는 것은?
① 인플루엔자　　　　② 파라티푸스
③ 유행성이하선염　　　　④ 홍역

49 공중위생관리학 〉 공중보건학
인플루엔자, 유행성이하선염, 홍역은 호흡기계 감염병에 해당함

50 국가의 보건 수준을 나타내는 인구통계지표는?
① 의과대학 설치 수　　　　② 국민소득
③ 비례사망지수　　　　④ 영아사망률

50 공중위생관리학 〉 공중보건학
영아사망률은 한 국가의 보건 수준을 나타내는 지표임

51 제3급 법정 감염병에 해당하지 않는 것은?
① 파상풍
② 황열
③ 장티푸스
④ B형 간염

> 51 공중위생관리학 > 공중보건학
> 장티푸스는 제2급 법정 감염병에 해당함

신규 문제 공략

52 피부미용도구 위생·소독에 대한 설명으로 70% 알코올 소독을 해야 하는 경우가 아닌 것은?
① 고객의 피부에 직접 닿는 기구
② 피부미용기기와 전기제품의 사용 후
③ 족집게, 핀셋, 여드름 압출 도구 등
④ 일회용 제품과 그 외 미용 도구

> 52 공중위생관리학 > 소독학
> 일회용 제품이 아닌 것은 70%의 알코올 솜으로 닦아 소독하고 먼지가 생기지 않는 곳이나 소독기에 따로 보관함

53 에틸렌옥사이드(E.O) 멸균법에 대한 설명으로 옳지 않은 것은?
① 가열살균이 어렵거나 물을 사용할 수 없는 살균에 사용한다.
② 가스폭발 위험성을 줄이기 위해 이산화탄소와 프레온을 혼합하여 사용한다.
③ 멸균 시간이 짧고 가격이 저렴하다.
④ 가열에 변질되기 쉬운 물품을 50~60℃ 이하 저온에서 멸균한다.

> 53 공중위생관리학 > 소독학
> 에틸렌옥사이드(E.O) 가스 멸균법은 멸균 시간이 길고 가격이 비쌈

54 이·미용 기구의 소독 기준으로 옳지 않은 것은?
① 에탄올 소독: 에탄올이 70%인 수용액에 10분 이상 담그거나 면에 적셔 기구의 표면을 닦는다.
② 크레졸 소독: 크레졸 3% 용액에 물 97%를 혼합하여 10분 이상 담가 소독한다.
③ 석탄산 소독: 석탄산 5% 용액에 물 95%를 혼합하여 10분 이상 담가 소독한다.
④ 열탕 소독: 100℃ 이상의 물에 10분 이상 끓여 소독한다.

> 54 공중위생관리학 > 소독학
> 석탄산 소독액은 기구류의 소독일 때 3% 수용액이 적당함

55 공중위생영업소의 위생서비스 평가계획을 수립하는 주체는?
① 대통령
② 시장·군수·구청장
③ 보건복지부장관
④ 시·도지사

> 55 공중위생관리학 > 공중위생관리법규
> 위생서비스 수준의 평가 시 시·도지사는 공중위생영업소 서비스 평가계획을 수립하여 시장·군수·구청장에게 통보하여야 함

56 공중위생영업에서 6월 이하의 징역 또는 500만 원 이하의 벌금에 처하는 경우는?
① 영업소 폐쇄명령을 받고도 영업을 계속한 자
② 변경신고를 하지 아니한 자
③ 다른 사람에게 이용사 또는 미용사 면허증을 빌려준 자
④ 공중위생영업의 신고를 하지 않은 자

> 56 공중위생관리학 > 공중위생관리법규
> 6월 이하의 징역 또는 500만 원 이하의 벌금
> • 공중위생영업의 변경신고를 하지 아니한 자
> • 공중위생영업자의 지위를 승계한 자로서 승계신고를 하지 아니한 자
> • 건전한 영업질서를 위하여 공중위생영업자가 준수하여야 할 사항을 준수하지 아니한 자

57 공중위생감시원의 업무범위가 아닌 것은?
① 공중위생영업 관련 시설 및 설비의 위생상태 확인·검사
② 이·미용업의 개선 향상에 필요한 조사 연구 및 지도
③ 위생교육 이행 여부의 확인
④ 공중위생영업자의 위생관리의무 이행 여부 확인

58 공중위생영업자가 영업소 폐쇄명령을 받고도 계속하여 영업을 하는 때 해당 영업소 폐쇄를 위하여 조치할 수 있는 사항이 아닌 것은?
① 출입자 검문 및 통제
② 영업소의 간판 기타 영업표지물의 제거
③ 위반한 영업소임을 알리는 게시물 등의 부착
④ 영업을 위하여 필수불가결한 기구 또는 시설물을 사용할 수 없게 하는 봉인

59 공중위생관리법상 변경신고를 해야 하는 경우가 아닌 것은?
① 미용업 업종 간 변경 시
② 대표자의 성명 또는 생년월일 변경 시
③ 영업소의 명칭 또는 상호 변경 시
④ 영업소 내의 시설 변경 시

60 이·미용업소에서 종업원이 손을 소독할 때 가장 보편적으로 사용하는 것은?
① 승홍수 ② 과산화수소
③ 석탄수 ④ 역성비누

---

57 공중위생관리학 > 공중위생관리법규
공중위생감시원의 업무범위
• 시설 및 설비의 확인
• 공중위생영업 관련 시설 및 설비의 위생상태 확인·검사, 공중위생영업자의 위생관리의무 및 영업자 준수사항 이행 여부의 확인
• 위생지도 및 개선명령 이행 여부의 확인
• 공중위생영업소의 영업정지, 일부 시설의 사용중지 또는 영업소 폐쇄명령 이행 여부의 확인
• 위생교육 이행 여부의 확인

58 공중위생관리학 > 공중위생관리법규
영업소 폐쇄명령을 받고도 계속하여 영업을 하는 때의 조치
• 해당 영업소의 간판 기타 영업표지물의 제거
• 해당 영업소가 위반한 영업소임을 알리는 게시물 등의 부착
• 영업을 위하여 필수불가결한 기구 또는 시설물을 사용할 수 없게 하는 봉인

59 공중위생관리학 > 공중위생관리법규
공중위생관리법상 변경신고를 해야 하는 경우
• 영업소의 명칭 또는 상호
• 영업소의 주소(소재지)
• 신고한 영업장 면적의 3분의 1 이상의 증감
• 대표자의 성명 또는 생년월일
• 미용업 업종 간 변경

60 공중위생관리학 > 소독학
손 소독에 적당한 소독제는 역성비누임

정답표(제4회)

01	②	02	①	03	④	04	①	05	④	06	②	07	①	08	③	09	④	10	②
11	①	12	①	13	③	14	②	15	④	16	①	17	④	18	③	19	①	20	③
21	④	22	③	23	①	24	①	25	④	26	③	27	③	28	③	29	②	30	①
31	①	32	②	33	④	34	①	35	①	36	③	37	③	38	①	39	④	40	①
41	①	42	②	43	①	44	④	45	③	46	②	47	①	48	①	49	②	50	④
51	③	52	②	53	④	54	③	55	③	56	②	57	②	58	①	59	④	60	④

최신 기출문제 풀이는 필수!
비공개 기출 복원문제 | 제5회

01 다음 중 인체에서 피지선이 <u>없는</u> 곳은?
① 이마 ② 입술
③ 눈꺼풀 ④ 손바닥

해설
01 피부학 〉 피부와 부속기관
손바닥과 발바닥에는 피지선이 존재하지 않음

02 지성 피부의 특징으로 옳은 것은?
① 모세혈관이 약화되거나 확장되어 피부 표면으로 보인다.
② 피지분비가 왕성하여 피부 번들거림이 심하며 피부결이 곱지 못하다.
③ 표피가 얇고 피부 표면이 항상 건조하고 잔주름이 쉽게 생긴다.
④ 표피가 얇고 투명해 보이며 외부 자극에 쉽게 붉어진다.

02 피부미용 이론 〉 피부유형별 화장품 도포
지성 피부는 피부가 두껍고 모공이 넓으며, 과각화 현상으로 피부결이 거칠고 칙칙함

03 피지선에 대한 설명으로 옳지 <u>않은</u> 것은?
① 얼굴, 이마, 손·발바닥 등에 많이 분포한다.
② 피지선은 구조적으로 진피층에 위치한다.
③ 사춘기 남성은 피지선의 기능이 활발하다.
④ 입술, 성기, 유두 등에 독립 피지선이 존재한다.

03 피부학 〉 피부와 부속기관
피지선은 손바닥, 발바닥을 제외한 전신에 분포함

04 딥클렌징의 방법이 <u>아닌</u> 것은?
① 효소 ② 스크럽
③ 디스인크러스테이션 ④ 이온토포레시스

04 피부미용 이론 〉 클렌징과 딥클렌징
이온토포레시스는 갈바닉 전류를 이용하는 방법으로, 화장품의 유효성분의 흡수율을 높이는 관리법임

05 입술 화장을 클렌징하는 방법으로 옳지 <u>않은</u> 것은?
① 입술을 적당히 벌리고 가볍게 닦아낸다.
② 윗입술은 위에서 아래로 닦아낸다.
③ 아랫입술은 아래에서 위로 닦아낸다.
④ 입술 중간에서 외곽 부위로 닦아낸다.

05 피부미용 이론 〉 클렌징과 딥클렌징
입술은 바깥쪽에서 안쪽으로 모아 전체적으로 지그시 닦아낸 후 윗입술은 위에서 아래로, 아랫입술은 아래에서 위로 닦아냄

06 피부관리를 위한 피부유형 분석의 시기로 가장 적합한 것은?
① 클렌징 후 ② 기초 화장품 사용 후
③ 메이크업 후 ④ 마사지 후

06 피부미용 이론 〉 피부분석 및 상담
피부유형을 분석하는 시기로는 클렌징이 끝난 후가 적절하며, 문진, 촉진, 견진, 피부분석기기 등의 방법으로 분석함

07 피부유형에 맞는 화장품의 선택으로 옳지 <u>않은</u> 것은?

① 건성 피부: 오일이 함유되어 있지 않은 오일프리 화장품
② 중성 피부: 보습효과가 높은 화장품
③ 민감성 피부: 향, 색소, 방부제가 함유되지 않거나 적게 함유된 화장품
④ 지성 피부: 트러블 예방에 효과적인 화장품

07 피부미용 이론 〉 피부유형별 화장품 도포
오일프리 제품은 지성 피부에 적합한 화장품임

08 광노화의 현상이 아닌 것은?

① 점다당질이 증가한다.
② 표피가 두꺼워진다.
③ 콜라겐이 비정상적으로 늘어난다.
④ 섬유아세포 수가 감소한다.

08 피부미용 이론 〉 피부유형별 화장품 도포
노화 피부는 콜라겐과 엘라스틴이 감소하여 피부 탄력이 감소하여 처짐, 주름 등의 현상이 나타남

09 기초 화장품의 사용 목적이 <u>아닌</u> 것은?

① 세안
② 미백
③ 피부 정돈
④ 피부 보호

09 화장품학 〉 화장품의 종류와 기능
미백은 기능성 화장품의 효과임

10 O/W형의 제품으로 오일이 적고 수분량이 많아 젊은 연령층이 선호하는 파운데이션은?

① 크림 파운데이션
② 파우더 파운데이션
③ 팬케이크 파운데이션
④ 리퀴드 파운데이션

10 화장품학 〉 화장품의 종류와 기능
리퀴드 파운데이션은 수분의 함량이 높아 가볍고 자연스러운 메이크업 연출이 가능함

11 화장품에 함유된 글리세린의 역할로 옳은 것은?

① 청량감
② 소독작용
③ 보습작용
④ 수렴효과

11 화장품학 〉 화장품 제조
- 에탄올은 청량감, 수렴효과, 소독효과가 있음
- 글리세린은 수분 증발을 억제하여 보습기능을 증가시킴

12 눈에 가장 좋은 조명은?

① 간접 조명
② 반간접 조명
③ 직접 조명
④ 반직접 조명

12 공중위생관리학 〉 공중보건학
간접 조명은 그림자가 잘 생기지 않아 눈이 가장 편한 조명 방식임

13 14세 이하가 65세 이상 인구의 두 배 정도이며 출생률과 사망률이 낮은 인구 구성 형태는?

① 피라미드형
② 종형
③ 항아리형
④ 별형

13 공중위생관리학 〉 공중보건학
- 피라미드형: 출생률과 사망률이 모두 높은 인구 형태
- 항아리형: 출생률이 사망률보다 낮은 인구 형태
- 별형: 생산층 인구가 증가하는 도시의 인구 형태

14 결핍 시 괴혈병을 유발하며 잇몸에서 피가 나고 피부를 창백하게 하는 비타민은?

① 비타민C ② 비타민A
③ 비타민D ④ 비타민B_1

14 공중위생관리학 > 공중보건학
비타민C는 모세혈관을 간접적으로 튼튼하게 하고 콜라겐 형성에 관여하는 비타민으로, 결핍 시 괴혈병을 유발함

15 림프드레나쥐를 적용할 수 있는 대상은?

① 림프절이 심하게 부어 있는 경우
② 열이 있는 환자
③ 감염성에 문제가 있는 피부
④ 여드름이 있는 피부

15 피부미용 이론 > 신체 각 부위 관리
림프드레나쥐는 셀룰라이트, 민감성 피부, 모세혈관 확장 피부, 여드름 피부, 부종 등에 적용하면 효과가 있음

16 대기권의 오존층을 파괴하는 가스는?

① 이산화탄소 ② 염화불화탄소
③ 일산화탄소 ④ 아황산가스

16 공중위생관리학 > 공중보건학
- 이산화탄소: 온난화 현상의 원인이 되는 대표 가스
- 일산화탄소: 불완전 연소 시 발생하는 맹독성 기체
- 아황산가스: 대표적인 대기오염 지표

신규 문제 공략

17 이·미용업소에서 소독하지 않은 면도기를 재사용한 경우 전염될 수 있는 질병은?

① 결핵 ② 디프테리아
③ B형 간염 ④ 파상풍

17 공중위생관리학 > 소독학
면도기 사용 후 남아있는 물기, 각질 등은 면도날을 녹슬게 하는 원인이 되므로, 소독 없이 재사용하는 경우 파상풍을 야기할 수 있음

18 오존층에서 흡수되어 지표면에 도달하지 않는 광선의 종류는?

① UVA ② UVC
③ UVB ④ 적외선

18 피부학 > 피부와 광선, 면역, 노화
- UVA: 장파장으로 진피층까지 침투함
- UVB: 중파장으로 표피의 기저층까지 침투함
- 적외선: 일광 중에서 가장 긴 파장으로 열을 운반하여 열선이라고 함

19 인공선탠기에 대한 설명으로 옳지 <u>않은</u> 것은?

① 눈의 보호를 위해 아이패드나 보안경을 착용해야 한다.
② 태닝을 원하지 않는 부위에는 차단제를 도포한다.
③ 장시간 사용하여 시술효과를 높여야 한다.
④ 주로 UVA파장의 원리를 이용한 기기를 말한다.

19 피부미용기기학 > 피부미용기기의 종류 및 사용법
자외선을 장시간 조사할 경우 화상, 홍반 등의 부작용이 생길 수 있어 15분 전후의 조사를 권장함

20 아포를 형성하는 세균에 대한 소독법으로 알맞은 것은?

① 적외선 소독 ② 자외선 소독
③ 알코올 소독 ④ 고압증기멸균 소독

20 공중위생관리학 > 소독학
고압증기멸균법은 고온의 수증기를 이용하여 가열하는 멸균법으로, 포자와 모든 미생물을 완전하게 멸균시키는 소독 방법임

21 화장품과 의약품에 대한 설명으로 옳은 것은?
① 화장품의 사용 목적은 질병의 치료 및 진단이다.
② 화장품은 피부에 한하여 사용이 가능하다.
③ 의약품의 사용 대상은 정상인으로 한정되어 있다.
④ 의약품의 부작용은 어느 정도까지는 인정된다.

21 화장품학 〉 화장품학 개론
화장품의 정의(화장품법 제2조 제1호)
'화장품'이란 인체를 청결·미화하여 매력을 더하고 용모를 밝게 변화시키거나 피부·모발의 건강을 유지 또는 증진하기 위하여 인체에 바르고 문지르거나 뿌리는 등 이와 유사한 방법으로 사용되는 물품으로서 인체에 대한 작용이 경미한 것을 말함(단, 의약품에 해당하는 물품은 제외함)

22 기능성 화장품에 해당하지 <u>않는</u> 것은?
① 피부의 미백에 도움을 주는 제품
② 자외선으로부터 피부를 보호하는 제품
③ 여드름 피부 치료에 도움을 주는 제품
④ 피부 주름을 개선하는 데 도움을 주는 제품

22 화장품학 〉 화장품의 종류와 기능
치료 목적의 제품은 화장품이 아닌 의약품에 해당함

23 화장수에 대한 설명으로 옳지 <u>않은</u> 것은?
① 살균효과가 있는 소염 화장수는 지성·여드름 피부에 적용한다.
② 세안 후 남아 있는 세안제의 알칼리 성분을 제거하여 피부를 중성으로 조절한다.
③ 피부 진정과 쿨링 작용을 한다.
④ 피부의 pH 밸런스를 조절한다.

23 화장품학 〉 화장품의 종류와 기능
화장수의 기능
• 세안 후 노폐물과 메이크업 잔여물 제거
• 피부 진정과 쿨링 작용
• 피부 pH 밸런스 조절
• 세안 후 남아 있는 잔여 세안제 성분 제거
• 보습제·유연제의 함유로 피부를 촉촉하게 하고 다음 단계 제품의 흡수를 높임

24 바디용 제품이 <u>아닌</u> 것은?
① 헤어에센스   ② 바디오일
③ 데오도란트   ④ 샤워젤

24 화장품학 〉 화장품의 종류와 기능
헤어에센스는 두발화장품임

25 방향성 화장품 중 향의 휘발성이 가장 높은 것은?
① 퍼퓸   ② 오데코롱
③ 오데토일렛   ④ 샤워코롱

25 화장품학 〉 화장품의 종류와 기능
향수의 휘발성
샤워코롱 〉 오데코롱 〉 오데토일렛 〉 퍼퓸

26 소화기관에서 분비되는 소화효소가 바르게 연결된 것은?
① 췌장 – 리파아제   ② 소장 – 펩신
③ 위 – 아밀라아제   ④ 간 – 트립신

26 해부생리학 〉 순환 계통과 소화기 계통
• 췌장: 리파아제(지방), 트립신(단백질), 아밀라아제(탄수화물)
• 소장: 소장액
• 위: 펩신
• 간: 담즙

27 우드램프 사용 시 두꺼운 각질 피부에 나타나는 색은?
① 밝은 보라색   ② 암갈색
③ 흰색   ④ 오렌지색

27 피부미용기기학 〉 피부미용기기의 종류 및 사용법
• 밝은 보라색: 건성 피부
• 짙은 암갈색: 색소침착 피부
• 오렌지색: 여드름 피부

28 속발진에 해당하는 것은?
① 수포
② 농포
③ 결절
④ 궤양

28 피부학 > 피부장애와 질환
수포, 농포, 결절: 원발진에 해당하는 피부장애임

29 인체의 혈액량이 체중에서 차지하는 비율은?
① 약 2%
② 약 8%
③ 약 20%
④ 약 30%

29 해부생리학 > 순환 계통과 소화기 계통
혈액은 체중의 약 8%를 차지함

30 중추신경계가 아닌 것은?
① 대뇌
② 소뇌
③ 척수
④ 뇌신경

30 해부생리학 > 신경 계통
중추신경계는 대뇌, 소뇌, 간뇌, 중뇌, 교뇌, 연수, 척수가 해당하며 뇌신경은 말초신경계에 속함

31 고주파기에 대한 설명으로 옳은 것은?
① 조직의 온도를 높여 제품의 흡수율을 높인다.
② 뼈와 신경에 자극을 주어 통증을 완화한다.
③ 전기적 자극을 가하여 셀룰라이트와 지방연소를 촉진한다.
④ 미세한 진동을 이용하여 지방을 분해한다.

31 피부미용기기학 > 피부미용기기의 종류 및 사용법
고주파기는 열을 이용한 기기로 심부열을 발생시켜 혈류량 증가, 조직 온도 상승의 효과를 통해 세포기능을 증진시킴

32 갈바닉기의 효과가 아닌 것은?
① 갈바닉 전류에서 음(-)극을 이용하여 제품을 피부 속에 스며들게 한다.
② 피부 침투가 어려운 수용성 화장품의 유효성분을 흡수시킨다.
③ 피부 속 노폐물을 밖으로 배출시켜 제거한다.
④ 디스인크러스테이션은 예민한 피부에 주로 사용된다.

32 피부미용기기학 > 피부미용기기의 종류 및 사용법
디스인크러스테이션의 알칼리 세정작용은 자극이 될 수 있으므로 민감성 또는 예민 피부에는 사용하면 안 됨

33 엔더몰로지 사용 방법으로 옳지 않은 것은?
① 관절이나 뼈 부위는 피해 적용한다.
② 강한 압으로 관리하여 효과를 높인다.
③ 말초에서 심장 방향으로 적용한다.
④ 관리 시간은 부위당 10~20분이 적당하다.

33 피부미용기기학 > 피부미용기기의 종류 및 사용법
엔더몰로지 사용 시 강한 압으로 관리하면 어혈이 생길 수 있음

34 웜 왁스를 이용한 제모 방법으로 옳지 않은 것은?
① 제모 후에는 냉습포를 이용하여 시술 부위를 진정시킨다.
② 왁스를 제거할 때에는 신속히 떼어낸다.
③ 왁스는 털이 자란 반대 방향으로 발라준다.
④ 제모 전에는 파우더로 유·수분을 제거한다.

34 피부미용 이론 > 제모
웜 왁스 사용 시 털이 자란 방향으로 도포해야 함

35 우드램프에 의한 피부분석 결과가 바르게 연결된 것은?
① 건성 피부 – 진보라색
② 중성 피부 – 청백색
③ 여드름 피부 – 짙은 암갈색
④ 색소침착 – 밝은 보라색

> **35** 피부미용 이론 〉 피부분석 및 상담
> - 건성 피부: 밝은 보라색
> - 여드름 피부: 오렌지색
> - 색소침착: 짙은 암갈색

36 절지동물 매개 감염병이 아닌 것은?
① 탄저
② 일본뇌염
③ 페스트
④ 발진티푸스

> **36** 공중위생관리학 〉 공중보건학
> 탄저는 소와 말, 양 등에 의해 감염됨

신규 문제 공략

37 관계 공무원의 출입·검사를 거부·기피하거나 방해한 때의 1차 위반 행정처분으로 알맞은 것은?
① 영업정지 10일
② 영업정지 20일
③ 영업정지 1개월
④ 영업장 폐쇄명령

> **37** 공중위생관리학 〉 공중위생관리법규
> - 1차 위반: 영업정지 10일
> - 2차 위반: 영업정지 20일
> - 3차 위반: 영업정지 1월
> - 4차 위반: 영업장 폐쇄

신규 문제 공략

38 이산화탄소(CO_2)에 대한 설명으로 옳지 않은 것은?
① 실내공기 오염지표로 사용
② 지구온난화의 주된 원인
③ 헤모글로빈의 산소 결합을 방해함
④ 무색, 무취, 약산성, 무독성가스로 공기보다 무거움

> **38** 공중위생관리학 〉 공중보건학
> 일산화탄소(CO): 혈색소(헤모글로빈) 친화력이 산소의 250~300배 정도로 아주 강해 헤모글로빈의 산소 결합을 방해하고 체내 산소결핍증을 초래함

39 불쾌지수를 산출할 때 고려해야 할 요소는?
① 기온과 기습
② 기류와 복사열
③ 기압과 복사열
④ 기온과 기압

> **39** 공중위생관리학 〉 공중보건학
> 불쾌지수는 불쾌감의 정도를 수치화한 것으로, 기온과 기습이 기준이 됨

신규 문제 공략

40 코로나바이러스 감염증-19의 감염병의 신고 시기는?
① 즉시 신고
② 24시간 이내 신고
③ 7일 이내 신고
④ 10일 이내 신고

> **40** 공중위생관리학 〉 공중위생관리학
> 코로나바이러스 감염증-19는 제4급 감염병에 해당하며 7일 이내 신고해야 함
> - 제1급 감염병: 즉시 신고
> - 제2급, 제3급 감염병: 24시간 이내 신고
> - 제4급 감염병: 7일 이내 신고

41 화농성 여드름의 종류가 아닌 것은?
① 면포
② 농포
③ 낭종
④ 결절

> **41** 피부학 〉 피부장애와 질환
> - 면포는 피지 덩어리를 말하며 개방 형태인 블랙헤드, 폐쇄 형태인 화이트헤드로 나뉨
> - 화농성 여드름은 농이 발생한 형태로, 농포, 낭종, 결절이 있음

42 일반적으로 사용하는 소독용 에탄올의 적정 농도는?
① 30%
② 50%
③ 70%
④ 90%

> **42** 공중위생관리학 〉 소독학
> 소독용 에탄올은 70% 농도 사용을 기준으로 함

43 소독 관련 용어에 대한 설명으로 옳지 <u>않은</u> 것은?
① 멸균: 병원성 또는 비병원성 미생물 및 포자를 가진 모든 것을 사멸하는 것
② 살균: 병원성 미생물의 생활력을 파괴하여 감염력을 없애거나 제거하는 것
③ 방부: 병원성 미생물의 발육과 그 작용을 제거하거나 정지시켜 부패를 방지하는 것
④ 소독: 유해한 미생물을 파괴시켜 감염의 위험성을 제거하는 것으로 세균의 포자까지 사멸하는 것

43 공중위생관리학 〉 소독학
소독은 포자는 파괴하지 못함

44 계면활성제에 대한 설명으로 옳지 <u>않은</u> 것은?
① 양쪽성 계면활성제는 세정작용과 기포 형성작용이 음이온 계면활성제에 비해 떨어지나 피부 자극이 적다.
② 양이온 계면활성제는 피부 자극이 적어 베이비용 샴푸, 저자극 샴푸 등에 사용한다.
③ 음이온 계면활성제는 세정작용과 기포 형성작용이 우수하여 비누, 세탁세제, 샴푸, 클렌징 폼 등에 사용한다.
④ 계면활성제는 가용화 작용, 유화작용, 분산작용 등을 한다.

44 화장품학 〉 화장품 제조
양이온 계면활성제는 피부 자극이 가장 크며 정전기 방지효과가 있어 헤어린스, 헤어트리트먼트 등에 사용함

45 영업정지 1개월의 기준 일수는?
① 28일 ② 29일
③ 30일 ④ 31일

45 공중위생관리학 〉 공중위생관리법규
영업정지 1개월은 30일을 기준으로 함

46 민감성 피부의 관리 방법으로 옳지 <u>않은</u> 것은?
① 피부염증 완화를 위한 소염 화장수를 사용한다.
② 예민한 피부를 진정시키고 피부 자극을 최소화한다.
③ 진정·보습효과가 있는 팩을 사용한다.
④ 무색, 무취, 무알코올의 화장품을 사용한다.

46 피부미용 이론 〉 피부유형별 화장품 도포
민감성 피부는 알코올이 함유되지 않은 유연 화장수를 사용해야 함

47 클렌징에 대한 설명으로 옳지 <u>않은</u> 것은?
① 제품 흡수를 효율적으로 돕기 위한 작업이다.
② 피부 노폐물 및 메이크업 잔여물을 제거하기 위한 작업이다.
③ 모공 깊숙이 있는 노폐물과 피부 표면의 각질 제거를 목적으로 한다.
④ 피부 내부의 혈액순환을 촉진한다.

47 피부미용 이론 〉 클렌징과 딥클렌징
모공 깊숙이 있는 노폐물과 피부의 각질 제거는 딥클렌징의 목적에 해당함

48 피부분석 시 사용하는 기기가 <u>아닌</u> 것은?
① 우드램프 ② 적외선기기
③ 확대경   ④ 스킨스코프

48 피부미용 이론 〉 피부분석 및 상담
• 피부분석기기에는 확대경, 우드램프, 유·수분 측정기, 광학현미경(스킨스코프) 등이 있음
• 적외선기기는 열을 이용한 기기로 온열효과를 높일 수 있음

49 셀룰라이트에 대한 설명이 아닌 것은?

① 노폐물 등이 정체되어 있는 상태
② 소성결합조직이 경화되어 뭉쳐져 있는 상태
③ 피하지방이 비대해져 정체되어 있는 상태
④ 근육이 경화되어 딱딱하게 굳은 상태

49 피부미용이론 > 신체 각 부위 관리
셀룰라이트는 노폐물 등이 배설되지 못하고 소성결합조직이 경화되어 뭉쳐서 피부 위로 울퉁불퉁하게 나타나는 현상을 말함

50 승모근에 대한 설명으로 옳지 않은 것은?

① 천배근에 해당한다.
② 쇄골과 견갑골에 부착되어 있다.
③ 지배신경은 견갑배신경이다.
④ 팔을 올릴 때 사용한다.

50 해부생리학 > 근육 계통
승모근을 지배하는 신경은 부신경(제11뇌신경)임

51 이온토포레시스(이온영동법)에 대한 설명으로 옳지 않은 것은?

① 몸에 부착된 금속류의 유무를 확인하여 제거한 후 관리한다.
② 영양분 침투와 혈액순환 촉진에 효과가 있다.
③ 전극봉이 피부에 부착된 상태에서 기기를 작동한다.
④ 알칼리 작용으로 건성 피부에 적합하다.

51 피부미용기기학 > 피부미용기기의 종류 및 사용법
알칼리 작용은 디스인크러스테이션에 대한 설명임

52 이·미용업자가 위생교육을 받지 아니한 경우 처벌 기준은?

① 200만 원 이하의 과태료   ② 300만 원 이하의 과태료
③ 500만 원 이하의 과태료   ④ 징역 3개월

52 공중위생관리학 > 공중위생관리법규
위생교육을 받지 않았을 경우의 처벌 기준: 200만 원 이하의 과태료

53 이·미용업소의 시설과 설비기준을 위반한 경우 1차 행정처분 기준은?

① 영업정지   ② 벌금
③ 개선명령   ④ 영업장 폐쇄

53 공중위생관리학 > 공중위생관리법규
시설 및 설비기준을 위반한 경우 행정처분
- 1차 위반: 개선명령
- 2차 위반: 영업정지 15일
- 3차 위반: 영업정지 1월
- 4차 위반: 영업장 폐쇄명령

54 행정처분 중 1차 위반 시 영업장 폐쇄명령에 해당하는 것은?

① 영업정지처분을 받고도 영업정지 기간 중 영업을 한 때
② 손님에게 성매매 알선 등의 행위를 한 때
③ 소독한 기구와 소독하지 아니한 기구를 각각 다른 용기에 넣어 보관하지 아니한 때
④ 1회용 면도기를 손님 1인에 한하여 사용하지 아니한 때

54 공중위생관리학 > 공중위생관리법규
1차 위반 시 영업장 폐쇄명령에 해당하는 경우
- 영업신고를 하지 않은 경우
- 영업정지 기간 중 영업을 한 경우
- 공중위생영업자가 정당한 사유 없이 6개월 이상 계속 휴업하는 경우
- 공중위생영업자가 「부가가치세법」에 따라 관할 세무서장에게 폐업신고를 하거나 관할 세무서장이 사업자 등록을 말소한 경우

55 미용업자가 점 빼기, 귓불 뚫기, 쌍꺼풀 수술, 문신, 박피술, 그 밖에 이와 유사한 의료행위를 하여 관련 법규를 1차 위반했을 때의 행정처분은?
① 영업정지 2개월
② 영업정지 3개월
③ 경고
④ 영업장 폐쇄명령

55 공중위생관리학 > 공중위생관리법규
점빼기, 귓불 뚫기, 쌍꺼풀 수술, 문신, 박피술, 그 밖에 이와 유사한 의료행위를 한 경우 행정처분
- 1차 위반: 영업정지 2개월
- 2차 위반: 영업정지 3개월
- 3차 위반: 영업장 폐쇄명령

56 석탄산 소독액에 관한 설명으로 옳지 않은 것은?
① 세균 포자나 바이러스에 대해 작용력이 거의 없다.
② 기구류의 소독에는 1~3% 수용액이 적당하다.
③ 소독액 온도가 낮을수록 효력이 높다.
④ 금속기구의 소독에는 적합하지 않다.

56 공중위생관리학 > 소독학
석탄산은 저온에서 효과가 떨어짐

57 이·미용사의 면허를 받을 수 있는 사람은?
① 면허취소 후 1년이 경과된 자
② 피성년후견인
③ 마약 중독자
④ 정신질환자

57 공중위생관리학 > 공중위생관리법규
면허취소 후 1년이 지난 사람은 면허를 받을 수 있음

58 발병 시 즉시 신고해야 하는 감염병은?
① 홍역
② 디프테리아
③ 말라리아
④ 풍진

58 공중위생관리학 > 공중보건학
디프테리아는 제1급 감염병으로, 발병 즉시 신고하고 높은 수준의 격리가 필요함

59 이·미용업의 준수사항으로 틀린 것은?
① 소독을 한 기구와 소독을 하지 아니한 기구는 각각의 용기에 보관해야 한다.
② 간단한 피부미용을 위한 의료기구 및 의약품은 사용해도 된다.
③ 점 빼기, 쌍꺼풀 수술 등의 의료행위를 해서는 안 된다.
④ 영업장 안의 조명도는 75Lux 이상을 유지해야 한다.

59 공중위생관리학 > 공중위생관리법규
이·미용업은 의료기기나 의약품을 사용하지 아니해야 함

60 이·미용사 면허증을 대여하는 경우 1차 위반에 따른 행정처분은?
① 영업정지 3개월
② 면허정지 3개월
③ 영업정지 6개월
④ 면허정지 6개월

60 공중위생관리학 > 공중위생관리법규
이·미용사 면허증을 대여하는 경우 행정처분
- 1차 위반: 면허정지 3개월
- 2차 위반: 면허정지 6개월
- 3차 위반: 면허취소

정답표(제5회)

01	④	02	②	03	①	04	④	05	④	06	①	07	①	08	③	09	②	10	④
11	④	12	①	13	②	14	①	15	④	16	②	17	④	18	②	19	③	20	④
21	④	22	③	23	②	24	①	25	④	26	①	27	③	28	④	29	②	30	④
31	①	32	④	33	①	34	③	35	④	36	①	37	①	38	①	39	①	40	③
41	①	42	①	43	④	44	②	45	①	46	①	47	③	48	④	49	④	50	③
51	④	52	①	53	②	54	①	55	①	56	③	57	①	58	②	59	②	60	②

비공개 기출 복원문제 | 제6회

최신 기출문제 풀이는 필수!

01 일반적으로 건강한 성인의 피부 표면의 pH는?
① 3.5~4.0
② 4.5~6.5
③ 6.5~7.0
④ 7.0~7.5

해설

01 피부학 〉 피부와 피부부속기관
건강한 성인의 피부 pH는 4.5~6.5 약산성 상태를 나타냄

02 건성 피부의 화장품 사용법으로 옳지 않은 것은?
① 클렌저는 밀크 타입이나 유분기가 있는 크림 타입을 사용한다.
② 알코올이 다량 함유되어 있는 것을 사용한다.
③ 히알루론산, 콜라겐 등의 제품을 사용하여 효과를 높인다.
④ 영양, 보습 성분이 있는 오일이나 에센스를 사용한다.

02 피부미용 이론 〉 피부유형별 화장품 도포
알코올이 함유된 수렴 화장수는 지성 피부에 효과적임

03 인체 내의 화학물질 중 근육 수축에 관여하는 것은?
① 남성호르몬
② 단백질과 칼슘
③ 액틴과 미오신
④ 비타민과 미네랄

03 해부생리학 〉 근육 계통
근육의 수축은 근원섬유를 이루는 액틴과 미오신의 결합으로 일어남

04 딥클렌징에 대한 설명으로 옳은 것은?
① 묵은 각질을 부드럽게 연화하여 제거한다.
② 피부 표면의 이물질을 제거하는 것이 목적이다.
③ 메이크업 잔여물을 제거하기 위해 사용한다.
④ 화학적 제품에는 고마쥐와 스크럽이 있다.

04 피부미용 이론 〉 클렌징과 딥클렌징
딥클렌징은 모공 속의 노폐물과 각질 제거를 위해 실시하며, 노화된 각질을 부드럽게 연화시킨 후 제거함

05 포인트 메이크업 제거 방법에 대한 설명으로 옳지 않은 것은?
① 마스카라가 짙은 경우 강하게 압을 주어 닦아내야 제거할 수 있다.
② 유성 타입의 포인트 메이크업 리무버를 사용한다.
③ 입술화장 제거 시 윗입술은 위에서 아래로, 아랫입술은 아래에서 위로 닦아낸다.
④ 아이라인 제거 시 안에서 눈꼬리 방향으로 닦아낸다.

05 피부미용 이론 〉 클렌징과 딥클렌징
눈 주위와 입술은 피부가 얇고 건조하기 때문에 최대한 부드럽고 자극 없이 제거함

06 고객 상담에 대한 설명으로 옳지 않은 것은?
① 상담을 통해 고객의 피부 상태에 맞는 관리 방법과 관리 방향을 세운다.
② 상담을 통해 알게 된 고객의 사생활 및 정보를 유출하지 않는다.
③ 피부 상태는 수시로 변화하므로 매번 분석내용을 고객카드에 기록한다.
④ 병력사항은 고객을 위해 질문하거나 알려고 하지 않는다.

06 피부미용 이론 〉 피부분석 및 상담
알레르기와 같은 병력사항을 상담하고 기록하여 관리 방향을 세워야 함

07 지성 피부의 관리법으로 옳은 것은?
① 유분기가 있는 클렌징 크림으로 클렌징한다.
② 산뜻한 느낌의 클렌징 젤 또는 클렌징 로션을 사용하여 클렌징한다.
③ 토너는 알코올 함량이 적고 보습력이 강한 제품을 사용한다.
④ 식사는 동·식물성 지방 성분의 음식을 많이 섭취한다.

07 피부미용 이론 〉 피부유형별 화장품 도포
지성 피부는 유분기가 적은 클렌징 젤, 클렌징 로션을 사용하는 것이 좋음

08 민감성 피부에 대한 설명으로 옳지 <u>않은</u> 것은?
① 피부조직이 섬세하고 얇다.
② 피부발진 또는 두드러기가 쉽게 나타난다.
③ 피부 표면이 거칠고 모공이 크다.
④ 외부 자극에 민감하게 반응한다.

08 피부미용 이론 〉 피부유형별 화장품 도포
지성 피부는 피부 표면이 거칠고 모공이 큼

09 매뉴얼 테크닉의 유의사항에 해당하지 <u>않는</u> 것은?
① 관리사는 손의 온도를 따뜻하게 하여 고객이 차갑게 느끼지 않도록 준비한다.
② 동작마다 일정한 리듬을 유지하며 속도를 유지하는 것이 중요하다.
③ 처음과 마지막에는 주무르기 동작을 부드럽게 적용한다.
④ 테크닉은 근육의 결에 따라 안쪽에서 바깥 방향으로 적용한다.

09 피부미용 이론 〉 매뉴얼 테크닉
매뉴얼 테크닉은 처음과 마지막에는 부드럽게 스쳐지나가는 쓰다듬기 동작을 적용함

10 클렌징 제품 중 크림 타입에 대한 설명으로 옳은 것은?
① 친유성으로 세정력이 좋아 특수화장을 지울 때 효과적이다.
② 계면활성제형으로 씻어내는 세안제에 해당한다.
③ 끈적임이 없어 지성 피부에 적합하다.
④ 물에 잘 용해되어 이중세안은 필요하지 않다.

10 피부미용 이론 〉 클렌징과 딥클렌징
클렌징 크림
• 닦아내는 세안제(용제형)에 해당함
• 건성 피부에 적합함
• 유분 함량이 높아 사용 후 잔여물이 남을 수 있으므로 이중세안이 필수임

> 신규 문제 공략

11 셀룰라이트에 대한 설명 중 <u>틀린</u> 것은?
① 주로 여성에게 많이 나타난다.
② 주로 허벅지, 둔부, 상완 등에 많이 나타나는 경향이 있다.
③ 셀룰라이트의 주 원인은 스트레스이다.
④ 피부가 오렌지 껍질 모양으로 변화한다.

11 피부학 〉 피부와 영양
• 셀룰라이트는 혈액순환, 림프순환이 원활하지 않아 피부층이 오렌지 껍질 모양으로 나타나는 것을 말함
• 여성호르몬은 지방세포의 지방합성을 증가시켜 셀룰라이트 발생에 영향을 줌

12 일광화상을 일으키는 광선의 종류는?
① UVA   ② UVB
③ UVC   ④ 적외선

12 피부학 〉 피부와 광선, 면역, 노화
UVB는 표피 및 진피 상부까지 도달하고 일광화상을 일으킴

13 산소와 결합하여 헤모글로빈이 붉은색을 띠게 하는 성분은?
① 철분   ② 칼슘
③ 단백질 ④ 나트륨

13 피부학 〉 피부과 영양
헤모글로빈을 구성하는 것은 철분임

신규 문제 공략

14 다음 중 결핍 시 피부경화를 일으키는 영양소는?
① 무기질
② 비타민A
③ 비타민C
④ 비타민D

14 피부학 〉 피부와 영양
비타민A는 피부각화에 중요한 영양소로 결핍 시 각질이 두꺼워지는 증상이 나타남

15 인체를 이루는 뼈의 개수는?
① 206개
② 256개
③ 216개
④ 365개

15 해부생리학 〉 뼈대(골격) 계통
인체 뼈의 개수
- 206개로 이루어져 있음
- 두개골 22개, 이소골 6개, 설골 1개, 척추 26개, 늑골 24개, 흉골 1개, 상지골 64개, 하지골 62개

16 골격근의 기능으로 옳지 않은 것은?
① 조혈작용
② 자세 유지
③ 체중의 지탱
④ 수의적 운동

16 해부생리학 〉 근육 계통
골격근의 기능: 신체운동 담당, 자세 유지, 체열 생산, 혈액순환, 소화관 운동, 배변·배뇨 등

17 자율신경의 지배를 받아 내장기관의 활동을 담당하는 근육은?
① 승모근
② 심근
③ 골격근
④ 평활근

17 해부생리학 〉 근육 계통
평활근(내장근)은 자율신경의 지배를 받는 불수의근임

18 온습포의 효과로 옳은 것은?
① 모공을 수축시킨다.
② 혈행을 촉진시켜 조직에 영양 공급을 돕는다.
③ 혈관 수축작용을 한다.
④ 피부 수렴작용을 한다.

18 피부미용 이론 〉 클렌징과 딥클렌징
온습포는 열을 이용하여 혈행을 촉진하고 모공을 열어 영양 공급을 도움

19 필 오프 타입 마스크에 대한 설명으로 옳지 않은 것은?
① 일주일에 1~2회 적용할 수 있다.
② 볼 부위는 영양분의 흡수율을 높이기 위해 두껍게 도포한다.
③ 팩 제거 시 피지나 죽은 각질세포가 제거되어 청정효과를 높일 수 있다.
④ 젤 또는 액체 형태의 마스크를 도포 후 건조되면서 필름막을 형성한다.

19 피부미용 이론 〉 팩·마스크
필 오프 타입의 마스크는 두껍게 바르면 필름막 형성과 제거가 어려움

20 마스크의 효과가 아닌 것은?
① 반흔 제거
② 오염물질 제거
③ 수분과 영양 공급
④ 혈액순환 촉진

20 피부미용 이론 〉 팩·마스크
반흔(흉터)은 마스크로 제거할 수 없음

21 땀의 분비로 인한 세균 증식과 냄새를 억제하기 위한 화장품은?
① 샤워코롱
② 바디로션
③ 데오도란트
④ 항균파우더

21 화장품학 〉 화장품의 종류와 기능
데오도란트는 겨드랑이의 땀을 억제 및 흡수하는 기능이 있어 세균 증식과 체취를 방지할 수 있음

22 에센셜 오일의 추출 방법이 아닌 것은?
① 수증기 증류법
② 압착법
③ 용매추출법
④ 혼합법

22 화장품학 〉 화장품의 종류와 기능
에센셜 오일의 추출 방법: 수증기 증류법, 압착법, 휘발성 용매추출법, 비휘발성 용매추출법, 이산화탄소 추출법

23 제모 부적용 대상자가 아닌 것은?
① 당뇨병
② 셀룰라이트
③ 켈로이드 피부
④ 민감성 피부

23 피부미용 이론 〉 제모
제모 부적용 대상자: 상처 및 염증성 피부질환, 민감성 피부, 정맥류, 당뇨병, 간질, 일광화상, 켈로이드, 아토피 피부

24 세정작용과 기포 형성작용이 우수하여 비누, 샴푸 등에 주로 사용하는 계면활성제는?
① 양이온성 계면활성제
② 음이온성 계면활성제
③ 양쪽성 계면활성제
④ 비이온성 계면활성제

24 화장품학 〉 화장품 제조
• 양이온성 계면활성제: 살균, 소독작용이 크고 유연 효과가 있어 정전기 발생을 억제하여 헤어트리트먼트, 린스 등에 사용되나, 피부 자극이 큼
• 양쪽성 계면활성제: 저자극성이며 세정, 살균, 유연 효과가 있어 유아용 제품이나 저자극성 제품에 많이 사용됨
• 비이온성 계면활성제: 피부 자극이 적어 화장수, 크림 등 기초 화장품에 사용됨

25 미백 화장품의 성분이 아닌 것은?
① 닥나무 추출물
② 레티놀
③ 코직산
④ 알부틴

25 피부미용 이론 〉 피부유형별 화장품 도포
레티놀(비타민A)은 피부 재생과 주름 개선효과가 뛰어남

26 결핍 시 구루병, 골다공증을 유발하는 비타민은?
① 비타민D
② 비타민C
③ 비타민A
④ 비타민E

26 피부학 〉 피부와 영양
비타민D는 칼슘과 인의 대사를 조절하여 뼈의 발육을 촉진하며, 결핍 시 구루병과 골다공증을 유발할 수 있음

27 뇌 두개골 구조에 해당하지 않는 것은?
① 하악골
② 사골
③ 전두골
④ 측두골

27 해부생리학 〉 뼈대(골격 계통)
하악골은 안면 두개골에 해당하며 아래턱을 이루는 골의 종류임

28 화장품에 사용하는 방부제는?
① 에탄올
② 페녹시에탄올
③ 벤조산
④ BHT

28 화장품학 > 화장품 제조
방부제는 화장품의 변질을 방지하여 보존력을 높이기 위한 성분으로 파라벤류, 이미다졸리디닐우레아, 페녹시에탄올 등이 대표적임

29 불완전한 각화과정이 원인으로 피부 표면에 비듬이나 얇은 각질이 일어나는 피부질환은?
① 태선화
② 인설
③ 켈로이드
④ 반흔

29 피부학 > 피부장애와 질환
- 태선화: 표피와 진피의 일부가 가죽처럼 두꺼워지며 딱딱해지는 현상
- 켈로이드: 결합조직의 비정상적인 증식 현상
- 반흔: 상처가 치유된 후 피부 위에 남는 흉터

30 캐리어 오일에 해당하지 않는 것은?
① 호호바 오일
② 아보카도 오일
③ 라벤더 오일
④ 아몬드 오일

30 화장품학 > 화장품의 종류와 기능
라벤더 오일은 에센셜 오일의 종류임

31 진공흡입기를 적용할 수 있는 피부유형은?
① 알레르기성 피부
② 모세혈관 확장 피부
③ 지나치게 탄력이 저하된 피부
④ 건성 피부

31 피부미용기기학 > 피부미용기기의 종류 및 사용법
진공흡입기는 알레르기성 피부, 모세혈관 확장 피부, 지나치게 탄력이 저하된 피부에는 사용을 하지 않음

32 확대경에 대한 설명으로 옳지 않은 것은?
① 면포 제거 시 효과적이다.
② 확대경을 켠 후 고객의 눈에 아이패드를 덮어야 한다.
③ 피부 상태를 명확하게 파악할 수 있어 관리효과를 높일 수 있다.
④ 세안 후 피부분석 시 아주 작은 결점도 확인이 가능하다.

32 피부미용기기학 > 피부미용기기의 종류 및 사용법
미리 고객의 눈에 아이패드를 올려놓은 상태에서 전원을 켜야 함

[신규 문제 공략]

33 다음 중 브러싱 기기의 올바른 사용법은?
① 브러시 끝이 눌리도록 적당한 힘을 가한다.
② 회전브러시를 손목으로 돌리면서 적용한다.
③ 피부에서 수평방향으로 브러시를 적용한다.
④ 회전 시 내용물이 튀지 않도록 양을 조절한다.

33 피부미용기기학 > 피부미용기기의 종류 및 사용법
브러싱 기기는 직각으로 브러시를 적용하며 압력을 가하지 않고 기기의 회전력을 이용해서 부드럽게 적용해야 함

34 자연능동면역의 특성을 가장 잘 설명한 것은?
① 항독소 등 인공제제를 접종하여 형성되는 면역
② 생균백신, 사균백신 및 순화독소의 접종으로 형성되는 면역
③ 각종 감염병 감염 후 형성된 면역
④ 모체로부터 태반이나 수유를 통해 형성되는 면역

34 공중위생관리학 > 공중보건학
- 인공수동면역: 항독소 등 인공제제를 접종하여 형성되는 면역
- 인공능동면역: 생균백신, 사균백신 및 순화독소의 접종으로 형성되는 면역
- 자연수동면역: 모체로부터 태반이나 수유를 통해 형성되는 면역

35 바디랩에 대한 설명으로 옳지 않은 것은?
① 독소 제거와 노폐물 배출, 혈액순환을 증진하기 위해 사용하는 방법이다.
② 비닐을 감쌀 때에는 틈이 생기지 않도록 꽉 조여야 한다.
③ 수증기나 드라이 히트는 몸을 따뜻하게 하기 위해 사용한다.
④ 바디랩에 사용하는 제품에는 허브와 슬리밍 크림 등이 있다.

35 피부미용 이론 〉 신체 각 부위 관리
바디랩은 사용 시 신체의 순환에 방해가 되지 않도록 함

36 파리를 매개로 한 감염병은?
① 뎅기열 ② 이질
③ 일본뇌염 ④ 발진티푸스

36 공중위생관리학 〉 공중보건학
파리를 매개체로 한 감염병: 장티푸스, 콜레라, 파라티푸스, 이질

37 돼지고기를 생식했을 때 감염되는 기생충은?
① 무구조충 ② 간흡충
③ 폐흡충 ④ 유구조충

37 공중위생관리학 〉 공중보건학
• 무구조충: 소고기 생식으로 인해 감염되는 기생충
• 간흡충: 잉어, 붕어, 피라미 생식으로 감염되는 기생충
• 폐흡충: 가재, 게 생식으로 감염되는 기생충

38 인체의 사마귀 발생의 주원인은?
① 곰팡이 ② 악성증식
③ 바이러스 ④ 박테리아

38 피부학 〉 피부장애와 질환
인체의 사마귀는 바이러스를 주원인으로 나타남

39 실내공기 오염의 지표로 사용되는 것은?
① 이산화탄소 ② 일산화탄소
③ 오존 ④ 질소

39 공중위생관리학 〉 공중보건학
이산화탄소는 온난화 현상의 주원인이 되는 대표가스이며, 실내공기 오염의 지표로 사용됨

40 보건행정의 특성이 아닌 것은?
① 교육성 ② 과학성
③ 공공성 ④ 정치성

40 공중위생관리학 〉 공중보건학
보건행정의 특성: 공공성, 사회성, 과학성, 기술성, 보장성, 교육성, 봉사성

41 병원체의 병원소 탈출 경로에 해당하지 않는 것은?
① 호흡기로부터 탈출
② 비뇨·생식기 계통으로부터 탈출
③ 소화기 계통으로부터 탈출
④ 수질 계통으로부터 탈출

41 공중위생관리학 〉 공중보건학
병원체의 병원소 탈출 경로
• 호흡기 계통으로부터 탈출
• 비뇨·생식기 계통으로부터 탈출
• 소화기 계통으로부터 탈출
• 개방된 상처로 탈출
• 기계적 탈출

42 소독, 방부, 살균, 멸균 중 소독력이 강한 순서대로 나열한 것은?
① 살균 > 멸균 > 소독 > 방부
② 멸균 > 살균 > 소독 > 방부
③ 멸균 > 살균 > 방부 > 소독
④ 살균 > 멸균 > 방부 > 소독

42 공중위생관리학 > 소독학
소독력: 멸균 > 살균 > 소독 > 방부

43 세균성 식중독의 특성이 아닌 것은?
① 균량이나 독소량이 많다.
② 원인이 되는 식품 섭취로 발병된다.
③ 대체적으로 잠복기가 짧다.
④ 연쇄 전파에 의한 2차 감염률이 높다.

43 공중위생관리학 > 공중보건학
세균성 식중독은 소화기계 감염병과 달리 연쇄 전파에 의한 2차 감염이 드묾

44 이·미용업소에서 바닥 소독용으로 사용하는 소독제는?
① 승홍수
② 석탄산
③ 알코올
④ 생석회

44 공중위생관리학 > 소독학
- 승홍수: 초자기구, 자기류, 나무류, 환자 및 환자 접촉자
- 알코올: 피부관리실 및 기구
- 생석회: 화장실, 분변, 하수도, 쓰레기통

신규 문제 공략

45 손 소독에 사용하는 크레졸의 희석 농도로 알맞은 것은?
① 1~2%
② 3%
③ 5%
④ 10%

45 공중위생관리학 > 소독학
크레졸은 손 소독 시 1~2%, 오물 소독 시 3% 농도로 희석하여 사용함

46 눈살을 찌푸리고 이마에 주름을 짓게 하는 근육은?
① 추미근
② 안륜근
③ 구륜근
④ 교근

46 해부생리학 > 근육 계통
추미근: 미간의 주름을 형성함

47 염료와 안료에 대한 설명으로 옳지 않은 것은?
① 무기 안료는 커버력이 우수하고, 유기 안료는 빛, 산, 알칼리에 약하다.
② 안료는 물과 오일에 녹지 않는다.
③ 염료는 메이크업 화장품을 만드는 데 사용한다.
④ 염료는 물과 오일에 녹는다.

47 화장품학 > 화장품 제조
- 염료: 물과 기름에 녹음
  예) 기초 화장품
- 안료: 물과 기름에 녹지 않음
  예) 메이크업 화장품

48 피부 자극이 적고 유아용 제품에 사용되는 계면활성제는?
① 음이온 계면활성제   ② 양쪽성 계면활성제
③ 비이온 계면활성제   ④ 양이온 계면활성제

48 화장품학 〉 화장품 제조
양쪽성 계면활성제는 저자극성이고 세정, 살균, 유연 효과가 있고 유아용 제품이나 저자극성 제품에 많이 사용됨

49 인공조명 사용 시 주의사항으로 옳지 <u>않은</u> 것은?
① 눈 보호를 위해 자연색에 가까운 주광색을 사용한다.
② 불량조명은 안구진탕증을 유발할 수 있어 주기적으로 확인해야 한다.
③ 정밀 작업 시 인공조명의 조도는 300Lux 이하이어야 한다.
④ 인공조명에 장시간 노출 시 안내압이 상승하여 시력이 손상될 수 있다.

49 공중위생관리학 〉 공중보건학
정밀 작업 시 인공조명의 조도는 300Lux 이상이어야 함

신규 문제 공략
50 안면 두개골의 내용으로 맞지 <u>않는</u> 것은?
① 비골 – 2개(1쌍)   ② 서골(보습뼈) – 1개
③ 구개골(입천장뼈) – 1개   ④ 설골(목뿔뼈) – 1개

50 해부생리학 〉 뼈대(골격)계통
안면 두개골은 누골(눈물뼈) – 2개(1쌍), 비골(코뼈) – 2개(1쌍), 하비갑개(아래코선반뼈) – 2개(1쌍), 관골(광대뼈) – 2개(1쌍), 서골(보습뼈) – 1개, 구개골(입천장뼈) – 2개(1쌍), 상악골(위턱뼈) – 2개(1쌍), 하악골(아래턱뼈) – 1개, 설골(목뿔뼈) – 1개로 구성됨

51 일산화탄소에 대한 설명으로 옳지 <u>않은</u> 것은?
① 산소보다 혈색소와의 친화력이 강하다.
② 일산화탄소 중독은 중추신경계에 영향을 미친다.
③ 냄새와 자극으로 구분할 수 없다.
④ 실내공기 오염의 지표로 사용한다.

51 공중위생관리학 〉 공중보건학
실내공기 오염의 지표로 사용되는 것은 이산화탄소임

52 오일에 물이 분산된 유화 상태는?
① W/O   ② W/O/W
③ O/W   ④ W/S

52 화장품학 〉 화장품 제조
오일에 물이 분산된 유화 상태는 W/O(유중수형)임

53 위생서비스 수준이 우수한 업소에 포상을 줄 수 있는 자는?
① 대통령   ② 시·도지사
③ 보건복지부장관   ④ 보건소장

53 공중위생관리학 〉 공중위생관리법규
위생서비스 수준이 우수한 업소에 포상을 줄 수 있는 자는 시장·군수·구청장 또는 시·도지사임

54 면허를 받지 않고 미용업 업무에 종사 시 행정처벌 조치는?
① 300만 원 이하의 벌금
② 600만 원 이하의 벌금
③ 6월 이하의 징역 또는 500만 원 이하의 벌금
④ 1년 이하의 징역 또는 1천만 원 이하의 벌금

54 공중위생관리학 〉 공중위생관리법규
면허를 받지 않고 미용업 업무에 종사하였을 때는 300만 원 이하의 벌금에 처함

신규 문제 공략

55 음란한 물건을 관람·열람하게 하거나 진열 또는 보관할 경우 2차 위반 시 해당하는 행정처분은?
① 경고
② 영업정지 15일
③ 영업정지 1월
④ 영업장 폐쇄명령

55 공중위생관리학 〉 공중위생관리법규
- 1차 위반: 경고
- 2차 위반: 영업정지 15일
- 3차 위반: 영업정지 1월
- 4차 위반: 영업장 폐쇄명령

56 1년 이하의 징역 또는 1천만 원 이하의 벌금에 처하는 경우는?
① 건전한 영업질서를 위하여 공중위생영업자가 준수해야 할 사항을 준수하지 않은 자
② 영업소 폐쇄명령을 받고도 계속하여 영업을 한 자
③ 음란행위를 알선 또는 제공하거나 이에 대한 손님의 요청에 응한 자
④ 미용사의 면허증을 빌려주거나 빌리는 것을 알선한 자

56 공중위생관리학 〉 공중위생관리법규
1년 이하의 징역 또는 1천만 원 이하의 벌금에 처하는 경우
- 공중위생영업의 신고를 하지 아니한 자
- 영업정지 또는 일부 시설의 사용중지명령을 받고도 영업을 하거나 그 시설을 사용한 자
- 영업소 폐쇄명령을 받고도 계속하여 영업을 한 자

57 이·미용업소 외의 장소에서 영업 시 1차 위반 행정처분 기준은?
① 영업정지 1월
② 영업정지 10일
③ 개선명령
④ 영업정지 20일

57 공중위생관리학 〉 공중위생관리법규
이·미용업소 외의 장소에서 영업한 경우의 행정처분
- 1차 위반: 영업정지 1월
- 2차 위반: 영업정지 2월
- 3차 위반: 영업장 폐쇄명령

58 이·미용업소 영업장 폐쇄명령의 처분을 행하고자 할 때 실시해야 하는 절차는?
① 공지
② 서면통보
③ 구두통보
④ 청문

58 공중위생관리학 〉 공중위생관리법규
청문을 실시해야 하는 경우
- 이·미용사의 면허취소 및 면허정지
- 영업의 정지명령
- 일부 시설의 사용중지 및 영업소 폐쇄명령

59 이·미용업소에 반드시 게시해야 하는 것은?
① 면허증 사본
② 최종지급요금표
③ 건강진단서
④ 개설자의 자격증

59 공중위생관리학 〉 공중위생관리법규
이·미용업소 게시 의무사항: 이·미용업 신고증, 개설자의 면허증 원본, 최종지급요금표

60 일회용 면도날을 2인 이상 손님에게 사용한 경우 1차 위반 행정처분 기준은?
① 경고
② 영업정지 5일
③ 영업정지 10일
④ 영업정지 1월

60 공중위생관리학 〉 공중위생관리법규
일회용 면도날을 2인 이상 손님에게 사용한 경우의 행정처분
- 1차 위반: 경고
- 2차 위반: 영업정지 5일
- 3차 위반: 영업정지 10일
- 4차 위반: 영업장 폐쇄명령

정답표(제6회)

01	02	03	04	05	06	07	08	09	10
②	②	③	①	①	④	②	③	③	①
11	12	13	14	15	16	17	18	19	20
②	②	①	①	①	①	④	②	②	①
21	22	23	24	25	26	27	28	29	30
③	④	①	②	②	①	①	②	②	③
31	32	33	34	35	36	37	38	39	40
④	②	①	③	②	②	①	①	①	④
41	42	43	44	45	46	47	48	49	50
④	②	②	②	①	①	③	②	②	③
51	52	53	54	55	56	57	58	59	60
④	①	②	①	②	①	①	④	②	①

비공개 기출 복원문제 | 제7회

최신 기출문제 풀이는 필수!

▶ 모바일로 풀어보기

01 피부의 부속기관이 아닌 것은?
① 한선　　　　　② 흉선
③ 피지선　　　　④ 조갑

02 건성 피부의 관리법으로 옳지 않은 것은?
① 미지근한 물로 세안한다.
② 영양 및 보습에 중점을 두고 에센스나 오일을 사용한다.
③ 유황이 함유된 로션 타입을 사용한다.
④ 보습효과가 높은 팩을 해준다.

03 관리차트를 작성하는 시기는?
① 고객 상담 시　　② 관리 종료 후
③ 클렌징 후　　　④ 관리 직전

04 백반증에 대한 설명으로 옳지 않은 것은?
① 멜라닌세포의 과다증식으로 일어난다.
② 백색 반점이 피부에 나타난다.
③ 후천적으로 생기는 탈색소 질환이다.
④ 원형, 타원형 또는 부정형의 흰색 반점이 나타난다.

05 클렌징 제품의 종류와 특징에 대한 설명으로 옳지 않은 것은?
① 오일 타입 - 유·수분이 적당히 함유되어 있어 피부에 자극을 주지 않는다.
② 젤 타입 - 피지가 과다분비되는 지성 피부에 적합하다.
③ 크림 타입 - 끈적임 없이 촉촉하다.
④ 워터 타입 - 산뜻하고 시원한 느낌을 준다.

06 계란 흰자를 적용할 수 있는 피부유형은?
① 정상 피부　　　② 지성 피부
③ 민감성 피부　　④ 건성 피부

| 해 설 |

01 피부학 〉 피부와 부속기관
피부의 부속기관에는 한선, 피지선, 조갑, 모발이 있음

02 피부미용 이론 〉 피부유형별 화장품 도포
유황 성분은 살균과 각질 정리에 효과가 있는 성분으로 지성 피부에 좋음

03 피부미용 이론 〉 피부분석 및 상담
관리차트는 피부 표면의 메이크업 잔여물 및 피지 등을 닦아낸 후 작성할 수 있음

04 피부학 〉 피부장애와 질환
백반증은 색소침착 저하로 인해 생김

05 피부미용 이론 〉 클렌징과 딥클렌징
오일 타입은 유분의 함유량이 많아 클렌징 시 남아 있는 잔여물로 인해 자극을 줄 수 있음

06 피부미용 이론 〉 팩·마스크
계란 흰자는 피부 깊숙한 곳의 피지를 흡착하고 모공을 수축시키는 효과가 있어 지성 피부에 적합함

07 매뉴얼 테크닉 효과에 해당하지 않는 것은?
① 심리적 안정
② 주름 제거
③ 혈액순환 촉진
④ 피부 유연효과

07 피부미용 이론 〉 매뉴얼 테크닉
매뉴얼 테크닉은 혈액 및 림프의 순환을 촉진하고 근육의 긴장을 감소시켜 심리적 안정감을 주며 피부 상태를 개선하는 효과가 있음

08 민감성 피부관리의 마무리 단계에서 사용되는 보습제 성분으로 적절하지 않은 것은?
① 아줄렌
② 알로에 베라
③ 알부틴
④ 알란토인

08 피부미용 이론 〉 피부유형별 화장품 도포
알부틴은 미백에 효과적인 성분으로 색소침착 피부에 사용하며, 알란토인, 아줄렌, 알로에 베라 성분은 진정 효과가 있어 민감성 피부에 적합함

09 가벼운 메이크업이나 자외선 차단제를 지울 때 사용하기 가장 적절한 것은?
① 클렌징 크림
② 클렌징 오일
③ 클렌징 워터
④ 클렌징 로션

09 화장품학 〉 화장품의 종류와 기능
클렌징 워터: 가벼운 메이크업이나 자외선 차단제를 지울 때 사용하는 세안 화장품

> 신규 문제 공략

10 조직 사이에서 산소와 영양을 공급하고, 이산화탄소와 대사 노폐물이 교환되는 혈관은?
① 동맥
② 정맥
③ 모세혈관
④ 림프관

10 해부생리학 〉 순환 계통과 소화기 계통
모세혈관
- 소동맥과 소정맥을 연결하는 조직 내의 그물 모양으로 벽이 얇고 가는 혈관
- 조직 사이에서 산소와 영양분을 공급하고 이산화탄소와 대사 노폐물을 교환함

11 외부 면역반응에 작용하는 혈액의 구성 성분은?
① 적혈구
② 혈소판
③ 백혈구
④ 혈장

11 해부생리학 〉 순환 계통과 소화기 계통
백혈구는 식균작용을 하고 세균을 소화시켜 신체를 방어함

12 근육에 짧은 간격으로 자극을 주면 연축이 합쳐져 단일수축보다 큰 힘과 지속적인 수축을 일으키는 근육의 수축은?
① 강직
② 강축
③ 세동
④ 긴장

12 해부생리학 〉 근육 계통
강축은 짧은 간격으로 자극을 가하면 연축이 합쳐져 단일수축보다 강한 힘과 지속적 수축을 유발하는 것임

13 피부의 면역에 관한 설명으로 옳지 않은 것은?
① T 림프구는 특이성 면역에 해당한다.
② 특이성 면역은 자연면역에 해당한다.
③ B 림프구는 면역 글로불린이라는 항체를 생성한다.
④ 섬모운동과 재채기는 반사작용에 해당한다.

13 피부학 〉 피부와 광선, 면역, 노화
특이성 면역은 획득면역, 비특이성 면역은 자연면역에 해당함

14 정전기 방지, 트리트먼트제에 사용하는 계면활성제는?
① 음이온 계면활성제   ② 양이온 계면활성제
③ 양쪽성 계면활성제   ④ 비이온 계면활성제

14 화장품학 > 화장품 제조
양이온 계면활성제는 살균, 소독작용이 크고 유연효과가 있어 정전기 발생을 억제하여 헤어트리트먼트, 헤어린스 등에 사용하지만, 피부 자극이 강함

15 매뉴얼 테크닉의 기본 동작에 대한 설명으로 옳지 않은 것은?
① 에플라지(Effleurage) – 손바닥을 이용하여 부드럽게 쓰다듬는 동작
② 프릭션(Friction) – 근육을 반죽하는 동작
③ 탑포트먼트(Tapotement) – 손가락을 이용하여 두드리는 동작
④ 바이브레이션(Vibration) – 손 전체나 손가락으로 진동을 주는 동작

15 피부미용 이론 > 매뉴얼 테크닉
프릭션(Friction)은 손가락 끝을 이용하여 근육을 깊숙하게 문지르는 동작을 말함

16 화장품에 대한 정의로 옳지 않은 것은?
① 신체의 구조, 기능에 영향을 미치는 것과 같은 사용목적을 겸하지 않는 물품
② 피부 혹은 모발을 건강하게 유지 또는 증진하기 위한 물품
③ 인체에 사용되는 물품으로 인체에 대한 작용이 경미한 것
④ 인체를 청결, 미화하고 매력을 더하고 용모를 밝게 변화시키기 위해 사용하는 물품

16 화장품학 > 화장품학 개론
화장품의 정의: 인체를 청결, 미화하여 매력을 더하고 용모를 밝게 변화시키거나 피부, 모발의 건강을 유지 또는 증진하기 위하여 인체에 바르고 문지르고 뿌리는 등 이와 유사한 방법으로 사용되는 물품으로서 인체에 대한 작용이 경미한 것

17 화장품 제조 원리가 아닌 것은?
① 가용화기술   ② 유화기술
③ 분산기술   ④ 용융기술

17 화장품학 > 화장품 제조
화장품의 제조 원리: 가용화기술, 유화기술, 분산기술

18 의약품에 대한 설명으로 옳지 않은 것은?
① 인체에 이상이 생겼을 때 치료 목적으로 필요한 물품이다.
② 장기간 사용하여 효과를 볼 수 있다.
③ 환자를 대상으로 한다.
④ 부작용이 있을 수 있다.

18 화장품학 > 화장품학 개론
의약품은 단기간 또는 정해진 기간에 맞춰 사용해야 함

19 적외선기기의 효과로 옳은 것은?
① 온열작용을 통해 화장품의 흡수를 높인다.
② 주로 UVA를 방출하고 UVB와 UVC는 흡수한다.
③ 선탠 효과를 높일 수 있다.
④ 색소침착을 유발할 수 있다.

19 피부미용기기학 > 피부미용기기의 종류 및 사용법
적외선기기는 온열작용을 통해 혈액순환 촉진, 근육의 이완 등의 효과를 내는 기기를 말함

20 피지 압출에 효과적인 기기는?
① 진공흡입기   ② 프리마톨
③ 초음파   ④ 갈바닉

20 피부미용기기학 > 피부미용기기의 종류 및 사용법
진공흡입기는 진공을 이용한 관리법으로 피부에 컵을 밀착시켜 진공에 의해 흡입하는 원리로, 피지 압출에 효과적임

21 진공흡입기를 사용할 수 있는 피부유형은?
　① 건성 피부　　　　② 민감성 피부
　③ 지나치게 처진 피부　④ 노화 피부

21 피부미용기기학 〉 피부미용기기의 종류 및 사용법
진공흡입기는 진공을 이용한 기기로, 민감성 피부, 지나치게 처진 피부, 노화 피부는 사용하지 않는 것이 좋음

22 갈바닉 전류의 양극(+)이 피부에 미치는 효과로 옳은 것은?
　① 피부 유연화　　　② 혈관 확장
　③ 피부 진정　　　　④ 모공 세정

22 피부미용기기학 〉 피부미용기기의 종류 및 사용법
갈바닉기의 전류의 양극(+)이 피부에 미치는 효과: 산성 반응, 피부조직의 강화, 혈관 및 모공 수축, 진정 및 수렴효과, 양이온 물질 침투

23 건강한 성인의 경우 안정 시 1분 심장박동수는?
　① 약 77회　　　　② 약 60회
　③ 약 90회　　　　④ 약 85회

23 해부생리학 〉 순환 계통과 소화기 계통
건강한 성인의 경우 평균적인 심장박동수는 1분에 약 60회 정도임

신규 문제공략

24 석고 마스크에 관련된 설명으로 틀린 것은?
　① 피부유형에 맞는 앰플이나 에센스를 도포한 후 적용한다.
　② 열이 식으면 가볍게 흔들어 얼굴에서 떼어낸다.
　③ 머리카락이 빠져나오지 않게 헤어밴드로 잘 정리해 준다.
　④ 모세혈관 확장 피부에 효과적이다.

24 피부미용 이론 〉 팩·마스크
- 석고 마스크는 온열효과가 있어 영양물질의 침투를 높일 수 있음
- 민감성 및 모세혈관 확장 피부는 열에 의한 자극이 높아질 수 있어 피해야 함

25 샤워코롱이 해당하는 화장품의 종류는?
　① 바디 화장품　　　② 방향용 화장품
　③ 기초 화장품　　　④ 두발 화장품

25 화장품학 〉 화장품의 종류와 기능
샤워코롱은 착향을 목적으로 사용되는 향수류에 속하는 방향용 화장품임

26 클렌징 시 포인트 메이크업 리무버제를 사용하는 목적으로 알맞은 것은?
　① 눈이나 입술의 색조화장을 자극 없이 부드럽게 제거하기 위해
　② 묵은 각질을 제거하기 위해
　③ 모공 속 노폐물을 제거하기 위해
　④ 피부를 진정시키기 위해

26 피부미용 이론 〉 클렌징과 딥클렌징
안면의 눈과 입술 부위는 피부 두께가 얇고 민감한 부위로, 자극 없이 부드럽게 제거하는 것이 중요하므로 포인트 리무버를 사용해야 함

27 딥클렌징에 대한 설명으로 옳지 않은 것은?
　① 예민한 피부는 브러시머신을 사용한 딥클렌징을 삼가야 한다.
　② 효소 타입은 불필요한 각질을 분해하여 잔여물을 제거한다.
　③ 스크럽제는 전분 성분인 셀룰로오스가 기본 원료이다.
　④ 스크럽제 사용 시 민감한 피부는 적용을 피해야 한다.

27 피부미용 이론 〉 클렌징과 딥클렌징
셀룰로오스가 기본 원료인 제품은 고마쥐제임

28 직류(DC)와 교류(AC)에 대한 설명으로 옳은 것은?
① 교류를 갈바닉 전류라고 한다.
② 직류는 전류의 흐르는 방향이 시간의 흐름에 따라 변하지 않는다.
③ 교류전류에는 평류, 단속평류가 있다.
④ 직류전류에는 정현파전류, 감응전류, 격동전류가 있다.

28 피부미용기기학 〉 기초과학 및 전기 용어
- 갈바닉 전류는 직류전류를 사용함
- 교류는 전류의 방향, 크기가 시간의 흐름에 따라 변화하는 전류로, 정현파전류, 감응전류, 격동전류가 있음

29 국가에서 영아를 대상으로 권장하는 필수 예방접종이 아닌 것은?
① 백일해   ② 폴리오
③ 대상포진 ④ 파상풍

29 공중위생관리학 〉 공중보건학
대상포진은 기타예방접종으로, 의료기관에서 유료로 접종할 수 있음

30 DTaP에 해당하지 않는 것은?
① 홍역   ② 디프테리아
③ 백일해   ④ 파상풍

30 공중위생관리학 〉 공중보건학
DTaP는 디프테리아, 백일해, 파상풍을 말함

31 유리제품의 소독 방법으로 옳은 것은?
① 찬물에 넣고 75℃까지 가열한다.
② 끓는 물에 넣고 10분간 가열한다.
③ 건열 멸균기에 넣고 소독한다.
④ 끓는 물에 넣고 5분간 가열한다.

31 공중위생관리학 〉 소독학
건열 멸균법은 금속 기구, 유리 기구, 자기제품, 주사기 등의 멸균 시 이용함

32 혈청이나 약제, 백신 등 열에 불안정한 액체의 멸균에 주로 이용되는 멸균법은?
① 초음파 멸균법   ② 초단파 멸균법
③ 여과 멸균법   ④ 방사선 멸균법

32 공중위생관리학 〉 소독학
여과 멸균법은 혈청이나 약제 등 열에 불안정한 액체에 주로 이용되는 액체 멸균법임

33 세균의 포자를 사멸시킬 수 있는 소독약은?
① 음이온 계면활성제 ② 알코올
③ 포르말린   ④ 치아염소산

33 공중위생관리학 〉 소독학
포자(아포)에 효과적인 소독제에는 포르말린, 염소, 승홍수 등이 있음

34 공중보건학의 목적이 아닌 것은?
① 생명 연장   ② 질병 예방
③ 물질 풍요   ④ 육제적·정신적 효율 증진

34 공중위생관리학 〉 공중보건학
공중보건학의 목적: 질병 예방, 생명 연장, 신체적·정신적 건강 및 효율의 증진

35 안면 진공흡입기의 사용 방법으로 옳지 <u>않은</u> 것은?
① 사용 시 크림 또는 오일을 바르고 사용한다.
② 상처 및 염증성 피부질환에 효과적이다.
③ 관리가 끝나면 벤토우즈는 미온수와 중성세제를 이용하여 세척하고 알코올로 소독하여 보관한다.
④ 압력의 세기와 진공 상태를 확인 후 사용한다.

> **35** 피부미용기기학 〉 피부미용기기의 종류 및 사용법
> 안면 진공흡입기는 상처 및 염증성 피부질환에 적용이 부적합함

36 공중위생업소의 위생서비스 수준 평가주기는?
① 6개월　　② 1년
③ 2년　　　④ 3년

> **36** 공중위생관리학 〉 공중위생관리법규
> 공중위생업소는 2년마다 위생서비스 수준 평가를 실시함

37 이·미용업 종사자가 사용하는 소독제로 가장 적절한 것은?
① 세안용 비누　　② 과산화수소
③ 크레졸수　　　④ 역성비누

> **37** 공중위생관리학 〉 소독학
> 역성비누는 무독성으로 살균력이 강하여 손 소독과 식품 소독 시 사용함

38 손님에게 성매매알선 행위 또는 음란행위를 하게 하거나 이를 알선 또는 제공한 때의 영업소에 대한 1차 위반 시 행청처분은?
① 영업장 폐쇄　　② 면허취소
③ 영업정지 2월　　④ 영업정지 3월

> **38** 공중위생관리학 〉 공중위생관리법규
> 손님에게 성매매알선 행위 또는 음란행위를 하게 하거나 이를 알선 또는 제공한 때 행정처분
> • 1차 위반: 영업정지 3월
> • 2차 위반: 영업장 폐쇄

39 이·미용업의 신고를 하고자 하는 경우 반드시 필요한 서류에 해당하지 <u>않는</u> 것은?
① 건강진단서　　② 교육수료증
③ 영업신고서　　④ 영업시설 및 설비개요서

> **39** 공중위생관리학 〉 공중위생관리법규
> 영업신고 시 첨부서류
> • 영업신고서
> • 영업시설 및 설비개요서
> • 교육수료증(미리 교육을 받은 경우에만 해당)
> • 면허증 원본

40 가수분해효소를 많이 지니고 있어 세포 내에서 노폐물과 이물질을 처리하는 세포 소기관은?
① 미토콘드리아　　② 골지체
③ 리소좀　　　　　④ 중심체

> **40** 해부생리학 〉 세포와 조직
> 리소좀: 골지체로부터 합성되어 세포 소기관의 이물질을 처리하는 작용을 함

41 원발진에 해당하는 것은?
① 반점, 가피, 구진　　② 수포, 균열, 반점
③ 수포, 반점, 인설　　④ 반점, 구진, 결절

> **41** 피부학 〉 피부장애와 질환
> 원발진: 반점, 구진, 결절, 수포, 농포, 면포 등이 있음

42 담즙을 만들고 포도당을 글리코겐으로 저장하는 소화기관은?
① 위　　　　　　　② 간
③ 충수　　　　　　④ 췌장

42 해부생리학 〉 순환 계통과 소화기 계통
간은 담즙을 분비하고 포도당을 글리코겐 형태로 저장하는 소화기관임

신규 문제 공략

43 다음 중 BCG 접종으로 예방할 수 있는 질병은?
① 결핵　　　　　　② 홍역
③ 파상풍　　　　　④ B형 간염

43 공중위생관리학 〉 공중보건학
BCG 접종은 결핵을 예방하는 생균백신을 말함

신규 문제 공략

44 갈바닉 전류 중 음극(-)을 이용한 것으로 피부 깊숙한 곳까지 세정효과를 주기 위해 사용하는 것은?
① 아나포레시스　　② 에피더마브레이션
③ 카타포레시스　　④ 전기 마스크

44 피부미용기기학 〉 피부미용기기의 종류 및 사용법
갈바닉 전류에서 음극을 이용한 딥클렌징은 아나포레시스(디스인크러스테이션)을 말함

45 고주파기의 효과로 옳지 않은 것은?
① 살균, 소독효과로 박테리아 번식을 예방한다.
② 내분비선의 분비를 촉진한다.
③ 피부의 활성화로 노폐물 배출효과를 높인다.
④ 색소침착 부위에 표백효과가 있다.

45 피부미용기기학 〉 피부미용기기의 종류 및 사용법
• 고주파기는 온열효과를 통해 혈액순환을 촉진시켜 피부의 분비와 배출기능의 효과를 높임
• 고주파의 스파킹 효과를 통해 피부의 소독 및 살균 효과를 높일 수 있음

신규 문제 공략

46 소독대상물에 따른 소독 방법이 잘못된 것은?
① 대소변, 배설물, 토사물 - 소각, 생석회
② 초자기구, 자기류 - 증기소독 및 자비소독
③ 피부관리실 - 알코올(70%)
④ 고무, 피혁제품 - 석탄산수, 알코올, 역성비누

46 공중위생관리학 〉 소독학
고무, 피혁제품의 소독은 석탄산수, 크레졸수, 포르말린수를 이용함

47 AHA에 대한 설명으로 옳지 않은 것은?
① 각질 제거 및 보습기능을 한다.
② AHA에는 글리콜릭산, 젖산, 사과산, 주석산, 구연산이 있다.
③ AHA는 Alpha Hydroxy caproic Acid의 약어를 말한다.
④ 피부와 점막에는 약간의 자극이 있는 것이 특징이다.

47 화장품학 〉 화장품 제조
AHA는 Alpha Hydroxy Acid의 약어임

48. 수렴 화장수에 대한 설명으로 옳지 않은 것은?
① 피지, 땀에 오염되기 쉬운 여름철에는 모든 피부에 사용된다.
② 유분과 수분을 보충하여 피부 각질층을 연화시킨다.
③ 흔히 아스트린젠트라고 말한다.
④ 모공을 수축시키고 피부결 정리를 도와준다.

48 피부미용 이론 〉 클렌징과 딥클렌징
유분과 수분을 보충하는 화장수는 유연 화장수임

49. 초음파를 이용한 스킨 스크러버의 효과가 아닌 것은?
① 각질 제거효과가 있다.
② 진동과 온열효과로 신진대사를 촉진한다.
③ 상처 부위의 재생효과가 있다.
④ 피부 정화효과가 있다.

49 피부미용기기학 〉 피부미용기기의 종류 및 사용법
스케일링을 목적으로 하는 스킨 스크러버는 상처 및 염증 부위에 사용을 금함

50. 적색근에 대한 설명으로 옳지 않은 것은? [신규 문제 공략]
① 수축 속도가 느리지만 장시간의 지속적인 자극으로 강한 수축을 일으킨다.
② 산소 소모율이 높다.
③ 순간적인 운동 시 사용되는 근육으로 쉽게 피로감을 느낀다.
④ 유산소 운동에 적합하다.

50 해부생리학 〉 근육계통
순간적인 운동 시 사용되는 근육으로 피로감을 쉽게 느끼고, 단거리 달리기와 같은 운동에 쓰이는 근육은 백색근이다.

51. 체감온도를 결정하는 3대 요소로 알맞은 것은? [신규 문제 공략]
① 기온, 기습, 기류
② 기온, 기습, 기압
③ 기습, 기류, 기압
④ 기온, 기류, 기압

51 공중위생관리학 〉 공중보건학
체감온도(감각온도)를 결정하는 3대 요소는 기온, 기습, 기류를 말함

52. 공중위생영업자의 위생관리 의무로 옳지 않은 것은?
① 영업장의 조명도는 100Lux 이상이 되도록 유지해야 한다.
② 업소 내에 이·미용업 신고증, 개설자의 면허증 원본 및 이·미용 최종지급요금표를 게시해야 한다.
③ 1회용 면도날은 손님 1인에 한해 사용해야 한다.
④ 이·미용기구 중 소독을 한 기구와 소독을 아니한 기구는 각각 다른 용기에 구분하여 보관해야 한다.

52 공중위생관리학 〉 공중위생관리법규
영업장의 조명도는 75Lux 이상을 유지해야 함

53. 이·미용업소의 시설과 설비 기준을 위반한 경우 1차 행정처분 기준은?
① 벌금형
② 개선명령
③ 영업정지
④ 영업장 폐쇄

53 공중위생관리학 〉 공중위생관리법규
이·미용업소의 시설과 설비기준을 위반한 경우의 행정처분
- 1차 위반: 개선명령
- 2차 위반: 영업정지 15일
- 3차 위반: 영업정지 1월
- 4차 위반: 영업장 폐쇄

54. 이·미용 면허증을 받을 수 있는 사람은?
① 전과기록자
② 피성년후견인
③ 마약 중독자
④ 정신질환자

54 공중위생관리학 〉 공중위생관리법규
피성년후견인, 마약 중독자, 정신질환자는 이·미용 면허 결격사유에 해당함

신규 문제 공략

55 다음 영양소의 결핍 증상으로 옳은 것은?

① 비타민 A – 야맹증, 안구건조증, 피부 점막의 각질화
② 비타민 B – 괴혈병, 무기력증, 치아발육의 이상
③ 비타민 C – 각기병, 식욕부진
④ 비타민 D – 구루병, 불임, 골연화증

55 공중위생관리학 〉 공중보건학
- 비타민 B – 각기병, 무기력증, 근육위축, 식욕부진
- 비타민 C – 괴혈병, 치아발육의 이상
- 비타민 D – 구루병, 골연화증, 뼈 발육의 장애
- 비타민 E – 불임과 유산

56 이·미용업의 영업자가 받아야 하는 위생교육 시간은?

① 분기별 3시간 ② 매년 3시간
③ 매년 6시간 ④ 분기별 6시간

56 공중위생관리학 〉 공중위생관리법규
이·미용업의 영업자는 1년에 한 번 3시간의 위생교육을 받아야 함

57 스트레스, 긴장 완화에 효과가 있으며 상처 치유에 좋고 여드름의 염증 완화용으로 사용되는 에센셜 오일은?

① 로즈메리 ② 주니퍼베리
③ 일랑일랑 ④ 라벤더

57 화장품학 〉 화장품의 종류와 기능
라벤더 에센셜 오일은 소염, 항박테리아의 효과로 상처 치유에 효과가 있으며, 불면증 등 정신적 스트레스 및 긴장 완화에 도움이 됨

58 제2급 법정 감염병이 아닌 것은?

① 장티푸스 ② 파상풍
③ 콜레라 ④ 세균성 이질

58 공중위생관리학 〉 공중보건학
파상풍은 제3급 법정 감염병임

59 일정 공간 내의 수용 범위를 초과한 경우 이산화탄소 농도가 증가하고 기온 상승, 습도 증가 등으로 인해 두통, 현기증의 현상이 나타나는 것은?

① 열섬 현상 ② 일산화탄소 중독
③ 군집독 ④ 홍역

59 공중위생관리학 〉 공중보건학
군집독은 일정한 공간 내의 수용 범위를 초과하였을 때 이산화탄소 농도가 증가하고 기온 상승, 습도 증가 등의 이유로 두통, 현기증의 증상이 나타나는 것을 말함

60 수질오염의 지표로 생물학적 산소요구량을 나타내는 용어는?

① BOD ② DO
③ COD ④ SS

60 공중위생관리학 〉 공중보건학
- DO: 용존산소
- COD: 화학적 산소요구량
- SS: 부유물질

정답표(제7회)

01	②	02	③	03	③	04	①	05	①	06	②	07	②	08	③	09	③	10	③
11	③	12	②	13	③	14	②	15	②	16	①	17	④	18	②	19	①	20	③
21	②	22	③	23	②	24	④	25	②	26	①	27	③	28	②	29	③	30	①
31	④	32	③	33	③	34	③	35	②	36	③	37	④	38	④	39	①	40	③
41	③	42	④	43	①	44	①	45	④	46	④	47	③	48	②	49	③	50	③
51	①	52	①	53	②	54	①	55	①	56	②	57	④	58	②	59	③	60	①

에듀윌이
너를
지지할게
ENERGY

삶의 순간순간이
아름다운 마무리이며
새로운 시작이어야 한다.

– 법정 스님

memo

PART 01 | 피부미용 이론

001 피부미용의 개념
두발을 제외한 안면 및 전신 피부의 생리기능을 정상적으로 유지하기 위해 화장품, 매뉴얼 테크닉을 적용하여 피부를 건강하고 아름답게 개선시키는 것[단, 의약품이나 의료기기 사용, 피부질환 치료(의료행위)는 제외]

002 피부미용의 주요 목적
- 심리적·정신적 안정을 통한 피부 균형 유지
- 신진대사 및 노폐물 배설 촉진으로 건강한 피부 유지
- 피부 생리기능을 조절하여 인체의 균형과 조화 유지

003 피부미용의 영역

안면관리	미백, 보습, 재생, 여드름 등 관리 목적에 따른 다양한 관리 방법을 안면 부위에 적용
전신관리	• 안면 부위를 제외한 전신을 관리 영역으로 구분 • 관리 목적에 따라 수기요법, 림프드레나쥐, 아로마테라피 등을 신체 각 부위에 적용
메디컬관리	의학적 치료와 피부관리가 결합된 것으로 의사가 피부를 진단하고 의료기기를 이용하여 치료, 관리

004 피부미용의 역사(서양)

고대 이집트	• 관리 시 진흙(Mud), 비즈왁스 등 천연재료 활용 • 기후적 영향으로 피부 손상을 예방하기 위해 몰약과 연고를 제조하여 사용
그리스	• '건강한 정신은 건강한 신체에서 비롯된다.'라는 시대상을 중심으로 발달 • 히포크라테스는 목욕, 마사지, 운동요법을 권장함
로마	• 청결과 장식을 중요시하고, 특권계층을 중심으로 피부관리가 유행 • 의사 갈렌(Galen)은 장미수, 밀랍, 올리브유 등을 원료로 최초의 콜드 크림을 개발
중세	기독교 금욕주의의 영향으로 미용행위를 경시하고 목욕도 제한적으로 이루어짐
르네상스	• 개인주의와 향락주의로 화려함을 표현한 시대 • 청결과 위생 개념이 부족해 향수를 사용하여 체취 제거 • 향장학이 독립된 분야로 발전
바로크·로코코	• 화장을 지우는 작업의 중요성을 인식한 시대로, 피부 세정제인 클렌징 크림이 개발됨 • 주근깨와 여드름 등 피부 상태를 보완하기 위해 패치 사용
근대	• 위생과 청결을 중시하여 목욕실을 갖추고 세정용 비누의 사용을 권장함 • 특권계층만 사용하던 향장품이 대량 생산되어 상용화됨
현대	• 피부에 영양 성분을 침투시키고 신진대사 활성화에 전기적 수단이 활용되어 그 효과가 증명됨 • 피부관리를 위한 다양한 제품이 개발되어 노화 예방

005 피부미용의 역사(우리나라)

상고시대		• 기후 변화로부터 피부를 보호하기 위해 돼지기름 활용 • 말갈인은 백색피부를 위해 오줌세안을 함
삼국시대		• 고구려: 연지화장으로 볼과 입술을 붉게 함 • 백제: 시분무주 화장법으로 분은 바르되 연지화장은 하지 않음 • 신라: 불교의 영향으로 죄악을 씻는 의식수단으로서 목욕이 대중화되고, 향 문화가 발달함
통일신라시대		• 중국의 영향으로 삼국시대보다 화려함이 강조됨 • 화장품 제조기술이 발달한 시대로 백분의 부착성과 퍼짐성 등의 단점을 보완한 연분이 개발됨
고려시대		• 신라의 영육일치사상을 계승하여 청결을 강조하고 전신욕이 발달함 • 정책적으로 화장을 장려한 시대로 분대화장과 비분대화장으로 분류 • 피부를 부드럽고 희게 만들기 위한 안면용 화장품인 면약을 사용
조선시대		• 유교 중심의 사회 분위기로 내면의 아름다움을 중요시하여 자연스러운 백색피부를 강조 • 규합총서: 화장품 제조법, 화장법, 미용술 등에 대한 내용 수록
근대		재래 화장품에 비해 품질이 우수한 크림, 백분, 비누의 수입이 큰 인기를 끌면서 본격적으로 화장품 산업화가 시작됨
현대	1920년대	최초의 화장품인 박가분, 미용광고가 등장
	1930년대	• 신여성을 중심으로 전통화장과 신식화장이 병행 • 머릿기름, 유액 등이 시판되고 서양 화장품이 유행함
	광복 이후	콜드 크림, 바니싱 크림 등 기초 화장품의 종류가 다양해짐
	1960년대	국내 화장품 산업이 성장하면서 화장품의 연구, 품질관리 기술이 발달하고 방문판매 제도가 도입됨
	1980년대	• 피부미용을 전문으로 하는 교육, 국가자격증 제도가 시행됨 • 국제피부관리사협회(CIDESCO) 정식 회원국으로 가입

006 피부분석의 목적
- 고객의 피부유형과 문제를 정확히 파악하여 피부를 정상적 기능으로 개선하고 유지하기 위함
- 내·외적 요인에 의해 변화할 수 있는 피부 생리기능에 따라 올바른 관리법을 제시하기 위함
- 피부유형별 화장품 선택과 프로그램 설정으로 관리효과를 높임
- 피부유형에 맞는 홈케어 방법을 제안할 수 있음

007 피부분석기기

우드램프	인공자외선 파장을 이용하는 광학분석기로, 피부 표면의 상태를 컬러로 분석하는 기기
확대경	육안으로 판별이 어려운 부위를 3.5~10배 확대하여 분석하는 기기
유·수분 측정기	• 유분 측정기: 유분 테이프를 측정 부위에 밀착시켜 묻어난 피지를 기기 렌즈에 접촉하면 측정값이 반영되는 기기 • 수분 측정기: 수분 정도에 따라 기기에 정전 용량 변화가 일어나 측정값이 반영되는 기기
광학현미경 (Skin Scope)	피부와 모발을 800배 정도 확대하여 분석하는 기기
pH 측정기	피부 표면의 산과 알칼리 정도를 나타내는 기기

008 클렌징의 목적 및 효과

- 피부 노폐물 및 메이크업 잔여물은 피부의 분비작용과 신진대사기능에 영향을 미치고, 모공을 막아 트러블의 원인으로 작용할 수 있으므로 관리가 필요함
- 피부 노폐물과 오염물질 등을 제거하여 피부의 호흡과 신진대사기능을 원활하게 함
- 피부 노폐물을 제거하여 피부에 영양분을 공급하는 제품의 흡수율을 높임
- 클렌징 테크닉을 적용하여 피부 내부의 혈액순환을 촉진함

009 클렌징 제품의 종류

씻어내는 세안제 (계면활성제형)	비누	• 전신용 세정제의 주류, 사용이 간편하나 피부 당김 증상이 동반됨 • 알칼리성으로 pH를 높이는 단점이 있음 • 탈지효과로 피부를 건조하게 할 수 있음
	클렌징 폼	• 수성 세안제로 거품을 내어 세안하는 제품 • 약산성 타입으로 피부에 자극이 적어 민감한 피부에도 효과적 • 1차 클렌징 후 이중세안제로 사용
닦아내는 세안제 (용제형)	클렌징 크림	• 친유성의 크림 타입으로 세정력이 좋아 메이크업, 특수화장을 지울 때 효과적 • 유분 함량이 높아 사용 후 잔여물이 남을 수 있으므로 이중세안 필수
	클렌징 로션	• 친수성의 에멀전 타입으로 산뜻함 • 수분이 많아 촉촉하며 이중세안이 필요하지 않음
	클렌징 오일	• 친수성 제품의 형태를 가지며 물에 잘 용해됨 • 클렌징 폼의 효과도 있어 이중세안이 필요 없음 • 포인트 리무버 대체 가능
닦아내는 세안제 (용제형)	클렌징 젤	• 오일 성분이 전혀 함유되지 않아 이중세안 없이 물로만 제거 가능 • 크림류보다 피부에 부담이 적고 세정력이 우수함
	클렌징 워터	• 사용감이 산뜻하고 끈적임이 없음 • 짙은 메이크업보다 가벼운 메이크업을 지울 때 사용 • 세정력은 약하지만 예민한 피부에도 사용 가능

010 클렌징 순서 및 방법

포인트 메이크업 클렌징 (1단계)	• 포인트 메이크업 리무버를 화장솜에 적셔 올린 후 방치 • 눈화장은 안쪽에서 눈꼬리 방향으로, 마스카라 제거 시 위에서 아래 방향으로 자극 없이 닦아내야 함 • 입술은 바깥쪽에서 안쪽으로 모아 전체적으로 닦아내고, 윗입술은 위에서 아래로, 아랫입술은 아래에서 위로 닦음
안면 클렌징 (2단계)	• 클렌징 작업 범위는 목, 데콜테를 포함한 안면 전체 • 제품을 '데콜테 → 목 → 턱 → 볼 → 이마 → 턱' 순으로 도포 • 클렌징 테크닉은 근육결 방향 안쪽에서 바깥쪽으로 적용하며, 속도와 리듬감을 유지해야 함 • 안면 클렌징 순서: 데콜테 → 목 → 턱 → 인중 → 코 → 눈 → 이마 → 볼 → 관자놀이 • 전체 테크닉 적용 시간은 3분을 넘지 않게 진행함
클렌징 제품 및 잔여물 제거 (3단계)	• 제품의 경우 티슈를 적용하여 유분감 제거 • 해면을 적용하여 '눈 → 이마 → 코 → 볼 → 목 → 데콜테' 순으로 제거 • 온습포를 해면 작업 순서와 동일하게 적용하여 잔여물 제거
화장수 사용 (4단계)	피부유형에 맞는 화장수를 선택하여 피부 표면의 잔여물 정돈

011 습포의 종류

온습포	• 모공을 확장시켜 노폐물 제거에 용이함 • 혈액순환에 효과적이나, 민감성·모세혈관 확장·여드름 피부는 피해야 함
냉습포	• 관리 마무리 단계에 사용하여 진정효과를 높임 • 모공 수축, 수렴효과가 있음

012 화장수의 종류

유연 화장수	• 피부를 유연하게 하고 보습효과가 있음 • 피부에 수분을 공급하고 pH를 조절함 • 건성·노화 피부에 적용함

수렴 화장수	• 화장수 내에 알코올 함량이 높아 모공을 수축시키고 청량효과가 있음 • 피부 표면을 정리하고 pH를 조절함 • 지성·복합성 피부에 적합하며, 계절에 따라 선택적으로 적용하기도 함
소염 화장수	• 수렴 화장수의 일종으로 피부에 항염, 항균효과가 있음 • 지성·여드름 피부에 적용함

013 딥클렌징의 정의

- 클렌징으로 제거되지 않은 피부 잔여물과 각질층에 쌓인 죽은 세포, 노폐물을 제거하는 과정
- 모공까지 깨끗하게 정돈하여 피부의 영양물질에 대한 흡수율을 높이는 과정

014 물리적 딥클렌징

스크럽	• 특징 　– 물리적 자극을 통한 피부 표면의 마찰로 각질을 제거 　– 아몬드, 살구씨, 조개껍질가루 등의 미세한 알갱이가 함유됨 • 사용 시 주의사항 　– 도포 시 눈의 점막에 제품이 들어가지 않도록 함 　– 제품 제거 시 알갱이가 남지 않도록 주의 　– 물을 묻혀 문지르기 테크닉을 적용하여 자극을 최소화 • 피부유형: 마찰에 의한 자극이 있어 민감성 피부는 적용을 피해야 함
고마쥐	• 특징: 전분 성분인 셀룰로오스가 기본 원료로, 제품을 건조시킨 후 지우개로 지우듯 밀어내어 각질을 제거 • 사용 시 주의사항 　– 도포 시 눈의 점막에 제품이 들어가지 않도록 함 　– 근육결 방향으로 강도를 조절하여 제품을 밀어냄 　– 제품 제거 시 잔여물이 남지 않도록 주의 • 피부유형: 민감성 피부, 염증성 피부는 적용을 피해야 함

015 화학적 딥클렌징

AHA	• 특징 　– 과일 등에서 추출한 천연산을 통해 각질을 부드럽게 제거 　　예) 글리콜릭산(사탕수수), 젖산(우유), 말릭산(사과), 주석산(포도), 구연산(오렌지, 감귤류) 　– 친수성기의 화학구조로 수용성 각질 제거제의 역할을 함 　– 10% 이하의 농도로 피부관리실에서 적용 • 사용 시 주의사항 　– 도포 시 눈의 점막에 제품이 들어가지 않도록 함 　– 피부유형에 따라 적용 시간을 다르게 하며 냉습포로 마무리함 • 피부유형: 모든 피부에 적용 가능(단, 민감성·모세혈관 확장 피부는 적용을 피함)
BHA	• 특징: 살리실산으로 과각화된 각질을 제거하고, 모공 내 지용성 물질을 녹이는 성분 • 피부유형: 유분이 많은 지성·여드름 피부에 적용 시 효과적
효소	• 특징: 동·식물성 단백질 분해효소를 적용하여 각질을 부드럽게 제거 • 사용 시 주의사항 　– 도포 시 눈의 점막에 제품이 들어가지 않도록 함 　– 제품 도포 후 온도를 35~45℃, 습도를 70%로 맞춘 뒤, 피부 표면에 온습포를 덮어 효소가 활성화될 수 있도록 함 • 피부유형: 자극이 적으므로 모든 피부에 적용 가능

016 기기를 이용한 딥클렌징

프리마톨	• 특징: 기기의 회전력을 이용하여 피부에 자극이 없는 부드러운 천연모 브러시를 통해 각질과 피지를 제거 • 사용 시 주의사항: 적용 시 손목에 힘을 주지 않고 기계의 힘에 의해서만 회전시킴 • 피부유형: 브러시 회전으로 인해 피부 표면이 자극될 수 있으므로 민감성 피부는 적용을 피해야 함
디스인크러스테이션	• 특징: 갈바닉기를 이용한 전기세정법으로, 직류전류의 음극(–)에서 생성되는 알칼리성 반응을 이용하여 모공의 각질과 노폐물을 제거 • 사용 시 주의사항 　– 전류의 세기는 단계적으로 올려야 함 　– 관리 중 피부 표면이 건조해지지 않도록 주의함 • 피부유형: 음극(–)의 알칼리 세정작용은 민감성 피부에 자극이 될 수 있으므로 적용을 피해야 함

017 영양 공급 물질의 종류

보습·탄력	콜라겐, 히알루론산, 세라마이드 등
미백	비타민C, 알부틴, 감초 추출물, 닥나무 추출물, 나이아신아마이드, 비사보롤 등
진정	알란토인, 위치하젤, 아줄렌, 알로에, 감초 추출물 등
재생	병풀 추출물, EGF 등
정화	캄퍼, 살리실산(BHA), 티트리, 클레이 등

018 피부유형별 화장품의 도포 목적

정상 피부 (중성 피부)	• 정상 피부의 유·수분 밸런스 기능을 유지 • 건강한 피부를 유지하기 위한 예방 차원의 영양 공급 관리
건성 피부	• 피지분비기능이 저하된 피부로 유·수분 공급을 통해 정상 피부로 회복 • 피부 탄력 회복과 잔주름을 예방하기 위한 수분 관리
지성 피부	• 피지선의 기능이 항진된 피부로 피지분비를 조절하여 정상 기능으로 회복 • 피부 트러블을 예방하기 위한 피부정화 관리

피부 유형	관리 목적
복합성 피부	T존은 피지분비를 조절하고, U존은 수분을 공급하여 피부를 정상기능으로 회복시키기 위한 관리
민감성 피부	피부의 보호기능을 회복시키기 위함
모세혈관 확장 피부	저자극 관리를 통해 선천적으로 모세혈관이 약해 보호기능이 저하된 피부의 면역력을 강화함
노화 피부	• 피부에 보습을 부여하기 위해 히알루론산, 세라마이드 성분의 제품을 적용하여 관리 • 환경적 요인에 의한 노화피부는 활성산소를 차단하기 위해 항산화제 및 자외선 차단제를 적용하여 관리
여드름 피부	• 피지를 조절하고 트러블을 예방하여 정상기능으로 회복시키기 위함 • 과잉분비된 피지를 조절하여 염증 반응을 예방하기 위함
색소침착 피부	티로시나아제를 억제시키는 성분(감초 추출물, 비타민C)의 제품을 적용하여 미백관리

019 피부유형별 화장품의 종류

피부 유형	화장품 종류
정상 피부 (중성 피부)	• 클렌징: 클렌징 로션 • 딥클렌징: 스크럽, 고마쥐, AHA, 효소 등을 사용하여 주 1회 딥클렌징 • 팩·마스크: 콜라겐, 세라마이드, 히알루론산 등 보습용 팩·마스크 • 화장수: 유연 화장수(수분 공급, 유연작용) • 영양물질: 비타민A, 콜라겐, 히알루론산 등 보습효과가 높은 화장품 사용
건성 피부	• 클렌징: 클렌징 크림, 클렌징 로션 • 딥클렌징: 스크럽, 고마쥐, AHA, 효소 등을 사용하여 주 1회 딥클렌징 • 팩·마스크: 세라마이드, 해조류, 콜라겐 벨벳 등 보습용 팩·마스크 • 화장수: 유연 화장수(수분 공급, 유연작용) • 영양물질: 비타민A, 비타민E, 히알루론산, 콜라겐 등 재생능력과 보습효과가 높은 화장품 사용
지성 피부	• 클렌징: 클렌징 로션, 클렌징 젤, 클렌징 폼(이중 세안) • 딥클렌징: 스크럽, 고마쥐, 효소, AHA, BHA 등을 사용하여 주 1~2회 딥클렌징 • 팩·마스크: 퓨리파잉, 클레이, 캄퍼, 해조류 팩·마스크 • 화장수: 수렴 화장수(모공 수축, 청정효과) • 영양물질: 아줄렌, 히알루론산, 오일프리로션, 논코메도제닉 등 피지 조절, 진정, 트러블 예방에 효과적인 화장품 사용

복합성 피부	• 클렌징: 클렌징 로션, 클렌징 젤
	• 딥클렌징
	  – T존: 지성 피부 제품
	  – U존: 건성 피부 제품
	  – 부위별 피부유형에 맞게 제품을 적용
	• 팩·마스크
	  – T존: 클레이, 카올린, 티트리 등 지성용 팩·마스크
	  – U존: 세라마이드, 비타민C, 콜라겐 등 건성용 팩·마스크
	• 화장수: 수렴 화장수(T존), 유연 화장수(U존)
	• 영양물질
	  – T존: 오일프리로션, 논코메도제닉
	  – U존: 히알루론산

민감성 피부	• 클렌징: 저자극 클렌징 제품 • 딥클렌징: 효소 • 팩·마스크: 아줄렌, 캐모마일, 알로에 등 진정용 팩·마스크 • 화장수: 무알코올 화장수 • 영양물질: 판테놀, 알란토인, 아줄렌, 알로에베라 성분의 진정과 보습효과가 높은 화장품 사용
모세혈관 확장 피부	• 클렌징: 저자극 클렌징 제품 • 딥클렌징: 가급적 딥클렌징은 생략함 • 팩·마스크: 아줄렌, 캐모마일, 알로에 등 진정용 팩·마스크 • 화장수: 무알코올 화장수 • 영양물질: 비타민C·P·K(혈관강화 성분), 알란토인, 루틴, 아줄렌 성분이 함유된 화장품 사용
노화 피부	• 클렌징: 클렌징 크림, 클렌징 로션 • 딥클렌징: 스크럽, 고마쥐, 효소 • 팩·마스크: 콜라겐, 세라마이드, 비타민C 등 보습용 팩·마스크 • 화장수: 유연 화장수(수분 공급, 유연작용) • 영양물질: 히알루론산, 세라마이드, 레티노이드, 비타민E가 함유된 고보습 기능의 화장품 사용
여드름 피부	• 클렌징: 클렌징 젤, 클렌징 워터 • 딥클렌징: 효소, AHA, BHA • 팩·마스크: 티트리, 카올린, 클레이, 캄퍼 등 지성용 팩·마스크 • 화장수: 수렴 화장수(모공 수축, 청정효과), 소염화장수(항균·항염효과) • 영양물질: 논코메도제닉, 히알루론산 등 피지 조절, 진정에 효과적인 화장품 사용
색소침착 피부	• 색소침착을 완화하거나 예방할 수 있는 제품의 적용이 필요함 • 제품의 특징: 티로시나아제를 억제하는 비타민C, 알부틴, 감초 추출물 성분의 화장품을 사용

020 매뉴얼 테크닉의 목적 및 효과

- 피부조직을 유연하게 하고 혈액순환을 촉진시킴
- 심리적 안정감을 주어 긴장을 완화시킴
- 신진대사기능을 촉진하여 세포 재생을 원활하게 함
- 피부의 노폐물 배출을 촉진하여 청정효과를 높임
- 피부에 일정한 테크닉을 적용하여 화장품 흡수율을 높임

021 매뉴얼 테크닉 부적용 대상자

- 심장질환자 및 정맥류
- 근·골격계 질병
- 골절상 및 통증이 있는 경우
- 전염성 피부질환

- 염증성 피부질환
- 말기 임산부
- 수술 직후

022 매뉴얼 테크닉의 종류

쓰다듬기 (Effleurage, 경찰법, 무찰법)	• 테크닉의 시작과 끝, 연결 동작에서 많이 사용 • 손바닥 전체 면적을 이용하여 쓰다듬는 동작 • 피부 진정, 긴장 완화효과로 심리적 안정감을 줄 수 있음 • 피부 혈액, 림프순환 촉진으로 내부의 노폐물을 배출시키는 효과가 있음
문지르기 (Friction, 강찰법, 마찰법)	• 손가락 끝으로 나선형을 그리며 자극을 주는 동작 • 눈, 입, 이마 주변처럼 주름이 생기기 쉬운 부위에 효과적 • 쓰다듬기보다 자극을 깊게 주는 동작으로 탄력 증가, 결체조직 강화에 효과적
주무르기 (Petrissage, 유찰법, 유연법)	• 반죽하듯 피부를 잡았다가 풀어주는 동작을 반복적으로 함 • 손가락 전체를 이용하여 강하게 자극을 주어 근육 이완효과를 높일 수 있음 • 매뉴얼 테크닉 중 자극의 세기가 높은 동작으로 신진대사 활성화에 효과적
두드리기 (Tapotement, 고타법, 타진법, 경타법)	• 손의 부위에 따라 테크닉을 다양하게 적용하며 규칙적·반복적으로 두드리는 동작 • 테크닉을 적용하는 부위에 따라 강도를 다르게 적용 • 얼굴에 가볍게 두드리는 동작은 화장품의 흡수율을 높이는 데 효과적 • 혈액순환 촉진으로 근육의 피로를 풀어주고 탄력성을 높이는 데 효과적
떨기 (Vibration, 진동법)	• 손 전체나 손가락을 이용하여 빠르고 리듬감 있게 진동을 주는 동작 • 혈액순환과 림프순환 촉진, 긴장 완화효과 • 진동의 세기에 따라 효과가 다르고 자극을 많이 줄 수 있으므로 한 곳에 오래 적용하지 않음
닥터자켓법	• 자켓 박사(Dr. Jacquet)가 개발한 지성·여드름 피부에 효과적인 테크닉 • 엄지와 검지 사이에 적용 부위를 모아 비틀고 가볍게 튕겨주는 동작 • 모낭 내에 있는 피지, 노폐물을 배출시킴

023 팩·마스크의 효과

- 팩·마스크 도포 시 피부의 온도 상승으로 혈액순환과 림프순환을 촉진시킬 수 있음
- 팩의 흡착작용은 피부의 죽은 각질이나 노폐물을 제거하여 청정효과를 높임
- 팩제에 함유된 성분에 따라 피부에 보습력과 탄력을 높여 잔주름을 예방할 수 있음
- 팩·마스크의 성분, 형태, 온도 등에 따라 효과를 다양하게 적용할 수 있음

024 제거 방법에 따른 분류

필 오프 (Peel off)	• 젤 또는 액체 형태의 팩을 도포한 후 건조되어 굳으면 얇은 필름막을 형성하는 타입 • 얇은 피막을 떼어내면 피지, 불순물, 죽은 각질세포를 함께 제거할 수 있으나, 민감성 피부에는 자극이 될 수 있음 • 팩 도포 시 얇게 발라야 쉽게 건조되어 효과를 높일 수 있음 • 죽은 각질과 노폐물을 제거하여 청정효과를 높임
워시 오프 (Wash off)	• 도포 후 물로 씻어내거나 젖은 해면, 습포로 제거하는 타입으로 자극을 주지 않음 • 크림, 젤, 클레이, 천연팩 등 다양한 형태의 제품
티슈 오프 (Tissue off)	• 제품의 흡수가 잘 되는 크림이나 젤 형태의 제품을 도포한 후 티슈로 닦아내는 타입 • 지성·복합성 피부는 과도한 영양 공급으로 여드름을 유발할 수 있음

025 특수 마스크

석고 마스크	• 석고 성분인 황산칼슘에 의한 수화열의 열감을 부여하여 혈액 순환을 촉진시킴 • 마스크 전에 도포한 앰플, 에센스 등의 흡수율을 높임 • 도포 후 온도가 높게 올라가 눈과 입술에 자극이 될 수 있으므로 아이패드와 립패드를 적용 • 모공을 열어 주어 노폐물의 배출효과를 높임 • 도포 후 마스크가 굳으면 피부에 긴장감을 부여하고 리프팅 효과를 높일 수 있음
고무 마스크 (모델링 마스크)	• 해조류에서 추출한 활성 성분이 주성분으로, 증류수와 혼합하여 도포한 후 고무막과 같이 응고되는 마스크 • 마스크가 굳어 공기를 차단하면서 활성 성분이 피부에 흡수되는 효과 • 민감성 피부, 홍반 피부, 메디컬 케어 후에 진정효과를 높이기 위해 적용함 • 모든 피부유형에 적용 가능
콜라겐 벨벳 마스크	• 콜라겐 활성 성분을 동결건조시켜 만든 종이 형태의 마스크 • 액체에 적셔 활성 성분을 흡수시키는 형태로 피부 수분량을 늘려 보습효과를 높임 • 얼굴에 밀착시킬 때 기포가 생기면 흡수력이 떨어지므로 기포 제거가 중요
왁스 마스크	• 밀랍, 파라핀왁스, 미네랄오일과 왁스를 혼합한 마스크를 온열기에 녹여 사용하는 마스크 • 마스크에는 유효성분이 없으므로 도포 전에 유효성분이 있는 제품을 바른 후 마스크의 발열효과로 흡수율을 높임 • 혈액순환을 촉진시키고 노폐물 배출에 효과적임

026 제모의 정의
- 위생상의 목적으로 신체의 털을 제거하는 것을 말하며, 지속성에 따라 일시적 제모와 영구적 제모로 나눌 수 있음
- 불필요한 신체의 털이 심미적 기능을 저하시킬 때 부위별로 제거하여 아름답게 관리함

027 제모 후 주의사항
- 제모 부위를 만지거나 긁는 행위는 세균 감염을 유발할 수 있음
- 제모 후 비누, 알칼리 세정제의 사용은 자제하고 냉수로 세정함
- 제모 후 24시간 이내에는 사우나 및 뜨거운 물 사용을 금해야 함
- 제모 부위를 조이는 옷보다 통풍이 잘 되는 옷을 착용하는 것이 관리에 효과적
- 인그로운 헤어를 방지하기 위해 보습제를 도포하여 관리해야 함

028 제모의 종류

일시적	면도	비누 또는 쉐이빙 크림을 발라 면도기로 털을 제거하는 방법
	족집게	털이 자란 방향으로 하나씩 당겨 뽑아 제거하는 방법
	제모제	털을 용해시키는 성분이 함유된 로션, 크림형 제품을 사용하여 제거하는 방법
영구적	전기분해법	직류전류를 이용하여 털의 성장에 영양분을 공급하는 모유두를 분해시켜 제모하는 방법
	전기응고법	고주파의 열을 이용하여 모유두를 응고시켜 제모하는 방법
	레이저요법	특수한 파장의 빛에너지로 모근을 파괴하여 제모하는 방법

029 왁스를 이용한 제모

웜 왁스	소프트 왁스 (스트립 왁스)	• 왁스를 털이 자란 방향으로 도포하고 스트립을 밀착시켜 털이 자란 반대 방향으로 제거하는 방법 • 제모 부위를 광범위하게 적용할 수 있어 단시간에 제모 가능
	하드 왁스 (논스트립 왁스)	• 제모 부위에 하드 왁스를 두껍게 바른 후 굳으면 스트립 없이 왁스 자체를 뜯어내어 제거하는 방법 • 소프트 왁스보다 온도가 낮아 화상의 위험이 적고 섬세한 제모 가능 • 밀랍 성분이 함유되어 예민한 피부에도 적용 가능
	콜드 왁스	• 열을 가하지 않고 체온으로 녹여 패치 형태로 적용할 수 있고, 홈케어 제품으로 많이 사용됨 • 소프트 왁스와 하드 왁스에 비해 제모 효과가 떨어짐

030 신체 후면관리의 목적 및 효과
- 신체 후면은 우리 몸의 균형을 유지하는 부위로, 통증이 있는 경우 관리를 통해 개선함
- 생활습관, 직업환경, 과도한 스트레스, 불안감 등의 원인으로 경직된 부위에 이완효과를 줌
- 신체 후면의 상태에 따라 혈액순환 촉진, 노폐물 배출, 셀룰라이트 개선에 효과적인 제품을 적용하여 관리효과를 높임
- 신체 후면관리를 통해 기능을 정상적으로 유지하고 몸매 균형을 교정할 수 있음

031 복부관리의 목적 및 효과
- 복부는 장기를 보호하는 기능을 수행하기 위해 체내 지방이 쉽게 만들어지는 부위로, 관리를 통해 복부 내부의 균형을 유지함
- 여성 호르몬 불균형은 복부비만의 원인이 되어 튼살, 셀룰라이트 등을 축적시킴. 매뉴얼 테크닉, 화장품, 미용기기를 활용하여 복부 상태를 개선함

032 가슴관리의 목적 및 효과
- 가슴을 덮고 있는 근육을 자극하여 탄력을 강화하고 림프드레나쥐를 적용하여 면역력을 높임
- 옥시토신 호르몬 분비를 촉진시켜 긴장 완화, 심신안정효과
- 히알루론산, 엘라스틴, 태반 추출물 등의 화장품을 적용

033 손, 팔 관리의 목적 및 효과
- 신체의 혈액순환기능이 저하되면 손, 팔 부위의 온도가 낮아지므로 관리를 통해 개선해야 함
- 팔 관리 시 부위별로 매뉴얼 테크닉을 세심하게 적용하여 효과를 높여야 함
- 겨드랑이는 림프절이 모이는 부위로, 강한 압으로 자극하는 것보다 부드럽게 테크닉을 적용하면 순환기능을 높일 수 있음
- 손, 팔 부위 근육에 대한 이해도에서 관리효과가 결정되며 근육의 노폐물을 제거하여 피로도를 낮출 수 있음

034 발, 다리 관리의 목적 및 효과
- 스트레스 경감, 혈액순환 촉진효과를 높여 신체기능을 정상화시킴
- 발, 다리의 상태에 따라 순환 촉진, 부종 완화, 셀룰라이트 개선에 효과적인 제품을 적용하여 관리효과를 높일 수 있음
- 발은 인체와 연결되어 있는 반사구가 있으므로 이를 자극하여 모든 기관의 생체에너지를 활성화함

035 바디 랩핑
- 관리 부위에 제품을 도포한 후 랩, 메탈포일 등으로 감싸는 방법을 말함
- 해조류(Algae), 진흙(Mud) 등 미네랄과 요오드가 함유된 성분의 제품을 사용해서 지방 분해, 독소 배출, 순환 증진의 효과를 높임

036 바디 랩핑 적용 시 유의사항
- 전신관리 시 딥클렌징과 매뉴얼 테크닉 단계를 마무리한 후 제품을 도포하여 랩을 씌우고 20~30분간 적용함
- 피부호흡에 방해되지 않도록 꽉 조이지 않도록 함
- 적외선기 또는 스티머를 조사하여 체내 온도를 높일 수 있음

037 림프드레나쥐
- 림프관과 림프절 부위에 일정한 압과 속도를 적용
- 림프순환 활성화, 체액 배출 촉진, 림프계 면역작용 강화

038 고객관리 후 상담의 내용
- 관리 시 고객 불편사항
- 관리 후 피부 상태 변화
- 관리 프로그램 만족도
- 홈케어 조언
- 향후 관리 계획과 일정 예약
- 식생활, 수면습관 등 라이프스타일에 대한 조언

빈출문제 풀어보기

01
클렌징에 대한 설명이 아닌 것은?
① 피부의 피지, 메이크업 잔여물을 없애기 위한 작업이다.
② 모공 깊숙이 있는 불순물과 피부 표면의 각질의 제거를 주목적으로 한다.
③ 제품 흡수를 효율적으로 도와준다.
④ 피부의 생리적인 기능을 정상적으로 도와준다.

> 묵은 각질을 탈락시키고 모공 깊숙이 있는 피지, 불순물 등의 배출을 원활하게 하는 관리는 딥클렌징에 해당함

02
포인트 메이크업 클렌징 방법으로 옳지 않은 것은?
① 포인트 메이크업 리무버를 화장솜에 적셔 사용한다.
② 립스틱은 입술의 방향과 상관없이 클렌징한다.
③ 눈은 안쪽에서 눈꼬리 방향으로 닦아낸다.
④ 적용 부위가 얇고 예민하므로 자극이 되지 않게 한다.

> 입술은 바깥쪽에서 안쪽으로 모아 전체적으로 닦아내고, 윗입술은 위에서 아래로, 아랫입술은 아래에서 위로 닦아내야 함

03
딥클렌징에 대한 설명으로 옳지 않은 것은?
① 민감성 피부는 가급적 하지 않는 것이 좋다.
② 스크럽 제품의 경우 여드름 피부나 염증 피부에 사용하면 효과적이다.
③ 칙칙하고 각질이 두꺼운 피부에 효과적이다.
④ 효소를 이용할 경우 온습포는 스티머로 대체가 가능하다.

> 스크럽 등의 딥클렌징 제품은 염증 피부에 사용을 자제하는 것이 좋음

04
딥클렌징의 방법이 아닌 것은?
① 효소
② 스크럽
③ 디스인크러스테이션
④ 이온토포레시스

> 이온토포레시스는 갈바닉 전류를 이용하는 방법으로, 화장품의 유효성분의 흡수율을 높이는 관리법임

05
피부유형에 맞는 화장품의 선택으로 옳지 않은 것은?
① 건성 피부: 오일이 함유되어 있지 않은 오일프리 화장품
② 중성 피부: 보습효과가 높은 화장품
③ 민감성 피부: 향, 색소, 방부제가 함유되지 않거나 적게 함유된 화장품
④ 지성 피부: 트러블 예방에 효과적인 화장품

> 오일프리 제품은 지성 피부에 적합한 화장품임

06
민감성 피부의 관리 방법으로 옳지 않은 것은?
① 자극이 될 수 있는 스크럽제의 딥클렌징 사용은 피한다.
② 저자극의 화장품을 사용한다.
③ 낮에는 자외선에 의해 자극을 받을 수 있으므로 자외선 차단제를 정상보다 2배 더 많이 발라준다.
④ 림프드레나쥐 마사지를 시행한다.

> 민감성 피부는 외부의 자극 및 온도 변화 등에 저항력이 약하고 피부의 예민도가 높으므로, 자외선 차단제를 정상보다 양을 줄여 사용하다가 피부가 적응되면 정상 양을 사용함

07
매뉴얼 테크닉의 기본 동작에 대한 설명으로 옳지 않은 것은?
① 에플라지(Effleurage) – 손바닥을 이용하여 부드럽게 쓰다듬는 동작
② 프릭션(Friction) – 근육을 반죽하는 동작
③ 탑포트먼트(Tapotement) – 손가락을 이용하여 두드리는 동작
④ 바이브레이션(Vibration) – 손 전체나 손가락으로 진동을 주는 동작

> 프릭션(Friction)은 손가락 끝을 이용하여 근육을 깊숙하게 문지르는 동작을 말함

| 정답 | 01 ② 02 ② 03 ② 04 ④ 05 ① 06 ③ 07 ② |

08
다음 설명에 해당하는 팩·마스크의 종류는?

> 피부를 완전히 밀폐시켜 서서히 열을 올리고 도포 전에 바른 앰플 등의 흡수를 높이는 마스크

① 석고 마스크
② 고무 마스크
③ 콜라겐 벨벳 마스크
④ 천연팩

- 고무 마스크: 해조류에서 추출한 활성 성분이 주성분으로, 증류수와 혼합하여 도포한 후 고무막과 같이 응고되는 마스크
- 콜라겐 벨벳 마스크: 액체에 적셔 활성 성분을 흡수시키는 형태로 피부 수분량을 늘려 보습효과를 높임
- 천연팩: 과일, 곡물, 채소 등 일상생활에서 쉽게 구할 수 있는 재료를 이용한 팩

09
웜 왁스를 이용한 제모 방법으로 옳지 않은 것은?

① 제모 후에는 냉습포를 이용하여 시술 부위를 진정시킨다.
② 왁스를 제거할 때에는 신속히 떼어낸다.
③ 왁스는 털이 자란 반대 방향으로 발라준다.
④ 제모 전에는 파우더로 유·수분을 제거한다.

웜 왁스 사용 시 털이 자란 방향으로 도포해야 함

10
바디랩에 대한 설명으로 옳지 않은 것은?

① 독소 제거와 노폐물 배출, 혈액순환을 증진하기 위해 사용하는 방법이다.
② 비닐을 감쌀 때에는 틈이 생기지 않도록 꽉 조여야 한다.
③ 수증기나 드라이 히트는 몸을 따뜻하게 하기 위해 사용한다.
④ 바디랩에 사용하는 제품에는 허브와 슬리밍 크림 등이 있다.

바디랩은 사용 시 신체의 순환에 방해가 되지 않도록 함

PART 02 | 피부학

001 피부의 특징
- 피부는 표피, 진피, 피하지방층으로 구성되어 외부자극으로부터 몸을 보호함
- 피부 표면의 전체 면적은 약 1.6㎡, 중량은 체중의 16% 정도이며 성별, 연령, 영양 상태에 따라 차이가 있음
- 피부 표면의 pH는 외부 환경이나 신체 부위에 따라 차이가 있으나, 땀샘과 피지선의 분비물로 인한 영향이 가장 큼

002 피부의 기능
보호기능, 체온 조절기능, 감각기능, 분비 및 배설기능, 흡수기능, 호흡기능, 비타민D 합성기능, 저장기능, 재생기능, 면역기능 등

003 표피의 구조

각질층	표피의 가장 바깥층으로 20개의 각질세포가 겹겹이 쌓인 무핵층이며 외부자극으로부터 피부를 보호하는 장벽 역할을 함
투명층	2~3개 층의 얇고 투명한 무핵의 편평세포로 손바닥이나 발바닥처럼 두꺼운 부위에 분포함
과립층	2~5개의 무핵층으로 본격적인 각질화가 일어남
유극층 (가시층)	표피 중 가장 두꺼운 층으로 5~10층의 유핵세포로 구성됨
기저층	표피의 가장 아래층에 존재하며 단층의 원뿔 모양의 유핵세포임
표피-진피 경계부	기저막(Epidermal Basement Membrane)으로 형성되어 표피와 진피를 연결

004 표피의 구성세포

각질형성 세포	• 표피의 80~90%를 차지하는 세포 • 기저층에서 세포분열을 통해 새로운 세포를 만들어 냄
멜라닌 형성세포	• 표피의 5%를 차지하는 세포 • 표피의 기저층에 존재하며 피부색을 결정하는 중요한 역할
랑게르한스 세포	• 표피의 2~4%를 차지하는 세포 • 표피의 유극층에 존재하며 피부면역에 관여
머켈세포	• 주로 기저층 부근에 위치하며 손바닥과 발바닥에 존재 • 촉각수용체로서 신경세포와 연결되어 있음

005 진피의 구조

유두층	• 진피의 상층으로 콜라겐과 엘라스틴이 성글고 불규칙하게 배열 • 섬유 사이에는 기질이 존재하며 모세혈관, 림프관, 신경종말이 풍부하게 분포 • 표피에 영양 공급, 산소 운반, 노폐물과 이산화탄소 배출, 신경 전달 • 피부의 팽창과 탄력에 관여 • 유두의 물결 모양은 노화가 진행될수록 편평해짐
망상층	• 유두층 아래에 존재하며 콜라겐과 엘라스틴이 촘촘한 그물 모양으로 배열 • 진피의 80%를 차지하며 모세혈관은 거의 없음 • 혈관, 림프관, 피지선, 한선, 신경, 감각기관 등 피부의 부속기관이 분포 • 교원섬유(콜라겐)와 탄력섬유(엘라스틴)의 섬유성 단백질과 기질로 구성

006 진피의 구성물질

교원섬유 (콜라겐)	• 진피의 70~90%를 차지하며 섬유아세포에서 만들어짐 • 탄력섬유와 함께 그물 모양으로 짜여 있어 피부에 탄력성과 신축성을 줌
탄력섬유 (엘라스틴)	• 교원섬유에 비해 가늘고 짧은 단백질 • 탄력성이 뛰어나 원래 길이의 1.5배까지 늘어남 • 수분 보유능력이 저하될 경우 주름이 생김
기질	• 콜라겐과 엘라스틴 및 기타 물질과 함께 세포 사이를 채우고 있는 부분임 • 끈적끈적한 점액 상태의 친수성 다당체인 점다당질을 포함 • 보습제로 사용되는 히알루론산 성분을 포함

007 피부의 부속기관

한선 (땀샘)	• 진피의 망상층 아래에 존재하며 피부 전체에 분포되어 있음 • 땀을 만들어 피부 표면에 분비하며 각질층에 보습을 줌 • 기능: 체온 조절, 노폐물 배출, 피부 보습, 산성 보호막 형성 • 종류: 에크린 한선(소한선), 아포크린 한선(대한선)
피지선 (기름샘)	• 진피층에 위치하며, 모낭샘이라고 함 • 손바닥, 발바닥을 제외한 전신에 분포 • 1일 피지분비량은 1~2g이며, 땀과 함께 피부, 모발에 윤기를 부여함

008 비타민의 종류

• 수용성 비타민

비타민B_1 (티아민)	• 탄수화물 대사의 보조효소로 작용함 • 결핍 시 증상: 각기병 등
비타민B_2 (리보플라빈)	• 3대 영양소의 에너지 대사과정에 도움을 줌 • 결핍 시 증상: 피부건조, 구강염 등
비타민B_3 (나이아신)	• 필수 아미노산인 트립토판에서 합성됨 • 결핍 시 증상: 펠라그라(Pellagra)
비타민B_6 (피리독신)	• 신경, 피부, 소화기계 건강에 도움을 줌 • 여드름, 피부염 등에 도움을 줌
비타민B_7 (바이오틴)	• Hair를 의미하는 비타민H로도 불림 • 모발, 피부, 손톱의 건강에 도움을 줌
비타민B_9 (엽산)	• DNA·RNA 합성, 아미노산 대사, 적혈구 형성 • 결핍 시 증상: 신경성 합병증, 습관성 유산 등
비타민B_{12} (사이아노 코발라민)	• DNA 합성과 적혈구 형성에 관여함 • 신경조직의 정상적 기능에 관여함 • 결핍 시 증상: 악성빈혈
비타민C (아스코빅산)	• 뼈, 인대, 연골 등 신체의 결합조직 형성과 기능 유지에 도움을 줌 • 항산화와 미백효과가 있음 • 면역기능과 모세혈관 강화에 도움을 줌 • 결핍 시 증상: 괴혈병, 잇몸출혈, 빈혈 등
비타민P	'바이오플라보노이드'라고도 하며 모세혈관 확장증 등에 도움이 됨

• 지용성 비타민

비타민A (레티놀)	• 상피세포의 형성에 관여하므로 노화예방 비타민이라고도 불림 • 피부각화의 정상화, 피지분비를 촉진시킴 • 결핍 시 증상: 야맹증, 피부건조 등
비타민D (칼시페롤)	• 칼슘과 인의 대사를 조절하여 뼈의 형성과 유지에 도움을 주며 자외선에 의해 합성됨 • 결핍 시 증상: 구루병, 골다공증 등
비타민E (토코페롤)	• 항산화 기능이 있어 활성산소로부터 세포를 보호하고 노화를 예방함 • 호르몬 생성과 생식기능에 도움을 줌 • 결핍 시 증상: 피부건조 및 노화, 불임증 등
비타민K	• 혈액응고에 관여하여 지혈작용에 도움을 줌 • 결핍 시 증상: 출혈 및 혈액응고 지연 등

009 무기질

• 에너지원은 아니지만 생명과 건강 유지에 필수적 영양소
• 생체기능 조절, 효소작용 촉진, 에너지 대사에 관여함

칼륨(K)	삼투압 조절, 노폐물 배출, 알레르기 완화
칼슘(Ca)	골격 및 치아의 구성성분으로 근육의 수축과 이완, 신경전달
나트륨(Na)	체내의 수분 조절과 삼투압 유지, 근육의 탄력 유지
마그네슘(Mg)	삼투압, 근육활성 조절
인(P)	칼슘과 함께 치아와 골격을 구성하며, 신체를 구성하는 무기질의 25%를 차지
아연(Zn)	성장, 면역, 생식, 단백질 합성, 상처 치유
구리(Cu)	철 흡수와 이용, 뼈와 적혈구의 생성

철분(Fe)	혈액의 헤모글로빈을 구성
요오드(I)	갑상선 호르몬 성분으로 모세혈관기능의 정상화, 탈모 예방

010 원발진 및 속발진

원발진	• 인체의 내·외적 요인에 의해 발생하는 1차 발진 • 종류: 반점, 홍반, 구진, 결절, 농포, 낭종, 종양, 면포, 팽진, 소수포, 대수포
속발진	• 원발진이 지속되거나 회복하는 과정에서 나타나는 2차 발진 • 종류: 인설(비듬), 미란, 찰상, 가피, 균열, 궤양, 반흔, 위축, 태선화, 켈로이드

011 여드름의 원인

내적 요인	유전, 내분비 요인, 피지선의 기능 이상, 세균 감염, 호르몬 분비의 이상, 스트레스, 과각질화, 잘못된 식습관 등
외적 요인	잘못된 화장품·의약품의 사용, 피부 pH의 알칼리화, 기후와 계절 등

012 색소 이상증의 종류

과색소 침착	기미, 주근깨, 검버섯, 색소성 화장품 피부염, 릴 안면 흑피증, 베를로크 피부염, 오타씨모반
저색소 침착	백색증, 백반증

013 저색소 침착

백색증	• 멜라닌색소 결핍으로 나타나는 선천적 피부질환 • 멜라닌세포 수는 정상이나 티로시나아제의 기능 이상으로 멜라닌색소를 만들지 못함
백반증	• 후천적 탈색소 질환으로 다양한 원형 및 불규칙한 형태의 백색 반점들이 피부에 나타남 • 눈썹이나 머리카락에 백모증이 나타나기도 함

014 감염성 피부질환

세균성	농가진, 절종, 모창, 봉소염, 간찰진
바이러스성	단순포진, 대상포진, 수두, 사마귀, 홍역, 풍진, 수족구병
진균성	백선(곰팡이), 완선, 칸디다증

015 기계적 자극에 의한 피부질환

굳은살	외부 압력에 의해 나타나는 과다 각화증이며, 압력이 제거되면 자연 소실됨
티눈	• 지속적인 압력과 물리적 자극에 의해 나타나는 각질 비후증으로 통증을 동반 • 주로 발가락의 등 쪽이나 발바닥에 나타나며, 압력이 제거되면 자연 소실되기도 함
욕창	일정한 압력을 받는 부위에 나타나는 압력 궤양으로, 혈액순환 저하로 독성대사 물질이 제거되지 않아 발생함
외반모지	• 엄지발가락의 관절이 두 번째 발가락 방향으로 구부러지는 증상 • 앞볼이 좁은 신발 착용으로 인한 족부 변형 증상
마찰성 수포	마찰을 받거나 압력이 가해지는 자극에 의해 발생하는 수포

016 자외선의 종류

UVA (장파장)	• 길이 320~400nm의 가장 긴 파장이며, 태양광선 중 약 1%에 해당함 • 구름과 유리창도 투과하므로 흐린 날이나 실내로도 노출되며, 피부 내 진피층까지 도달해 구성섬유를 변성시켜 광노화를 유발함
UVB (중파장)	• 길이 290~320nm로 표피의 기저층 또는 진피 상부층까지 도달 • 각질세포를 두껍게 만들고 홍반, 수포와 같은 일광화상과 색소침착이 심할 경우 피부암의 원인으로 작용 • 적당량일 경우 비타민D 합성, 면역력 강화, 여드름의 살균작용 등의 긍정적 효과가 있음
UVC (단파장)	• 길이 200~290nm로 오존층에 흡수되므로 대부분 인체 조직에 영향을 미치지 않으나, 인체에 영향을 줄 경우 피부암의 원인이 됨 • 살균작용이 있어 바이러스나 박테리아를 제거하기 위해 사용되기도 함

017 자외선이 피부에 미치는 영향

긍정적 영향	• 비타민D 합성작용 • 살균 및 소독작용 • 혈액순환 촉진 • 백반증, 건선 등 피부질환의 치료 및 면역력 강화 • 비타민, 효소, 호르몬 등의 활동 강화
부정적 영향	• 일광화상 • 홍반 • 색소침착 • 광노화 • 피부암 등

018 적외선

- 보이지 않는 광선으로 길이 650~1,400nm의 장파장
- 피부 표면에는 큰 자극이 없으나 심부까지 침투하여 온열효과를 줌
- 근육 및 피부 이완, 통증 완화, 혈액순환 촉진 등의 효과가 있음

019 특이성 면역(획득면역)

B 림프구	체액성 면역으로 면역 글로불린(항체)이 특정 면역체에 작용함

T 림프구	• 세포성 면역으로 혈액 내 림프구의 70~80% 차지함 • 세포 간 접촉을 통해 직접 항원을 공격함

020 피부노화 현상

내인성 노화 (자연노화)	• 피지선의 기능 저하로 피부에 윤기가 없고 건조함이 심해짐 • 피부 신진대사 저하로 세포 교체주기가 길어지므로 각질층의 두께가 두꺼워짐 • 콜라겐의 양과 질이 감소하여 진피층이 얇아지고 탄력이 저하됨 • 피부 표면이 얇아져 보호기능이 저하됨 • 멜라닌세포 수의 감소로 자외선에 대한 방어능력이 떨어지고, 색소침착이 증가함 • 랑게르한스세포 수가 감소하여 면역기능이 저하됨
외인성 노화 (광노화)	• 자외선과 공해 등 환경적 요인에 의한 노화 • 자외선으로부터 피부를 보호하기 위해 표피의 각질층이 두꺼워짐 • 피부건조와 탄력 저하 및 모세혈관 확장이 동반되기도 함 • 멜라닌세포의 수가 증가하며 색소침착이 나타남 • 자외선의 장파장에 의해 콜라겐과 엘라스틴이 변성되며, 수축작용으로 다양한 형태의 주름이 나타날 수 있음

빈출문제 풀어보기

01
표피층을 위에서부터 순서대로 옳게 나열한 것은?
① 각질층 – 유극층 – 과립층 – 투명층 – 기저층
② 각질층 – 과립층 – 투명층 – 유극층 – 기저층
③ 각질층 – 투명층 – 과립층 – 유극층 – 기저층
④ 각질층 – 투명층 – 유극층 – 과립층 – 기저층

표피는 가장 바깥부터 '각질층 – 투명층 – 과립층 – 유극층 – 기저층' 순으로 이루어짐

02
피지선에 관한 설명으로 옳지 않은 것은?
① 모낭샘이라고도 부르며 진피층에 위치한다.
② 손바닥과 발바닥에는 피지선이 없다.
③ 에스트로겐 호르몬이 피지분비를 증가시킨다.
④ 하루 피지분비량은 1~2g이다.

에스트로겐은 피지분비를 억제함

03
비타민 결핍 시 나타날 수 있는 질병으로 옳지 않은 것은?
① 비타민A – 야맹증
② 비타민C – 괴혈병
③ 비타민D – 각기병
④ 비타민E – 불임

비타민D가 부족하면 구루병, 골다공증, 피부염 등이 나타남

04
원발진에 해당하는 것은?
① 홍반, 구진, 수포
② 구진, 미란, 궤양
③ 팽진, 가피, 인설
④ 결절, 홍반, 위축

원발진: 반점, 홍반, 구진, 결절, 농포, 낭종, 종양, 면포, 팽진, 소수포, 대수포 등

05
자외선이 인체에 미치는 영향으로 옳지 않은 것은?
① 비타민D 형성
② 피부의 색소침착
③ 세포 재생
④ 살균작용

자외선이 인체에 미치는 영향: 비타민D 합성, 살균효과, 피부의 색소침착, 홍반 형성 등

| 정답 | 01 ③　02 ③　03 ③　04 ①　05 ③

PART 03 | 해부생리학

001 세포(Cell)
- 모든 생명체의 구조적·기능적·유전적 기본 단위
- 세포막, 세포질, 핵으로 구성됨
- 하나의 세포로 구성된 단세포 생물과 여러 개의 세포로 구성된 다세포 생물이 있음
- 세포의 기능, 조직에 따라 다양한 모양의 세포들이 있음

002 세포막(Cell Membrane)
- 세포와 세포 사이의 경계를 이루는 막
- 얇은 지질 이중층의 구조로, 지질, 단백질, 탄수화물로 구성됨
- 생물체와 외부 환경 사이에 경계를 이루고 내부 환경을 조절함
- 세포 사이의 결합 상태를 유지함
- 세포 내의 물질들을 보호·보존하고, 세포막을 통한 물질의 이동을 조절함

003 세포막 이동

능동이동		물질이 세포막을 통과하여 저농도에서 고농도로 이동하는 현상
수동이동	확산	에너지가 사용되지 않으면서 자연스럽게 물질 입자들이 스스로 고농도에서 저농도로 용질이 이동하는 현상 예 잉크-물, 냄새, 폐호흡
	삼투	서로 다른 용매의 흐름이 저농도에서 고농도로 반투막을 통해 이동하는 현상 예 배추 절이기, 식물의 거름
	여과	막을 경계로 하여 내·외막의 압력 차이가 있을 때 물이나 용질의 액체가 이동하는 현상 예 혈압에 의한 모세혈관 내의 물질 이동

004 인체의 4대 기본 조직
- 결합조직
- 상피조직
- 근육조직
- 신경조직

005 골격계의 기능
- 지지기능: 가장 대표적 기능
- 보호기능: 인체의 주요 내부 장기와 연조직을 보호
- 운동기능: 골격근과 병행하여 움직이는 운동기능, 지렛대작용
- 조혈기능: 적골수에서 혈액세포를 생성
- 무기질과 지방 저장기능

006 인체 부위별 골의 분류

체골격 (206개)	체간 골격 (80개)	두개골 (29개)	뇌 두개골	8개
			안면 두개골	14개
			이소골	6개
			설골	1개
		척추골 (26개)	경추골	7개
			흉추골	12개
			요추골	5개
			천골	1개
			미골	1개
		흉골		1개
		늑골		24개 (좌우 12개씩)
	체지 골격 (126개)	상지골 (64개)	상지대	4개 (좌우 2개씩)
			자유상지골	60개 (좌우 30개씩)
		하지골 (62개)	하지대 (골반)	2개 (좌우 1개씩)
			자유하지골	60개 (좌우 30개씩)

007 척주
- 몸통의 주축을 이루며 뼈의 기둥 역할을 함
- 머리뼈를 받치고, 골반의 구성에 관여
- 머리와 몸통의 운동에 관여
- 신장의 47%(70~75cm) 정도를 차지
- 척수 보호
- 네 개의 만곡이 존재: 경추만곡, 흉추만곡, 요추만곡, 천추만곡
- 총 26개의 뼈로 구성: 경추(7개), 흉추(12개), 요추(5개), 천골(1개), 미골(1개)

008 근육의 기능
- 운동(신체 움직임)
- 자세 유지
- 체내 에너지 생산
- 관절 및 뼈 보호

009 근수축의 종류

연축	• 짧은 시간 한 번의 자극으로 일어나는 일시적 수축 • 단일수축이라고 함
강축	• 근육에 짧은 간격의 자극을 가하면 연축이 합쳐져 일어남 • 수축의 세기가 단일수축보다 강하고 지속적

긴장	여러 개의 정상적인 근육에 운동 신경으로부터 약한 자극이 계속 주어져 부분적 근육 수축이 강축되어 지속적으로 나타남
강직	• 활동 전압이 발생되지 않는 상태에서 강축의 근육 수축이 일어남 • 근육을 움직일 수 없고 굳는 현상
마비	중추신경계와 말초신경계의 손상으로 골격근에 자극이 전달되지 않아 수의적 수축이 불가능한 상태
세동	여러 개의 근섬유가 비동시적으로 각각 다르게 수축하는 상태
경련	다양한 종류의 근육에 불규칙적으로 수축이 일어나는 상태

010 근육의 분류

골격근	• 근섬유들이 인체를 지지하는 뼈에 부착되어 있음 • 의지에 따라 마음대로 움직일 수 있는 통제 가능한 수의근 • 횡문근으로 수축에 의해 운동을 함
심장근	• 심장벽을 구성하는 근육으로 심근의 수축으로 혈액을 전신으로 내보냄 • 의지와 관계없이 자율신경의 지배를 받는 불수의근으로 횡문근
내장근	• 내장기관들의 벽을 이루는 근육 • 의지와 관계없이 자율신경의 지배를 받는 불수의근으로 평활근 • 근의 수축이 약하고 느리나 지속적이고 피로하지 않음

011 신경세포(뉴런)

신경 세포체	• 세포핵을 포함한 뉴런의 신경원 섬유 • 세포막 내부에 세포 소기관을 포함하고 신경조직의 중심을 이룸 • 신경자극 전달 및 단백질 합성에 관여하는 기능상의 기본 단위
수상돌기	다른 뉴런이나 세포로부터 받은 자극을 세포체에 전달
축삭돌기	세포체로 받은 자극이나 신호를 축삭말단까지 전달

012 중추신경계

- 신경계의 통합과 조절 중추로 중심부를 형성함
- 감각신경계와 운동신경계를 연결시키는 역할을 함
- 신체 기관의 기능을 통합하고 자극시킴
- 뇌와 척수로 구성됨

013 말초신경계

- 뇌와 척수를 제외한 나머지 신경계
- 인체 전반에 분포되어 있으며 중추신경계에 연결됨
- 인체의 신경성·항상성 조절
- 체성신경계와 자율신경계로 구성됨

014 심장의 기능

- 펌프작용을 통해 혈액이 전신을 순환할 수 있도록 도움
- 폐순환과 체순환을 하면서 혈액량과 혈압을 조절함
- 산소와 영양소 공급
- 건강한 성인의 평균 심장박동수는 1분에 약 60회 정도이며, 보통 60~80회 정도를 건강한 심박수로 봄

015 심장의 혈액순환

체순환 (대순환)	좌심실 → 대동맥 → 온몸의 모세혈관 → 대정맥 → 우심방
폐순환 (소순환)	우심실 → 폐동맥 → 폐의 모세혈관 → 폐정맥 → 좌심방

016 혈액의 구성성분

혈구 (45%, 고체)	적혈구	• 생후 5개월까지는 간·비장·골수·림프계에서, 5~6개월 후부터는 골수에서 조혈작용이 일어남 • 핵이 없고 가운데가 오목한 원반 모양 • 헤모글로빈 내 철 원자가 산소와 결합하여 붉은색을 띠며, 폐에서 산소와 결합하여 산소를 운반함 • 수명을 다한 헤모글로빈은 간, 비장에서 파괴되고 담즙색소인 빌리루빈이 됨
	백혈구	• 크기가 크고 모양이 일정하지 않은 둥근형의 핵이 있음 • 병균이 체내에 침입 시 식균작용을 함 • 림프구는 후천(특이)면역을 주관함
	혈소판	• 크기가 작고 모양이 일정하지 않으며 핵이 없음 • 혈액의 응고작용을 주관함
혈장 (55%, 액체)		• 혈액 속의 유형 성분인 혈구를 제외한 액체 • 물(90%), 단백질(7%), 각종 무기염류, 효소, 면역물질 등으로 구성됨 • 혈액, 영양소, 이산화탄소, 노폐물을 운반하고, 삼투압과 체온 유지에 관여함

017 림프순환계의 기능

면역기능	림프절에서 만들어진 면역세포가 몸을 방어함
식균작용	대식세포의 활동으로 체내로 침입한 바이러스, 노폐물 등을 분해 및 제거함
체액 순환	조직의 체액을 정맥으로 운반하여 체액의 불균형을 개선함

018 소화기관의 종류

입 (구강)	• 저작 운동(씹기) • 침에서 분비되는 소화 효소인 프티알린(아밀라제의 일종)이 전분을 맥아당으로 분해

인두	• 입과 식도 사이로 비강과 구강이 만나는 지점 • 음식물의 이동 통로이자 공기의 이동 통로
식도	• 인두와 위를 연결하며 약 25cm의 길이 • 연동 운동으로 음식물과 수분을 위로 이동시킴
위	• 식도와 십이지장 사이의 근육성 주머니로, 소화관 중 가장 크고 넓음 • 입구(분문괄약근)와 출구(유문괄약근)로 나뉨 • 음식물을 저장하고 위액을 분비하며, 염산과 펩신이 들어 있음 • 연동 운동으로 음식물을 분비된 위액과 혼합하여 죽의 상태로 만듦 • 알코올, 염분, 당분, 수분 등을 선택적으로 흡수함
소장	• 십이지장, 공장, 회장으로 나뉘며, 길이가 7m 정도로 소화관 중 가장 긴 관 • 소장벽에는 융모가 있어 음식물의 영양분을 흡수함 • 장액, 췌장액, 담즙이 모여 분비되며 소화를 도움
대장	• 맹장, 결장, 직장으로 나뉘며, 전체 길이는 약 1.5m 정도임 • 음식물 찌꺼기의 수분을 흡수함
항문	소화관의 마지막 출구로, 체내로 흡수된 음식물 찌꺼기가 대변의 상태로 배출됨

019 소화의 부속 장기

간	• 인체의 가장 큰 장기로, 우상복부 아래쪽에 위치하며 재생력이 강함 • 담즙 생성, 지방 소화, 영양분 저장, 대사, 태생기의 조혈작용, 식균작용 • 포도당을 글리코겐으로 저장하여 혈당 조절작용에 관여 • 트리글리세라이드와 콜레스테롤을 합성하여 지질 대사작용에 관여 • 해독작용 • 비타민 대사작용
담낭 (쓸개)	• 주머니 모양으로 간의 아랫부분에 붙어 있음 • 담즙을 저장·분비하고 음식물 부패를 방지함
췌장 (이자)	• 소화효소를 분비하는 외분비, 호르몬을 분비하는 내분비의 두 가지 기능을 지님 • 외분비기능: 아밀라아제(탄수화물), 트립신(단백질), 리파아제(지방) 등의 소화효소 분비 • 내분비기능 – 인슐린과 글루카곤을 분비하여 혈당 조절 – 성장 억제 호르몬(소마토스타틴) 분비

빈출문제 풀어보기

01
골격계의 기능으로 옳지 않은 것은?

① 지지기능　② 보호기능
③ 조혈기능　④ 자세 유지기능

• 골격계의 기능: 지지기능, 보호기능, 운동기능, 조혈기능, 무기질과 지방 저장기능

02
골격계에 대한 설명으로 옳지 않은 것은?

① 정상 성인을 기준으로 206개의 체골격으로 구성된다.
② 인체의 체골격은 체간골격(80개), 체지골격(126개)으로 구성된다.
③ 체지골격은 상지골(64개), 하지골(62개)로 구성된다.
④ 체간골격의 흉골, 늑골은 척추골에 해당한다.

• 체간골격은 몸통 뼈대를 말하며, 두개골(29개), 척추골(26개), 흉골(1개), 늑골(24개)로 구성되어 있음

03
심장근이 속하는 분류에 해당하는 것은?

① 불수의근, 가로무늬근　② 수의근, 가로무늬근
③ 불수의근, 민무늬근　　④ 수의근, 민무늬근

• 골격근: 수의근, 가로무늬근
• 내장근: 불수의근, 민무늬근
• 심장근: 불수의근, 가로무늬근

04
중추신경계에 대한 설명으로 옳지 않은 것은?

① 신경계의 통합과 조절 중추로 중심부를 형성한다.
② 감각 신경계와 운동 신경계를 연결시키는 역할을 한다.
③ 인체의 신경성과 항상성을 조절한다.
④ 뇌와 척수로 구성되어 있다.

• 인체의 신경성과 항상성을 조절하는 것은 말초신경계임

05
체순환의 경로로 옳은 것은?

① 우심실 → 폐동맥 → 폐의 모세혈관 → 폐정맥 → 좌심방
② 우심실 → 폐동맥 → 폐정맥 → 폐의 모세혈관 → 좌심방
③ 좌심실 → 온몸의 모세혈관 → 대동맥 → 대정맥 → 우심방
④ 좌심실 → 대동맥 → 온몸의 모세혈관 → 대정맥 → 우심방

• 체순환(대순환): 좌심실 → 대동맥 → 온몸의 모세혈관 → 대정맥 → 우심방
• 폐순환(소순환): 우심실 → 폐동맥 → 폐의 모세혈관 → 폐정맥 → 좌심방

06
소화기관에서 분비되는 소화효소가 바르게 연결된 것은?

① 췌장 – 리파아제　② 소장 – 펩신
③ 위 – 아밀라아제　④ 간 – 트립신

• 췌장: 리파아제(지방), 트립신(단백질), 아밀라아제(탄수화물)
• 소장: 소장액
• 위: 펩신
• 간: 담즙

| 정답 | 01 ④　02 ④　03 ①　04 ③　05 ④　06 ①

PART 04 | 피부미용기기학

001 전류

- 전류는 (+)극에서 (−)극으로 이동하며, 전자는 (−)극에서 (+)극으로 이동함
- 전류는 흐르는 방향이 변화가 없이 일정하게 유지되는 직류전류와 주기적으로 변화가 일어나는 교류전류로 나뉨

002 전류가 흐르는 방향에 따른 분류

직류 (갈바닉)	평류 전류	방향이나 크기가 일정하게 유지되는 전류
	단속 평류 전류	평류전류에 반복적으로 전류의 흐름이 차단되어 역학적 효과를 나타내는 전류
교류	감응 전류	• 전자기 유도에 의해 발생되는 유도전류로 시간의 흐름에 따라 방향과 크기가 비대칭적으로 변함 • 저주파·중주파·고주파로 분류하며 미용기기에 많이 활용됨
	정현파 전류	시간의 흐름에 따라 방향과 크기가 대칭적으로 변하는 전류
	격동 전류	전류의 세기가 시간의 흐름에 따라 대칭적으로 변하지 않고 순간적으로 강약 조절이 일어나는 전류

003 감응전류의 분류

저주파 (1~1,000Hz)	• 근육의 수축과 이완작용으로 노폐물 제거, 지방 축적 예방 가능 • 단시간의 체형관리 및 탄력 강화에 효과적
중주파 (1,000~ 100,000Hz)	• 피부의 저항이 적은 전류로, 저주파에 비해 부드럽게 전달되어 통증 없이 부드럽게 관리 가능 • 근육의 수축과 이완작용으로 체내에 쌓여 있는 체액 배출, 셀룰라이트, 부종 등에 효과적
고주파 (100,000Hz 이상)	• 진폭이 빠르게 움직여 열에너지를 발생시키는 원리 • 신진대사를 활성화시키고, 체내 노폐물 배출 및 지방 연소기능을 높여 체형관리에 효과적

004 전기 용어

전압(V, 볼트)	전류 생산에 필요한 압력으로 전위가 다른 두 점의 전위차
전기저항 (Ω, 옴)	전류의 흐름을 방해하는 성질
전력 (W, 와트)	전기를 사용할 때 필요한 힘
암페어 (A, 암페어)	전류의 세기를 나타내는 단위
주파수 (Hz, 헤르츠)	1초 동안 진동하는 횟수
도체	전기저항이 작아 전류가 잘 흐르는 물질
부도체	전기저항이 커 전류가 잘 흐르지 않는 절연체
퓨즈	전기회로에 규정전류보다 많은 전류가 흐를 때 회로를 차단하는 장치

005 갈바닉기 양극의 효과

음극(−)	양극(+)
• 알칼리 반응 • 피부조직의 연화 • 혈관 및 모공 확장 • 노폐물 배출 및 세정효과 • 음이온 물질 침투	• 산성 반응 • 피부조직의 강화 • 혈관 및 모공 수축 • 진정 및 수렴효과 • 양이온 물질 침투

006 갈바닉기를 이용한 관리법

이온토포레시스 (이온영동법)	• 양극의 성질을 이용하여 피부 속으로 유효성분을 침투시킴 • 고농축 유효성분의 침투율을 높여 피부 재생력을 향상시킴
디스인크러스테이션 (전기세정법)	• 음극의 알칼리 반응을 이용하여 피부 표면의 각질과 노폐물을 제거함 • 전기세정 전용 앰플, 알칼리 이온액, 생리식염수 등을 사용하여 적용

007 고주파기의 원리 및 효과

- 100,000Hz 이상의 고주파 교류전류를 이용한 기기
- 테슬라 전류를 사용하고 인체조직에 통전 시 진동 폭이 매우 짧아 근수축을 일으키지 않음
- 체내에 열에너지를 발생시켜 신진대사를 활성화시키고, 세포조직의 재생능력을 증가시킴
- 심부열은 체내에 정체되어 있는 노폐물 배출과 지방 연소효과를 높여 체형관리에도 적용이 가능함
- 말초신경에 열을 가하는 경우 통증 완화효과를 높일 수 있음

008 고주파기를 이용한 관리법

직접법	• 전극봉을 직접 접촉시키는 방법으로 살균, 소독의 효과를 얻을 수 있음 • 롤링법: 유리전극봉에 거즈를 감싸 피부에 부착하여 전류의 세기를 올리는 방법 • 스파킹법: 염증 및 농포 부위에서 전극봉이 떨어질 때 생기는 작은 불꽃이 피부에 자극을 주는 방법
간접법	• 고객이 한손으로 전극봉을 잡게 하고, 고주파 전용 크림을 도포 후 관리 부위를 마사지 • 수분이 부족한 건성 피부, 노화 피부, 피부가 민감하여 매뉴얼 테크닉이 어려운 경우에 대체하여 적용 • 쓰다듬기 동작 위주로 부드럽게 테크닉하며 관리사의 손이 떨어지지 않도록 주의

009 초음파기의 원리 및 효과

- 초음파란 주파수가 20,000Hz 이상인 불가청 영역대의 음파로, 초당 수만 번의 미세진동을 일으킴
- 음파의 진동은 온열효과를 높여 피부조직을 구성하는 섬유의 합성을 촉진하고 탄력을 회복함
- 프로브 핸들 방식인 스킨 스크러버는 진동에 의해 세정수를 안개처럼 만들어 피부 표면의 각질을 제거하고 정화효과를 높임
- 전극형 헤드 방식은 세포 재생, 혈액순환 촉진, 영양물질 침투를 위해 적용함

010 압력을 이용한 피부미용기구

진공 흡입기	• 안면과 신체 부위에 사용 가능한 벤토우즈에 공기 흡입력을 적용한 기기 • 진공흡입과 배출의 반복적인 물리적 운동 자극이 혈액순환 촉진효과를 높임 • 림프순환을 촉진하여 체내 노폐물 배출과 체액의 흐름을 정상화함 • 근육의 수축과 이완작용으로 탄력있는 체형을 만드는 데 효과적 • 산화된 피지와 면포 등을 제거하여 피부를 정화함
엔더 몰로지	• 공기의 감압원리에 의한 바이브레이션 기능을 통해 혈액순환 및 지방 분해를 촉진함 • 신진대사를 촉진하여 세포의 기능을 활성화하고 체내 노폐물 축적을 방지함 • 경화된 지방조직을 연화시켜 셀룰라이트 감소효과를 높임

011 스티머의 효과

- 스티머에서 분사된 증기는 온열작용으로 모공을 열어 노폐물 배출을 촉진함
- 증기는 오존을 함유하고 있어 피부 표면에 살균작용을 함
- 습윤작용으로 일시적으로 피부에 보습효과를 높일 수 있음
- 효소 딥클렌징 작업 시 스티머를 분사시키면 효소가 활성화되는 적정 온도와 수분감을 유지할 수 있음

012 스티머 사용 시 주의사항

- 스티머 물통의 기준 표시선까지 물을 채워 가열함
- 물통에 세제가 남아 있는 경우 가열 시 끓어 넘칠 수 있으므로 주의해야 함
- 안면 부위에서 30 ~ 50cm 떨어진 위치에서 분사해야 함
- 피부유형에 따라 적용 시간을 조절해야 함
- 물의 양을 수시로 점검하며 일정하게 분사될 수 있도록 함
- 관리 전 충분히 예열하여 사용하고, 오존은 사용 직전에 스위치를 켜서 적용함
- 민감한 부위에는 화장솜을 올려 피부 자극을 낮춰야 함
- 스티머의 코일이 부식된 경우 사용을 금하며, 보관 시 물기를 제거함

013 물리적 힘을 이용한 피부미용기구

바이브 레이터	• 진동에 의한 직·간접적 근육운동으로 혈액순환을 촉진하는 비전류의 물리적 기기 • 경직된 부위에 근육운동을 촉진하여 이완효과를 높임 • 매뉴얼 테크닉 기능으로 혈액순환을 촉진하여 생리기능을 활성화함
프리마톨	• 진동 원리로 브러시를 회전시켜 클렌징·딥클렌징 효과를 높이는 기기 • 천연 양모로 이루어진 브러시는 피부 표면의 자극을 줄여줌 • 관리 목적·부위에 따라 브러시를 선택하고, 피부 상태에 맞게 회전 속도를 조절함 • 피부 노폐물과 모공 속 피지를 제거하여 안색을 개선하고, 브러시 회전에 의한 마찰이 신진대사를 활성화함

014 크로마(컬러)테라피 기기의 원리 및 색상별 효과

- 색의 성질과 에너지를 이용하여 생체리듬을 회복할 수 있고 치료 목적으로 활용
- 관리 목적에 맞는 색상을 선택하여 관리효과를 높일 수 있음

빨강	• 에너지, 활력(노화 피부) • 세포를 활성화하여 재생에 효과적 • 혈액순환 촉진으로 정체되어 있는 노폐물 제거와 셀룰라이트 완화
주황	• 회복, 탄력(건성·민감성 피부) • 내분비기능을 조절하여 신체 균형을 맞춤 • 근육의 기능을 활성화하여 통증 완화 • 신경계에 영향을 주어 심리적 안정감을 높임
노랑	• 기능 강화(조기노화 피부) • 콜라겐과 엘라스틴을 증가시켜 조기노화에 효과적 • 소화기관을 강화하여 신체 생리기능 개선
초록	• 자연, 안정(홍반, 스트레스성 여드름 피부) • 림프순환을 촉진하여 면역력 강화 • 정체되어 있는 체액을 배출시켜 부종 완화, 부분비만 개선 • 심리적 안정감을 높여 스트레스에 효과적
파랑	• 완화, 진정(모세혈관 확장·지성·여드름 피부) • 피부 표면의 열감과 염증반응 완화 • 심신의 안정효과
보라	• 독소 희석, 배출(여드름, 재생관리) • 림프 계통을 활성화하여 면역력 개선 • 체내 물질대사의 균형을 맞춰 정상적 기능을 유지 • 독소 배출작용으로 전신관리, 셀룰라이트 완화

015 피부 상태에 따른 우드램프 색상

정상 피부	청백색
두꺼운 각질이 있는 피부	흰색
색소침착 피부	짙은 암갈색

지성, 여드름 피부	오렌지색
건성 피부	밝은 보라색
민감성 피부	진보라색
비립종이 있는 피부	노란색
먼지, 이물질이 묻은 피부	흰색 또는 형광색

016 우드램프 사용 시 주의사항

- 피부분석의 정확도를 높이기 위해 주변의 빛을 차단한 후 사용함
- 안면의 이물질, 메이크업 잔여물은 결과에 영향을 미치므로 우드램프 적용 전 클렌징함
- 빛으로부터 눈을 보호하기 위해 아이패드를 올리고 사용함
- 안면으로부터 15 ~ 20cm 정도 거리를 두고 사용함
- 자외선은 색소침착의 원인이 될 수 있으므로 장시간 사용을 피함

017 인공선탠기

- 램프에서 발산되는 인공자외선 A를 조사하여 색소세포를 자극해서 균일하게 태우는 기기
- 인공자외선 조사량을 적정수준으로 조절하여 자연적 선탠에서 발생할 수 있는 트러블을 최소화함

018 인공선탠기 사용 시 주의사항

- 사용 전 샤워를 통해 피부 표면의 이물질을 제거함
- 관리 부위에 선탠용 제품을 골고루 발라 흡수시킴
- 장시간 적용 시 선번이 생길 수 있으므로 1회 관리시간은 15분을 넘기지 않고 점차 늘려가며 적용함
- 인공자외선은 눈에 영향을 미칠 수 있으므로 보안경을 착용함
- 많은 양의 자외선 조사는 피부건조를 유발하여 노화를 촉진할 수 있음
- 선탠 직후 샤워는 피함
- 사용 후 수분 보충을 위한 보습제를 충분히 도포함

019 확대경의 원리 및 효과

- 육안으로 관찰하는 것보다 3~5배율 정도 확대하여 피부 상태를 분석함
- 피부, 두피, 네일 등 다양한 분야에서 활용 가능
- 피부의 주름, 색소침착, 모공, 여드름 등의 상태를 파악하여 적절한 관리법을 제시

020 적외선램프의 효과

- 심부열은 혈액순환을 촉진하여 체내 대사작용을 활성화함
- 경직된 부위에 근육 이완작용, 통증 완화
- 콜라겐 합성을 촉진하고 세포조직을 회복시킴
- 온열작용을 통해 생리기능 개선
- 유효성분의 흡수율을 높임

빈출문제 풀어보기

01
전기장치에서 퓨즈의 역할로 옳은 것은?
① 전압을 바꾸는 역할을 한다.
② 전류의 세기를 조절한다.
③ 부도체에 전기가 잘 통하도록 한다.
④ 전선의 과열을 막아주는 안전장치기능을 한다.

퓨즈는 과도한 전류가 흐를 시 녹아 끊어짐으로써 전류를 차단함

02
매우 낮은 전압의 직류를 이용하며, 이온영동법과 디스인크러스테이션의 두 가지 중요한 기능을 하는 기기는?
① 초음파기기   ② 저주파기기
③ 고주파기기   ④ 갈바닉기기

갈바닉기기의 분류
- 이온영동법: 같은 극끼리 밀어내고 반대 극끼리 당기는 성질의 전류를 이용하여 화장품을 이온화시켜 깊숙이 흡수시키는 방법
- 디스인크러스테이션: 음극의 알칼리 반응을 이용하여 피부 노폐물을 제거하는 방법

03
고주파 피부미용기기를 사용하는 방법 중 직접법을 올바르게 설명한 것은?
① 고객의 얼굴에 마른 거즈를 올리고 그 위에 전극봉으로 가볍게 관리한다.
② 적합한 크기의 벤토우즈가 피부 표면에 잘 밀착되도록 전극봉을 연결한다.
③ 고객의 손에 전극봉을 잡게 한 후 얼굴에 마른 거즈를 올리고 손으로 눌러준다.
④ 고객의 손에 전극봉을 잡게 한 후 관리사가 고객의 얼굴에 적합한 크림을 바르고 손으로 관리한다.

고주파 직접법
- 고주파 직접법은 열에 의해 혈관을 확장시켜 신진대사를 촉진하고 스파킹에 의해 살균효과를 높일 수 있어 지성, 여드름 피부에 적합함
- 관리 시 영양크림을 도포한 후 마른 거즈를 필수로 사용하고 전극봉을 밀착시켜 원을 그리듯이 적용함

04
진공흡입기의 효과로 가장 적합한 것은?
① 탄력이 많이 떨어진 피부에 탄력감을 부여한다.
② 피부를 자극하여 한선과 피지선의 기능을 활성화한다.
③ 영양물질을 깊숙이 침투시킬 수 있다.
④ 혈액순환 촉진으로 민감성 피부나 모세혈관 확장 피부에 효과적이다.

진공흡입기는 유리관을 사용하여 모공의 피지 또는 불필요한 각질을 제거함

05
스티머의 효과가 아닌 것은?
① 영양 공급　　　② 각질 연화
③ 보습효과　　　④ 혈액순환 촉진

스티머는 스팀을 이용한 기기로 혈액순환 촉진 및 신진대사 활성화의 효과가 있으며, 모공을 열어 각질 연화효과와 다음 단계의 영양분 흡수를 촉진하는 효과, 일시적으로 피부를 보습하는 효과가 있음

06
프리마톨의 사용법으로 옳은 것은?
① 내용물이 회전하면서 튀지 않도록 양을 적당히 조절한다.
② 손목으로 브러시를 돌리면서 적용시킨다.
③ 브러시의 끝이 눌릴 수 있게 적당한 힘을 가한다.
④ 회전하는 브러시를 피부와 45° 각도를 유지하여 사용한다.

프리마톨은 브러시의 회전을 이용하여 모공의 피지와 불필요한 각질을 제거하는 기기로, 회전력에 의해 내용물이 튀지 않도록 양을 적당히 조절해야 함

07
우드램프에 의한 피부분석 결과가 바르게 연결된 것은?
① 건성 피부 – 진보라색
② 중성 피부 – 청백색
③ 여드름 피부 – 짙은 암갈색
④ 색소침착 – 밝은 보라색

• 건성 피부: 밝은 보라색
• 여드름 피부: 오렌지색
• 색소침착: 짙은 암갈색

PART 05 | 화장품학

001 화장품의 정의
인체를 청결·미화하여 매력을 더하고 용모를 밝게 변화시키거나 피부·모발의 건강을 유지 또는 증진하기 위하여 인체에 바르고 문지르고 뿌리는 등 이와 유사한 방법으로 사용되는 물품으로 인체에 대한 작용이 경미한 것을 말함(단, 의약품에 해당하는 물품은 제외)

002 화장품의 기능
• 인체에 청결 부여
• 피부 보습 부여
• 피부·모발의 건강 유지 또는 증진
• 인체에 미화 부여

003 화장품 품질의 4대 특성

안전성 (Safety)	인체에 대한 부작용, 피부 자극, 예민, 알레르기, 독성이 없어야 함
안정성 (Stability)	미생물의 오염이 없고, 제품이 변질·변색·변취·침전·분리되지 않아야 함
유효성 (Effectiveness)	화장품의 기능이 효과적이어야 함(주름 개선, 보습, 미백, 자외선 차단 등)
사용성 (Usability)	제품의 발림성, 흡수성, 향취, 편리성, 사용감 등이 좋아야 함

004 계면활성제
수성과 유성 두 물질의 계면에 흡착하여 두 성분이 잘 섞이게 하는 물질

음이온성	• 물에 용해될 때 친수부가 음이온으로 해리 • 우수한 세정작용 및 기포 형성작용 • 용도: 샴푸, 비누, 클렌징 폼, 바디워시 등
양이온성	• 물에 용해될 때 친수부가 양이온으로 해리 • 살균·소독작용, 대전 방지효과 • 용도: 섬유유연제, 헤어린스, 헤어트리트먼트 등
양쪽이온성	• 물에 용해될 때 친수부가 양·음이온을 동시에 가짐 • 세정작용, 피부 자극이 적음, 거품 안정화, 기포 촉진효과 • 용도: 베이비 샴푸, 저자극 샴푸 등
비이온성	• 이온으로 해리되지 않음 • 가용화제·유화제에 사용, 기포 안정성 향상 • 용도: 기초 화장품, 색조 화장품 등

005 보습제
피부의 수분을 증가시키고 유연성과 탄력성을 높여줌

폴리올	글리세린, 프로필렌글라이콜, 부틸렌글라이콜, 솔비톨 등

천연보습인자 (NMF)	아미노산, 소듐PCA, 락틱애씨드, 우레아 등
고분자중합체	히알루론산, 폴리에틸렌글라이콜, 폴리글루타믹애씨드 등

006 보존제

화장품의 미생물 증식을 억제하여 제품의 오염 및 부패를 방지하고 살균작용을 함
㉠ 파라벤류, 페녹시에탄올, 이미다졸리디닐우레아, 1,2-헥산다이올 등

007 색소

염료	• 물, 기름, 알코올에 녹음 • 기초 화장품의 착색제로 사용
레이크	• 물에 녹기 쉬운 염료에 칼슘, 염, 황산알루미늄, 황산지르코늄 등을 첨가하여 불용화시킨 색소 • 립스틱, 블러셔, 네일에나멜 등에 사용
안료	무기 안료	• 커버력이 우수 • 내광성, 내열성이 양호 ㉠ 체질 안료, 착색 안료, 백색 안료, 진주광택 안료
	유기 안료	• 착색력, 선명도가 우수 • 색상이 선명하고 종류가 다양함 • 메이크업의 색조 화장품에 주로 사용 ㉠ 레이크, 타르색소
천연색소	자연의 동식물에서 유래된 색소 ㉠ 커큐민, 안토시아닌, 베타 카로틴 등

008 기타 성분

콜라겐	• 진피 내에 존재하는 고분자의 섬유성 단백질 • 세포조직 결합 및 지탱, 주름·탄력 개선
엘라스틴	진피 내 존재하며 피부 탄력 부여
아줄렌	캐모마일에서 추출하며 진정작용을 하는 파란색 성분
AHA (Alpha-Hydroxy Acid)	• 다섯 가지 천연산: 글리콜릭산(사탕수수), 젖산(우유), 사과산(사과), 주석산(포도), 구연산(오렌지) • 각질 제거 및 유연, 보습기능 • 점막과 피부에 자극 유발 가능 • 여드름 피부에 사용 가능
비타민A (레티놀)	• 주름을 개선하여 노화를 방지 • 피부 재생에 도움
비타민E (토코페롤)	노화 방지와 조직 재생에 도움
비타민C (아스코빅애씨드)	• 콜라겐 생성에 관여 • 미백 및 항산화 효과

세라마이드	• 피부 각질층의 지질 구성성분으로 50%를 차지 • 수분 증발 및 유해물질 침투를 억제하여 피부 보호

009 화장품의 제조 원리

유화	성질이 다른 두 가지 이상의 액체를 균일하게 혼합한 형태
가용화	수성 성분 위주의 수용액에 유성 성분이 계면활성제에 의해 미셀을 형성하여 미셀 내에 들어와 혼합됨
분산	물 또는 오일과 미세한 고체 입자가 균일하게 혼합된 상태

010 유화의 형태

O/W형 (수중유형)	• 수분감이 높고, 산뜻한 사용감 • 보습과 흡수성이 좋음 • 로션 〉 크림
W/O형 (유중수형)	• 유분감이 높고, 무거운 사용감 • 유연성과 지속성이 좋음 • 로션 〈 크림
W/O/W형 O/W/O형 (다중유화)	유화 입자 속에 또 다른 성질의 입자가 유화되어 있는 상태

011 기초 화장품

사용 목적	• 피부의 신진대사를 원활하게 하고 항상성 유지 • 외부 자극으로부터 피부 보호 • 피부의 노폐물이나 메이크업 잔여물 제거로 피부의 청결 상태 유지 • 피부에 유·수분을 공급하여 피부결 정돈 • 피부에 영양을 공급하여 기능을 향상시킴 • 피부의 pH를 정상적으로 조절해 줌
기능	• 세안기능 • 피부 정돈기능 • 피부 보호기능

012 파운데이션의 종류

리퀴드형, 크림형, 스틱형, 스킨커버형, 파우더형, 팬케이크형, 컨실러

013 부향률에 따른 방향용 화장품의 분류

구분	부향률	지속력	특징
퍼퓸	15~30%	6~7시간	농도가 가장 진하며, 소량으로 지속적인 짙은 향을 풍김
오데 퍼퓸	9~12%	5~6시간	퍼퓸과 오데토일렛의 중간 타입, 은은한 향

오데 토일렛	6~8%	3~5시간	오데퍼퓸과 오데코롱의 중간 타입, 가장 대중적, 풍부하고 상쾌한 향
오데 코롱	3~5%	1~2시간	향수를 처음 사용하는 사람이 부담 없이 사용하기에 적합, 상쾌한 향
샤워 코롱	1~3%	(약) 1시간	샤워 후 가볍게 사용하기 좋으며, 지속 시간이 짧음, 가볍고 시원한 향

014 에센셜 오일의 종류

라벤더	• 화상, 습진, 여드름, 상처 재생, 진정, 항우울의 신경 안정, 스트레스·불면증 완화 등 • 임산부 사용 금지
티트리	• 살균, 소독, 습진, 여드름에 효과적, 항바이러스 등 • 민감성 피부 사용에 주의
캐모마일	• 진정, 항염, 항알레르기, 항균, 신경 이완, 피로 회복 등 • 임신 초기 사용 금지
로즈메리	• 두뇌기능 촉진, 정신 피로 회복, 두통 제거, 혈행 촉진, 진통 해소 등 • 고혈압, 간질환자, 임산부 사용 금지
레몬	• 살균, 수렴, 이뇨, 면역력 강화, 체지방 감소, 미백효과 • 낮 사용 시 자외선 차단제를 사용
페퍼민트	• 거담, 기관지염 해소, 두통, 수렴, 탈모 예방, 통증 완화, 해열 • 심장병 환자 사용 금지

015 캐리어 오일(베이스 오일)

- '아로마 오일을 피부로 옮긴다.'는 의미로, 에센셜 오일에 캐리어 오일을 블렌딩하여 피부 흡수율과 피부에 작용하는 효과를 상승시킴
- 캐리어 오일은 에센셜 오일의 향의 밸런스를 조정하고 향기의 지속성을 유지하기 위해 향이 없어야 하고, 피부 흡수력이 좋아야 함

016 캐리어 오일의 종류

호호바 오일	• 인체 피지와 유사한 화학구조로 피부 친화적이며 흡수력이 좋음 • 쉽게 산화되지 않아 안정성이 우수하며 끈적임이 적어 사용감이 좋음 • 보습막 형성, 피부 보습, 항산화 작용, 활성산소 억제 • 건조·노화 피부, 여드름, 습진에 효과적
아몬드 오일	• 비타민A, E가 풍부 • 피부 유연 및 탄력, 보습을 유지 • 건선 및 소양증, 염증에 대한 진정효과
아보카도 오일	• 비타민E, 단백질 풍부 • 모든 피부 타입에 적합하며, 특히 노화 피부에 좋음

올리브 오일	• 올레인산을 가장 많이 함유 • 건조감 방지의 효능으로 화장품에 적용 시 에몰리엔트 작용을 함
포도씨 오일	• 폴리페놀과 토코페롤의 함량이 높아 항산화 작용이 효과적 • 카테킨 성분 함유로 살균 및 해독작용 • 여드름·민감성 피부 등의 보습, 유연효과

017 미백 화장품의 역할에 따른 주요 성분

티로시나아제 효소작용 억제	알부틴, 코직산, 상백피 추출물, 닥나무 추출물, 감초 추출물 등
도파 산화 억제	비타민C 및 유도체, 코엔자임Q-10, 글루타치온 등
멜라닌색소 제거	AHA(Alpha-Hydroxy Acid), 살리실산, 각질 분해효소 등
멜라닌 세포 자체의 사멸	하이드로퀴논(Hydroquinone)
자외선 차단	옥틸디메칠파바, 티타늄디옥사이드(이산화티탄), 징크옥사이드(산화아연), 감마오리자놀, 옥시벤존 등

018 주름 개선 화장품의 주요 성분 및 역할

레티놀(비타민A)	지용성 비타민, 콜라겐 생성 촉진효과
레티놀 팔미네이트	레티놀의 안정화 작용, 팔미틴산(지방산)과 결합
베타카로틴	식물성 비타민A 전구물질, 강력한 항산화제, 피부 재생, 탄력 부여
항산화제 (비타민C, E)	항산화, 재생작용, 활성산소 억제효소
아데노신	섬유아세포의 증식, 피부 탄력 및 주름 개선

019 자외선 차단 화장품의 종류

산란제 (물리적 차단제)	주요 성분	티타늄디옥사이드(이산화티탄), 징크옥사이드(산화아연), 카오린 등
	역할	• 자외선을 물리적으로 산란, 반사시킴 • 백탁 현상이 있으며, 사용감이 떨어짐 • 피부 자극이 적어 민감성 피부, 어린이에게 사용 가능
흡수제 (화학적 차단제)	주요 성분	에칠헥실메톡시신나메이트, 에칠헥실디메칠파바, 부틸메톡시디벤조일메탄, 아보벤존, 옥시벤존, 벤조페논, 살리실레이트, 벤즈이미다졸유도체 등
	역할	• 화학적 작용으로 자외선을 흡수시킴 • 피부 흡수성이 좋아 사용감이 좋음 • 피부 자극을 유발할 가능성이 있으므로 민감성 피부, 어린이에게 사용을 주의해야 함

빈출문제 풀어보기

01
「화장품법」상 화장품의 정의와 관련한 내용이 아닌 것은?

① 신체의 구조, 기능에 영향을 미치는 것과 같은 사용 목적을 겸하지 않는 물품
② 인체를 청결히 하고, 미화하고, 매력을 더하고 용모를 밝게 변화시키기 위해 사용하는 물품
③ 피부 혹은 모발을 건강하게 유지 또는 증진하기 위한 물품
④ 인체에 사용되는 물품으로 인체에 대한 작용이 경미한 것

화장품
• 인체를 청결·미화하여 매력을 더하고 용모를 밝게 변화시키거나 피부·모발의 건강을 유지 또는 증진시키기 위해 사용
• 인체에 바르고 문지르고 뿌리는 등의 유사한 방법으로 사용하는 물품으로서 인체에 대한 작용이 경미한 것을 말함(의약품 제외)

02
화장품 품질의 4대 특성에 대한 내용으로 옳지 않은 것은?

① 안전성 - 피부에 대한 자극, 알레르기, 독성이 없어야 한다.
② 안정성 - 변색, 변취, 미생물의 오염이 없어야 한다.
③ 유효성 - 질병치료 및 진단에 사용할 수 있어야 한다.
④ 사용성 - 피부에 사용감이 좋고 잘 스며들어야 한다.

유효성: 화장품 기능이 효과적이어야 함

03
계면활성제의 세정력을 순서대로 바르게 나열한 것은?

① 음이온성 〉 양이온성 〉 양쪽이온성 〉 비이온성
② 음이온성 〉 양쪽이온성 〉 양이온성 〉 비이온성
③ 양이온성 〉 음이온성 〉 양쪽이온성 〉 비이온성
④ 비이온성 〉 음이온성 〉 양쪽이온성 〉 양이온성

계면활성제
• 피부 자극 순서: 양이온성 〉 음이온성 〉 양쪽이온성 〉 비이온성
• 세정효과의 정도: 음이온성 〉 양쪽이온성 〉 양이온성 〉 비이온성

04
향수의 부향률이 높은 순서대로 옳게 나열한 것은?

① 퍼퓸 〉 오데토일렛 〉 오데코롱 〉 오데퍼퓸 〉 샤워코롱
② 샤워코롱 〉 오데코롱 〉 오데토일렛 〉 오데퍼퓸 〉 퍼퓸
③ 오데퍼퓸 〉 퍼퓸 〉 오데코롱 〉 오데토일렛 〉 샤워코롱
④ 퍼퓸 〉 오데퍼퓸 〉 오데토일렛 〉 오데코롱 〉 샤워코롱

부향률
• 퍼퓸: 15~30%
• 오데퍼퓸: 9~12%
• 오데토일렛: 6~8%
• 오데코롱: 3~5%
• 샤워코롱: 1~3%

05
캐리어 오일에 대한 설명으로 틀린 것은?

① 캐리어는 운반이란 뜻으로 캐리어 오일은 마사지 오일을 만들 때 필요한 오일이다.
② 베이스 오일이라고도 한다.
③ 에센셜 오일을 추출할 때 오일과 분류되어 나오는 증류액을 말한다.
④ 에센셜 오일의 향을 방해하지 않도록 향이 없어야 하고 피부흡수력이 좋아야 한다.

캐리어 오일은 '아로마 오일을 피부로 옮긴다.'는 뜻으로, 캐리어 오일에 아로마 오일을 블렌딩하면 피부 흡수율과 피부에 작용하는 효과를 상승시킴

| 정답 | 01 ① 02 ③ 03 ② 04 ④ 05 ③

06
미백 화장품의 성분이 아닌 것은?
① 닥나무 추출물
② 레티놀
③ 코직산
④ 알부틴

레티놀(비타민A)은 피부 재생과 주름 개선효과가 뛰어남

07
AHA에 대한 설명으로 옳지 않은 것은?
① 각질 제거 및 보습기능을 한다.
② AHA에는 글리콜릭산, 젖산, 사과산, 주석산, 구연산이 있다.
③ AHA는 Alpha Hydroxy caproic Acid의 약어를 말한다.
④ 피부와 점막에는 약간의 자극이 있는 것이 특징이다.

AHA는 Alpha Hydroxy Acid의 약어임

08
기능성 화장품에 해당하지 않는 것은?
① 피부의 미백에 도움을 주는 제품
② 자외선으로부터 피부를 보호하는 제품
③ 여드름 피부 치료에 도움을 주는 제품
④ 피부 주름을 개선하는 데 도움을 주는 제품

치료 목적의 제품은 화장품이 아닌 의약품에 해당함

PART 06 | 공중위생관리학

001 공중보건학의 목적 및 대상

목적	질병 예방, 수명 연장, 신체적·정신적 건강 및 효율의 증진
최소 단위 및 대상	• 최소 단위: 지역사회 • 대상: 지역주민 전체

002 공중보건학의 범위
환경보건, 질병관리, 보건관리 분야

003 질병의 3대 요인
• 숙주(인간)
• 병인(병원체)
• 환경

004 인구의 구성

구분	유형	특징
피라미드형	후진국형 (인구 증가형)	• 출생률과 사망률이 높음 • 14세 이하 인구가 65세 이상 인구의 2배 초과
종형	이상형 (인구 정지형)	• 출생률과 사망률이 낮음 • 14세 이하 인구가 65세 이상 인구의 2배 정도
항아리형	선진국형 (인구 감소형)	• 출생률이 사망보다 낮음 • 평균 수명이 높고 인구가 감퇴함 • 14세 이하 인구가 65세 이상 인구의 2배 이하
별형	도시형 (인구 유입형)	• 생산층 인구의 증가 • 15~49세 인구가 전체 인구의 50% 초과
표주박형	농촌형 (인구 유출형)	• 생산층 인구의 감소 • 15~49세 인구가 전체 인구의 50% 미만

005 보건지표
• WHO의 3대 보건지표: 조사망률, 평균수명, 비례사망지수
• 건강지표: 비례사망지수, 평균수명, 조사망률, 영아사망률, 질병이환율, 기생충감염률 등

006 감염병의 생성 과정
병원체 → 병원소 → 병원소로부터 병원체 탈출 → 병원체의 전파 → 새로운 숙주로 침입 → 숙주의 감염(감수성/면역성)

007 후천면역

능동면역	자연능동면역	• 감염병에 감염된 후 생성되는 면역 • 영구면역: 홍역, 콜레라, 장티푸스 등 • 일시면역: 폐렴, 디프테리아, 독감, 이질 등
	인공능동면역	• 예방접종 후 생성되는 면역 • 생균백신(경구투여): 결핵, 홍역, 폴리오(소아마비), 풍진 등 • 사균백신(경피투여): 콜레라, 장티푸스, 폐렴구균, 백일해, B형 간염 등 • 순화독소(Toxoid) 주입: 파상풍, 디프테리아
수동면역	자연수동면역	• 모체로부터 태반, 수유를 통해 생성되는 면역 • 홍역, 폴리오, 디프테리아
	인공수동면역	• 항독소·면역 혈청(백신)을 접종한 후 생성되는 면역 • 파상풍, 디프테리아(항독소), B형 간염, 홍역 등

008 DTaP(디프테리아, 백일해, 파상풍) 예방접종

- 출생 후 2, 4, 6개월(3회)
- 15~18개월(1회), 만 4~6세(1회), 만 11~12세(Td)

009 법정 감염병의 종류

제1급 감염병	에볼라바이러스병, 마버그열, 라싸열, 크리미안콩고출혈열, 남아메리카출혈열, 리프트밸리열, 두창, 페스트, 탄저, 보툴리눔독소증, 야토병, 중증급성호흡기증후군(SARS), 중동호흡기증후군(MERS), 동물인플루엔자인체감염증, 신종인플루엔자, 디프테리아, 신종감염병증후군
제2급 감염병	결핵, 수두, 홍역, 콜레라, 장티푸스, 파라티푸스, 세균성 이질, 장출혈성대장균감염증, A형 간염, 백일해, 유행성이하선염, 풍진, 폴리오, 수막구균감염증, B형 헤모필루스인플루엔자, 폐렴구균 감염증, 한센병, 성홍열, 반코마이신내성황색포도알균(VRSA) 감염증, 카바페넴내성장내세균속균종(CRE) 감염증, E형 간염
제3급 감염병	파상풍, B형 간염, 일본뇌염, C형 간염, 말라리아, 레지오넬라증, 비브리오패혈증, 발진티푸스, 발진열, 쯔쯔가무시증, 렙토스피라증, 브루셀라증, 공수병, 신증후군출혈열, 후천성면역결핍증(AIDS), 크로이츠펠트-야콥병(CJD) 및 변종크로이츠펠트-야콥병(vCJD), 황열, 뎅기열, 큐열, 웨스트나일열, 라임병, 진드기매개뇌염, 유비저, 치쿤구니야열, 중증열성혈소판감소증후군(SFTS), 지카바이러스 감염증, 엠폭스, 매독
제4급 감염병	코로나바이러스감염증-19, 인플루엔자, 회충증, 편충증, 요충증, 간흡충증, 폐흡충증, 장흡충증, 수족구병, 임질, 클라미디아감염증, 연성하감, 성기단순포진, 첨규콘딜롬, 반코마이신내성장알균(VRE) 감염증, 메티실린내성황색포도알균(MRSA) 감염증, 다제내성녹농균(MRPA) 감염증, 다제내성아시네토박터바우마니균(MRAB) 감염증, 장관 감염증, 급성호흡기 감염증, 해외유입기생충 감염증, 엔테로바이러스 감염증, 사람유두종바이러스 감염증

010 급·만성 감염병의 종류

- 호흡기계 감염병: 디프테리아, 백일해, 홍역, 동물인플루엔자인체감염증, 신종인플루엔자, 결핵
- 소화기계 감염병: 콜레라, 장티푸스, 세균성 이질, 폴리오, 파라티푸스
- 절지동물 매개 감염병: 페스트, 발진티푸스, 말라리아, 일본뇌염
- 동물 매개 감염병: 공수병(광견병), 탄저, 렙토스피라증
- 만성 감염병: 결핵, 간염, 성병, 후천성면역결핍증(AIDS)

011 매개체별 감염병의 종류

- 모기: 말라리아, 일본뇌염, 사상충, 황열, 뎅기열
- 파리: 콜레라, 장티푸스, 이질, 파라티푸스
- 진드기: 신증후군출혈열, 쯔쯔가무시증
- 벼룩: 페스트, 발진열, 재귀열, 발진티푸스
- 이: 발진티푸스, 재귀열, 참호열
- 쥐: 페스트, 발진열, 살모넬라증, 렙토스피라증, 쯔쯔가무시증(양충병), 신증후군출혈열, 재귀열

012 기생충 질환의 종류

- 선충류: 회충, 요충(세계적으로 분포하며 우리나라도 감염률이 높음), 편충, 구충(십이지장충)
- 흡충류: 간흡충(간디스토마), 폐흡충(폐디스토마), 요코가와흡충(장흡충)
- 조충류: 무구조충(민촌충), 유구조충(갈고리촌충), 광절열두조충(긴촌충)

013 기후

- 기후의 3대 요소: 기온, 기습, 기류
- 기후의 4대 온열인자: 기온, 기습, 기류, 복사열로 인간의 체온 조절에 영향을 줌
- 실내 적정 온도: 18±2℃
- 실내 적정 습도: 40~70%

014 공기의 구성

질소 (N, 78%)	• 공기 중 가장 많은 비중을 차지 • 고기압에서 저기압으로 급격히 이동할 때 잠함병(감압병) 발생
산소 (O_2, 21%)	대기 중 산소의 양이 15% 이하일 때 폐부종, 폐출혈, 흉통, 호흡곤란 등이 발생
이산화탄소 (탄산가스, CO_2, 0.03%)	• 실내공기 오염지표로 사용됨 • 허용 농도는 0.1%(1,000ppm) • 적외선의 복사열을 흡수하여 온실효과를 발생시킴 • 지구온난화의 주된 원인
일산화탄소 (CO)	• 헤모글로빈의 산소 결합을 방해하고 체내 산소결핍증을 초래 • 중독 시 중추신경계에 영향을 줌

015 대기 오염 현상

기온역전	• 지표면의 기온이 상층부보다 낮아지는 현상(고도가 높아질수록 기온이 높아짐) • 분지 지역에서 흔히 나타나며, 복사안개, 스모그 현상이 발생 • 교통 장애, 식물 성장 장애 등을 유발
열섬 현상	• 도시 중심부의 기온이 다른 주변보다 현저하게 높은 상태 • 인구의 증가, 각종 시설물의 증가, 자동차 통행의 증가, 인공열 방출, 온실효과의 영향
스모그 현상	• 연기와 안개의 복합 형태 • 대기 속의 오염물질이 쌓여 시야가 불투명하게 흐리고 공기가 탁함 • 건축물의 부식, 가로수 고사, 교통 장애, 피부 자극 및 질환 등을 유발
온실효과	• 대기 중의 이산화탄소, 염화불화탄소, 메탄 등의 탄산가스가 섞여 지표로부터의 복사열을 흡수하여 지표면이나 대류권의 기온이 상승하는 효과 • 생태계 변화, 해수면 상승 등을 유발
산성비	• 대기 중으로 배출된 황산화물, 질소산화물, 탄소산화물 등이 수증기와 반응해서 황산, 질산으로 변화되어 빗물에 섞여 내리는 것으로 pH 5.6 이하임 • 동·식물의 수정 및 부화 저하, 금속 및 석조 건물 부식, 심계항진증(심박급속증), 탈모, 피부 질환, 눈의 질환 등을 유발
엘니뇨 현상	• 지구온난화로 인해 해수면의 온도가 상승하는 현상 • 폭설, 폭우, 가뭄, 홍수 등이 발생

016 수질 오염의 지표

용존산소 (DO)	• 물 속에 녹아 있는 산소의 양 • 물의 오염지표로 사용됨 • 용존산소(DO)가 낮을수록 물의 오염도는 증가
생물학적 산소요구량 (BOD)	• 호기성 세균이 물 속의 유기성 물질을 안정화하는 데 소비되는 산소량 • 보통 20°C에서 5일간 분해하는 데 소비된 산소의 양이며, 하수나 하천의 수질 오염지표
화학적 산소요구량 (COD)	• 물 속의 유기물을 산화제(과망간산칼륨, 중크롬산칼륨)에 의해 화학적으로 산화시키는 데 소비되는 산소량 • 공장 폐수의 오염을 측정하는 지표 • COD가 높을수록 수질의 오염도는 높음
부유물질 (SS)	• 유기물질과 무기물질을 함유한 고형물로 물에 용해되지 않는 물질(먼지, 세균, 유기물 등) • 입자 지름이 0.1㎛~2mm 이하의 현탁물질 • 부유물질이 많을수록 수질은 탁함
대장균	• 사람 및 동물의 대장에 서식하는 세균 • 상수오염의 생물학적 지표
수소이온 농도 지수 (pH)	• 용액의 산성 및 알칼리성의 세기를 나타내는 값 • 중성은 7이고 숫자가 작을수록 산성, 숫자가 클수록 알칼리성을 나타냄

017 인공조명

직접 조명	조명 효과가 좋으며, 경제적이지만 눈에 자극이 큼
간접 조명	• 비경제적이지만 눈 보호에 가장 적합한 편안한 조명 • 피사체의 그림자의 발생이 적음 • 눈을 쓰는 정밀 작업 시 적당함

018 직업병의 증상

고온, 고압	열경련증(이온 부족), 일사병(직사광선 과다 노출), 열사병(시상하부의 체온 조절 문제), 열피로(열허탈증, 피순환장애), 열쇠약증, 열중증 등
이상저온	동상, 참호족(침수족), 전신 저체온 등
이상기압	감압병(잠함병 – 고기압 문제), 고산병(항공병 – 저기압 문제) 등
방사선	백혈병, 백내장, 탈모, 정신장애, 피부건조, 조혈기능 장애 등

019 식품의 변질

- 부패: 단백질 또는 지방 식품이 미생물의 작용으로 유해물질이 생성되는 것
- 발효: 탄수화물이 미생물의 작용을 받아 분해되어 유기산이나 알코올 등을 생성하는 것
- 변패: 각종 미생물이 식품에서 증식함에 따라, 탄수화물(당질)이나 지방질의 식품이 혐기성 상태에서 미생물의 분해로 산성이 되면서 비정상적인 맛과 냄새, 형태, 색감 등으로 바뀌는 현상
- 산패: 식품의 유지가 산소, 광선 등에 의해 산화·분해되어 악취 및 색이 변하는 것

020 식중독의 분류

세균성 식중독	감염형	살모넬라, 장염비브리오균, 병원성대장균, 쉬겔라(세균성 이질), 바실러스 세레우스, 여시니아 엔테로콜리티카 등
	독소형	황색포도상구균, 보툴리누스균, 클로스트리디움 퍼프린젠스, 웰치균 등
	감염 독소형	노로바이러스, 로타바이러스 등
자연독 식중독	식물성	감자독(솔라닌), 버섯독(무스카린), 청매독(아미그달린) 등
	동물성	복어독(테트로도톡신), 조개 및 굴독(베네루핀)·마비성 패독 등

021 영양소의 구분

3대 영양소	탄수화물, 단백질, 지방
5대 영양소	탄수화물, 단백질, 지방, 비타민, 무기질
열량소	탄수화물, 단백질, 지방

조절소	단백질, 무기질, 비타민, 물
구성소	탄수화물, 단백질, 지방, 무기질, 물

022 보건행정

- 정의: 공중보건의 목적인 국민의 수명 연장, 질병 예방, 신체적·정신적 건강을 증진하기 위한 보건정책으로 국가 또는 지방자치단체의 공공의 책임하에 수행하는 공적 행정활동 과정
- 특성: 공공성 및 사회성, 봉사성, 보장성 및 교육성, 과학성 및 기술성
- 범위: 보건 관련 기록 보존, 보건 교육, 환경 위생, 감염병 관리, 모자 보건, 보건 의료, 보건 간호

023 소독 관련 용어

소독	감염을 일으킬 수 있는 병원성 미생물만을 즉시 사멸 및 제거하여 감염, 증식력을 없애는 방법(포자는 파괴하지 못함)으로, 가장 많이 사용하는 방법
멸균	강한 물리적, 화학적 살균작용으로 병원성, 비병원성 미생물 및 포자까지 모두 사멸 또는 제거하는 방법(무균 상태, 100% 사멸)
살균	생활력을 가지고 있는 미생물을 물리적, 화학적 방법으로 급속히 사멸시키는 방법(일부 내열성 포자는 남음)
방부	병원성 미생물의 성장 및 활동을 억제하고 정지시키는 방법(약물로 음식물의 부패 방지)

024 소독의 분류

자연 소독법	희석, 자외선, 한랭
물리적 소독법	• 건열 멸균법: 화염 멸균법, 건열 멸균법, 소각소독법 • 습열 멸균법: 자비소독법, 고압증기 멸균법, 유통증기멸균법(Koch의 솥), 간헐멸균법, 저온살균법, 초고온 순간살균법 • 비가열 처리법: 여과멸균법, 초음파살균법, 방사선 멸균법
화학적 소독법	• 할로겐계 소독약: 표백분(차아염소산), 차아염소산나트륨, 염소, 요오드 • 지방족계 소독약: 에탄올, 포름알데히드, 포르말린 • 페놀계, 방향족계: 석탄산(페놀), 크레졸(비누액) • 수은화합물: 승홍수(염화제2수은), 머큐로크롬(포비돈 요오드), 희옥도정기 • 산화제: 과산화수소, 과망간산칼륨 • 계면활성제: 역성비누(양이온 계면활성제), 양성 계면활성제(양쪽성 계면활성제) • 기타: 아크리놀, 생석회, 중조(탄산수소나트륨), 훈증, 소독, 약용비누

025 소독약의 구비 조건

- 살균력이 강하고 지속적이며 미량으로도 효과가 있을 것
- 안전성이 있고(인체에 무해할 것) 물이나 알코올에 용해성이 높을 것
- 침투력이 강할 것
- 가격이 저렴하고 사용이 간편할 것
- 냄새가 없고 탈취력이 있을 것
- 부식성, 표백성이 없을 것
- 환경적으로 유해하지 않을 것

026 병원성 미생물

바이러스	• 병원체 중 가장 작아(20~300nm) 전자현미경으로만 볼 수 있고 세포 여과기에 걸러지지 않음 • 살아 있는 숙주(동물, 식물, 세균)에 기생하여 생존함
리케차	• 세균과 바이러스의 중간 크기 • 살아 있는 세포 내 기생하며 생육함
세균	• 감염과 질병의 가장 큰 원인(2차 감염) • 원핵생물의 대표적 분류군이며 계속해서 신종이 새로 보고되고 있음
진균류	• 지구상에 가장 많이 존재하며 다른 생물에 기생, 부생하는 핵막을 가진 진핵생물의 분류 중 하나임 • 여러 항생제와 식품의 발효제로 사용됨

027 주요 소독 방법

자비소독법	• 100℃ 끓는 물에 15~20분간 끓임(물이 끓기 시작할 때 넣음) • 금속식기(스테인리스), 면 재질, 도자기, 고무제품 등에 적용 가능(단, 플라스틱, 유리 재질 등은 피함)
고압증기 멸균법	• 오토클레이브에 고압 상태에서 100~135℃ 고온의 수증기를 2기압(15파운드)으로 15~20분간 쐬어 미생물 및 포자까지 사멸함 • 거즈, 수술기구 및 용품, 금속성 기구, 의류, 자기류 등이 대상(단, 부식성이 강하거나 습기에 약한 재질은 피함)
유통증기 멸균법 (Koch의 솥)	• 고압증기멸균법의 보완 • 100℃ 유통증기를 30~60분간 가열하여 병원균을 멸균함 • 도자기, 의류 등이 대상
표백분 (차아염소산)	• 물에 잘 녹지 않지만 물에 분해될 때 염소가스에 의해 강한 살균작용을 함 • 수영장, 욕탕, 하수 등 소독 시에 사용
에탄올	• 적정 농도 70%, 10분간 담가 살균함 • 피부, 기구 소독에 사용(점막 사용 금지)
석탄산 (페놀)	• 콜타르에서 얻어지며 세균의 단백질 응고에 의한 살균작용을 함 • 고온일수록 강한 소독효과가 있고 취기가 있음
크레졸 (비누액)	• 석탄산보다 2~3배 정도 높은 소독력으로 세균에 대한 소독력이 강함 • 물에 녹지 않아 크레졸 비누액으로 사용함 • 바이러스에는 소독효과가 없지만, 병원성 세균, 포자, 결핵균 소독에 효과적 • 피부에 자극성이 약하고 가격이 저렴하지만 냄새가 심함 • 손 소독 시 1~2%, 오물 소독 시 3% • 상처 부위, 손, 식기, 객담, 오물 등 소독

승홍수 (염화제2수은)	• 무색, 무취로 독성과 살균력이 강하므로 색소 첨가 후 사용 • 0.1%의 수용액(1,000배 희석)으로 사용
과산화수소	• 상처 부위 피부 접촉 시 발생되는 산소의 산화력으로 살균작용을 함 • 2.5~3%의 수용액으로 사용 • 살균, 탈취, 표백에 효과적임
역성비누 (양이온 계면활성제)	• 무색, 무취, 무독으로 비누의 분자 내 양이온이 활성을 띰 • 피부 자극성과 독성이 없고 세정력이 약함 • 0.01~0.1%의 수용액으로 사용 • 식기, 수저, 식품, 행주, 도마, 손 소독 등에 사용

028 소독대상물에 따른 소독 방법

의복, 침구, 모직물	석탄산수, 크레졸(약 2시간 담가두기), 자비소독, 일광소독, 증기소독
대소변, 배설물, 토사물	소각(완전소독), 생석회, 석탄산수, 크레졸
고무, 피혁제품	석탄산수, 크레졸수, 포르말린수
초자기구, 자기류, 나무류	석탄산수, 크레졸수, 포르말린수, 승홍수, 증기소독 및 자비소독(내열성이 강한 제품류)
병실	석탄산수, 크레졸수, 포르말린수
환자 및 환자 접촉자	석탄산수, 크레졸수, 승홍수, 역성비누
화장실	석탄산수, 크레졸수, 포르말린수
쓰레기통, 하수구	생석회
피부관리실 및 기구	알코올(70%)

029 공중위생관리법의 목적

공중이 이용하는 영업의 위생관리 등에 관한 사항을 규정함으로써 위생수준을 향상시켜 국민의 건강 증진에 기여함

030 영업신고

공중위생영업을 하고자 하는 자는 공중위생영업의 종류별로 보건복지부령이 정하는 시설 및 설비를 갖추고 시장·군수·구청장에게 신고하여야 함

031 영업신고 시 제출서류
• 영업신고서
• 영업시설 및 설비개요서
• 교육수료증(미리 교육을 받은 경우에만 해당)
• 면허증 원본

032 폐업신고

보건복지부령이 정하는 폐업신고를 하려는 자는 공중위생영업의 폐업일로부터 20일 이내에 시장·군수·구청장에게 신고하여야 함

033 영업의 승계

영업자의 지위를 승계하는 자는 1개월 이내에 보건복지부령이 정하는 바에 따라 시장·군수·구청장에게 신고하여야 함

034 미용업 영업자의 준수사항
• 의료기구와 의약품을 사용하지 아니하는 순수한 화장 또는 피부미용을 할 것
• 미용기구는 소독을 한 기구와 소독을 하지 아니한 기구로 분리하여 보관하고, 면도기는 1회용 면도날만을 손님 1인에 한하여 사용할 것, 이 경우 미용기구의 소독기준 및 방법은 보건복지부령으로 정함
• 미용사면허증을 영업소 안에 게시할 것

035 이·미용사의 면허 취득요건
• 전문대학 또는 이와 같은 수준 이상의 학력이 있다고 교육부장관이 인정하는 학교에서 이·미용에 관한 학과를 졸업한 자
• 「학점인정 등에 관한 법률」에 따라 대학 또는 전문대학을 졸업한 자와 같은 수준 이상의 학력이 있는 것으로 인정되어 이·미용에 관한 학위를 취득한 자
• 고등학교 또는 이와 같은 수준의 학력이 있다고 교육부장관이 인정하는 학교에서 이·미용에 관한 학과를 졸업한 자
• 초·중등교육법령에 따른 특성화고등학교, 고등기술학교나 고등학교 또는 고등기술학교에 준하는 각종학교에서 1년 이상 이·미용에 관한 소정의 과정을 이수한 자
• 「국가기술자격법」에 의한 이·미용사의 자격을 취득한 자

036 이·미용사의 면허 결격사유
• 피성년후견인
• 「정신건강복지법」에 따른 정신질환자(단, 전문의가 이·미용사로서 적합하다고 인정하는 사람은 제외함)
• 공중의 위생에 영향을 미칠 수 있는 감염병 환자로서 보건복지부령이 정하는 자
• 마약, 기타 대통령령으로 정하는 약물 중독자
• 면허가 취소된 후 1년이 경과되지 아니한 자

037 청문의 실시 대상
• 이·미용사의 면허취소 및 면허정지
• 영업의 정지명령
• 일부 시설의 사용중지 및 영업소 폐쇄명령

038 위생서비스 수준 평가
• 시·도지사는 공중위생영업소의 위생관리 수준을 향상시키기 위하여 위생서비스 평가계획을 수립하여 시장·군수·구청장에게 통보하여야 함
• 시장·군수·구청장은 평가계획에 따라 관할 지역별 세부평가계획을 수립한 후 공중위생영업소의 위생서비스 수준을 평가하여야 함
• 시장·군수·구청장은 평가의 전문성을 높이기 위하여 필요하다고 인정하는 경우에는 관련 전문기관 및 단체로 하여금 위생

서비스 평가를 실시하게 할 수 있음
- 공중위생영업소의 위생서비스 평가는 2년마다 실시하되, 공중위생영업소의 보건·위생관리를 위하여 특히 필요한 경우 공중위생영업의 종류·위생등급별로 평가주기를 달리할 수 있으며 기타 평가에 관한 필요사항은 보건복지부장관이 정하여 고시함
- 휴업신고를 한 경우 해당 공중위생영업소에 대해서는 위생서비스 평가를 실시하지 않을 수 있음

039 위생관리등급의 구분

최우수 업소	녹색등급
우수 업소	황색등급
일반관리대상 업소	백색등급

040 공중위생감시원의 자격기준
- 위생사 또는 환경기사 2급 이상의 자격증이 있는 사람
- 「고등교육법」에 따른 대학에서 화학·화공학·환경공학 또는 위생학 분야를 전공하고 졸업한 사람 또는 법령에 따라 이와 같은 수준 이상의 학력이 있다고 인정되는 사람
- 외국에서 위생사 또는 환경기사의 면허를 받은 사람
- 1년 이상 공중위생행정에 종사한 경력이 있는 사람

041 공중위생감시원의 업무범위
- 시설 및 설비의 확인
- 공중위생영업 관련 시설 및 설비의 위생상태 확인·검사, 공중위생영업자의 위생관리의무 및 영업자 준수사항 이행 여부의 확인
- 위생지도 및 개선명령 이행 여부의 확인
- 공중위생영업소의 영업정지, 일부 시설의 사용중지 또는 영업소 폐쇄명령 이행 여부의 확인
- 위생교육 이행 여부의 확인

042 명예공중위생감시원의 업무범위
- 공중위생감시원이 행하는 검사대상물의 수거 지원
- 법령 위반행위에 대한 신고 및 자료 제공
- 그 밖에 공중위생에 관한 홍보·계몽 등 공중위생관리업무와 관련하여 시·도지사가 따로 정하여 부여하는 업무

043 위생교육
- 공중위생영업자는 매년 위생교육을 받아야 함(매년 3시간)
- 공중위생영업신고를 하고자 하는 자는 공중위생업소를 개설하기 전에 미리 위생교육을 받아야 함(단, 보건복지부령으로 정하는 부득이한 사유로 미리 교육을 받을 수 없는 경우에는 영업개시 후 6개월 이내에 위생교육을 받을 수 있음)
- 위생교육을 받아야 하는 자 중 영업에 직접 종사하지 아니하거나 2곳 이상의 장소에서 영업을 하는 자는 종업원 중 영업장별로 공중위생에 관한 책임자를 지정하고 그 책임자로 하여금 위생교육을 받게 하여야 함
- 위생교육은 보건복지부장관이 허가한 단체 또는 법령에 의해 설립된 공중위생영업자단체가 실시할 수 있음
- 위생교육의 방법·절차 등에 관하여 필요한 사항은 보건복지부령으로 정함

044 벌칙

1년 이하의 징역 또는 1천만 원 이하의 벌금	· 공중위생영업의 신고를 하지 아니한 자 · 영업정지 또는 일부 시설의 사용중지명령을 받고도 그 기간 중에 영업을 하거나 그 시설을 사용한 자 · 영업소 폐쇄명령을 받고도 계속하여 영업한 자
6월 이하의 징역 또는 500만 원 이하의 벌금	· 공중위생영업의 변경신고를 하지 아니한 자 · 공중위생영업의 지위를 승계한 자로서 승계신고를 하지 아니한 자 · 건전한 영업질서를 위하여 공중위생영업자가 준수해야 할 사항을 준수하지 아니한 자
300만 원 이하의 벌금	· 다른 사람에게 이·미용사의 면허증을 빌려주거나 빌린 사람 · 이·미용사의 면허증을 빌려주거나 빌리는 것을 알선한 사람 · 면허정지 및 면허취소 중 이·미용업을 한 사람 · 면허를 받지 않고 이·미용업을 개설하거나 이·미용업 업무에 종사한 사람

045 과태료

300만 원 이하	· 공중위생관리상에 필요한 보고를 하지 아니하거나 관계 공무원의 출입·검사·기타 조치를 거부·방해 또는 기피한 자 · 위생관리 의무에 대한 개선명령에 위반한 자 · 시설 및 설비 기준에 대한 개선명령에 위반한 자 · 이용업 신고 없이 이용업소표시등을 설치한 자
200만 원 이하	· 미용업소의 위생관리 의무를 지키지 아니한 자 · 영업소 외의 장소에서 이·미용 업무를 행한 자 · 위생교육을 받지 아니한 자

046 개별 과태료

80만 원	이·미용업소의 위생관리 의무를 지키지 아니한 경우
80만 원	영업소 외의 장소에서 이·미용 업무를 행한 경우
60만 원	위생교육을 받지 아니한 경우(단, 2024.1.1.~2026.12.31.의 기간 중 위반 시 20만 원)
150만 원	공중위생관리상에 필요한 보고를 하지 아니하거나 관계 공무원의 출입·검사·기타 조치를 거부·방해 또는 기피한 경우
150만 원	시설 및 설비 기준, 위생관리 의무 등에 대한 개선명령에 위반한 경우

047 과징금 처분
시장·군수·구청장은 영업정지가 이용자에게 심한 불편을 주거나 그 밖에 공익을 해할 우려가 있는 경우에는 영업정지 처분에 갈음하여 1억 원 이하의 과징금을 부과할 수 있음

048 1차 위반 시 행정처분의 개별기준

면허취소	• 피성년후견인, 정신질환자, 감염병환자, 약물중독자에 해당하게 된 경우 • 「국가기술자격법」에 따라 자격이 취소된 경우 • 이중으로 면허를 취득한 경우(나중에 발급받은 면허를 말함) • 면허정지처분을 받고도 그 정지 기간 중 업무를 한 경우
면허정지	• 면허증을 다른 사람에게 대여한 경우(3월) • 「국가기술자격법」에 따라 자격정지처분을 받은 경우 • 미용사가 손님에게 성매매알선 등 행위 또는 음란행위를 하게 하거나 이를 알선 또는 제공한 경우(3월)
영업장 폐쇄명령	• 영업신고를 하지 않은 경우 • 영업정지처분을 받고도 그 영업정지 기간에 영업을 한 경우 • 공중위생영업자가 정당한 사유 없이 6개월 이상 계속 휴업하는 경우 • 공중위생영업자가 「부가가치세법」 제8조에 따라 관할 세무서장에게 폐업신고를 하거나 관할 세무서장이 사업자 등록을 말소한 경우

빈출문제 풀어보기

01
공중보건학의 목적에 해당하지 않는 것은?
① 질병 예방
② 수명 연장
③ 감염병 치료
④ 신체적·정신적 건강 및 효율의 증진

공중보건학의 목적은 감염병 치료가 아닌 예방(질병 예방)에 있음

02
호흡기계 감염병에 해당하지 않는 것은?
① 디프테리아 ② 백일해
③ 결핵   ④ 콜레라

콜레라, 장티푸스, 세균성 이질, 폴리오 등은 소화기계 감염병에 해당함

03
불쾌지수에 관여되는 것은?
① 기온, 기습   ② 기온, 기류
③ 기류, 복사열   ④ 기압, 기습

불쾌지수는 기온과 기습에 의해 사람이 느끼는 불쾌감의 정도를 수치화한 것임

04
수돗물로 사용할 상수의 대표적인 오염지표는? (단, 심미적 영향 물질은 제외한다.)
① 탁도   ② 대장균 수
③ 증발 잔류량   ④ COD

대장균 수: 대장균의 검출은 분변오염의 증거이므로 수질오염의 지표가 되며 검출 방법이 간단하고 정확함

05
독소형 식중독의 원인균이 아닌 것은?
① 황색포도상구균   ② 웰치균
③ 장티푸스균   ④ 보툴리누스균

독소형 식중독균은 황색포도상구균, 보툴리누스균, 웰치균이 대표적임

06
보건행정에 대한 설명으로 옳은 것은?
① 국민의 질병 치료
② 국가 또는 지방자치단체의 공공의 책임하에 수행하는 공적 행정 활동 과정
③ 전체보다 개인의 신체적·정신적 건강 증진 유지
④ 지방민간단체의 사적 행정 활동

보건행정: 공중보건의 목적인 국민의 수명 연장, 질병 예방, 신체적·정신적 건강을 증진하기 위한 보건정책으로 국가 또는 지방자치단체의 공공의 책임하에 수행하는 공적 행정 활동 과정

07
완전멸균에 해당하는 살균 방법이 아닌 것은?
① 고압증기 멸균법   ② 화염 멸균법
③ 저온살균법   ④ 소각소독법

저온살균법: 62~63℃에서 30분 살균처리하고, 유제품류 및 주류 등 고온소독이 부적합한 물질 소독에 이용하며, 대장균 사멸은 불가능함

08
물을 사용하지 않고 피부 청결 및 소독효과를 위해 사용하는 핸드케어 제품은?
① 핸드워시(Hand Wash)
② 비누(Soap)
③ 핸드새니타이저(Hand Sanitizer)
④ 핸드로션(Hand Lotion)

핸드새니타이저는 알코올이 베이스로, 물을 사용하지 않고 손에 발라 청결 및 소독효과를 높이는 제품을 말함

|정답| 01 ③ 02 ④ 03 ① 04 ② 05 ③ 06 ② 07 ③ 08 ③

09
미용업 영업자의 준수사항으로 옳지 않은 것은?
① 의료기구와 의약품을 사용하지 아니하는 순수한 화장 또는 피부미용을 한다.
② 미용기구는 소독을 한 기구와 소독을 하지 아니한 기구로 분리하여 보관한다.
③ 미용기구의 소독기준 및 방법은 시장·군수·구청장이 정한다.
④ 면도기는 1회용 면도날만을 손님 1인에 한하여 사용한다.

미용기구의 소독기준 및 방법은 보건복지부령으로 정함

10
이·미용사 면허를 받을 수 있는 자가 아닌 것은?
① 고등학교에서 이용 또는 미용에 관한 학과를 졸업한 자
② 「국가기술자격법」에 의한 이용사 또는 미용사 자격을 취득한 자
③ 보건복지부장관이 인정하는 외국인 이용사 또는 미용사 자격 소지자
④ 전문대학에서 이용 또는 미용에 관한 학과 졸업자

이·미용사 면허취득 요건
- 전문대학 또는 이와 같은 수준 이상의 학력이 있다고 교육부장관이 인정하는 학교에서 이·미용에 관한 학과를 졸업한 자
- 「학점인정 등에 관한 법률」에 따라 대학 또는 전문대학을 졸업한 자와 같은 수준 이상의 학력이 있는 것으로 인정되어 이·미용에 관한 학위를 취득한 자
- 고등학교 또는 이와 같은 수준의 학력이 있다고 교육부장관이 인정하는 학교에서 이·미용에 관한 학과를 졸업한 자
- 초·중등교육법령에 따른 특성화고등학교, 고등기술학교나 고등학교 또는 고등기술학교에 준하는 각종학교에서 1년 이상 이·미용에 관한 소정의 과정을 이수한 자
- 「국가기술자격법」에 의한 이·미용사의 자격을 취득한 자

11
이·미용업자의 면허취소 사유에 해당하지 않는 경우는?
① 이중으로 면허를 취득한 경우
② 「국가기술자격법」에 따라 이·미용사 자격정지처분을 받은 경우
③ 면허 결격사유에 해당한 경우
④ 면허정지처분을 받고 그 정지기간 중 업무를 행한 경우

이·미용업자의 면허취소 사유에는 ①③④ 외에 면허증을 다른 사람에게 대여한 경우도 해당함(1차 위반 - 면허정지 3월, 2차 위반 - 면허정지 6월, 3차 위반 - 면허취소)

12
명예공중위생감시원의 업무로 옳은 것을 모두 고르면?

> ㉠ 공중위생감시원이 행하는 검사대상물의 수거 지원
> ㉡ 시설 및 설비의 확인
> ㉢ 법령 위반행위에 대한 신고 및 자료 제공
> ㉣ 위생교육 이행 여부의 확인

① ㉠, ㉡ ② ㉠, ㉢
③ ㉠, ㉣ ④ ㉢, ㉣

그 밖에 명예공중위생감시원의 업무범위는 공중위생에 관한 홍보·계몽 등 공중위생관리업무와 관련하여 시·도지사가 따로 정하여 부여하는 업무가 있음

13
위생교육의 시행기간 및 시간으로 알맞은 것은?
① 6개월마다, 1시간   ② 1년마다, 3시간
③ 2년마다, 2시간   ④ 3년마다, 3시간

공중위생영업자는 매년 3시간 위생교육을 받아야 함

14
영업소 폐쇄명령을 받고도 영업을 계속할 때의 벌칙 기준은?
① 1년 이하의 징역 또는 1천만 원 이하의 벌금
② 1년 이하의 징역 또는 500만 원 이하의 벌금
③ 6월 이하의 징역 또는 500만 원 이하의 벌금
④ 6월 이하의 징역 또는 300만 원 이하의 벌금

1년 이하의 징역 또는 1천만 원 이하의 벌금
- 영업소 폐쇄명령을 받고도 영업을 지속하는 경우
- 영업신고를 하지 않은 경우
- 영업정지명령(또는 일부 시설의 사용중지명령)을 받고도 그 기간 중에 영업을 하거나 그 시설을 사용하는 경우

15
이·미용사 면허증을 대여하는 경우 1차 위반에 따른 행정처분은?
① 영업정지 3개월   ② 면허정지 3개월
③ 영업정지 6개월   ④ 면허정지 6개월

이·미용사 면허증을 대여하는 경우 행정처분
- 1차 위반: 면허정지 3개월
- 2차 위반: 면허정지 6개월
- 3차 위반: 면허취소

MEMO

MEMO

피부 재료·도구 (가나다 순)

※ 실기시험의 주요 재료·도구를 수록하였으며, 목록은 변경될 수 있음[상세사항은 큐넷 홈페이지(q-net.or.kr) 참조]

기본 도구

			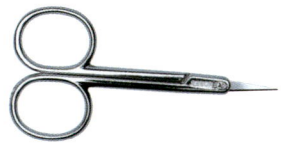		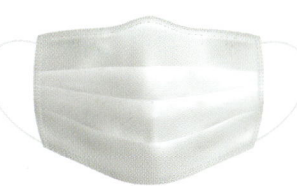
거즈	고무볼	공병	눈썹가위	눈썹칼	마스크

면봉	모델용 겉가운(여성)	모델용 벨크로 가운(여성)	바구니(대/소)	보관통	부직포
		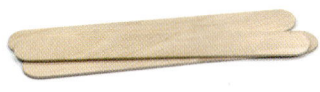			
비닐백/비닐봉지	스파튤라	스파튤라(나무)	위생복(흰색 반팔, 긴 바지)	유리볼	장갑(라텍스)
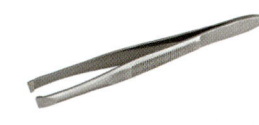					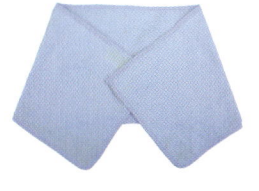
족집게	종이컵	집게(습포용)	콤&아이브러시	타월(대/중/소)	터번

과제별 피부 재료·도구

※ 재료·도구의 하단 내용은 공개 시험지의 작업별 요구 및 안내사항에 해당함

1과제 | 얼굴관리

클렌징

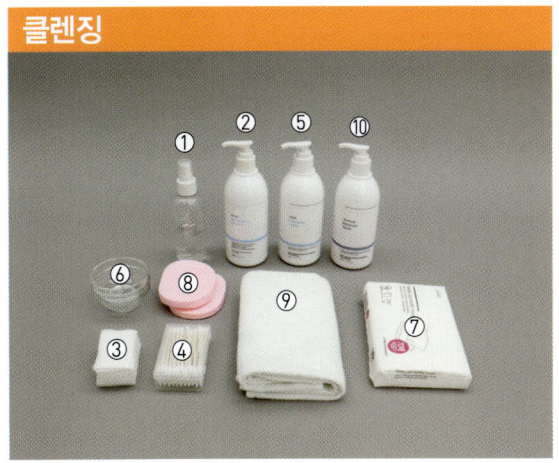

① 알코올　　⑥ 유리볼
② 립&아이 리무버　⑦ 티슈
③ 화장솜　　⑧ 해면
④ 면봉　　　⑨ 타월
⑤ 클렌징 로션　⑩ 화장수

작업시간	15분
작업내용	• 지참한 제품을 이용하여 포인트 메이크업을 지우고 관리 범위를 클렌징 • 화장솜 또는 해면을 이용하여 클렌징 제품을 제거 • 피부 정돈
유의사항	도포 후 문지르기는 2~3분 유지
기타	• 작업 전 과제에 사용되는 화장품 및 사용 재료를 관리에 편리하도록 작업대에 정리 • 모델은 반드시 메이크업(파운데이션, 마스카라, 아이라인, 아이섀도, 눈썹 및 입술화장 등)이 되어 있어야 함(남성 모델의 경우도 동일) • 화장품: 모든 피부용을 사용

눈썹 정리

① 눈썹가위　⑥ 알코올
② 눈썹칼　　⑦ 진정젤
③ 콤&아이브러시　⑧ 티슈
④ 족집게　　⑨ 화장솜
⑤ 면봉

작업시간	5분
작업내용	• 족집게, 눈썹가위, 눈썹칼을 이용하여 얼굴형에 맞는 눈썹 만들기 • 보기에 아름답게 눈썹을 정리
유의사항	눈썹을 뽑을 때 반드시 감독관의 확인하에 작업(한쪽 눈썹만 작업)
기타	• 족집게로 3개 이상의 눈썹을 뽑고, 넓은 면의 잔털을 정리하거나 모양을 낼 때에는 눈썹칼을 사용 • 진정젤: 일반적으로 알로에의 함유량이 높은 알로에 젤이 많이 사용됨

딥클렌징

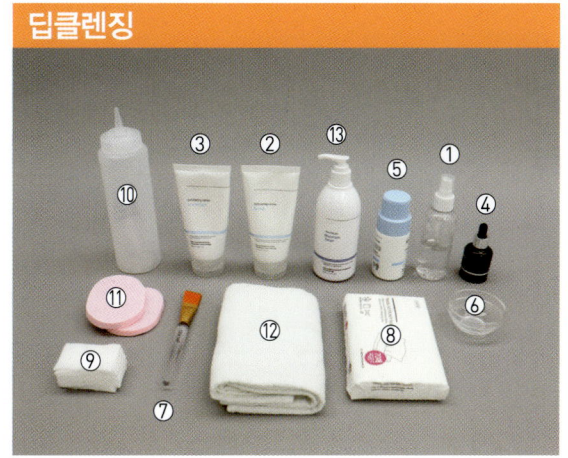

① 알코올　　⑧ 티슈
② 스크럽 제품　⑨ 화장솜
③ 고마쥐 제품　⑩ 공병
④ AHA 제품　⑪ 해면
⑤ 효소 제품　⑫ 타월
⑥ 유리볼　　⑬ 화장수
⑦ 팩붓

작업시간	10분
작업내용	• 스크럽, 고마쥐, AHA, 효소의 4가지 타입 중 지정된 제품을 이용하여 딥클렌징 • 피부 정돈
유의사항	고마쥐 제품의 도포는 얼굴에 하되, 밀어내는 것은 이마 전체와 오른쪽 볼 부위만을 대상으로 함
기타	• 딥클렌징 시에는 모델의 피부 타입과 관계없이 지정된 타입을 사용하므로 4가지 제품을 모두 준비 • AHA 제품: 함유량 표시가 있는 액체형 제품을 준비 • 효소 제품: 가루를 물에 개어서 크림으로 만들 수 있는 제품을 준비 • 화장수: 모든 피부용을 사용

얼굴 매뉴얼 테크닉

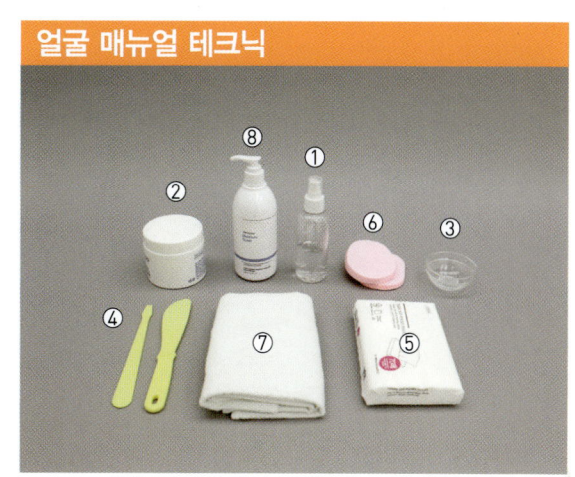

① 알코올　　⑥ 해면
② 마사지 크림(오일)　⑦ 타월
③ 유리볼　　⑧ 화장수
④ 스파튤라
⑤ 티슈

작업시간	15분
작업내용	• 화장품을 관리 부위에 도포하고 적절한 동작을 사용하여 관리 • 피부 정돈
유의사항	–
기타	화장품: 모든 피부용을 사용

2과제 | 팔·다리 관리

팩

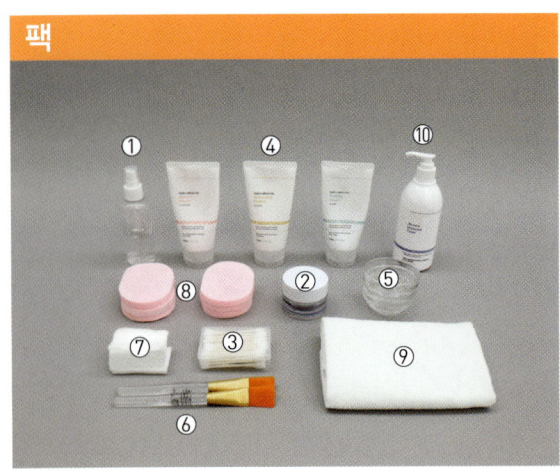

① 알코올
② 아이크림
③ 면봉
④ 팩(중성/건성/지성)
⑤ 유리볼
⑥ 팩붓
⑦ 화장솜
⑧ 해면
⑨ 타월
⑩ 화장수

작업시간	10분
작업내용	• 팩을 위한 기본 전처리 실시 • 제시된 피부 타입에 적합한 제품을 선택하여 관리 부위에 적당량 도포 • 일정 시간 경과 뒤 팩을 제거 • 피부 정돈
유의사항	• 팩은 팩붓 또는 스파튤라를 이용하여 도포 • 팩을 도포한 부위는 거즈 등으로 덮지 말 것

기타	• 팩
	  – 중성, 지성, 건성의 3가지 피부 타입을 준비
	  – 기본적으로 크림 타입을 준비(투명하거나 팩의 도포 타입 및 방향 등을 구별할 수 없는 것은 제외)
	• 얼굴의 T존, U존, 목의 세 부위별로 제시된 타입에 맞게 팩을 도포

마스크 및 마무리

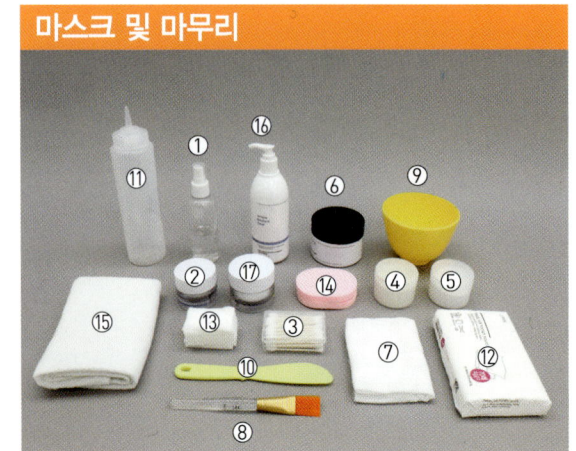

① 알코올
② 아이크림
③ 면봉
④ 고무 마스크
⑤ 석고 마스크
⑥ 석고 베이스
⑦ 거즈
⑧ 팩붓
⑨ 고무볼
⑩ 스파튤라
⑪ 공병
⑫ 티슈
⑬ 화장솜
⑭ 해면
⑮ 타월
⑯ 화장수
⑰ 영양크림

작업시간	20분
작업내용	• 마스크를 위한 기본 전처리 실시 • 지정된 제품을 선택하여 관리 부위에 작업 • 일정 시간 경과 뒤 마스크를 제거 • 피부를 정돈한 후 마무리 및 주변 정리
유의사항	마스크의 작업 부위는 얼굴에서 목의 경계 부위까지로, 작업 시 코와 입으로 호흡이 가능해야 함
기타	• 마스크: 고무·석고 마스크 중 시험장에서 지정해 주는 제품을 사용 • 화장품: 모든 피부용을 사용

팔·다리 매뉴얼 테크닉

① 알코올
② 화장솜
③ 화장수
④ 마사지 오일
⑤ 유리볼
⑥ 해면
⑦ 타월

작업시간	팔 전체(10분), 다리 전체(15분)
작업내용	• 관리 부위를 화장수를 사용하여 가볍고 신속하게 닦아내기 • 화장품을 도포하고 적절한 동작을 사용하여 관리
유의사항	• 총 작업시간의 90% 이상을 유지 • 매뉴얼 테크닉은 팔·다리가 주 대상 범위이며, 손과 발의 관리 시간은 전체 시간의 20%를 넘지 않아야 함
기타	• 팔·다리 관리용 화장품: 오일 및 크림 타입을 둘 다 사용 가능 • 화장품: 모든 피부용을 사용

제모

① 알코올
② 장갑(라텍스)
③ 탈컴 파우더
④ 핫왁스(시험장 제공)
⑤ 나무 스파튤라
⑥ 종이컵
⑦ 부직포
⑧ 족집게
⑨ 화장솜
⑩ 진정젤

작업시간	10분
작업내용	• 왁스 워머에 데워진 핫왁스를 필요한 만큼 용기에 덜어 작업 • 부직포에 왁스를 도포한 후 체모를 제거 • 제모 부위의 피부를 정돈
유의사항	제모는 좌우 구분이 없으며, 부직포 제거 전 손을 들어 감독관의 확인을 받아야 함
기타	• 관리 부위의 체모가 완전히 제거되지 않았을 경우, 족집게 등으로 잔털을 제거 • 부직포: 제모 시에 사용되는 머슬린 천 또는 종이로, 규격에 맞는 한 장만 사용 • 핫왁스, 왁스 워머: 시험장에서 제공하며 개인 물품은 사용할 수 없음

* 3과제(림프관리)는 작업 시 알코올을 단독으로 사용함